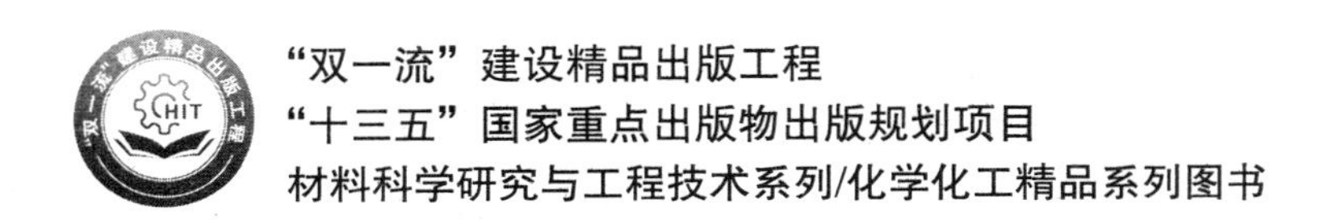

高等材料物理化学

ADVANCED PHYSICAL CHEMISTRY OF MATERIALS

主编　陈　刚　副主编　王　宇　孙净雪　裴　健

哈爾濱工業大學出版社
HARBIN INSTITUTE OF TECHNOLOGY PRESS

内容简介

本书主要结合工科高等材料物理化学特点，从材料的结构特征着手，研究材料的热力学、动力学变化规律，力求体现知识、能力、素质的统一，指导学生知行合一。全书共分为7章，即固体结构及缺陷、统计热力学、溶体热力学、相变热力学、化学反应动力学、扩散与固相反应动力学及相变动力学。

本书可作为高等院校化工类、材料类课程的研究生教材，也可供相关科研、工程技术人员参考使用。

图书在版编目(CIP)数据

高等材料物理化学/陈刚主编.—哈尔滨:哈尔滨工业大学出版社,2020.1

ISBN 978-7-5603-7163-4

Ⅰ.①高… Ⅱ.①陈… Ⅲ.①材料科学—物理化学—高等学校—教材 Ⅳ.①TB3

中国版本图书馆CIP数据核字(2017)第320925号

策划编辑 王桂芝

责任编辑 范业婷 庞 雪

出版发行 哈尔滨工业大学出版社

社 址 哈尔滨市南岗区复华四道街10号 邮编150006

传 真 0451-86414749

网 址 http://hitpress.hit.edu.cn

印 刷 哈尔滨市工大节能印刷厂

开 本 787mm×1092mm 1/16 印张 23.5 字数594千字

版 次 2020年1月第1版 2020年1月第1次印刷

书 号 ISBN 978-7-5603-7163-4

定 价 58.00元

前　言

高等材料物理化学是从物质的化学运动和物理运动之间的相互联系和转化着手，借助物理学的原理和方法来探求化学变化的基本规律，并应用于材料研究的一门课程。

材料对人类历史的进程起着重要的作用，人类使用材料已有悠久的历史，随着人类文明和生产的发展，对材料的要求不断增加和提高；在材料科学发展过程中，为了改善材料的质量、提高其性能、扩大品种和研究开发新型材料，人们必须加深对材料的认识，从理论上阐明其本质、掌握其规律，以此为指导，结合生产和应用实践，予以分析归纳、总结深化，推动材料理论的迅速发展。在此背景下，高等材料物理化学课程显得越发重要。

高等材料物理化学是化学、化学工程与技术及材料相关学科的研究生主干课程之一。根据工科院校研究生生源特点，结合在哈尔滨工业大学多年从事高等材料物理化学教学的经历和体会，作者在本书内容的选择方面对经典内容进行了一定程度的取舍。高等材料物理化学内容丰富，本书并没有涵盖所有内容，而是结合材料化学特点，只节选这一大学科中的部分内容进行阐述。

本书第1章叙述了物质的结构与性能问题——固体的结构与缺陷，包括晶体与非晶体的结构特点、布喇菲点阵与晶系、晶体的对称性及缺陷；第2章介绍了统计热力学；第3～4章分别叙述了溶体热力学及相变热力学；第5～7章介绍了材料制备过程中的动力学过程，主要包括化学反应动力学、扩散与固相反应动力学及相变动力学。

参加本书编写的人员及分工为：陈刚负责前言和第1章的编写，王宇负责第2、3章的编写，孙净雪负责第5、7章的编写，裴健负责第4、6章的编写，陈刚、王宇、孙净雪和裴健进行了统稿与定稿。

本书的内容有助于学生把握高等材料物理化学的知识框架及在材料化学中的应用，厘清基本概念，熟悉基础理论，牢记基本规律，掌握重点、难点、要点，并进一步拓展物理化学基本知识，培养用物理化学的观点和方法来看待化学中一切问题的能力。

由于编者水平所限，书中疏漏之处在所难免，衷心欢迎广大读者批评指正。

编　者

2019年1月

目　　录

第1章　固体结构及缺陷

材料是指人类用于制造物品、器件、机器或其他产品的物质，是人类赖以生存的物质基础。材料科学中主要关注材料的结构和使用性能，而从物理化学的角度看，结构决定性能，性能反映结构。对固体结构与性能关系的研究是高等材料物理化学的一个基本问题。在现代科学技术中，如空间技术、激光、能源、计算机、电子技术等都需要各种具有特殊结构和特殊性能的材料。设计并合成出具有耐高温、耐腐蚀、耐老化、高强度、高韧性等的结构材料和具有特殊的光学、电学、声学、力学、磁学、热学等性能的功能材料，都要依赖对固体材料结构与性能的研究成果。

材料的性能及其使用效能的本质决定因素是其内在的微观结构，包括原子结构、分子结构、晶体结构、缺陷结构和表面结构等。其中原子结构和分子结构主要是量子化学的研究内容，本章主要从物理化学角度重点研究材料的晶体结构、缺陷结构和表面结构。

常见的固体材料通常是晶态物质(晶体)。晶体结构中所包括的理想结构(空间点阵结构)和实际结构(不理想的有缺陷的结构)是本章研究的中心内容。晶体的空间点阵结构决定了晶体的共向特性，而一切实际晶体都会有某些类型的缺陷。研究表明，缺陷的存在可以对晶体的性能产生极大的影响。固体物质的输运、固相间的扩散和化学反应的发生，没有缺陷的存在是不可想象的。因此，除了理想固体晶体的基本知识，关于缺陷的研究，在高等材料物理化学中同样占有特别重要的地位，也是本章重点阐述的内容。

1.1　晶体与非晶体

1.1.1　晶体与非晶体的结构

通常见到的固态物质，可以明显地分为不同的两大类：① 一类固体，如食盐、水晶(石英)、方解石及其他矿物，它们往往呈现天然的而不是人为磨削的规则的多面体外形，具有明显的棱角与平面(通常称之为晶棱与晶面)，而当它们破裂时，也是按一定的平面分裂。② 另一类固体，如玻璃、松香、沥青、橡胶、塑料等，它们没有规则的几何形状，也不是按一定的平面破裂。根据近代科学技术，特别是X射线衍射技术的分析，固体确实可以分为两大类：它们在内部结构及物理化学性质等方面都存在着本质的差别，称之为晶体与非晶体。

晶体是内部质点在三维空间呈周期性重复排列的固体，或者说晶体就是具有格子构造的固体。晶体是长程有序的，呈对称性形状，有固定熔点，存在各向异性、平移和旋转对称性，如图1.1(a)所示。

晶体在自然界的分布非常广泛：天然的矿物、岩石和泥土等除极少数外几乎都是晶体，大多数工业产品(如金属、合金、陶瓷等)也都是晶体。在半导体材料中，几乎所有的元素和化合物半导体(如 Ge、Si、GaAs、InP 等)也都是晶体。

非晶体又称为过冷液,这是因为其中质点的排列就像在气体和液体中一样,是短程有序性的、无规则的,无固定熔点,如图 1.1(b) 所示。日常生活中,玻璃、橡胶、松香等都属于非晶体。从内部结构来看,非晶体中质点的分布无任何规律可循。从外形上看,非晶体都不能自发地长成规则的几何多面体,而是一种无规则形状的无定形体。

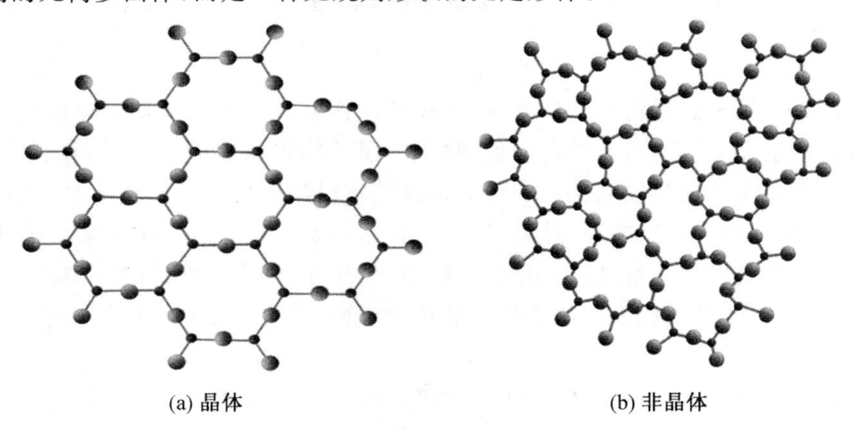

图 1.1 晶体与非晶体

非晶体是一类不具有平移对称性或失去长程有序的固态物质。在物理上,认识这类物质非常重要,它突破了传统固体物理主要研究晶体的局限;在应用上,许多非晶态材料(如玻璃、非晶态高聚合物、非晶态合金、非晶态磁性材料、非晶态半导体等)由于具有优异性能而成为有重大应用价值的新材料,受到人们的重视。

在宏观物质中,按其组成原子的排列方式大体上可以分为有序结构和无序结构两大类,晶体属于有序结构,气体、液体与非晶体属于无序结构。气体中由于分子间的相互作用很弱,各分子在空间中的位置几乎互不相关,分子在空间中的分布是完全无序的。当然,理想的无序状态只在理想气体中才有。在液体和非晶体中,原子的排列是长程无序的,没有周期性或平移对称性,但在近程区域内原子的分布(如配位数、键长、键角等)仍具有类似于晶体的某些特征,或者说具有短程有序。非晶体与液体在结构上虽有相似之处,但两者在宏观性质上有明显不同。

相对于有序结构,无序结构大体上可分为成分无序和拓扑无序两大类。成分无序是指在 A 原子组成的晶格中,用部分 B 原子来替代,两种原子都占据晶格格点位置,但它们在格点上的分布是随机的。这种情况在二元合金中早已被发现并进行了深入研究。例如,CuZn 合金在某一转变温度 T_c(大约 740 K) 以上时是无序的体心立方结构,Cu 和 Zn 原子随机分布在体心立方的格点上。两种原子占据同一格点的概率相等,在 T_c 以下变为有序的简单立方结构,Cu 和 Zn 原子分别占据立方晶胞的顶角和体心位置。因为在无序相中仍有晶格,通常所说的非晶态金属不包括这类合金。拓扑无序是指原子排列没有规则,晶格不复存在,但在原子近邻区域内仍可保持一定的规律,即可存在短程有序的情形,非晶态金属、非晶半导体等属于这一类。图1.2 是成分无序与拓扑无序的示意图。

在晶体中,由于晶格的平移对称性,只要选定原胞基矢,由晶格平移矢 $\boldsymbol{R}$ 就可以确定全部格点位置。但在非晶体中,没有平移对称性,只能按晶体的方式来描述其结构,也不可能逐个

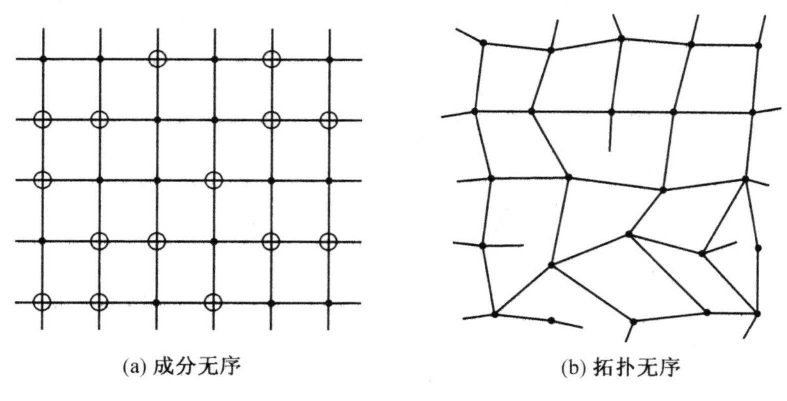

图 1.2　成分无序与拓扑无序示意图

地给出所有原子的位置坐标，比较有效的办法是利用分布函数进行统计描述。

为了简化，通常假定非晶体是均匀和各向同性的，虽然实际非晶体中不一定严格符合，如果不考虑原子间的相互作用，原子之间没有任何关联，则在任一体积元 $d\tau$ 内发现一个原子的概率为

$$P=\frac{N}{V}d\tau=\rho_0 d\tau \tag{1.1}$$

式中，N 为原子总数；V 为体积；ρ_0 为平均原子密度。由于原子间有相互作用，原子在空间中的分布不可能是互相独立的，存在位置关联，与任一原子相距 r 处的 $d\tau$ 发现另一原子的概率可以表示为

$$\rho(r)=\frac{N}{V}g(r)d\tau \tag{1.2}$$

其中，$g(r)$ 称为对关联函数。按照各向同性的假定，$\rho(r)$ 和 $g(r)$ 的大小有关，与方向无关。$g(r)$ 是描述非晶体结构的重要分布函数。它具有以下基本性质：

(1) 当 $r=0$ 时，$g(r)=0$，因为两个原子不能占同一位置，若把原子看成是直径为 a 的硬球，则当 $r<a$ 时，$g(r)=0$。

(2)$g(r)$ 随 r 的变化反映周围原子的统分布情况。对于晶体，原子有序排列，在不同的 r 值处，$g(r)$ 应出现尖锐的极大值；对于液体或非晶体，如果存在短程有序，则 $g(r)$ 在近程的某些 r 值处也出现极大值(图 1.3)。

(3) 当 $r\to\infty$ 时，$g(r)\to 1$，这时原子间的关联可以忽略，结构为完全无序。对于气体，只要 $r\gg a$，则 $g(r)=1$。

按照式(1.2)，以任一原子为球心，在半径为 r 至 $r+dr$ 的球内发现另一原子的概率为

$$\frac{N}{V}g(r)4\pi r^2 dr=4\pi r^2\rho(r)dr \tag{1.3}$$

其中

$$\rho(r)=\frac{N}{V}g(r)=\rho_0 g(r) \tag{1.4}$$

表示半径为 r 的球面上的原子密度，而 $4\pi r^2\rho(r)$ 称为径向分布函数，是描述非晶体结构经常使用的函数。

$g(r)$ 和 $4\pi r^2\rho(r)$ 均可以采用 X 射线衍射技术来测定。近年来发展的扩展 X 射线吸收精

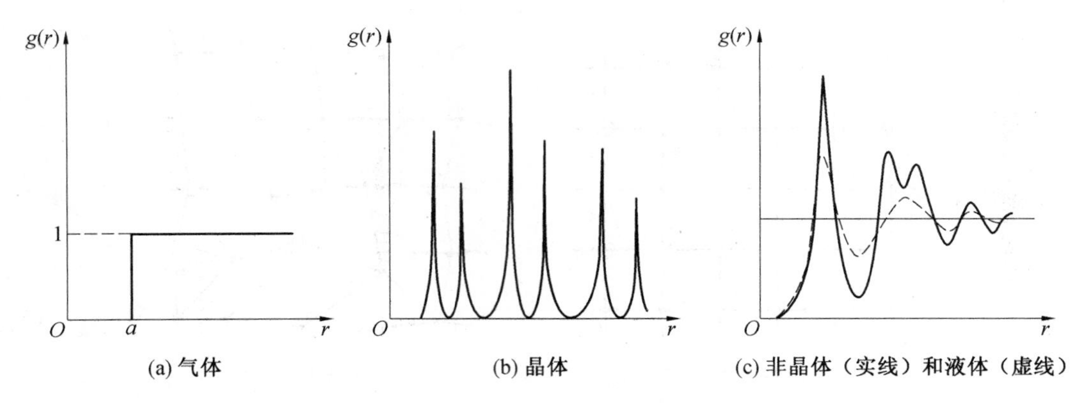

图 1.3 $g(r)$ 随 r 变化的示意图

细结构(EXAFS) 方法可以用来进行短程结构分析，在非晶体的结构研究中已取得很好的成果。图 1.3(c) 中的 $g(r)$ 曲线是根据非晶态 Ni 的实验结果画出的示意图，其他非晶态金属也有类似的结果。可以看出，同一金属在非晶态和液态中的结构有相似之处，但第一峰比液态高，第二峰有明显分裂，表明存在短程有序的范围比液体大。由第一峰的面积可以计算出最近邻原子数，多数非晶态金属的数值接近 12，说明原子的排列是很紧密的。

通过对关联函数 $g(r)$ 和径向分布函数 $4\pi r^2\rho(r)$ 只能做统计描述，虽然可以由实验测定，但从中只能提取原子短程结构的有关信息，对于非晶体的整体结构，原子在空间中到底如何排列却难以直接得出结论。通常是采用某种结构模型来模拟非晶体的结构，然后计算该模型的各种性质(如原子密度、径向分布函数等) 再与实验结论比较，经反复修正可得出比较接近实际的结论。

1.1.2 晶体结构中的键合

晶体具有点阵结构，晶体的结构基元均位于点阵上，而结构基元可以是原子、离子、分子和络合离子，因此，一切晶体都可看作由原子、离子、分子和络合离子所组成。晶体的物理、化学性质受其点阵结构的制约。晶体结构是结构基元在三维空间做有规律的分布，而且在结构基元之间存在着相互作用力 —— 键力。这种作用力对结构基元的组合方式及其对晶体的物理、化学性质都有重要的影响。

1. 金属键

当(金属的) 每一个原子都贡献出它们的价电子，形成由整个晶体(固体金属) 所共有的“电子云”时，这种键合类型就是金属键。图 1.4(a) 是金属离子和电子云的示意图。由于带负电的电子云围绕着每个正离子，构成了规则的三维晶体结构，强烈的静电引力使之结合在一起。在某个局部，一群正离子在被破坏键合后滑移到一个新的位置上，它们又可重新键合起来，这就是金属在应力作用下可表现出塑性的原因。另外，金属具有的电传导和热传导性质，就是由这些价电子贯穿金属的自由运动造成的。

2. 离子键

离子键也称异极键，是在正负离子之间，由于库仑力而相互吸引，但当它们充分接近时，离子的电子云间将产生排斥力，当吸引力和排斥力相等，即达到平衡态时，就形成了离子键。离子键不具有方向性与饱和性的特点。离子力要求周围有较多的带相反电荷的离子与之配位，如图 1.4(b) 所示。

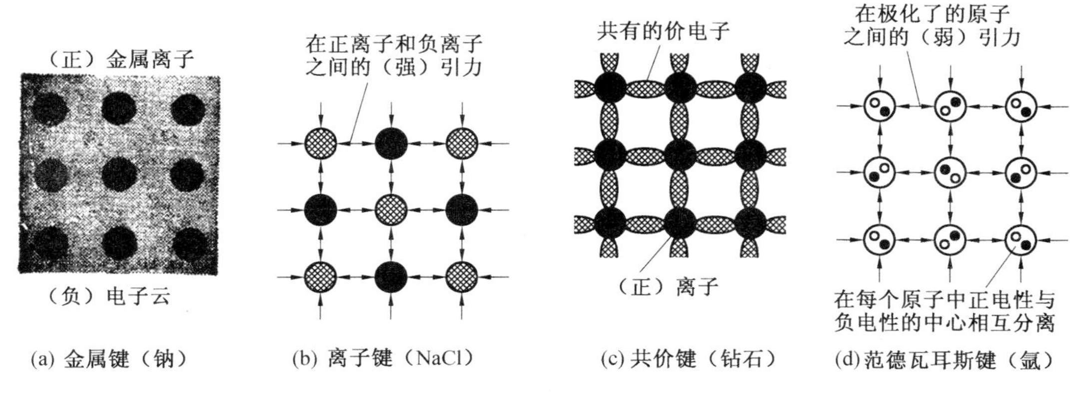

(a) 金属键（钠）　(b) 离子键（NaCl）　(c) 共价键（钻石）　(d) 范德瓦耳斯键（氩）

图 1.4　4 种主要类型的键的图解

3. 共价键

共价键也称同极键。许多具有三价或三价以上的元素，在其晶体结构中是由电子共有所产生的力结合起来的。图 1.4(c) 中示意地表明了共价键合的本质。为了使原子的外层填满 8 个电子以满足原子稳定性的要求，电子必须由$(8-N)$个邻近原子所共有，其中 N 是该特定原子元素在周期表中的族数(即价电子数目)。这个在共价晶体中的普遍规律，称$(8-N)$法则。由共价键合的固体材料，其特征是具有高的硬度和低的导电性。

4. 范德瓦耳斯键

惰性气体和类似甲烷(CH_4)的非极性分子，没有可供晶体键合所需的电子，但可由电荷极化而获得微弱的引力。所谓极化，是中性分子或分子在与邻近的原子或分子靠近时，其正电荷及负电荷中心发生分离，邻近的原子或分子也被极化。图 1.4(d) 是这种极化的示意图。在相邻原子或分子之间由于极化所形成微弱的静电引力，即范德瓦耳斯力，是键合中最弱的一种物理键。范德瓦耳斯力是普遍存在的，然而在化学键合和氢键合的物体中，范德瓦耳斯键的影响几乎可以忽略不计。它只在低温时能够克服原子或分子热运动破坏键合的作用，由这类键合而成的所谓分子晶体是脆弱的，多数在温度远低于 0 ℃ 时就会熔化。

5. 氢键

氢键是表示一种特殊类型物理键的名词，它比范德瓦耳斯键要强得多，但比化学键弱。氢键发生于某些极性分子之间，具有方向性。这些极性分子含有与高电负性原子(N、O 或 F) 共价键合着的氢。高电负性原子对键合电子的吸引比氢强，负电荷中心比正电荷中心更靠近电负性原子，致使分子中的共价键合具有极性。由于氢的唯一的电子已被共用于共价键中，所以在一个分子内的氢原子与另一个分子内的电负性原子之间存在着很强的静电引力(即氢键)，氢原子实际上成为两个电负性原子之间的桥梁。

由氢键键合的 HF、H_2O 和 NH_3 的熔点和沸点比由范德瓦耳斯键键合的 CH_4 和 Ne 等高得多。氢键键合的物体，其液态稳定范围较宽，而范德瓦耳斯键键合的物质，液态的稳定范围较窄。

6. 电负性

分子内原子之间产生电荷偏移的原因，可归因于两种原子吸引电子成为负离子倾向的相对大小。这种表示形成负离子倾向大小的量度称为电负性。整理化合物的生成焓(即键能)，可给出各元素的电负性数值，从而得到电负性表。元素的电负性值越大越易取得电子，即越易于成为负离子。金属元素的电负性较低，非金属元素的电负性较高，大致可用 $X=2$ 将这两类元素分开。两个电负性值差别很小的元素结合成化合物时，其键合主要为非极性共价键或金属键，这与所涉及的元素的性质有关。随着电负性值差别的增加，键合的极性增加，而倾向于离子性，如 Si、AlP、MgS、NaCl，其顺序是从纯共价键合（Si）过渡到离子键合（NaCl）。HF、HCl、HBr、HI 的排列顺序是从强极性特征（HF）过渡到弱极性特征（HI）。

纯共价键合和纯离子键合是连续的键合标度上的两个极端，如果把离子键、共价键、金属键和范德瓦耳斯键 4 个极端的键型画在一个四面体的顶角上，如图 1.5 所示，则大多数实际材料的键合可以用四面体表面或内部的一个点表示。

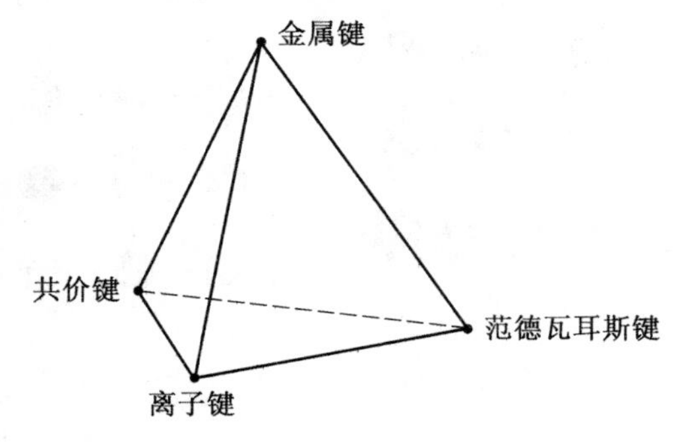

图 1.5 键型四面体

1.1.3 晶体的分类

根据组成晶体质点间的作用力（键合），晶体可以分为金属晶体、离子晶体、共价晶体和分子晶体。

① 金属晶体：金属离子与自由电子之间通过金属键形成的单质晶体，如 Cu。

② 离子晶体：离子化合物中的阴、阳离子按一定的方式有规则地排列而形成的晶体，如 NaCl。

③ 共价晶体：相邻原子通过共价键结合而形成的空间网状结构的晶体，如金刚石、SiO_2。

④ 分子晶体：分子间依靠分子间作用力按一定规则排列形成的晶体，如干冰（CO_2）。

1. 金属晶体和晶体结构的能带理论

（1）晶体结构的密堆积原理。

金属单质晶体结构比较简单，这与金属键密切相关：由于金属键没有方向性和饱和性，大多数金属元素按照等径圆球密堆积的几何方式构成金属单质晶体，主要有立方面心最密堆积、六方最密堆积和立方体心密堆积 3 种类型。

（2）空间利用率。

单位体积中圆球所占体积的百分数为空间利用率，即

空间利用率 = 晶胞中原子总体积 / 晶胞体积

用公式表示为

$$P_0 = V_{\text{atoms}}/V_{\text{cell}} \tag{1.5}$$

配位数是一个圆球周围的圆球数目。

由于密堆积方式充分利用空间，从而使体系的势能尽可能降低，结构稳定。

（3）金属晶体的等径圆球密堆积。

可把组成金属单质晶体的原子看作等径圆球。

① 等径圆球的密堆积。

单层密堆积中只有一种方式，如图 1.6 所示。这种堆积方式中，每个球的配位数为 6，球周围有 6 个三角形空隙，从中可以抽出平面六方格子（注意六方格子是平行四边形，而不是六边

形)。双层等径圆球密堆积也只有一种方式,上层中的球凸出部位填在下层的空隙之上,这时上下两层圆球形成的空隙为正四面体空隙和正八面体空隙。

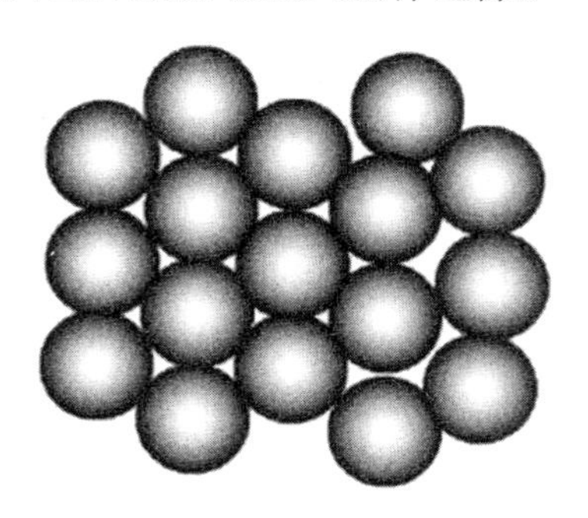

图1.6　单层密堆积

② 六方密堆积(A3型密堆积)。

在等径圆球密置双层之上再放一层,有两种方式,其中之一是和三层中球的位置在密置双层的正四面体空隙之上,即第三层与第一层重复,即采用ABAB… 方式堆积,如图1.7所示,从中可以抽出六方晶胞,所以称为六方密堆积(亦称A3型密堆积)。每个晶胞中含有两个球体(但不是两个点阵点),其分数坐标分别为(0,0,0)和($\frac{2}{3}$,$\frac{1}{2}$,$\frac{1}{2}$),配位数为12,空间利用率为74.05%。注意:在此种密堆积方式中,若抽取点阵的话,并不是每个球都可作为点阵点,只有A层或B层中心的球可作为点阵点,即结构基元为两个球(一个格子中只有一个点阵点,为素格子)。

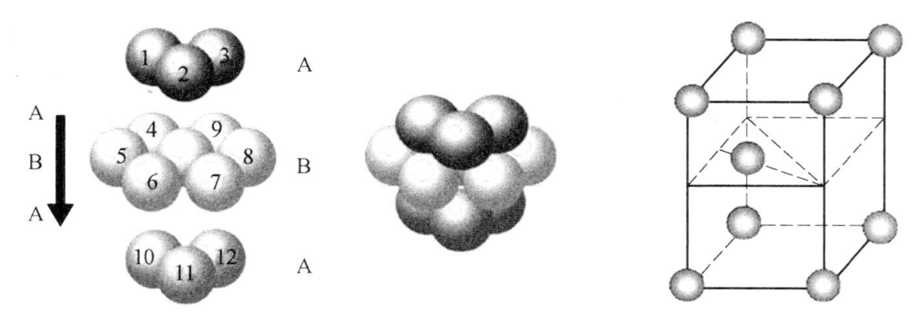

图1.7　六方密堆积和六方晶体

③ 面心立方密堆积(A1型密堆积)。

放置第三层时,球的位置落在密置双层正八面体空隙之上的投影位置既与第二层球错开又与第一层球错开,即采用ABCABC… 方式堆积,如图1.8所示。从中可以抽出立方面心晶胞,所以称为面心立方堆积,也称A1型密堆积。每个晶胞中含4个圆球(也是4个结构基元或4个点阵点)其分数坐标分别为(0,0,0)、($\frac{1}{2}$,$\frac{1}{2}$,0)、($\frac{1}{2}$,0,$\frac{1}{2}$)和(0,$\frac{1}{2}$,$\frac{1}{2}$),配位数为12,空间利用率为74.05%。在此种密堆积方式中,以每个圆球为一个点阵点(结构基元)可抽出立方面心点阵(立方体的一个体对角线方向与密置层垂直)。除了以上两种密堆积方式外,还有两种常见的密堆积方式,但不是最密堆积。

④ 体心立方密堆积(A2型密堆积)。

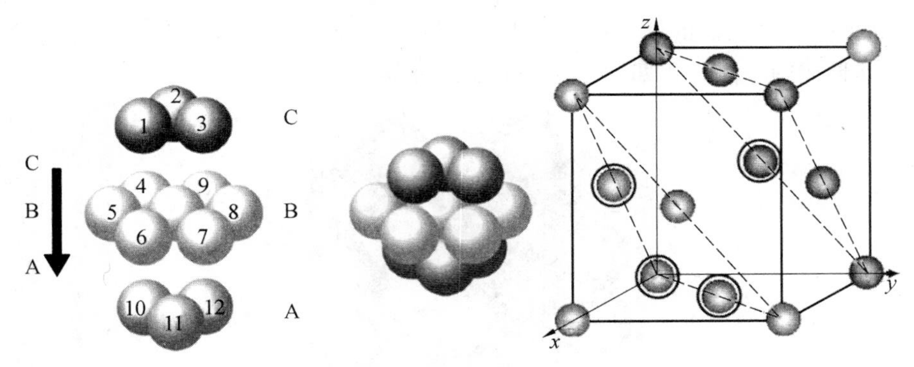

图 1.8 面心立方密堆积和面心立方晶胞

A2 型密堆积不是最密堆积，其结构如图 1.9 所示，从这种堆积方式中可抽取出体心立方晶胞（或体心立方点阵），每个球对应一个点阵点，所以称为体心立方密堆积（也称 A2 型密堆积）。每个晶胞中有两个球，其分数坐标分别为(0,0,0) 和$\left(\frac{1}{2},\frac{1}{2},\frac{1}{2}\right)$，配位数为 8，空间利用率为 68.02%。

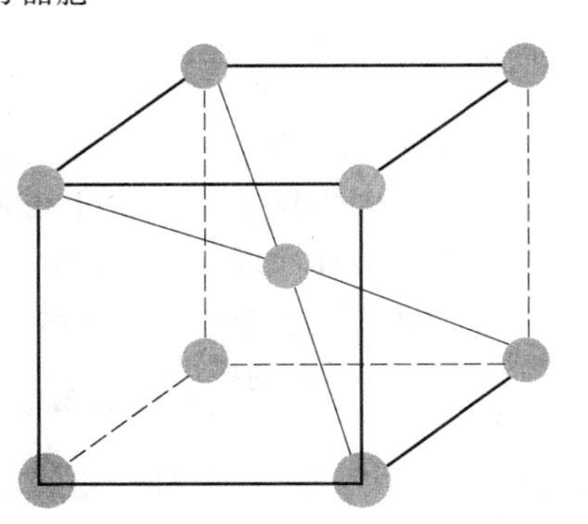

图 1.9 体心立方晶胞

(4) 金属晶体的密堆积形式与金属的原子半径。

若知道金属晶体的堆积方式，也就知道其点阵形式和晶胞中原子的排列方式，由 X 射线衍射测出其晶胞参数，从而可以求出金属原子的半径（接触半径）。

(5) 金属结构的能带理论。

固体能带理论是关于晶体的量子理论，对于金属中的能带，常用的是“近自由电子近似(NFE)”模型和“紧束缚近似(TBA)”模型。虽然 NFE 比 TBA 更适用于简单金属，但 TBA 更具有化学特色，它相当于分子中 LCAO－MO 在晶体中的推广，有如下基本概念：

① 在相邻原子间重叠程度大的原子轨道（外层轨道）形成的能带较宽。

② 填满电子的能带称为满带。

③ 未填充电子的能带称为空带。

④ 未被电子完全填满的能带称为导带。

⑤ 在相邻的能带间一般存在着一定的能带间隔，称禁带。

⑥ 有时相邻的两个能带会出现部分重叠，称叠带。

(6) 金属键的本质。

金属键起源于金属原子的价电子公有化于整个金属大分子，在典型的金属中，没有定域的双原子键，在形成金属键时，电子由原子能级进入晶体能级（能带）形成离域的多中心键，高度的离域使体系的能量下降较大，从而形成了一种强烈的吸引作用。

金属键的特点：高度离域的多中心键；没有方向性和饱和性。

2. 离子晶体和离子键

(1) 不等径圆球密堆积。

离子晶体中正、负离子具有接近球对称的电子云分布，可以将离子看作具有一定半径的圆球，为了使能量降低，正(负)离子尽可能多地与负(正)离子接触。但一般负离子半径较大，所以一般是负离子(大球)按一定方式堆积，正离子(小球)填充在负离子堆积形成的空隙中，从而形成较稳定的离子晶体。

(2) 离子半径。

离子半径是指正负离子之间的接触半径，即正负离子之间的核间距为正负离子半径之和。由负离子的堆积形式、正负离子的接触情况以及晶胞参数可求出离子半径。

例如，NaCl 型晶体中正负离子交替排列，正负离子的接触情况有 3 种(从一个晶面看)：

① 负离子半径比正离子半径大很多，负离子之间接触，正离子之间不完全接触。

② 正负离子之间正好都能接触。

③ 正离子半径较大，把负离子撑开，正负离子之间接触但负离子之间不能接触。

(3) 离子半径比与离子晶体结构。

离子晶体中一般是负离子形成密堆积，正离子填充在负离子形成的空隙中，负离子不同的堆积方式形成不同的空隙，正负离子半径比不同可产生不同的接触情况，为了使体系能量尽量降低，要求正负离子尽量接触，所以正负离子半径比就决定了正离子填充什么样的空隙，也就决定了离子晶体的结构。

① 立方体空隙。

离子按立方体形式堆积形成立方体空隙。

正离子填充在立方体空隙中，若正负离子正好接触，这时正负离子配位数都是 8。

立方体的体对角线：

$$\sqrt{3}\times 2r_{-}=2r_{-}+2r_{+}$$

$$r_{+}=\frac{1}{2}(2\sqrt{3}-2)r_{-}$$

$$\frac{r_{+}}{r_{-}}=0.732$$

若$\frac{r_{+}}{r_{-}}=0.732$，正离子、负离子及正负离子之间都接触，为最密堆积方式。

若$\frac{r_{+}}{r_{-}}>0.732$，正离子把负离子撑开，负负离子之间不接触，但正负离子之间接触，也能稳定存在。

若$\frac{r_{+}}{r_{-}}<0.732$，负离子之间接触，但正负离子之间不接触，不稳定。

当$\frac{r_{+}}{r_{-}}=1$时，形成等径球堆积。

所以$1>\frac{r_{+}}{r_{-}}\geqslant 0.732$时，填充立方体空隙。

② 八面体空隙。

正负离子配位数都为 6。

若正负离子正好接触，则

$$2r_- + 2r_+ = \sqrt{2} \times 2r_-$$

$$r_+ = (\sqrt{2} - 1)r_-$$

$$\frac{r_+}{r_-} = 0.414$$

若$\frac{r_+}{r_-} < 0.414$，负离子之间接触，正负离子之间不接触，不稳定。

若$\frac{r_+}{r_-} > 0.414$，正离子把负离子撑开，正负离子之间还能接触，稳定。

若$\frac{r_+}{r_-} \geqslant 0.732$时，正离子填充立方体空隙（因此时配位数为8，更稳定）。

所以$0.732 > \frac{r_+}{r_-} \geqslant 0.414$时，填充八面体空隙。

③ 四面体空隙。

正负离子配位数都为4。

经计算，当正负离子之间正好接触时，$\frac{r_+}{r_-} = 0.225$。

所以$0.414 > \frac{r_+}{r_-} \geqslant 0.225$时，填充四面体空隙。

综上，离子半径比与离子晶体结构见表1.1。

表1.1 离子半径比与离子晶体结构

正负离子半径比	配位数	多面体空隙
$0.225 \leqslant \frac{r_+}{r_-} < 0.414$	4	四面体
$0.414 \leqslant \frac{r_+}{r_-} < 0.732$	6	八面体
$0.732 \leqslant \frac{r_+}{r_-} < 1$	8	立方体

（4）典型的离子晶体结构。

负离子采取什么样的堆积方式是由$\frac{r_+}{r_-}$的值决定的，尽管离子晶体的结构多种多样，但它们的结构可以归纳成几种典型的结构形式，常见的有NaCl型、CsCl型、立方ZnS等，它们代表了很多离子晶体。

①NaCl型。

以NaCl为代表的这类晶体属立方晶系，如图1.10所示，其正负离子相间排列，Na^+或Cl^-各组成一套立方面心点阵，正负离子的配位数为6∶6，可以抽出立方面心点阵结构。

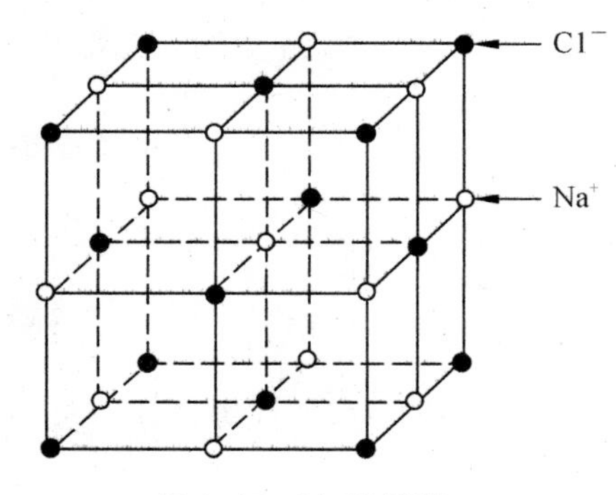

图1.10 NaCl晶胞

每个晶胞含有4个Na^+和Cl^-，结构基元是1个Na^+和1个Cl^-，其分数坐标为

Na^+（或 Cl^-）：顶点(0,0,0)，面心$(\frac{1}{2},\frac{1}{2},0)$、$(\frac{1}{2},0,\frac{1}{2})$、$(0,\frac{1}{2},\frac{1}{2})$；

Cl^-（或 Na^+）：体心$(\frac{1}{2},\frac{1}{2},\frac{1}{2})$，棱上 3 个点：$(\frac{1}{2},0,0)$、$(0,\frac{1}{2},0)$、$(0,0,\frac{1}{2})$。

②CsCl 型。

以 CsCl 为代表的这类晶体属立方晶系，Cs^+ 或 Cl^- 组成简单立方点阵（注意：是简单立方点阵，而不是体心立方，抽取点阵点时或取 Cs^+ 为点阵点，或取 Cl^- 为点阵点，均构成简单立方点阵），正负离子的配位数均为 8。

如图 1.11 所示，每个晶胞含 1 个 Cl^- 和 1 个 Cs^+，结构基元是 1 个 Cl^- 和 1 个 Cs^+，其分数坐标为

Cl^-（或 Cs^+）：(0,0,0)；

Cs^+（或 Cl^-）：$(\frac{1}{2},\frac{1}{2},\frac{1}{2})$。

属于这类晶体的还有 CsBr 和 CsI 等。

3. 共价型原子晶体和混合键型晶体

(1) 共价型原子晶体。

所有原子都以共价键相结合形成的晶体称为共价型原子晶体。共价型原子晶体的特点如下：

原子间以共价键相结合，共价键有方向性和饱和性，所以原子的配位数由键的数目决定，一般配位数较低，键的方向性决定了晶体结构的空间构型；由于共价键的结合力比离子键大，所以共价型原子晶体均有较大的硬度和高的熔点，其导电性和导热性较差。金刚石是一种典型的共价型原子晶体，其结构如图 1.12 所示。

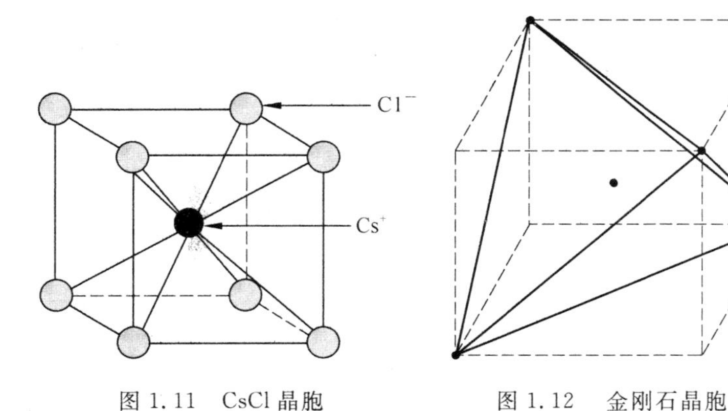

图 1.11　CsCl 晶胞

图 1.12　金刚石晶胞

在这种晶体中，每个 C 原子采取 sp^3 杂化，C 与 C 相连，形成四面体结构，这种结构在空间连续排布就形成了金刚石。 它属于 A4 型密堆积，可抽出面心立方晶胞，每个 C 的配位数为 4。Si、Ge、Sn 的单质，SiC 和 SiO_2 都属于共价型原子晶体。

(2) 混合键型晶体。

内部结构含有两种以上键型的晶体称为混合键型晶体。石墨是一种典型的混合键型晶体,其结构如图 1.13 所示,石墨中,每个 C 以 sp^2 杂化与其他 C 形成平面大分子(大共轭分子),由多层平面大分子排列起来就构成了石墨。

在每一层内,C 与 C 以共价键结合,键长为 0.142 nm,而层与层之间靠范德瓦耳斯力相结合,比化学键弱得多,层间距为 0.34 nm,由于有离域的 π 电子,所以,石墨具有一些金属的性质,如良好的导电性、导热性,具有金属光泽等;由于石墨层与层之间结合力较弱,层间容易滑动,所以,石墨是一种很好的润滑剂。属于这类晶体的还有 CaI_2、CdI_2、MgI_2、$Ca(OH)_2$ 等。

4. 分子型晶体和氢键型晶体

(1) 分子型晶体。

单原子分子或共价分子由范德瓦耳斯力凝聚而成的晶体称为分子型晶体,这种晶体是由单原子分子组成,如惰性气体的晶体,则其组成微粒间都是靠范德瓦耳斯力结合,这与共价型原子晶体是有区别的。

由于范德瓦耳斯力没有方向性和饱和性,所以一般这种晶体中都尽可能采用密堆积方式。例如,He 晶体属 A3 型密堆积,Ne、Ar 晶体属 A1 型密堆积,有些接近球形的分子晶体也采用密堆积方式,如 H_2 晶体属 A3 型密堆积,Cl_2 晶体属 A1 型密堆积。CO_2 晶体是一种典型的分子型晶体,其结构如图 1.14 所示,从这种晶体可抽出立方面心晶胞,每个晶胞含 4 个 CO_2 分子。

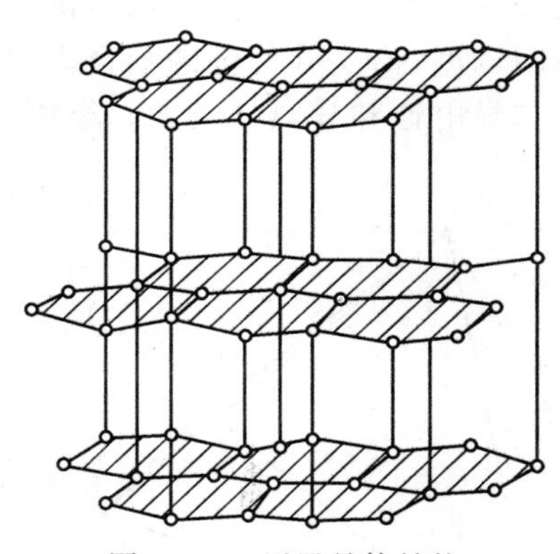

图 1.13 石墨晶体结构

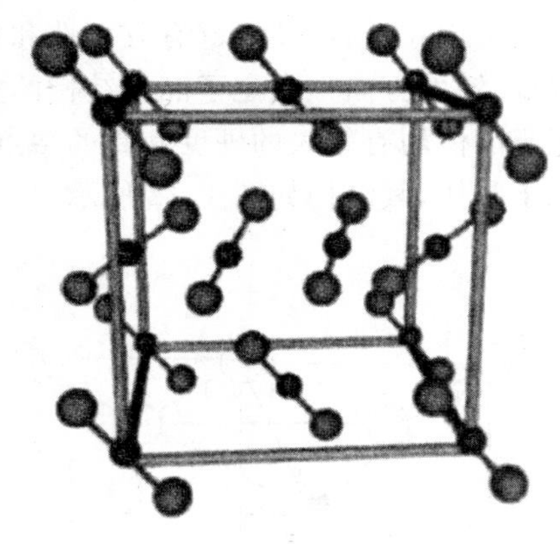

图 1.14 CO_2 晶体结构

(2) 氢键型晶体。

分子中与电负性大的原子 X 以共价键相连的氢原子,还可以与另一个电负性大的原子 Y 之间形成一种弱的键,称为氢键。氢键有方向性和饱和性。通常在晶体中分子间尽可能多生成氢键以降低能量。冰是一种典型的氢键型晶体,属于六方晶系,其结构如图 1.15 所示。

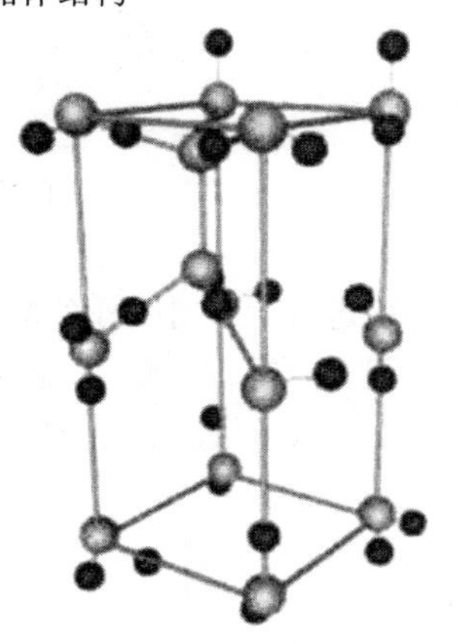

图 1.15 冰的晶体结构

在冰中每个 O 原子周围有 4 个 H,2 个 H 近一些,以共价键相连,2 个 H 较远,以氢键相连,氢的配位数为 4。为了形成稳定的四面体型结构,水分子中原有的键角(105°)也稍有扩张,使各键之间都接近四面体角(109°28′)。这种结构是比较疏松的,因此冰的密度比水小。当冰融化成水时，部分氢键遭到破坏，但仍有一部分水分子以氢键结合成一些小分子集团，这些小分子集团可以堆积得比较紧密，故而冰融化成水时体积减小，当温度很高时分子热运动加剧，分子间距离增大，体积增大，密度减小，只有在4 ℃时水的密度最大。

1.1.4　晶体与非晶体的性质

1. 晶体的性质

定义：为一切晶体所共有的，并能以此与其他性质的物质相区别的性质。

本质：由晶体的格子构造所决定的。

晶体主要具有以下特征：

(1) 自限性(自范性)。

自限性是指晶体在生长过程中，在适当的条件下，可以自发地形成几何凸多面体外形的性质。晶体的多面体形态是其格子构造在外形上的直接反映，晶面、晶棱和角顶分别与格子构造中的面网、行列和结点相对应。

(2) 均一性。

均一性是指晶体中各个部分的物理性质和化学性质是相同的。由于质点周期性重复排列，晶体的任何一部分在结构上都是相同的，由此，由结构决定的一切物理性质，如密度、导热性、膨胀性等也都具有均一性。非晶体、液体和气体具有统计均一性。晶体取决于其格子构造，称为结晶均一性。

(3) 异向性(各向异性)。

同一格子构造中，在不同方向上质点排列一般是不一样的，因此，晶体的性质也随方向的不同而有所差异，这就是晶体的异向性。

(4) 对称性。

对称性是指晶体相同的性质在不同方向或位置上做有规律的重复。

宏观对称：指晶体相同部位能够在不同的方向或位置上有规律重复出现的特性，宏观对称是晶体分类的基础。

微观结构对称：指格子构造本身就是质点在三维空间呈周期性重复的体现，从这个意义上说，所有的晶体都是对称的。

(5) 最小热力学能性。

在相同热力学条件下，晶体与同种物质的非晶质体、液体、气体状态相比较，其热力学能最小。

$$热力学能 = 动能 + 势能$$

其中，动能由晶体内部质点在平衡点周围做无规则运动所决定，与T、p有关；势能由质点间相互位置所决定，与质点的排列有关。

当T、p一定时，动能一定，这样决定物质热力学能大小的就是势能。因为晶体内部质点都已经达到平衡位置，所以其势能最小。而非晶质体、液体、气体的质点排列没有规律，质点间的距离不是平衡距离，所以它们的势能都比晶体势能大。

晶体受热融化时具有一定的熔点，这时因为晶体具有格子状构造，其各部分质点按相同方式排列，因此熔化时各部分所需的温度相同。而非晶质体则不具有固定的熔点。

(6) 稳定性。

在相同的热力学条件下,晶体比具有相同化学成分的非晶质体稳定。晶体的稳定性是其具有最小热力学能的必然结果。

晶体在其某些方面上某些原子间的结合力特别弱,因此受外力作用时常沿这些地方破裂,称为解理性。例如,云母可以撕成很薄很大的薄片,具有极其明显的解理性。半导体单晶 Si、Ge、GaAs 等也具有明显的解理性。

同一种物质可以按不同的固态(晶态或非晶态)存在,如二氧化硅(SiO_2),它既能以石英晶体(即水晶)的结晶态形式存在,又能以石英玻璃的非结晶态形式存在,理论与实践都证明,对同一成分的固态物质而言,以结晶态形式存在时,其热力学能极小,因而最稳定。非晶态物质热力学能较高,因而是不稳定的。在一定条件下,它会自发地向结晶态转变。例如,一般的玻璃在经过较长的年代以后,其中会产生一些由细小晶体构成的白色羽毛状花纹,这些小晶粒就是非晶态玻璃自发地转变为晶体而产生的。

2. 非晶体的性质

固态物质除了上述讨论的各类晶体外,还有一大类称为非晶体。从内部原子(或离子、分子)排列的特征来看,晶体结构的基本特征是原子在三维空间呈周期性排列,即存在长程有序,而非晶体中的原子排列却无长程有序的特点。

非晶态物质包括玻璃、凝胶、非晶态金属和合金、非晶态半导体、无定形碳及某些聚合物等。若分类的话,非晶态物质可分为玻璃和其他非晶态两大类。玻璃是指具有玻璃转变点(玻璃化温度)的非晶态固体。玻璃与其他非晶态的区别就在于有无玻璃转变点。

玻璃包括非晶态金属和合金(也称金属玻璃),实际上是从一种过冷状态液体中得到的。对于有可能进行结晶的材料,决定液体冷却时是否能结晶或形成玻璃的外部条件是冷却速度,内部条件是黏度。如果冷却速率足够高,任何液体原则上都可以转变为玻璃。特别是对那些分子结构复杂、材料熔融态时黏度很大(即流体层间的内摩擦力很大)或者是结晶动力学迟缓的物质,冷却时原子迁移扩散困难,则晶体的组成过程很难进行,容易形成过冷液体。随着温度的继续下降,过冷液体的黏度迅速增大,原子间的相互运动变得更加困难,所以当温度降至某一临界温度以下时,即固化成玻璃。这个临界温度称为玻璃化温度 T_g。一般 T_g 不是一个确定的数值,而是随冷却速度变化的温度区间,通常在$\left(\frac{1}{3}\sim\frac{1}{2}\right)T_m$(熔点)范围内。

金属材料由于其晶体结构比较简单,且熔融时的黏度小,冷却时很难阻止结晶过程的发生,故固态下的金属大多为晶体;但如果冷却速度很快时(如利用模冷技术,充分发挥热传导机制的导热能力,可获得 $10^5\sim10^{10}$ K/s 的冷却速度),能阻止某些合金的结晶过程,此时,过冷液态的原子排列方式保留至固态,原子在三维空间则不呈周期性的规则排列,如铁基非晶磁性材料就是这样制得的。随着现代材料制备技术的发展,蒸镀、溅射、激光、溶胶凝胶法和化学镀法也可以获得玻璃相和非晶薄膜材料。

陶瓷材料晶体一般比较复杂,特别是能形成三维网络的 SiO_2 等。尽管大多数陶瓷材料可进行结晶,但也有一些是非晶体,这主要是指玻璃和硅酸盐结构。硅酸盐的基本结构单元是 $[SiO_4]^{4-}$ 四面体,其中 Si^{4+} 处在 4 个 O^{2-} 构成的四面体间隙中。值得注意的是,这里每个 O^{2-} 的外层电子不是 8 个而是 7 个。为此,它或从金属原子那里获得电子,或再和第二个 Si 原子共用一个电子对,于是形成多个四面体群。对纯 SiO_2,没有金属离子,每个氧都作为氧桥连接着

两个 Si^{4+}。若$[SiO_4]^{4-}$四面体可以在空间无限延伸，形成长程的有规则网络结构，这就是前面讨论的石英晶体结构；若$[SiO_4]^{4-}$四面体在三维空间排列是无序的，不存在对称性及周期性，这就是石英玻璃结构。

高聚物也有晶态和非晶态之分。高聚物的结晶在结构上存在以下两方面困难：

(1) 大分子的结晶很少有简单的基元。

(2) 已有链段在不断开键，在不重新形成的条件下，欲实现规则重排只能通过所有各链段的缓慢扩散来完成。因此，细长、柔软而结构复杂的高分子链很难形成完整的晶体。大多数聚合物容易得到非晶结构，结晶只起次要作用。

高分子非晶态可以以液体、高弹性或玻璃体存在，它们共同的结构特点是只具有短程有序。无规立构聚苯乙烯、甲基丙烯酸甲酯、未拉伸的橡胶及从熔融态淬火的聚对苯二甲酸乙二酯等的广角 X 射线衍射花样只呈现一个弥散环就是实验证据。

在高分子结构研究初期，由于缺乏研究手段，因此对非晶态结构的研究进行得很少。当时把高分子非晶态看成由高分子链完全无规则缠结在一起的“非晶态毛毡”，利用这种模型比较成功地建立了橡胶的弹性理论，因此这种模型曾被广泛引用。随着晶态结构研究的发展，特别是 1957 年 Keller 提出折叠链模型并迅速被很多人所接受以后，研究人员对“非晶态毛毡”模型产生了怀疑，因为它无法解释有些高分子(如聚乙烯) 几乎能瞬时结晶的实验事实。电子显微镜观察发现，非晶态结构中可能存在某种局部有序的束状或球状结构。具有代表性的模型有 Yeh 于 1972 年提出的折叠链缨状胶束粒子模型，简称两相球粒模型。这种模型说明，非晶态高分子 存在着一定程度的局部有序，由粒子相和粒间相两部分组成。粒子又可分成有序区(OD) 和粒界区(GB) 两部分。OD的大小为 2 ～ 4 nm，分子链是互相平行排列的，其有序程度与热历史、链结构和范德瓦耳斯相互作用等因素有关。有序区周围有 1 ～ 2 nm 大小的粒间区，由折叠链的弯曲部分构成。而粒间由无规线团、低分子物、分子链末端和连接链组成，尺寸为 1 ～ 5 nm。另一种是 Vollmert 提出的分子链互不贯穿模型。

P. J. Flory 于 1949 年用统计热力学的观点推导出无规线团模型，这种模型说明非晶固体中的每根高分子链都取无规线团的构象，各高分子链之间可以相互贯通，它们之间可以缠结，但并不存在局部的有序的结构，因而非晶态高分子在聚集态结构上是均相的。

最后需指出两点：

(1) 固态物质虽有晶体和非晶体之分，但并不是一成不变的，在一定条件下，两者是可以相互转换的。例如，非晶态的玻璃经高温长时间加热后可获得结晶玻璃；而通常呈晶态的某些合金，若将其从液态快速冷凝下来，也可获得非晶态合金。

(2) 正因为非晶态物质内的原子(或离子、分子) 排列在三维空间不具有长程有序和周期性，故决定它在性质上是各向同性的，并且熔化时没有明显的熔点，而是存在一个软化温度范围。

1.2　布喇菲点阵与晶系

1.2.1　晶体结构

一个理想的晶体是由完全相同的结构单元在空间周期性重复排列而成的。所有晶体的结构可以用晶格来描述，这种晶格的每个格点上附有一群原子，这样的一个原子群称为基元，基元在空间周期性重复排列就形成晶体结构。在晶体中适当选取某些原子作为一个基本结构单元，这个基本结构单元称为基元。基元是晶体结构中最小的重复单元，基元在空间周期性重复排列就形成晶体结构。任何两个基元中相应原子周围的情况是相同的，而每个基元中不同原子周围情况则不相同。

晶体结构即晶体的微观结构，是指晶体中实际质点（原子、离子或分子）的具体排列情况。自然界存在的固态物质可分为晶体和非晶体两大类，固态的金属与合金大都是晶体。晶体与非晶体的本质差别在于组成晶体的原子、离子、分子等质点是规则排列的（长程有序），而非晶体中这些质点除与其最相近外，基本上无规则地堆积在一起（短程无序）。金属及合金在大多数情况下都以结晶状态使用。晶体结构是决定固态金属的物理、化学和力学性能的基本因素之一。

1.2.2　空间点阵

X射线衍射实验表明，晶体由在空间有规律地重复排列的微粒（原子、分子、离子）组成，晶体中微粒有规律地重复排列——晶体的周期性，不同品种的晶体内部结构不同，但内部结构在空间排列的周期性是共同的。

为研究晶体周期性结构的普遍规律，不管重复单元的具体内容，将其抽象为几何点（无质量、无大小、不可区分），则晶体中重复单元在空间的周期性排列就可以用几何点在空间的排列来描述。无数个几何点在空间有规律地排列构成的图形称为点阵。构成点阵的几何点称为点阵点，简称阵点。用点阵的性质来研究晶体的几何结构的理论称为点阵理论。点阵结构中点阵点所代表的具体内容（包括原子或分子的种类和数量及在空间按一定的排列方式）称为晶体的结构基元。结构基元是指重复周期中的具体内容。

点阵：按连接任意两点的向量进行平移后能复原的一组点称为点阵。构成点阵的条件有：① 点阵点数无穷大；② 每个点阵点周围具有相同的环境；③ 平移后能复原。

点阵点：点阵点是代表结构基元在空间重复排列方式的抽象的点。如果在晶体点阵中各点阵点位置上，按同一种方式安置结构基元，就得到整个晶体的结构。

平移：所有点阵点在同一方向移动同一距离且使图形复原的操作。

等同点：在晶体结构中具有相同几何环境和物质环境的几何点。

空间点阵（space lattice）：晶体结构的几何特征是其结构基元（原子、离子、分子或其他原子集团）周期性的排列。通常将结构基元看成一个相应的几何点，而不考虑实际物质内容，这样就可以将晶体结构抽象成一组无限多个做周期性排列的几何点。这种从晶体结构抽象出来的，描述结构基元空间分布周期性的几何点，称为晶体的空间点阵。

所以可简单地将晶体结构表示为

$$晶体结构 = 点阵 + 结构基元$$

一个结点在空间三个方向上，以 $\boldsymbol{a}$、$\boldsymbol{b}$、$\boldsymbol{c}$ 重复出现即可建立空间点阵。周期重复性的矢量 $\boldsymbol{a}$、$\boldsymbol{b}$、$\boldsymbol{c}$ 称为点阵的基本矢量。

由基本矢量构成的平行六面体称为点阵的单位晶胞。

1. 直线点阵（一维点阵）

在一条直线上等距离排列的点形成直线点阵。相邻两个点阵点的矢量 $\boldsymbol{a}$ 是直线点阵的单

位矢量,矢量的长度 $a=|\boldsymbol{a}|$,称为点参数。由聚乙炔直线排列的等径圆球可以抽取出直线点阵,如图 1.16 所示。

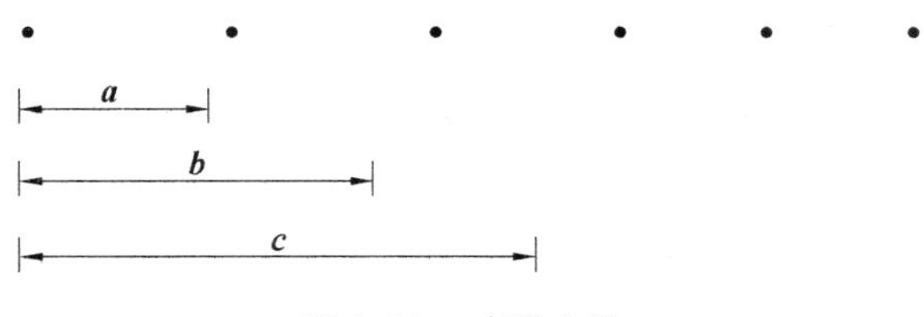

图 1.16　直线点阵

沿向量 $\boldsymbol{a}$、$\boldsymbol{b}$、$\boldsymbol{c}$ 等平移都能使图形复原。

直线点阵中连接任意两相邻阵点的向量称为素向量(又称基本向量)。图 1.16 中 $\boldsymbol{a}$ 为素向量,$\boldsymbol{b}$、$\boldsymbol{c}$ 为复向量。

直线点阵中有无穷多个平移操作可使其复原,用数学语言描述则为

$$T_m = ma \ (m=0, \pm 1, \pm 2, \cdots)$$

此外,NaCl 晶体中沿某晶棱方向排列的一列离子,石墨晶体中的一列原子均可抽取出直线点阵。

2. 平面点阵

将晶体结构中某一平面上周期性重复排列的结构基元抽象成点,可得平面点阵。

例如,NaCl 晶体中平行于某一晶面的一层离子,石墨晶体中的一层碳原子,将平面点阵点用直线连接起来得到平面格子。平面格子由一些平面四边形(平面点阵单位)无隙并置排列而成。平行四边形顶点处的点阵点被 4 个相邻格子所共用,每个单位分摊 1/4 个,棱上的点被两个格子共用,每个格子分摊 1/2 个。

只含有一个点阵点的平面点阵单位称素单位,它是平面点阵的基本单位。含两个以上点阵点的平面点阵单位称为素单位。将素单位中两个互不平行的边作为平面点阵的基本向量,两两连接所有点阵点,所得向量可用这两个基本向量表示。

3. 空间点阵(三维点阵)

组成晶体的粒子(原子、离子或分子)在三维空间中形成有规律的某种对称排列,如果我们用点来代表组成晶体的粒子,这些点的空间排列就称为空间点阵,即其排列具有周期性。也就是说,从点阵中的任一阵点出发,无论向哪个方向延伸,如果经过一定距离后遇到另一个阵点,那么再经过相同的距离,必然遇到第三个阵点,如此等等。这个距离称为平移周期。在不同方向上,有不同的平移周期。取一个阵点做顶点,以不同方向上的平移周期 a、b、c 为棱长,做一个平行六面体,这样的平行六面体称为晶胞。如果只要求反映空间点阵的周期性,就可以取体积最小的晶胞,称为原胞。原胞的重复排列可以形成整个点阵。

4. 平面格子(正当格子)

对平面点阵按选择的素向量和用两组互不平行的平行线组(过点阵点,等间距),把平面点阵划分成一个个的平行四边形,可得到平面格子。由于素向量的选取有多种形式,所以一个平面点阵可得到多种平面格子。

平面格子中的每个平行四边形称为一个单位。四边形顶点上的阵点,对每个单位的贡献为 1/4;四边形边上的阵点对每个单位的贡献为 1/2;四边形内的阵点对每个单位的贡献为 1。只含一个阵点的单位称为素单位(素格子),含有两个或两个以上阵点的单位称为复单位(复格

子)。注意:素单位肯定是由素向量构成的,但素向量不一定构成素单位。

由空间点阵按选择的向量把三维点阵划分成一个个的平行六面体,可得到空间格子,空间格子中的每个平行六面体称为空间格子的一个单位,也有素单位(素格子)、复单位(复格子)和正当单位(正当格子)之分。

空间点阵素格子的对称类型有7种,相应晶体可划分为7个晶系(三斜、单斜、正交、四方、三方、六方、立方),复格子有体心、底心(含两个点阵点)和面心(含4个点阵点),共14种点阵形式。

1.2.3 晶体的微观结构——点阵结构及其基本性质

凡是能抽取出点阵的结构都可称为点阵结构;点阵结构可以被与它相对应的平移群所复原。构成点阵的两个条件:点数无限多;各点所处的环境完全相同。点数无限多指当晶体颗粒与内部微粒相比,其直线上的差约为10^7倍时,可近似认为有无限多个粒子。点阵点所处的环境相同指对于每个点,在相同的方向上、相同的距离处都可找到点阵点。

1. 布喇菲晶胞

空间点阵是晶体结构的数学抽象,晶体具有点阵结构。空间点阵中可以划分出一个个的平行六面体——空间格子,空间格子在实际晶体中可以切出一个个平行六面体的实体,这些包括了实际内容的实体称为晶胞,晶胞是晶体结构中的基本重复单位。晶胞一定是平行六面体,它们堆积起来能构成晶体。晶胞也有素晶胞、复晶胞和正当晶胞之分,只含一个结构基元的晶胞称为素晶胞。

正当晶胞:在考虑对称性的前提下,选取体积最小的晶胞为正当晶胞。正当晶胞可以是素晶胞,也可以是复晶胞。晶胞的两要素为晶胞的大小和形状(用晶胞参数表示)。晶胞所含内容,即晶胞内原子的种类、数量及位置(用原子的分数坐标表示)。

在晶格中取一个格点为顶点,以3个不共面的方向上的周期为边长形成的平行六面体作为重复单元,这个平行六面体沿3个不同的方向进行周期性平移,就可以充满整个晶格,形成晶体,这个平行六面体即为原胞,代表原胞3个边的矢量称为原胞的基本平移矢量,简称基矢。

在晶格中取一个格点为顶点,以3个不共面的方向上的周期为边长形成的平行六面体作为重复单元,这个平行六面体沿3个不同的方向进行周期性平移,就可以充满整个晶格,形成晶体,这个平行六面体即为原胞,代表原胞3个边的矢量称为原胞的基本平移矢量,简称基矢。

2. X射线衍射

晶体的周期性结构使晶体能对X射线、中子流、电子流等产生衍射效应,测试方法主要有X射线衍射法、中子衍射法和电子衍射法,这些衍射法能获得有关晶体结构的可靠而精确的数据。在衍射法中,最重要的是X射线衍射法。

X射线通常是在真空度为$10^{-3}\sim10^{-5}$ Pa的X射线管内,由高电压加速的一束高速运动的电子,冲击阳极金属靶而产生的。由光子能量$h\nu$和电子能量eV,得X射线最小波长λ为

$$\lambda=\frac{h\nu}{eV}\approx\frac{12\ 000}{V}$$

为探测晶体结构,波长尺度应与原子间距(约0.1 nm)相当,$\lambda\approx0.03$ nm,要求电压约为40 kV。X射线照射晶体产生3种结果:透过、反射、吸收。吸收的X射线一部分以光电效应与

晶体相互作用，另一部分则以散射效应与晶体相互作用。X射线散射是物质中的电子与X射线相互作用，使X射线改变了方向。原子核质量较大，在X射线的作用下，位移小，散射效应很小；散射主要是在X射线与电子之间发生。

散射又分为相干散射与不相干散射。相干散射：散射后所产生的次生X射线的波长、相位与散射前的X射线都相同，只是方向有了变化。相干散射是X射线在晶体中产生衍射的基础。相干散射的机理为：当晶体中的电子在X射线电磁场的作用产生受迫振动时，每一受迫振动的电子便成为新的电磁波波源向空间各个方向辐射球面电磁波，由于电子随着原生X射线的电场起伏振动，其振动频率和位相与原生X射线一致，所以，由电子振动产生的散射波也是X射线，称为次生X射线。散射后的X射线的方向和波长均发生变化。

次生X射线的特点有：符合相干条件，将产生干涉现象，在一定的方向构成衍射极大。这种衍射图形在一定程度上反映了晶格中原子排列的情况。由于晶体内部具有点阵式的周期结构，可以将电子或原子产生的次级X射线干涉分为两类情况来讨论：由点阵中阵点上的原子或电子所产生的次生X射线互相干涉的情况；与点阵中点所代表的结构基元的具体内容有关，或者说与晶胞中原子的分布位置有关的点所产生的次生X射线间相互干涉的情况。前者决定晶体的衍射方向，后者决定晶体的衍射强度。

把空间点阵看成由互相平行的且间距相等的一系列平面点阵组成，由这种物理模型出发得到布拉格方程。平面点阵对于特定的衍射是一个等程面，即平面点阵中任意一点与原点的波程差为一常数，各点间波程差为零。1912年，德国科学家马克斯·冯·劳厄提出劳厄方程，说明了入射光被晶格衍射的情形。劳厄方程和布拉格方程有内在联系，劳厄方程可以转化成布拉格方程。1913年英国物理学家布拉格父子(W. H. Bragg和W. L. Bragg)在劳厄发现的基础上，不仅成功地测定了NaCl、KCl等的晶体结构，并提出了作为晶体衍射基础的著名公式 —— 布拉格方程：

$$2d\sin\theta = n\lambda$$

式中，λ 为X射线的波长；n 为任何正整数。

当X射线以掠角 θ(入射角的余角)入射到某一点阵晶格间距为 d 的晶面上时，在符合上式的条件下，将在反射方向上得到因叠加而加强的衍射线。布拉格方程简洁直观地表达了衍射所必须满足的条件。当X射线波长 λ 已知时(选用固定波长的特征X射线)，采用细粉末或细粒多晶体的线状样品，可从一堆任意取向的晶体中，从每一 θ 符合布拉格方程条件的反射面得到反射，测出 θ 后，利用布拉格方程即可确定点阵晶面间距、晶胞大小和类型；根据衍射线的强度，还可进一步确定晶胞内原子的排布。这便是X射线结构分析中的粉末法或德拜－谢乐(Debye－Scherrer)法的理论基础。而在测定单晶取向的劳厄法中所用单晶样品保持固定不变动(即 θ 不变)，以辐射束的波长作为变量来保证晶体中一切晶面都满足布拉格方程的条件，故选用连续X射线束。如果利用结构已知的晶体，则在测定出衍射线的方向 θ 后，便可计算X射线的波长，从而判定产生特征X射线的元素。这便是X射线谱术，可用于分析金属和合金的成分。

3. 晶胞参数

晶胞参数：选取晶体所对应点阵的3个素向量为晶体的坐标轴 X、Y、Z，称为晶轴。晶轴确定之后，3个素向量的大小 a、b、c 及这些向量之间的夹角 α、β、γ 就确定了晶体的形状和大小，α、β、γ、a、b、c 为晶胞参数，且 $\alpha = b \wedge c$，$\beta = a \wedge c$，$\gamma = a \wedge b$。

为了表达最简单，应该选择最理想、最适当的基本矢量作为坐标系统，即以结点作为坐标原点；① 选取基本矢量长度相等的数目最多；② 其夹角为直角的数目最多；③ 晶胞体积最小。这样的基本矢量构成的晶胞称为布喇菲（Bravais）晶胞。每个点阵只有一个最理想的晶胞即布喇菲晶胞。

法国晶体学家 A. Bravais 研究表明，按照上述三原则选取的晶胞只有 14 种，称为 14 种布喇菲点阵。在几何学以及晶体学中，布喇菲晶格（又译为布拉维空间格子）是为了纪念奥古斯特·布喇菲在固态物理学的贡献命名的。空间点阵只能有 14 种：简单三斜、简单单斜、底心单斜、简单正交、底心正交、体心正交、面心正交、简单六方、简单菱方、简单四方、体心四方、简单立方、体心立方和面心立方。根据其对称特点，它们分别属于 7 个晶系。

空间点阵是一个三维空间的无限图形，为了研究方便，可以在空间点阵中取一个具有代表性的基本小单元，这个基本小单元通常是一个平行六面体，整个点阵可以看作由这样一个平行六面体在空间堆砌而成，此平行六面体称为单胞。当要研究某一类型的空间点阵时，只需选取其中一个单胞来研究即可。在同一空间点阵中，可以选取多种不同形状和大小的平行六面体作为单胞。

由于固体物理单胞只能反映晶体结构的周期性，不能反映其对称性，所以在晶体学中，规定了选取单胞要满足以下几点原则：① 要能充分反映整个空间点阵的周期性和对称性；② 在满足 ① 的基础上，单胞要具有尽可能多的直角；③ 在满足 ①、② 的基础上，所选取单胞的体积要最小。

根据以上原则，所选出的 14 种布喇菲点阵的单胞可以分为两大类。一类为简单单胞，即只在平行六面体的 8 个顶点上有结点，而每个顶点处的结点又分属于 8 个相邻单胞，故一个简单单胞只含有一个结点。另一类为复合单胞（或称复杂单胞），除在平行六面体顶点位置含有结点之外，尚在体心、面心、底心等位置上存在结点，整个单胞含有一个以上的结点。14 种布喇菲点阵中包括 7 个简单单胞和 7 个复合单胞。

1.2.4 七大晶系

七大晶系包含上面的 14 种布喇菲点阵，见表 1.2，其中：

三斜晶系（一种）—— 简单三斜；

单斜晶系（两种）—— 简单单斜、底心单斜；

正交晶系（四种）—— 简单正交、底心正交、体心正交、面心正交；

四方晶系（两种）—— 简单四方、体心四方；

三方晶系（一种）—— 简单菱方；

六方晶系（一种）—— 简单六方；

立方晶系（三种）—— 简单立方、体心立方、面心立方。

晶体根据其对称程度的高低和对称特点可以分为七大晶系，所有晶体均可归纳在这 7 个晶系中，而晶体的七大晶系是和 14 种布喇菲点阵相对应的。所有空间点阵类型均包括在这 14 种之中，不存在这 14 种布喇菲点阵外的其他任何形式的空间点阵。底心四方点阵可以用简单四方点阵来表示，面心四方可以用体心四方来表示。如果在单胞的结点位置上放置一个结构基元，则此平行六面体就成为晶体结构中的一个基本单元，称之为晶胞。在实际应用中常将单胞与晶胞的概念混淆起来，而没有加以细致的区分，其具体参数见表 1.3。

表 1.2　14 种布喇菲点阵

晶系	布喇菲点阵			
三斜晶系	P $\alpha,\beta,\gamma\neq 90°$ 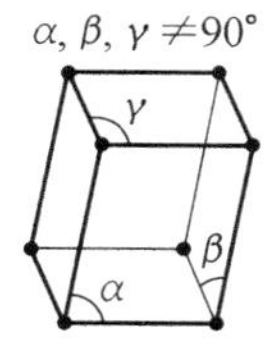			
单斜晶系	P $\beta\neq 90°$ $\alpha=\gamma=90°$ 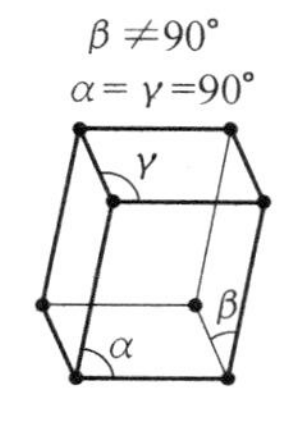	C $\beta\neq 90°$ $\alpha=\gamma=90°$ 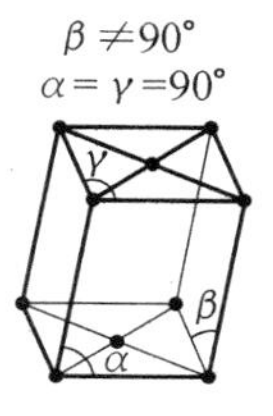		
正交晶系 （斜方晶系）	P $a\neq b\neq c$ 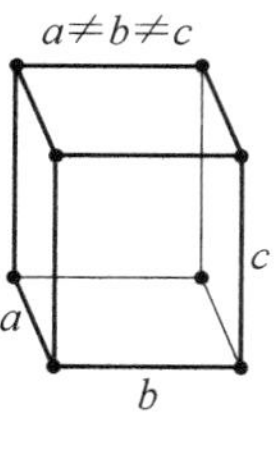	C $a\neq b\neq c$ 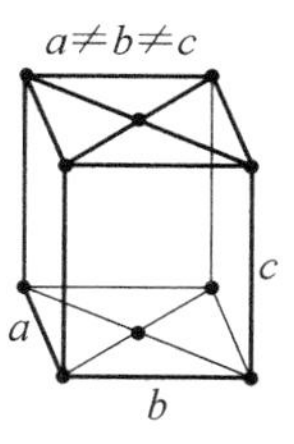	I $a\neq b\neq c$ 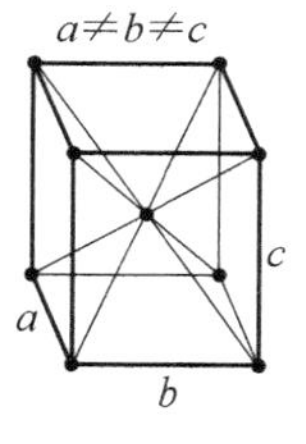	F $a\neq b\neq c$ 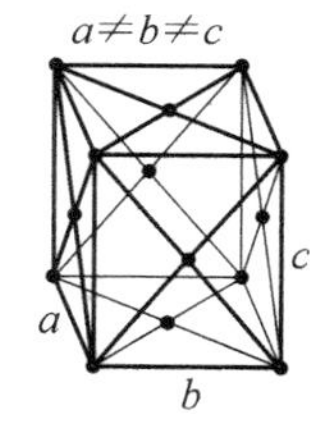
四方晶系	P $a\neq c$ 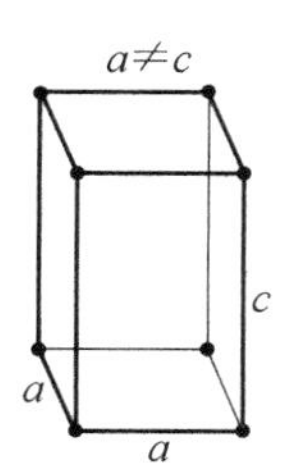		I $a\neq c$	
三方晶系 （菱方晶系）	P $\alpha=\beta=\gamma\neq 90°$ 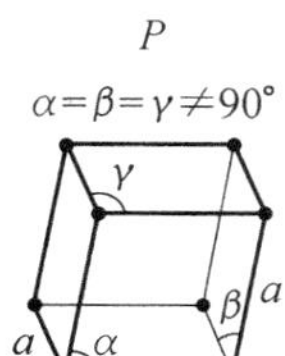			

续表 1.2

晶系	布喇菲点阵		
六方晶系	P 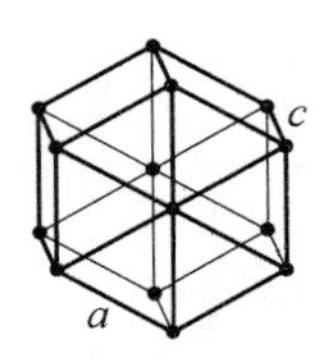		
立方晶系（等轴晶系）	P 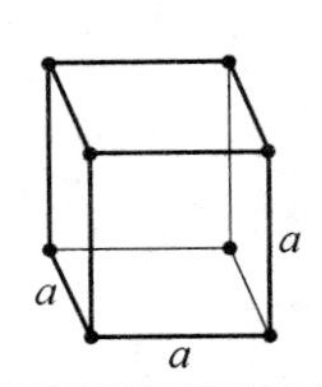	I 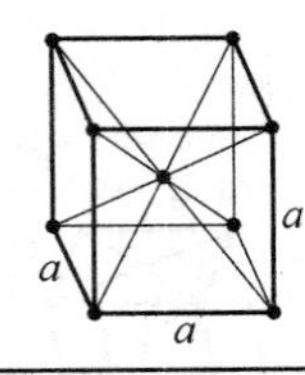	F 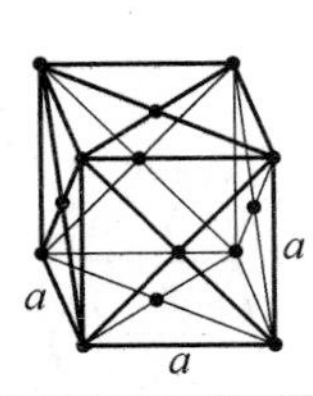

表 1.3 七大晶系和 14 种布喇菲点阵

晶系	布喇菲点阵	符号	晶胞中点阵数	阵点坐标	点阵常数
三斜晶系	简单三斜	P	1	0 0 0	$a \neq b \neq c, \alpha \neq \beta \neq \gamma$
单斜晶系	简单单斜	P	1	0 0 0	$a \neq b \neq c, \alpha = \gamma = 90° \neq \beta$
	底心单斜	C	2	0 0 0, $\frac{1}{2}$ $\frac{1}{2}$ 0	
六方晶系	简单六方	P	1	0 0 0	$a = b \neq c, \alpha = \beta = 90°, \gamma = 120°$
三方晶系（菱方晶系）	简单菱方	P	1	0 0 0	$a = b = c, \alpha = \beta = \gamma < 120° \neq 90°$
正交晶系（斜方晶系）	简单正交	P	1	0 0 0	$a \neq b \neq c, \alpha = \beta = \gamma = 90°$
	体心正交	I	2	0 0 0, $\frac{1}{2}$ $\frac{1}{2}$ $\frac{1}{2}$	
	底心正交	C	2	0 0 0, $\frac{1}{2}$ $\frac{1}{2}$ 0	
	面心正交	F	4	0 0 0, $\frac{1}{2}$ $\frac{1}{2}$ 0, $\frac{1}{2}$ 0 $\frac{1}{2}$, 0 $\frac{1}{2}$ $\frac{1}{2}$	
四方晶系（正方晶系）	简单四方	P	1	0 0 0	$a = b \neq c, \alpha = \beta = \gamma = 90°$
	体心四方	I	2	0 0 0, $\frac{1}{2}$ $\frac{1}{2}$ $\frac{1}{2}$	
立方晶系	简单立方	P	1	0 0 0	
	体心立方	I	2	0 0 0, $\frac{1}{2}$ $\frac{1}{2}$ $\frac{1}{2}$	
	面心立方	F	4	0 0 0, $\frac{1}{2}$ $\frac{1}{2}$ 0, $\frac{1}{2}$ 0 $\frac{1}{2}$, 0 $\frac{1}{2}$ $\frac{1}{2}$	

对称性是晶体最重要的基本特征之一，也是研究晶体结构的重要基础。点阵所表达的晶体平移对称性包括晶体内每个原子的平移对称性，也包括各原子间每个空隙位置的平移对称性。因此，点阵是实际晶体所具备的平移对称性的高度抽象和概括，点阵内阵点与阵点之间的关系等同于实际晶体内所具有的相应平移对称几何点之间的关系。切忌把阵点简单地理解成真实晶体中原子的位置。有很多种晶体单胞在其所对应的点阵单胞的阵点位置上并没有原子。

1.2.5　晶面与晶面指数

一个空间点阵中可以从不同的方向划分出一组组互相平行的平面点阵组，每一组中的各点阵面是互相平行的，且距离相等。各组平面点阵对应于实际晶体中不同方向的晶面。

"晶面指数"常用来描述这些不同方向的晶面。晶面指数是晶体在3个晶轴上的倒易截数之比。设有一平面点阵和3个坐标轴 x、y、z 相交，在3个坐标轴上的截长分别为 r_a、s_b、t_c，则 r、s、t 为晶面在3个晶轴上的截数，可反映出平面点阵的方向。若晶面和晶轴平行，则截数为无穷大，为避免出现无穷大，取截数的倒数 $\frac{1}{r}:\frac{1}{s}:\frac{1}{t}=h:k:l$（$h,k,l$ 为互质的整数），称为晶面指数，又称密勒指数。

① 晶面指数（hkl）代表一组互相平行的晶面。

② 晶面指数的数值反映了这组晶面间的距离大小和阵点的疏密程度。晶面指数越大，晶面间距越小，晶面所对应的平面点阵上的阵点密度越小。

③ 由晶面指数（hkl）可求出这组晶面在3个晶轴上的截数和截距为

截数	$r=\frac{n}{h}$	$s=\frac{n}{k}$	$t=\frac{n}{l}$
截长	r_a	s_b	t_c

晶面指数特征有：

① 所有相互平行的晶面，其晶面指数相同，或者3个符号均相反。可见，晶面指数所代表的不仅是某一晶面，而且代表着一组相互平行的晶面。

② 晶面指数中 h、k、l 是互质的整数。

③ 最靠近原点的晶面与 x、y、z 坐标轴的截距为 a/h、b/k、c/l，即与原点位置无关；每一指数对应一组平行的晶面。

立方晶系几组晶面及其晶面指数如图1.17所示。(100) 晶面表示晶面与 a 轴相截，与 b 轴、c 轴平行；(110) 晶面表示与 a 轴和 b 轴相截，与 c 轴平行；(111) 晶面则表示晶面与 a、b、c 轴相截，截距之比为 1∶1∶1。

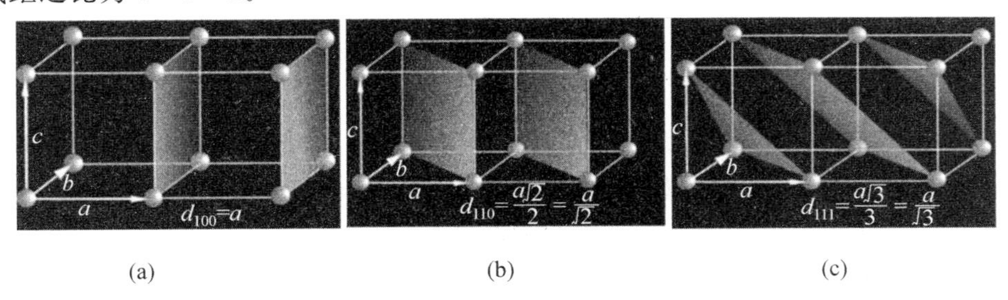

(a)　(b)　(c)

图1.17　立方晶系几组晶面及其晶面指数

六方晶系的晶面和晶向指数表示方法与其他晶系不同。

如果取 a_1、a_2 和 c 为晶轴，按上述三轴定向的方法确定晶面指数，6 个柱面的晶面指数为 (100)、(010)、$(\bar{1}10)$、$(\bar{1}00)$、$(0\bar{1}0)$、$(1\bar{1}0)$。但是，这种方法所确定的晶面指数不能显示出六方对称及等同晶面的特征。因此，对六方晶系往往采用四轴定向方法，称为密勒－布喇菲指数。

选取 4 个坐标轴，其中 a_1、a_2、a_3 在同一水平面上，之间的夹角为 120°，c 轴与这个平面垂直。这样求出的晶面指数由 4 个数字组成，用 $(hkil)$ 表示。其中前三个数字存在如下关系：

$$h+k=-i$$

用四轴定向方法求出的 6 个柱面的晶面指数为 $(10\bar{1}0)$、$(01\bar{1}0)$、$(\bar{1}100)$、$(\bar{1}010)$、$(0\bar{1}10)$、$(1\bar{1}00)$。

这样的晶面指数可以明显地显示出六方对称及等同晶面的特征，如图1.18 所示。

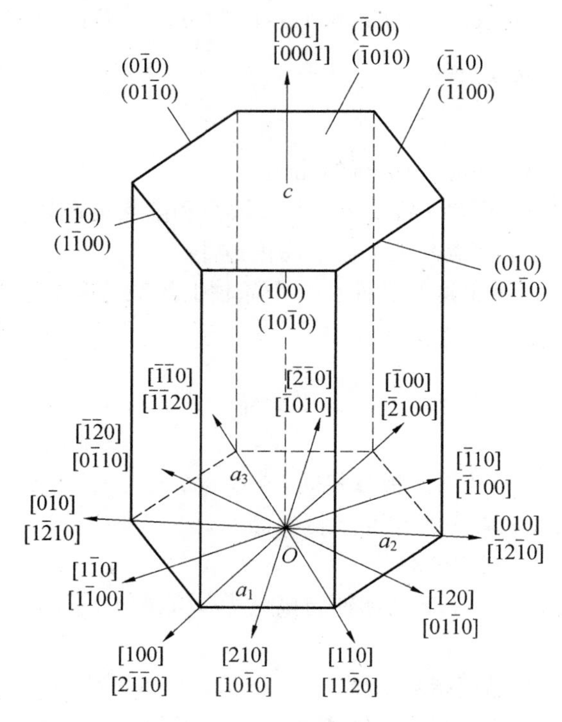

图 1.18　六方对称及等同晶面的特征

1. 晶面间距 $d(hkl)$

一组晶面指标为 (hkl) 的平面点阵中，相邻两个平面点阵间的垂直距离用 $d(hkl)$ 表示，称为晶面间距。不同的晶系用不同的公式计算。

平面间距既与晶面参数有关，又与晶面指数 h、k、l 有关。h、k、l 越小，晶面间距越大，实际晶体外形中这个晶面出现的机会也越大。每种晶体对应于一个特定的空间点阵，求出不同方向上的 $d(hkl)$ 值的全体，是晶体结构特定的数值组，是晶相鉴定的依据。

晶面与晶面间距是晶体 X 射线衍射结构分析中所围绕的内容。(hkl) 代表一组相互平行的晶面，任意两个相邻晶面的面间距都相等。两原子间距离（键长）为

$$P_1-P_2=|p_1p_2|=|(x_2-x_1)a+(y_2-y_1)b+(z_2-z_1)c|$$

当 $\alpha=\beta=90°$ 时，有

$$P_1-P_2=[(x_2-x_1)^2a^2+(y_2-y_1)^2b^2+(z_2-z_1)^2c^2]^{\frac{1}{2}}$$

晶面夹角：

当 $a=b=c,\alpha=\beta=90°$ 时，有

$$\cos\varphi=\frac{h_1h_2+k_1k_2+l_1l_2}{\sqrt{h_1^2+k_1^2+l_1^2}+\sqrt{h_2^2+k_2^2+l_2^2}}$$

晶面间距：

正交晶系，当 $\alpha=\beta=90°$ 时，有

$$d_{hkl}=\frac{1}{\sqrt{\left(\frac{h}{a}\right)^2+\left(\frac{k}{b}\right)^2+\left(\frac{l}{c}\right)^2}}$$

当 $a=b=c,\alpha=\beta=90°$ 时，有

$$d_{hkl}=\frac{a}{\sqrt{h^2+k^2+l^2}}$$

六方晶系

$$d_{hkl}=\frac{1}{\sqrt{4\left(\frac{h^2+hk+k^2}{3a^2}\right)+\left(\frac{l}{c}\right)^2}}$$

晶面指数越高，晶面间距越小，晶面上粒子的密度（或阵点的密度）也越小。只有(hkl)小，d_{hkl} 大，即阵点密度大的晶面（粒子间距离近，作用能大，稳定）才能被保留下来。

2. 晶体结构与点阵结构的关系

点阵是反映晶体结构周期性的科学抽象，晶体则是点阵理论的实践依据和晶体研究对象。点阵是反映晶体结构周期性的几何形式，平移群是反映晶体结构周期性的代数形式。点阵和晶体的对应关系：

空间点阵（晶体）　阵点（结构基元）　直线点阵（晶棱）　平面点阵（晶面）
素单位（素晶胞）　复单位（复晶胞）　正当单位（正当晶胞）

3. 晶向与晶向指数

任意两结点的结点列称为晶向。与此晶向相对应，一定有一组相互平行而且具有同一重复周期的结点列。

晶向的表示方法：取其中通过原点的一根结点列，求该列最近原点的结点的指数 u、v、w，并用方括号标记为[uvw]。或者：① 在一族相互平行的阵点直线中引出过坐标原点的阵点直线；② 在该直线上任取一点，量出坐标，并用点阵周期 a、b、c 表示；③ 将 3 个坐标值用同一个数乘或除，划归互质整数，并加方括号，如图 1.19 所示。

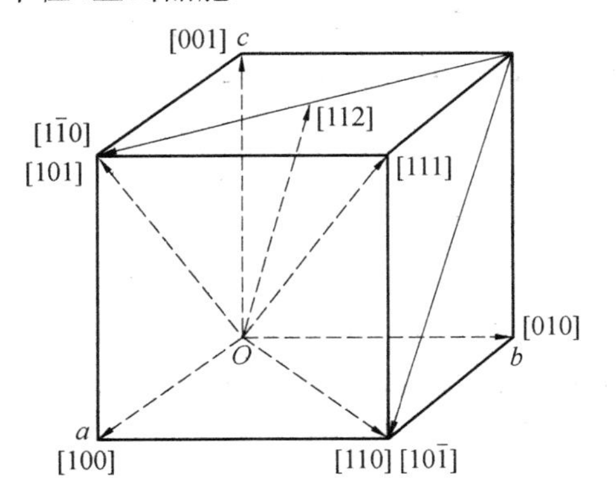

图 1.19　晶向指数的表示

六方晶系中如果用三轴定向表示晶向指数用[UVW]，四轴定向的晶向指数用[$uvtw$]来表示。三轴和四轴晶向指数之间的关系为

$$\begin{cases} u=\dfrac{2}{3}U-\dfrac{1}{3}V \\ v=\dfrac{2}{3}V-\dfrac{1}{3}U \\ t=-(u+v)=-\dfrac{1}{3}(U+V) \\ w=W \end{cases}$$

1.2.6 晶面族

在同一晶体点阵中，有若干组晶面是可以通过一定的对称变化重复出现的等同晶面，它们的面间距与晶面上结点分布完全相同。这些空间位向性质完全相同的晶面的集合称为晶面族，用$\{hkl\}$表示。例如，立方晶系中$\{100\}$晶面族包括6个晶面(100)、(010)、(001)、$(\bar{1}00)$、$(0\bar{1}0)$、$(00\bar{1})$。

注意，在其他晶系中，通过数字位置互换而得到的晶面不一定属于同一晶面族，例如，正方晶系中$a=b\neq c$，因此，$\{100\}$晶面族分为两组：一组包含(100)、(010)、$(\bar{1}00)$、$(0\bar{1}0)$晶面；另一组包含(001)、$(00\bar{1})$两个晶面。

1.2.7 理想晶体与实际晶体

按照点阵式的周期性在空间无限伸展的晶体是理想晶体。实际晶体并不是理想的、完整的、无限的理想结构，往往从以下几个方面偏离理想晶体：① 实际晶体中的微粒总是有限的，处于边上的微粒不能通过平移与其他微粒重合，其所受力等情况也不同于内部微粒；② 晶体中的微粒并不是静止不动的，而是在平衡位置附近不停地振动；③ 实际晶体中多少都存在一定的缺陷。晶体的缺陷指偏离理想的点阵结构情况。

晶体的缺陷按几何形式可分为点缺陷、线缺陷、面缺陷和体缺陷等。点缺陷包括空位、杂质原子、间隙原子、错位原子、变价原子等。实际晶体主要有以下几种类型。

(1) 单晶体、多晶体与微晶体：若一块固体基本上为一个空间点阵所贯穿，称为单晶体。若一块晶体由两个或几个单晶按不同取向结合而成，称为双晶体(孪晶体)。由许多小的单晶体按不同的取向聚集而成的固体称为多晶体。金属材料及许多粉末物质由多晶体组成。有些固体结构重复的周期很少，只有几个到几十个周期，称为微晶。它介于晶体与非晶体之间，如石墨。有些固体具有不完整的晶体特征，并沿纤维轴择优取向，称为纤维多晶物质。

(2) 液态晶体：一些分子长度很大的有机物晶体，当温度升高时，热运动使之失去周期性的排列，此时晶体已熔成液体，但仍具有各向异性，称为液态晶体。再升高温度，就变成各向同性的液体。液态晶体既具有液体的流动性和连续性，又具有晶体各向异性的特点，表现出独特的物理、化学性质，称为物质的第四态。液晶的发展已有一个世纪，在电光学、分子光谱、热化学领域有广泛应用。

(3) 同质多晶：同一化合物存在两种或两种以上不同晶体结构形式的现象称为同质多晶现象。例如，C在自然界中有金刚石和石墨两种晶形，高温高压下石墨可转变成金刚石。另外，Si、Se和很多金属单质以及ZnS、Fe_2O_3、SiO_2等化合物均有此现象。

(4) 类质同晶：在两个或多个化合物(或单质)中，如果化学式相似，晶体结构形式相同并能互相置换的现象称为类质同晶现象。类质同晶的条件为有相似的化学式，由相对大小差不多的原子或离子组成，原子间的键合力是相同的种类。

1.3 晶体的对称性

1.3.1 宏观对称元素与点群

1. 对称操作与宏观对称元素

如果图形或物体对某个点、直线或平面而言，在大小、形状和排列上具有一一对应关系，即物体的组成部分之间或不同物体之间特征的对应、等价或相等的关系，就称该物体具有某种对称性。自然界中很多物质都存在对称性，如图1.20所示。

图1.20 自然界中晶体外形的对称性

晶体具有各种宏观对称性，原因在于原子的规则排列。平面内密排的原子球自然地形成一个具有明显六角对称的晶格。将密排层堆积成三维密排结构可以形成两种不同的对称：立方对称（面心立方晶格）和六角对称（六角密排晶格）。周期排列（布喇菲格子）是所有晶体的共同性质，正是在原子周期排列的基础上产生了不同晶体所特有的各式各样的宏观对称性。

晶体内部结构具有比较复杂的对称性。实际上，晶体宏观性质和外形的对称性都是其内部结构对称性的反映，与其有着密切关系。应该说，人们最初认识晶体，是从它们丰富多彩又有规则的外部形状开始的，后来才逐步认识到，晶体外形上的规则性及其宏观性质的对称性是与其内部微观结构的对称性密切相关的，正是由于晶体内部原子排列的对称性才导致了晶体外形的对称性，如图1.21所示。

为了更好地理解晶体的对称性，要先对几个概念进行介绍。

(1) 对称性：对一个物体（或晶体图形）施行某种规律的动作以后，它仍然能够与自身重合（即恢复原状）的性质。

(2) 晶体的宏观对称性：晶体外形上（宏观上）的规律性突出表现在晶面的对称排列上。例如，把立方体的岩盐晶体绕其中心轴每转90°后，晶体自身就会重合，而把六面柱体的石英晶体绕其柱轴每转60°后，晶体亦会自身重合。这里提到的绕轴转动称旋转操作，是一种点对称操作。通常把经过某种点对称操作后晶体自身重合的性质称为晶体的宏观对称性。描述晶

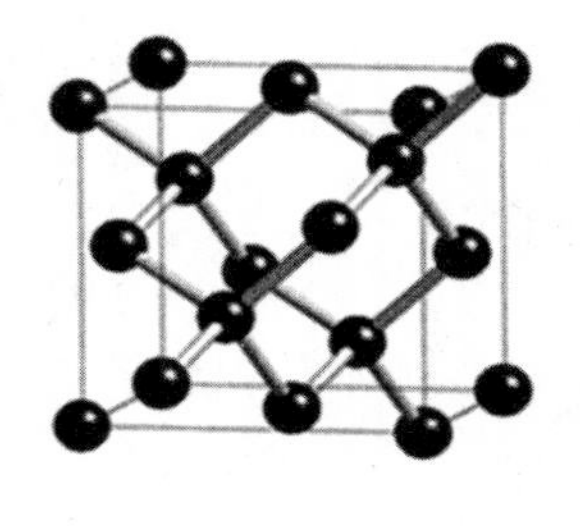

(a) 金刚石晶体

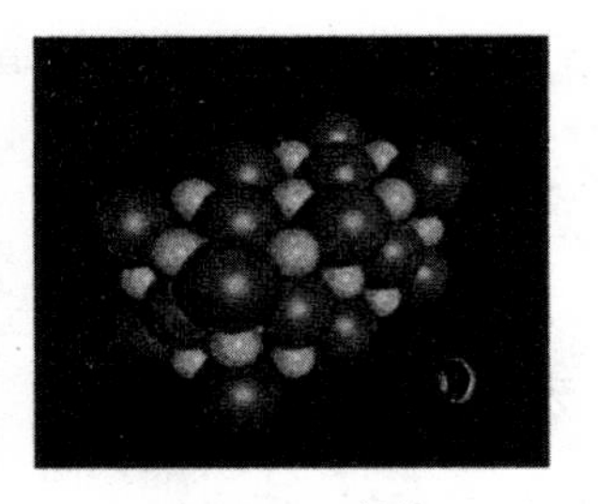

(b) NaCl 晶体

图 1.21　晶体内部原子排列的对称性

体宏观对称性的方法，就是列举使其自身重合的所有点的对称操作。

(3) 对称操作：借助某种几何要素，能使物体(或对称图形)恢复原状所施行的某种规律的动作，就称为“对称操作”。如旋转、反映(镜面对称)、反演(中心对称)等，如图 1.22 所示。

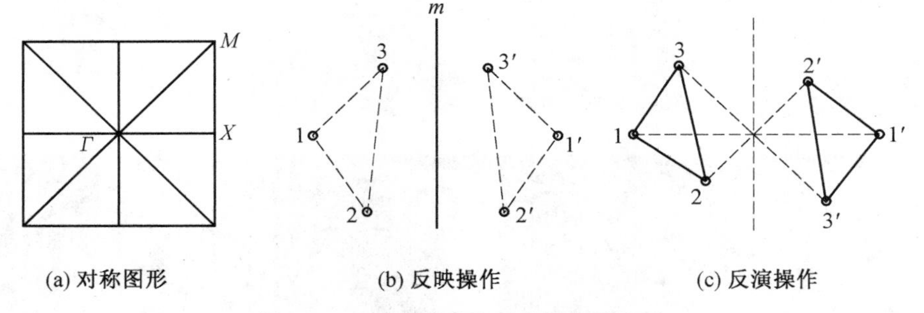

(a) 对称图形　(b) 反映操作　(c) 反演操作

图 1.22　对称图形及对称操作示意图

(4) 对称性的阶：对称图形中所包括的等同部分的数目称为对称性的阶。阶的大小反映了对称性的高低。

(5) 对称元素：进行对称操作时所依据的几何元素(点、线、面)称为对称元素。对于晶体，共有 7 种对称元素，分别为旋转轴、对称面(反射面)、对称中心(点)、旋转反演(射)轴、螺旋轴、滑移面和点阵(平移)。仅仅从“有限的晶体图形”(宏观晶体)的外观上的对称点、线或面，对其所施行的对称操作，即称“宏观对称操作”；这时所借助参考的几何元素，即称为“宏观对称元素”。宏观对称元素有 4 种。

① 旋转轴(C_n)。

如果一个物体经过一定的操作以后，能够与操作前相重合，则此物体的外形具有对称性。相应的对称操作为绕轴旋转。如果物体绕轴旋转一个角度后能复原，则此物体具有旋转对称性，常用符号 C_n 表示，C_n 中 n 表示轴次。$\alpha = 360°/n$ 就是晶体重合所需旋转的最小角度，称作基转角。例如，一个五角星绕其中心轴旋转，每转动 72°，与原来位置的图形完全重合，就像未转动一样，因为每转动 360° 能重合 5 次，因此称五角星具有 5 次旋转对称性。由这个例子可以看到，若一个物体具有对称性，这物体必定存在着几个完全等同的图形，研究对称性时使各等同图形移动而恢复原状的操作称为对称性操作。作为参照的几何要素，线(轴)、面、点等称为对称元素(元素)。

有趣的是，实际晶体包含的对称轴的轴次并不是任意的。晶体的宏观对称性是晶体点阵结构的对称性在外部的反映，因此晶体的对称性将受到格子构造规律的严格限制。这是晶体对称性与刚体对称性的区别之一，如一般物体或几何图形可以有任何次旋转对称轴。但是晶体中只可能有 1、2、3、4、6 次 5 种旋转对称轴而不可能有 5 次或高于 6 次的对称轴。这称为晶体的对称性定律。

② 对称面(m)。

相应的对称操作为依面反映(镜像),如果一个晶体存在这样一个假想的平面,通过外形上的任一点,垂直此平面作一垂线。在此垂线上,把该点反映到等距离的另一点,如图形能复原的话,则此晶体具有反映对称性,作为参照的平面称为对称面,习惯符号用 P 表示,国际符号用 m 或 $\bar{2}$ 表示。对称面的对称性的阶为 2。

③ 对称中心(i)。

相应的对称操作为依心反演(倒反),体外形上的任一点通过特定点作一直线。把该点反演到此直线的等距离的另一端点,其图形能复原的话,则称其具有对称中心,习惯符号用 i 表示,国际符号用 $\bar{1}$ 表示。对反演操作,两个等同部分相应点间的连线必须通过对称中心,等同图形对应的连线反平行。

④ 旋转反演轴(I_n)。

相应的对称操作是旋转加反演。如果一个晶体绕某一轴线旋转一个晶体点阵所许可的角度后,紧接着依此轴线上的一个特殊点加以反演,晶体能与操作前重合的话,则此晶体具有旋转反演对称性。该轴称为旋转反演轴,习惯符号用 I_n 表示,国际符号用 $\bar{n}(\bar{1},\bar{2},\bar{3},\bar{4},\bar{6})$ 表示。数字上的“一”读“一横”,不要读作负号。晶体中许可的轴次为 5 种,因此倒反轴也只有 5 种。但是不难证明,5 种倒反轴中,只有 $\bar{4}$ 是完全独立的,其余 4 种都可以用前面讲过的对称元素及其组合来代表。例如,$\bar{1}=i$,$\bar{2}=m$,$\bar{3}=3+\bar{1}$,$\bar{6}=3+m$。相应的操作是旋转和反演的复合操作,反演点应在旋转轴上。

宏观对称性除上述 4 种外,还有旋转反映轴,习惯符号用 S_n 表示。它们是旋转加反映的组合。由于它们都可以用前面讲过的对称元素及其组合来代替,即没有一个独立的,因此现在国际上很少采用它。

总结上面所述,晶体中可以存在的和目前应用比较多的宏观对称元素有 10 种。而对称元素的表示方法有两种,分为习惯符号和国际符号。表 1.4 给出了各宏观对称元素的符号。

关于以上 4 种对称元素,进一步说明如下:

① 与这 4 种对称元素相应的操作中至少有空间一个点保持不动。因此称这 4 种操作为点对称操作,与之对应的要素称点对称元素,与点对称操作相应的对称性称点对称性或宏观对称性。

② 上述 4 种对称元素共给出 12 种操作,分别用下列符号表示:

$1,2,3,4,6,m,i,\bar{1},\bar{2},\bar{3},\bar{4},\bar{6}$

其中,m 代表对称面;i 表示对称中心;数字表示相应的转轴和转反轴。从表 1.4 中各对称元素之间的关系可以看出,这 12 种操作中只有 8 种是独立的,它们是 $1,2,3,4,6,m,i,\bar{4}$。

表 1.4 宏观对称元素的符号

对称元素		习惯符号	国际符号	图示符号	相当的对称元素及其组合	
旋转轴	1 次	C_1	1			
	2 次	C_2	2			
	3 次	C_3	3			
	4 次	C_4	4			
	6 次	C_6	6		$C_3 \times C_2$	
对称中心		i	$\bar{1}$		I_3	S_2
对称面		s	$m(\bar{2})$	——	I_2	S_1
倒反轴	3 次	I_3	$\bar{3}$		$C_3 \times i$	S_6
	4 次	I_4	$\bar{4}$		包含 C_2	S_4
	6 次	I_6	$\bar{6}$		$C_3 \times s$	S_3

2. 点群

前面已经学习了在晶体中存在着 4 种点对称元素和 12 种点对称操作，而其中只有 8 种是独立的，那么，在晶体中，究竟有哪些对称元素和对称操作可以同时存在呢？它们的组合方式有多少种？因为对称性中所有对称操作可构成一个群，符合数学中群的概念，并且在操作时有一点不动，所以称为点群。一个晶体上可以同时存在多个对称元素，这些对称元素共存时一定要符合对称元素组合定理，不能任意共存。

首先说明，不是对称元素的所有组合都是可能的。例如，不可能有垂直于三重轴或六重轴的四重轴，因为垂直于四重轴的三重轴或六重轴都将破坏四重轴的对称性。但是，两个按顺序完成的操作永远可用等价的第三个操作来代替。对称元素的所有可能的组合，严格地受某些对称元素组合定理的限制。根据定理，共有 32 种点群：C_1、C_i、C_2、C_s、C_{2h}、D_2、C_{2v}、D_{2h}、C_3、C_{3i}、D_3、C_{3v}、D_{3d}、C_4、S_4、C_{4h}、D_4、C_{4v}、D_{2d}、D_{4h}、C_6、C_{3h}、C_{6h}、D_6、C_{6v}、D_{3h}、D_{6h}、T、T_h、O、T_d、O_h（这里用 Schoenflies 符号表示，还可以用国际符号表示）。

1.3.2 微观对称元素与空间群

1. 微观对称元素

前已指出，对应 4 种类型的点操作可以得到 32 种点群。这些点对称操作的特点是操作过程中保持晶体中至少有一个点不动，而存在于晶体内部、在晶体外形上无法辨认的对称性称为微观对称性。实际上宏观对称性是微观对称性在晶体外形上的反映。现在考虑晶体点阵的平移对称性。理想的完整晶体应是无限大的，点阵单元在空间三个方向上的无限平移将给出整个点阵。或者说，无限的点阵在平移下保持不变。所以平移也是一种对称操作，它的对称元素不是一个轴、一个点、一个面，而是整个点阵。平移对称是最基本的微观对称元素。平移对称是由晶体格子构造所决定的，为一切晶体所共有。严格说来，平移对称只有在无限的空间时才具有的，因为有限空间一经平移就一定不能重合了。但是在晶体中，基本矢量的长度（结点间距）相对于晶体宏观尺寸非常非常小，即可以把晶体看成无限大，因此可以认为晶体是具有平移对称性的。平移对称元素与宏观对称元素旋转轴、对称面相组合，产生了 3 种新的微观对称元素：平移轴、滑移反映面和螺旋轴。

（1）平移轴。

平移轴为一直线方向，相应的对称操作为沿此直线方向平移一定的距离。对于具有平移轴的图形，当施行上述对称操作后，可使图形相同部分重复。在平移这一对称变换中，能够使图形复原的最小平移距离，称为平移轴的移距。晶体结构中的行列均是平移轴，并且平移轴的数目是无限多的。

（2）滑移反映面。

滑移反映面亦称象移面，是一种复合的对称元素。其辅助几何元素有两个：一个假想的平面和平行此平面的某一直线方向。相应的对称操作为：对于此平面的反映和沿此直线方向平移的联合，其平移的距离等于该方向行列结点间距的一半。与滑移面相应的对称操作是平移加反映，或反映、平移复合作用。按滑移方向和距离不同，滑移反映面分为 5 种，国际符号用 a、b、c、n、d 字母表示，它们的含义见表 1.5。其中 a、b、c 为轴向滑移，移距分别为 $\frac{1}{2}a$，$\frac{1}{2}b$，$\frac{1}{2}b$。n 为对角线滑移，移距为 $\frac{a+b}{2}$ 或 $\frac{a+c}{2}$ 或 $\frac{b+c}{2}$。d 为金刚石型滑移，移距为 $\frac{a+b+c}{2}$。

表 1.5 滑移反映面符号的说明

符号	滑移方向和距离	图示符号	
		垂直图面	平行图面
a	$\frac{1}{2}\boldsymbol{a}$		箭头表示滑移方向
b	$\frac{1}{2}\boldsymbol{b}$		
c	$\frac{1}{2}\boldsymbol{c}\left(\frac{\boldsymbol{a}+\boldsymbol{b}+\boldsymbol{c}}{2}\right)$（菱形）		
n	$\frac{1}{2}(\boldsymbol{a}\pm\boldsymbol{b})$ 或 $\frac{1}{2}(\boldsymbol{b}\pm\boldsymbol{c})$ 或 $\frac{1}{2}(\boldsymbol{a}\pm\boldsymbol{c})$ 或 $\frac{\boldsymbol{a}\pm\boldsymbol{b}\pm\boldsymbol{c}}{2}$（四方或立方）		
d	$\frac{1}{4}(\boldsymbol{a}\pm\boldsymbol{b})$ 或 $\frac{1}{4}(\boldsymbol{b}\pm\boldsymbol{c})$ 或 $\frac{1}{4}(\boldsymbol{a}\pm\boldsymbol{c})$		$\frac{3}{8}$ $\frac{1}{8}$

（3）螺旋轴。

与螺旋轴对应的操作是旋转加平移。先绕轴进行逆时针方向 360(°)/n 的旋转，接着作平行于该轴的平移，平移量为 $(s/n)\times \boldsymbol{t}$，这里 $\boldsymbol{t}$ 是平行于转轴方向的最短的晶格平移矢量，符号为

ns，*n* 称为螺旋轴的次数（*n* 可以取值 2、3、4、6），而 *s* 只取小于 *n* 的整数。相应的对称操作为旋转和平移的组合动作。即晶体中任一原子，若绕某轴旋转一个晶体点阵许可的角度后紧接着平行于该轴平移一段距离后能找到另一个相同的原子，或者说，具有这样的连续动作后图形才能复原，单独的旋转或平移不能使其复原，这种晶体可认为具有螺旋轴对称性，该轴称为螺旋轴，国际符号用 N_n 表示。符号中前面一个数字 *N* 表示旋转轴的次数，下标 *n* 表示右旋 360(°)/*N* 角后，紧接着沿该轴右旋正方向平移结点间距的 *n*/*N* 后可以找到相同的一个原子。晶体中许可的旋转轴为 5 种，因此螺旋转轴只有 11 种：2_1、3_1、3_2、4_1、4_2、4_3、6_1、6_2、6_3、6_4、6_5，如图 1.23 所示。

当晶体中存在螺旋轴时，在晶体外形和宏观性能上虽无法辨认它，但将出现相同轴次的宏观旋转对称轴。例如，在 Si、Ge 等金刚石结构的晶体中，原子排列并无 4 次旋转轴，但其宏观性质或外形上却具有 4 次旋转对称性，原因是在 Si 晶胞的[100]、[010]、[001]方向存在 4 次螺旋轴，如图 1.24 所示。

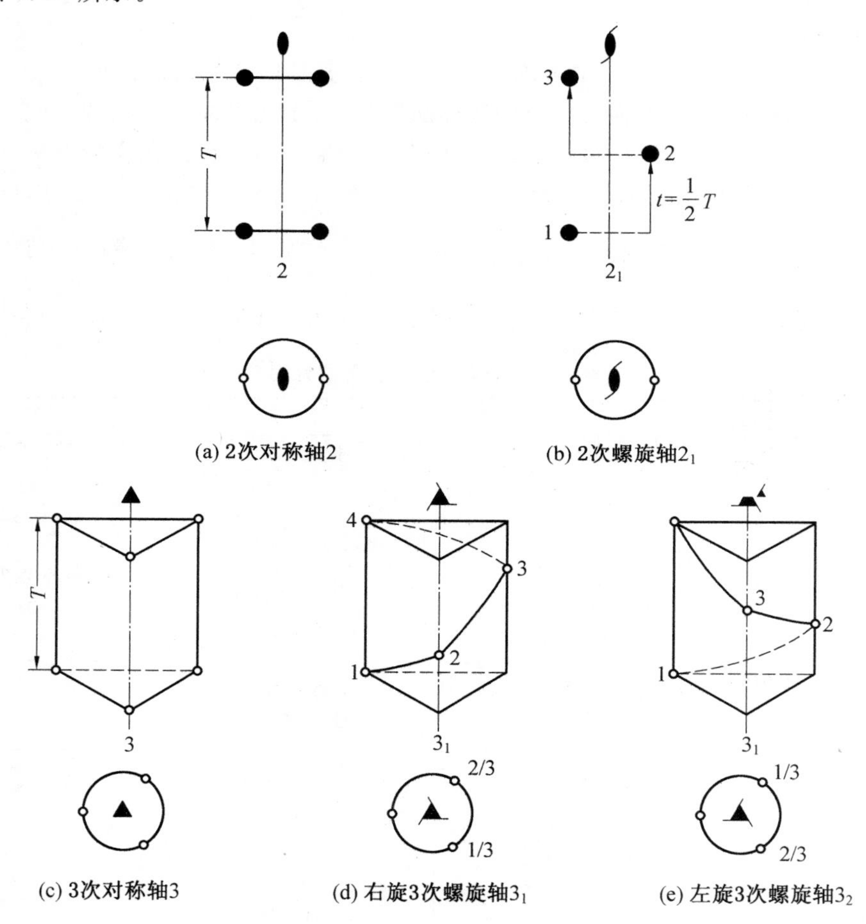

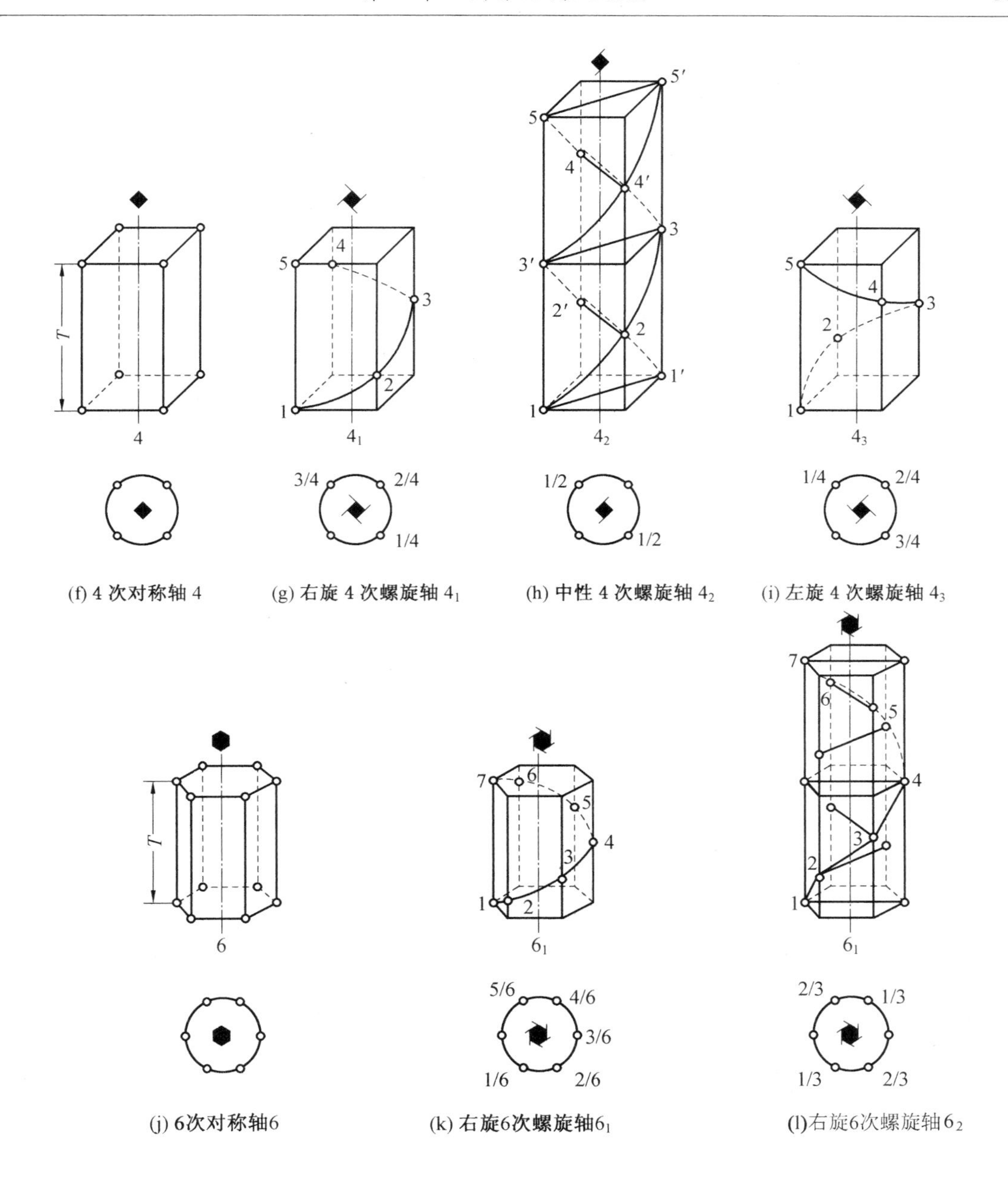

(f) 4 次对称轴 4　(g) 右旋 4 次螺旋轴 4_1　(h) 中性 4 次螺旋轴 4_2　(i) 左旋 4 次螺旋轴 4_3

(j) 6次对称轴6　(k) 右旋6次螺旋轴6_1　(l)右旋6次螺旋轴6_2

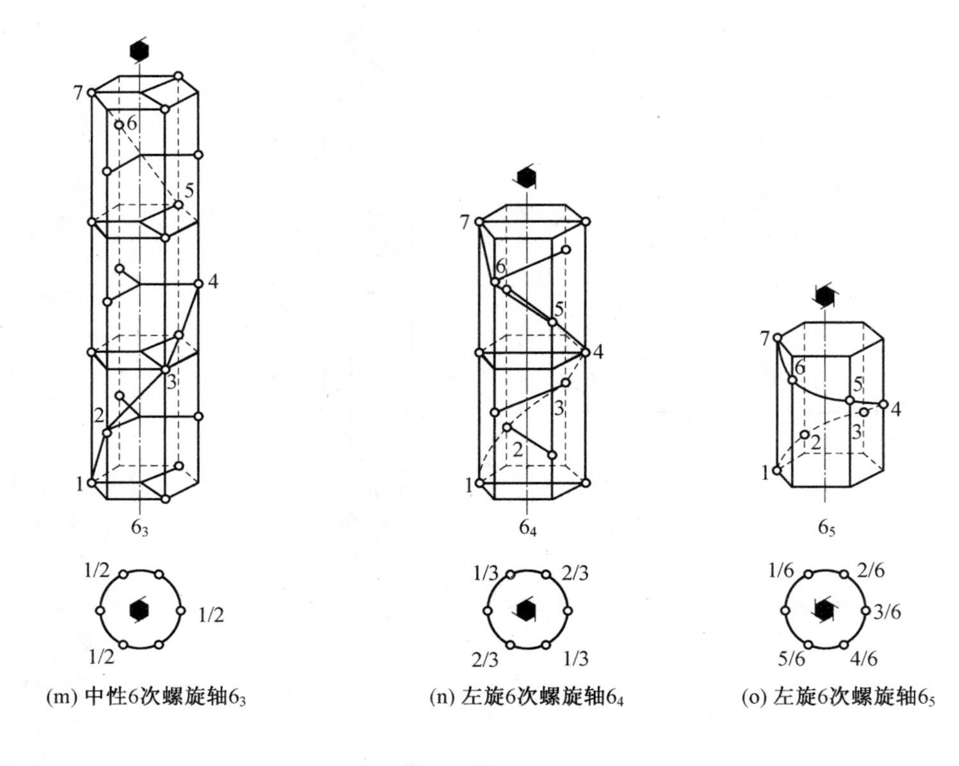

(m) 中性6次螺旋轴6_3　(n) 左旋6次螺旋轴6_4　(o) 左旋6次螺旋轴6_5

图 1.23　各种螺旋轴的图示

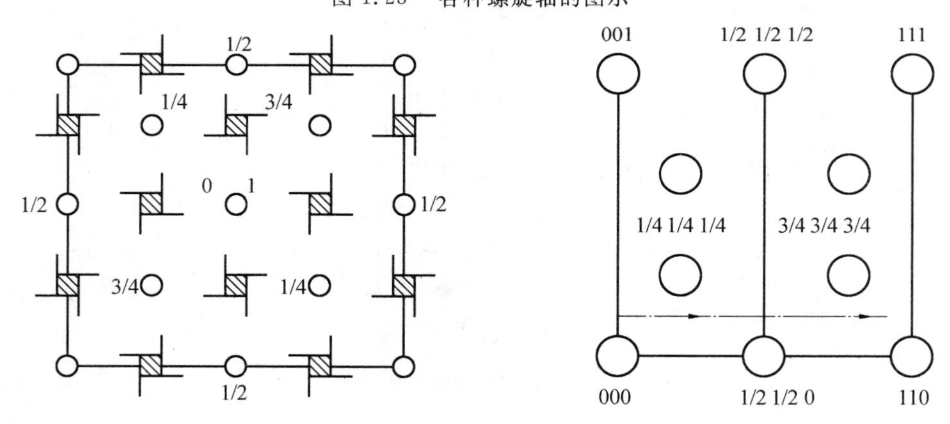

图 1.24　Si 晶胞的(001) 和(110) 投影

微观对称元素及其图示见表 1.6。

表 1.6　微观对称元素的符号表示

		图示	名称	对称操作
旋转轴	1		1 次旋转轴	无
	2		2 次旋转轴	旋转 180°
	2_1		2 次螺旋轴	旋转 180°＋平移 $a/2$
	3		3 次旋转轴	旋转 120°
	3_1		3 次螺旋轴	旋转 120°＋平移 $a/3$
	3_2			旋转 120°＋平移 $2a/3$
	4		4 次旋转轴	旋转 90°
	4_1		4 次螺旋轴	旋转 90°＋平移 $a/4$
	4_2			旋转 90°＋平移 $a/2$
	4_3			旋转 90°＋平移 $3a/4$
旋转轴	6		6 次旋转轴	旋转 60°
	6_1		6 次螺旋轴	旋转 60°＋平移 $a/6$
	6_2			旋转 60°＋平移 $a/3$
	6_3			旋转 60°＋平移 $a/2$
	6_4			旋转 60°＋平移 $2a/3$
	6_5			旋转 60°＋平移 $5a/6$

续表 1.6

		图示	名称	对称操作
旋转反演轴	$\bar{1}$		中心对称	反演
	$\bar{3}$		3 次反演轴	旋转 120°＋反演
	$\bar{4}$		4 次反演轴	旋转 90°＋反演
	$\bar{6}$		5 次反演轴	旋转 60°＋反演
反映	m		镜面	
	a,b,c		轴滑移面	翻转＋平移$(a,b,c)/2$的长度
	n		对角线滑移面	翻转＋平移半个面单位对角线的长度
	d		金刚石滑移面	翻转＋平移 1/4 个面单位对角线的长度

2. 空间群及其表示符号

应该注意，与螺旋轴、滑移面对应的对称操作，空间上的每一点都移动了，具有这种性质的操作称空间操作。因为空间操作直接与晶体微观结构的周期性相联系，故也称微观对称操作。与空间操作相对应的对称操作元素只能存在于无限的结构中，而不能存在于有限的晶体中。包括了这些与平移有关的操作之后，晶体的对称运动可以全部分类成 230 种对称操作群，称晶体空间群，也称空间群，如图 1.25 所示。一个空间群（晶体内部结构的微观对称和空间群）可看成是由两部分组成的，一部分是晶体结构中所有平移轴的集合，称为平移群；另一部分就是点群，即晶体宏观对称元素的集合。

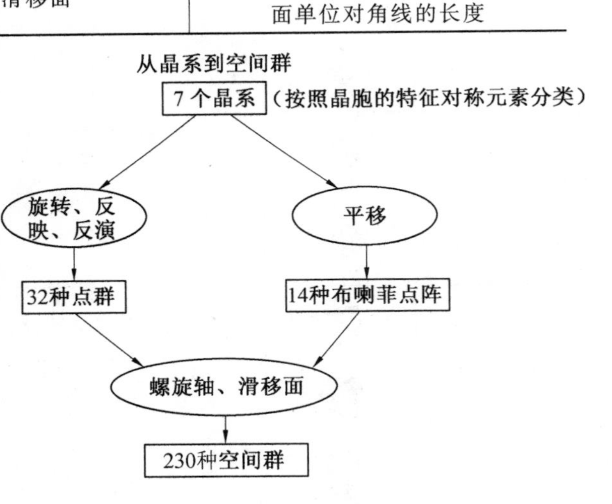

图 1.25　晶系与空间群的联系

空间群的国际符号包含了空间格子类型、对称元素及其相互之间的关系。分两部分：前一部分为大写英文字母，是平移群的符号，即布喇菲点阵（P、C（A、B）、I、F）的符号；后一部分与对称型（点群）的国际符号基本相同，只是其中晶体的某些宏观对称元素的符号需换成相应的内部结构对称元素的符号。

运用以下规则，可以从对称元素获得 H－M 空间群符号。

对于一个空间群国际符号 $LS_1S_2S_3$，第一字母（L）是点阵描述符号，指明点阵带心类型：P、I、F、C、A、B、R。其余 3 个符号（$S_1S_2S_3$）表示在特定方向（对每种晶系分别规定，详见表 1.7）上的对称元素。如果没有二义性可能，常用符号的省略形式（如 Pm，而不用写成

$P1m1$)。但是,由于不同的晶轴选择和标记,同一个空间群可能有几种不同的符号。如 $P21/c$:若滑移面选为在 a 方向,符号为 $P21/a$;若滑移面选为对角滑移,符号为 $P21/n$。

表1.7 晶体学点群的对称元素方向及国际符号

晶系	第一位		第二位		第三位		点群(32个)
	可能对称元素	方向	可能对称元素	方向	可能对称元素	方向	
三斜	$1、\bar{1}$	任意	无		无		$1、\bar{1}$
单斜	$2、m、2/m$	Y	无		无		$2、m、2/m$
正交	$2、m$	X	$2、m$	Y	$2、m$	Z	$222、mm2、mmm$
四方	$4、\bar{4}、4/m$	Z	无、$2、m$	X	无、$2、m$	底对角线	$4、\bar{4}、4/m、422、4mm、\bar{4}2m、4/mmm$
三方	$3、\bar{3}$	Z	无、$2、m$	X	无		$3、\bar{3}、32、3m、\bar{3}m$
六方	$6、\bar{6}、6/m$	Z	无、$2、m$	X	无、$2、m$	底对角线	$6、\bar{6}、6/m、622、6mm、\bar{6}2m、6/mmm$
立方	$2、m、4、\bar{4}$	X	$3、\bar{3}$	体对角线	无、$2、m$	面对角线	$23、m3、432、\bar{4}3m、m\bar{3}m$

从空间群符号可以直接辨认晶体属于哪个晶系。如果第二个对称符号为3或 $\bar{3}$(如 $Ia3$、$Pm3m$、$Fd3m$),则该晶体属于立方晶系。如果第一个对称符号为 $4、\bar{4}、4_1、4_2$ 或 4_3(如 $P4_12_12$、$I4/m$、$P4/mcc$),则该晶体属于四方晶系。如果第一个对称符号为 $6、\bar{6}、6_1、6_2、6_3、6_4$ 或 6_5(如 $P6mm$、$P6_3/mcm$),则该晶体属于六方晶系。第一个对称符号为 $3、\bar{3}、3_1$ 或 3_2(如 $P31m$、$R3$、$R3c$、$P312$),则该晶体属于三方晶系。点阵符号后的全部3个符号是镜面、滑移面、2次旋转轴或2次螺旋轴(即 $Pnma$、$Cmc2_1$、$Pnc2$)的晶体属于正交晶系。点阵符号后有唯一的镜面、滑移面、2次旋转或者螺旋轴,或者轴/平面符号(即 Cc、$P2$、$P2_1/n$)的晶体属于单斜晶系。而三斜点阵符号后是1或 $\bar{1}$。

从空间群符号也可以直接确定点群。只要把所有滑移面全部转换成镜面并把所有螺旋轴全部转换成旋转轴,就可以获得空间群对应的点群。例如,与空间群 $Pnma$ 对应的点群是 mmm,与空间群 $I\bar{4}c2$ 对应的点群是 $\bar{4}m2$,与空间群 $P42/n$ 对应的点群是 $4/m$。

由于空间群的国际符号表示比较复杂,实际上我们使用一种比较简单的表示方式,即空间群的圣佛利斯符号表示。该方法很简单,即在其对称型的圣佛利斯符号的右上角加上序号即可。如对称性 L_4 的圣佛利斯符号为 C_4,与它对应的6个空间群的圣佛利斯符号分别为 C_4^1、C_4^2、C_4^3、C_4^4、C_4^5、C_4^6。它的优点是表示简单,缺点是不能直接从符号上看出对应点群存在哪些对称元素。

1.3.3 晶体结构中的等效系统

1. 晶体中的等同晶面

(1) 等同晶面概念。

由晶体对称性联系起来的,具有相同面间距、面密度和质点分布的晶面称为等同晶面,例如,在四方晶系 $4/m$ 点群中,如图1.26所示,(100)、(010)、($\bar{1}$00)、(0$\bar{1}$0)4个晶面可以4次旋转轴联系起来的等同晶面,构成一个晶形,用{100}符号表示。前者代表特指的一族晶面,而后者表示由对称性联系起来的等同晶面。或表示泛指某一晶面,在$\{hkl\}$晶形中包含着多个族等同晶面。具体包含哪些,是由晶体所属晶类的对称性决定的,例如,在立方晶系的$4/m\ \bar{3}2/m$点群中,{100}包含了$(\bar{1}00)$、$(0\bar{1}0)$、$(00\bar{1})$、(100)、(010)、(001)6个晶面族。在单斜晶系的$2/m$中的{100}仅包含(100)、$(\bar{1}00)$两个晶面族。可以看出,同一晶形中的晶面指数可以用排列组合的方法互换。相反,在同一晶形中,晶面指数的排列组合情况也可以反映出相应的对称性来。

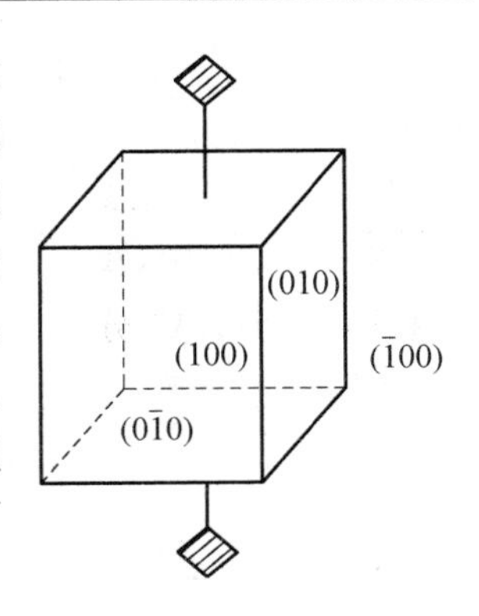

图 1.26　等同晶面{100}

可以证明,对于点群$4/m$、$\bar{3}2/m$而言,3个指数不等且均不为0的最一般的$\{hkl\}$晶形,如{123},等同晶面数为48个,其中任意两个指数互换位置,共有6种可能,即(hkl)、(hlk)、(klh)、(khl)、(lhk)和(lkh),每种可能指数分别改变一个指数或两个指数或3个指数的符号,共有8种可能如(hkl)、$(\bar{h}kl)$、$(h\bar{k}l)$、$(hk\bar{l})$$(\bar{h}\bar{k}l)$、$(h\bar{k}\bar{l})$、$(\bar{h}k\bar{l})$、$(\bar{h}\bar{k}\bar{l})$,因此在$\{hkl\}$晶体中等同晶面数为48(=6×8)个。如果两个指数相同,如$\{hhl\}$,指数换位只有3种可能,故$\{hhl\}$中共有24(=3×8)个等同晶面。如果一个指数为0,如$\{hk0\}$,则改变符号只有4种可能。因此$(hk0)$中共有24(=6×4)个等同晶面。如果一个指数为0,其他两个相等。如$\{hh0\}$,则共有12(=3×4=12)个等同晶面,如果两个指数为0,如$\{h00\}$则共有6(=3×2)个等同晶面。对于其他晶系或点群,由于对称性的降低,$\{hkl\}$中等同晶面数会减少。

(2) 六方或三方晶系的四轴晶面指数。

在六方晶系中,若采用三轴坐标,其晶面指数的求法和其他晶系相同,但是同一晶形$\{hkl\}$中的各等同晶面指数看不出其对称关系,亦不能用排列组合方式互换。例如图1.27(a)中,六方晶系各柱面的指数分别为$(\bar{1}00)$、$(0\bar{1}0)$、(110)、(100)、(010)、$(\bar{1}10)$,它们是属于{100}晶形中的等同晶面,但从指数上显示不出其对称性。

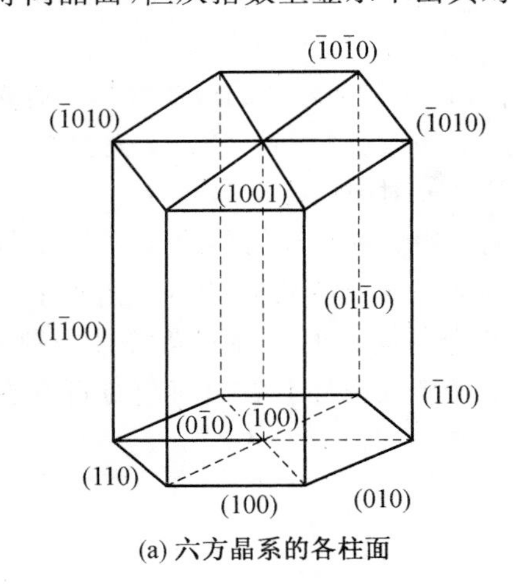

(a) 六方晶系的各柱面

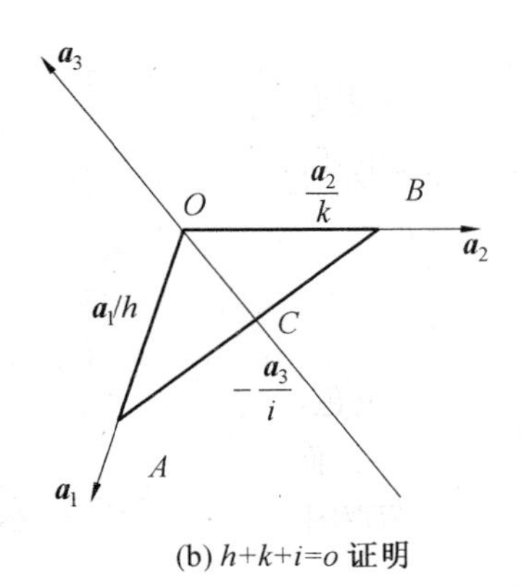

(b) $h+k+i=o$ 证明

图 1.27　六方晶系的四轴坐标

为了在同一晶形中的等同晶面在指数上显示出对称关系,可以采用四轴坐标,即除了$\boldsymbol{c}$不变外,变$\boldsymbol{a}$轴为$\boldsymbol{a}_1$轴,变$\boldsymbol{b}$轴变为$\boldsymbol{a}_2$轴,再增加一个$\boldsymbol{a}_3$,使$\boldsymbol{a}_1$、$\boldsymbol{a}_2$、$\boldsymbol{a}_3$满足方程:

$$\boldsymbol{a}_1+\boldsymbol{a}_2+\boldsymbol{a}_3=\boldsymbol{0}$$

即 $\boldsymbol{a}_3$ 置于与 $\boldsymbol{a}_1$、$\boldsymbol{a}_2$ 成 3 次旋转对称位置，如图 1.27(b) 所示。此时晶面指数变成$(hkil)$，但是不难证明，增加的指数 i 不是独立的，而有 $h+k+i=0$ 的关系，证明如下：

图 1.27(b) 中，A、B、C 是晶面族(hkl)中最近原点 O 的一个面网和底面三晶轴的相截点。因此，OA、OB、OC 分别等于 $\boldsymbol{a}_1/h$、$\boldsymbol{a}_2/k$、$\boldsymbol{a}_3/i$。

由图可以看到

$$\Delta OAB=\Delta OAC+\Delta OCB$$

因此有

$$\frac{1}{2}\boldsymbol{OA}\times\boldsymbol{OB}=\frac{1}{2}\boldsymbol{OA}\times\boldsymbol{OC}+\frac{1}{2}\boldsymbol{OC}\times\boldsymbol{OB}$$

$$\frac{1}{2}\frac{a}{h}\frac{a}{k}\sin 120^\circ=-\frac{1}{2}\frac{a}{h}\frac{a}{i}\sin 60^\circ-\frac{1}{2}\frac{a}{k}\frac{a}{i}\sin 60^\circ$$

所以

$$\frac{1}{hk}+\frac{1}{hi}+\frac{1}{ik}=0$$

即

$$h+k+i=0$$

由于 $i=-(h+k)$，因此六方晶系的三轴坐标的晶面指数变换成四轴坐标的晶面指数时相当容易。书写时可以将 i 指数省略，用一点代替，写作$(hk\cdot l)$，这个指数称为密勒－布喇菲指数。

1.4 晶体缺陷

讨论晶体结构时，可将晶体看成无限大，并且构成晶体的每个粒子(原子、分子或离子)都是在自己应有的位置上，这样的理想结构中，每个结点上均有相应的粒子，没有空着的结点，也没有多余的粒子，非常规则地呈周期性排列。实际晶体是这样的吗？测试表明，与理想晶体相比，实际晶体中会有正常位置空着或空隙位置填进一个额外质点，或杂质进入晶体结构中等不正常情况，热力学计算表明，这些结构中对理想晶体偏离的晶体才是稳定的，而理想晶体实际上是不存在的。结构上对理想晶体的偏移被称为晶体缺陷。如图 1.28 所示，晶体缺陷的种类很多，按照缺陷的集合形状和设计的范围可以概括为点缺陷、线缺陷、面缺陷和体缺陷 4 种类型。点缺陷是发生在晶体中的一个或几个晶格常数范围内的一种缺陷，如晶体中空格点和外来的杂质原子都是点缺陷；线缺陷是发生在晶体中的一条线周围的一种缺陷，如位错就是线缺陷；面缺陷是发生在晶体中的二维缺陷，如界面就是面缺陷；体缺陷是发生在晶体中的三维缺陷，如晶体中的包裹体就是体缺陷。

晶体中形形色色的缺陷，影响着晶体的力学、热学、电学、光学等方面的性质。因此，在实际工作中，人们一方面尽量减少晶体中的有害缺陷，另一方面却利用缺陷而制造人们需要的材料。例如：在半导体中有控制地掺入杂质就能制成pn结、晶体管等；又如红宝石是制造激光器的材料，它是由白宝石(Al_2O_3)的粉末在烧结过程中有控制地掺入少量粉末，用 Cr^{3+} 替代了少数 Al^{3+} 而制成的，因此对晶体中缺陷的研究是十分重要的。晶体的生长、性能以及加工等无一不与缺陷紧密相关。正是这千分之一、万分之一的缺陷，对晶体的性能产生了不容小觑的作用，这种影响无论在微观上还是在宏观上都具有相当的重要性。

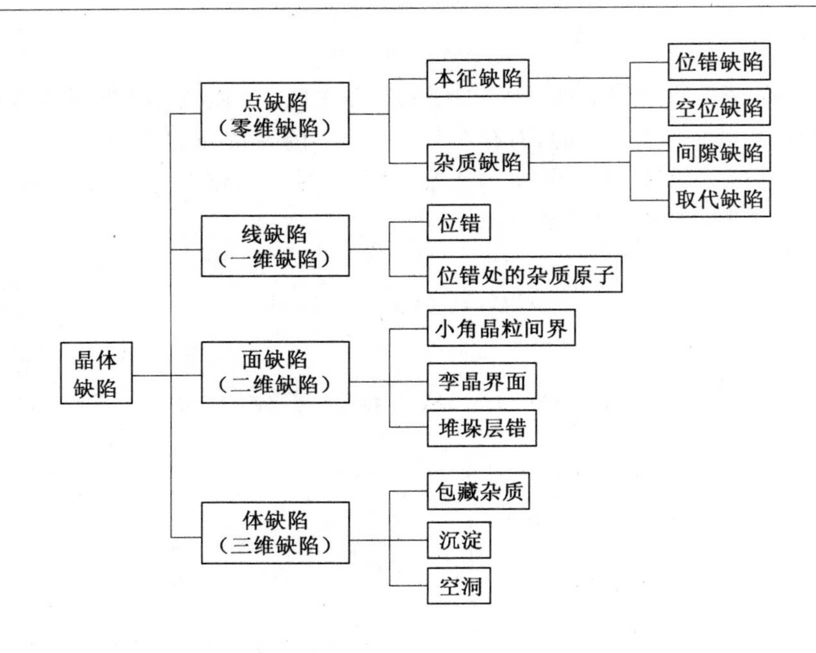

图 1.28 晶体缺陷类型

1.4.1 点缺陷

由于晶体的热振动,使某些原子脱离格点而形成空位,若脱离了格点的原子进入晶格中的间隙位置,则形成间隙原子。空位及间隙原子使晶格周期性遭到破坏,但这种破坏只发生在几个晶格常数的范围内,故称之为点缺陷。

研究晶体的缺陷,就是要讨论缺陷的产生、缺陷类型、浓度大小及对各种性质的影响。20 世纪 60 年代,F. A. Kroger 和 H. J. Vink 建立了比较完整的缺陷研究理论 —— 缺陷化学理论,主要用于研究晶体内的点缺陷。点缺陷在晶体中的浓度是热力学参数(温度、压力等)的函数,因此可以用化学热力学的方法来研究晶体中点缺陷的平衡问题,这就是缺陷化学的理论基础。点缺陷理论的适用范围有一定限度,当缺陷浓度超过某一临界值(原子分数约为 0.1%)时,由于缺陷的相互作用,会导致广泛缺陷(缺陷簇等)的生成,甚至会形成超结构和分离的中间相。但大多数情况下,对许多无机晶体,即使在高温下点缺陷的浓度也不会超过上述极限。

点缺陷在实践中具有重要意义,在无机材料制备中,通常要经过扩散、固相反应和烧结等高温处理过程。在这些高温处理过程中,原子或离子(抽象为质点)在晶体内或表面上不断地进行热运动,从而产生热缺陷,而这些缺陷的存在又能加速或促进这些过程的进行。因而,研究点缺陷的生成规律,达到有目的地控制材料中某种点缺陷的种类和浓度是制备功能无机非金属材料的关键。点缺陷的存在有时可以通过改变电子的能量状态而对半导体的电学性能产生重要影响。此外,点缺陷的存在有时由于缺陷与光子发生作用,还可使某些晶体产生颜色。间隙离子能阻止晶格面相互间的滑移,使晶体的强度增加(固溶硬化现象)。点缺陷有多种分类方法,根据点缺陷的形成原因,可分为热缺陷(或称本征点缺陷)、杂质缺陷(或称组分缺陷)和非化学计量化合物缺陷。还应指出的是,晶体中的点缺陷也可能是由非热方式产生的,如冷加工、高能辐射等。

根据点缺陷存在的形式可以从形成的几何位置和形成原因两方面进行分类，下面简要介绍各类点缺陷及其特点。

1. 点缺陷的分类

点缺陷有两种主要的分类方法，现分别介绍如下。

(1) 根据对理想晶格偏离的几何位置及成分分类，可分为 4 类。

① 间隙缺陷。

在理想晶体中原子（离子）不应占有的那些位置称为间隙位置，处于间隙位置上的原子（离子）就称为间隙原子，如图 1.29 所示，即为间隙原子缺陷。它是晶体的表面原子通过接力运动移到晶体的间隙位置，由于理论计算和实验结果均已表明，形成间隙原子缺陷需要很大的能量，所以一般不宜单独形成此种缺陷。

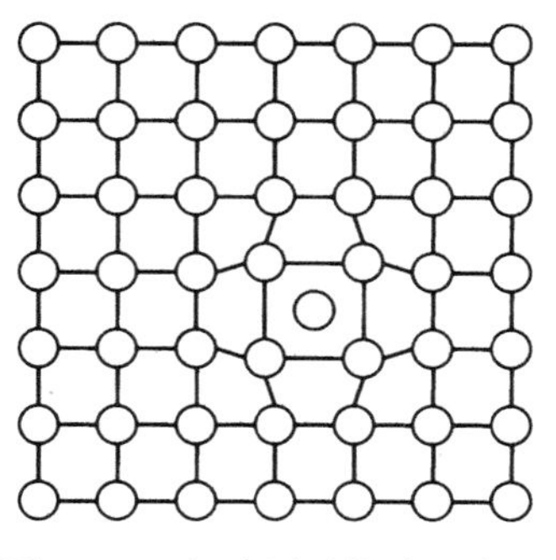

图 1.29　间隙原子缺陷示意图

② 空位缺陷。

当晶体的温度高于绝对零度时，原子吸收热能而发生运动，原子最终的运动形式是围绕一个平衡位置的振动，显然，这个平衡位置和理想晶格的位置相当。温度越高，平均热能越大，振动的幅度越大。其中，有些原子获得足够大的能量，可以脱离开其平衡位置，这样在原来的位置上形成了一个空位，如图 1.30 所示。因此，晶体中总有一些原子要离开平衡位置，造成空位缺陷。

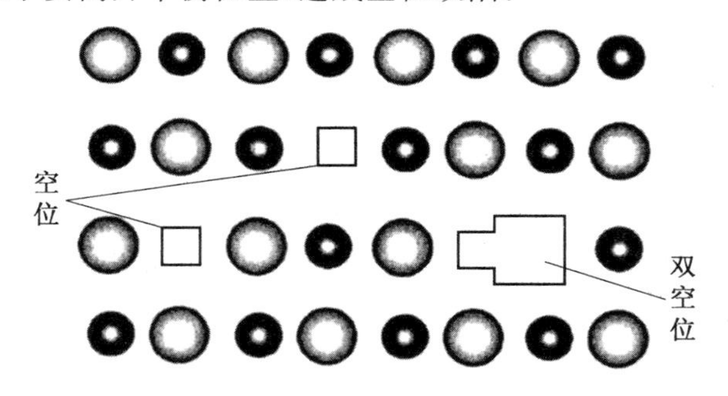

图 1.30　空位缺陷示意图

③ 杂质缺陷。

实际晶体中总是存在某些微量杂质。杂质的来源一方面是在晶体生长过程中引入的，如 O、N、C 等，这些是实际晶体不可避免的杂质缺陷，只能控制相对含量的大小；另一方面，为了改善晶体的电学、光学等性质，人们往往有控制地向晶体中掺入少量杂质。例如，在单晶硅中掺入微量的 B、Al、Ga、In 或 P、As、Sb 等，均可以使其导电性发生很大变化。

杂质原子在晶体中的占据方式有两种：a. 杂质原子占据基质原子的位置，称为置换型杂质缺陷；b. 杂质原子进入晶格原子间的间隙位置，称为间隙型杂质缺陷。图 1.31 即为晶体中两种杂质缺陷的示意图。对于一定的晶体而言，杂质原子是形成置换型杂质还是间隙型杂质，这主要取决于杂质原子与基质原子几何尺寸的相对大小及其电负性。实验表明，间隙型杂质原子一般比较小,如配属为4的Li^+的半径为0.059 nm,它在Si、Ge、Ga、As等半导体中一般以间隙方式存在。当杂质原子和晶格原子大小相近,而且它们的电负性也比较相近时,这种杂质原子一般以置换方式存在。如 Ⅲ 族和 Ⅴ 族原子在Si、Ge中多数是置换型杂质。原因在于置换型杂质占据格点位置后,会引起周围晶格产生畸变,但此畸变区域一般不大,畸变引起的热力学能增加也不大,即缺陷的形成能不大。但若杂质占据间隙位置,由于间隙空间有限,因此引起的畸变区域比置换型大,即缺陷形成能较大。所以只有半径较小的杂质原子才易于进入敞开型结构的间隙位置中。

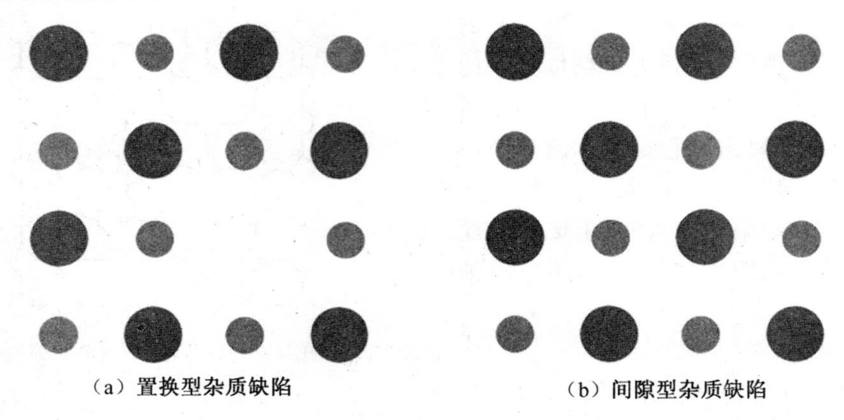

图 1.31　晶体杂质缺陷中的置换型杂质和间隙型杂质

④ 错位缺陷。

如AB化合物晶体中,A原子占据了B格点的位置,或B原子占据了A格点位置,即产生了错位原子缺陷。

以上 4 种主要点缺陷如图 1.32 所示。

(2) 根据缺陷产生的原因分类,可分为 3 类。

① 热缺陷(本征缺陷)。

当晶体的温度高于 0 K 时,晶格内原子吸收能量,在其平衡位置附近热振动。温度越高,热振动幅度越大,原子的平均动能随之增加,由于热振动的无规性和随机性,晶体中各原子的热振动状态和能量并不相同。在一定温度下,不同能量原子数量的分布遵循麦克斯韦(J. C. Maxwell) 分布规律。热振动的原子在某一瞬间可能获得较大的能量,这些较高能量的原子可以挣脱周围质点的作用,离开平衡位置,进入到晶格内的其他位置,在原来的平衡格点位置上留下空位。这种由于晶体内部质点热运动而形成的缺陷称为热缺陷。按照原子进入晶格内的不同位置,可以把热缺陷分为弗伦克尔(Frenkel) 缺陷和肖特基(Schottky) 缺陷。

a. 弗伦克尔缺陷。

如果离开平衡位置的原子进入晶格的间隙位置,则晶体中形成了弗伦克尔缺陷,如图1.33所示。弗伦克尔缺陷的特点是空位和间隙原子同时出现,晶体体积不发生变化,即晶体不会因为出现空位而产生密度变化。由于热运动,一对对的间隙原子和空位在晶体内处于不断的运动中,或者复合、或者运动到其他位置上去。

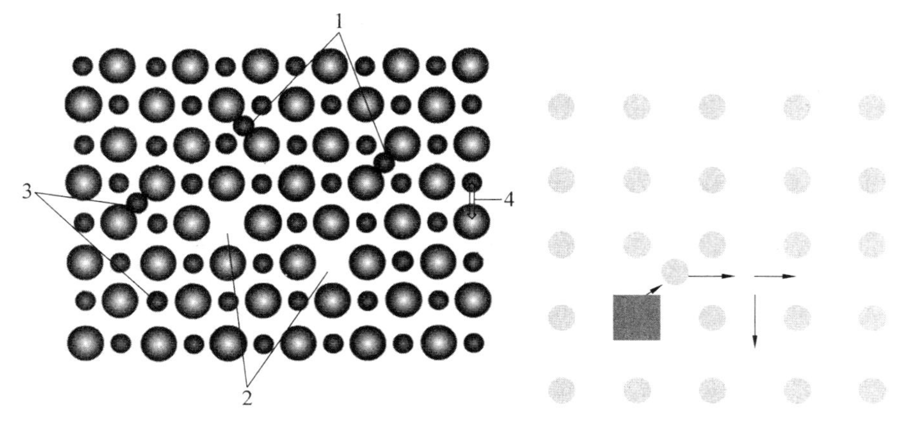

图 1.32　点缺陷示意图

1— 间隙缺陷；2— 空位缺陷；

3— 杂质缺陷；4— 错位缺陷

图 1.33　弗伦克尔缺陷示意图

b. 肖特基缺陷。

如果离开平衡位置的原子迁移至晶体表面的正常格点位置上，而晶体内仅留有空位，没有等量的间隙原子，则晶体中形成了肖特基缺陷，如图 1.34 所示。肖特基缺陷的形成可以视为晶体表层的原子受热激发，部分能量较大的原子迁移到晶体表面的正常格点位置上，在原来原子的晶格位置上产生空位，而晶体内部的原子可以迁移到表层的这些空位中，在内部留下空位。总体来看，空位从晶体表面向晶体内部移动，而晶体内部的原子向表面移动，其结果是晶体表面增加了新的原子层，晶体内部只有空位缺陷。因此肖特基缺陷的特点是晶体中仅有空位存在，晶体体积膨胀，密度下降。当然由于缺陷数量在晶体中只占非常小的比例，晶体密度变化非常微弱，需要精确测量才能确定密度的变化。为了保持晶体的电中性，在离子晶体中通常是正离子空位和负离子空位同时存在。

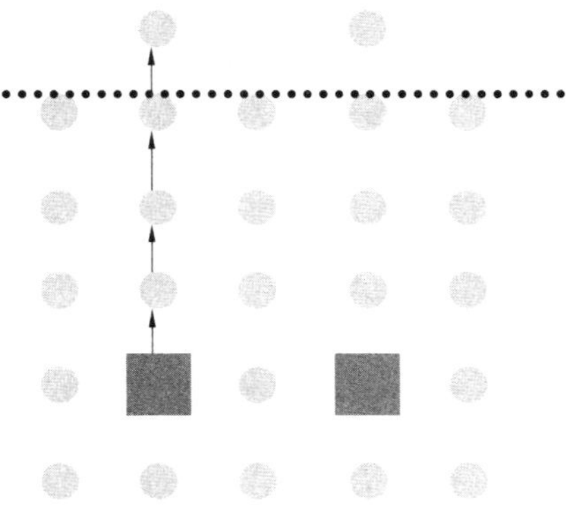

图 1.34　肖特基缺陷示意图

② 杂质缺陷(非本征缺陷)。

由于外来原子进入晶体而产生缺陷。杂质原子进入晶体后，因与原有的原子性质不同，故它不仅破坏了原有晶体的规则排列，而且在杂质原子周围的周期势场引起改变，因此形成一种缺陷。根据杂质原子在晶体中的位置可分为间隙杂质原子及置换(或称取代)杂质原子两种。杂质原子在晶体中的溶解度主要受杂质原子与被取代原子之间性质差别控制，当然也受温度的影响，但受温度的影响要比热缺陷小。若杂质原子的价数不同，则由于晶体电中性的要求，杂质的进入会同时产生补偿缺陷。这种补偿缺陷可能是带有效电荷的原子缺陷，也可能是电子缺陷。

③ 非化学计量化合物缺陷。

化合物的整数比或化学计量关系是形成化合物的判据和准则，化合物的许多性质都可以用定组成定律来解释。但是在原子或离子晶体化合物中，并不一定总是遵守整数比关系，同一种物质的组成可以在一定范围内变动，这种组成可变的结构被称为非化学计量结构缺陷，也称为非化学计量化合物。非化学计量结构缺陷的形成需要在化合物中掺入杂质，或有许多价态元素组分，如过渡金属氧化物。当环境中的气氛和压力发生变化时，可以引起化合物的组成偏离化学计量关系，形成非化学计量结构缺陷，这时多价态元素的存在保持了化合物的电价平衡。如在还原气氛中形成的 TiO_{2-x}，晶体结构中缺少 O^{2-}，Ti 和 O 的比例偏离了 1∶2 的整数比关系。此时只有部分 Ti 离子从四价变为三价，晶体才能保持电中性。从能带结构分析，O^{2-} 的缺失使被电离的 Ti 外层价电子得以部分保留，少量 Ti^{3+} 的出现，可以看成是氧化钛晶体的导带上有电子存在，从而形成 n 型半导体。因此非化学计量化合物缺陷也被称为电荷缺陷。在半导体氧化物晶体中，非化学计量结构缺陷使晶体的导带中出现电子或价带总出现空穴，是生成 n 型半导体和 p 型半导体的重要途径之一。因此，非化学计量结构缺陷的形成不同于热缺陷和杂质缺陷的形成，需要有气氛和压力偏离热力学平衡状态。

2. 缺陷化学反应表示法

对于晶体结构中的点缺陷研究而言，缺陷化学泛指用化学热力学的原理研究点缺陷的产生、平衡及其浓度。点缺陷的浓度一般以某一临界值为限(摩尔分数约为 0.1%)。这一临界值设定的前提是本体中的点缺陷必须呈随机分布的状态，不会因为点缺陷浓度过高而导致缺陷的缔合，在本体中形成超结构或中间相。

在缺陷化学中，点缺陷有特设的符号系统，目前广泛采用的是 Kroger－Vink(克罗格－明克) 符号。这套符号的形式如下：

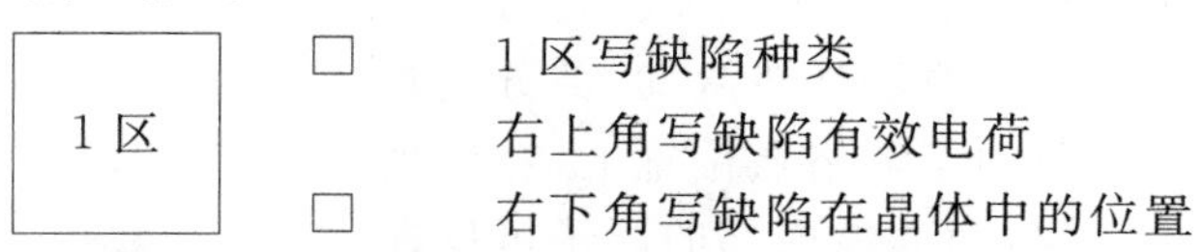

点缺陷的有效电荷不同于原子或离子的实际电价，而相当于缺陷及其电荷与理想晶体中同一区域的电荷之差。

如果用 MX 二价离子晶体(M 为二价正离子，X 为二价负离子) 为例，上述符号表达中各种点缺陷名称、有效电荷和位置表示如下。

(1) 空位。空位用 V(Vacancy) 表示。V_M 和 V_X 分别表示 M 原子空位和 X 原子空位，即此时空位为中性，不带电。一般情况下，中性电荷的符号常常可以略去。在 MX 晶体中，如果移走一个 M^{2+}，这样晶格中留下两个多余的负电荷，如果这两个负电荷被束缚在 M 空位上，则 M^{2+} 离子空位表示为 V''_M；如果移走一个 X^{2-} 离子，则相当于在晶格中留下两个多余的正电荷空穴，则 X^{2-} 离子空位表示为 V''_X。可以看出正离子空位带负电荷，负离子空位带正电荷。这些被束缚的电荷如果处于能量高的状态，有可能成为自由电子或自由空穴，而不局限于特定的位置。它们的缺陷反应方程可以表示为

$$V''_M \longrightarrow V_M + 2e'$$

$$V^{\cdot\cdot}_X \longrightarrow V_X + 2h^{\cdot}$$

式中，e' 表示带负电荷的电子；$h^{\cdot}$ 表示带正电荷的空穴。

(2) 间隙离子。如果 M 或 X 以原子态进入晶格的间隙位置，它们表示为 M_i 或 X_i；如果 M 或 X 以带电荷的离子态进入晶格间隙位置，则以 M''_i 或 X''_i 表示。

(3) 杂质离子。如果二价杂质正离子 R^{2+} 进入晶格间隙位置，写为 R_i，如果二价杂质离子 R^{2+} 不进入晶格间隙，而是取代 M^{2+} 的位置，则写为 R_M。由于是等价离子的置换，所以 R^{2+} 在 M^{2+} 离子位置上的有效电荷为 0。如果杂质离子为一价离子 L^+，那么进入间隙位置写为 L_i，取

代 M^{2+} 离子的位置则写为 L'_M。如果杂质离子是三价离子 N^{3+}，那么进入 M^{2+} 离子的位置时写为 $N_M^{\cdot}$。杂质离子为负离子时，其在晶体中各位置的表示方法以此类推。

(4) 缔合中心和簇结构上述点缺陷在晶体中一般杂乱无序地分布，但是在一定的条件下，如缺陷浓度很高时，两个或更多的缺陷会占据相邻的晶格位置，这样就形成了缺陷缔合体。

两个带有相反电荷符号的点缺陷相互吸引，形成的缔合体也称为簇。最小的簇是一个负离子空位/正离子空位对，如：$V'_{Na}+V_{Cl}^{\cdot} \longrightarrow (V'_{Na}V_{Cl}^{\cdot})$，或是一个异价杂质离子/空位对(如二价杂质正离子置换一价正离子/正离子空位对，或三价杂质正离子置换一价正离子/负离子空位对)。这些簇虽然整体呈电中性，但是均带有偶极性，可以吸引别的缺陷对，形成较大的簇，因此称为缔合中心。

簇结构和缔合体之间没有本质的区别。不同的是，缔合体被认为是忽略了大小和结构的新的缺陷成分，而簇作为结构处理时，则要从结晶学的角度考虑其在点阵中的具体排列。

3. 点缺陷化学反应方程

在缺陷化学中，材料的缺陷及其浓度可以和化学反应相比拟，因此质量作用定律和平衡常数等概念也同样适用于缺陷反应。缺陷反应和化学反应一样，可以写成反应方程式。点缺陷的缺陷方程式必须遵循以下几个基本规则。

(1) 晶格位置平衡。

在离子化合物中，产生点缺陷前后的正负离子晶格位置数保持不变或有所增加，但正负离子晶格位置数的比例在缺陷方程式中保持不变。例如，AgBr 中出现弗伦克尔缺陷：

$$AgBr \text{ 或 } Ag_{Ag}+Br_{Br} \longrightarrow Ag_i^{\cdot}+V'_{Ag}+Br_{Br} \tag{1}$$

或写为

$$Ag_{Ag}+V_i \longrightarrow Ag_i^{\cdot}+V'_{Ag} \tag{2}$$

缺陷方程式左边表示无缺陷状态，方程式右边表示缺陷状态。方程式(1)左右两边的 Ag^+ 和 Br^- 的晶格位置不变。方程式(2)消去了方程中不参加缺陷反应的 Br^-，方程左右两边的 Ag^+ 晶格位置数则保持不变，并且一般情况下方程左边的 V_i 可以省略。

如果 NaCl 晶体中出现肖特基缺陷，缺陷方程式应写为

$$NaCl \text{ 或 } Na_{Na}+Cl_{Cl} \longrightarrow V'_{Na}+V_{Cl}^{\cdot}+Na_{Na}+Cl_{Cl} \tag{3}$$

或简写为

$$0 \longrightarrow V'_{Na}+V_{Cl}^{\cdot} \tag{4}$$

在出现肖特基缺陷的情况下，方程式(3)左边的 Na_{Na} 和 Cl_{Cl} 是指 Na^+ 离子和 Cl^- 离子在晶体内部正常格点的位置上，方程式右边的 Na_{Na} 和 Cl_{Cl} 则指肖特基缺陷形成的 Na^+ 和 Cl^- 移至晶体表面新增的正常格点位置上，而在晶体内部留下了两个离子的空位。在方程式(4)中左右两边的正常格点位置上的离子被简略，左边 0 表示为无缺陷状态。肖特基缺陷方程式左右两边的正负离子晶格位置数不同，正负离子晶格位置的比例保持不变。

(2) 质量平衡。

缺陷反应方程的两边必须保持质量平衡，从上述方程式(1)～方程式(4)均可看到方程左右的正负离子数量保持不变。

(3) 电荷平衡。

在缺陷反应前后晶体必须保持电中性，即缺陷反应方程式两边都必须具有相同数量的总有效电荷。例如，TiO_2 在还原气氛下形成非化学计量化合物，缺陷反应方程式为

$$2Ti_{Ti} + 4O_O \longrightarrow 2Ti'_{Ti} + V^{\cdot\cdot}_O + 3O_O + \frac{1}{2}O_2(g)\uparrow \tag{5}$$

方程左边是 TiO_2 的化学计量化合物，符合等比定律。在还原气氛下，方程右边表示有晶格中氧的挥发，同时晶体中该留下带正二价电荷的氧空位。此时钛离子的数量尽管不变，由于晶体中 O^{2-} 的减少，钛的电价必须降低才能保持晶体中的电中性，因此原来 Ti^{4+} 的晶格位置上出现了 Ti^{3+}，方程左右两边的总有效电荷都为 0。非化学计量化合物写为 TiO_{2-x}，x 的大小由挥发的氧的数量决定，即与环境的氧分压有关。

写缺陷反应方程除了必须检查上述晶格位置平衡、质量平衡和电荷平衡外，还要注意这些方程能否反映实际的缺陷反应。例如，$CaCl_2$ 作为杂质溶入 KCl 晶体，可以写出下列 3 种缺陷反应方程式：

$$CaCl_2 \xrightarrow{KCl} Ca^{\cdot}_K + V'_K + 2Cl_{Cl} \tag{6}$$

$$CaCl_2 \xrightarrow{KCl} Ca^{\cdot}_K + Cl_{Cl} + Cl'_i \tag{7}$$

$$CaCl_2 \xrightarrow{KCl} 2V'_K + 2Cl_{Cl} + Ca^{\cdot\cdot}_i \tag{8}$$

3 个杂质缺陷反应方程式中，箭头上方的 KCl 表示主晶格物质，杂质写在方程的左边，缺陷反应的结果写在方程的右边。尽管 3 个杂质缺陷反应方程式都符合晶格位置平衡、质量平衡和电荷平衡的原则，但是要确定缺陷方程式是否合理，反应是否实际存在，还需用实验证实。如果利用结晶学的基本知识分析缺陷反应，可以判断方程式(7) 的 Cl'_i 难以在晶体中存在。因为 KCl 晶体属 NaCl 结构类型，Cl^- 做面心立方密堆积，K^+ 占据所有八面体孔隙，晶体结构中仅有四面体孔隙。从结晶学角度衡量，Cl^- 很难进入这些间隙位置。在方程式(8) 中，出现间隙 Ca^{2+} 和 K^+ 空位，Ca^{2+} 的半径较大，进入四面体间隙位置需要克服很高的势垒。因此从系统能量越低、结构越稳定的观点考虑，Ca^{2+} 更有可能进入 K^+ 空位，即出现方程式(6) 的缺陷反应。归纳上述分析，$CaCl_2$ 杂质掺入 KCl 主晶格，方程式(6) 的缺陷反应最为合理。

上面的例子是高价阳离子杂质进入具有低价阳离子的离子晶体。下面介绍低价阳离子杂质进入具有高价阳离子的离子晶体，如 MgO 杂质掺入 Al_2O_3 晶体，缺陷反应方程如下：

$$2MgO \xrightarrow{Al_2O_3} 2Mg'_{Al} + 2O_O + V^{\cdot\cdot}_O \tag{9}$$

$$3MgO \xrightarrow{Al_2O_3} 2Mg'_{Al} + Mg^{\cdot\cdot}_i + 3O_O \tag{10}$$

两个方程从结晶化学观点分析都有可能存在。但是从能量的观点分析，方程式(9) 更为合理，方程式(10) 中的间隙 Mg^{2+} 尽管从体积大小分析可以进入刚玉晶体中未填满的 1/3 八面体空隙，但是有可能使晶体的能量升高，因此至少在低温下不易发生。

4. 热缺陷平衡浓度

热力学分析表明，在高于 0 K 的任何温度，晶体最稳定的状态是含有一定浓度点缺陷的状态，这个缺陷浓度称为该温度下晶体的缺陷平衡浓度。

假定在一定的温度 T(K) 和压力 p 条件下，N 个原子组成的单质晶体中形成了 n 个空。这个过程中，晶体的自由能变化为 ΔG。由于引进空位后原子间的键能和晶体体积均有变化，所以晶体有热焓变化 ΔH，归纳为每个空位的生成焓 Δh。晶体的熵变为 ΔS，根据热力学定律，存在以下关系：

$$\Delta G = \Delta H - T\Delta S = n\Delta h - T(n\Delta S_v + \Delta S_m) \tag{1.6}$$

式中的熵变 ΔS 分为两部分：一部分为振动熵变 ΔS_v，由于引进空位后，原子的振动频率有所改变，因此有振动熵的变化；另一部分为混合熵变 ΔS_m，由于引进的空位在晶体的各原子位置上有各种可能的分布，因此空位的存在增加了混合熵 S_m。

根据热力学，混合熵 ΔS_m 可以由玻耳兹曼公式求得

$$\Delta S_m = k\ln W = k\ln C_N^n = k\ln\left[\frac{N!}{n!\ (N-n)!}\right] \tag{1.7}$$

式中，k 为玻耳兹曼常数。W 是出现 n 个空位和 $(N-n)$ 个原子状态的热力学概率，即 n 个空位在 N 个原子位置上的分布数。

利用斯特林公式

$$\ln x!\ \approx x\ln x - x(x \ll 1)$$

当晶体达到热力学平衡时，应该有

$$\frac{\partial \Delta G}{\partial n} = 0 \tag{1.8}$$

把式(1.6)和式(1.7)和斯特林公式代入式(1.8)，得

$$\frac{\partial \Delta G}{\partial n} = \Delta h - T\Delta S_v + kT\ln\frac{n}{N+n} = 0$$

$$\frac{n}{N+n} = \exp\left(\frac{\Delta h - T\Delta S}{kT}\right) = \exp\left(\frac{-\Delta G_V}{kT}\right) \tag{1.9}$$

当 $n \ll N$ 时，晶体中的平衡空位浓度为

$$\frac{n}{N} = \exp\left(-\frac{\Delta G_V}{kT}\right) \tag{1.10}$$

式中，ΔG_V 是晶体的缺陷形成自由能(下标指推导中的缺陷，以空位为例)，在此近似处理为不随温度变化的常数。

由于热缺陷是晶格中质点热运动的结果，因此晶格中热缺陷的平衡浓度与温度相关。温度升高，晶格中具有高能量质点的数量大幅度上升，脱离平衡位置的质点数量增加，热缺陷浓度提高。

5. 热缺陷化学平衡

在统计热力学的基础上，针对晶体中原子(离子)点缺陷的存在状态、彼此间的依存和转化关系，缺陷化学建立了点缺陷的平衡理论。这一理论从热平衡出发，把物理化学的质量作用定律用于点缺陷的形成和转化，从而建立起热平衡方程式。下面以两种热缺陷为例加以说明。

(1) 弗伦克尔缺陷平衡。

以 AgBr 晶体中的弗伦克尔缺陷为例，晶体中出现的是 Ag^+ 的弗伦克尔热缺陷。根据质量作用定律，晶体中的缺陷浓度与平衡常数有如下平衡关系：

$$K_F = \frac{[Ag'_i][V'_{Ag}]}{[Ag_{Ag}][V_i]} = [Ag_i^{\cdot}][V'_{Ag}] \tag{1.11}$$

式中，K_F 是弗伦克尔缺陷反应的平衡常数。

由于$[Ag'_i] = [V'_{Ag}] = \sqrt{K_F}$，同时根据 $K_F = \exp(-\Delta G_F/kT)$，有

$$[Ag_i^{\cdot}] = [V'_{Ag}] = \exp(-\Delta G_F/2kT) \tag{1.12}$$

式中，ΔG_F 为弗伦克尔缺陷形成自由能。

(2) 肖特基缺陷平衡。

以 NaCl 晶体中的肖特基缺陷为例，晶体中同时出现正负离子空位，肖特基缺陷平衡常数与缺陷的平衡浓度有如下关系：

$$K_S = [V'_{Cl}][V'_{Na}] \tag{1.13}$$

因为$[V'_{Cl}] = [V'_{Na}]$，同时根据 $K_S = \exp(-\Delta G_S/kT)$，所以缺陷的平衡浓度为

$$[V'_{Cl}] = [V'_{Na}] = \exp(-\Delta G_S/2kT) \tag{1.14}$$

式中，ΔG_S 为肖特基缺陷的形成自由能。

6. 非化学计量化合物

在普通化学中，定比定律认为，化合物中不同原子的数量要保持固定的比例。但在实际的化合物中，有一些并不符合定比定律，即分子中各元素的原子数比例并不是一个简单的固定比例关系。这些化合物称为非化学计量化合物(nonstoichiometric compounds)。

形成非化学计量化合物的重要原因是晶体中的点缺陷。点缺陷有 3 种：① 离子(或原子)的空位缺陷，也就是说一种成分离子(或原子)按定组成定律来说是过剩的，这些过剩的离子(或原子)占据化合物晶格的正常位置，而另一成分离子(或原子)在晶格中的位置却有一部分空出来，形成了空位；② 杂质离子的部分取代缺陷，其形成的条件是两种离子的半径相差较小，结构相似，电负性相近；③ 间隙缺陷，即在晶体的间隙中随机地填入体积较小的原子(或离子)，这些杂质原子(或离子)进入间隙位置时，一般不改变基质晶体原有的结构。

由于上述缺陷及同晶置换的存在，出现非化学计量化合物。非化学计量化合物的组成可以在相当大的范围内变化，某些组成可以从一种纯物质连续地改变至另一种物质。在固体化合物中，由于电子分布的公共性，在晶体中不是分子而是相，是阿伏加德罗常数个原子的集合体。原子决定晶体晶格的性质，极其微量杂质的引入或组成的变化，影响的不是局部间的原子，而是使整个晶体的性质发生巨大的改变，这就是非化学计量化合物的特性。

形成非化学计量过程也是晶体中产生点缺陷的重要机制之一。点缺陷伴随非化学计量现象而生成的情形分述如下。

(1) 阴离子缺位型。

从化学计量观点看，在 TiO_2 晶体中，Ti : O = 1 : 2。但若处于低氧分压气氛中，晶体中的氧可以逸出到大气中，这时晶体中出现氧空位，使金属离子与化学式显得比较过剩。从化学观点看，缺氧的 TiO_2 可以看作四价钛和三价钛氧化物的固溶体，其缺陷反应如下：

$$2Ti_{Ti} + 4O_O \longrightarrow 2Ti'_{Ti} + V^{\cdot\cdot}_O + 3O_O + \frac{1}{2}O_2(g)\uparrow \tag{11}$$

式中，Ti'_{Ti} 意味着 Ti^{3+} 占据 Ti^{4+} 的位置，这一离子变价现象与晶格中氧离子数量的下降有关，其分子式写为 TiO_{2-x}。显然 x 的大小与环境氧分压的大小有关。

对式(11)简化，可以得到

$$O_O \longrightarrow 2e' + V^{\cdot\cdot}_O + \frac{1}{2}O_2\uparrow \tag{12}$$

式中，$[e'] = [Ti'_{Ti}]$，根据质量作用定律，晶体在还原气氛中达到点缺陷的化学平衡时

$$K = \frac{[V^{\cdot\cdot}_O][e']p_{O_2}^{\frac{1}{2}}}{[O_O]} \tag{1.15}$$

根据式(1.15)，晶体中的氧空位浓度与电子浓度成一定比例：$2[V^{\cdot\cdot}_O] = [e']$，所以有

$$V_O^{\cdot\cdot} \propto p_{O_2}^{-\frac{1}{6}} \tag{1.16}$$

式(1.16)说明氧空位和电子浓度均与氧分压的$\frac{1}{6}$次方成反比，即在还原气氛下，TiO_2晶体形成n型半导体。

反应式(11)中的Ti'_{Ti}，即Ti^{3+}上多束缚的一个电子，实际上并不完全总是束缚在钛离子晶格处。由于晶体中的$V_O^{\cdot\cdot}$带正电荷，因此实际上电子更容易被$V_O^{\cdot\cdot}$束缚，形成一种负离子空位和电子的缔合。受外界能量的激发，电子也可以脱离束缚，进入TiO_2晶体的导带，成为自由电子，此即为反应式(12)所具有的物理意义。同时由于激发电子脱离$V_O^{\cdot\cdot}$的能量在可见光波长范围，因此负离子空位和电子的缔合体又称为F－色心。因为TiO_2晶体中F－色心的存在，TiO_2晶体在氧化气氛下呈黄色，而在还原气氛下转为灰黑色。除了TiO_2晶体，F－色心还大量存在于碱金属卤化物中。

(2) 阴离子间隙型。

受晶体结构几何因素的影响，阴离子间隙型非化学计量化合物较少，一个例子是UO_2晶体。UO_2晶体属萤石结构，在氧化气氛中加热时，可以形成UO_{2+x}(非化学计量化合物)。即在氧分压较高的条件下，环境中的一部分氧溶入晶体中，进入晶体的间隙位置。这些氧从正离子晶格处获取电子，以形成O^{2-}，晶体中正离子的电价则升高。为保持电荷平衡，晶体中的一部分铀以六价离子存在，因此非化学计量化合物可以看成是U_3O_8和UO_2的固溶体。

$$UO_2 + \frac{1}{2}O_2(g) \longrightarrow U_U^{\cdot\cdot} + O''_i + 2O_O \longrightarrow U_U + O''_i + 2h^{\cdot} + 2O_O \tag{13}$$

式(13)经简化后，得到

$$\frac{1}{2}O_2(g) \longrightarrow O''_i + 2h^{\cdot} \tag{14}$$

式中，间隙氧离子的浓度、空穴的浓度均与氧分压有关。

根据质量作用定律，晶体的缺陷化学平衡为

$$K = \frac{[O''_i][h^{\cdot}]^2}{p_{O_2}^{\frac{1}{2}}}$$

$$[O''_i] = \frac{1}{2}[h^{\cdot}] \propto p_{O_2}^{\frac{1}{6}} \tag{1.17}$$

UO_{2+x}非化学计量化合物中，伴随间隙O^{2-}的增加，晶体中的空穴浓度同时增加，UO_{2+x}是一种p型半导体。

(3) 阳离子缺位型。

另一种在氧化气氛下形成的非化学计量化合物为阳离子空位$Cu_{2-x}O$和$Fe_{1-x}O$等。在氧分压较高时，环境中的氧进入晶格，占有正常格点位置，同时在正离子周围捕获电子，从而使原来晶体中二价的亚铁离子Fe^{2+}失去电子成为Fe^{3+}。而晶体中正负离子格点位置的比例不变，因此部分正离子格点位置上出现空位。这样$Fe_{1-x}O$也可以看成氧化铁和氧化亚铁的固溶体。其缺陷反应方程如下：

$$2FeO + \frac{1}{2}O_2(g) \longrightarrow 2Fe_{Fe}^{\cdot} + V''_{Fe} + 3O_O$$

$$\frac{1}{2}O_2(g) \longrightarrow 2h^{\cdot} + V''_{Fe} + O_O \tag{15}$$

$$K=\frac{[h^{\cdot}]^2[V''_{Fe}][O_O]}{p_{O_2}^{\frac{1}{2}}}$$

$$[V''_{Fe}]=\frac{1}{2}[h^{\cdot}]\propto p_{O_2}^{\frac{1}{6}} \tag{1.18}$$

$Cu_{2-x}O$ 和 $Fe_{1-x}O$ 一样，随氧分压的上升，正离子空位数量增加，空穴浓度增加，导电率上升。

氧化铁非化学计量化合物中，铁空位 V''_{Fe} 可以束缚带正电荷的空穴，形成缔合体。正离子空位和空穴的缔合体形成一种V－色心，通过光激发可以使空穴脱离阳离子空位的作用，成为自由的载流子。碱金属卤化物晶体是目前研究较多的色心晶体。

(4) 阳离子间隙型。

还原气氛中形成的ZnO晶体具有非化学计量化学式 $Zn_{1+x}O$，其缺陷结构可以采用以下缺陷反应式表示：

$$ZnO \longrightarrow Zn_i^{\cdot}+e'+\frac{1}{2}O_2(g)\uparrow \tag{16}$$

$$ZnO \longrightarrow Zn_i^{\cdot\cdot}+2e'+\frac{1}{2}O_2(g)\uparrow \tag{17}$$

式(16)和式(17)的共同点是：晶体在锌蒸气中加热，氧分压相对较低，形成了环境的还原气氛，晶体中有氧的挥发。如果保持晶体的晶格位置平衡，部分锌原子可以进入间隙位置。式(16)中间隙锌有一个电子被电离后，成为自由电子；式(17)中，锌有两个电子被电离，成为自由电子。两个缺陷反应方程式从形式看都是正确的，但是实验证明，晶体中实际存在的主要是式(16)的一价间隙锌离子，可能由于第二个电子的电离能较高，因此间隙锌离子出现二价需要更高的温度。可以看出，氧化锌非化学计量化合物是一种n型半导体。此外，如 $Cd_{1+x}O$ 等也属阳离子间隙型非化学计量化合物。

综上所述，非化学计量化合物在不同环境气氛的作用下，在产生间隙离子和空位等点缺陷的同时，有过渡金属离子电价的上升或下降。比较复杂结构固溶体形成中不等价离子置换引起的间隙离子或离子空位等点缺陷，非化学计量化合物可以视为以自身不同价态离子相互置换，在结构中形成与点缺陷共存的一类特殊固溶体。复杂结构固溶体的点缺陷浓度与不等价离子的掺入量有关，而在非化学计量化合物中，点缺陷浓度则由气氛确定，对于氧化物则取决于氧分压的大小。没有过渡金属离子参与的复杂结构固溶体中，掺杂离子一般不能在晶体中直接形成导电的导带电子和价带空穴，因此不能形成半导体；而非化学计量化合物中，由离子变价产生的晶体导带上的电子和价带上的空穴，都可在相应的能带上定向运动而形成半导体。并且，还原气氛下形成的是n型半导体，氧化气氛下形成的则是p型半导体。与此同时，过渡金属氧化物晶体中究竟出现哪种缺陷结构，则可以参比复杂结构固溶体中高价离子置换低价离子，或低价离子置换高价离子时形成的点缺陷类型。

非化学计量化合物中的点缺陷或缺陷簇相互作用使空位或间隙原子在晶体中的排列趋于超晶格有序化，形成各种超晶格相。

非化学计量化合物还可形成晶体学剪切结构(CS结构)。CS结构含有很多CS面，CS面两侧晶体结构相同，为剪切滑移关系，CS面内结构与两侧结构不同，成分不同，因此CS面的数量影响化学计量比。

非化学计量化合物多数为氧化物、硫属化合物和卤化合物等。晶体结构则多属 CaF_2 型、NaCl 型、TiO_2 型、ZnS(闪锌矿）型、NiAs 型、$CaTiO_3$ 型、$CaWO_3$(白钨矿）型等。这些类型的化合物中，都是阴离子做最紧密堆积，阳离子充填其中的孔隙。在晶体生长过程中，阳离子多面体畸变，使阴离子数目相对减少，从而形成非化学计量化合物。

非化学计量化合物的化学性质与化学计量化合物差别不大，但某些物理性质有大的差异，如 SnO_2 组成偏离化学计量时由绝缘体变为半导体，导电性与偏离化学计量的程度成正比。

(5) 非化学计量化合物的制备。

近代的晶体结构的理论和实验研究结果表明，具有化学计量比和非化学计量比的化合物均是普遍存在的。更确切地说，非化学计量比化合物的存在是更为普遍的现象。非化学计量比化合物越来越显示出其重要的理论意义和实用价值。由于各种缺陷的存在，往往给材料带来了许多特殊的光、电、声、磁、力和热性质，使它们成为很好的功能材料。氧化物陶瓷高温超导体的出现就是一个极好的例证，为此，人们认为非化学计量比是结构敏感性能的根源。许多用于制备固体化合物的实验技术均可用于制备非化学计量化合物。现将一些常见的、主要的合成方法进行简要的介绍。

① 高温固相反应合成非化学计量化合物。

在空气中或真空中直接加热或进行固相反应，可以获得稳定的非化学计量比化合物。在真空或惰性气体气氛及在高温条件下，在石英坩埚中放置 Si 单晶，通常其中含有 O^{18} 的氧原子，这些氧原子是渗入晶格间隙之中。含氧的 Si 单晶经 450 ℃ 左右的长时间的热处理，会使晶体中分散分布的氧逐渐地聚集起来，成为一个缔合体，使 Si 单晶的电化学性质发生明显的变化。

用热分解法能较容易地制得许多非化学计量比化合物。热分解的原料可以是无机物，也可以是金属有机物。热分解的温度对所形成的反应产物十分重要。

在不同的气氛下，特别是在一定的氧分压下，经过高温固相反应，是合成非化学计量比化合物最重要的方法。此法既可以直接合成，即在固相反应的同时合成非化学计量比化合物，也可以先制成化学计量比化合物试样，然后在一定的气氛中平衡制得所需要的非化学计量比化合物。

② 掺杂加速生成非化学计量化合物。

采用掺杂的方法，促使形成稳定的和具有特殊性质的非化学计量比化合物，已经在许多功能材料上获得应用。合成这类化合物可根据需要采用固相、液相或气相等多种方法进行。

$BaTiO_3$ 的禁带宽度为 2.9 eV，对纯净无缺陷的 $BaTiO_3$ 而言，室温下它应该是一种绝缘体。但是，由于各种原子缺陷的存在，可以在禁带中的不同位置生成与各原子缺陷相对应的杂质能级，从而使 $BaTiO_3$ 具有半导体性质。然而，原子缺陷种类很多，有本征缺陷，也有外来原子缺陷，而且这些原子缺陷的浓度又随各种因素（如氧分压、烧结温度、冷却速率和掺杂浓度等）而变化。所以，原子缺陷与材料的电导率之间有极其复杂的关系。

③ 辐照法制备非化学计量化合物。

用辐照的方法制备非化学计量比化合物是一个简单易行的方法。突出的例子是制备 LiF 的色心晶体。它是一种在室温下有较高量子效率、不易潮解、导热率高(0.103 W/(cm・℃))的可调谐激光晶体。

④ 高压下合成非化学计量化合物。

近年来在高压和超高压条件下，合成非化学计量比化合物日趋活跃，并具有一定特点。由此，将会发现一些新的化合物和新的性质。

1.4.2 线缺陷

晶体中的线缺陷是各种类型的位错。其特点是原子发生错排的范围，在一个方向上尺寸较大，而另外两个方向上尺寸较小，是一个直径在 3 ～ 5 个原子间距、长几百到几万个原子间距的管状原子畸变区。虽然位错种类很多，但最简单、最基本的类型有两种：一种是刃型位错，另一种是螺型位错。位错是一种极为重要的晶体缺陷，对材料强度、塑变、扩散、相变等影响显著。

1. 位错的基本概念

(1) 位错学说的产生。

人们很早就知道金属可以塑性变形，但对其机理不清楚。20 世纪初到 20 世纪 30 年代，许多学者对晶体塑变做了不少实验工作。1926 年弗兰克尔利用理想晶体的模型，假定滑移时滑移面两侧晶体像刚体一样，所有原子同步平移，并估算了理论切变强度 $\tau_m = G/2\pi$ (G 为切变模量)，与实验结果相比相差 3 ～ 4 个数量级，即使采用更完善一些的原子间作用力模型估算，τ_m 值也为 $G/30$，仍与实测临界切应力相差很大。这一矛盾在很长一段时间难以解释。1934 年泰勒(G. I. Taylor)、波兰尼(M. Polanyi) 和奥罗万(E. Orowan) 三人几乎同时提出晶体中位错的概念。泰勒把位错与晶体塑变的滑移联系起来，认为位错在切应力作用下发生运动，依靠位错的逐步传递完成了滑移过程，与刚性滑移不同，位错的移动只需邻近原子做很小距离的弹性偏移就能实现，而晶体其他区域的原子仍处在正常位置，因此滑移所需的临界切应力大为减小。在这之后，人们对位错进行了大量研究工作。1939 年柏格斯(Burgers) 提出用柏氏矢量来表征位错的特性的重要意义，同时引入螺型位错。1947 年柯垂耳(A. H. Cottrell) 利用溶质原子与位错的交互作用解释了低碳钢的屈服现象。1950 年弗兰克(Frank) 与瑞德(Read) 同时提出了位错增殖机制 F－R 位错源。20 世纪 50 年代后，透射电镜直接观测到了晶体中位错的存在、运动和增殖。这一系列的研究促进了位错理论的形成和发展。

(2) 位错的基本类型。

① 刃型位错。刃型位错如图 1.35 所示。晶体受压缩后，使 $ADFEHG$ 滑移了一个原子晶格间距，造成质点滑移部分和未滑移部分的交界处是一条 EF 线，这条交线称为位错线。图 1.36 是刃型位错的二维晶格投影图，图中，位错线以上部分的原子间距较密、下部原子间距较疏，原子间距疏密不均的现象即为一种晶格缺陷。而位错线这一列原子的配位状态与正常晶格相比，畸变最为显著，因此可视为一维的线缺陷，这类线缺陷称为刃型位错，用符号 ⊥ 表示。刃型位错的特点是位错线垂直于滑移方向。如果位错线在应力的作用下定向运动，则最终形成沿此晶面的滑移。

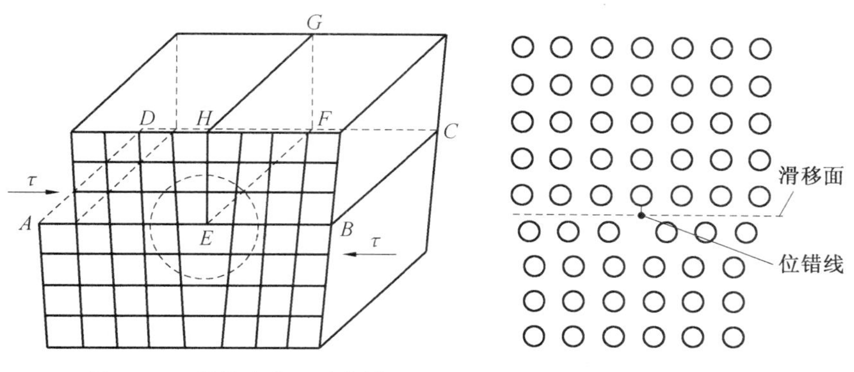

图 1.35　晶体中的刃型位错　　图 1.36　刃型位错的二维晶格投影图

② 螺型位错。螺型位错如图 1.37 所示，晶体在剪切应力的作用下，晶面发生相互滑移。从图中可以看到，晶体中滑移部分和未滑移部分的交线，即 AD 为位错线。由于从图中的 B 点绕位错线 AD 一周降至下一个晶面，因此图中位错称为螺型位错。在剪切应力的持续作用下，位错线可以定向运动，从 AD 移动至 $A'D'$，整个晶面的原子相对位移一个晶格间距，即发生了滑移。螺型位错的特点是位错线平行于滑移方向。

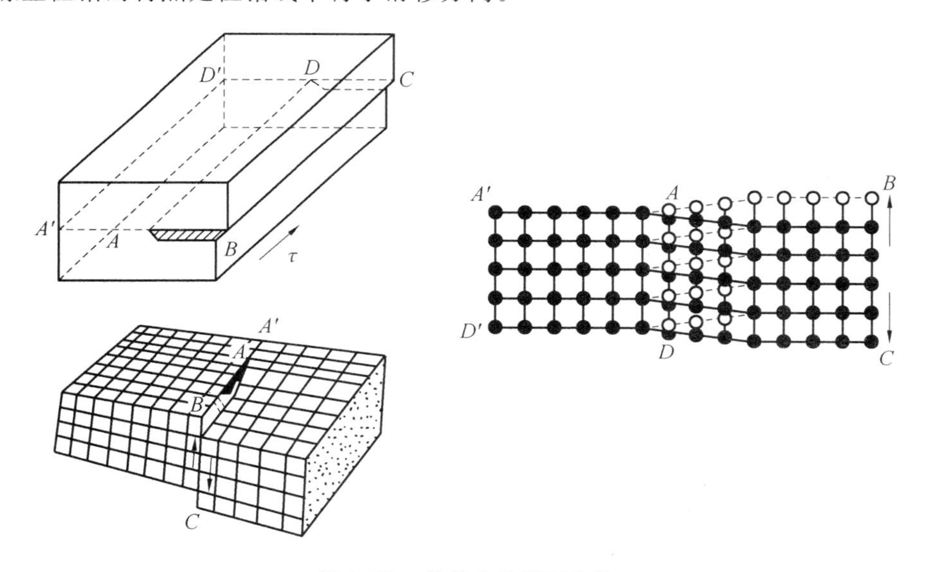

图 1.37　晶体中的螺型位错

从刃型位错和螺型位错的原子排列变化看，位错尽管是晶体中原子排列的线性缺陷，但并不是几何学意义的线，而是宽度为几个原子尺度的管道。在位错的管道内及其附近区域有较大的应力集中，在晶体中形成了一个应力场。在位错管道内，原子的平均能量比其他区域大得多。由于位错的形成使晶体的能量增大，因此位错不是平衡缺陷。

③ 混合位错。混合位错如图 1.38 所示，有一弯曲位错线 AC（已滑移区与未滑移区的交界），A 点处位错线与 b 平行为螺型位错，C 点处位错与 b 垂直为刃型位错。其他部分位错线与 b 既不平行也不垂直，属混合位错，如图 1.38(b) 所示，混合位错可分解为螺型分量 b_s 与刃型分量 b_e，$b_s = b\cos\varphi$，$b_e = b\sin\varphi$。

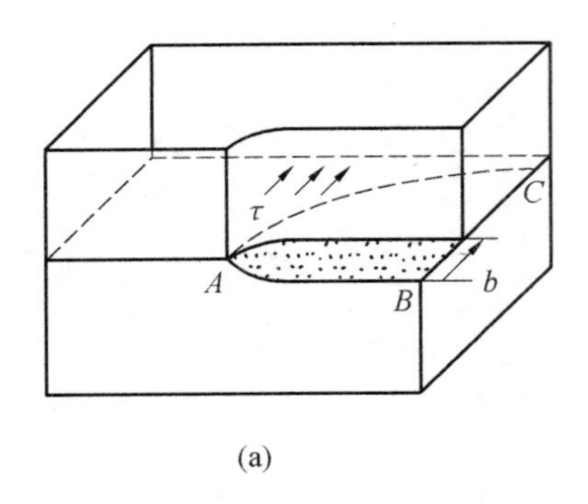

(a)

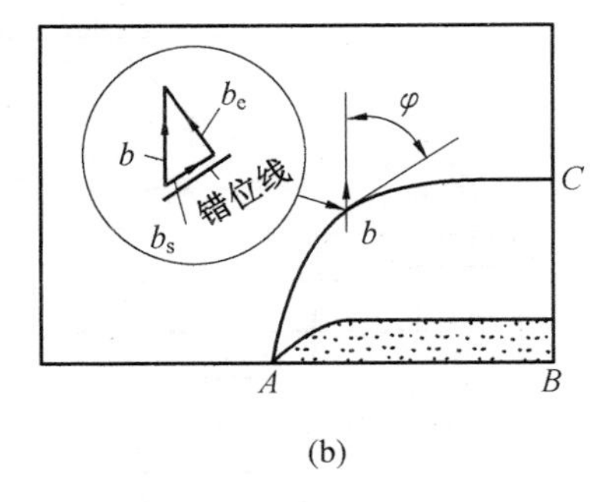

(b)

图 1.38 混合位错

2. 位错密度

晶体中位错的量通常用位错密度来表示：

$$\rho = S/V \ (\mathrm{cm/cm^3}) \tag{1.19}$$

式中，V 是晶体的体积；S 是该晶体中位错线总长度。有时为了简便，把位错线当成直线，而且是平行地从晶体的一面到另一面，这样式(1.19)变为

$$\rho = \frac{n \times L}{L \times A} = \frac{n}{A} \ (1/\mathrm{cm^2}) \tag{1.20}$$

式中，L 为每根位错线长度，近似为晶体厚度；n 为面积 A 中可见的位错数目。位错密度可采用透射电镜、金相等方法测定。一般退火金属中位错密度为 $10^5 \sim 10^6/\mathrm{cm^2}$，剧烈冷变形金属中位错密度可增至 $10^{10} \sim 10^{12}/\mathrm{cm^2}$。

3. 位错的运动

晶体中的位错总是力图从高能位置转移到低能位置，在适当条件下(包括外力作用)，位错会发生运动。位错运动有滑移与攀移两种形式。

(1) 位错的滑移。

位错沿着滑移面的移动称为滑移。位错在滑移面上滑动引起滑移面上下的晶体发生相对运动，而晶体本身不发生体积变化，称为保守运动。

刃型位错的滑移如图 1.39 所示，对含刃型位错的晶体加切应力，切应力方向平行于柏氏矢量，位错周围原子只要移动很小距离，就使位错由位置“1”移动到位置“2”，如图 1.39(a) 所示。当位错运动到晶体表面时，整个上半部晶体相对下半部移动了一个柏氏矢量，晶体表面产生高度为 b 的台阶，如图 1.39(b) 所示。刃型位错的柏氏矢量 $\boldsymbol{b}$ 与位错线 τ 互相垂直，故滑移面为 $\boldsymbol{b}$ 与 $\boldsymbol{\tau}$ 决定的平面，它是唯一确定的。由图 1.39 可见，刃型位错移动的方向与 $\boldsymbol{b}$ 方向一致，和位错线垂直。

螺型位错沿滑移面运动时，周围原子动作情况如图 1.40 所示。虚线所示螺旋线为其原始位置，在切应力 $\boldsymbol{\tau}$ 作用下，当原子做很小距离的移动时，螺型位错本身向左移动了一个原子间距，即为到图中实线螺旋线位置，滑移台阶(阴影部分)亦向左扩大了一个原子间距。螺型位错不断运动，滑移台阶不断向左扩大，当位错运动到晶体表面，晶体的上下两部分相对滑移了一个柏氏矢量，其滑移结果与刃型位错完全一样。所不同的是螺型位错的移动方向与 $\boldsymbol{b}$ 垂直。此外，因螺型位错 $\boldsymbol{b}$ 与 $\boldsymbol{\tau}$ 平行，故通过位错线并包含 $\boldsymbol{b}$ 的所有晶面都可能成为它的滑移面。当螺型位错在原滑移面运动受阻时，可转移到与之相交的另一个滑移面上去，这样的过程称为交叉滑移，简称交滑移。

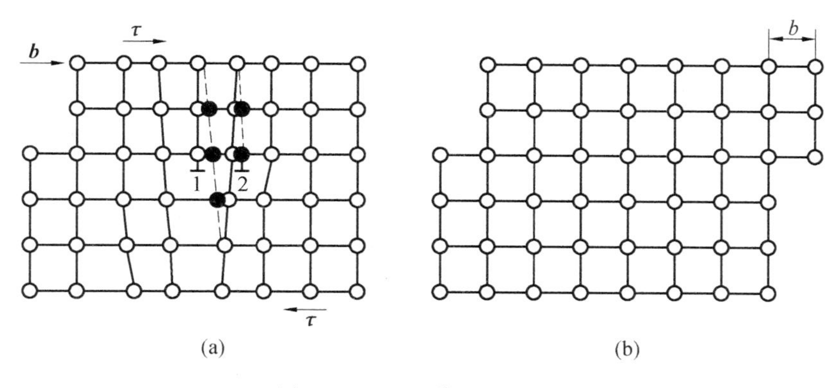

图 1.39　刃型位错的滑移

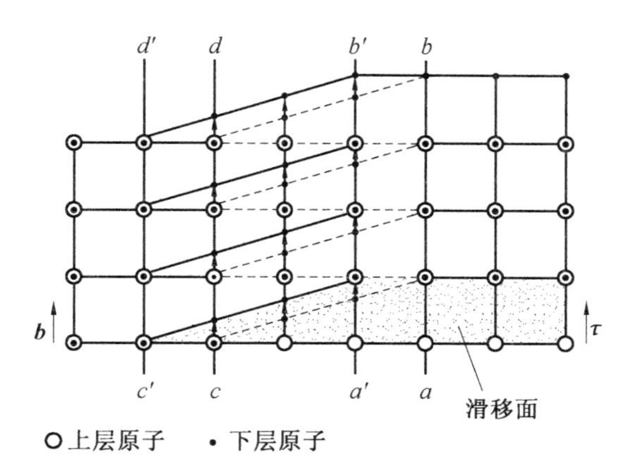

图 1.40　螺型位错的滑移

混合型位错沿滑移面移动的情况，如图 1.41 所示。沿柏氏矢量 **b** 方向作用一切应力 τ，位错环将不断扩张，最终跑出晶体，使晶体沿滑移面相对滑移了 b，如图 1.41(b) 所示。

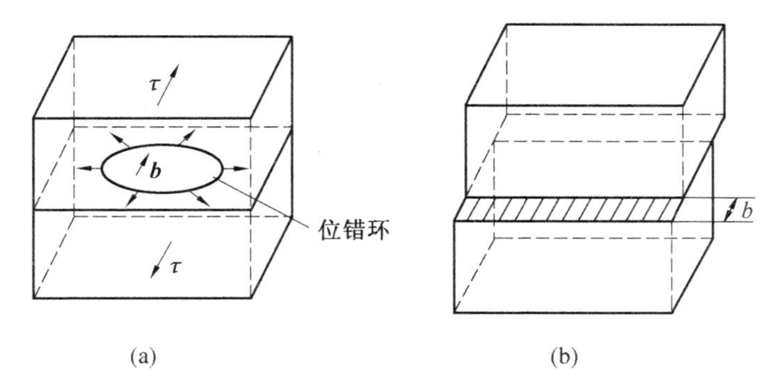

图 1.41　混合型位错的滑移

由此例看出，不论位错如何移动，晶体的滑移总是沿柏氏矢量相对滑移，所以晶体滑移方向就是位错的柏氏矢量方向。

实际晶体中，位错的滑移要遇到多种阻力，其中最基本的固有阻力是晶格阻力——派纳力。当柏氏矢量为 **b** 的位错在晶体中移动时，将由某个对称位置移动到其他位置。在这些位置，位错处在平衡状态，能量较低。而在对称位置之间，能量增高，造成位错移动的阻力。因此位错移动时，需要一个力克服晶格阻力，越过势垒，此力称派纳力(Peierls－Nabarro)，可表示如下：

$$\tau_{\mathrm{p}} \approx \frac{2G}{1-\nu} \mathrm{e}^{\frac{-2\pi a}{-2(1-\nu)}} \tag{1.21}$$

其中，G 为切变模；ν 为泊桑比；a 为晶面间距；b 为滑移方向上原子间距。由公式(1.21)可知 a 最大，b 最小时 τ_{p} 最小，故滑移面应是晶面间距最大的最密排面，滑移方向应是原子最密排方向，此方向 b 一定最小。除点阵阻力外，晶体中各种缺陷(如点缺陷、其他位错、晶界和第二相粒子等)对位错运动均会产生阻力，使金属抵抗塑性变形能力增强。

(2) 位错的攀移。

刃型位错除可以在滑移面上滑移外，还可在垂直滑移面的方向上运动即发生攀移。攀移的实质是多余半原子面的伸长或缩短。通常把多余半原子面向上移动称正攀移，向下移动称负攀移，如图 1.42 所示。空位扩散到位错的刃部，使多余半原子面缩短，称为正攀移，如图 1.42(a) 所示。刃部的空位离开多余半原子面，相当于原子扩散到位错的刃部，使多余半原子面伸长，位错向下攀移称为负攀移，如图 1.42(c) 所示。

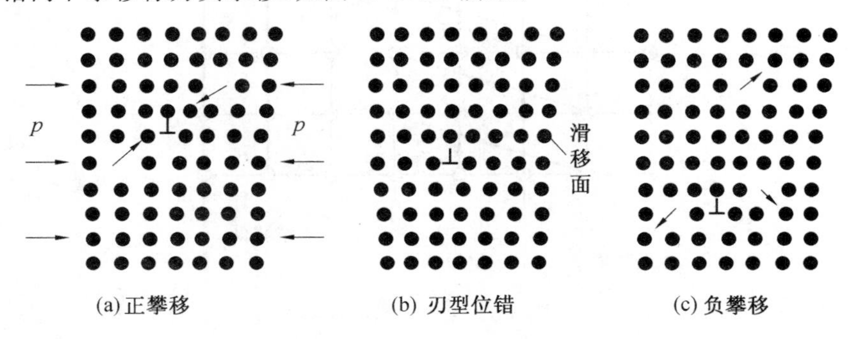

图 1.42　刃型位错的攀移

攀移与滑移不同，攀移时伴随物质的迁移，需要空位的扩散，需要热激活，比滑移需更大能量。低温攀移较困难，高温时易攀移。攀移通常会引起体积的变化，故属非保守运动。此外作用于攀移面的正应力有助于位错的攀移，由图 1.42(a) 可见压应力将促进正攀移，拉应力可促进负攀移。晶体中过饱和空位也有利于攀移。攀移过程中，不可能整列原子同时附着或离开，所以位错(即多余半原子面边缘)要出现割阶，如图 1.43 所示。割阶是原子附着或脱离多余半原子面最可能的地方。刃型位错通过割阶沿图中箭头方向运动实现攀移，如图 1.43 所示。

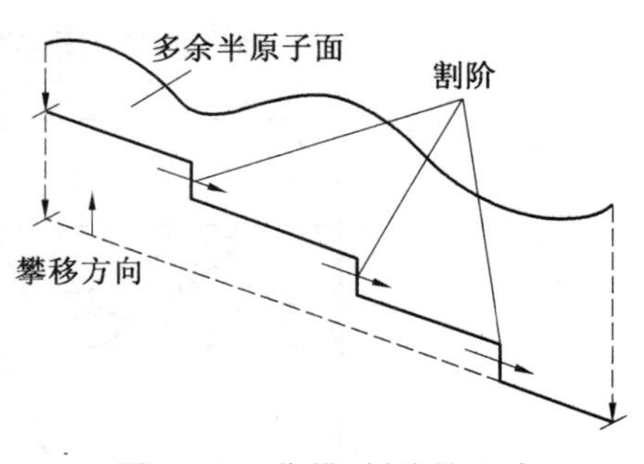

图 1.43　位错、割阶的运动

1.4.3　面缺陷

只要金属晶体中两个相邻部分的取向、结构或点阵常数不同，在它们的接触处就将形成界面，它是一种面缺陷。不仅在多晶体材料的晶粒之间有通常所说的晶粒间界，而且在一个晶粒内部或者单晶体中还经常存在亚晶。在复相材料中，除晶粒间界外，还有相界面。此外，任何晶体都还有外表面。在这些界面处共同的特点是原子相邻关系偏离晶体内部排列的正常状态，因此都可以归并为面状的晶格缺陷。这些面缺陷对塑性变形与断裂、固态相变、材料的各种力学及物理和化学性能均有重要影响。界面类型有表面、晶界、亚晶界和相界。

1. 表面

晶体表面结构与晶体内部不同，由于表面是原子排列的终止面，另一侧无固体中原子的键合，其配位数少于晶体内部，导致表面原子偏离正常位置，并影响了邻近的几层原子，造成点阵畸变，使其能量高于晶内。晶体表面单位面积能量的增加称为表面能，数值上与表面张力 σ 相等，以 γ 表示。由于表面能来源于形成表面时破坏的结合键，不同的晶面为外表面时，所破坏的结合键数目不等，故表面能具有各向异性。一般外表面通常是表面能低的密排面。对于体心立方，{100} 表面能最低；对于面心立方，{111} 表面能最低。杂质的吸附会显著改变表面能，所以表面会吸附外来杂质，与之形成各种化学键，其中物理吸附是依靠分子键，化学吸附是依靠离子键或共价键。

2. 晶界与亚晶界

多晶体由许多晶粒组成，每个晶粒是一个小单晶。位向不同的相邻晶粒之间的界面称为晶界。相邻的晶粒位向不同，其交界面称为晶粒界，简称晶界，如图 1.44 所示。

多晶体中，每个晶粒内部原子排列也并非十分整齐，会出现位向差极小的亚结构，亚结构之间的交界为亚晶界，如图 1.45 所示。晶粒又可分为更小的亚晶粒。一般晶粒尺寸为 15～25 μm，亚晶粒尺寸为 1 μm。亚晶粒之间的界面称为亚晶界。晶界的结构和性质与相邻晶粒的取向差有关，当取向差约小于 10° 时，称为小角度晶界，当取向差大于 10° 以上时，称为大角度晶界。晶界处，原子排列紊乱，使能量增高，即产生晶界能，使晶界性质有别于晶内。

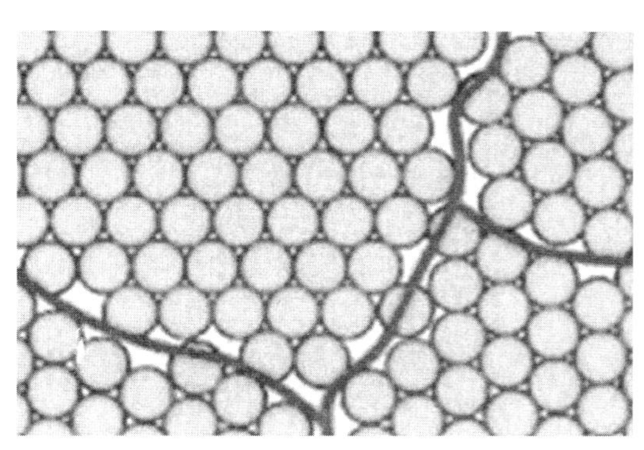

图 1.44　晶界示意图

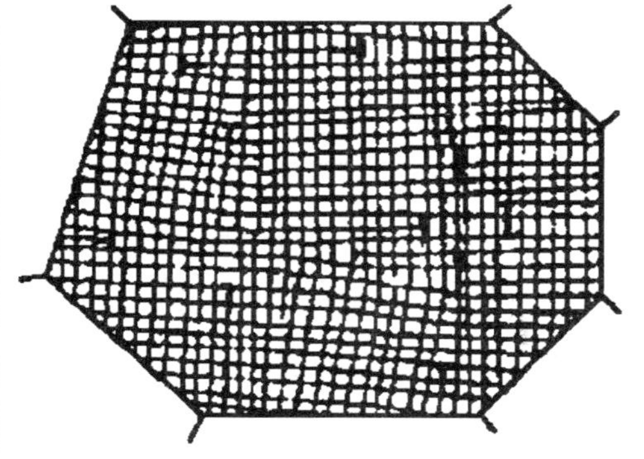

图 1.45　亚结构与亚晶界

(1) 小角度晶界。

按照相邻亚晶粒之间位向差的不同，可将小角度晶界分为对称倾侧晶界和扭转晶界。它们的结构可用相应的模型来描述。

① 对称倾侧晶界。

对称倾侧晶界可看作把晶界两侧晶体互相倾斜的结果。由于相邻两晶粒的位向差 θ 角很小，其晶界可看作由一列平行的刃型位错所构成，如图 1.46 所示。对称倾侧晶界是最简单的小角度晶界。图 1.46 是简单立方结构晶体中的对称倾侧晶界，由一系列柏氏矢量互相平行的同号刃型位错垂直排列而成，晶界两边对称，两晶粒的位向差为 θ，柏氏矢量为 $\boldsymbol{b}$。当 θ 很小时，求得晶界中位错间距为 $D=b/\theta$。若 $\theta=1^\circ$，$b=0.25$ nm，则位错间距为 14 nm。当 $\theta=10^\circ$ 时，位错间距仅为 1.4 nm，此时位错密度太大，此模型已不适用。对称倾侧晶界中同号位错垂直排列，刃型位错产生的压应力场与拉应力场可互相抵消，不产生长程应力场，其能量很低。

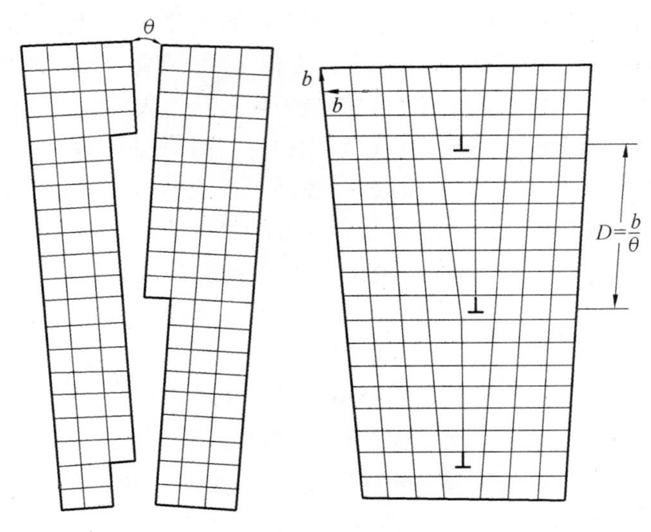

图 1.46　对称倾侧晶界

② 扭转晶界。

扭转晶界是小角度晶界的又一种类型。它可看作两部分晶体绕某一轴在一个共同的晶面上相对扭转一个 θ 角所构成的，扭转轴垂直于这一共同的晶面，如图 1.47 所示。图 1.47 表示两个简单立方晶粒之间的扭转晶界，是由两组互相垂直的螺型位错构成的网络。

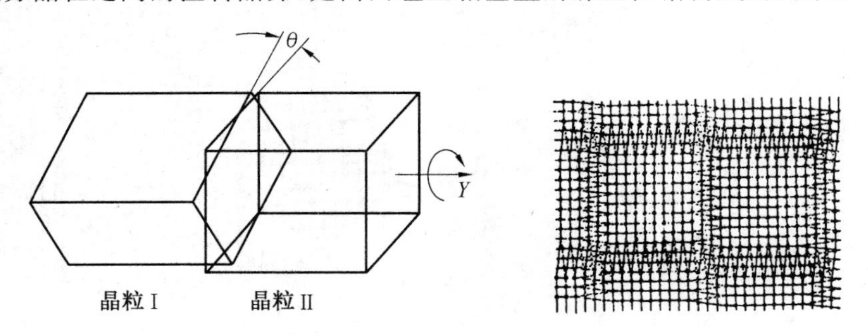

图 1.47　扭转晶界形成的模型及结构

（2）大角度晶界。

大角度晶界的结构较复杂，其中原子排列较不规则，不能采用位错模型来描述。晶界可看作坏区与好区交替相间组合而成。随着位向差的增大，坏区的面积将相应增加。纯金属中大角度晶界的宽度不超过 3 个原子间距。

大角度晶界如图 1.48 所示，每个相邻晶粒的位向不同，由晶界把各晶粒分开。晶界是原子排列异常的狭窄区域，一般仅几个原子间距。晶界处某些原子过于密集的区域为压应力区，原子过于松散的区域为拉应力区。与小角度晶界相比，大角度晶界能较高，大致为 0.5～0.6 J/m^2，与相邻晶粒取向无关。但也发现某些特殊取向的大角度晶界的界面能很低，为解释这些特殊取向的晶界的性质提出了大角度晶界的重合位置点阵模型。

应用场离子显微镜研究晶界，发现当相邻晶粒处在某些特殊位向时，不受晶界存在的影响，两个晶粒有 $1/n$ 的原子处在重合位置，构成一个新的点阵称为"$1/n$ 重合位置点阵"，$1/n$ 称为重合位置密度。表 1.8 以体心立方结构为例，给出了重要的"重合位置点阵"。图 1.49 中二维正方点阵中的两个相邻晶粒，晶粒 2 是相对晶粒 1 绕垂直于纸面的轴旋转了 37°。研究发现不受晶界存在的影响，从晶粒 1 到晶粒 2，两个晶粒有 1/5 的原子是位于另一晶粒点阵的延伸位置上，即有 1/5 原子处在重合位置上。这些重合位置构成了一个比原点阵大的"重合位置点阵"。当晶界与重合位置点阵的密排面重合，或以台阶方式与重合位置点阵中几个密排面重合时，晶界上包含的重合位置多，晶界上畸变程度下降，导致晶界能下降。

表 1.8　体心立方结构的重合位置点阵

晶体结构	旋转轴	转动角度	重合位置
体心立方	[100]	36.9°	1/5
	[110]	70.5°	1/3
	[110]	38.9°	1/9
	[110]	50.5°	1/11
	[111]	60.0°	1/3
	[111]	38.2°	1/7

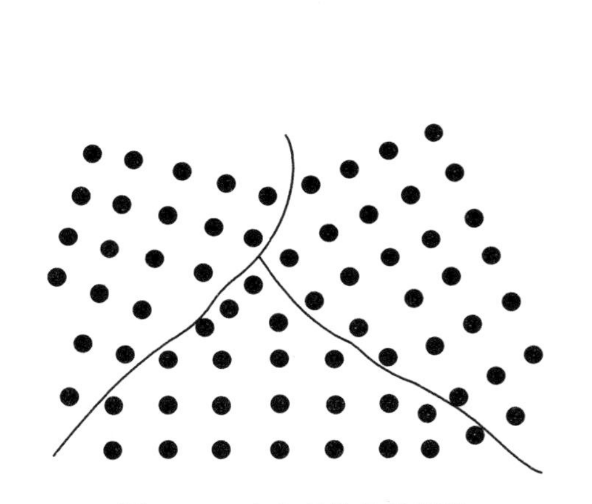

图 1.48　大角度晶界示意图

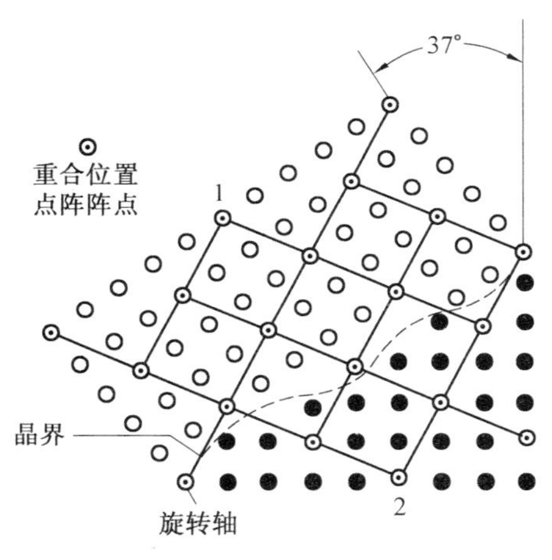

图 1.49　位向差为 37° 时存在的 1/5 重合位置点阵

尽管两个晶粒间有很多位向出现重合位置点阵，但毕竟是特殊位向，为适应一般位向，人们认为在界面上，可以引入一组重合位置点阵的位错，即该晶界为重合位置点阵的小角度晶界，这样两个晶粒的位向可由特殊位向向一定范围扩展。

(3) 孪晶界。

孪晶是指两个晶体(或一个晶体的两部分) 沿一个公共晶面构成镜面对称的位向关系，这两个晶体就称为孪晶，此公共晶面就称孪晶面。

孪晶界是晶界中最简单的一种，如图 1.50 所示。孪晶关系指相邻两个晶粒或一个晶粒内部相邻两部分沿一个公共晶面(孪晶面) 构成镜面对称的位向关系。孪晶界上的原子同时位于两个晶体点阵的结点上，为孪晶的两部分晶体所共有，这种形式的界面称为共格界面。

孪晶的形成与堆垛层错有密切关系。面心立方按 ABCABCABC··· 顺序堆垛起来，如果从

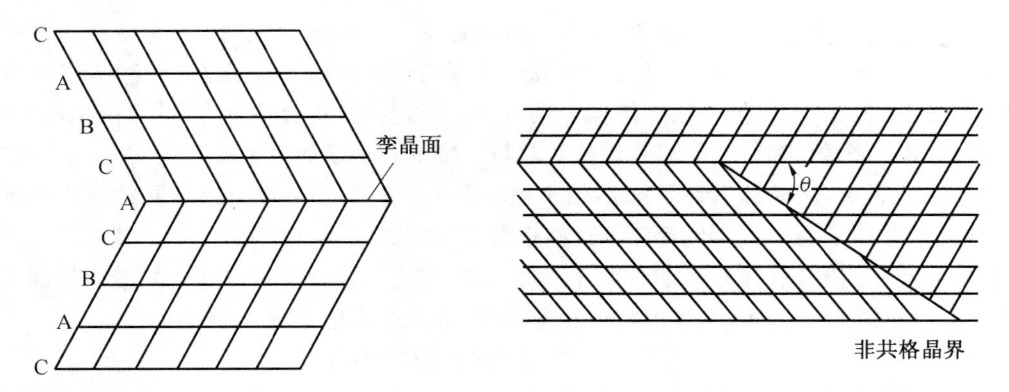

图 1.50 面心立方晶体的孪晶关系

某一层开始其堆垛顺序发生颠倒。按 ABCABCACBACBA… 堆垛，则上下两部分晶体便形成了镜面对称的孪晶关系。共格孪晶界即孪晶面上原子没有发生错排，不会引起弹性应变，故界面能很低，如图 1.51 所示。例如，Cu 的共格孪晶界的界面能仅为 0.025 J/m^2。但非共格孪晶界的能量较高，接近大角度晶界的 1/2。

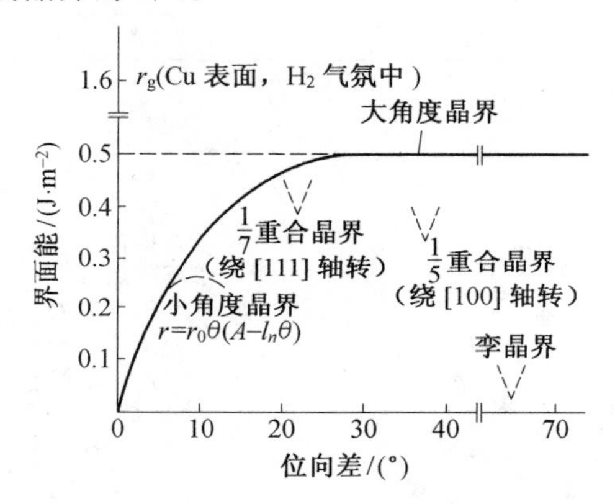

图 1.51 Cu 的不同类型界面的界面能

3. 相界

合金的组织往往由多个相组成。不同的相具有不同的晶体结构和化学成分。具有不同晶体结构的两相之间的分界称为相界。相界结构有 3 种：共格相界、半共格相界和非共格相界。3 种类型的相界如图 1.52 所示。

(1) 共格相界。

所谓“共格”是指界面上的原子同时位于两相晶格的结点上，即两相的晶格是彼此衔接的，界面上的原子为两者共有。但是理想的完全共格界面只有在孪晶界，且孪晶界即为孪晶面时，才可能存在。

(2) 半共格相界。

若两相邻晶体在相界面处的晶面间距相差较大，则在相界面上不可能做到完全的一一对应，于是在相界面上将产生一些位错，以降低相界面的弹性应变能，这时相界面上两相原子部分地保持匹配，这样的相界面称为半共格相界或部分共格相界。

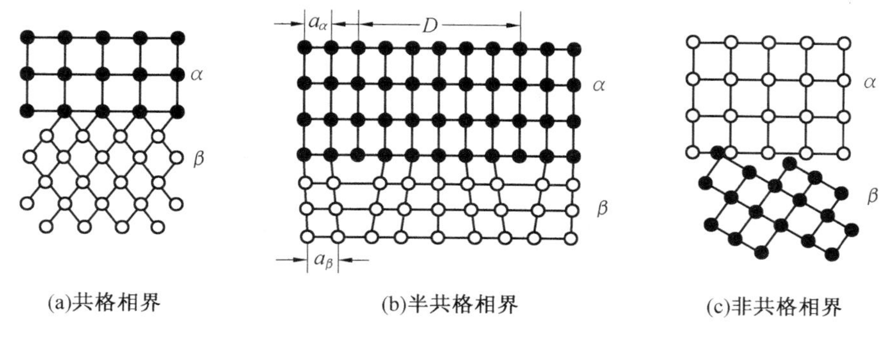

图 1.52　3 种相界结构示意图

(3) 非共格相界。

当两相在相界面处的原子排列相差很大时，只能形成非共格相界。

如果两相的相界面上，原子成一一对应的完全匹配，即界面上的原子同时处于两相晶格的结点上，为相邻两晶体所共有，这种相界称为共格相界。显然此时界面两侧的两个相必须有特殊位向关系，而且原子排列，晶面间距相差不大。然而大多情况必定产生弹性应变和应力，使界面原子达到匹配。

若两相邻晶粒晶面间距相差较大，界面上原子不可能完全一一对应，某些晶面则没有相对应的关系，则形成半共格相界，图 1.52(b) 所示的整个相界由图示的位错和共格区所组成，存在一定的失配度，以 δ 表示：

$$\delta = \frac{a_\alpha - a_\beta}{a_\alpha}$$

失配度 $\delta < 0.05$ 为完全共格；$\delta = 0.05 \sim 0.25$ 为半共格相界，失配度越大，界面位错间距 D 越小；当失配度 $\delta > 0.25$ 时，完全失去匹配能力，成为非共格相界，如图 1.52(c) 所示。

从理论上来讲，相界能包括两部分，即弹性畸变能和化学交互作用能。弹性畸变能大小取决于错配度的大小；而化学交互作用能取决于界面上原子与周围原子的化学键结合状况。相界面结构不同，这两部分能量所占的比例不同。如对共格相界，由于界面上原子保持着匹配关系，故界面上原子结合键数目不变，因此这里应变能是主要的；而对于非共格相界，由于界面上原子的化学键数目和强度与晶内相比发生了很大变化，故其界面能以化学交互作用能为主，而且总的界面能较高。从相界能的角度来看，从共格至半共格到非共格依次递增。共格相界的界面能最低，非共格相界的界面能最高，半共格相界的界面能居中。

4. 晶界特性

由于晶界的结构与晶内不同，使晶界具有一系列不同于晶粒内部的特性。

(1) 由于界面能的存在，当晶体中存在能降低界面能的异类原子时，这些原子将向晶界偏聚，这种现象称为内吸附。

(2) 晶界上原子具有较高的能量，且存在较多的晶体缺陷，使原子的扩散速度比晶粒内部快得多。

(3) 常温下，晶界对位错运动起阻碍作用，故金属材料的晶粒越细，则单位体积晶界面积越多，其强度、硬度越高。

(4) 晶界比晶内更易氧化和优先腐蚀。

(5) 大角度晶界界面能最高，故其晶界迁移速率最大。晶粒的长大及晶界平直化可减少晶界总面积,使晶界能总量下降,故晶粒长大是能量降低过程,由于晶界迁移靠原子扩散,故只有在较高温度下才能进行。

(6) 由于晶界具有较高能量,固态相变时优先在母相晶界上形核。

1.4.4 体缺陷

体缺陷是一种三维缺陷,即在各个方向的尺寸都比较大的缺陷。通常所说的嵌镶结构、网络结构、生长层、孪晶、晶体中夹杂物或包裹体均属于体缺陷的范畴。其中夹杂物或包裹体是常见的也是最严重的缺陷之一,在晶体制备过程中力求避免。本节简要介绍包裹体的分类及包裹体与母相的关系等。

1. 包裹体的分类

包裹体是晶体中某些与基质晶体不同的物相所占据的区域。常见的包裹体有以下几种形式:

(1) 泡状包裹体,晶体中的那些大小不同的被蒸气或溶液充填的泡状孔穴。

(2) 幔纱,由微细包裹体组成的层状集合。

(3) 负晶体,晶体中具有晶面的孔洞。

(4) 幻影,具有一定方向的幔纱。

(5) 云雾,微细的气泡或空穴所组成的云雾状的聚集。

(6) 固体碎片。

此外,还常按包裹体出现的时间分类:

(1) 原生包裹体,在晶体生长过程中出现的。

(2) 次生包裹体,在晶体生长之后形成的。

2. 包裹体与母相的关系

包裹体可以是多种多样的,如果是气泡等在母相中形成了空洞,则母相就会出现自由表面。如果是以夹杂物的形式与母相紧密相连,则由于夹杂物与母相的晶格常数的大小差异,会出现图 1.53 所示的几种情形:

(1) 夹杂相与母相完全非共格(图 1.53(a)),此时母相与包裹体内都没有应力。

(2) 夹杂相与母相部分共格(图 1.53(b)),晶格之间有失配,因此母相与包裹体内都有应力。

(3) 夹杂相与母相完全共格,没有晶格失配(图 1.53(c)),此时难以区别母相与包裹体,两者之间均无应力。

(4) 夹杂相与母相虽有失配但共格(图 1.53(d)),晶体局部有失配,因此母相与包裹体内均有失配应力。

(5) 夹杂相与母相晶体有失配,但两者因为弹性变形而完全共格(图 1.53(e)),因此母相与包裹体内都有失配应力。

1.4.5 缺陷对材料性能的影响

1. 线缺陷对材料性能的影响

位错是一种极其重要的晶体缺陷,它对金属的塑性变形、强度与断裂均有很重要的作用,塑性变形究其原因就是位错的运动,而强化金属材料的基本途径之一就是阻碍位错的运动,另

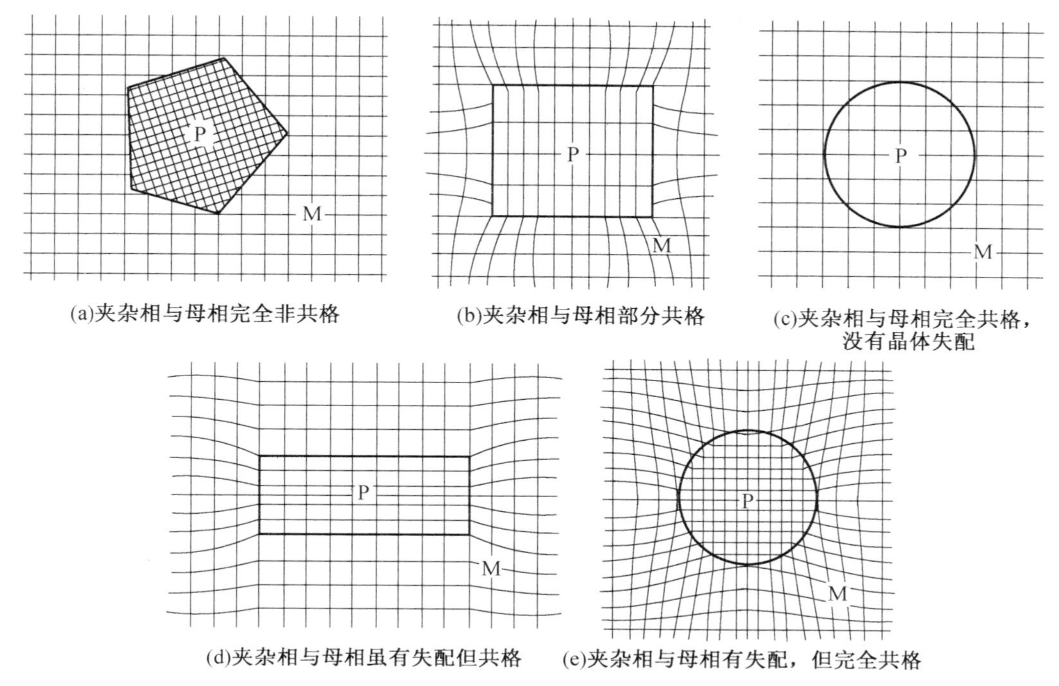

(a)夹杂相与母相完全非共格　(b)夹杂相与母相部分共格　(c)夹杂相与母相完全共格，没有晶体失配

(d)夹杂相与母相虽有失配但共格　(e)夹杂相与母相有失配，但完全共格

图 1.53　夹杂相 P 与母相 M 的关系

外，位错对金属的扩散、相变等过程也有重要影响。所以深入了解位错的基本性质与行为，对建立金属强化机制将具有重要的理论和实际意义。金属材料的强度与位错在材料受到外力的情况下如何运动有很大的关系。如果位错运动受到的阻碍较小，则材料强度就会较高。实际材料在发生塑性变形时，位错的运动是比较复杂的，位错之间相互反应、位错受到阻碍不断塞积、材料中的溶质原子、第二相等均会阻碍位错运动，从而使材料出现加工硬化。因此，要想增加材料的强度就要通过诸如细化晶粒（晶粒越细小，晶界就越多，晶界对位错的运动具有很强的阻碍作用）、有序化合金、第二相强化、固溶强化等手段使金属的强度增加。以上增加金属强度的根本原理就是想办法阻碍位错的运动。

位错密度取决于材料变形率的大小。在高形变率荷载下，位错密度持续增大，因为高应变率下材料的动态回复与位错攀移被限制，因而位错密度增大，材料强度增大，可以等同于降低材料温度。

对金属材料来说，位错密度对材料的韧性、强度等均有影响。对于晶体来说，位错密度越大，材料强度越大。对于非晶刚好相反：位错密度正比于自由体积，位错密度越多，强度越低，塑性可能会好。在外力的作用下，金属材料的变形量增大，晶粒破碎和位错密度增加，导致金属的塑性变形抗力迅速增加，对材料的力学性能影响是：硬度和强度显著升高；塑性和韧性下降，产生所谓的“加工硬化”现象。随着塑性变形程度的增加，晶体对滑移的阻力越来越大。从位错理论的角度看，其主要原因是位错运动越来越困难。滑移变形的过程就是位错运动的过程，如果位错不易运动，就是材料不易变形，也就是材料强度提高，即产生了硬化。加工硬化现象在生产工艺上有很现实的作用，如拉丝时已通过拉丝模的金属截面积变小，因而作用在这一较小界面上的单位面积拉力比原来大，但是由于加工硬化，这一段金属可以不继续变形，反而引导拉丝模后面的金属变形，从而才能进行拉拔。

加工硬化对金属材料的使用也是有利的，例如，构件在承受负荷时，尽管局部地区负荷超过了屈服强度，金属发生塑性变形，但通过加工硬化，这部分金属可以承受这一负荷而不发生破坏，并把部分负荷转嫁给周围受力较小的金属，从而保证构件的安全。

钢经形变处理后，形变奥氏体中的位错密度大为增加，可形变量越大，位错密度越高，金属的抗断强度也随之增高。随着形变程度增加，不但位错密度增加而且位错排列方式也会发生变化。在变形温度下，原子有一定的可动性，位错运动也较容易进行，因此在形变过程中及形变后停留时将出现多边化亚结构及位错胞状结构。当亚晶之间的取向差达到几度时，就可像晶界一样，起到阻碍裂纹扩展的作用，由霍尔－派奇公式可知，晶粒越小则金属强度越大。

2. 面缺陷对材料性能的影响

面缺陷对材料性能的影响主要体现在以下几个方面：

（1）面缺陷的晶界处点阵畸变大，存在晶界能，晶粒长大与晶界平直化使晶界面积减小，晶界总能量降低，这两个过程通过原子扩散进行，随着温度升高与保温时间增长，有利于这两个过程的进行。

（2）面缺陷原子排列不规则，常温下晶界对位错运动起阻碍作用，塑性变形抗力提高，晶界有较高的强度和硬度。晶粒越细，材料的强度越高，这就是细晶强化，而高温下刚好相反，高温下晶界有黏滞性，使相邻晶粒产生相对滑动。

（3）面缺陷处原子偏离平衡位置，具有较高的动能，晶界处也有较多缺陷，故晶界处原子的扩散速度比晶内快。

（4）固态相变中，晶界能量较高，且原子活动能力较大，新相易于在晶界处优先形核，原始晶粒越细，晶界越多，新相成核率越大。

（5）由于成分偏析和内吸附现象，晶界富集杂质原子的情况下，晶界熔点低，加热过程中，温度过高引起晶界熔化与氧化，导致过热现象。

（6）晶界处能量较高，原子处于不稳定状态，因晶界富集杂质原子的缘故，晶界腐蚀速度较快。

第2章　统计热力学

热力学以大量分子的集合体作为研究对象，以由大量实验归纳出来的热力学三定律为基础，通过严密的逻辑推理，讨论平衡系统的各宏观性质之间的相互关系及变化规律。从热力学所得到的规律对于大量分子组成的系统具有高度的可靠性和普遍性，这对推动生产和科学研究起了很大的作用。由于它不是从物质的微观结构出发来考虑问题的，所以热力学结论的正确性不因人们对物质微观结构认识的深入而有所影响，这是优点同时也反映出其局限性。物质的宏观性质归根结底是微观粒子运动的客观反映，但热力学却不能给出微观性质与宏观性质之间的联系。而统计热力学正好在这里补充了热力学的不足。统计热力学的研究对象也是大量粒子的集合体。它根据物质结构的知识用统计的方法求出微观性质与宏观性质之间的联系。从大量微观粒子的集合体中，找出了单个粒子所没有的统计规律性。

利用统计热力学的方法，不需要进行低温下的量热实验（低温实验设备复杂，要求极高），就能求得熵函数，其结果甚至比热力学第三定律所求得的熵值更为准确。对于简单分子使用统计热力学的方法进行运算，其结果常是令人满意的。当然统计热力学也有其局限性，由于人们对于物质结构的认识不断地深化，不断地修改充实对物质结构的模型，同时模型本身也有近似性，所以由此所得到的结论也具有近似性。例如，对分子的结构常常要做出一些假设，对于大的游离的分子或凝聚系统，应用统计热力学的结果也还存在着很大的困难，因为复杂分子的振动频率、分子内旋转以及非谐性振动等问题都还解决得不够完备，所以计算这些分子的配分函数时，还存在着很大的近似性。

统计热力学也可以看作统计物理学的一个分支，后者还包含研究非平衡过程（如扩散、热传导、黏滞性等）。从历史发展来看，最早使用的是经典的统计方法。1900年，普朗克（Max Planck，1858—1947，英国物理学家）提出了量子论，引入了能量量子化的概念，发展成为初期的量子统计。在这一时期中，玻耳兹曼（Boltzmann）有很多贡献。1924年以后开始有了量子力学，在统计力学中不但力学的基础需要改变，而且所用的统计方法也需要改变。由此而产生了玻色－爱因斯坦（Bose－Einstein）统计和费密－狄拉克（Fermi－Dirac）统计，分别适用于不同的系统。但是这两种统计都可以在一定的条件下通过适当的近似而得到玻耳兹曼统计。

在本书中主要介绍玻耳兹曼统计，并且不采用最原始的经典统计法，而是采用福勒（R. H. Fowler）处理问题的方法，即先用能量量子化的概念，建立一些公式，然后再根据情况过渡到经典统计所能适用的公式。这种方法可用较简捷的途径给初学者以必要的统计热力学的基础知识。对于在化学中所遇到的一般问题，使用玻耳兹曼统计基本上可以说明一些问题。玻耳兹曼统计有时也称麦克斯韦－玻耳兹曼（Maxwell－Boltzmann）统计，但习惯上简称为玻耳兹曼统计。

2.1　统计热力学基础知识

2.1.1　统计系统及分类

按照统计单位(粒子)是否可以分辨(或区分)把系统分为定位系统(localized system)和非定位系统(non-localized system)(前者或称为定域子系统，后者或称为离域子系统)。前者的粒子可以彼此分辨，而后者的粒子彼此不能分辨。例如，气体分子处于混乱运动之中，彼此无法区别，因此是非定位系统；而晶体，由于粒子是在固定的晶格位置上做振动，每个位置可以想象给予编号而加以区别，所以晶体是定位系统。

当粒子数目相同时，定位系统与非定位系统的微观状态数是不同的。由于前者的粒子可以区分，因此定位系统的微观状态数要比非定位系统多得多。例如，3个不同颜色的球，其排列方式有3！(6)种；而3个颜色相同的球，其排列方式只有一种。

按照统计单位之间有无相互作用，又可把系统分为近独立粒子系统(assembly of independent particles，称为独立粒子系统)和非独立粒子系统(assembly of interacting particles，或称为相依粒子系统)。前者粒子之间的相互作用非常微弱，可以忽略不计，系统的总能量等于各个粒子能量之和。后者粒子之间的作用不能忽略，总能量中应包含粒子间相互作用的位能项，后者是各粒子坐标的函数，即

$$U=\sum_i N_i E_i+U_1(x_1,y_1,z_1,\cdots,x_N,y_N,z_N)$$

例如，非理想气体就是非独立粒子系统。在本章内容中只讨论近独立粒子系统，以下如不特别注明，均指近独立粒子系统而言的。

2.1.2　统计热力学的基本假定

系统的热力学概率(Ω)是指系统在一定宏观状态下的微观状态数。根据玻耳兹曼公式 $S=k\ln\Omega$，表达了系统的熵值和其内部粒子混乱度之间的定量关系，知道了 Ω 就能求得 S。

1. 宏观态和微观态

统计力学方法的出发点是宏观态和微观态的概念。下例可以用来说明此概念的含义。设想一下一个充满盐的振动器的开口端与充满胡椒的振动器的开口端相连接，它们在一起构成一半是盐、另一半是胡椒的一根管子。现若设想把它振动起来，混合物将呈灰色。振动1 000次，初始的黑和白的结构状况不再出现，也没有人会设想它再现。然而，我们知道它还是有可能再现的，因为它确实对应有粒子这样重新排列的一定的可能性。

(1) 这种独立不是完全的，平衡态粒子群的总能量限制在一个值，对所有实用的条件下，它可以认为是常数。这样荒谬的情况却是揭开分子集合体性质的关键。在盐和胡椒的振动器中对于我们感觉不灵敏的眼睛来说是同一种灰色，但却有成千上万种重新排列的方式，而要再出现黑和白的可能性是极少的。

我们称这样详细的图案或重新的排列方式为微观态，它在微观标准上看是存在着的。宏观态是微观态的外部表现，可以在总体水平上区别宏观态。在盐和胡椒振动器的例子中，盐和胡椒粒子大量排列方式中与宏观态“灰色”相对应的每一个都是各不相同的微观态。

关于盐和胡椒的例子，还能得到一个直观的结论，那就是所有微观态均有同等的可能性出现。所以不能指望在有限次数的振动中能再得到极少可能的黑－白图案。类似地，欲从装有等量(且足量)红、黑弹子的袋中取若干弹子，取出最概然分布的10个弹子的样品(5个红，5个黑)的次数为取出10个全是红弹子的次数的252倍。如果样品增加到100个弹子，50个红和50个黑将是出现100个红的次数的6.65×10^{28}倍，甚至对于30∶70的混合物，它也多出约3 000倍。

所以很明显这是一种被称为"大数专制"的现象在起作用。当样品尺度都很大时，要偏离与最概然宏观态相对应的那些微观态是不大可能的。

我们要做的是推导出一个一般的分布函数，它包括了待定情况的麦克斯韦分布。要做到这一点，就要确定对应于每个宏观态的分子微观态数，并求出该数极大时分子是怎样分布在相空间的。所得的一般形式的结果称为玻耳兹曼分布(或麦克斯韦－玻耳兹曼分布)，在此以前玻耳兹曼于1871年提出过类似结论。

2. 先验等概率原则

先验等概率原则是统计力学的基本假设。稍为严格的说法是：各种运动微观态是以等频率出现的。

我们没有理由认为在相同的U、V、N情况下，某一个微观状态出现的机会与其他微观状态不同。当然，科学上的任何假定，其正确与否都要受到实践的检验。而实践已经证明，根据这个假定所导出的结论与实际情况是一致的。

当对一个系统进行宏观测量时，总是需要一定的时间，而系统内的分子瞬息万变。即使在宏观看来很短的时间内，但在微观看来却是足够长的。在这个时间内各种可能的状态均已出现，而且出现了千万次。因此宏观测知的某种物理量实际上是很多微观量的平均值，其中由每种微观状态所提供的那种微观量在平均值内的贡献都是一样的。

先验等概率原则包括作为其特例的分子混沌性原则。后者说明分子运动无序且一般具有麦克斯韦第二假设的形式，由于速度的3个分量必须独立确定才能定义一个粒子的微观态，则可知麦克斯韦假设显然遵守先验等概率原则。

2.2　玻耳兹曼统计

2.2.1　玻耳兹曼系统

对于定域子系统，粒子可以分辨，且同一状态上可填充的粒子数不受限制。对于能量为ε_i的能级，首先从a_i个粒子中拿出一个粒子占据w_i个状态有w_i种方式，然后从剩余的(a_i-1)个粒子中再拿出一个粒子占据w_i个状态也有w_i种方式，…，直到拿出最后的一个粒子占据w_i个状态仍有w_i种方式。这样，可能的占据方式有$w_i^{a_i}$种。将所有能级考虑在内，得到总的占据方式为$\prod_i w_i^{a_i}$。但是，由于粒子可分辨，相互交换改变系统状态，故又应乘以N个粒子总的交换方式$N!$。还应注意到，对任意一个能级上的粒子，在$w_i^{a_i}$中已计入它们的交换数$\prod_i a_i!$，而今$N!$中再次计入，故应在总数中除去。这样，在总占据方式中应乘的未计入的因子为

$N! \Big/ \prod_i a_i!$ 。于是，对于给定分布$\{a_i\}$，玻耳兹曼系统的微观状态数为

$$W_{\mathrm{M}} = \frac{N!}{\prod_i a_i!} \prod_i w_i^{a_i} \tag{2.1}$$

事实上，玻耳兹曼统计是玻色统计和费密统计的极限情形。当 $a_i \ll w_i$ 时，能级简并和泡利不相容性对粒子状态占据的影响变得不明显，我们将这一条件称为非简并性条件。当非简并性条件满足时，玻色系统和费密系统与玻耳兹曼系统的微观状态数之间的差别仅是由全同性原理的影响造成的。这是由于在考虑定域子的玻耳兹曼统计时，略去了全同性。如果将这一原理计入，式(2.1) 成为

$$W_{\mathrm{M}} = \prod_i \frac{w_i^{a_i}}{a_i!} \tag{2.2}$$

在非简并性极限时，玻色系统和费密系统与玻耳兹曼系统的微观状态数完全相同。以后将会看到，全同性原理对于一般有微观量直接对应的宏观量(如热力学能、压强等) 的计算不会产生影响，而对与微观状态数有关的量(如熵等热力学量) 的数值是有影响的。

2.2.2 物体排列的方式

像戴维逊(Davidson) 一样，先去求解 5 个组合问题，这些是在求宏观态概率时马上要用到的。

问题 1 要排列 N 个可辨别的物体，有多少种放法？例如，设想在书架上要用不同方式排列 N 本书。第一本放在 N 个位置中的任一个位置时，第二本就还有剩下的$(N-1)$ 个位置，前两本就有 $N(N-1)$ 种放法，它们放好后，第三本有$(N-2)$ 种放法，因此，排列 N 个可辨别的物体有 $N!$ 种方法。

问题 2 要把 N 个可辨别的物体放进 r 个可辨别的盒中(不计在盒中的次序)，例如 N_1 个物体在第一个盒中，N_2 个在第二个盒中，…，N_r 个在第 r 个盒中，问有多少种放法？相当于又有 N 本书，现有 r 个书架，在一个书架上放的次序并不考虑。仍有总数为 $N!$ 的排列法，但是这种算法包括了在一个书架上变动书位置，这是不恰当的，对此要扣除。考虑到这种没有意义的再排列，必须把 $N!$ 除以 $N_1!, N_2!, \cdots, N_i!, \cdots, N_{r-1}!$ 和 $N_r!$。因此，把 $N_1, N_2, \cdots, N_r$ 可辨别的物体放进 r 个可辨别的盒子中(不计次序) 有 $\dfrac{N!}{\sum_{i=1}^{r} N_i!}$ 种方法。

问题 3 从 g 个可辨别的物体中选取 N 个的方法有多少种？ 这相当于把 N 本书放在一个书架上，$(g-N)$ 本放在另一个书架上。可辨别的“书”只要简单地分为两组，在每组中不计次序。本题的答案马上能写出，它是问题 2 的特例。

从 g 个可辨别的物体中选取 N 个的方法数量为$\dfrac{g!}{N!\ (g-N)!}$ 。

问题 4 把 N 个不可辨别的物体放入 g 个可辨别的盒子中有多少种方法？假如每个盒子中物体的数量不受限制。这就是第一个问题，只是其中要处理物体的不可辨别性，可以把它比拟为在 g 个书架上放 N 本同样的书。如果先把它归纳为比较抽象的形式，就能很简单地解决这个问题。用同样的圆点表示书，书架中的间壁用斜线表示：

$$\cdots / \cdots\cdot\cdot / \cdot / \cdots\cdot / \cdot\cdot$$

有 N 个圆点,$(g-1)$ 个斜线,表示有 g 个盒子。由于它们位置不同,盒子就成为可辨别的。斜线明显是不可辨别的,不符合问题本意。现在可以这样提问题:要排 $N+(g-1)$ 个可辨别的位置,其中放有如上图的点和斜线有多少种放法?或更简单地说,从 $N+(g-1)$ 个点和斜线位置中,选 N 个可辨别点的位置和$(g-1)$ 个可辨别斜线的位置有几种方法?本题就变为问题 3,答案是把 N 个不可辨别的物体放进 g 个可辨别的盒子的方法有$\dfrac{(N+g-1)!}{N!\ (g-1)!}$。

问题 5　N 个可辨别的物体放入 g 个可辨别的盒子中有多少种放法? N 本不同的书中的任一本都能放到 g 个书架的任一个上。第一本有 g 种放法,第二本仍有 g 种放法,等等。因此 N 个可辨别物体放在 g 个可辨别的盒子中有 g^N 种方法。

2.2.3　热力学概率

根据先验等概率原则能写出出现任一宏观态的概率 $P_{宏观}$ 和出现任一微观态的概率 $P_{微观}$ 分别为

$$P_{宏观}=\frac{已知宏观态下的微观态数}{总微观态数} \tag{2.3}$$

$$P_{微观}=\frac{1}{总微观态数} \tag{2.4}$$

与已知宏观态相应的微观态数 W 称为热力学概率,它不是真正的概率,它对所有宏观态取和并不等于 1,而是

$$W=\frac{P_{宏观}}{P_{微观}} \tag{2.5}$$

有时不用热力学概率,而给 W 另外起一名称为无序数。

由于$P_{微观}$ 对任一体系都是固定的,W 正比于$P_{宏观}$。它远远大于实际概率的情况并不会影响我们要进行的计算的形式。

例题　在一个总数为 40 人的小选区内选举两个候选人。16 个人选甲,24 个选乙。计算选票分布的 W、$P_{宏观}$ 和 $P_{微观}$。

首先应看到真正关心的是总的结果,投票人的个别行为只能看作微观态,不予考虑。因此 24 票甲对 16 票乙是一种宏观态,其热力学概率为

$$W=\frac{40!}{16!\ 24!}=6.285\times10^{10}$$

但是 40 个人能在两个中间投一个人的票,其方法总数由问题 5 的答案给出:

$$2^{40}=1.099\ 5\times10^{12}$$

于是

$$P_{宏观}=2^{-40}=9.095\times10^{-13}$$

$$P_{微观}=P_{宏观}\times W=0.057\ 1$$

所以达到给定宏观态的方法数极大,而要猜出 10 个投票人中每个人怎样决策的概率小得可以忽略。

2.2.4　定位系统的最概然分布

设有 N 个可以区分的分子,分子间的作用可以不计。对于(U,V,N) 固定的系统,分子的

能级是量子化的，即为 $\varepsilon_1, \varepsilon_2, \cdots, \varepsilon_i$。由于分子在运动中互相交换能量，所以 N 个分子可能有不同的分布方式。例如，一种分布方式是在 ε_1 能级上分布了 N_1 个分子，在 ε_2 能级上分布了 N_2 个分子。而在另一瞬间，其分布方式可能是在 ε_1 能级上分布了 N'_1 个分子，在 ε_2 能级上分布了 N'_2 个分子。即

能级： $\varepsilon_1, \varepsilon_2, \varepsilon_3, \cdots, \varepsilon_i$

一种分布方式： $N_1, N_2, N_3, \cdots, N_i$

另一种分布方式： $N'_1, N'_2, N'_3, \cdots, N'_i$

但无论哪种分布方式都必须满足如下两个条件，即

$$\sum_i N_i = N \text{ 或 } \varphi_1 \equiv \sum_i N_i - N = 0 \tag{2.6}$$

$$\sum_i N_i \varepsilon_i = U \text{ 或 } \varphi_2 \equiv \sum_i N_i \varepsilon_i - U = 0 \tag{2.7}$$

先考虑其中任一种分布方式。这个问题相当于将 N 个不同的球分成若干堆，每堆的数目分别为 $N_1, N_2, N_3, \cdots, N_i$。根据排列组合公式，实现这一种的分布方法数为

$$t = \frac{N!}{\prod_i N_i!} \tag{2.8}$$

这是一种分布方式，在满足式(2.6) 和式(2.7) 的条件下，可以有各种不同的分布方式，所以包括各种分布方式的总微观状态数为

$$\Omega = \sum_{\substack{\sum_i N_i = N \\ \sum_i N_i \varepsilon_i = U}} t_i = \sum_{\substack{\sum_i N_i = N \\ \sum_i N_i \varepsilon_i = U}} \frac{N!}{\prod_i N_i!} \tag{2.9}$$

现在的问题是如何求 Ω。玻耳兹曼认为，在式(2.9) 的求和项中有一项的值最大，这一项用 t_m 表示，由于由 t_m 所提供的微观状态数目最多，因此可以忽略其他项所提供的贡献部分，用 t_m 近似地代表 Ω。这个假定也是合理的。令 n 代表式(2.9) 中求和的项数，如果每一项都当作 t_m，则显然 $\Omega \leqslant nt_m$，或写作

$$t_m \leqslant \Omega \leqslant nt_m$$

上式取对数后，得

$$\ln t_m \leqslant \ln \Omega \leqslant \ln t_m + \ln n \tag{1}$$

由于 $n \ll t_m$(在摘取最大项法的原理一节中还要说明)，所以

$$\ln t_m \gg \ln n$$

在式(1) 右方略去 $\ln n$ 项，则显然有

$$\ln \Omega \approx \ln t_m$$

设式(2.9) 中的任一项是

$$t = \frac{N!}{\prod_i N_i!} \tag{2.10}$$

在数学上这个问题就变成在式(2.6) 和式(2.7) 的限制条件下，如何选择 N_i，才能使式(2.10) 的数值最大。在式(2.10) 中变数 N_i 是以阶乘的形式出现的。又因为 $\ln t$ 是 t 的单调函数，所以当 t 有极大值时，$\ln t$ 亦必为极大值。将式(2.10) 取对数，并引用 Stirling(斯特林) 公式，得

$$\ln t = \ln N! - \sum \ln N_i!$$
$$= N\ln N - N - \sum N_i \ln N_i + \sum N_i \tag{2.11}$$

于是问题又归结为：在式(2.6)和式(2.7)的限制条件下，如何求式(2.11)中 $\ln t$ 的极大值。这可以采用拉格朗日(Lagrange)乘因子法。

$\ln t$ 是 N_i 的函数，对 $\ln t$ 微分：

$$\mathrm{d}\ln t = \frac{\partial \ln t}{\partial N_1}\mathrm{d}N_1 + \frac{\partial \ln t}{\partial N_2}\mathrm{d}N_2 + \cdots + \frac{\partial \ln t}{\partial N_i}\mathrm{d}N_i \tag{2.12}$$

再对两个条件式即式(2.6)和式(2.7)微分，得

$$\mathrm{d}N_1 + \mathrm{d}N_2 + \cdots + \mathrm{d}N_i = 0 \tag{2.13}$$
$$\varepsilon_1 \mathrm{d}N_1 + \varepsilon_2 \mathrm{d}N_2 + \cdots + \varepsilon_i \mathrm{d}N_i = 0 \tag{2.14}$$

式(2.13)乘以 α，式(2.14)乘以 β，再与式(2.12)相加。α、β 是待定的拉格朗日因子。若 t 为极值，则应有

$$\left[\frac{\partial \ln t}{\partial N_1} + \alpha + \beta\varepsilon_1\right]\mathrm{d}N_1 + \left[\frac{\partial \ln t}{\partial N_2} + \alpha + \beta\varepsilon_2\right]\mathrm{d}N_2 + \cdots + \left[\frac{\partial \ln t}{\partial N_i} + \alpha + \beta\varepsilon_i\right]\mathrm{d}N_i = 0$$

由于 α、β 是任意的，可以选择 α、β 使上式中前两个括号等于0，又由于 $N_3, \cdots, N_i$ 是独立变量，所以上式中所有括号都等于0，即

$$\left[\frac{\partial \ln t}{\partial N_1} + \alpha + \beta\varepsilon_1\right] = 0 \tag{2.15a}$$
$$\left[\frac{\partial \ln t}{\partial N_2} + \alpha + \beta\varepsilon_2\right] = 0 \tag{2.15b}$$
$$\left[\frac{\partial \ln t}{\partial N_i} + \alpha + \beta\varepsilon_i\right] = 0 \tag{2.15c}$$

这些公式在形式上都一样，只需要其中的一个。例如，式(2.11)对 N_i 求微商，再代入式(2.15a)，可得

$$\ln N_1^* = \alpha + \beta\varepsilon_1 \text{ 或 } N_1^* = \mathrm{e}^{\alpha+\beta\varepsilon_1} \tag{2.16}$$

同理可证

$$N_i^* = \mathrm{e}^{\alpha+\beta\varepsilon_i} \tag{2.17}$$

当 N_i 适合于式(2.17)的那一种分布就是微观状态数最多的一种分布，这种分布就称为最概然分布(most probable distribution)。因为它不同于一般的分布，故上标加“*”号，以示区别。在式(2.17)中还包含两个待定因子 α 和 β，需要求出来。

2.2.5　α 和 β 值的推导

在式(2.17)中先求 α。

已知

$$\sum_i N_i^* = N$$

所以

$$\mathrm{e}^{\alpha} \sum_i \mathrm{e}^{\beta\varepsilon_i} = N$$

或

$$\mathrm{e}^{\alpha} = \frac{N}{\sum_i \mathrm{e}^{\beta\varepsilon_i}}$$

或

$$\alpha = \ln N - \ln \sum_i e^{\beta\varepsilon_i}$$

代入式(2.17)后，得

$$N_i^* = \frac{N e^{\beta\varepsilon_i}}{\sum_i e^{\beta\varepsilon_i}} \tag{2.18}$$

在式(2.18)中虽已消去了 α，但还要求出 β 值。已知

$$S = k\ln \Omega = k\ln t_{\mathrm{m}}$$

将式(2.11)和式(2.18)代入后，得

$$\begin{aligned}
S &= k\left[N\ln N - N - \sum_i N_i^* \ln N_i^* + \sum_i N_i^*\right] \\
&= k\left[N\ln N - \sum N_i^* \ln N_i^*\right] \quad \left(\sum N_i^* = N\right) \\
&= k\left[N\ln N - \sum N_i^* (\alpha + \beta\varepsilon_i)\right] \quad (N_i^* = e^{\alpha+\beta\varepsilon_i}) \\
&= k[N\ln N - \alpha N - \beta U] \quad \left(\sum N_i^* = N;\ \sum N_i^* \varepsilon_i = U\right) \\
&= kN\ln \sum e^{\beta\varepsilon_i} - k\beta U \quad \left(\alpha = \ln N - \ln \sum e^{\beta\varepsilon_i}\right)
\end{aligned} \tag{2.19}$$

上式中 S 是(N,U,β)的函数，因已知 S 是(N,U,V)的函数，所以式(2.19)是一个复合函数 $S[N,U,\beta(U,V)]$，当 N 一定时，根据复合函数的偏微分公式，得

$$\left(\frac{\partial S}{\partial U}\right)_{V,N} = \left(\frac{\partial S}{\partial U}\right)_{\beta,N} + \left(\frac{\partial S}{\partial \beta}\right)_{U,N}\left(\frac{\partial \beta}{\partial U}\right)_{V,N}$$

对式(2.19)求偏微商，代入上式得

$$\left(\frac{\partial S}{\partial U}\right)_{V,N} = -k\beta + k\left[\frac{\partial}{\partial \beta}\left(N\ln \sum e^{\beta\varepsilon_i}\right) - U\right]_{U,N}\left(\frac{\partial \beta}{\partial U}\right)_{V,N}$$

上式中方括号内容等于0，证明如下

$$\begin{aligned}
&\left[\frac{\partial}{\partial \beta}\left(N\ln \sum e^{\beta\varepsilon_i}\right)_{U,N} - U\right] \\
&= N\frac{\frac{\partial}{\partial \beta}\left(\sum_i e^{\beta\varepsilon_i}\right)}{\sum_i e^{\beta\varepsilon_i}} - U \\
&= N\frac{\sum_i \varepsilon_i e^{\beta\varepsilon_i}}{\sum_i e^{\beta\varepsilon_i}} - U \\
&= N\frac{\sum_i \varepsilon_i e^{\beta\varepsilon_i}}{\sum_i e^{\beta\varepsilon_i}} \cdot \frac{e^{\alpha}}{e^{\alpha}} - U \\
&= N\frac{\sum_i \varepsilon_i N_i^*}{\sum_i N_i^*} - U = U - U = 0
\end{aligned}$$

所以

$$\left(\frac{\partial S}{\partial U}\right)_{V,N} = -k\beta$$

根据热力学的基本公式，$dU = TdS - pdV$，所以

$$\left(\frac{\partial S}{\partial U}\right)_{V,N} = \frac{1}{T}$$

比较上面两式，得

$$\beta = -\frac{1}{kT} \tag{2.20}$$

代入式(2.18)，得

$$N_i^* = N\frac{e^{-\varepsilon_i/kT}}{\sum e^{-\varepsilon_i/kT}} \tag{2.21}$$

这就是玻耳兹曼的最概然分布的公式。

将式(2.20)代入式(2.19)，得

$$S = kN\ln\sum e^{-\varepsilon_i/kT} + \frac{U}{T} \tag{2.22}$$

又因

$$A = U - TS$$

所以

$$A = -NkT\ln\sum_i e^{-\varepsilon_i/kT} \tag{2.23}$$

式(2.22)和式(2.23)就是定位系统的熵和亥姆霍兹(Helmholtz)自由能的表示式。由于 ε_i 与体积有关，所以在式(2.23)中 A 是 (T,V,N) 的函数，因此由式(2.23)所表示的 A 是特性函数。

2.2.6　玻耳兹曼公式的讨论——非定位系统的最概然分布

1. 简并度(degeneration)

以上推导玻耳兹曼公式时，曾假定所有的能级都是非简并的，即每个能级只与一个量子状态相对应。实际上每个能级中可有若干个不同的量子状态存在，反映在光谱上是一根谱线常常是由好几条非常接近的精细谱线所构成。在量子力学中，我们把该能级可能有的微观状态数称为该能级的简并度(也称为退化度或统计权重)，并用符号 g_i 来表示。以分子的平动能 ε_t 为例。根据量子理论，气体分子的平动能为

$$\varepsilon_i = \frac{h^2}{8mV^{\frac{2}{3}}}(n_x^2 + n_y^2 + n_z^2)$$

式中，m 为分子的质量；V 为容器的体积；h 为普朗克常数；n_x、n_y、n_z 分别为 x、y、z 轴方向的平动量子数，其数值是正整数 1，2，3，…。

对于平动能量为 $\varepsilon_i = \frac{h^2}{8mV^{\frac{2}{3}}} \times 3$ 的这一能级，对应于 (n_x, n_y, n_z) 为(1，1，1)，它只有一种状态，所以是非简并的。

但平动能量为 $\varepsilon_i = \frac{h^2}{8mV^{\frac{2}{3}}} \times 6$ 的这一能级，对应于 (n_x, n_y, n_z) 为(1，1，2)、(1，2，1)、(2，1，1)。所以这一能级虽然总的平动能量相等，但由于量子数 n_x、n_y、n_z 不同，因此具有 3 种不同的微观状态，所以这一能级的简并度等于 3。

今设有 N 个可区分的分子，分子的能级是 $\varepsilon_1, \varepsilon_2, \cdots, \varepsilon_i$，各能级又各有 $g_1, g_2, \cdots, g_i$ 个微观

状态，试问 N 个可区分分子的分布微观状态数有多少？

能级：　$\varepsilon_1, \varepsilon_2, \cdots, \varepsilon_i$

各能级的简并度：　$g_1, g_2, \cdots, g_i$

各能级的分子数：　$N_1, N_2, \cdots, N_i$

先从 N 个分子中选出 N_1 个放入 ε_1 能级，共有 $C_N^{N_1}$ 种取法（$C_N^{N_1}$ 是从 N 个分子中取出 N_1 个分子的组合符号），但是在能级 ε_1 上还有 g_1 个不同的状态，第一个分子放在 ε_1 上有 g_1 种放法，第二个分子也有 g_1 种放法（每一能级上的分子数不限）。依此类推，所以把 N_1 个分子放在 ε_1 上共有 $g_1^{N_1}$ 种放法。因此，从 N 个分子中取出 N_1 个分子放到 ε_1 能级上共有（$g_1^{N_1} \cdot C_N^{N_1}$）种放法。

然后再从剩余的（$N-N_1$）个分子中取出 N_2 个分子放到 ε_2 能级上，共有（$g_2^{N_2} \cdot C_{N-N_1}^{N_2}$）种放法。依此类推，相当于上述一种分布的微观状态数为

$$t=(g_1^{N_1} \cdot C_N^{N_1})(g_2^{N_2} \cdot C_{N-N_1}^{N_2})\cdots$$

$$=g_1^{N_1} \cdot \frac{N!}{N!\ (N-N_1)!} \cdot g_2^{N_2} \cdot \frac{(N-N_1)!}{N_2!\ (N-N_1-N_2)!} \cdot \cdots$$

$$=g_1^{N_1} \cdot g_2^{N_2} \cdot \cdots \cdot \frac{N!}{N_1!\ N_2!\ \cdots N_i!}$$

$$=N!\ \prod_i \frac{g_i^{N_i}}{N_i!}$$

同样，由于分布方式有很多种，所以在 U、V、N 一定的条件下，所有可能的分布方式为

$$\Omega(U,V,N)=\sum_i N!\ \prod_i \frac{g_i^{N_i}}{N_i!} \tag{2.24}$$

求和的限制条件仍为

$$\sum_i N_i = N, \quad \sum_i N_i\varepsilon_i = U$$

仍旧采用最概然分布，令

$$\ln \Omega \approx \ln t_{\mathrm{m}}$$

又因为

$$t=N!\ \frac{g_i^{N_i}}{\prod_i N_i!}$$

然后与以前的处理方法一样，用拉格朗日乘因子法，在限制条件下，选择 N_i 使 t 为极大值。结果得到（演算过程如前）定位系统的玻耳兹曼最概然分布 N_i^*、S 和 A 分别为

$$N_i^* = N\frac{g_i \mathrm{e}^{-\varepsilon_i/kT}}{\sum_i g_i \mathrm{e}^{-\varepsilon_i/kT}} \tag{2.25}$$

$$S_{\text{定位}} = kN\ln\sum_i g_i \mathrm{e}^{-\varepsilon_i/kT} + \frac{U}{T} \tag{2.26}$$

$$A_{\text{定位}} = -NkT\ln\sum_i g_i \mathrm{e}^{-\varepsilon_i/kT} \tag{2.27}$$

式（2.25）～（2.27）和式（2.21）～（2.23）基本上是一样的，只是多了一个相应的 g_i 项。

在经典热力学中没有能级和简并度的概念，它认为能量是连续的。在玻耳兹曼最初推证最概然分布时也没有考虑到简并度。但是玻耳兹曼以前讨论分子能量的分布问题以及速度和

速率的分布问题，所得到的结果在经典力学的范围内都与实验事实相符，这是因为一些因子在公式中可以相互消去。但是，当考虑到分子内部的运动(如振动、转动等)时，则简并度就不能不予以考虑了。

2. 非定位系统的玻耳兹曼最概然分布 —— 粒子等同性的修正

我们知道定位系统与非定位系统的区别在于前者的统计单位是可以区分的，后者的统计单位不能区分。玻耳兹曼一开始假定分子是可以区分的，因此他所导出的公式只能用于定位系统。对于非定位系统，应该做如下的修正。

设系统是 N 个不可区分的分子，则其分配的总微观状态数为

$$\Omega(U,V,N)=\frac{1}{N!}\sum_{\substack{\sum N_i=N\\ \sum N_i\varepsilon_i=U}} N!\prod_i \frac{g_i^{N_i}}{N_i!} \tag{2.28}$$

即在定位系统的微观状态数的式(2.24)上除以 $N!$。不妨做简略的假设，将 N 个不同的球排列，共有 $N!$ 种花样；但是如果分子是等同不可区分的，则 N 个相同分子就只有一种排列方法。前者是后者的 $N!$ 倍。

根据式(2.28)，用上述同样的方法，可以证得非定位系统的 N_i^*，S 和 A 分别可表示为

$$N_i^*(\text{非定位})=N\frac{g_i e^{-\varepsilon_i/kT}}{\sum_i g_i e^{-\varepsilon_i/kT}} \tag{2.29}$$

$$S_{\text{非定位}}=k\ln\frac{\left(\sum_i g_i e^{-\varepsilon_i/kT}\right)^N}{N!}+\frac{U}{T} \tag{2.30}$$

$$A_{\text{非定位}}=-kT\ln\frac{\left(\sum_i g_i e^{-\varepsilon_i/kT}\right)^N}{N!} \tag{2.31}$$

从式(2.29)与式(2.25)可见，无论定位或非定位系统，最概然分布的公式是一样的。但在 S 和 A 的表示式中却不尽相同，相差一些常数项，而这些常数项在计算 Δ 值时可以互相消去。

在本章中以讨论气体和气相反应为主。因此如不特别说明，一般都是对非定位系统而言的。

2.2.7　玻耳兹曼公式的其他形式

在不同的场合，玻耳兹曼分布公式常被转化为各种不同的形式，例如：将两个能级上的粒子数进行比较，根据式(2.29)可得

$$\frac{N_i^*}{N_j^*}=\frac{g_i e^{-\varepsilon_i/kT}}{g_j e^{-\varepsilon_j/kT}}$$

在经典统计中不考虑简并度，则上式成为

$$\frac{N_i^*}{N_j^*}=\frac{e^{-\varepsilon_i/kT}}{e^{-\varepsilon_j/kT}}=\exp\left(-\frac{\varepsilon_i-\varepsilon_j}{kT}\right) \tag{2.32}$$

通常略去上标“*”。

假定最低能级为 ε_0，在该能级上的粒子数为 N_0，则式(2.32)又可写作

$$N_i=N_0 e^{-\Delta\varepsilon_i/kT} \tag{2.33}$$

式中$\Delta\varepsilon_i=\varepsilon_i-\varepsilon_0$，代表某一给定的能级$\varepsilon_i$与最低能级$\varepsilon_0$的差别。这个公式用于解决某些问题时常比较方便。例如，讨论粒子在重力场中的分布，立即可得

$$p=p_0\mathrm{e}^{-mgh/kT} \tag{2.34}$$

式中，p是高度为h处的大气压力；p_0是海平面处($h=0$)的大气压力；g是重力加速度；m是粒子的质量。在使用式(2.34)时需注意，在高度$0\sim h$的区间内，假定保持温度为T不变。

2.2.8 撷取最大项法及其原理

在推导玻耳兹曼公式时，曾认为：① 在所有的分布方式中，有一种分布方式的热力学概率最大，这种分布被称为最概然分布。② 最概然分布的微观状态数最多，基本上可以用它来代替总的微观状态，也就是说最概然分布实质上可以代表一切分布，最概然分布实际上也就是平衡分布。这两点需要再给予说明。

(1) 设系统为定位系统，其中一种分配方式的微观状态数根据式(2.24)为

$$t=N!\ \frac{g_i^{N_i}}{\prod\limits_i N_i!}$$

取对数后，得

$$\ln t=N\ln N-N+\sum_i N_i\ln g_i-\sum_i(N_i\ln N_i-N_i) \tag{2.35}$$

设另有一状态，其分布与上述分布不同而稍有偏离。当N_i有δN_i的变动时，t则有δt的变动，即在上式中$N_i\rightarrow N_i+\delta N_i$，$t\rightarrow t+\delta t$，得

$$\begin{aligned}\ln(t+\delta t)=&N\ln N-N+\sum_i(N_i+\delta N_i)\ln g_i-\\&\sum_i(N_i+\delta N_i)\ln(N_i+\delta N_i)+\sum_i(N_i+\delta N_i)\end{aligned} \tag{2.36}$$

式(2.36)减去式(2.35)，得

$$\begin{aligned}\ln\left(\frac{t+\delta t}{t}\right)=&\sum_i\delta N_i\ln g_i-\sum_i N_i\ln\left(1+\frac{\delta N_i}{N_i}\right)-\\&\sum_i\delta N_i\ln(N_i+\delta N_i)+\sum_i\delta N_i\end{aligned} \tag{2.37}$$

代表各能级上分子数的微小变化，其值可正可负，由于分子的总数N是定值，所以上式中$\sum\delta N_i=0$。若为最概然分布，t应有极大值。

$$\delta\ln t=0$$

根据式(2.35)，应有

$$\sum_i\ln g_i\delta N_i-\sum\delta N_i\ln N_i^*=0 \tag{2.38}$$

将式(2.38)代入式(2.37)，并把t换作t_{m}，得

$$\begin{aligned}\ln\left(\frac{t_{\mathrm{m}}+\delta t}{t_{\mathrm{m}}}\right)&=\sum_i\delta N_i\ln N_i^*-\sum_i N_i^*\ln\left(1+\frac{\delta N_i}{N_i^*}\right)-\sum_i\delta N_i\ln(N_i^*+\delta N_i)\\&=-\sum_i N_i^*\ln\left(1+\frac{\delta N_i}{N_i^*}\right)-\sum_i\delta N_i\ln\left(1+\frac{\delta N_i}{N_i^*}\right)\end{aligned} \tag{2.39}$$

因为$\frac{\delta N_i}{N_i}\ll 1$，引用级数公式

$$\ln(1+x)=x-\frac{1}{2}x^2+\frac{1}{3}x^3-\cdots$$

得

$$\ln\left(\frac{t_m+\delta t}{t_m}\right)=-\sum_i \delta N_i+\frac{1}{2}\sum_i \frac{(\delta N_i)^2}{N_i^*}-\sum_i \frac{(\delta N_i)^3}{N_i^*}+\cdots$$

式中已略去$(\delta N_i)^3$ 以及更高次方项，又因 $\sum_i \delta N_i=0$，所以

$$\ln\left(\frac{t_m+\delta t}{t_m}\right)=-\frac{1}{2}\sum_i \frac{(\delta N_i)^2}{N_i^*} \tag{2.40}$$

式(2.40)表明不论偏差 δN_i 是正是负，右方总是负值。所以，t_m 总是大于$(t_m+\delta t)$。若 δN_i 的数值越大，则偏离最概然分配的概率越小。

可以用一个示例来说明。例如，把标准情况下的理想气体分布在两个容积相等的联通容器中，平衡时当然是均匀分布的。设若分子中有 1% 由于无秩序的运动而偶然地从一方扩散到另一方，形成了不均匀分布，这种现象称为涨落(fluctuation)。像这样的涨落所引起的不均匀分布概率与平衡的分布(即最概然分布)比较起来，其大小如何？

设有一含大量分子的均匀系统，放在一个长方形的盒子里，想象将盒子等分为两部分。开始时是均匀分布的，并设 $N_i=10^{-9}$，左右双方都是如此。设若由于分子运动，分子数有 1% 的偏离，即$\frac{\delta N_i}{N_i^*}=0.01$，代入式(2.40)，则得

$$\begin{aligned}\ln\left(\frac{t_m+\delta t}{t_m}\right)&=-\frac{1}{2}\sum_i \frac{(\delta N_i)^2}{N_i^*}\\&=-\frac{1}{2}\left[\frac{(0.01\times 3\times 10^{19})^2}{3\times 10^{19}}+\frac{(-0.01\times 3\times 10^{19})^2}{3\times 10^{19}}\right]\\&=-3\times 10^{15}\end{aligned}$$

即

$$\left(\frac{t_m+\delta t}{t_m}\right)=\exp(-3\times 10^{15})$$

这个数值是很小的，而且 δN_i 越大，这个数值就越小。这个结果表明 t_m 的数值是“尖锐的极大”，即偏离最概然分配的概率是非常小的。既然偏离最概然分布的概率很小，则最概然分布的概率就最大，这就回答了第一个问题。

(2) 再讨论第二个问题，即是否可以采用最概然分布的微观状态数来代替总的微观状态数。

在系统的(U,V,N)确定的情况下，有确定的热力学状态，即它的总微观状态数 Ω 也是确定的，但系统中 $N\approx 10^{24}$ 个分子(或粒子)的运动状态却不断改变，从而系统的微观状态也是瞬息万变。在时间 τ 中，系统在 Ω 个微观状态间已经经历了很多次。在此时间内，系统先后在某一微观状态中度过的时间设为 $\Delta\tau$，则该微观状态出现的概率为

$$P=\frac{\Delta\tau}{\tau} \tag{a}$$

根据前述的基本假定，各个微观状态具有相同的概率。对于一个总微观状态数是 Ω 的热力学系统，它的每个微观状态出现的概率为

$$P=\frac{1}{\Omega} \tag{b}$$

式(a) 是从时间的平均概念来考虑的，式(b) 是从某一瞬间某一微观状态出现的概率来考虑的。这是对同一事物的两种不同考虑方法。

对于某一微观状态为 Ω 的分布而言，这种分布的概率为

$$P_x=\frac{t_x}{\Omega}$$

因此，微观状态数是最大的玻耳兹曼分布在给定的时间间隔中，所占据的时间最长，出现的机会最多，所以应该是概率最大的分布，从而是最概然分布。为了便于说明问题，仍举一个简单的例子。设有 N 个不同的球分配在两个盒子中(即相当于粒子在两个能级上的分布)，分配到 A 盒中的球数设为 M，分配在 B 盒中的球数为 $(N-M)$，则系统的总微观状态数为

$$\Omega=\sum_{M=0}^{N}t=\sum_{M=0}^{N}\frac{N!}{M!\ (N-M)!} \tag{2.41}$$

式(2.41) 使我们联想到数学中的二项式公式求和项，它很类似于二项式中各项的系数。已知二项式公式为

$$(x+y)^N=\sum_{M=0}^{N}\frac{N!}{M!\ (N-M)!}x^My^{N-M}$$

将式(2.41) 代入，得

$$(x+y)^N=\sum_{M=0}^{N}tx^My^{N-M}$$

在二项式中，令 $x=y=1$，则得

$$2^N=\sum_{M=0}^{N}\frac{N!}{M!\ (N-M)!}=\sum_{M=0}^{N}t=\Omega \tag{2.42}$$

而二项式中最大的系数(即求和项中贡献最多的部分)是当 $M=\frac{N}{2}$ 时的系数，这时其值最大，这就相当于最概然分布的微观状态数：

$$t_{\mathrm{m}}=\frac{N!}{\frac{N}{2}!\ \frac{N}{2}!} \tag{2.43}$$

在式(2.41) 中的求和项共有 $(N+1)$ 项，由于 $N\gg1$，故可看作 N 项。如果每项都当作是最大的，则显然有

$$t_{\mathrm{m}}\leqslant\Omega\leqslant Nt_{\mathrm{m}}$$

对上式取对数，则得到

$$\ln t_{\mathrm{m}}\leqslant\ln\Omega\leqslant\ln t_{\mathrm{m}}+\ln N \tag{2.44}$$

对式(2.43) 引用斯特林(Stirling) 公式，即

$$\ln n!\ =\ln\left[\sqrt{2\pi n}\left(\frac{n}{\mathrm{e}}\right)^n\right] \tag{2.45}$$

得

$$\ln t_{\mathrm{m}}=\ln\sqrt{\frac{2}{\pi N}}+N\ln 2 \tag{2.46}$$

设粒子数 $N\approx10^{24}$，代入上式，得

$$\ln t_{\mathrm{m}}=\ln\sqrt{\frac{2}{\pi\times10^{24}}}+10^{24}\times\ln 2$$

上式中

$$(10^{24}\times\ln 2)=10^{24}\times 0.693$$

这是一个很大的数目，而

$$\ln N=\ln 10^{24}$$

相对来说是一个很小的数目。所以在式(2.44)中完全可以略去 $\ln N$ 项。即

$$\ln t_{\mathrm{m}}\leqslant\ln\Omega\leqslant\ln t_{\mathrm{m}}$$

或

$$\ln t_{\mathrm{m}}=\ln\Omega$$

由此可见，当 N 足够大时，最概然分布足以代表系统的一切分布。随着粒子数的增加，偏离最概然分布的涨落现象越来越不显著。这就回答了第二个问题。

现在再进一步考虑上例中最概然分布的概率：

$$P\left(\frac{N}{2}\right)=\frac{t\left(\frac{N}{2}\right)}{\Omega}=\frac{t_{\mathrm{m}}}{\Omega}$$

将式(2.42)和式(2.46)即 $\Omega=2^N$ 和 $t_{\mathrm{m}}=\sqrt{\frac{2}{\pi N}}\times 2^N$ 代入上式，并设 $N\approx 10^{24}$，得

$$P\left(\frac{N}{2}\right)=\sqrt{\frac{2}{\pi\times 10^{24}}}\approx 8\times 10^{-13}$$

乍看起来这个结果是出乎意料的，它表明即使是最概然分布，它的概率也是很低的，这样又如何理解可以用最概然分布来代表一切分布呢？

如上所述，两个能级上各有 $\frac{N}{2}$ 个粒子的分布是最概然分布。设另一种分布与最概然分布有一微小偏离 m，则这一分布的概率为

$$P\left(\frac{N}{2}\pm m\right)=\frac{t\left(\frac{N}{2}\pm m\right)}{\Omega}=\frac{1}{2^N}\frac{N!}{\left(\frac{N}{2}-m\right)!\ \left(\frac{N}{2}+m\right)!}$$

仍引用斯特林公式，再经代数运算后，可得

$$P\left(\frac{N}{2}\pm m\right)=\frac{1}{\sqrt{2\pi}}\sqrt{\frac{N!}{\left(\frac{N}{2}-m\right)!\ \left(\frac{N}{2}+m\right)!}}\cdot\frac{1}{\left(1-\frac{2m}{N}\right)^{(N/2)-m}\left(1+\frac{2m}{N}\right)^{(N/2)+m}}$$

由于 $m\ll\frac{N}{2}$，故

$$\left(\frac{N}{2}\pm m\right)\approx\frac{N}{2},\qquad \ln\left(1\pm\frac{2m}{N}\right)\approx\pm\frac{2m}{N}-\frac{1}{2}\left(\frac{2m}{N}\right)^2$$

代入上式，进一步简化后得到

$$P\left(\frac{N}{2}\pm m\right)=\frac{1}{\sqrt{2\pi}}\cdot\frac{2}{\sqrt{N}}\cdot\exp\left(-\frac{2m^2}{N}\right)$$

$$=\frac{2}{\sqrt{\pi N}}\cdot\exp\left(-\frac{2m^2}{N}\right)$$

由误差函数

$$\operatorname{erf}(x)=\int_{-x}^{x}\frac{1}{\sqrt{\pi}}\cdot e^{-y^2}\,dy$$

令 $y=\sqrt{\frac{2}{N}}m$，若选定 m 自 $m=-2\sqrt{N}$ 至 $m=2\sqrt{N}$，根据误差函数表可以求得

$$\sum_{m=-2\sqrt{N}}^{m=+2\sqrt{N}} P\left(\frac{N}{2}-m\right) \approx \int_{-2\sqrt{N}}^{+2\sqrt{N}} \sqrt{\frac{2}{\pi N}} \cdot \exp\left(-\frac{2m^2}{N}\right) \mathrm{d}m$$

$$= \int_{-2\sqrt{N}}^{+2\sqrt{N}} \frac{1}{\sqrt{\pi}} \cdot \exp(-y^2)\,\mathrm{d}y = 0.999\ 93$$

这个结果给出了，当总粒子数为 $N\approx 10^{24}$ 时，若某一能态的粒子数处于 $\left(\frac{N}{2}-2\sqrt{N}\right)\sim\left(\frac{N}{2}+2\sqrt{N}\right)$ 间隔内，则所有可能分布的微态数为

$$(5\times 10^{23}-2\times 10^{12})\sim(5\times 10^{23}+2\times 10^{12})$$

即

$$\text{从 } 4.999\ 999\ 999\ 98\times 10^{23} \text{ 至 } 5.000\ 000\ 000\ 02\times 10^{23}$$

这个间隔是极其狭小的，而在此间隔中，各种分布微态的概率总和已非常接近于系统的全部分布微态总和的概率。由于偏离（$\pm 2\sqrt{N}$）和 $\left(\frac{N}{2}\right)$ 相比是如此之小，所以在这狭区的分布与最概然分布 $\left(\frac{N}{2}=5\times 10^{23}\right)$ 在实质上并无区别。

由此可见，当 N 足够大时，最概然分布实际上包括了其附近的极微小偏离的情况，足以代表系统的一切分布，我们说最概然分布实质上可以代表一切分布就是指这种情况。一个热力学系统，尽管它们微观状态瞬息万变，而系统都在能用最概然分布代表的那些分布度过几乎全部时间。从宏观上看，系统达到热力学平衡态后，系统的状态不再随时间而变化；从微观上看，系统是处于最概然分布的状态，不因时间的推移而产生显著的偏离。所以最概然分布实际上就是平衡分布。

在统计热力学中所研究的对象是热力学的平衡系统，总是引用最概然分布的结果。因此，为了书写简便，我们把 N_i^* 等符号中的上标“*”略去不写。

2.3 配分函数及其对热力学函数的贡献

2.3.1 配分函数的物理意义

已知最概然分布公式为

$$N_i = N\frac{g_i \mathrm{e}^{-\varepsilon_i/kT}}{\sum_i g_i \mathrm{e}^{-\varepsilon_i/kT}} \tag{2.47}$$

令分母

$$\sum_i g_i \mathrm{e}^{-\varepsilon_i/kT} = q \tag{2.48}$$

q 称为粒子的配分函数（partition function），是量纲为 1 的量；指数项通常称为玻耳兹曼因子。配分函数 q 是对系统中一个粒子的所有可能状态的玻耳兹曼因子求和，因此又称为状态和。由于是独立粒子系统，任何粒子不受其他粒子存在的影响，所以 q 这个量是属于一个粒子

的，与其余粒子无关，故称之为粒子的配分函数，在本书中简称为配分函数。从上式可知，玻耳兹曼公式为

$$\frac{N_i}{N}=\frac{g_i e^{-\varepsilon_i/kT}}{q} \tag{2.49}$$

将分布在任意两个能级 i、j 上的粒子数目相除得

$$\frac{N_i}{N_j}=\frac{g_i e^{-\varepsilon_i/kT}}{g_j e^{-\varepsilon_j/kT}} \tag{2.50}$$

由此可见，分配在 i、j 两个能级上的粒子数目之比，等于配分函数中相应的两项之比，即体系处于最概然分布时，各能级上的粒子数目是按照配分函数中相应项来配的，它表示了粒子总的分配特征，反映了体系中 N 个粒子按能级分配的情况。

同时，配分函数中是粒子各个能级的能量，从数学上看，粒子配分函数 q 是对一个粒子的所有可能能级的玻耳兹曼因子及能级简并度的乘积 $g_i e^{-\varepsilon_i/kT}$ 求和，$e^{-\varepsilon_i/kT}$ 表示 i 能级的贡献值或有效值，而 $g_i e^{-\varepsilon_i/kT}$ 则表示 i 能级的各量子态的有效值，所以求和可以认为是对有可能量子态的有效值求和，若 g_j 为各量子态的能量，则粒子配分函数为

$$q=\sum_{\text{能级}} g_i e^{-\varepsilon_i/kT}=\sum_{\text{量子态}} e^{-\varepsilon_j/kT}$$

它表示粒子所有可能的量子态有效值之和，因此 q 又称为状态和。所以 q 可以认为是一个粒子所有可能的有效量子态总和的度量。

如果一个体系包含 N 个粒子，则体系总的配分函数 Z 为

$$\text{定位体系}\ Z=q^N$$

$$\text{非定位体系}\ Z=\frac{q^N}{N!}$$

配分函数是一个无因次量。统计热力学的主要目的是从粒子的微观运动状态来推求体系的宏观性质，它将宏观性质看成是各微观运动状态的某一物理量的统计平均值。上面指出配分函数代表了粒子在各能级上的分配特性，它反映了最概然分布的特征，因此可以通过配分函数来研究微观运动形态和宏观性质的关系。

配分函数在统计力学中占有极重要的地位，系统的各种热力学性质都可以用配分函数来表示，而统计热力学最重要的任务之一就是要通过配分函数来计算系统的热力学函数。下面将看到所有热力学宏观性质都可以通过配分函数来求得。

2.3.2　配分函数与热力学函数的关系

虽然由玻耳兹曼熵定理 $S=k\ln\Omega\approx k\ln t_{\max}$ 已建立了微观性质与宏观性质的联系，但统计热力学往往并不是直接通过具体计算 $t_{\max}$ 来沟通微观和宏观的，而是通过配分函数来建立二者的联系，只要能算出粒子的配分函数，就可求得体系的热力学函数。

1. 独立非定位体系

先讨论 N 个粒子所组成的非定位系统的热力学函数。

(1) 亥姆霍兹自由能 (A)。

根据配分函数的定义，可得

$$A_{\text{非定位}}=-kT\ln\frac{\left(\sum_i g_i e^{-\varepsilon_i/kT}\right)^N}{N!}=-kT\ln\frac{q^N}{N!} \tag{2.51}$$

(2) 熵(S)。

已知
$$dA = -SdT - pdV$$

由热力学函数间关系$\left(\frac{\partial A}{\partial T}\right)_{V,N} = -S$ 有

$$S_{非定位} = k\ln\frac{q^N}{N!} + NkT\left(\frac{\partial \ln q}{\partial T}\right)_{V,N} \tag{2.52}$$

或

$$S_{非定位} = k\ln\frac{q^N}{N!} + \frac{U}{T} \tag{2.53}$$

(3) 热力学能(U)。

根据 $U = A + TS$,代入 A 和 S,得

$$U_{非定位} = A + TS = -kT\ln\frac{q^N}{N!} + kT\ln\frac{q^N}{N!} + NkT^2\left(\frac{\partial \ln q}{\partial T}\right)_{V,N} = NkT^2\left(\frac{\partial \ln q}{\partial T}\right)_{V,N} \tag{2.54}$$

(4) 吉布斯(Gibbs) 自由能(G)。

从式(2.51) 得压力 p 为

$$p = -\left(\frac{\partial A}{\partial V}\right)_{T,N} = NkT\left(\frac{\partial \ln q}{\partial V}\right)_{T,N} \tag{2.55}$$

再根据 $dA = -SdT - pdV$,和定义 $G = A + pV$,将 A、p 代入,得

$$G_{非定位} = -kT\ln\frac{q^N}{N!} + NkTV\left(\frac{\partial \ln q}{\partial V}\right)_{T,N} \tag{2.56}$$

(5) 焓(H) 根据 H 的定义,代入 G 和 S 的表达式:

$$H = U + pV = G + TS \tag{2.57}$$

$$H_{非定位} = NkT^2\left(\frac{\partial \ln q}{\partial T}\right)_{V,N} + NkTV\left(\frac{\partial \ln q}{\partial V}\right)_{T,N} \tag{2.58}$$

(6) 质量定容热容 c_V。

$$c_V = \left(\frac{\partial U}{\partial T}\right)_V$$

$$c_{V,非定位} = \frac{\partial}{\partial T}\left[NkT^2\left(\frac{\partial \ln q}{\partial T}\right)_{V,N}\right]_V \tag{2.59}$$

从以上的表达式可以看出,只要知道配分函数就能求出诸热力学函数。

2. 独立定域粒子体系

用同样的方法也可以导出定域粒子体系的热力学函数表达式。

$$S = k\ln t_{\max} = k\ln\prod_i\frac{g_i^{N_i}}{N_i!} = k\ln q^N + \frac{U}{T} \tag{2.60}$$

(1) 亥姆霍兹函数(A)。

$$A_{定位} = -kT\ln q^N \tag{2.61}$$

(2) 熵(S)。

$$S_{定位} = Nk\ln q + NkT\left(\frac{\partial \ln q}{\partial T}\right)_{V,N} \tag{2.62}$$

(3) 热力学能(U)。

$$U_{定位} = NkT^2 \left(\frac{\partial \ln q}{\partial T}\right)_{V,N} \tag{2.63}$$

(4) 吉布斯自由能(G)。

$$G = A + pV = A - V \left(\frac{\partial A}{\partial V}\right)_{T,N} = -kT\ln q^N + NkTV \left(\frac{\partial \ln q}{\partial V}\right)_{T,N} \tag{2.64}$$

(5) 焓(H)。

$$H_{定位} = G + TS = U + pV = NkT^2 \left(\frac{\partial \ln q}{\partial T}\right)_{V,N} + NkTV \left(\frac{\partial \ln q}{\partial V}\right)_{T,N} \tag{2.65}$$

(6) 质量定容热容(c_V)。

$$c_{V,定位} = \frac{\partial}{\partial T}\left[NkT^2 \left(\frac{\partial \ln q}{\partial T}\right)_{V,N}\right]_V \tag{2.66}$$

由上列公式可见,无论是定位系统还是非定位系统,U、H、c_V 的表示式都是一样的,只是在热力学函数 A、S、G 上相差一些常数项。这是因为 A、S、G 与熵有关,与粒子定域和粒子不定域有关,因而有一个与等同修正项相关的常数项,而 U、H 只与体系能量有关,与粒子可区别与否无关,在求 Δ 值时,这些常数项互相消去了。

2.3.3　配分函数的分离

在独立的定域粒子体系中,设粒子的运动独立,则每个粒子的各种运动形式也是独立的。一个分子的能量可以认为是分子的整体运动的能量(即平均能(ε_t))和分子内部运动的能量之和。分子内部的能量包括转动能(ε_r)、振动能(ε_v)、电子的能量(ε_e)以及核运动的能量(ε_n),各能量可看作独立无关。分子处于某能级的总能量等于各种能量之和,即

$$\varepsilon_i = \varepsilon_{i,t} + \varepsilon_{i,内} = \varepsilon_{i,t} + \varepsilon_{i,r} + \varepsilon_{i,v} + \varepsilon_{i,e} + \varepsilon_{i,n} \tag{2.67}$$

这几个能级的大小次序是

$$\varepsilon_t < \varepsilon_r < \varepsilon_v < \varepsilon_e < \varepsilon_n$$

平动能的数量级约为 4.2×10^{-21},转动能为 $42 \sim 420\ \mathrm{J \cdot mol^{-1}}$,振动能为 $4.2 \sim 42\ \mathrm{kJ \cdot mol^{-1}}$,而电子能级和核能级则更高。

不同能量各有相应的简并度 $g_{i,t}$, $g_{i,r}$, $g_{i,v}$, $g_{i,e}$, $g_{i,n}$。当总能量是 ε_i 时,总的简并度(g_i)等于各个能级上简并度的乘积,即

$$g_i = g_{i,t}g_{i,内} = g_{i,t}g_{i,r}g_{i,v}g_{i,e}g_{i,n} \tag{2.68}$$

式中,$g_{i,内}$ 是分子内部运动所相应的简并度。根据配分函数的定义,得单个分子的配分函数 q 为

$$\begin{aligned} q &= \sum_i g_i \exp\left(-\frac{\varepsilon_i}{kT}\right) \\ &= \sum_i g_{i,t}g_{i,r}g_{i,v}g_{i,e}g_{i,n} \exp\left(-\frac{\varepsilon_{i,t}+\varepsilon_{i,r}+\varepsilon_{i,v}+\varepsilon_{i,e}+\varepsilon_{i,n}}{kT}\right) \\ &= q_t q_r q_v q_e q_n \end{aligned} \tag{2.69}$$

式中,q_t、q_r、q_v、q_e、q_n 分别称为平动配分函数、转动配分函数、振动配分函数、电子配分函数和原子核配分函数,分别代表了各种运动形式对配分函数的贡献。由于可将分子的总配分函数解析为各运动形式配分函数的乘积,所以式(2.69)又代表了配分函数的析因子性质。

从数学上可以证明，几个独立变数乘积之和等于各自求和的乘积。于是上式可以写作

$$q=\left[\sum_i g_{i,\mathrm{t}}\exp\left(\frac{-\varepsilon_{i,\mathrm{t}}}{kT}\right)\right]\left[\sum_i g_{i,\mathrm{r}}\exp\left(-\frac{\varepsilon_{i,\mathrm{r}}}{kT}\right)\right]$$
$$\left[\sum_i g_{i,\mathrm{v}}\exp\left(\frac{-\varepsilon_{i,\mathrm{v}}}{kT}\right)\right]\left[\sum_i g_{i,\mathrm{e}}\exp\left(-\frac{\varepsilon_{i,\mathrm{e}}}{kT}\right)\right]\left[\sum_i g_{i,\mathrm{n}}\exp\left(\frac{-\varepsilon_{i,\mathrm{n}}}{kT}\right)\right] \tag{2.70}$$

如令

$$q_\mathrm{t}=\sum_i g_{i,\mathrm{t}}\exp\left(\frac{-\varepsilon_{i,\mathrm{t}}}{kT}\right)$$

$$q_\mathrm{r}=\sum_i g_{i,\mathrm{r}}\exp\left(\frac{-\varepsilon_{i,\mathrm{r}}}{kT}\right)$$

$$q_\mathrm{v}=\sum_i g_{i,\mathrm{v}}\exp\left(\frac{-\varepsilon_{i,\mathrm{v}}}{kT}\right)$$

$$q_\mathrm{e}=\sum_i g_{i,\mathrm{e}}\exp\left(\frac{-\varepsilon_{i,\mathrm{e}}}{kT}\right)$$

$$q_\mathrm{n}=\sum_i g_{i,\mathrm{n}}\exp\left(\frac{-\varepsilon_{i,\mathrm{n}}}{kT}\right)$$

由于配分函数可以解析为各运动形式配分函数的乘积，热力学函数也可表示为各种运动形式的独立贡献之和。例如，亥姆霍兹函数 A，对于定位体系有

$$\begin{aligned}A_{\text{定位}}&=-NkT\ln q\\&=-NkT\ln q_\mathrm{t}-NkT\ln q_\mathrm{r}-NkT\ln q_\mathrm{v}-NkT\ln q_\mathrm{e}-NkT\ln q_\mathrm{n}\\&=A_\mathrm{t}+A_\mathrm{r}+A_\mathrm{v}+A_\mathrm{e}+A_\mathrm{n}\end{aligned} \tag{2.71}$$

对于非定位体系有

$$A_{\text{非定位}}=-kT\ln\frac{q^N}{N!}=-kT\ln\frac{(q_\mathrm{t})^N}{N!}-NkT\ln q_\mathrm{r}-NkT\ln q_\mathrm{v}-NkT\ln q_\mathrm{e}-NkT\ln q_\mathrm{n} \tag{2.72}$$

由此可见在亥姆霍兹自由能的表达式中，定位系统和非定位系统只在第一项上差了 $kT\ln N!$ 项。如令

$$-kT\ln\frac{q^N}{N!}=A_\mathrm{t}$$

把 $-kT\ln\dfrac{1}{N!}$ 并入平动项，则

$$A_{\text{非定位}}=A_\mathrm{t}+A_\mathrm{r}+A_\mathrm{v}+A_\mathrm{e}+A_\mathrm{n} \tag{2.73}$$

以后的问题在于如何求出配分函数。在式(2.71)和式(2.72)中，可以把总的亥姆霍兹自由能看作各种运动所提供的贡献之和(即每种运动提供各自的亥姆霍兹自由能)。其他几个热力学函数也是这样。

2.3.4 各配分函数的求法与热力学函数的关系

1. 平动配分函数

分子的平动就是把分子看成一个整体，分析它在允许体积内的质心运动，这相当于一个粒子在三维势箱中的运动，分子可简化为三维平动分子。设分子的质量为 m，在体积为 abc 的势箱中做平动运动，由前面的介绍可知其平动能量表达式为

$$\varepsilon_{i,t}=\frac{h^2}{8m}\left(\frac{n_x^2}{a^2}+\frac{n_y^2}{b^2}+\frac{n_z^2}{c^2}\right) \tag{2.74}$$

式中，h 是普朗克常数；n_x、n_y、n_z 分别是 x、y、z 轴上的平动量子数，它只能是包括从 1 到无穷的正整数，而不能采取任意的值。这说明分子的平动能也是量子化的。平动配分函数为

$$q_t=\sum_i g_{i,t}\exp\left(-\frac{\varepsilon_{i,t}}{kT}\right) \tag{2.75}$$

或

$$\begin{aligned}q_t&=\sum_{n_x=1}^{\infty}\sum_{n_y=1}^{\infty}\sum_{n_z=1}^{\infty}\exp\left[-\frac{h^2}{8mkT}\left(\frac{n_x^2}{a^2}+\frac{n_y^2}{b^2}+\frac{n_z^2}{c^2}\right)\right]\\&=\sum_{n_x=1}^{\infty}\exp\left(-\frac{h^2}{8mkT}\frac{n_x^2}{a^2}\right)\sum_{n_y=1}^{\infty}\exp\left(-\frac{h^2}{8mkT}\frac{n_y^2}{b^2}\right)\sum_{n_z=1}^{\infty}\exp\left(-\frac{h^2}{8mkT}\frac{n_z^2}{c^2}\right)\\&=q_{t,x}q_{t,y}q_{t,z}\end{aligned} \tag{2.76}$$

当能量为 e_i 时，由于 n_x、n_y、n_z 不同，而有不同的微观状态数，因此式(2.75) 中的 $g_{i,t}$ 是该能级的简并度。在式(2.76) 中是对所有的 n_x、n_y、n_z 求和，它已经包括了全部可能的微观状态，因此就不再出现 $g_{i,t}$ 项了。

式(2.76) 由完全相似的三项组成，只需解其中的一个，其余的可以类推。

如令

$$\frac{h^2}{8mkTa^2}=\alpha^2 \tag{2.77}$$

则

$$\sum_{n_x=1}^{\infty}\exp\left(-\frac{h^2}{8mkT}\frac{n_x^2}{a^2}\right)=\sum_{n_x=1}^{\infty}\exp(-\alpha^2 n_x^2) \tag{2.78}$$

a^2 是一个很小的数值。例如，在 300 K，$a=0.01$ m 时，对氢原子来说

$$\begin{aligned}\alpha^2&=\frac{h^2}{8mkTa^2}\\&=\frac{(6.626\times10^{-34}\ \mathrm{J\cdot s})^2}{8\times(1.67\times10^{-27}\ \mathrm{kg})\times(1.38\times10^{-23}\ \mathrm{J\cdot K^{-1}})\times(300\ \mathrm{K})\times(0.01\ \mathrm{m})^2}\end{aligned}$$

a^2 远远小于 1，对于其他分子，m 更大，a 也可能选得更大，所以 a^2 更小。也就是说，当 $a^2\ll1$ 时，求和项中每项相差很小，变数的变化可能认为是连续的，因此可用积分代替求和，即

$$q_{t,x}=\int_1^{\infty}\exp(-\alpha^2x^2)\mathrm{d}n_x\approx\int_0^{\infty}\exp(-\alpha^2x^2)\mathrm{d}n_x \tag{2.79}$$

$$\sum_{n_x=1}^{\infty}\exp(-\alpha^2n_x^2)=\int_0^{\infty}\exp(-\alpha^2n_x^2)\mathrm{d}n_x$$

根据积分公式 $\int_0^{\infty}\exp(-\alpha x^2)\mathrm{d}n_x=\frac{1}{2}\sqrt{\frac{\pi}{2}}$，得

$$\int_0^{\infty}\exp(-\alpha x^2)\mathrm{d}n_x=\frac{1}{\alpha}\sqrt{\frac{\pi}{2}}=(\frac{8mkT}{h^2})^2a \tag{2.80}$$

同理可得

$$q_{t,y}=\left(\frac{2\pi mkT}{h^2}\right)^{\frac{1}{2}}b$$

$$q_{t,z}=\left(\frac{2\pi mkT}{h^2}\right)^{\frac{1}{2}}c \tag{2.81}$$

所以

$$q_t=\int_0^\infty \exp\left(-\frac{h^2}{8mkTa^2}n_x^2\right)\mathrm{d}n_x\int_0^\infty \exp\left(-\frac{h^2}{8mkTb^2}n_y^2\right)\mathrm{d}n_y\int_0^\infty \exp\left(-\frac{h^2}{8mkTc^2}n_z^2\right)\mathrm{d}n_z$$
$$=\left(\frac{2\pi mkT}{h^2}\right)^{\frac{3}{2}}abc=\left(\frac{2\pi mkT}{h^2}\right)^{\frac{3}{2}}V \tag{2.82}$$

【例题 2.1】 计算 298.15 K、101.325 kPa 压力下，1 mol N_2 的平动配分函数。

解 已知的摩尔质量为 $14.008\times 2\times 10^{-3}\ \mathrm{kg\cdot mol^{-1}}$，所以

$$m=\frac{14.008\times 2\times 10^{-3}\ \mathrm{kg\cdot mol^{-1}}}{6.023\times 10^{23}\ \mathrm{mol^{-1}}}=4.6515\times 10^{-26}\ \mathrm{kg}$$

$$h=6.626\times 10^{-34}\ \mathrm{J\cdot s}$$

$$k=1.38\times 10^{-23}\ \mathrm{J\cdot K^{-1}}$$

在给定的条件下

$$V_\mathrm{m}=\frac{298.15}{273.15}\times(0.0224\ \mathrm{m^3})=0.02445\ \mathrm{m^3}$$

$$q_t=\frac{(2\pi mkT)^{\frac{3}{2}}}{h^3}V_\mathrm{m}$$
$$=\frac{(2\times 3.1416\times 4.6515\times 10^{-26}\ \mathrm{kg}\times 1.38\times 10^{-23}\ \mathrm{J\cdot K^{-1}}\times 298.15\ \mathrm{K})^{\frac{3}{2}}}{(6.626\times 10^{-34}\ \mathrm{J\cdot s})^3}\times 0.02445\ \mathrm{m^3}$$
$$=3.5\times 10^{30}$$

对于独立的非定域的粒子体系，粒子间相互作用可忽略不计，典型的例子就是理想气体体系。通过讨论平动配分函数在独立非定域粒子体系的应用，可以计算平动对理想气体的热力学函数的贡献。

平动配分函数对热力学函数的贡献，可如下求出。

由式(2.81)可见平动配分函数与 T、V 有关：

$$\ln q_t=\frac{3}{2}\ln T+\ln V+\frac{3}{2}\ln\left(\frac{2\pi mk}{h^2}\right)$$

$$\left(\frac{\partial \ln q_t}{\partial T}\right)_{V,N}=\frac{3}{2}\times\frac{1}{T}$$

$$\left(\frac{\partial \ln q_t}{\partial V}\right)_{T,N}=\frac{1}{V}$$

(1) 平动能 U_t。

$$U_t=NkT^2\left(\frac{\partial \ln q_t}{\partial T}\right)_{V,N}=\frac{3}{2}NkT \tag{2.83}$$

当 $N=L$ 时，$U_{t,m}=\frac{3}{2}RT$。平动有 3 个自由度，相当于在每个自由度上平均分配 $\frac{1}{2}RT$ 能量，这与经典理论是一致的，这是因为处理平动问题时，把平动能级看作连续的而不是量子化的，因而与经典理论一致。

(2) 平动恒容摩尔热容。

$$C_{V,t}=\left(\frac{\partial U_t}{\partial T}\right)_V=\frac{3}{2}R \tag{2.84}$$

单原子理想气体没有转动、振动，只有平动，如再忽略电子和核运动，则

$$C_{V,m} \approx C_{V,m,t} = \frac{3}{2}R$$

(3) 压力。

$$p = NkT\left(\frac{\partial \ln q_t}{\partial V}\right)_{T,N} = \frac{NkT}{V} = \frac{nRT}{V} \tag{2.85}$$

这便是从统计热力学导出的理想气体状态方程式，与经验式相一致。这表明理想气体的压力与内部运动即转动、振动、电子和核运动自由度无关。

(4) 平动熵。

$$S_t = -\left(\frac{\partial A_t}{\partial T}\right)_{V,N} = Nk\left\{\ln\left[\left(\frac{2\pi mkT}{h^2}\right)^{\frac{3}{2}}V\right] - \ln N + \frac{5}{2}\right\} = Nk\left(\ln\frac{q_t}{N} + \frac{5}{2}\right) \tag{2.86}$$

这个公式称为沙克尔—特鲁德(Sackur—Tetrode)公式，可用来计算理想气体的平动熵。对于 1 mol 理想气体而言，沙克尔－特鲁德公式可以写作

$$S_{t,m} = R\ln\left(\frac{(2\pi mkT)^{\frac{3}{2}}}{Lh^3}V_m\right) + \frac{5}{2}R$$

式中所有的物理量量纲均采用 SI 制即可。实际应用时一般采用下面经过变换化简的公式

$$S_{t,m} = R\left(\frac{5}{2}\ln T + \frac{3}{2}\ln M - \ln p + A\right) \tag{2.87}$$

在 SI 单位制中

$$A = \ln\frac{\left(2\pi\frac{k}{L}\right)^{\frac{3}{2}}R}{Lh^3} + \frac{5}{2} = 20.72$$

注意，这里的 M 是物质的摩尔质量(kg/mol)。因此只要知道了构成体系的气体种类以及体系所处的压力和温度，就可以由式(2.87)计算出平动熵的贡献。

2. 单原子理想气体的热力学函数

单原子理想气体的分子内部运动没有振动和转动，因而可以用上面已经讲过的几个配分函数来求出其热力学函数。

(1) 亥姆霍兹自由能(A)。

对非定位系统

$$\begin{aligned}
A &= A_n + A_e + A_t \\
&= -NkT\ln q_n - NkT\ln q_e - kT\ln\frac{q_t^N}{N!} \\
&= -kT\ln\frac{q_t^N}{N!} \\
&= -kT\left[g_{n,0}\exp\left(-\frac{\varepsilon_{n,0}}{kT}\right)\right]^N - kT\left[g_{e,0}\exp\left(-\frac{\varepsilon_{n,0}}{kT}\right)\right]^N \\
&\quad - NkT\ln\frac{(2\pi mkT)^{\frac{3}{2}}}{h^3} - NkT\ln V + NkT\ln N - NkT \\
&= (N\varepsilon_{n,0} + N\varepsilon_{e,0}) - NkT\ln g_{n,0}g_{e,0} \\
&\quad - NkT\ln\frac{(2\pi mkT)^{\frac{3}{2}}}{h^3} - NkT\ln V + NkT\ln N - NkT
\end{aligned} \tag{2.88}$$

式中,第一项是核和电子处于基态时的能量,第二项是与简并度有关的项。在讨论热力学变量时,这些量是常量,都可以消去。

(2) 熵。

$$S=-\left(\frac{\partial A}{\partial T}\right)_{V,N}$$

$$=Nk\left[\ln g_{n,0}g_{e,0}+\ln\left(\frac{2\pi mk}{h^2}\right)^{\frac{3}{2}}+\ln V-\ln N+\frac{3}{2}\ln T+\frac{5}{2}\right] \tag{2.89}$$

这个公式也被称为沙克尔－特鲁德公式,可用来计算单原子理想气体的熵。

(3) 热力学能。

$$c_V=c_{V,t}=\left(\frac{\partial U_t}{\partial T}\right)_{V,N}=\frac{3}{2}Nk \tag{2.90}$$

(4) 质量定容热容。

$$c_V=c_{V,t}=\left(\frac{\partial U_t}{\partial T}\right)_{V,N}=\frac{3}{2}Nk \tag{2.91}$$

这个结论与经典理论是一致的。按照经典的理论,单原子分子只有 3 个平动自由度,每个自由度的能量是$\frac{1}{2}kT$,相应地每个自由度的定容热容是$\frac{1}{2}k$,所以 N 个粒子所组成的系统,$c_V=\frac{3}{2}Nk$。由于在处理问题时,把平动能级看作连续的而不是量子化的,所以量子理论的结果与经典理论趋于一致。

(5) 化学势 μ。

$$\mu=\left(\frac{\partial A}{\partial N}\right)_{T,V}$$

对理想气体 $V=\frac{NkT}{p}$ 代入 A 的表达式,得

$$\mu=(\varepsilon_{n,0}+\varepsilon_{e,0})-kT\ln g_{n,0}g_{e,0}-kT\ln\frac{(2\pi mkT)^{\frac{3}{2}}}{h^3}-kT\ln kT+kT\ln p \tag{2.92}$$

对 1 mol 气体而言,粒子数 $N=L$,所以上式可以写为

$$\mu=L(\varepsilon_{n,0}+\varepsilon_{e,0})-RT\ln g_{n,0}g_{e,0}-RT\ln\frac{(2\pi mkT)^{\frac{3}{2}}}{h^3})-RT\ln kT+RT\ln p \tag{2.93}$$

若气体的压力为标准压力 $p^{\ominus}$,则标准态的化学势可写为

$$\mu^{\ominus}=L(\varepsilon_{n,0}+\varepsilon_{e,0})-RT\ln g_{n,0}g_{e,0}-RT\ln\frac{(2\pi mkT)^{\frac{3}{2}}}{h^3})-RT\ln kT+RT\ln p^{\ominus} \tag{2.94}$$

对一定的系统来说,上式的右方都仅只是温度的函数,所以标准态的化学势写作$\mu^{\ominus}(T)$,将式(2.93)和式(2.94)相减,则得

$$\mu(T,p)=\mu^{\ominus}(T)+RT\ln(p/p^{\ominus}) \tag{2.95}$$

这就是气体组分化学势的表示式,这里也可以具体地看出 $u(T,p)$ 中包含着哪些项。

(6) 状态方程式。

$$p = -\left(\frac{\mathrm{d}A}{\mathrm{d}V}\right)_{T,N} = \frac{NkT}{V} \tag{2.96}$$

用统计热力学的方法可以导出气体的状态方程式。上式对任意的理想气体分子都可以使用。双原子分子或多原子分子的理想集合，需要考虑到振动和转动的能量项，亥姆霍兹自由能 A 的表示式虽然要复杂一些，但其中除了平动项中含有体积项 V 外，其他各项均不含 V。当对 V 微分时，其他各项均不出现，所以双原子或多原子理想气体的状态方程式也都是

$$pV = NkT$$

根据热力学第一、第二定律，经过严密的推理，可以得到许多普遍性的公式，但在使用这些公式时，还必须知道系统的状态方程。而对于状态方程，经典的热力学却无能为力，它连最简单的状态方程也推不出来，它只能靠经验获得。统计热力学采用微观的处理方法，原则上它能导出状态方程，对于理想气体，获得式 (2.96) 并不困难。

同法，利用公式(2.56)、式(2.58) 可求出 G 和 H 的表示式。

【例题 2.2】 试计算 298.15 K、101.325 kPa压力下，1 mol氩(Ar)的统计熵值，设其核和电子的简并度均等于 1。

解　氩原子的质量

$$m = \frac{39.95 \times 10^{-3}\ \mathrm{kg \cdot mol^{-1}}}{6.023 \times 10^{23}\ \mathrm{mol^{-1}}} = 6.633 \times 10^{-26}\ \mathrm{kg}$$

在给定条件下

$$V_{\mathrm{m}} = \frac{298.15}{273.15} \times (0.022\,4)\mathrm{m^3} = 0.024\,45\ \mathrm{m^3}$$

$$S = R\left\{\ln\left[\frac{(2\pi mkT)^{\frac{3}{2}}}{Lh^3}V_{\mathrm{m}}\right] + \frac{5}{2}\right\}$$

$$= 8.314 \times \left\{\ln\left[\frac{(2\pi \times 6.633 \times 10^{-26} \times 1.38 \times 10^{-23} \times 298.15)^{\frac{3}{2}}}{6.023 \times 10^{23} \times (6.626 \times 10^{-34})^3} \times 0.024\,45\right] + \frac{5}{2}\right\}$$

$$= 154.71\ (\mathrm{J \cdot mol^{-1} \cdot K^{-1}})$$

3. 转动配分函数

多原子分子除了质心的整体平动以外，在内部运动中还有转动和振动。这两种运动一般相互影响。为了简便起见，忽略这种振转耦合相互作用，并把多原子分子绕质心的转动视为刚性转子的转动运动。先讨论双原子分子的情况，双原子分子除了质心的整体平动以外，在内部运动中还有转动和振动。这两种运动互有影响，为简便起见，其彼此的影响忽略不计。并把转动看作刚性转子绕质心的转动，振动则看作线性谐振子。

对于异核双原子分子(以 A－B 表示)，前已得到转动能级的表达式为

$$\varepsilon_{\mathrm{r}} = J(J+1)\frac{h^2}{8\pi^2 I} \quad (J = 0,1,2,\cdots)$$

式中，J 是转动能级的量子数；I 是转动惯量，其中 $I = \mu r^2$，$\mu = m_{\mathrm{A}}m_{\mathrm{B}}/(m_{\mathrm{A}} + m_{\mathrm{B}})$，对双原子分子，有

$$I = \left(\frac{m_1 m_2}{m_1 + m_2}\right) r^2$$

式中，m_1、m_2 是两个原子的质量；r 是两个核间的距离。由于转动运动的角动量在空间取向是

量子化的，所以能级的简并度为 $g_{r,i}=2J+1$，故转动配分函数为

$$q_r=\sum_i g_{i,r}\exp\left(-\frac{\varepsilon_{i,r}}{kT}\right)=\sum_{J=0}^{\infty}(2J+1)\exp\left[-\frac{J(J+1)h^2}{8\pi^2 IkT}\right] \tag{2.97}$$

令

$$\Theta_r=\frac{h^2}{8\pi^2 Ik}$$

Θ_r 称为特征温度（因为在上式等号右边 $\frac{h^2}{8\pi^2 Ik}$ 具有温度的单位），从分子的转动惯量可求得 Θ_r，表 2.1 中列出了一些双原子分子的转动特征温度、振动特征温度、转动惯量、核间距和基态的振动频率。

表 2.1　一些双原子分子的转动特征温度、振动特征温度、转动惯量、核间距和基态的振动频率

气体	转动特征温度 Θ_r/K	振动特征温度 $\Theta_v/(\times 10^3\ K)$	转动惯量 $I/(\times 10^{-46}\ kg\cdot m^2)$	核间距 r/nm	基态的振动频率 $v_0/(\times 10^{12}\ s)$
H_2	85.4	6.10	0.046 0	0.074 2	131.8
N_2	2.86	3.34	1.394	0.109 5	70.75
O_2	2.07	2.23	1.935	0.120 7	47.38
CO	2.77	3.07	1.449	0.112 8	65.05
NO	2.42	2.69	1.643	0.115 1	57.09
HCl	15.2	4.4	0.264 5	0.127 5	80.63
HBr	12.1	3.7	0.331	0.141 4	—
HI	9.0	3.2	0.431	0.160 4	—

由表可见，除了 H_2 外，大多数气体分子的转动特征温度均很低。在常温下，$\frac{\Theta_r}{T}\ll 1$，因此可以用积分号代替求和号来计算 q_r（一般来说，当 T 大于特征温度的 5 倍时，就能满足这个条件）。所以

$$q_r=\sum_{J=0}^{\infty}(2J+1)\exp\left[-\frac{J(J+1)\Theta_r}{T}\right]$$

令 $t=J(J+1)$，将 $dt=(2J+1)dJ$ 代入上式后得

$$q_r=\int_0^{\infty}\exp\left(-\frac{x\Theta_r}{T}\right)dx=-\frac{T}{\Theta_r}\exp\left(-\frac{\Theta_r x}{T}\right)\Big|_0^{\infty}=\frac{T}{\Theta_r}=\frac{8\pi^2 IkT}{h^2} \tag{2.98}$$

若 $\frac{\Theta_r}{T}\leqslant 0.01$，由式(2.98) 所得的 q_r 的误差在0.1% 以内；若 $\frac{\Theta_r}{T}\leqslant 0.3$，而仍希望误差在 0.1% 以内，则 q_r 的值可用下式计算：

$$q_r=\frac{T}{\Theta_r}\left(1+\frac{\Theta_r}{3T}+\frac{\Theta_r}{15T^2}\right) \tag{2.99}$$

式(2.98) 和式(2.99) 只适用于异核双原子分子。对同核双原子分子(A — A)，光谱实验表明，由于波函数对称性的要求，这类分子转动量子数只能在 0 到无穷之间取偶数或奇数值，即

$$(q_r)=\sum_{J=0,2,4,\cdots}^{\infty}(2J+1)\exp\left[-\frac{J(J+1)\Theta_r}{T}\right]dJ \tag{2.100}$$

或

$$(q_r)=\sum_{J=1,3,5,\cdots}^{\infty}(2J+1)\exp\left[-\frac{J(J+1)\Theta_r}{T}\right]dJ$$

对于同核双原子分子，每转动 180°，分子的位形就复原一次，也就是说每转动 360°，它的微观状态就要重复两次，所以对同核双原子分子，其配分函数还要除以 2。或者一般写作

$$q_r=\frac{8\pi^2 IkT}{\sigma h^2}$$

式中，σ 称为对称数(symmetry number)，它是分子经过刚性转动一周后，所产生的不可分辨的几何位置数，对于同核双原子分子 $\sigma=2$。

【例题 2.3】 CO 的转动惯量 $I=1.45\times10^{-46}\ \mathrm{kg\cdot m^2}$，计算 298.15 K 时的转动配分函数。

解　$q_r=\dfrac{8\pi^2 IkT}{h^2}=\dfrac{8\pi^2\times1.45\times10^{-46}\times1.38\times10^{-23}\times298.15}{(6.62\times10^{-34})^2}=107.5$

对于线型多原子分子，转动配分函数 q_r 仍由式(2.100)求出，$\sigma=1$ 对应着不对称分子(A — B — C)，$\sigma=2$ 为对称分子(A — B — A)。但对于非线型多原子分子，q_r 应用下式计算。

$$q_r=\frac{8\pi^2(2\pi kT)^{\frac{3}{2}}}{\sigma h^3}(I_xI_yI_z)^{\frac{1}{2}} \tag{2.101}$$

上式还可以写为

$$q_r=\frac{\sqrt{\pi}}{\sigma}\left(\frac{T^3}{\Theta_{r,x}\Theta_{r,y}\Theta_{r,z}}\right)^{\frac{1}{2}}(I_xI_yI_z)^{\frac{1}{2}} \tag{2.102}$$

式中，I_x、I_y、I_z 分别是 3 个轴上的转动惯量。有了配分函数的表达式，就不难求出转动配分函数对热力学函数的贡献。

对于多原子分子 $q_r=\dfrac{T}{\Theta_r}$，$\ln q_r=\ln T-\ln\sigma-\ln\Theta_r$

$$\left(\frac{\partial q_r}{\partial T}\right)_{V,N}=\frac{1}{T}\left(\frac{\partial q_r}{\partial V}\right)_{T,N}=0$$

(1) 转动能 U_r。

$$U_r=NkT^2\left(\frac{\partial q_r}{\partial T}\right)_{V,N}=NkT^2\times\frac{1}{T}=NkT \tag{2.103}$$

$$U_{r,m}=RT=\frac{1}{2}RT\times2$$

线型分子有两个转动自由度，每个自由度上均分 $\frac{1}{2}RT$ 的能量，这与经典理论一致。

(2) 转动能恒容热容 $C_{V,r}$。

$$C_{V,r}=\left(\frac{\partial U_r}{\partial T}\right)_V=Nk \tag{2.104}$$

$$C_{V,r,m}=R$$

(3) 转动熵 S_r。

$$S_r=NkT\ln q_r+NkT\left(\frac{\partial q_r}{\partial T}\right)_{V,N}=Nk\left[\ln\left(\frac{8\pi^2 IkT}{\sigma h^2}\right)+1\right]=Nk\left[\ln\frac{T}{\sigma\Theta_r}+1\right] \tag{2.105}$$

上式仍可化为简单的形式：

$$S_{r,m}=R(\ln I+\ln T-\ln\sigma+B) \tag{2.106}$$

式中，$B=\ln\dfrac{8\pi^2 k}{h^2}+1$，在 SI 单位制中其值为 105.52。

4. 振动配分函数

仍先讨论双原子分子,因为它比较简单,只有一种振动频率,并可看作简谐振动。分子的振动能为

$$\varepsilon_{\mathrm{v}}=(v+\frac{1}{2})h\nu \quad (v=0,1,2,\cdots) \tag{2.107}$$

式中,n 是振动频率;v 是振动量子数,其值可以是 0,1,2,…。当 $v=0$ 时,$\varepsilon_{\mathrm{v},0}=\frac{1}{2}h\nu$,称为零点振动能(zero point energy),故

$$q'_{\mathrm{v}}=\sum_{v=0,1,2,\cdots}\exp\left[-\frac{(v+\frac{1}{2})h\nu}{kT}\right]=\exp\left(-\frac{1}{2}\frac{h\nu}{kT}\right)+\exp\left(-\frac{3}{2}\frac{h\nu}{kT}\right)+\exp\left(-\frac{5}{2}\frac{h\nu}{kT}\right)+\cdots$$

$$=\exp\left(-\frac{1}{2}\frac{h\nu}{kT}\right)\left[1+\exp\left(-\frac{h\nu}{kT}\right)+\exp\left(-\frac{2h\nu}{kT}\right)+\cdots\right] \tag{2.108}$$

令

$$\Theta_{\mathrm{v}}=\frac{h\nu}{k} \tag{2.109}$$

式中,Θ_{v} 称为振动的特征温度。一些气体的振动特征温度见表 2.1。振动的特征温度是物质的重要性质之一。Θ_{v} 越高表示分子处于激发态的比例越小。例如,CO 的 Θ_{v} 为 3 070 K,因此在常温 300 K 时,$\Theta_{\mathrm{v}}/T=10.2$,则有

$$\exp\left(-\frac{\Theta_{\mathrm{v}}}{T}\right)=\exp(-10.2)=3.7\times10^{-5}$$

这个数值很小,可以忽略不计,也有分子的 Θ_{v} 较低,例如,在室温下固态碘的 $\Theta_{\mathrm{v}}=310$ K,$\frac{\Theta_{\mathrm{v}}}{T}=1.03$,在式 (2.108) 中代表第一激发态的项为

$$\exp(-1.03)=0.357$$

就不能忽略。

在低温时,$\frac{\Theta_{\mathrm{v}}}{T}\gg1$,$\exp(-\frac{\Theta_{\mathrm{v}}}{T})\ll1$,则式(2.62) 可以写为

(引用公式,当 $x\ll1$ 时,$1+x+x^2+\cdots\approx\frac{1}{1-x}$)

$$q_{\mathrm{v}}=\exp\left(-\frac{1}{2}\frac{h\nu}{kT}\right)\times\frac{1}{1-\mathrm{e}^{-h\nu/kT}} \tag{2.111}$$

$\frac{1}{2}h\nu$ 是基态的振动能(即零点振动能),如果把基态的能量看作等于 0,则根据式(2.108) 有

$$q'_{\mathrm{v}}=\sum_{v=0,1,2,\cdots}\exp\left(-\frac{vh\nu}{kT}\right)=(1+\mathrm{e}^{-\frac{h\nu}{kT}}+\mathrm{e}^{-\frac{2h\nu}{kT}}+\cdots)=\frac{1}{1-\mathrm{e}^{-\frac{h\nu}{kT}}} \tag{2.112}$$

q'_{v} 是当振动基态的能量为 0 时的振动配分函数。

对于多原子分子,则需要考虑自由度。所谓分子的自由度可以看作描述分子的空间位形所必需的独立坐标的数目。决定一个原子在空间的位置需要 3 个坐标参数(x,y,z),故分子中 n 个原子若看作各自独立时,总的自由度为 $3n$ 个。决定分子质心的平动需要 3 个自由度,所以内部运动的自由度为($3n-3$)。

对于线型分子 ab,如图 2.1 所示,只要知道 φ、θ 两个角度,就决定了分子整体的空间取向,

余下 $(3n-3-2)$ 个则为振动自由度。

对于非线型的多原子分子需要知道 3 个角度(即欧勒角,其证明从略),才能决定分子整体骨架的空间取向,所以转动自由度为 3,余下 $(3n-3-2)$ 个则为振动自由度。

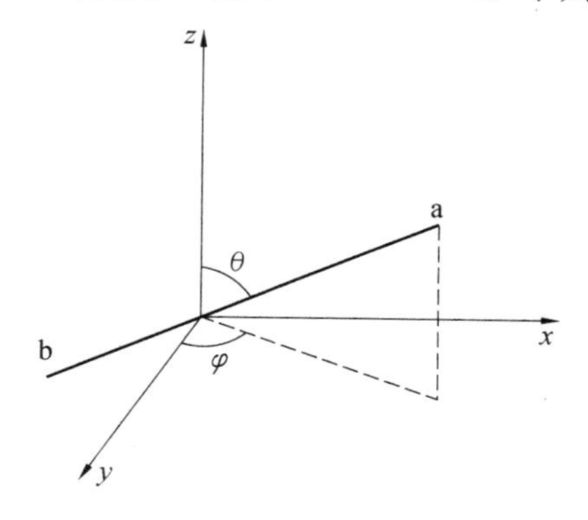

图 2.1　双原子分子在空间中的取向

据此对于线型多原子分子,q_v 为

$$q_v=\prod_{i=1}^{3n-5}\frac{e^{-\frac{h\nu_i}{2kT}}}{1-e^{-\frac{h\nu_i}{kT}}} \tag{2.113}$$

对于非线型多原子分子,有

$$q_v=\prod_{i=1}^{3n-6}\frac{e^{-\frac{h\nu_i}{2kT}}}{1-e^{-\frac{h\nu_i}{kT}}} \tag{2.114}$$

同样,也可以把基态的能量当作等于 0 而求出相应的 q'_v。

对于由双原子分子构成的体系,振动对热力学函数的贡献可计算如下。

(1) 振动能。

对式(2.109)两边取对数得

$$q_v=-\ln\left[1-\exp\left(-\frac{\Theta_v}{T}\right)\right]$$

$$\left(\frac{\partial q_v}{\partial T}\right)_{V,N}=\frac{\Theta_v}{T^2}\frac{1}{\left[\exp\left(-\frac{\Theta_v}{T}\right)-1\right]}$$

$$U_v=NkT^2\left(\frac{\partial q_v}{\partial T}\right)_{V,N}=\frac{Nk\Theta_v}{\exp\left(-\frac{\Theta_v}{T}\right)-1} \tag{2.115}$$

$$U_{v,m}=\frac{R\Theta_v}{\exp(-\frac{\Theta_v}{T})-1} \tag{2.116}$$

(2) 摩尔恒容振动热容。

$$C_{V,m,v}=\left(\frac{\partial U_{V,m}}{\partial T}\right)_v=R\frac{\left(\frac{\Theta_v}{T}\right)^2\exp\left(\frac{\Theta_v}{T}\right)}{\left[\exp\left(\frac{\Theta_v}{T}\right)-1\right]} \tag{2.177}$$

(3) 振动熵。

$$S_v = Nk\ln q^v + NkT\left[\frac{\partial \ln q_v}{\partial T}\right]_{V,N}$$
$$= -Nk\ln\left[1-\exp\left(-\frac{\Theta_v}{T}\right)\right] + Nk\frac{\Theta_v}{T}\left[\exp\left(\frac{\Theta_v}{T}\right)-1\right]^{-1} \quad (2.118)$$

5. 电子配分函数

电子能级的间隔也很大，从基态到第一激发态，约有几个电子伏特，相当于 400 kJ · mol^{-1}。

$$q_e = g_{e,0}\exp\left(-\frac{\varepsilon_{e,0}}{kT}\right) + g_{e,1}\exp\left(-\frac{\varepsilon_{e,1}}{kT}\right) + \cdots$$
$$= g_{e,0}\exp\left(-\frac{\varepsilon_{e,0}}{kT}\right)\left[1 + \frac{g_{e,1}}{g_{e,0}}\exp\left(-\frac{\varepsilon_{e,1}-\varepsilon_{e,0}}{kT}\right) + \cdots\right]$$

一个粗略的估计是，若$\frac{\Delta\varepsilon_{n,0}}{kT} > 5$，或 $\exp\left(-\frac{\Delta\varepsilon}{kT}\right) \approx e^{-5} = 0.006\ 7$，则上式中的第二项就可以忽略不计。对于电子能级的基态和第一激发态来说 $\Delta\varepsilon \approx 400$ kJ · mol^{-1}，所以除非在相当高的温度，一般说来，电子总是处于基态，而且当增加温度时常常是在电子未被激发之前分子就分解了。所以第二项也常是可以略去不计的。倘若我们把最低能态的能量规定为 0，则电子配分函数就等于最低能态的简并度，即

$$q_e = g_{e,0}$$

电子绕核运动的总动量矩也是量子化的，动量矩沿某一选定的轴上的分量，可以取 $-j \sim +j$，即 $(2j+1)$ 个不同的取向，所以基态的简并度为 $(2j+1)$，即

$$q_e = 2j+1$$

式中，j 为量子数。根据上面的公式，电子配分函数对热力学函数的贡献为

$$U_e = H_e = C_{V,e} = 0 \quad (2.119)$$
$$A_e = -NkT\ln q_e \quad (2.120)$$
$$G_e = -NkT\ln q_e \quad (2.121)$$
$$S_e = Nk\ln q_e \quad (2.122)$$

但也应注意到，在有些原子中，电子的基态与第一激发态之间的间隔并不是很大，则在 q_e 表示式中的第二项就不能忽略。相应地它对各种热力学函数的贡献部分也就不能忽略。如 1 000 K 时，单原子氟的实验数据见表 2.2。

表 2.2 单原子氟的简并度和能量

	j	$g^e(=2j+1)$	$\left(\sigma = \frac{\varepsilon}{hc}\right)$ /cm^{-1}
基态	1.5	4	0.00
第一激发态	0.5	2	404.0
第二激发态	2.5	6	102 406. 5

表 2.2 中，σ 是波数；c 是光速；λ 是波长，ν 是频率，有 $\sigma = \frac{1}{\lambda} = \frac{\nu}{c} = \frac{h\nu}{hc} = \frac{\varepsilon}{hc}$，此式表示波数与能量的关系。

$$q_e = g_{e,0}\exp\left(-\frac{\varepsilon_{e,0}}{kT}\right) + g_{e,1}\exp\left(-\frac{\varepsilon_{e,1}}{kT}\right) + g_{e,2}\exp\left(-\frac{\varepsilon_{e,2}}{kT}\right) + \cdots$$

$$=4\exp\left(-\frac{\varepsilon_{e,0}}{hc}\cdot\frac{hc}{kT}\right)+2\exp\left(-\frac{\varepsilon_{e,1}}{hc}\cdot\frac{hc}{kT}\right)+6\exp\left(-\frac{\varepsilon_{e,2}}{hc}\cdot\frac{hc}{kT}\right)+\cdots$$

$$=4e^{0}+2e^{-0.5831}+6e^{-147.4}=5.118$$

根据

$$\frac{N_i}{N}=\frac{g_i e^{-\varepsilon_i/kT}}{q}$$

电子分配在基态上的分数为

$$\frac{N_0}{N}=\frac{g_0}{q}=\frac{4}{5.118}=0.782$$

电子分配在第一激发态上的分数为

$$\frac{N_1}{N}=\frac{g_1 e^{-\varepsilon_1/kT}}{q}=\frac{2\times e^{-0.5813}}{5.118}=0.218$$

电子分配在第二激发态上的分数为

$$\frac{N_2}{N}=\frac{g_2 e^{-\varepsilon_2/kT}}{q}=\frac{6\times e^{-147.4}}{5.118}\approx 0$$

6. 原子核配分函数

$$q_n=g_{n,0}\exp\left(-\frac{\varepsilon_{n,0}}{kT}\right)+g_{n,1}\exp\left(-\frac{\varepsilon_{n,1}}{kT}\right)+\cdots$$

$$=g_{n,0}\exp\left(-\frac{\varepsilon_{n,0}}{kT}\right)\left[1+\frac{g_{n,1}}{g_{n,0}}\exp\left(-\frac{\varepsilon_{n,1}-\varepsilon_{n,0}}{kT}\right)+\cdots\right]$$

式中，$\varepsilon_{n,0}$ 是基态的能量。由于原子核的能级间隔相差很大，所以在通常情况下，上式中的第二项及以后的项都可以忽略不计，即

$$q_n=g_{n,0}\exp\left(-\frac{\varepsilon_{n,0}}{kT}\right)\tag{2.123}$$

事实上，除了核反应外，在通常的化学和物理过程中，原子核总是处于基态而没有变化。若核基态的能量选作 0，则上式又可写作

$$q_n=g_{n,0}\tag{2.124}$$

核能级的简并度来源于原子核有自旋作用。它在外加磁场中有不同的取向，但核自旋的磁矩很小，所以自旋方向不同的各态之间不会有显著的能量差别，只有在超精细结构中，才能反映出这一点微小的差别。若核自旋量子数为 s_n，则核自旋的简并度为$(2s_n+l)$。对于多原子分子，核的总配分函数等于各原子的核配分函数的乘积。

$$q_{n,总}=(2s_n+1)(2s'_n+1)(2s''_n+1)\cdots=\prod_i(2s_n+1)_i\tag{2.125}$$

由于核自旋配分函数与温度、体积无关，所以根据前文已证明的式(2.44)、式(2.56)和式(2.58)(均为非定位系统)，q_n 对热力学能、焓和热容没有贡献，但在熵、亥姆霍兹自由能、吉布斯自由能的表示式中，则 q_n 相应地有所贡献。但从化学反应的角度来看，在总的配分函数中，往往可以忽略 q_n 这个因子。这是因为在化学反应前后，q_n 的数值保持不变，并且在计算 ΔG 等热力学函数的差值时消去了。当然在计算规定熵时，还是要考虑其贡献部分的。对于定位系统，其情况相同。

由于原子核配分函数来源于自旋，所以原子核配分函数又称为原子核自旋配分函数。

关于核基态自旋量子数 s_n 有以下经验规则：

(1) 质量数和原子序数都为偶数时，$s_n=0$。

如$^6C^{12}$、$^8O^{16}$、^{18}Ar，$s_n=0$。

(2) 质量数为偶数，原子序数为奇数时，s_n 为正整数。

如$^7N^{14}$、$^1D^2$，$s_n=1$。

(3) 质量数为奇数，原子序数为偶数或奇数时，s_n 为正的半整数。

如 H^1 和 C^{13}，$s_n=0.5$；Cl^{35}，$s_n=1.5$；Al^{27}，$s_n=2.5$。

7. 粒子的全配分函数

综上所述，已经得到各种运动形式配分函数的表达式，现在把它们作乘积就得到粒子的全配分函数，根据

$$q_{总}=q_t q_r q_v q_e q_n=q_t q_{内}$$

对于单原子分子

$$q_{总}=q_t q_e q_n=\left(\frac{2\pi mkT}{h^2}\right)^{\frac{3}{2}}Vg_{0,e}g_{0,n} \tag{2.126}$$

对于双原子分子

$$q_{总}=q_t q_r q_v q_e q_n=\left(\frac{2\pi mkT}{h^2}\right)^{\frac{3}{2}}V\left(\frac{8\pi^2 IkT}{\sigma h^2}\right)\left[1-\exp\left(-\frac{h\nu}{kT}\right)\right]^{-1} \tag{2.127}$$

对于线型多原子分子

$$q_{总}=g_{0,e}g_{0,n}\left(\frac{2\pi mkT}{h^2}\right)^{\frac{3}{2}}V\left(\frac{8\pi^2 IkT}{\sigma h^2}\right)\prod_{i=1}^{3N-5}\left[1-\exp\left(-\frac{h\nu}{kT}\right)\right]^{-1} \tag{2.128}$$

对于非线型多原子分子

$$q_{总}=g_{0,e}g_{0,n}\left(\frac{2\pi mkT}{h^2}\right)^{\frac{3}{2}}V\left[\frac{8\pi^2(2\pi kT)}{\sigma h^3}(I_xI_yI_z)^{\frac{1}{2}}\right]\prod_{i=1}^{3N-6}\left[1-\exp\left(-\frac{h\nu}{kT}\right)\right]^{-1} \tag{2.129}$$

以上各式是规定分子各运动基态能量为 0 时导出的，配分函数与能量零点的选择有关。对于单粒子的配分函数，选择基态能量为 0 是可以的。但对于几种分子存在的体系，如化学反应体系，还必须选择公共的能量零点，详细内容将在化学平衡章节中讨论。因此，由此求得的热力学函数并非绝对值。由于在推导过程中做了近似性处理，如刚性转子、谐振子等，故只适用于理想体系。这些公式中包含一些微观量(如振动频率、转动惯量、各能级的简并度等)，这些数据还必须从光谱实验中获得，因此，热力学函数的统计计算仍然离不开实验。

2.4 玻色－爱因斯坦统计和费密－狄拉克统计以及 3 种统计之间的异同

2.4.1 费密子和玻色子

在推导玻耳兹曼统计时，我们曾假设在能级的任一量子状态上可以容纳任意个数的粒子，而根据量子力学的原理，我们知道这一假设是不完全正确的。已知基本粒子(如电子、质子、中子和由奇数个基本粒子组成的原子和分子) 必须遵守泡利不相容原理，即每个量子状态最多只能容纳一个粒子。但对光子和总数为偶数个基本粒子所构成的原子和分子则不受泡利不相容原理的制约，即每个量子状态所能容纳的粒子数没有限制，所以将自然界的微观粒子分为两

大类。

(1) 费密子(fermi particle):遵守泡利不相容原理,任一单粒子态最多只能被一个粒子占据,自旋量子数为半整数的,如电子、质子、中子。

(2) 玻色子(bose particle):不遵守泡利不相容原理,遵从全同性原理,交换任何两粒子构成系统新的微观状态,任一单粒子态对填充的粒子数无限制,自旋量子数为整数的,如光子自旋量子数为 1。

对于这两类粒子,当由它们组成等同粒子系统时,便产生了两种不同的量子统计法。由前一类粒子所组成的等同粒子系统服从费密－狄拉克统计,而由后一类粒子所组成的等同粒子系统,则服从玻色－爱因斯坦统计。在推导玻耳兹曼统计的最概然分布时,先没有考虑各能级的简并度以后在考虑到简并度的问题时做了相应的修正,即在一种分布的微态数 t 上乘 $(g_1^{N1}\cdot g_2^{N2}\cdot\cdots\cdot g_i^{Ni})$。例如,在能级 ε_1 上有 g_1 个不同的微态,第一个粒子放在 ε_1 上有 g_1 种不同的放法,第二个粒子也有 g_1 种放法,因此应乘以 g_1^{N1}。依此类推,在总的微态数上应乘以 $(g_1^{N1}\cdot g_2^{N2}\cdot\cdots\cdot g_i^{Ni})$。这种考虑问题的方法是近似的。举一个简单的例子,把两个全同的粒子放置在某一能级 ε_1 的 3 个简并能级上,可能的分布方式如图 2.2 所示,或者采用另一种等价的表达方式(图 2.3)。

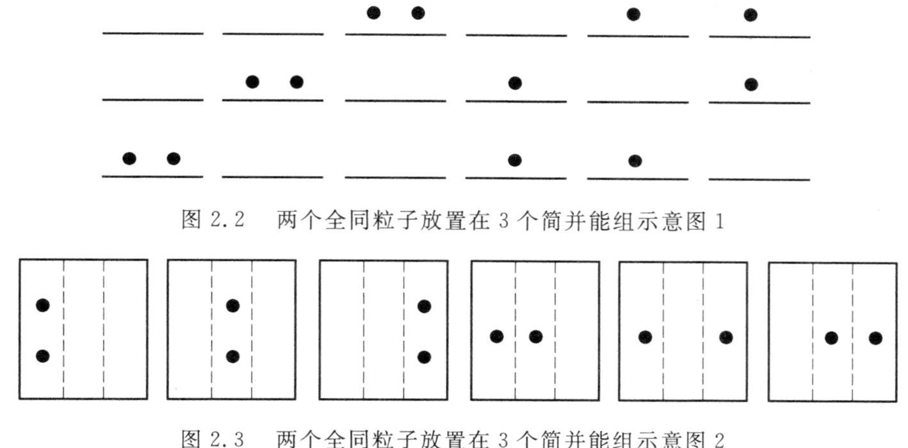

图 2.2　两个全同粒子放置在 3 个简并能组示意图 1

图 2.3　两个全同粒子放置在 3 个简并能组示意图 2

如图 2.3 所示,它相当于一个大房间用隔板分成 3 个小房间,后者相当于这一能级的 3 个简并度。如果把隔板和粒子合在一起,构成四件"东西"进行全排列,共有 4! 种排列方式。但是两个隔板或两个粒子互相对调位置并不影响原来的分布(即对调后并不构成新的微态),因此其不同的排列方法数应为 $\frac{4!}{2!\ 2!}=6$。另外根据原来修正玻耳兹曼公式时的考虑认为:第一个粒子有 3 种放法,第二个粒子也有 3 种放法,共有 $3^2=9$ 种放法,即排列数为 9,这两种结果显然是不同的。在玻色－爱因斯坦统计和费密－狄拉克统计中,对上述两种情况都做了考虑。

2.4.2　玻色－爱因斯坦统计

1. 玻色－爱因斯坦统计热力学概率 Ω

设有在 (U,V,N) 一定的条件下所构成的系统,其中每个粒子可能具有的能级是 ε_1, $\varepsilon_2,\cdots,\varepsilon_i$,各能级的简并度相应为 $g_1,g_2,\cdots,g_i$,一种分布在各能级的粒子数为 $N_1,N_2,\cdots$,

N_i，即

能级：　　$\varepsilon_1, \varepsilon_2, \cdots, \varepsilon_i$

各能级的简并度：　　$g_1, g_2, \cdots, g_i$

一种分布方式：　　$N_1, N_2, \cdots, N_i$

首先考虑其中任一能级 ε_i 的情况。可将 N_i 个粒子看成 N_i 个不可区分的球，把简并度 g_i 看成是 g_i 个房间，于是分布问题就成为把球放在房间里的问题。g_i 个房间有 (g_i-1) 个隔板。现在我们把 N_i 个球和 (g_i-1) 个隔板合在一起，看成是 (N_i+g_i-1) 种不同的"东西"做全排列，又由于 N_i 个球互调和 (g_i-1) 个隔板互调不产生新的微态数，所以把 ε_i 能级上的 N_i 个球分布在 g_i 个简并度上的方式数为

$$\frac{(N+g_1-1)!}{N_1!\ (g_1-1)!}$$

以此类推，所以一种分布方式的微态数 t_1 为

$$t_1=\frac{(N_1+g_1-1)!}{N_1!\ (g_1-1)!}\cdot\cdots\cdot\frac{(N_i+g_i-1)!}{N_i!\ (g_i-1)!}=\prod_i\frac{(N_i+g_i-1)!}{N_i!\ (g_i-1)!}$$

各种分布方式的总微态数为

$$\Omega=\sum_{\sum_i N_i=N,\sum_i N_i\varepsilon_i=U}t_i=\sum_{\sum_i N_i=N,\sum_i N_i\varepsilon_i=U}\prod_i\frac{(N_i+g_i-1)!}{N_i!\ (g_i-1)!}\tag{2.130}$$

2. 玻色－爱因斯坦统计的熵

在式(2.130)求和项中必定有一项最大，这种分布就是最概然分布。因此，在满足两个限制条件(式(2.6)和式(2.7))的情况下，有

$$\sum N_i^*=N\ \text{或}\ \varphi\equiv\sum_i N_i-N=0$$

$$\sum N_i\varepsilon_i=U\quad\text{或}\quad\varphi\equiv\sum_i N_i\varepsilon_i-U=0$$

$$\ln t(n_1,n_2,\cdots,n_i)=\ln\left(\prod_i\frac{(n_i+\omega_i-1)!}{n_i!\ (\omega_i-1)!}\right)$$

取极大的变量值分布 $\{n_i^*\}$

$$\begin{aligned}\ln t&=\sum_i[(n_i+\omega_i)\ln(n_i+\omega_i)-(n_i+\omega_i)-n_i\ln n_i+n_i-\omega_i\ln\omega_i+\omega_i]\\&=\sum_i[(n_i+\omega_i)\ln(n_i+\omega_i)-n_i\ln n_i-\omega_i\ln\omega_i]\quad(n_i,\omega_i\gg1)\end{aligned}$$

则一级变分

$$\delta\ln t=\sum_t[\ln(n_i+\omega_i)\delta n_i-\ln n_i\delta n_i]=\sum_i\ln\frac{n_i+\omega_i}{n_i}\delta n_i=0$$

找出什么样的 N_i 能使式(2.130)中的 t_i 有极大值。借助于拉格朗日乘因子法和斯特林公式，可以证明(读者试自证之)，得

$$N_i^*=\frac{g_i}{e^{-\alpha-\beta\varepsilon_i}-1}\tag{2.131}$$

这就是玻色－爱因斯坦统计中的最概然分布公式，其中的因子 β 可以证明和玻耳兹曼统计是一样的，而因子 α 则可从条件方程求得。在这种统计中熵的表示式为

$$S=k\ln\Omega\approx k\ln t_m=k\ln\prod_i\frac{(N_i^*+g_i-1)!}{N_i^*!\ (g_i-1)!}$$

把式(2.131) 代入上式,则得(证明从略)

$$S = k\sum_i \left\{ g_i \ln\left(1+\frac{N_i^*}{g_i}\right) + N_i^* \ln\left(1+\frac{g_i}{N_i^*}\right) \right\} \tag{2.132}$$

2.4.3　费密－狄拉克统计

1. 费密－狄拉克统计的热力学概率

费密－狄拉克统计有时也简称费密统计、FD统计,在统计力学中用来描述由大量满足泡利不相容原理的费密子组成的系统中,粒子处在不同量子态上的统计规律。这个统计规律的命名来源于恩里科·费密和保罗·狄拉克,他们分别独立地发现了这一统计规律。

在发现费密－狄拉克统计之前,要理解电子的某些性质尚较为困难,直到费密－狄拉克统计的发现。1926年,拉尔夫·福勒在描述恒星向白矮星的转变过程中,首次应用了费密－狄拉克统计的原理。1927年,阿诺·索末菲将费密－狄拉克统计应用到对金属电子的研究中。1928年,福勒和L·W·诺德汉(Lothar Wolfgang Nordheim)在场致电子发射的研究中,也采用了这一统计规律。直至今日,费密－狄拉克统计仍然是物理学的一个重要部分。

要应用费密－狄拉克统计,系统必须满足一定的条件:系统的费密子数量必须足够大,以至于再加入一个费密子所引起化学势 μ 的变化可以忽略不计。由于费密－狄拉克统计的推导过程中利用了泡利不相容原理,即单个量子态上最多只能有一个粒子,这样的结果就是某个量子态上的平均量子数满足 $0 < \overline{n_i} < 1$。

它和玻色－爱因斯坦统计的不同之处在于每个量子态上最多只能容纳一个粒子。对于能级 ε_i 上的 N_i 个粒子在其简并度 g_i 的分布问题,就相当于从 g_i 个盒子中取出 N_i 个盒子,然后在取出的每个盒子中放一个粒子,而没有被取出的盒子则空着没有粒子。根据排列组合的公式

$$C_{g_i}^{N_i} = \frac{g_i!}{N_i!\ (g_i - N_i)!}$$

从 g_i 个盒子取 N_i 个的方式数为 $\frac{g_i!}{N_i!\ (g_i - N_i)!}$。于是对于一种分布方式来说,其微态数为

$$\begin{aligned} t_i &= \frac{g_1!}{N_1!\ (g_1 - N_1)!} \cdot \frac{g_2!}{N_2!\ (g_2 - N_2)!} \cdot \cdots \cdot \frac{g_i!}{N_i!\ (g_i - N_i)!} \\ &= \prod_i \frac{g_i!}{N_i!\ (g_i - N_i)!} \end{aligned}$$

各分布方式的总微态数为

$$\Omega = \sum_{\sum_i N_i = N,\ \sum_i N_i\varepsilon_i = U} = \sum_{\sum_i N_i = N,\ \sum_i N_i\varepsilon_i = U} = \prod_i \frac{g_i!}{N_i!\ (g_i - N_i)!} \tag{2.133}$$

$$\begin{aligned} \ln t & \sum_i [\omega_i \ln \omega_i - \omega_i - n_i \ln n_i + n_i - (\omega_i - n_i)\ln(\omega_i - n_i) + \omega_i - n_i] \\ &= \sum_i [\omega_i \ln \omega_i - n_i \ln n_i - (\omega_i - n_i)\ln(\omega_i - n_i)] \quad (n_i, \omega_i \gg 1) \end{aligned}$$

则一级变分

$$\delta \ln t = \sum_i \ln \frac{\omega_i - n_i}{n_i} \delta n_i = 0$$

在式(2.133)的求和项中，其中有一项最大。问题仍归结为在两个限制条件下求式(2.133)的最大项 t_m 的问题，即什么样的 N_i 才能使式(2.130)的 t_i 有极大值。同样，借助于拉格朗日乘因子法和斯特林公式，可以证明。

$$\ln \frac{\omega_i - n_i}{n_i} - \alpha - \beta\varepsilon_i = 0 \quad (i = 1, 2, \cdots)$$

$$N_i^* = \frac{g_i}{e^{-\alpha-\beta\varepsilon_i} + 1} \tag{2.134}$$

2. 费密—狄拉克统计的熵

式(2.134)就是费密—狄拉克统计的最概然分布表达式，式中 β 可以证明和玻耳兹曼统计是一样的，而因子 α 则可以从条件方程求得。这种分布的熵的表达式为

$$S = k\ln \Omega \approx k\ln t_m = k\ln \prod_i \frac{g_i!}{N_i^*!\ (g_i - N_i^*)!}$$

代入式(2.134)，并化简后得

$$S = k\sum_i \left\{ N_i^* \ln\left(\frac{g_i}{N_i^*} - 1\right) - g_i \ln\left(1 - \frac{N_i^*}{g_i}\right) \right\} \tag{2.135}$$

这就是费密—狄拉克统计熵的表达式。

2.4.4 3 种统计的比较

1. 3 种统计的微观状态数对比

设某能级上 $n_i = 2, g_i = 3$，则 3 种统计的微观状态数对比如图 2.4 所示。

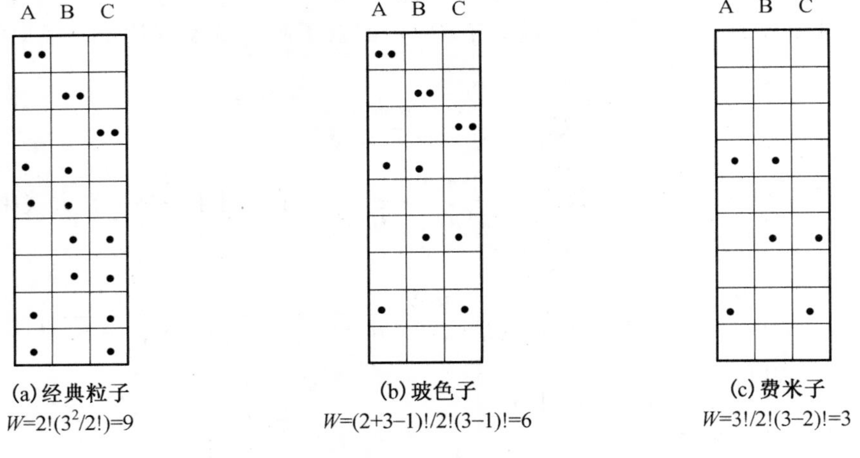

图 2.4 3 种统计微观状态数对比

$$w_{M-B} = N! \prod_j \frac{g_j^{N_j}}{N_j!}$$

$$w_{B-E} = \frac{(n_i + g_i - 1)!}{n_i! \times (g_i - 1)!} = C_{n_i+g_i-1}^{n_i}$$

$$w_{F-D} = \frac{g_i!}{n_i! \times (g_i - n_i)!} = C_{g_i}^{n_i}$$

2.3 种统计公式的对比

玻色－爱因斯坦统计：

$$N_i=\frac{g_i}{e^{-\alpha-\beta\varepsilon_i}-1} \quad 或 \quad \frac{g_i}{N_i}=e^{-\alpha-\beta\varepsilon_i}-1$$

费密－狄拉克统计：

$$N_i=\frac{g_i}{e^{-\alpha-\beta\varepsilon_i}+1} \quad 或 \quad \frac{g_i}{N_i}=e^{-\alpha-\beta\varepsilon_i}+1$$

玻耳兹曼统计：

$$N_i=\frac{g_i}{e^{-\alpha-\beta\varepsilon_i}} \quad 或 \quad \frac{g_i}{N_i}=e^{-\alpha-\beta\varepsilon_i}$$

它们只在分母上差了一个 ± 1，由于 $g_i \gg N_i$，$\frac{g_i}{N_i}=e^{-\alpha-\beta\varepsilon_i}$ 是一个很大的数值，所以

$$e^{-\alpha-\beta\varepsilon_i}+1 \approx e^{-\alpha-\beta\varepsilon_i}-1 \approx e^{-\alpha-\beta\varepsilon_i} \tag{2.136}$$

这样前面两种统计就都还原为玻耳兹曼统计了。实验事实也表明当温度不太低或压力不太高时，上述条件容易满足。因此，在实验观测的范围内，一般采用玻耳兹曼统计就能解决问题了，只有在特殊情况下才考虑其他两种统计。

例如，金属和半导体中的电子分布遵守费密－狄拉克统计，空腔辐射的频率分布问题遵守玻色－爱因斯坦统计。半导体中，由于电子数密度比金属中小得多，半导体中电子气是非简并化的。通常气体由于分子质量比电子质量大得多，在常温下也是非简并化的，采用经典统计。

但是，客观世界中的物质不是由奇数个基本粒子所组成就是由偶数个基本粒子所组成，只存在遵守费密－狄拉克统计和玻色－爱因斯坦的系统，这两种统计中的一些公式建立在量子力学的基础上，因此通称为量子统计；而玻耳兹曼统计最初是根据经典力学的概念导出的，所以又称为经典统计。然而，如上所述，量子统计的结果都能近似得到玻耳兹曼统计，在通常的情况下，用玻耳兹曼统计也可以得到很好的结果，故在本书中只讨论玻耳兹曼统计。

2.4.5 玻色、费密统计的应用举例

1. 接触电动势

将两块不同的导体 A 和 B 相接触，两块导体会带电，并产生不同的电势，称为接触电动势。取金属表面外的势能为零点。A、B 两块金属的能级如图 2.5 所示。

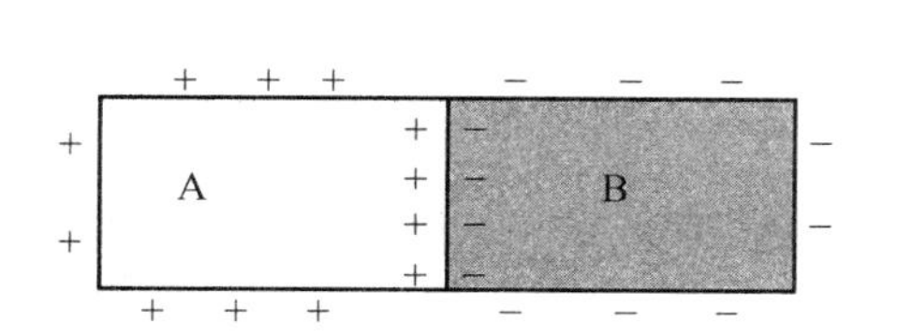

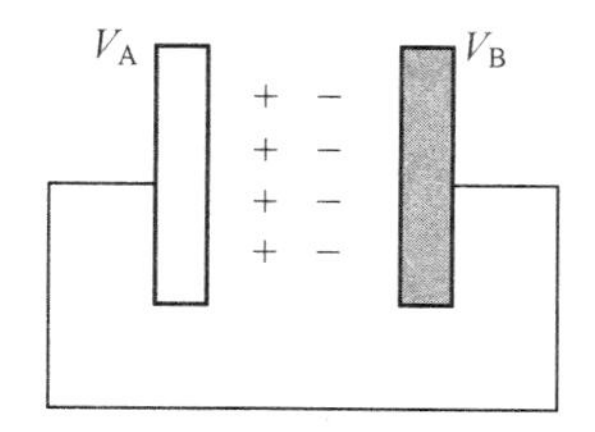

图 2.5 A、B 两块金属的能级

电子从化学势高的地方流向化学势低的地方，如图 2.6 所示。

电子从化学势高的地方流向化学势低的地方。导体 A 表面带正电，导体 B 表面带负电。$V_A>0$，$V_B<0$，导体 A、B 的电子能级分别下降 eV_A 和上升 eV_B，平衡时 A、B 的化学势（费密

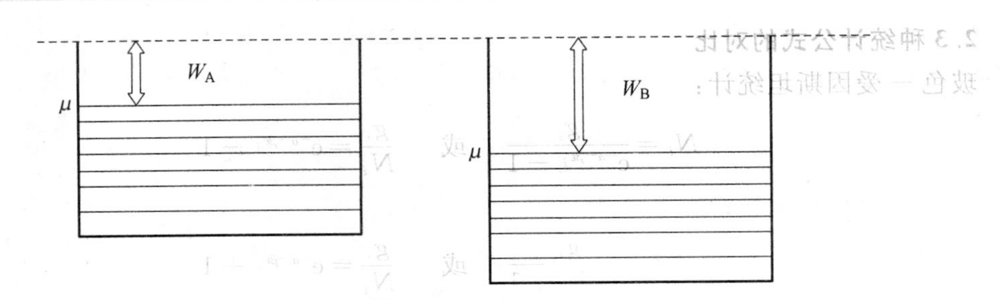

图 2.6　电子从化学势高的地方流向化学势低的地方

能级）相等，如图 2.7 所示。

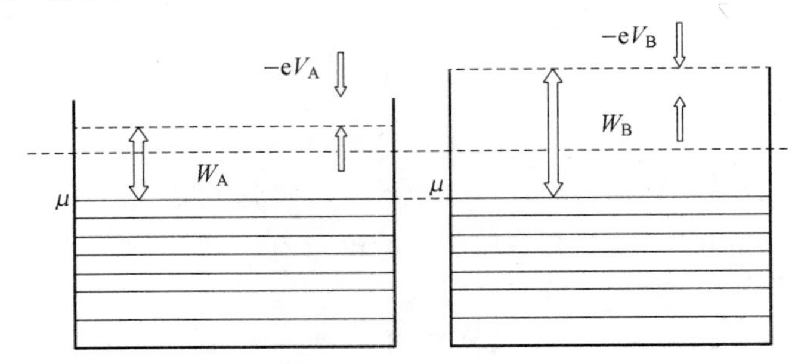

图 2.7　平衡时 A、B 的化学势

平衡时得到稳态的接触电动势为

$$-eV_B-(-eV_A)=W_B-W_A$$

$$\xi=V_A-V_B=\frac{1}{e}(W_B-W_A) \tag{2.137}$$

2. 金属中的电子

对于常温（约 300 K）下金属中的电子，远离经典范畴。这是因为电子质量较小，并且在金属中聚集程度较高。这样，为了分析金属中的传导电子，必须采用费密－狄拉克统计。

3. 由恒星演变而来的白矮星

由恒星演变而来的白矮星是另一个不属于经典范畴，必须采用费密－狄拉克统计的例子。尽管白矮星的温度很高（其表面温度通常能达到 10 000 K），但是它内部高度聚集的电子和每个电子的低质量，使得处理这问题必须采用费密－狄拉克统计，而不能用经典的玻耳兹曼统计近似处理。

4. 半导体技术

半导体技术就是以半导体为材料，制作成组件及集成电路的技术。在周期表里的元素，依照导电性大致可以分成导体、半导体与绝缘体三大类。最常见的半导体是 Si，当然半导体也可以是两种元素形成的化合物，如 GaAs，但化合物半导体大多应用在光电方面。

绝大多数的电子组件都是以硅为基材做成的，因此电子产业又称为半导体产业。半导体技术最大的应用是集成电路（IC），但凡计算机、手机、各种电器与信息产品中，一定有 IC 存在，它们被用来发挥各式各样的控制功能，有如人体中的大脑与神经。

如果把计算机打开，除了一些线路外，还会看到好几个线路板，每个板子上都有一些大小与形状不同的黑色小方块，周围是金属接脚，这就是封装好的 IC。如果把包覆的黑色封装除去，可以看到里面有个灰色的小薄片，这就是 IC。

如果再放大来看，这些IC里面布满了密密麻麻的小组件，彼此由金属导线连接起来。除了少数是电容或电阻等被动组件外，大都是晶体管，这些晶体管由硅或其氧化物、氮化物与其他相关材料所组成。整个IC的功能决定于这些晶体管的特性与彼此间连接的方式。

半导体技术的演进，除了改善性能如速度、能量的消耗与可靠性外，另一重点就是降低制作成本。降低成本的方式，除了改良制作方法，包括制作流程与采用的设备外，如果能在硅芯片的单位面积内产出更多的IC，成本也会下降。所以半导体技术的一个非常重要的发展趋势，就是把晶体管微小化。当然组件的微小化会伴随着性能的改变，但很幸运的是，这种演进会使IC大部分的特性变好，只有少数变差，而这些就需要利用其他技术来弥补了。

半导体制程有点像盖房子，分成很多层，由下而上逐层依蓝图布局叠积而成，每一层各有不同的材料与功能。随着功能的复杂，不只结构变得更繁复，技术要求也越来越高。与建筑物最不一样的地方，除了尺寸外，就是建筑物是一栋一栋地盖，半导体技术则是在同一片芯片或同一批生产过程中，同时制作数百万个到数亿个组件，而且要求一模一样。因此大量生产可以说是半导体工业的最大特色。

把组件做得越小，芯片上能制造出来的IC数也就越多。尽管每片芯片的制作成本会因技术复杂度增加而上升，但是每个IC的成本却会下降。所以价格不但不会因性能变好或功能变强而上涨，反而是越来越便宜。正因如此，纵观其他科技的发展，从来没有哪种产业能够像半导体这样，持续维持30多年的快速发展。

半导体制程是一项复杂的制作流程，先进的IC所需要的制作程序达1 000个以上的步骤。这些步骤先依不同的功能组合成小的单元，称为单元制程，如蚀刻、微影与薄膜制程；几个单元制程组成具有特定功能的模块制程，如隔绝制程模块、接触窗制程模块或平坦化制程模块等；最后再组合这些模块制程成为某种特定IC的整合制程。

尽管有种种挑战，半导体技术还是不断地向前进步。分析其主要原因，总体来说有下列几项。

先天上，Si这个元素和相关的化合物性质非常好，包括物理、化学及电方面的特性。利用硅及相关材料组成的所谓金属氧化物半导体场效晶体管，作为开关组件非常好用。此外，因为性能优异、轻、薄、短、小，加上便宜，所以应用范围很广，可以用来做各种控制。换言之，市场需求很大，除了各种产业都有需要外，新兴的3C产业更是以IC为主角。

因为需求量大，自然吸引大量的人才与资源投入新技术与产品的研发。产业庞大，分工也越来越细。半导体产业可分成几个次领域，每个次领域也都非常庞大，譬如IC设计、光罩制作、半导体制造、封装与测试等。其他配合产业还包括半导体设备、半导体原料等，可以说是一个火车头工业。

因为投入者众，竞争也剧烈，进展迅速，造成良性循环。一个普遍现象是各大学电机、电子方面的课程越来越多，分组越细，并且陆续从工学院中独立成电机电子与信息方面的学院。其他产业也纷纷寻求在半导体产业中的应用，这在全世界已经变成一种普遍的趋势。

总而言之，半导体技术已经从微米进步到纳米尺度，微电子已经被纳米电子所取代。半导体的纳米技术可以代表以下几层意义：它是唯一由上而下，采用微缩方式的纳米技术；虽然没有革命性或戏剧性的突破，但整个过程可以说就是一个不断进步的历程，这种动力预期还会持续一二十年。

5. 半导体的能带结构

半导体中的电子所具有的能量被限制在基态与自由电子之间的几个能带里，在能带内部电子能量处于准连续状态，而能带之间则有带隙相隔开，电子不能处于带隙内。当电子在基态时，相当于此电子被束缚在原子核附近；而相反地，如果电子具备了自由电子所需要的能量，那么就能完全离开此材料。每个能带都有数个相对应的量子态，而这些量子态中，能量较低的都已经被电子所填满。这些已经被电子填满的量子态中，能量最高的就被称为价带。半导体和绝缘体在正常情况下，几乎所有电子都在价带或是其下的量子态里，因此没有自由电子可供导电。

半导体和绝缘体之间的差异在于两者之间能带间隙宽度不同，亦即电子欲从价带跳入导带时所必须获得的最低能量不一样。通常能带间隙宽度小于3 eV的为半导体，大于3 eV的为绝缘体。

在绝对零度时，固体材料中的所有电子都在价带中，而导带为完全空置。当温度开始上升，高于绝对零度时，有些电子可能会获得能量而进入导带中。导带是所有能够让电子在获得外加电场的能量后，移动穿过晶体、形成电流的最低能带，所以导带的位置就紧邻价带之上，而导带和价带之间的差距即是能带间隙。通常对半导体而言，能带间隙的大小约为1 eV。在导带中，和电流形成相关的电子通常称为自由电子。根据泡利不相容原理，同一个量子态内不能有两个电子，所以绝对零度时，费密能级以下的能带（包括价带）全部被填满。由于在填满的能带内，具有相反方向动量的电子数目相等，所以宏观上不能载流。在有限温度下，由热激发产生的导带电子和价带空穴使得导带和价带都未被填满，因而在外电场下可以观测到宏观净电流。

在价带内的电子获得能量后便可跃迁到导带，而这便会在价带内留下一个空缺，也就是所谓的空穴。导带中的电子和价带中的空穴都对电流传递有贡献，空穴本身不会移动，但是其他电子可以移动到这个空穴上面，等效于空穴本身向反方向移动。相对于带负电的电子，空穴的电性为正电。

从化学键的观点来看，获得足够能量、进入导带的电子也等于有足够能量可以打破电子与固体原子间的共价键，而变成自由电子，进而对电流传导做出贡献。

半导体和导体之间有个显著的不同是半导体的电流传导同时来自电流与空穴的贡献，而导体的费密能级则已经在导带内，因此电子不需要很大的能量即可找到空缺的量子态供其跃迁，造成电流传导。

固体材料内的电子能量分布遵循费密－狄拉克分布。在绝对零度时，材料内电子的最高能量即为费密能级，当温度高于绝对零度时，费密能级为所有能级中被电子占据概率等于0.5的能级。半导体材料内电子能量分布为温度的函数也使其导电特性受到温度很大的影响，当温度很低时，可以跃迁到导带的电子较少，因此导电性也会变得较差。

2.4.6　热力学量的统计表达式

1. 非简并气体和简并气体

根据玻耳兹曼分布讨论了定域系统和满足经典极限条件（非简并条件）的近独立粒子系统的平衡性质。非简并条件可以表达为

$$e^{\alpha}=\frac{V}{N}\left(\frac{2\pi mkT}{h^2}\right)^{\frac{3}{2}}\gg 1 \quad 或 \quad n\lambda^3=\frac{N}{V}\left(\frac{h^2}{2\pi mkT}\right)^{\frac{3}{2}}\ll 1$$

人们把满足上述条件的气体称为非简并气体，不论是由玻色子还是费密子构成，都可以用玻耳兹曼统计处理；不满足上述条件的气体称为简并气体，需要分别用玻色分布或费密分布处理。微观粒子全同性原理带来的量子统计关联对简并气体的宏观性质将产生决定性的影响，使玻色气体和费密气体的性质迥然不同。

2. 玻色系统

首先考虑玻色系统。如果把 α、β 和 y 看作已知的参量，系统的平均总粒子数可由下式给出

$$\overline{N}=\sum_l a_l=\sum_l \frac{\omega_l}{e^{\alpha+\beta\varepsilon_l}-1} \qquad ①$$

引出一个函数，名为巨配分函数，其定义为

$$\Xi=\prod_l \Xi_l=\prod_l [1-e^{-\alpha-\beta\varepsilon_l}]^{-\omega_l} \qquad ②$$

取对数

$$\ln\Xi=-\sum_l \omega_l \ln(1-e^{-\alpha-\beta\varepsilon_l}) \qquad ③$$

系统的平均总粒子数 $\overline{N}$ 可通过 $\ln\Xi$ 表示为

$$\overline{N}=-\frac{\partial}{\partial\alpha}\ln\Xi \qquad ④$$

热力学能是系统中粒子无规则运动总能量的统计平均值为

$$U=\sum_l \varepsilon_l a_l=\sum_l \frac{\varepsilon_l\omega_l}{e^{\alpha+\beta\varepsilon_l}-1} \qquad ⑤$$

类似地，可将 U 通过 $\ln\Xi$ 表示为

$$U=-\frac{\partial}{\partial\beta}\ln\Xi \qquad ⑥$$

外界对系统的广义作用力 Y 是 $\frac{\partial\varepsilon_l}{\partial y}$ 的统计平均值为

$$Y=\sum_l \frac{\partial\varepsilon_l}{\partial y}a_l=\sum_l \frac{\omega_l}{e^{\alpha+\beta\varepsilon_l}-1}\frac{\partial\varepsilon_l}{\partial y}$$

可将 Y 通过 $\ln\Xi$ 表示为

$$Y=-\frac{1}{\beta}\frac{\partial}{\partial y}\ln\Xi \qquad ⑦$$

上式有一个重要的特例是

$$P=\frac{1}{\beta}\frac{\partial}{\partial V}\ln\Xi \qquad ⑧$$

由式 ④ ～ ⑦ 得

$$\beta\left(dU-Ydy+\frac{\alpha}{\beta}d\overline{N}\right)=-\beta d\left(\frac{\partial\ln\Xi}{\partial\beta}\right)+\frac{\partial\ln\Xi}{\partial y}dy-\alpha d\left(\frac{\partial\ln\Xi}{\partial\alpha}\right)$$

注意上面引入 $\ln\Xi$ 的是 α、β、y 函数，其全微分为

$$d\ln\Xi=\frac{\partial\ln\Xi}{\partial\alpha}d\alpha+\frac{\partial\ln\Xi}{\partial\beta}d\beta+\frac{\partial\ln\Xi}{\partial y}dy$$

故有

$$\beta\left(dU-Ydy+\frac{\alpha}{\beta}d\overline{N}\right)=d\left(\ln\Xi-\alpha\frac{\partial}{\partial\alpha}\ln\Xi-\beta\frac{\partial}{\partial\beta}\ln\Xi\right)$$

上式指出 β 是 $dU - Ydy + \frac{\alpha}{\beta}d\overline{N}$ 的积分因子。在热力学部分讲过，$dU - Ydy + \frac{\alpha}{\beta}d\overline{N}$ 有积分因子 $\frac{1}{T}$，使

$$\frac{1}{T}\left(dU - Ydy + \frac{\alpha}{\beta}d\overline{N}\right) = dS$$

比较可知

$$\beta = \frac{1}{kT}, \alpha = -\frac{\mu}{kT}$$

所以

$$dS = kd\left(\ln \Xi - \alpha \frac{\partial}{\partial \alpha}\ln \Xi - \beta \frac{\partial}{\partial \beta}\ln \Xi\right)$$

积分得

$$S = k\left(\ln \Xi - \alpha \frac{\partial}{\partial \alpha}\ln \Xi - \beta \frac{\partial}{\partial \beta}\ln \Xi\right) = k(\ln \Xi + \alpha\overline{N} + \beta U) = k\ln \Omega \qquad (2.138)$$

上式就是熟知的玻耳兹曼分布，它给出了熵与微观状态数的关系。

2.4.7 弱简并玻色气体和费密气体

1. 弱简并气体

$e^{-\alpha}$ 或 $n\lambda^3$ 虽小，但不可忽略的是玻色气体和费密气体。

为简单起见，不考虑分子的内部结构，因此只有平动自由度。分子的能量为

$$\varepsilon = \frac{1}{2m}(p_x^2 + p_y^2 + p_z^2) \qquad ①$$

在体积 V 内，在 ε 到 $(\varepsilon + d\varepsilon)$ 的能量范围内，分子可能的微观状态数为

$$D(\varepsilon)d\varepsilon = g\frac{2\pi V}{h^3}(2m)^{\frac{3}{2}}\varepsilon^{\frac{1}{2}}d\varepsilon \qquad ②$$

其中，g 是由于粒子可能具有自旋而引入的简并度。

系统的总分子数满足：

$$N = g\frac{2\pi V}{h^3}(2m)^{\frac{3}{2}}\int_0^\infty \frac{\varepsilon^{\frac{1}{2}}d\varepsilon}{e^{\alpha+\beta\varepsilon} \pm 1} \qquad ③$$

由式 ③ 确定拉氏乘子 α。

系统的热力学能为

$$U = g\frac{2\pi V}{h^3}(2m)^{\frac{3}{2}}\int_0^\infty \frac{\varepsilon^{\frac{3}{2}}d\varepsilon}{e^{\alpha+\beta\varepsilon} \pm 1} \qquad ④$$

引入变量 $x = \beta\varepsilon$，将上述两式改写为

$$N = g\frac{2\pi V}{h^3}(2mkT)^{\frac{3}{2}}\int_0^\infty \frac{x^{\frac{1}{2}}dx}{e^{\alpha+x} \pm 1}$$

$$U = g\frac{2\pi V}{h^3}(2mkT)^{\frac{3}{2}}kT\int_0^\infty \frac{x^{\frac{3}{2}}dx}{e^{\alpha+x} \pm 1}$$

两式被积函数的分母可表示为

$$\frac{1}{e^{\alpha+x} \pm 1} = \frac{1}{e^{\alpha+x}(1 \pm e^{-\alpha-x})} \qquad ⑤$$

在 $e^{-\alpha}$ 小的情形下，$e^{-\alpha-x}$ 是一个小量，可将 $\frac{1}{1 \pm e^{-\alpha-x}}$ 展开，只取前两项得

$$\frac{1}{e^{\alpha+x} \pm 1} = e^{-\alpha-x}(1 \mp e^{-\alpha-x}) \qquad (2.139)$$

保留展开的第一项相当于将费密(玻色) 分布近似为玻耳兹曼分布。在弱简并的情形下，

保留两项。

将式 ⑤ 代入积分求出，得

$$N = g\left(\frac{2\pi mkT}{h^2}\right)^{\frac{3}{2}} V\mathrm{e}^{-\alpha}\left[1 \mp \frac{1}{2^{\frac{3}{2}}}\mathrm{e}^{-\alpha}\right], U = \frac{3}{2}g\left(\frac{2\pi mkT}{h^2}\right)^{\frac{3}{2}} VkT\mathrm{e}^{-\alpha}\left[1 \mp \frac{1}{2^{\frac{5}{2}}}\mathrm{e}^{-\alpha}\right]$$

两式相除，得

$$U = \frac{3}{2}NkT\left[1 \pm \frac{1}{4\sqrt{2}}\mathrm{e}^{-\alpha}\right]$$

由于 $\mathrm{e}^{-\alpha}$ 小，可将上式第二项中的 $\mathrm{e}^{-\alpha}$ 用零级近似结果表示为

$$\mathrm{e}^{-\alpha} = \frac{N}{V}\left(\frac{h^2}{2\pi mkT}\right)^{\frac{3}{2}}\frac{1}{g}$$

代入得

$$U = \frac{3}{2}NkT\left[1 \pm \frac{1}{4\sqrt{2}}\frac{N}{V}\left(\frac{h^2}{2\pi mkT}\right)^{\frac{3}{2}}\frac{1}{g}\right] = \frac{3}{2}NkT\left[1 \pm \frac{1}{4\sqrt{2}g}n\lambda^3\right] \tag{2.140}$$

上式第一项是根据玻耳兹曼分布得到的热力学能，第二项是由微观粒子全同性原理引起的量子统计关联所导致的附加热力学能。

2. 玻色－爱因斯坦凝聚

上节讨论了弱简并理想玻色（费密）气体的性质，初步看到了由微观粒子全同性原理带来的量子统计关联对系统宏观性质的影响。在弱简并的情形下 $n\lambda^3$ 小，影响是微弱的。在本节中将会看到，当理想气体的 $n\lambda^3 \geqslant 2.612$ 时将出现独特的玻色－爱因斯坦凝聚现象。

考虑由 N 个全同、近独立的玻色子组成的系统，温度为 T、体积为 V。假设粒子的自旋为0。根据玻色分布，处在能级 ε_l 的粒子数为

$$a_l = \frac{\omega_l}{\mathrm{e}^{\alpha+\beta\varepsilon_l} - 1} = \frac{\omega_l}{\mathrm{e}^{\frac{\varepsilon_l - \mu}{kT}} - 1} \tag{①}$$

显然，处在任一能级的粒子数都不能取负值。从式 ① 可看出，这要求对所有能级 ε_l 均有 $\mathrm{e}^{\frac{\varepsilon_l - \mu}{kT}} > 1$。以 ε_0 表示粒子的最低能级，这个要求也可表达为

$$\varepsilon_0 > \mu \tag{②}$$

这就是说，理想玻色气体的化学势必须低于粒子最低能级的能量。如果取最低能级为能量的零点（即 $\varepsilon_0 = 0$），则式 ② 可表示为

$$\mu < 0 \tag{③}$$

化学势 μ 由公式

$$\frac{1}{V}\sum_l \frac{\omega_l}{\mathrm{e}^{\frac{\varepsilon_l - \mu}{kT}} - 1} = \frac{N}{V} = n \tag{④}$$

确定，μ 为温度 T 及粒子数密度 $n = N/V$ 的函数。在粒子数密度 n 给定的情形下，温度越低由式 ④ 确定的 μ 值越高。将式 ④ 的求和用积分代替，可将之表达为

$$\frac{2\pi V}{h^3}(2m)^{\frac{3}{2}}\int_0^{\infty}\frac{\varepsilon^{\frac{1}{2}}\mathrm{d}\varepsilon}{\mathrm{e}^{\frac{\varepsilon_l - \mu}{kT}} - 1} = n \tag{⑤}$$

化学势随温度的降低而升高，当温度降到某一临界温度 T_C 时，μ 将趋于0。这时 $\mathrm{e}^{\frac{-\mu}{kT}}$ 趋于1。临界温度 T_C 由下式定出：

$$\frac{2\pi V}{h^3}(2m)^{\frac{3}{2}}\int_0^\infty \frac{\varepsilon^{\frac{1}{2}}\mathrm{d}\varepsilon}{\mathrm{e}^{\frac{\varepsilon_l}{kT_C}}-1}=n$$

令 $x=\frac{\varepsilon}{kT_C}$，可得

$$\frac{2\pi}{h^3}(2mkT_C)^{\frac{3}{2}}\int_0^\infty \frac{x^{\frac{1}{2}}\mathrm{d}x}{\mathrm{e}^x-1}=n$$

因此，对于给定的粒子数密度 n，临界温度 T_C 为

$$T_C=\frac{2\pi}{(2.612)^{\frac{3}{2}}}\frac{h^2}{mk}n^{\frac{2}{3}} \tag{2.141}$$

温度低于 T_C 时会出现什么现象呢？前面的讨论指出，温度越低时 μ 值越高，但在任何温度下 μ 必是负的。由此可知在 $T<T_C$ 时，μ 仍趋于 0。但这时式⑤左方将小于 n，与 $n=\frac{N}{V}$ 给定的条件矛盾。产生这个矛盾的原因是，用式⑤的积分代替式④的求和。由于状态密度中含有因子$\sqrt{\varepsilon}$，在将式④改为式⑤时，$\varepsilon=0$ 的项就被弃掉了。由式④可以看出，在 T_C 以上 μ 为负的有限值时，处在能级 $\varepsilon=0$ 的粒子数与总粒子数相比是一个小量，用积分代替求和引起的误差是可以忽略的；但在 T_C 以下 μ 趋于 0 时，处在能级 $\varepsilon=0$ 的粒子数将是很大的数值，不能忽略。因此，在 $T<T_C$ 时，应将式⑤改写为

$$n_0(T)+\frac{2\pi}{h^3}(2m)^{\frac{3}{2}}\int_0^\infty \frac{\varepsilon^{\frac{1}{2}}\mathrm{d}\varepsilon}{\mathrm{e}^{\frac{\varepsilon}{kT}}-1}=n \tag{⑥}$$

第一项 $n_0(T)$ 是温度为 T 时处在能级 $\varepsilon=0$ 的粒子数密度，第二项是 $\varepsilon>0$ 的粒子数密度 $n_{\varepsilon>0}$。

对于计算式⑥的第二项，令 $x=\varepsilon/kT$，可得

$$n_{\varepsilon>0}=\frac{2\pi}{h^3}(2m)^{\frac{3}{2}}\int_0^\infty \frac{\varepsilon^{\frac{1}{2}}\mathrm{d}\varepsilon}{\mathrm{e}^{\frac{\varepsilon}{kT}}-1}=n\left(\frac{T}{T_C}\right)^{\frac{3}{2}}$$

将上式代入式⑥可得，温度为 T 时处在最低能级 $\varepsilon=0$ 的粒子数密度为

$$n_0(T)=n\left[1-\left(\frac{T}{T_C}\right)^{\frac{3}{2}}\right] \tag{⑦}$$

由此可知，在 T_C 以下 n_0 与 n 具有相同的量级。

我们知道，在绝对零度下粒子将尽可能占据能量最低的状态，对于玻色粒子，一个量子态所能容纳的粒子数目不受限制，因此，绝对零度下玻色粒子将全部处在 $\varepsilon=0$ 的最低能级。式⑦表明，在 $T<T_C$ 时就有宏观量级的粒子在能级 $\varepsilon=0$ 凝聚。这一现象称为玻色－爱因斯坦凝聚，简称玻色凝聚。T_C 称为凝聚温度。

3. 光子气体

(1) 推导普朗克公式。

前面两节讨论了弱简并理想玻色气体的特性和 $n\lambda^3\geqslant 2.612$ 时理想玻色气体出现的凝聚现象，所讨论的系统具有确定的粒子数。本节从粒子的观点根据玻色分布讨论平衡辐射问题。在平衡辐射中光子数是不守恒的。

根据粒子的观点，可以把空窖内的辐射场看作光子气体。由于空窖内的辐射场可以分解为无穷多个单色平面波的叠加。同时，具有一定的波矢 $\boldsymbol{k}$ 和圆频率 ω 的单色平面波与具有一

定的动量 $\boldsymbol{p}$ 和能量 ε 的光子相应。动量 $\boldsymbol{p}$ 与波矢 $\boldsymbol{k}$、能量 ε 与圆频率 ω 之间遵从德布罗意关系：

$$\boldsymbol{p} = \eta \boldsymbol{k}$$

$$\varepsilon = \eta\omega \qquad ①$$

考虑到 $\omega = c\boldsymbol{k}$，得

$$\varepsilon = c\boldsymbol{p} \qquad ②$$

这是光子的能量动量关系。

光子是玻色子，达到平衡后遵从玻色分布。由于窖壁不断发射和吸收光子，光子气体中光子数是不守恒的。在导出玻色分布时只存在 E 是常数的条件而不存在 N 是常数的条件，因而只应引进一个拉氏乘子 β。这样光子气体的统计分布为

$$a_l = \frac{\omega_l}{e^{\beta\varepsilon_l} - 1}$$

因为 $\alpha = -\frac{\mu}{kT}$，$\alpha = 0$ 意味着平衡状态下光子气体的化学势为 0。

光子的自旋量子数为 1。自旋在动量方向的投影可取 $\pm\eta$ 两个可能值，相当于左、右圆偏振。考虑到光子自旋有两个投影，可知在体积为 V 的空窖内，在 p 到 $p + \mathrm{d}p$ 的动量范围内，光子的量子态数为

$$D(p)\mathrm{d}p = \frac{8\pi V}{c^3} p^2 \mathrm{d}p \qquad (2.142)$$

将 ① 和 ② 二式代入上式可得，在体积为 V 的空窖内，在 ω 到 $\omega + \mathrm{d}\omega$ 的圆频率范围内，光子的量子态数为

$$D(\omega)\mathrm{d}\omega = \frac{V}{\pi^2 c^3}\omega^2 \mathrm{d}\omega$$

平均光子数为

$$\frac{V}{\pi^2 c^3} \frac{\omega^2 \mathrm{d}\omega}{e^{\frac{\eta\omega}{kT}} - 1}$$

辐射场的热力学能则为

$$U(\omega, T)\mathrm{d}\omega = \bar{\varepsilon} D(\omega)\mathrm{d}\omega = \frac{V}{\pi^2 c^3} \frac{\eta\omega^3}{e^{\frac{\eta\omega}{kT}} - 1}\mathrm{d}\omega \qquad ③$$

上式所给出的辐射场热力学能按频率的分布与实验结果完全符合。

(2) 讨论。

① 在 $\frac{\eta\omega}{kT} \ll 1$ 的低频范围内，$e^{\frac{\eta\omega}{kT}} \approx 1 + \frac{\eta\omega}{kT}$，式 ③ 可近似为

$$U(\omega, T)\mathrm{d}\omega = \frac{V}{\pi^2 c^3}\omega^2 kT \mathrm{d}\omega$$

此即为瑞利－金斯公式。

② 在 $\frac{\eta\omega}{kT} \gg 1$ 的高频范围内，$e^{\frac{\eta\omega}{kT}} \gg 1$，式 ③ 可近似为

$$U(\omega, T)\mathrm{d}\omega = \frac{V}{\pi^2 c^3}\eta\omega^3 e^{-\frac{\eta\omega}{kT}}\mathrm{d}\omega$$

此即为维恩公式。

(3) 光子气体的统计分布。

$$\ln \Xi = -\sum_l \omega_l \ln(1-e^{-\beta\varepsilon_l}) = -\frac{V}{\pi^2 c^3}\int_0^{\infty}\omega^2 \ln(1-e^{-\beta\eta\omega})\,d\omega$$

光子气体的热力学能为

$$U = -\frac{\partial}{\partial\beta}\ln \Xi = \frac{\pi^2 k^4 V}{15c^3\eta^3}T^4 \tag{2.143}$$

4. 金属中的自由电子气体

(1) 电子气体的性质。

前面讨论了玻色气体,现在转而讨论费密气体的性质。如前所述,当气体满足非简并条件 $e^{\alpha}\gg 1$ 或 $n\lambda^3 \ll 1$ 时,不论由玻色子还是费密子组成的气体,都同样遵从玻耳兹曼分布。弱简并的情形初步显示了二者的差异。本节金属中的自由电子气体为例,讨论强简并 $e^{\alpha}\ll 1$ 或 $n\lambda^3 \gg 1$ 情形下费密气体的特性。

原子结合成金属后,价电子脱离原子可在整个金属内运动,形成公有电子。失去价电子后的原子成为离子,在空间形成规则的点阵。在初步的近似中人们把公有电子看作在金属内部做自由运动的近独立子。实验发现,除在极低温度下,金属中自由电子的热容量与离子振动的热容量相比较,可以忽略。这是经典统计理论遇到的困难。另外,金属中的自由电子形成强简并的费密气体。

根据费密分布,温度为 T 时处在能量为 ε 的一个量子态上的平均电子数为

$$f = \frac{1}{e^{\frac{\varepsilon-\mu}{kT}}+1} \tag{①}$$

考虑到电子自旋在其动量的方向的投影有两个可能值,在体积 V 内,能量 ε 到 $\varepsilon + d\varepsilon$ 的范围内,电子的量子态数为

$$D(\varepsilon)d\varepsilon = \frac{4\pi V}{h^3}(2m)^{\frac{3}{2}}\varepsilon^{\frac{1}{2}}d\varepsilon$$

所以在体积 V 内,能量 ε 到 $\varepsilon + d\varepsilon$ 的范围内,平均电子数为

$$\frac{4\pi V}{h^3}(2m)^{\frac{3}{2}}\frac{\varepsilon^{\frac{1}{2}}d\varepsilon}{e^{\frac{\varepsilon-\mu}{kT}}+1}$$

在给定电子数 N、温度 T 和体积 V 时,化学势 μ 由下式确定:

$$\frac{4\pi V}{h^3}(2m)^{\frac{3}{2}}\int_0^{\infty}\frac{\varepsilon^{\frac{1}{2}}d\varepsilon}{e^{\frac{\varepsilon-\mu}{kT}}+1} = N$$

由上式可知,μ 是温度 T 和电子密度 N/V 的函数。

现在讨论 $T=0$ K时电子的分布。以 $\mu(0)$ 表示 0 K时电子气体的化学势,由式 ① 知,0 K时有

$$f=1,\quad \varepsilon<\mu(0)$$
$$f=0,\quad \varepsilon>\mu(0) \tag{②}$$

式 ② 的物理意义是,在 $T=0$ K时,在 $\varepsilon<\mu(0)$ 的每一量子态上平均电子数为 1,在 $\varepsilon>\mu(0)$ 的每一量子态上平均电子数为 0。这分布可以这样理解:在 0 K时电子将尽可能占据能量最低的状态,但泡利不相容原理限制每一量子态最多只能容纳一个电子,因此电子从 $\varepsilon=0$ 的状态起依次填充至 $\mu(0)$ 为止。$\mu(0)$ 是电子 0 K时的最大能量,由下式确定:

$$\frac{4\pi V}{h^3}(2m)^{\frac{3}{2}}\int_0^{\mu(0)} \varepsilon^{\frac{1}{2}} d\varepsilon = N \tag{③}$$

将式 ③ 积分，可解得

$$\mu(0) = \frac{\eta^2}{2m}\left(3\pi^2 \frac{N}{V}\right)^{\frac{3}{2}}$$

$\mu(0)$ 也常称为费密能级，以 ε_F 表示。令 $\varepsilon_F = \frac{p_F^2}{2m}$，可得

$$p_F = (3\pi^2 n)^{\frac{1}{3}} \eta$$

p_F 是 0 K 电子气体的最大动量，称为费密动量。相应速率 $v_F = \frac{p_F}{m}$ 称为费密速率。现在对 $\mu(0)$ 的数值做一估计。除质量 m 外，$\mu(0)$ 取决于电子气体的数密度 n。根据前文给出的数据，可以算得铜的 $\mu(0) = 1.12 \times 10^{-18}$ J 或 7.0 eV。定义费密温度：

$$kT_F = \mu(0)$$

得到铜的 $T_F = 8.2 \times 10^4$ K，远高于通常考虑的温度，说明 $\mu(0)$ 的数值是很大的。

0 K 时电子气体的热力学能为

$$U(0) = \frac{4\pi V}{h^3}(2m)^{\frac{3}{2}}\int_0^{\mu(0)} \varepsilon^{\frac{3}{2}} d\varepsilon = \frac{3N}{5}\mu(0) \tag{2.144}$$

由此可知，0 K 时电子的平均能量为 $\frac{3}{5}\mu(0)$。0 K 时电子气体的压强为

$$p(0) = \frac{2}{3}\frac{U(0)}{V} = \frac{2}{5}n\mu(0)$$

根据前面的数据，可得 0 K 时铜的电子气体的压强为 3.8×10^{10} Pa。这是一个极大的数值。它是泡利不相容原理和电子气体具有高密度的结果，常称为电子气体的简并压。

现在讨论 0 K 时金属中自由电子的分布。由式 ① 可知：

$$\begin{aligned} f &> \frac{1}{2} \quad (\varepsilon < \mu) \\ f &= \frac{1}{2} \quad (\varepsilon = \mu) \\ f &< \frac{1}{2} \quad (\varepsilon > \mu) \end{aligned} \tag{④}$$

式 ④ 表明，$T > 0$ 时，在 $\varepsilon < \mu$ 的每一量子态上平均电子数大于 1/2，在 $\varepsilon = \mu$ 的每一量子态上平均电子数等于 1/2，在 $\varepsilon > \mu$ 的每一量子态上平均电子数小于 1/2。

费密气体的强简并条件 $e^{-\frac{\mu}{kT}} \ll 1$ 也往往表达为 $T \ll T_F$。由此可知，只有能量在 μ 附近，量级为 kT 范围内的电子对热容有贡献。根据这一考虑，可以粗略估计电子气体的热容。以 $N_{有效}$ 表示能量在 μ 附近 kT 范围内对热容有贡献的有效电子数为 $N_{有效} \approx \frac{kT}{\mu}N$。

将能量均分定理用于有效电子，每一有效电子对热容的贡献为 $\frac{3}{2}kT$，则金属中自由电子对热容的贡献为

$$C_V = \frac{3}{2}Nk\left(\frac{kT}{\mu}\right) = \frac{3}{2}Nk\frac{T}{T_F}$$

现在对自由电子气体的热容进行定量计算。电子数 N 满足

$$N=\frac{4\pi V}{h^3}(2m)^{\frac{3}{2}}\int_0^{\infty}\frac{\varepsilon^{\frac{1}{2}}\mathrm{d}\varepsilon}{\mathrm{e}^{\frac{\varepsilon-\mu}{kT}}+1}$$

上式确定自由电子气体的化学势。电子气体的热力学能为

$$U=\frac{4\pi V}{h^3}(2m)^{\frac{3}{2}}\int_0^{\infty}\frac{\varepsilon^{\frac{3}{2}}\mathrm{d}\varepsilon}{\mathrm{e}^{\frac{\varepsilon-\mu}{kT}}+1}$$

以上两式的积分都可写成下述形式：

$$I=\int_0^{\infty}\frac{\eta(\varepsilon)\mathrm{d}\varepsilon}{\mathrm{e}^{\frac{\varepsilon-\mu}{kT}}+1}$$

其中，$\eta(\varepsilon)$ 分别为 $C\varepsilon^{\frac{1}{2}}$ 和 $C\varepsilon^{\frac{3}{2}}$，常数 $C=\frac{4\pi V}{h^3}(2m)^{\frac{3}{2}}$。

分步积分可得

$$N=\frac{2}{3}C\mu^{\frac{3}{2}}\left[1+\frac{\pi^2}{8}\left(\frac{kT}{\mu}\right)^2\right]$$

$$U=\frac{2}{5}C\mu^{\frac{5}{2}}\left[1+\frac{5\pi^2}{8}\left(\frac{kT}{\mu}\right)^2\right]$$

$$\mu=\left(\frac{2N}{3C}\right)^{\frac{2}{3}}C\mu^{\frac{3}{2}}\left[1+\frac{\pi^2}{8}\left(\frac{kT}{\mu}\right)^2\right]^{-\frac{2}{3}}$$

做相应的近似可得

$$\begin{aligned}U&=\frac{2}{5}C\mu(0)^{\frac{5}{2}}\left[1-\frac{\pi^2}{12}\left(\frac{kT}{\mu(0)}\right)^2\right]^{\frac{5}{2}}\times\left[1+\frac{5\pi^2}{8}\left(\frac{kT}{\mu(0)}\right)^2\right]\\&=\frac{3}{5}N\mu(0)\left[1+\frac{5\pi^2}{12}\left(\frac{kT}{\mu(0)}\right)^2\right]\end{aligned}$$

积分可得电子气体的质量定容热容为

$$c_V=\left(\frac{\partial U}{\partial T}\right)_V=Nk\frac{\pi^2}{2}\frac{kT}{\mu(0)}=\gamma_0 T \tag{2.145}$$

这结果与前面粗略分析的结果只有系数的差异。

如前所述，在常温范围电子的热容量远小于离子振动的热容量。但在低温范围，离子振动的热容量按 T^3 随温度而减少；电子容量与 T 成正比，减少比较缓慢。所以，在足够低的温度下电子热容将大于离子振动的热容而成为对金属热容的主要贡献。

前面的理论将金属的公有电子近似看成在金属内部做自由运动的近独立粒子。我们知道，由于粒子在空间排列的周期性，粒子在金属中产生一个周期性势场，实际上电子在这个周期场中运动，离子的热振动对电子的运动也产生影响，电子之间又存在库仑相互作用，更深入地描述金属中电子的运动相当复杂。

5. 白矮星

(1) 白矮星。

恒星的能源来自星体上发生的热核反应。白矮星是比较老的一种恒星，星体上热核反应的燃料氢，已经基本耗尽，星体物质基本上是核聚变的产物(氦)。中年时期的恒星，其内部进行着氢聚变转化为氦的热核反应，热核反应所产生的向外辐射压与内向引力相抗衡。使恒星处于一个相对稳定的阶段。核心的氢燃烧形成氦的核心，氦核不断扩大。但当氦核达到整个恒星质量的 10% ～ 15% 时，靠氢核聚变产生的辐射压力抵挡不住引力时，氦核开始坍塌。结

果原子越来越密，引力越大，坍塌越厉害。在巨大的压力下，原子核挤得很密，恒星温度急剧上升。恒星温度很高，其粒子的平均热能为10^3 eV，远大于其电离能量。实际上氦以完全电离状态存在(原子已压碎)。由于密度极高，虽然在很高的温度下，电子气仍然高度简并、电子费密能量很大，于是这种高度简并电子气的压力与引力相平衡，形成一个新的稳定状态 —— 白矮星。

以天狼星伴星(白矮星)为例：$M \approx 10^{33}$ g，$\rho \approx 10^7$ g·cm^{-3}，$T = 10^7$ K。

每个粒子的平均热能为10^3 eV，比氦原子的电离能(50 eV)大得多，因此白矮星中的氦原子全部电离成自由电子和氦核，氦原子由两个电子和两个氦核组成，氦核由两个中子和两个质子组成，则白矮星总质量为

$$M = Nm_e + \frac{N}{2}4m_p \approx 2Nm_p \leqslant \text{太阳质量的 1.4 倍}$$

① 白矮星内电子气体是相对论性高度简并气体。

电子密度：$n = \frac{N}{V} = \frac{M/2m_p}{M/\rho} = \frac{\rho}{2m_p} \approx 10^{30}\ \mathrm{cm}^{-3}$　(M 为白矮星质量；m_p 为质子质量)

费密能量：$\mu(0) = \frac{\eta^2}{2m}\left(\frac{3\pi^2 N}{V}\right)^{\frac{2}{3}} \approx 0.5 \times 10^{-13}$ J

相应的费密温度：$T_F = \frac{\mu(0)}{k} = 3 \times 10^9$ K，远高于白矮星的温度。

说明电子由于热运动只有极少数(费密面附近)电子可被激发到高能级参与热运动。所以白矮星电子气的费密球是较光滑的。

与电子静止质量相应的能量：

$$\varepsilon_0 = mc^2 \approx (1 \times 10^{-30}\ \mathrm{kg}) \times (3 \times 10^8\ \mathrm{m \cdot s^{-2}})^2 \approx 1 \times 10^{-13}\ \mathrm{J}$$

ε_0 与 $\mu(0)$ 具有相同的数量级，因此，相对论效应虽然显著，但还不具有压倒性的影响。

② 白矮星电子气的简并压。

如果电子气是非相对论性的，则

$$p = \frac{2}{5}(3\pi^2)^{\frac{3}{2}}\frac{\eta^2}{2m}\left(\frac{N}{V}\right)^{\frac{5}{3}}$$

极端相对论性情形下电子气的简并压为

$$p = \frac{1}{4}ch\left(\frac{3}{8\pi}\right)^{\frac{1}{3}}\left(\frac{N}{V}\right)^{\frac{4}{3}}$$

③ 白矮星的半径。

假设星体是球形的，由于简并压的存在，当星体半径改变 dR 时，其热力学能改变为

$$\mathrm{d}U = -p4\pi R^2 \mathrm{d}R$$

白矮星的引力势能为

$$E_g = -a\frac{GM^2}{R}$$

当星体半径改变 dR 时，引力势能的改变为

$$\mathrm{d}E_g = \frac{\mathrm{d}E_g}{\mathrm{d}R}\mathrm{d}R = a\frac{GM^2}{R^2}\mathrm{d}R$$

平衡时两式的能量改变之和为 0，故有

$$p = \frac{a}{4\pi} \frac{GM^2}{R^4}$$

由于$\frac{N}{V} = n$和$M \approx nR^3$,可得非相对论情形下:

$$R \propto M^{-\frac{1}{2}}$$

上式说明质量越大的白矮星半径越小。

当星体密度再增大时,电子将被原子核俘获:

$$A_Z + \mathrm{e} = A_{Z-1} + \gamma$$

当$\rho > 3 \times 10^{11}\ \mathrm{g \cdot cm^{-3}}$时,星体中子数超过电子数,简并中子气成为主导,成为中子星。

中子星依靠中子简并压力来阻止强大引力造成的进一步坍缩。中子星的极端物理条件(超高密度、超高温、超高压、超强磁场和超辐射)在地球上无法实现,所以中子星就成了极端物理条件的实验室,帮助人们了解物质在极端条件下的运动变化规律。

6. 二维电子气体和量子霍尔效应

20 世纪 60 年代以来,低维物理的研究取得了重大进展。20 世纪 80 年代整数和分数量子霍尔效应的发现是其中最重要的进展之一。本节对低维强磁场中二维电子气体的特性和整数量子霍尔效应做简单介绍。

电子在xy平面自由运动的能量可表示为$\frac{\eta^2}{2m}(k_x^2 + k_y^2)$,其中$\eta k_x$和$\eta k_y$分别是电子在$x$和$y$方向的动量,$m$是电子的有效质量。由于动量的可能值是连续的,能量也形成准连续谱。二维自由电子在单位面积上的状态密度为

$$D(\varepsilon) = \frac{m}{2\pi \eta^2}$$

上式未计及自旋,在上式给出的每个态上,电子自旋可以有两个取向。以ε_1、ε_2、Λ表示电子在z方向运动的分立能级。电子的能量可以表示为

$$\varepsilon_j + \frac{\eta^2}{2m}(k_x^2 + k_y^2) \tag{2.146}$$

对应于每个能级ε_j,电子二维运动的能量形成一个子能带。

$T = 0$ K 时电子将尽可能占据能量最低的状态,从$\varepsilon = 0$的状态起依次填充至费密能级ε_F为止。如果界面电子密度n满足下式:

$$n < \frac{m}{\pi \eta^2}(\varepsilon_2 - \varepsilon_1)$$

费密能级ε_F将低于ε_2,电子只占据最低子能带。这种情形称为量子极限。在相反的情形下,电子将溢为第二甚至更高的子能带。

量子霍尔效应分为整数量子霍尔效应和分数量子霍尔效应两种情况考虑。量子霍尔效应具有丰富的物理内容,引出一些全新的概念,目前对量子霍尔效应的研究正在深入进行。

2.5 热力学函数的统计学表示

在前面的讨论中,已接触到不少描述状态的态函数,热力学中将它们称为热力学函数,如压强、温度、热力学能、焓、熵、自由能和吉布斯函数等。在所有的热力学函数中,最基本的是物

态方程、热力学能和熵。它们分别与热力学的 3 个定律相联系：热力学第零定律（热平衡定律）引入物态方程，如温度作为体积和压强的函数；热力学第一定律（能量守恒定律）引入热力学能 U；热力学第二定律（宏观过程的不可逆性）引入熵 S。其他的热力学函数都可用这 3 个函数来表示。一般来讲，通过实验测量或理论计算可确定系统的物态方程。其他基本热力学函数则可用物态方程和另外的可测量的实验结果，通过热力学关系计算获得。本节将通过具体的例子演示获得热力学函数的方法。

2.5.1　热力学能的表示

设独立子体系含有 N 个全同粒子，粒子占据单粒子量子态 r 的概率为

$$P_r = \frac{e^{-\frac{\varepsilon_i}{kT}}}{q} \tag{2.147}$$

而粒子的任一性质 x 在量子态 r 上的值为 x_r，则粒子性质 x（微观量）的统计平均值为

$$\bar{x} = \sum_{\text{量子态}r} P_r x_r = \sum_r \frac{x_r e^{-\frac{\varepsilon_i}{kT}}}{q} \tag{2.148}$$

若粒子的性质 x 在能级 ε_i 上的 ω_i 个量子态都有相同的值 x_i，而粒子占据能级 ε_i 上 ω_i 个量子态的概率为

$$P_i = \frac{\omega_i e^{-\frac{\varepsilon_i}{kT}}}{q} \tag{2.149}$$

因此粒子性质 x 的统计平均值为

$$\bar{x} = \sum_i P_i x_i = \sum_i \frac{x_i \omega_i e^{-\frac{\varepsilon_i}{kT}}}{q} \tag{2.150}$$

而体系性质 $X = \sum_{i=1}^{N} x_i$ 的统计平均值即为

$$\overline{X} = N\bar{x} = \sum_r \frac{x_r N e^{-\varepsilon_i/kT}}{q} = \sum^r n_r x_r = \sum_i \frac{x_i N \omega_i e^{-\frac{\varepsilon_i}{kT}}}{q} = \sum_i n_i x_i \tag{2.151}$$

其中，n_r、n_i 分别为个体量子态 r 与能级 ε_i 上的最概然分子数。

则体系的热力学能的表达式可表示为

$$U = \sum_i n_i \varepsilon_i \tag{2.152}$$

平衡状态下，n_i 服从玻耳兹曼分布率：$n_i = \frac{N}{q} g_i \exp\left(-\frac{\varepsilon_i}{kT}\right)$

所以

$$U = \frac{N}{q} \sum \varepsilon_i g_i \exp\left(-\frac{\varepsilon_i}{kT}\right) \tag{2.153}$$

分子配分函数 q 中 ε_i 与 V 体积有关，V 一定时，ε_i 为常数：

$$\left(\frac{\partial q}{\partial T}\right)_V = \frac{\left[\sum \varepsilon_i g_i \exp\left(-\frac{\varepsilon_i}{kT}\right)\right]}{kT^2} \tag{2.154}$$

因此可得

$$U = NkT^2 \left(\frac{\partial \ln q}{\partial T}\right)_V \tag{2.155}$$

2.5.2 熵函数的表示

在热力学中，熵函数的引入和熵增加原理的建立是热力学第二定律的中心内容。在统计热力学中，统计熵的引入也是一个关键问题，只有将熵与微观量联系起来，热力学的统计理论才能完备，而熵增加原理和热力学第二定律的统计实质也就不难理解了。

在前面可以看出，体系的可及微观状态数 Ω 是 U、N 和外参量 V 的函数，即

$$\Omega=\Omega(N,U,V) \tag{2.156}$$

由于熵函数是广延量，所以当粒子数也变化时，对于一个只做体积功的单组分均相体系，热力学给出

$$\mathrm{d}S=\frac{1}{T}\mathrm{d}U+\frac{p}{T}\mathrm{d}V+\left(\frac{\partial S}{\partial N}\right)_{U,V}\mathrm{d}N \tag{2.157}$$

所以熵也是 N、U 和 V 的函数：

$$S=S(N,U,V) \tag{2.158}$$

因此，当热力学参量 N、U 和 V 确定时，体系的熵和 Ω 也就都确定了。为了寻找 S 与 Ω 的关系，仍以单组分均相体系为例，我们可以把它分割为宏观参数为 (N_1,U_1,V_1) 和 (N_2,U_2,V_2) 两个体系：

$$(N,U,V)\longrightarrow(N_1,U_1,V_1)+(N_2,U_2,V_2) \tag{2.159}$$

由于熵是广度性质，故应有加和性：

$$S(N,U,V)=S_1(N_1,U_1,V_1)+S_2(N_2,U_2,V_2) \tag{2.160}$$

但在求算 Ω 时依据的是排列组合定律，故应有相乘性，即

$$\Omega(N,U,V)=\Omega_1(N_1,U_1,V_1)\Omega_2(N_2,U_2,V_2) \tag{2.161}$$

要想同时满足以上两式，S 和 D 必须具有下列的函数关系：

$$S(N,U,V)=c\ln\Omega(N,U,V) \tag{2.162}$$

式中，c 为比例系数，它与体系的特性无关。这样，我们就对以上 3 个体系有如下的表示式，它既符合熵的加和性又符合 Ω 的相乘性：

$$S_1=c\ln\Omega_1$$

$$S_2=c\ln\Omega_2$$

$$S=S_1+S_2=c\ln(\Omega_1\Omega_2) \tag{2.163}$$

现在我们要确定上式中比例系数 c 的值。考虑 1 mol 理想气体的绝热自由膨胀，设想在初态时，1 mol 气体被一绝热隔板隔离在体积为 V_f 的容器（绝热的）的一小部分体积 V_i 中，余下的体积里 $(V_\mathrm{f}-V_\mathrm{i})$ 为真空。隔板抽开后，气体由 V_i 向 V_f 膨胀而充满全部容器。如果只有一个分子，当隔板抽去后，它仍停留在 V_i 中的概率与它处于 V_f 中的概率之比为 $\frac{V_\mathrm{i}}{V_\mathrm{f}}$，分子肯定必然在 V_f 内，这个比率不受其他分子存在的影响。如果有两个分子，则隔板抽去，两个分子停留在 V_i 中的概率与处于 V_f 中的概率比为 $\left(\frac{V_\mathrm{i}}{V_\mathrm{f}}\right)^2$。对于 1 mol 气体，这个概率比是 $\left(\frac{V_\mathrm{i}}{V_\mathrm{f}}\right)^2$。

它应该等于始态和终态的可及微观状态数 Ω 之比：

$$\frac{\Omega_\mathrm{f}}{\Omega_\mathrm{i}}=\left(\frac{V_\mathrm{f}}{V_\mathrm{i}}\right)^L \tag{2.164}$$

则绝热膨胀的熵变为

$$\Delta S = c\ln \Omega_{\mathrm{f}} - c\ln \Omega_{\mathrm{i}} = c\ln \frac{\Omega_{\mathrm{f}}}{\Omega_{\mathrm{i}}} \tag{2.165}$$

$$\Delta S = c\ln\left(\frac{V_{\mathrm{f}}}{V_{\mathrm{i}}}\right)^{L} = Lc\ln\left(\frac{V_{\mathrm{f}}}{V_{\mathrm{i}}}\right) \tag{2.166}$$

但是，根据热力学定律，1 mol 理想气体从 V_{i} 绝热膨胀至 V_{f} 时的熵变是

$$\Delta S = R\ln\left(\frac{V_{\mathrm{f}}}{V_{\mathrm{i}}}\right) \tag{2.167}$$

因此

$$Lc = R$$

$$c = \frac{R}{L} = k \tag{2.168}$$

说明比例系数 c 等于玻耳兹曼常数 k。这样，就得出著名的玻耳兹曼公式：

$$S = k\ln \Omega \tag{2.169}$$

玻耳兹曼公式把熵函数与体系的可及微观状态数联系起来，因而构成了热力学和统计力学之间的一座桥梁。它表明，原则上可以通过计算 Ω 来计算熵，称为统计熵。

玻耳兹曼公式具有普遍性，对任何平衡体系均适用。对于非平衡体系，由于 Ω 仍有意义，因此通过玻耳兹曼公式也可以定义非平衡态的熵。

玻耳兹曼公式表现的是 S 与 Ω 的联系，它没有也不可能规定 Ω（因而也是 S）的绝对数值。体系的可及微观状态数 Ω 取决于物质的全部运动形态（如平动、转动、振动、电子运动、核运动等），由于物质的运动形态是无穷尽的，因而无法确定 Ω 的绝对数值，这就表明 S 的绝对值也无法确定，只能求两个状态的熵差。

根据玻耳兹曼公式，我们可以把热力学第二定律中的熵增加原理改为用体系的可及微观状态数 Ω 表示的形式。因为在绝热封闭体系或孤立体系中，熵在可逆过程中保持不变，而在不可逆过程中，熵总是有增无减。因此，熵增加原理还可表示为：对于绝热封闭或孤立体系，体系的可及微观状态数 Ω 在可逆过程中保持不变，但在不可逆过程中 Ω 增大，直到达到最大值。即

$$\Omega = \Omega(N_1, N_2, \cdots, N_r, U, V)$$

$$\mathrm{d}\Omega \geqslant 0 \quad \begin{pmatrix} > \text{不可逆过程} \\ = \text{可逆过程} \end{pmatrix}$$

我们已经知道，封闭体系的绝热可逆过程是能级分布数 n_i 不变的过程，只可能是能级 ε_i 改变，但能级简并度 ω_j 并不因此而改变。因此，根据 Ω 表示式：

$$\Omega = \prod_i \frac{\omega_i^{n_i}}{n_i!}$$

则可知 Ω 也一定保持不变。由此可见，绝热可逆过程中，$\mathrm{d}\Omega = 0$ 是前面结果的必然推论，但 $\mathrm{d}\Omega > 0$ 则是从热力学转变过来的结果。

应该指出，这种第二定律的统计表述却含有新的内容，它对过程的不可逆性（方向性）有更为深刻的解释，指出过程的不可逆性是统计的效果。仍以 1 mol 理想气体绝热膨胀为例。设 $V_{\mathrm{f}} = 2V_{\mathrm{i}}$，则气体在绝热过程中的熵变为 $\Delta S = Lk\ln 2$。根据玻耳兹曼公式有

$$\frac{\Omega_2}{\Omega_1} = \mathrm{e}^{\frac{S_2 - S_1}{k}} = \mathrm{e}^{\frac{\Delta S}{k}} = 2^L = 10^{1.8\times 10^{23}} \tag{2.170}$$

这就是说，终态的 Ω_2 是始态的 2^L 倍，若将终态的概率当作 1，则全部气体分子在隔板抽开后同

时都集中回到始态体积的概率为

$$\frac{\Omega_1}{\Omega_2}=\frac{1}{2^L}=10^{-1.8\times10^{23}} \tag{2.171}$$

显然，这个概率实在太小。但应看到，始态的气体分子自动恢复到原来状态的过程从统计上看则是有一定可能的，只是由于出现的概率太小，从宏观上根本观察不到而已，于是就在宏观上表现出过程具有方向性。所以说，过程的不可逆性完全是统计的效果，这就是熵增加原理的微观实质，这与宏观热力学中认为逆过程一点可能性都不存在的绝对论断有原则性差别。

玻耳兹曼公式给出 S 与 Ω 的联系，因而也给出了用统计力学方法从 Ω 计算熵函数的途径，但在统计热力学中往往更方便的是由粒子的配分函数 q 来计算热力学宏观量，因此，必须明确 Ω 与 q 的关系。

前面曾经论证过，在 U、V、N 恒定的平衡体系中，当 $N=10^{24}$ 时，最概然分布所拥有的微观状态数的对数与体系的一切可及的微观状态数的对数之间的差别可以忽略不计，即

$$\ln\Omega\approx\ln t_n^*$$

t_n^* 的形式随着体系是定域子或离域子而有所不同。先考虑经典极限的离域子体系（$\omega_i\gg n_i$）：

$$\ln\Omega=\ln\prod_i\frac{\omega_i^{n_i}}{n_i!} \tag{2.172}$$

其中，$n_i=\frac{N}{q}g_i\exp\left(-\frac{\varepsilon_i}{kT}\right)$。

假设所有的 n_i 都很大，利用斯特林近似，则有

$$\ln\Omega=\sum_i n_i\ln\frac{\omega_i}{n_i!}+N \tag{2.173}$$

因此有

$$\ln\Omega=N\ln\frac{q}{N}+\frac{U}{kT}+N=N\ln\frac{q}{N}+\frac{U}{kT}-\ln N! \tag{2.174}$$

亦为

$$\Omega=\left(\frac{qe}{N}\right)^N e^{\frac{U}{kT}} \tag{2.175}$$

此为经典离域子体系的 Ω 与 q 之间的关系。

对于定域子体系有

$$\ln\Omega=\ln N!\prod_i\frac{\omega_i^{n_i}}{n_i!}$$

$$\ln\Omega=N\ln\frac{q}{N}+\frac{U}{kT}+N\ln N=N\ln q+\frac{U}{kT} \tag{2.176}$$

亦为

$$\Omega=q^N e^{\frac{U}{kT}} \tag{2.177}$$

因此可得到以单粒子分布函数 q 表示的熵的表示式：

对于极限离域子体系有

$$S_{离}=k\ln\Omega=k\ln\left(\frac{qe}{N}\right)^N e^{\frac{U}{kT}}=Nk\ln\left(\frac{qe}{N}\right)+\frac{U}{T} \tag{2.178}$$

对于定域子体系

$$S_{定} = k\ln \Omega = k\ln(q^N e^{\frac{U}{kT}}) = Nk\ln q + \frac{U}{T} \tag{2.179}$$

比较两式右端可见，后者比前者少了 $Nk(\ln N-1)$，这是一个正数。由此可见，当其他条件相同时，粒子不可分辨性的引入使熵值少了 $Nk(\ln N-1)$，这是可以理解的，因为后者的 Ω 也比前者的 Ω 小 $N!$。

2.5.3　其他热力学函数的表示

根据热力学函数的定义，由

$$A = U - TS$$
$$H = U + pV$$
$$G = A + pV$$
$$p = -\left(\frac{\partial A}{\partial V}\right)_T$$
$$C_V = \left(\frac{\partial U}{\partial T}\right)_V$$

可以得到全部热力学函数的统计表达式，见表2.3。

表2.3　热力学函数的统计表示式

热力学函数	定域子体系	离域子体系
U	$NkT^2\left(\frac{\partial \ln q}{\partial T}\right)_V$	$NkT^2\left(\frac{\partial \ln q}{\partial T}\right)_V$
A	$-NkT\ln q$	$-NkT\ln(qe/N)$
P	$NkT\left(\frac{\partial \ln q}{\partial V}\right)_T$	$NkT\left(\frac{\partial \ln q}{\partial V}\right)_T$
S	$Nk\ln q + U/T$	$Nk\ln(qe/N) + U/T$
H	$NkT^2\left[\left(\frac{\partial \ln q}{\partial T}\right)_V + \left(\frac{\partial \ln q}{\partial V}\right)_T\right]$	$NkT^2\left[\left(\frac{\partial \ln q}{\partial T}\right)_V + \left(\frac{\partial \ln q}{\partial V}\right)_T\right]$
G	$-NkT\left[\ln q - \left(\frac{\partial \ln q}{\partial \ln V}\right)_T\right]$	$-NkT\left[\ln \frac{qe}{N} - \left(\frac{\partial \ln q}{\partial \ln V}\right)_T\right]$
C_V	$2NkT\left(\frac{\partial \ln q}{\partial T}\right)_V + NkT^2\left(\frac{\partial^2 \ln q}{\partial T^2}\right)_V$	$2NkT\left(\frac{\partial \ln q}{\partial T}\right)_V + NkT^2\left(\frac{\partial^2 \ln q}{\partial T^2}\right)_V$

我们知道，配分函数与能量零点的选择有关。设粒子最低能级的能量为 ε_0（该值无法确定），相应的配分函数为 q，而选粒子的最低能级为能量零点，相应的配分函数为 q^0，则

$$q = \sum_i w_i \exp\left(-\frac{\varepsilon_0}{kT}\right)\sum_i \omega_i \exp\left(-\frac{\varepsilon_i-\varepsilon_0}{kT}\right) = q^0 \exp\left(-\frac{\varepsilon_0}{kT}\right) \tag{2.180}$$

从而

$$\ln q = \frac{\varepsilon_0}{kT} + \ln q^0 \tag{2.181}$$

因此，各热力学量可用 q^0 表示[$N=L, Lk=R$]。表2.4列出了理想纯气体的标准热力学函数用 q^0 的求算式。

表2.4中的 $U_m^{\ominus}(0\ \mathrm{K})$ 和 $H_m^{\ominus}(0\ \mathrm{K})$ 分别是1 mol物质在假想态0 K、$p^{\ominus}$ 的热力学能与焓。对于理想气体，$U_m^{\ominus}(0\ \mathrm{K}) = H_m^{\ominus}(0\ \mathrm{K})$，它们的真实值无法确定，只有选定能量零点后才能标定

其相对值。由于在实际问题的处理中总是用热力学量的差值，因此不知道 $U_m^{\ominus}(0\ \text{K})$ 与 $H_m^{\ominus}(0\ \text{K})$ 的真实值是无关紧要的。

表 2.4　标准摩尔热力学函数的统计表达式

标准摩尔热力学函数	统计表达式
标准摩尔热力学能函数	$U_m^{\ominus}(T)-U_m^{\ominus}(0\ \text{K})=RT^2\left(\frac{\partial \ln q^0}{\partial T}\right)_V$
标准摩尔熵	$S_m^{\ominus}(T)=R\ln\frac{q^0\text{e}}{L}+RT\left(\frac{\partial \ln q^0}{\partial T}\right)_V$
标准摩尔亥姆霍兹函数	$\frac{A_m^{\ominus}(T)-U_m^{\ominus}(0\ \text{K})}{T}=-R\ln\frac{q^0\text{e}}{L}$
标准摩尔焓函数	$H_m^{\ominus}(T)-H_m^{\ominus}(0\ \text{K})=RT\left[\left(\frac{\partial \ln q^0}{\partial T}\right)_V+\left(\frac{\partial \ln q^0}{\partial V}\right)_T\right]$
标准摩尔吉布斯自由能函数	$\frac{G_m^{\ominus}(T)-H_m^{\ominus}(0\ \text{K})}{T}=-R\left[\ln\frac{q^0 e}{L}-\left(\frac{\partial \ln q^0}{\partial V}\right)_T\right]$
标准摩尔等容热容	$C_{V,m}^{\ominus}(T)=2RT\left(\frac{\partial \ln q^0}{\partial T}\right)_V+RT^2\left(\frac{\partial^2 \ln q^0}{\partial T^2}\right)_V$
标准摩尔等压热容	$C_{p,m}^{\ominus}(T)=C_{V,m}^{\ominus}(T)+R$

最后指出，在统计力学中，配分函数 q 是 T、V 为自然变量的特性函数。从表 2.4 可见，热力学第二定律状态函数的统计表述形式与粒子是定域子或离域子有关。如果定义体系的配分函数 Q 为

$$Q=\Omega\text{e}^{-\frac{U}{kT}}$$

则有

$$Q_{定域子}=q^N$$

$$Q_{离域子}=\left(\frac{q\text{e}}{N}\right)^N \tag{2.182}$$

这样，用 Q 表示热力学函数，其表现形式对定域子或离域子就无差别，当然这时 Q 是不同的。

在这一节的最后，还有条件对于任何独立子体系证明拉格朗日乘因子 β 的取值。在前面的章节中，曾以求单原子一维平动的平均能为例证明 $\beta=\frac{1}{kT}$。对于任何独立子（即 $U=\sum_i n_i\varepsilon_i$）体系的封闭且只做体积功的微变过程，热力学指出

$$\text{d}S=\frac{1}{T}\text{d}U+\frac{p}{T}\text{d}V$$

因此

$$\left(\frac{\partial S}{\partial U}\right)_V=\frac{1}{T}$$

根据玻耳兹曼公式，因而有

$$\left(\frac{\partial S}{\partial U}\right)_V=k\left(\frac{\partial \ln \Omega}{\partial U}\right)_V$$

在这里无须再考虑体系的粒子是否为定域子或离域子，因为二者的 Ω 只差一常数。因 β 与能量有关，即 $\beta=\beta(U)$，所以有

$$\left(\frac{\partial \ln \Omega}{\partial U}\right)_V = N\left(\frac{\partial \ln q}{\partial U}\right)_V + \beta + U\left(\frac{\partial \beta}{\partial U}\right)_V$$
$$= -N\left(\frac{\partial \ln q}{\partial \beta}\right)\left(\frac{\partial \beta}{\partial U}\right)_V + \beta + U\left(\frac{\partial \beta}{\partial U}\right)_V$$
$$= -U\left(\frac{\partial \beta}{\partial U}\right)_V + \beta + U\left(\frac{\partial \beta}{\partial U}\right)_V$$
$$= \beta \tag{2.183}$$

故

$$\beta = \frac{1}{kT}$$

在这里我们还可看出，当在等容条件下增加体系的能量，Ω 将增加，而它随 U 的增加率 $\frac{1}{\Omega}\left(\frac{\partial \Omega}{\partial U}\right)_V$ 则等于 β。

2.5.4　热力学函数的统计计算

因为配分函数的选择与零点能量有关：$q = q^0 \exp\left(-\frac{\varepsilon_0}{kT}\right)$，$q$ 是基态能量为ε_0的配分函数，q_0 是基态能量为 0 的配分函数。

所以热力学能的统计表达同样与基态能量选取有关：$U = U_0 + N\varepsilon_0$，U 是基态能量为ε_0 的配分函数；U_0 是基态能量为 0 的配分函数；$N\varepsilon_0$ 是全部分子都处于基态时的能量，可视为 0 K 时体系的热力学能。

由此可以推广，所有的能量函数都有类似表达：

$$H = H^0 + N\varepsilon_0, \quad A = A^0 + N\varepsilon_0, \quad G = G^0 + N\varepsilon_0$$

又根据配分函数的析因子性质：

$$q = q_t q_r q_v q_e q_n$$

基态能量为 0 时，分子的全配分函数为

$$q_0 = q_{0,t} q_{0,r} q_{0,v} q_{0,e} q_{0,n}$$

代入热力学能的统计表达式：

$$U_0 = U_t^0 + U_r^0 + U_v^0 + U_e^0 + U_n^0$$

$$U_t^0 = NkT^2\left(\frac{\partial \ln q_{0,t}}{\partial T}\right)_V$$

以双原子分子为例：

$$q_{0,t} = \left(\frac{2\pi mkT}{h^2}\right)_V^{\frac{3}{2}}$$

则有

$$U_{m,t}^0 = \frac{3}{2}RT$$

$$U_r^0 = NkT^2\left(\frac{\partial \ln q_{0,r}}{\partial T}\right)_V$$

以双原子分子为例：

$$q_{0,r} = \frac{T}{\sigma\theta_r}$$

则有

$$U_{\mathrm{m,t}}^{0}=RT$$

$$U_{\mathrm{v}}^{0}=NkT^{2}\left(\frac{\partial \ln q_{0,\mathrm{v}}}{\partial T}\right)_{V}$$

以双原子分子为例：

$$q_{0,\mathrm{v}}=(1-\mathrm{e}^{-\frac{\theta_{\mathrm{v}}}{T}})^{-1}$$

则有

$$U_{\mathrm{m,v}}^{0}=RTx(\mathrm{e}^{x}-1)$$

$$x=\frac{\Theta_{\mathrm{v}}}{T}$$

能量均分原理：分子的每个自由度平均具有$\frac{1}{2}RT$的能量。

常温下振动能级不开放，高温下$\Theta_{\mathrm{v}}\ll T, U_{\mathrm{m,v}}^{0}=RT$。

根据热力学能的统计计算，可计算摩尔定压热容：$C_{V,\mathrm{m}}=\left(\frac{\partial U}{\partial T}\right)_{V}$，见下面的步骤。

摩尔定压热容可表示为

$$C_{V,\mathrm{m}}=C_{V,\mathrm{m,t}}+C_{V,\mathrm{m,r}}+C_{V,\mathrm{m,v}} \tag{2.184}$$

以双原子理想气体为例：

$$C_{V,\mathrm{m,t}}=\frac{3}{2}R$$

$$C_{V,\mathrm{m,r}}=R$$

$$C_{V,\mathrm{m,v}}=RTx^{2}(\mathrm{e}^{x}-1)^{2}, x=\Theta_{\mathrm{v}}/T$$

在较低温度下：$T\ll\Theta_{\mathrm{v}}, x\to\infty$。

可得

$$\frac{R\cdot\mathrm{e}^{x}x^{2}}{(\mathrm{e}^{x}-1)^{2}}\approx\frac{Rx^{2}}{\mathrm{e}^{x}} \tag{2.185}$$

$$\lim_{x\to\infty}\frac{Rx^{2}}{\mathrm{e}^{x}}=\lim_{x\to\infty}\frac{2Rx}{\mathrm{e}^{x}}=\lim_{x\to\infty}\frac{2R}{\mathrm{e}^{x}}=0$$

因此

$$C_{V,\mathrm{m}}=\frac{5}{2}R \tag{2.186}$$

可知低温下只有平动和转动对热容有贡献。

当温度很高时，$T\gg\Theta_{\mathrm{v}}$，$x\to 0$，有

$$\lim_{x\to 0}\frac{R\cdot\mathrm{e}^{x}x^{2}}{(\mathrm{e}^{x}-1)^{2}}=\lim_{x\to 0}\frac{R(\mathrm{e}^{x}x^{2}+2x\mathrm{e}^{x})}{2(\mathrm{e}^{x}-1)\mathrm{e}^{x}}=\lim_{x\to 0}\frac{R(x^{2}+2x)}{2(\mathrm{e}^{x}-1)}$$

$$=\lim_{x\to 0}\frac{R(2x+2)}{2\mathrm{e}^{x}}$$

$$=\lim_{x\to 0}\frac{R(x+1)}{\mathrm{e}^{x}}=R \tag{2.187}$$

因此

$$C_{V,\mathrm{m}}=\frac{5}{2}R+R=\frac{7}{2}R \tag{2.188}$$

可知在高温下,平动、转动和振动均对热容有贡献。

理想晶体的热容:晶体是特别的相依粒子体系,原子被束缚在晶格上只能做微小振动,若将原子之间的弱相互作用忽略不计,将原子振动视为相互独立的简谐振动,就称为理想晶体。

根据爱因斯坦晶体热容公式:

$$C_{V,\mathrm{m}} = 3Rx^2\mathrm{e}^x(\mathrm{e}^x - 1)^2$$

其中,$x = \Theta_\mathrm{E}/T$;$\Theta_\mathrm{E} = h\upsilon_\mathrm{E}/k$,$\Theta_\mathrm{E}$ 为爱因斯坦特征温度,υ_E 为爱因斯坦特征频率。

高温下,$C_{V,\mathrm{m}} = 3R$,与经典杜隆－珀蒂(Dulong－Petit)定律相符合;$T \to 0$ K 时,$C_{V,\mathrm{m}} \to 0$,与实验结果一致。

但是爱因斯坦晶体热容公式存在缺点,其在低温下不能吻合。这是因为在推导过程中假定所有原子具有同样的振动频率。可对其进行德拜(Debye)修正,德拜晶体热容公式为

$$C_{V,\mathrm{m}} = \frac{12\pi^4}{5}\left(\frac{T}{\Theta_\mathrm{D}}\right)^3 = 1\ 944\left(\frac{T}{\Theta_\mathrm{D}}\right)^3 (\mathrm{J \cdot K^{-2} \cdot mol^{-1}})$$

式中,Θ_D 为德拜特征温度。

使其能够在全部温度范围内与实验值符合。

对于独立定域粒子体系,有

$$A = -NkT\ln q$$

$$S = Nk\ln q + NkT\left(\frac{\partial \ln q}{\partial T}\right)_{V,N}$$

$$U = NkT^2\left(\frac{\partial \ln q}{\partial T}\right)_{V,N}$$

$$G = -NkT\ln q + NkTV\left(\frac{\partial \ln q}{\partial T}\right)_{T,N}$$

$$H = NkTV\left(\frac{\partial \ln q}{\partial V}\right)_{T,N} + NkT^2\left(\frac{\partial \ln q}{\partial T}\right)_{V,N}$$

对于独立非定域粒子体系,有

$$A = -kT\ln\frac{q^N}{N!}$$

$$S = k\ln\frac{q^N}{N!} + NkT\left(\frac{\partial \ln q}{\partial T}\right)_{V,N}$$

$$U = NkT^2\left(\frac{\partial \ln q}{\partial T}\right)_{N,V}$$

$$G = -kT\ln\frac{q^N}{N!} + NkTV\left(\frac{\partial \ln q}{\partial T}\right)_{T,N}$$

$$H = NkTV\left(\frac{\partial \ln q}{\partial V}\right)_{T,N} + NkT^2\left(\frac{\partial \ln q}{\partial T}\right)_{V,N}$$

而粒子的全配分函数为

$$q_{总} = q_\mathrm{t}q_\mathrm{r}q_\mathrm{v}q_\mathrm{e}q_\mathrm{n} = q_\mathrm{t}q_{内}$$

(1) 单原子分子:

$$q_{总} = q_\mathrm{t}q_\mathrm{e}q_\mathrm{n} = \left(\frac{2\pi mkT}{h^2}\right)^{\frac{3}{2}}Vg_0^\mathrm{e}g_0^\mathrm{n}$$

(2) 双原子分子：

$$q_{总}=q_{t}q_{r}q_{v}q_{e}q_{n}=\left(\frac{2\pi mkT}{h^{2}}\right)^{\frac{3}{2}}V\left(\frac{T}{\sigma\Theta_{r}}\right)\left[1-\exp\left(-\frac{\Theta_{v}}{T}\right)\right]^{-1}g_{0}^{e}g_{0}^{n}$$

(3) 线性多原子分子：

$$q_{总}=q_{t}q_{r}q_{v}q_{e}q_{n}=\left(\frac{2\pi mkT}{h^{2}}\right)^{\frac{3}{2}}V\left(\frac{T}{\sigma\Theta_{r}}\right)\prod_{i=1}^{3n-5}\left[1-\exp\left(-\frac{\Theta_{vi}}{T}\right)\right]^{-1}g_{0}^{e}g_{0}^{n}$$

(4) 非线性多原子分子：

$$q_{总}=q_{t}q_{r}q_{v}q_{e}q_{n}=\left(\frac{2\pi mkT}{h^{2}}\right)^{\frac{3}{2}}V\frac{\sqrt{\pi}}{\sigma}\sqrt{\left(\frac{T^{3}}{\Theta_{r,x}\Theta_{r,y}\Theta_{r,z}}\right)}\prod_{i=1}^{3n-6}\left[1-\exp\left(-\frac{\Theta_{vi}}{T}\right)\right]^{-1}g_{0}^{e}g_{0}^{n}$$

在不同的能量标度下，分子配分函数与热力学函数变化的几点说明如下：

(1) 在配分函数的推导中，均以不同运动形式的基态为参考值。

(2) 分子包含各种运动形式，视 0 K 时各种运动形式都在基态，因此 0 K 时分子的基态可作为该分子的能量零点。

(3) 化学反应为多种物质存在，需要考虑公共零点，分子的配分函数及热力学函数发生相应改变。

化学反应的公共能量零点：

$$a\text{A}+b\text{B}\longrightarrow g\text{G}+h\text{H}$$

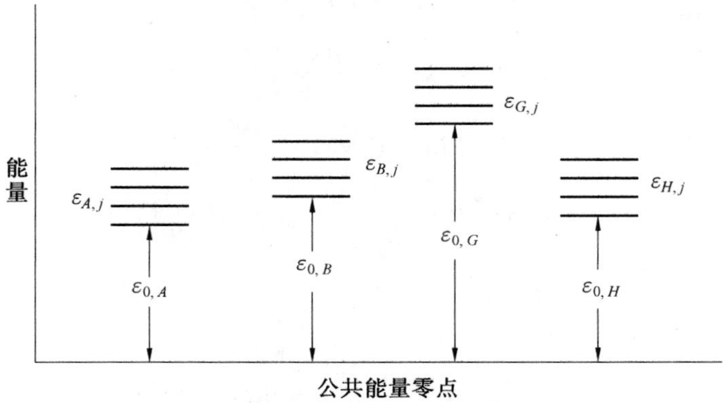

图 2.8

此时配分函数的变化为

$$q_{L}=\sum_{i}g_{L,i}\,\mathrm{e}^{-\varepsilon_{L,j}/kT}\qquad(L=\text{A},\text{B},\text{G},\text{H})$$

$$q'_{L}=\sum_{i}g_{L,i}\,\mathrm{e}^{-(\varepsilon_{L,j}+\varepsilon_{L,0})/kT}$$

$$=\mathrm{e}^{-\varepsilon_{L,0}/kT}\sum_{i}g_{L,i}\,\mathrm{e}^{-\varepsilon_{L,j}/kT}$$

$$q'_{L}=\mathrm{e}^{-\varepsilon_{L,0}/kT}q_{L}$$

对于任意一个分子 L ($L=$A, B,G,H)，此时热力学函数的变化(非定位粒子体系)为

$$A=-kT\ln\frac{(q')^{N}}{N!}=-kT\ln\frac{q^{N}}{N!}+U_{0}$$

$$U_{0}=N\varepsilon_{0}$$

式中，ε_{0} 是单个分子的基态参照公共零点的能量。

对于其他热力学函数：

$$S=-\left(\frac{\mathrm{d}A}{\mathrm{d}T}\right)_{V,N}=Nk\ln\frac{q}{N!}+NkT\left(\frac{\partial\ln q}{\partial T}\right)_{V,N}$$

$$U=A+TS=NkT^2\left(\frac{\partial\ln q}{\partial T}\right)_{V,N}+U_0$$

$$C_V=\left(\frac{\partial U}{\partial T}\right)_V=\frac{\partial}{\partial T}\left[NkT^2\left(\frac{\partial\ln q}{\partial T}\right)_{V,N}\right]_V$$

$$p=-\left(\frac{\partial A}{\partial V}\right)_{T,N}=\frac{NkT}{V}$$

$$G=A+pV=-NkT\ln\frac{q}{N}+U_0$$

$$H=U+pV=NkT^2\left(\frac{\partial\ln q}{\partial T}\right)_{V,N}+NkT+U_0$$

考虑公共零点后，分子的配分函数 $q\to q'$；分子的热力学函数：无论采取何种标度，对 S、C_V 和 p 没有影响，A、G、H、U 中多了 U_0。

2.5.5　气体分子标准摩尔热力学函数

气体的标准态：温度为 T、压力为标准压力 $p^{\ominus}=101.325$ kPa 的纯物质 B 的理想气体。

标准摩尔热力学函数 $C_{p,\mathrm{m}}^{\ominus}$，$U_{\mathrm{m}}^{\ominus}$，$G_{\mathrm{m}}^{\ominus}$，$S_{\mathrm{m}}^{\ominus}$，其中除热容 $C_{p,\mathrm{m}}^{\ominus}$ 外，均无绝对值，都是对能量零点的相对值，因而化学热力学中定义新的标准摩尔热力学函数。

1. 标准摩尔熵

根据热力学第三定律，规定完美晶体在 0 K 的标准摩尔热熵为 0，即 $S_{\mathrm{m}}^{\ominus}(0\ \mathrm{K})=0$。

$$S_{\mathrm{m}}^{\ominus}(T)-S_{\mathrm{m}}^{\ominus}(0\ \mathrm{K})=R\ln\frac{q}{N!}+RT\left(\frac{\partial\ln q}{\partial T}\right)_{V,N}$$

2. 标准摩尔焓

$$H_{\mathrm{m}}^{\ominus}(T)-H_{\mathrm{m}}^{\ominus}(0\ \mathrm{K})=H_{\mathrm{m}}^{\ominus}(T)-U_{\mathrm{m}}^{\ominus}(0\ \mathrm{K})=RT^2\left(\frac{\partial\ln q}{\partial T}\right)_{V,N}+RT$$

0 K 时，$H_{\mathrm{m}}^{\ominus}(0\ \mathrm{K})=U_{\mathrm{m}}^{\ominus}(0\ \mathrm{K})$。

3. 标准摩尔吉布斯自由能函数

$$-\frac{G_{\mathrm{m}}^{\ominus}(T)-U_{\mathrm{m}}^{\ominus}(0\ \mathrm{K})}{T}=-\frac{G_{\mathrm{m}}^{\ominus}(T)-H_{\mathrm{m}}^{\ominus}(0\ \mathrm{K})}{T}=-\frac{H_{\mathrm{m}}^{\ominus}(T)-H_{\mathrm{m}}^{\ominus}(0\ \mathrm{K})}{T}+S_{\mathrm{m}}^{\ominus}(T)$$

4. 化学反应的标准生成热力学函数

对于 B 的生成反应（一类特殊的反应）：$0=\sum_{\mathrm{E}}\nu_{\mathrm{B}}E+\mathrm{B}$（E 为纯物质，B 的化学计量数规定为 1），生成反应的标准摩尔吉布斯自由能函数变化为

$$\Delta_{\mathrm{f}}G_{\mathrm{m}}^{\ominus}=G_{\mathrm{m,B}}^{\ominus}-\sum_{\mathrm{E}}\nu_{\mathrm{E}}G_{\mathrm{m,E}}^{\ominus}$$

其标准摩尔热力学函数变化为

$$\Delta_{\mathrm{f}}H_{\mathrm{m}}^{\ominus}(T)=[H_{\mathrm{m}}^{\ominus}(T)-H_{\mathrm{m}}^{\ominus}(0\ \mathrm{K})]_{\mathrm{B}}-\sum_{\mathrm{E}}\nu_{\mathrm{E}}[H_{\mathrm{m}}^{\ominus}(T)-H_{\mathrm{m}}^{\ominus}(0\ \mathrm{K})]_{\mathrm{E}}+\Delta_{\mathrm{f}}H_{\mathrm{m}}^{\ominus}(0\ \mathrm{K})$$

$$\Delta_{\mathrm{f}}G_{\mathrm{m}}^{\ominus}(T)=T\left\{\left[\frac{G_{\mathrm{m}}^{\ominus}(T)-H_{\mathrm{m}}^{\ominus}(0\ \mathrm{K})}{T}\right]_{\mathrm{B}}-\sum_{\mathrm{E}}\nu_{\mathrm{E}}\left[\frac{G_{\mathrm{m}}^{\ominus}(T)-H_{\mathrm{m}}^{\ominus}(0\ \mathrm{K})}{T}\right]_{\mathrm{E}}\right\}+\Delta_{\mathrm{f}}H_{\mathrm{m}}^{\ominus}(0\ \mathrm{K})$$

对于标准平衡常数，一般化学反应

$$0=\sum_{\mathrm{B}}\nu_{\mathrm{B}}B,K^{\ominus}(T)=\exp\left[-\sum_{\mathrm{B}}\nu_{\mathrm{B}}\mu_{\mathrm{B}}^{\ominus}(T)/RT\right]$$

$$-\sum_{\mathrm{B}}\nu_{\mathrm{B}}\mu_{\mathrm{B}}^{\ominus}(T)=-\Delta_{\mathrm{r}}G_{\mathrm{m}}^{\ominus}(T)=RT\ln[K^{\ominus}(T)]$$

所以其平衡常数的计算公式为

$$\ln K^{\ominus}=-\frac{\Delta_{\mathrm{r}}G_{\mathrm{m}}^{\ominus}(T)}{RT}$$

$$=-\frac{1}{R}\sum_{\mathrm{B}}\nu_{\mathrm{B}}\left\{\frac{G_{\mathrm{m}}^{\ominus}(T)-H_{\mathrm{m}}^{\ominus}(0\ \mathrm{K})}{T}\right\}+\frac{\Delta_{\mathrm{r}}U_{\mathrm{m}}^{\ominus}(0\ \mathrm{K})}{RT}$$

前一项由统计方法获得，后一项由其他方法获得。

例 $\Delta_{\mathrm{r}}U_{\mathrm{m}}^{\ominus}(0\ \mathrm{K})$ 的计算。

解 可由离解能数据求算，对于反应 $H_2(g)+D_2(g)\longrightarrow 2HD(g)$，在 0 K 时，反应按分子计量的能量改变值为

$$\Delta_{\mathrm{r}}U_{\mathrm{m}}(0\ \mathrm{K})=L\Delta_{\mathrm{r}}\varepsilon_0$$

$$\begin{aligned}\Delta_{\mathrm{r}}\varepsilon_0&=2\varepsilon_0(\mathrm{HD})-\varepsilon_0(\mathrm{H_2})-\varepsilon_0(\mathrm{D_2})\\&=-2D_0(\mathrm{HD})+D_0(\mathrm{H_2})+D_0(\mathrm{D_2})\\&=0.007\ \mathrm{eV}=0.007\times1.602\times10^{-19}\ \mathrm{J}\end{aligned}$$

此外，还有其他方法可以计算 0 K 时的反应自由能变，如根据热化学中的基尔霍夫(Kirchhoff)公式：

$$\Delta_{\mathrm{r}}H_{\mathrm{m}}^{\ominus}(T)=\Delta_{\mathrm{r}}H_{\mathrm{m}}^{\ominus}(0\ \mathrm{K})+\int_0^T\Delta_{\mathrm{r}}c_{p,\mathrm{m}}\mathrm{d}T$$

其中，$\Delta_{\mathrm{r}}H_{\mathrm{m}}^{\ominus}(T)$ 和 $\int_0^T\Delta_{\mathrm{r}}c_{p,\mathrm{m}}\mathrm{d}T$ 可用热化学和量热学的数据求得。

第3章　溶体热力学

熵判据、自由能判据是常用、实用的，但体系的熵变量、自由能变量的计算要求体系中的物质不形成溶液。我们已经掌握了纯组分（或组成不变）的流体热力学性质的计算，那么，如何将热力学原理应用于溶液体系呢？这就是本章要解决的问题——溶体热力学。

溶体热力学在工程上的应用非常广泛，该分支学科和扩散分离过程以及流体的物性学有着密切的联系，因而溶体性质的研究和考察遍及化工、冶金、能源、材料和生物技术等各个重要领域。可以说，凡是有溶液存在和伴随有热的过程都是溶体热力学的研究对象。

3.1　溶体模型及其理论

3.1.1　溶体的基本特征

1. 溶体概述

溶体：由两种及两种以上物质组成的单相（物理化学性质均一）体系。

溶体可以是液态、固态（固溶体）或气态（气体混合物）。液态溶体常称为溶液，由熔融盐或熔融金属所形成的溶液常被称为熔体。

组元：组成溶体体系的物质。

浓度：表示溶体组成的宏观量，微观上就是组元粒子在某一点出现的概率。

溶体中组元浓度的表示方法：对于有多个组元的系统，需要知道各组元的物质的量 n，它是广延性质，更常用的是强度性质，即组成，其值在 $0 \sim 1$ 之间，有如下不同的表示方法。

(1) 质量分数。

设在 k 个组元所组成的溶体中，各组元的质量分别为 $g_1, g_2, \cdots, g_k$，则组元 i 所占的质量分数 w_i 为

$$w_i = \frac{g_i}{g_1 + g_2 + \cdots + g_k} \times 100\% \tag{3.1}$$

(2) 原子数分数。

在 k 个组元所组成的溶体中，各组元的质量分数分别为 $w_1, w_2, \cdots, w'_k$，对应各组元的原子量分别为 $A_1, A_2, \cdots, A_k$，则 i 组元所占的原子数分数为

$$a_i = \frac{\dfrac{w_i}{A_i}}{\dfrac{w_1}{A_1} + \dfrac{w_2}{A_2} + \cdots + \dfrac{w_i}{A_i}} \times 100\% \tag{3.2}$$

如果已知溶体中各组元的原子数分数分别为 $a_1, a_2, \cdots, a'_k$，则可分别求得组元的质量分数如下：

$$w_i = \frac{a_i A_i}{a_1 A_1 + a_2 A_2 + \cdots + a_k A_k} \times 100\% \tag{3.3}$$

(3) 摩尔分数。

溶质 B 的物质的量与溶液中总的物质的量之比称为溶质 B 的物质的量分数，又称为摩尔分数，单位为 1。

以 $n_1, n_2, \cdots, n_k$ 表示溶体中各组元的物质的量，则 $n_1 = \frac{w_1}{A_1}, n_2 = \frac{w_2}{A_2}, \cdots, n_k = \frac{w_k}{A'_k}$，$n_i$ 表示组元 i 的物质的量，则组元 i 的摩尔分数为

$$x_i = \frac{n_i}{n_1 + n_2 + \cdots + n_k} \tag{3.4}$$

摩尔分数 x_i 与原子数分数 a_i 都是对物质原子数目比例的计量，二者的关系为

$$x_i = \frac{a_i}{100}$$

如果已知各组元的质量分数分别为 $\omega_1, \omega_2, \cdots, \omega_k$，对应各组元的原子量分别为 $A_1, A_2, \cdots, A'_k$，则组元 i 的摩尔分数为

$$x_i = \frac{\frac{w_i}{A_i}}{\frac{w_1}{A_1} + \frac{w_2}{A_2} + \cdots + \frac{w_k}{A_k}} \tag{3.5}$$

对于理想气体，各组元的分压 p_i 与其摩尔分数 x_i 成正比，因此摩尔分数也等于各组元的分压占混合气体总压力 p 的比值，即

$$x_i = \frac{p_i}{p_1 + p_2 + \cdots + p_k} = \frac{p_i}{p} \tag{3.6}$$

归一要求，对于各组元质量分数 w_i、原子数分数 a_i、摩尔分数 x_i 及分压 p_i，应有

$$\sum\nolimits_B x_B = \sum\nolimits_B w_B = \sum\nolimits_B \varphi_B = 1 \tag{3.7}$$

溶剂：溶体中含量较高的组元。它对溶体的性质起主要的决定作用。

溶质：溶体中含量较低的组元。它对溶体的性质起次要的影响作用。如果组成溶液的物质有不同的状态，通常将液态物质称为溶剂，气态或固态物质称为溶质。

溶剂与溶质的性质一般差别较大，研究时分别采用不同的方法和参考状态。

混合物：当液相两个组分的含量接近，使得溶剂和溶质没有明显的区别；或者当组成溶液的组分具有相似性质时，溶剂和溶质也没有明显的区别时，在上述两种情况下溶剂和溶质不加区分，各组分均可选用相同的标准态，使用相同的经验定律，具有这种特点的均匀体系常称为混合物。混合物可分为气态混合物、液态混合物和固态混合物。

3.1.2 溶体系统特有的热力学性质

1. 饱和蒸气压与溶解度(饱和质量浓度)

将液体纯物质置于真空容器内，最后必然达到液－气两相平衡状态。平衡的本质是液体的蒸发速度等于气体的凝结速度。我们把液－气平衡时的蒸气称为饱和蒸气，把饱和蒸气的压力称为该液体的饱和蒸气压，或简称蒸气压。与溶体相平衡的气相中各组元的分压力就称为溶体中相应组元的蒸气压，它间接表达了溶体中各组元的化学位，蒸气压越大，化学位越高，

相应组元越容易从溶液中逸出，转移到其他相中。一般来说，某一组元的蒸气压随该组元在溶体中的摩尔分数增加而增大。液体的蒸气压除了与液体本身的性质有关外，还与温度和压力等外界条件有关。当液体周围除了本身的饱和蒸气以外，还有不溶于液体的惰性气体存在时，液体所受的总压力是饱和蒸气的分压与惰性气体分压之和。不过，总压力一般对蒸气压的影响极小，纯液体的蒸气压实际上只是温度的函数。溶体中每种组元的饱和蒸气压除与温度有关外，还是溶液组成（摩尔分数）的函数。等温等压条件下，多元多相体系达到化学平衡的条件是，各个相内部各组元摩尔分数处处相等；不同相之间各组元的化学位相等，摩尔分数具有确定值。其实，除了液态物质外，其他凝聚态物质也可以与气态建立平衡，也有相应的饱和蒸气压。

各组元在饱和蒸气压下的摩尔分数即为饱和质量浓度，也称溶解度。

2. 偏摩尔量

系统的状态函数中 V、U、H、S、A、G 等为广度性质，在液态混合物或溶液中，单位物质的量的组分 B 的 V_B、U_B、H_B、S_B、A_B、G_B 与在同样温度、压力下单独存在时相应的摩尔量通常并不相等。（包括理想液态混合物和理想稀溶液中的某些单位物质量的广度量，与其纯态时的广度量也不相等）。因此，为了表述上述差异，提出偏摩尔量的概念。

（1）偏摩尔量的定义与物理意义。

多元体系的广延热力学量是与各组元含量有关的一个多元函数，它随某一组元增加的变化率是一个"偏导数"，当组元含量以摩尔为单位时，这个偏导数就称偏摩尔量。

在极大量的溶体中加入 1 mol 的某一组元（使其他组元的物质的量保持不变），测定溶体性质的变化量，这个性质的变化量称为偏摩尔量。设溶体中各组元的物质的量分别为 n_1，n_2，…，n_k，M 为整个任意量溶体的容量性质，则 i 组元的偏摩尔量 M_i 可由下式定义：

$$M_i=\left(\frac{\partial M}{\partial n_i}\right)_{T,p,n_j/n_i} \tag{3.8}$$

其中，$M=M(T,p,n_1,n_2,\cdots,n_k)$，下标的含义为温度 T、压力 p 以及除了组元 i 以外的其他组元的物质的量 n_j 保持不变。当 $\mathrm{d}T=0$ 及 $\mathrm{d}p=0$ 时，有

$$\mathrm{d}M=\left(\frac{\partial M}{\partial n_1}\right)_{T,p,n_2,n_3,\cdots,n_k/n_1}\mathrm{d}n_1+\left(\frac{\partial M}{\partial n_2}\right)_{T,p,n_1,n_3,\cdots,n_k/n_2}\mathrm{d}n_2+\cdots+\left(\frac{\partial M}{\partial n_k}\right)_{T,p,n_1,n_2,\cdots,n_{k-1}/n_k}\mathrm{d}n_k \tag{3.9}$$

由于 M 为整个任意量的容量性质，因此有

$$M=\sum n_iM_i \tag{3.10}$$

对于二元系，式(3.10) 成为

$$\mathrm{d}M=M_1\mathrm{d}n_1+M_2\mathrm{d}n_2 \tag{3.11}$$

式(3.11) 成为

$$M=M_1n_1+M_2n_2 \tag{3.12}$$

对式(3.12) 微分，得

$$\mathrm{d}M=n_1\mathrm{d}M_1+n_2\mathrm{d}M_2+M_1\mathrm{d}n_1+M_2\mathrm{d}n_2 \tag{3.13}$$

比较式(3.11) 与式(3.13)，有

$$n_1\mathrm{d}M_1+n_2\mathrm{d}M_2=0 \tag{3.14}$$

设 $x_1=\frac{n_1}{n_1+n_2}$，$x_2=\frac{n_2}{n_1+n_2}$ 则由式(3.14)可得

$$x_1\mathrm{d}M_1+x_2\mathrm{d}M_2=0 \tag{3.15}$$

而 $x_1+x_2=1$，$\mathrm{d}x_1=-\mathrm{d}x_2$，则

$$x_1\left(\frac{\partial M_1}{\partial x_1}\right)_{T,p}-x_1\left(\frac{\partial M_2}{\partial x_2}\right)_{T,p}=0 \tag{3.16}$$

式(3.15)和式(3.16)均称为吉布斯－杜亥姆(Gibbs－Duhem)方程(对二元系)。利用该公式可由一个组元的偏摩尔量求得另一组元的偏摩尔量。

对1 mol量的任何容量性质 $M_\mathrm{m}\left(M_\mathrm{m}=\frac{M}{n_1+n_2}\right)$，根据式(3.12)，有

$$M_\mathrm{m}=x_1M_1+x_2M_2 \tag{3.17}$$

对上式微分得

$$\mathrm{d}M_\mathrm{m}=x_1\mathrm{d}M_1+x_2\mathrm{d}M_2+M_1\mathrm{d}x_1+M_2\mathrm{d}x_2 \tag{3.18}$$

将式(3.15)与式(3.18)合并，则有

$$\mathrm{d}M_\mathrm{m}=M_1\mathrm{d}x_1+M_2\mathrm{d}x_2 \tag{3.19}$$

将上式各项乘以 $x_1/\mathrm{d}x_2$，而 $\mathrm{d}x_1=-\mathrm{d}x_2$，则

$$x_1\frac{\mathrm{d}M_\mathrm{m}}{\mathrm{d}x_2}=-x_1M_1+x_1M_2 \text{ 或 } x_1M_1=x_1M_2-x_1\frac{\mathrm{d}M_\mathrm{m}}{\mathrm{d}x_2} \tag{3.20}$$

代入式(3.17)得

$$M_\mathrm{m}=x_1M_2-x_1\frac{\mathrm{d}M_\mathrm{m}}{\mathrm{d}x_2}+x_2M_2 \tag{3.21}$$

同样对于 M_1 有

$$M_1=M_\mathrm{m}+(1-x_1)\frac{\mathrm{d}M_\mathrm{m}}{\mathrm{d}x_1}=M_\mathrm{m}-x_2\frac{\mathrm{d}M_\mathrm{m}}{\mathrm{d}x_2} \tag{3.22}$$

对于多元系的容量性质，引入 G 和 G_m 分别表示体系(体系)的自由焓(吉布斯自由能)和体系(溶体)中的摩尔自由焓，如体系中共有 n mol 物质，则有

$$G=nG_\mathrm{m} \tag{3.23}$$

组元 i 的偏摩尔自由焓为

$$G_i=\left(\frac{\partial G}{\partial n_i}\right)_{n_k}=\left(\frac{\partial n}{\partial n_i}\right)_{n_k}G_\mathrm{m}+n\left(\frac{\partial G_\mathrm{m}}{\partial n_i}\right)_{n_k} \tag{3.24}$$

由于 $n=\sum n_j$，$x_j=n_j/n$，又由于 G_m 常以摩尔分数来表示，所以应施以下变换：

$$(n_1,n_2,\cdots,n_r)\rightarrow(n,x_2,\cdots,x_r) \tag{3.25}$$

则有

$$G_i=\left(\frac{\partial n}{\partial n_i}\right)_{n_k}G_\mathrm{m}+n\left(\frac{\partial G_\mathrm{m}}{\partial n}\right)_{x_j}\left(\frac{\partial n}{\partial n_i}\right)_{n_k}+n\sum_{j=2}^{r}\left(\frac{\partial G_\mathrm{m}}{\partial x_j}\right)_{n,x_k}\left(\frac{\partial x_j}{\partial n_i}\right)_{n_k} \tag{3.26}$$

由于 G_m 仅依赖于成分而与体系的大小无关，有

$$\left(\frac{\partial G_\mathrm{m}}{\partial n}\right)_{x_j}=0 \tag{3.27}$$

且

$$\left(\frac{\partial n}{\partial n_i}\right)_{n_k}=1,\quad \left(\frac{\partial x_j}{\partial n_i}\right)_{n_k}=\frac{\delta_{ij}-x_j}{n} \tag{3.28}$$

其中，δ_{ij} 是克罗内克(Kronecker)记号(当 $i \neq j$ 时，$\delta_{ij}=0$；当 $i=j$ 时，$\delta_{ij}=1$)。因此可得

$$G_i = G_m + \sum_{j=2}^{r} (\delta_{ij} - x_j) \left(\frac{\partial G_m}{\partial x_j}\right) \tag{3.29}$$

对于三元系溶体($r=3$)，由式(3.29)可知

$$G_1 = G_m - x_2 \frac{\partial G_m}{\partial x_2} - x_3 \frac{\partial G_m}{\partial x_3} \tag{3.30}$$

$$G_2 = G_m + (1 - x_2) \frac{\partial G_m}{\partial x_2} - x_3 \frac{\partial G_m}{\partial x_3} \tag{3.31}$$

$$G_3 = G_m - x_2 \frac{\partial G_m}{\partial x_2} + (1 - x_3) \frac{\partial G_m}{\partial x_3} \tag{3.32}$$

若以等边三角形来表示成分，三角形的3个顶点分别表示3个组元，以垂直于该平面的轴来表示体系的摩尔吉布斯自由能，则式(3.30)、式(3.31)和式(3.32)分别表示过自由能曲面上 M 点的切平面在 A、B、C 轴上的截距，即 G_1、G_2 和 G_3(即 μ_1、μ_2 和 μ_3)。

上述方法适于所有的容量性质，对于一个均相系统，如果不考虑除压力以外的其他广义力，为了确定平衡态，除了系统中每种物质的数量外，还需确定两个独立的状态函数。设有一个均相系统是由组分1,2,3,…,k 所组成的含有 k 个组分的多组分系统，系统的任一广延性质用 X 表示。设广延性质 $X(V,U,H,S,A,G)$ 状态函数的基本假定为

$$X = X(T, p, n_1, n_2, \cdots, n_k) \tag{3.33}$$

式中，$n_1, n_2, \cdots, n_k$ 为组元1,2,3,…,k 的物质的量。当 T、p、n_i 产生无限小的变化时，广延性质 X 的相应改变可用如下全微分式表达：

$$\mathrm{d}X = \left(\frac{\partial X}{\partial T}\right)_{p,n_j} \mathrm{d}T + \left(\frac{\partial X}{\partial p}\right)_{T,n_j} \mathrm{d}p + \sum_{i=1}^{k} \left(\frac{\partial X}{\partial n_i}\right)_{T,p,n_{j\neq i}} \mathrm{d}n_i \tag{3.34}$$

其中，偏导数下标 n_j 表示所有组分的物质的量均不变，$n_{j\neq i}$ 则表示除 n_i 以外其他组分的物质的量保持恒定。定义

$$X_i \xlongequal{\text{def}} \left(\frac{\partial X}{\partial n_i}\right)_{T,p,n_{j\neq i}} \tag{3.35}$$

X_i 即为偏摩尔量的数学表达式，它表示在系统恒定 T、p 和其他物质的量时，改变1 mol物质 i 引起的系统广延性质 X 的变化。因此偏摩尔量的物理意义就是在定温定压条件下，向无限大的系统中(可以看作其摩尔分数不变)加入1 mol物质B所引起的系统中某个(容量性质的)热力学量 X 的变化。或在一个等温等压保持其他组分的物质的量不变的条件下，向巨大均相系统中单独加入1 mol物质B时系统的广延性质 X 的变化。巨大均相意味着添加1 mol物质B后系统组成或摩尔分数保持不变。偏摩尔性质的物理意义可通过实验来理解。例如，在一个无限大的、颈部有刻度的容量瓶中，盛入大量的乙醇水溶液，在乙醇水溶液的温度、压力、摩尔分数都保持不变的情况下，加入1 mol乙醇，充分混合后，量取瓶上的溶液体积的变化，这个变化值即为乙醇在这个温度、压力和摩尔分数下的偏摩尔体积。

将 X_i 代入式(3.34)，得

$$\mathrm{d}X = \left(\frac{\partial X}{\partial T}\right)_{p,n_j} \mathrm{d}T + \left(\frac{\partial X}{\partial p}\right)_{T,n_j} \mathrm{d}p + \sum\nolimits_{i=1}^{k} X_i \mathrm{d}n_i \tag{3.36}$$

由于 X 是 T、p、n_1、n_k 的函数，因此 X_i 也是 T、p、n_1、n_k 的函数，是一个状态函数。同时 X 和 n_j 均为广延性质，两者相除即与系统总量无关，因此 X_i 是一个强度性质，决定于 T、p 和组

成，相应有如下函数关系：

$$X_i = X_i(T, p, x_1, x_2, \cdots, x_{k-1}) \tag{3.37}$$

式中没有 x_k 是因为

$$x_k = 1 - \sum_{i=1}^{k-1} x_i \tag{3.38}$$

不是独立变量。

系统的状态函数中 V、U、H、S、A、G 等为广度性质，它们的偏摩尔量可表示如下。

偏摩尔量与摩尔量的区别：下面以比较直观的体积 V 来举例说明，见表 3.1。对纯组分系统 X_i 即为 X_i^*。

表 3.1 101 325 Pa，20 ℃ 下 C_2H_5OH (B) 与 H_2O (A) 混合时的体积变化

x_B	V_m^{id}/($cm^3 \cdot mol^{-1}$)	V_m/($cm^3 \cdot mol^{-1}$)	ΔV_m/($cm^3 \cdot mol^{-1}$)	n_B/mol n_A = 10 mol	V^{id}/cm^3 n_A = 10 mol	V/cm^3 n_A = 10 mol
0.041 6	19.76	19.54	−0.22	0.434 5	206.23	203.85
0.089 1	21.67	21.18	−0.49	0.977 6	237.93	323.48
0.143 5	23.87	23.11	−0.76	1.675 9	278.69	269.81
0.206 8	26.42	25.47	−0.95	2.607 0	333.04	321.05
0.281 1	29.41	28.34	−1.07	3.910 5	409.12	394.27
0.369 7	32.98	31.86	−1.12	5.865 7	523.24	505.41
0.477 1	37.31	36.19	−1.12	9.124 7	713.47	692.07
0.610 0	42.66	41.65	−1.01			
0.778 7	49.46	48.73	−0.73			

① 混合时体积一般没有加和性。例如，20 ℃、101 325 Pa 下，纯水(H_2O)(A) 的摩尔体积 $V_A^* = 18.09\ cm^3 \cdot mol^{-1}$，纯乙醇($C_2H_5OH$)(B) 的摩尔体积 $V_A^* = 58.37\ cm^3 \cdot mol^{-1}$，现有 $x_B = 0.206\ 8$ 的混合物，如果在混合时的体积具有加和性，以上标"id"代表这种理想情况，则混合物的摩尔体积为

$$\begin{aligned} V_m^{id} &= x_A V_A^* + x_B V_B^* = [(1 - 0.206\ 8) \times 18.09 + 0.206\ 8 \times 58.37] \\ &= 26.42\ cm^3 \cdot mol^{-1} \end{aligned} \tag{3.39}$$

然而实测结果却是 $V_m = 25.47\ cm^3 \cdot mol^{-1}$。不同摩尔分数下的试验数据见表 3.1，图3.1 中 V_m^{id} 与 x_B 的关系由于加和性故为直线(虚线)，实测 V_m 除两端点($x_B = 0$ 和 1，即纯水和纯乙醇)外，均比 V_m^{id} 小，V_m 与 x_B 呈曲线关系。

② 现将 H_2O (A) 的量固定(如 10 mol)，将 C_2H_5OH(B) 不断加入。以混合物体积 V 与 n_B 为坐标作图，如图 3.2 所示。如果体积可以加和，应得直线(虚线)，斜率即为纯 B 的摩尔体积 58.37 $cm^3 \cdot mol^{-1}$。实际得到的是曲线并在直线下方，说明混合物的体积比加和所得小。曲线各点的斜率为 V_B，即为相应摩尔分数下 B 的偏摩尔体积。它是 1 mol C_2H_5OH(B) 在一定温度、压力下对一定摩尔分数混合物总体积的贡献，这就是偏摩尔体积的物理意义。由图 3.1 和图3.2 可见，B 的偏摩尔体积 V_B 比 V_B^* 偏小，而且随摩尔分数而变。当 X_i 趋近 1 时，V_i 趋近于 V_i^*。

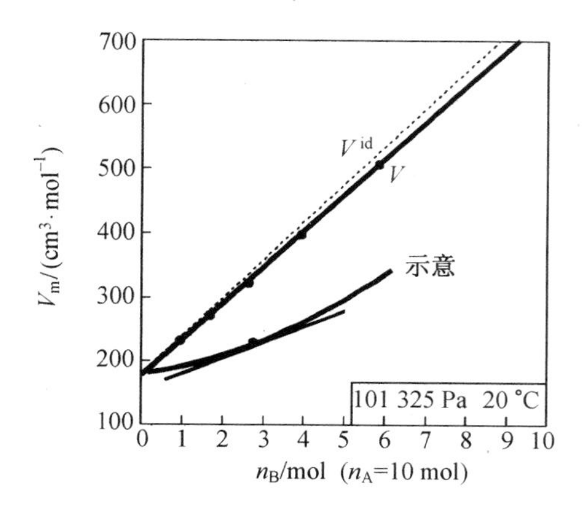

图 3.1　$C_2H_5OH(B)$ 与 $H_2O(A)$ 混合时的体积变化

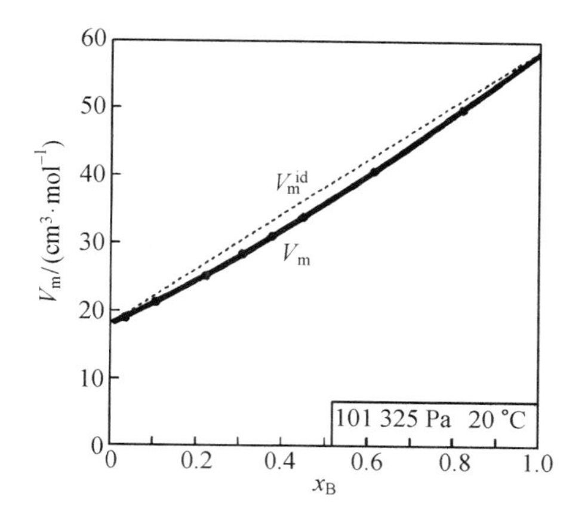

图 3.2　$C_2H_5OH(B)$ 加入到一定量 $H_2O(A)$ 中的体积变化(由于 V^{id} 与 V 差别很小,因此图中下部画出 V 的扩大示意线)

再举一例:向水中加入 $MgSO_4$(图 3.3),当 $m < 0.07$ 时,V 反而减少。

$V_B < 0$ 是因为水合离子使水分子接近。V_B 不能看成 $MgSO_4$ 在溶液中占据的体积。只是 $MgSO_4$ 加入后,V 的变化,或者看作 $MgSO_4$ 对溶液体积的贡献(贡献可正可负)。

③ 偏摩尔量 X_i 可以理解为 1 mol 物质 i 在一定温度、压力下对一定摩尔分数的均相多组分系统的某一广延性质 X 的贡献。摩尔量 X_i^* 则为对纯物质系统的相应贡献。值得指出的是,偏摩尔量可以是负值,这时,由于各组分间的特殊相互作用,加入某组分后,反而使某一广延性质减小,因而得出负贡献。摩尔量则一定是正值。

④ 对于单组分纯物质,系统的广延性质 V、U、H、S、A、G 等都有其相应的摩尔量:

$$V_{m,B}^* \xlongequal{\text{def}} \frac{V}{n_B} \quad (\text{摩尔体积})$$

$$U_{m,B}^* \xlongequal{\text{def}} \frac{U}{n_B} \quad (\text{摩尔热力学能})$$

$$H_{m,B}^* \xlongequal{\text{def}} \frac{H}{n_B} \quad (\text{摩尔焓})$$

$$S_{m,B}^* \xlongequal{\text{def}} \frac{S}{n_B} \quad (\text{摩尔熵})$$

$$A_{m,B}^* \xlongequal{\text{def}} \frac{A}{n_B} \quad (\text{摩尔亥姆霍兹常数})$$

$$G_{m,B}^* \xlongequal{\text{def}} \frac{G}{n_B} \quad (\text{摩尔吉布斯函数})$$

摩尔量是广度性质,$V_{m,B}^*$、$U_{m,B}^*$、$H_{m,B}^*$、$S_{m,B}^*$、$A_{m,B}^*$、$G_{m,B}^*$ 是强度性质。纯物质的偏摩尔量就是摩尔量。

(2) 偏摩尔量的几个基本公式。

① 集合公式。

由于偏摩尔量只决定于组成,与总量无关。如图 3.4 所示,恒温、恒压下,当我们按比例加入 $n_1, n_2, n_3, \cdots, n_k, \cdots$ 各组元按照一定比例增加,使体系量增加,则体系的容量性质相应由零增加到某定值,而各组元的偏摩尔量 X_i 保持不变。

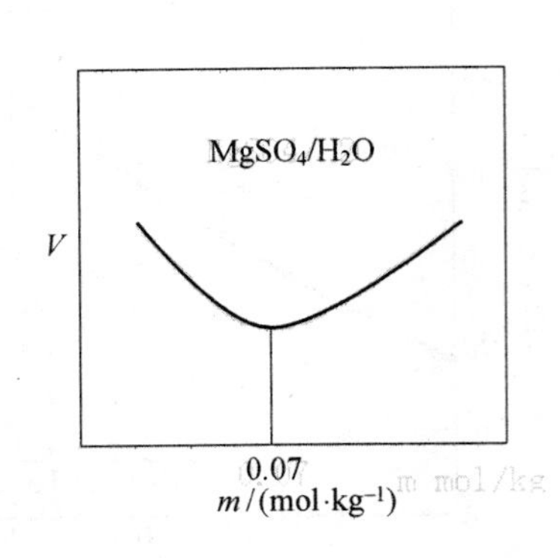

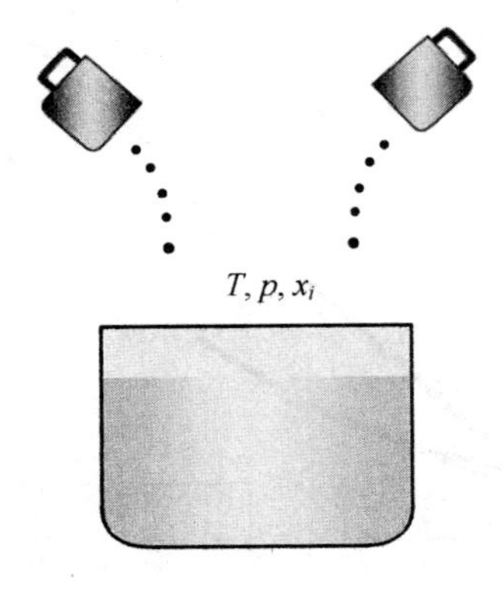

图 3.3 向水中加入 $MgSO_4$ 的体积变化　　图 3.4 体系中各组元添加示意图

由 $dX_{T,p}=X_1dn_1+X_2dn_2+\cdots+X_Bdn_B+\cdots$

$$\int dX_{T,p}=\int X_1dn_1+\int X_2dn_2+\cdots+\int X_Bdn_B+\cdots$$

$$X_{T,p}=X_1\int dn_1+X_2\int dn_2+\ldots+X_B\int dn_B+\cdots$$

$$X_{T,p}=X_1n_1+X_2n_2+\cdots+X_Bn_B+\cdots$$

$$X_{T,p}=\sum X_Bn_B \tag{3.40}$$

这就是偏摩尔量的集合公式，说明体系的总的容量性质等于各组分偏摩尔量的加和。它表达了均相多组分系统的广延性质 X 与各组分偏摩尔量 X_i 的关系。由上式可见，广延性质 X 等于各组分物质的量 n_i 与偏摩尔量 X_i 的乘积之和，表明如用偏摩尔量代替摩尔量，在混合时具有加和性。例如：体系只有两个组分，其物质的量和偏摩尔体积分别为 n_1、V_1 和 n_2、V_2，则体系的总体积为

$$V=n_1V_1+n_2V_2 \tag{3.41}$$

【例 3.1】 25 ℃、101 325 Pa 时，HAc(B) 溶于 1 kg H_2O (A) 中所成溶液的体积 V 与物质的量 n_B（$n_B=0.16\sim2.5$ mol 时）的关系如下：

$$V=[1\,002.935+51.832(n_B/\text{mol})+0.139\,4\,(n_B/\text{mol})^2]\ \text{cm}^3$$

试将 HAc 和 H_2O 的偏摩尔体积表示为 n_B 的函数，并求 $n_B=1.000$ mol 时 HAc 和 H_2O 的偏摩尔体积。

解

$$V_B=\left(\frac{\partial V}{\partial n_B}\right)_{T,p,n_A}=\left(51.832+0.139\,4\times2\times\frac{n_B}{\text{mol}}\right)\text{cm}^3\cdot\text{mol}^{-1}$$

$$=\left(51.832+0.278\,8\times\frac{n_B}{\text{mol}}\right)\text{cm}^3\cdot\text{mol}^{-1}$$

$$V=n_AV_A+n_BV_B$$

$$V_A=\frac{V-n_BV_B}{n_A}=\frac{M_A(V-n_BV_B)}{m_A}$$

$$=\left\{\frac{18.015\,2}{1\times10^3}\left[1\,002.935+51.832\times\frac{n_B}{\text{mol}}+0.139\,4\times\left(\frac{n_B}{\text{mol}}\right)^2-\right.\right.$$

$$\frac{n_B}{\text{mol}}\left(51.832+0.2788\times\frac{n_B}{\text{mol}}\right)\Big]\Big\}\text{cm}^3\cdot\text{mol}^{-1}$$

$$=\left[18.0681-0.00251\times\left(\frac{n_B}{\text{mol}}\right)^2\right]\text{cm}^3\cdot\text{mol}^{-1}$$

当 $n_B=1.000$ mol 时，

$$V_B=(51.832+0.2788\times1.000)\text{ cm}^3\cdot\text{mol}^{-1}$$

$$V_A=(18.0681-0.00251\times1.000^2)\text{ cm}^3\cdot\text{mol}^{-1}=18.06559\text{ cm}^3\cdot\text{mol}^{-1}$$

② 吉布斯－杜亥姆(Gibbs－Duhem) 公式。

恒温恒压下，溶液摩尔分数改变，各组元的偏摩尔量改变，溶液的容量性质随之改变：

$$\mathrm{d}X=\sum_{i=1}^{k}n_i\mathrm{d}X_i+\sum_{i=1}^{k}X_i\mathrm{d}n_i \tag{3.42}$$

又因为

$$X=X(T,p,n_1,n_2,\cdots,n_k)$$

写出全微分式，因为是从不同角度考察统一状态的性质在同样条件下的变化，所以结果应该相同。

$$\mathrm{d}X=\left(\frac{\partial X}{\partial T}\right)_{p,\sum n_i}\mathrm{d}T+\left(\frac{\partial X}{\partial p}\right)_{T,\sum n_i}\mathrm{d}p+\sum_{i=1}^{k}X_i\mathrm{d}n_i \tag{3.43}$$

该式称为吉布斯－杜亥姆(G－D) 方程，它表达了无限小过程中各组分偏摩尔量变化值之间的关系。因式(3.42) 与式(3.43) 相等，则恒温恒压下得 G－D 方程：

$$\sum_{i=1}^{k}n_i\mathrm{d}X_i=0\ 或\ \sum_{i=1}^{k}x_i\mathrm{d}X_i=0 \tag{3.44}$$

G－D 方程的意义：表明偏摩尔量之间具有相互的依赖性。它将 k 个偏摩尔量的变化用一个微分方程联系起来，说明在 k 个 X_i 中，只有$(k-1)$ 个是独立的。任何一个 X_i 的变化，原则上都可以由另外$(k-1)$ 个的 $X_{j\neq i}$ 变化计算出来。该公式用于由已知偏摩尔量求未知的偏摩尔量。

【例 3.2】　在 298.15 K、101 325 Pa 下，NaCl 水溶液体积与 NaCl 质量摩尔浓度之间的关系由实验得到，如下式所示。求 NaCl 和 H_2O 的偏摩尔体积表示式。

$$V=(1\,002.874+17.8213m+0.87391\,m^2-0.047225\,m^3)\times10^{-3}\text{(L)}$$

解　根据质量摩尔浓度的定义 $m=n_2/W_1$ 知，W_1 固定为 1 kg，所以可把浓度 m 看成 n_2。

$$n_1=\frac{1\,000\text{ g}}{18.015\text{ g}\cdot\text{mol}^{-1}}=55.508\text{ mol}$$

当 $m=n_2$ 时，

$$\overline{V}_2=\left(\frac{\partial V}{\partial n_2}\right)_{T,p,n_1}=\left(\frac{\partial V}{\partial m}\right)_{T,p,n_1}=(17.8213+1.74782m-0.141675m^2)\times10^{-3}(\text{L}\cdot\text{mol}^{-1})$$

$$\mathrm{d}\,\overline{V}_2=(1.74782-0.141675m)\times10^{-3}(\text{L}\cdot\text{mol}^{-1})$$

根据吉布斯－杜亥姆方程得

$$\mathrm{d}\,\overline{V}_1=-\frac{n_2}{n_1}\mathrm{d}\,\overline{V}_2=-\frac{m}{55.508}(1.74782-0.141675m)\times10^{-3}(\text{L}\cdot\text{mol}^{-1})$$

当 $m=0$ 时，水的偏摩尔体积就是纯水的摩尔体积，即为18.068×10^{-3} L。故从 0 到 18.068×10^{-3} L 积分上式得

$$\overline{V}_1 - 18.068 \times 10^{-3} = \frac{10^{-3}}{55.508}\left(-\frac{1.74782}{2}m^2 + \frac{0.28335}{3}m^3\right)$$

所以

$$\overline{V}_1 = (18.068 - 0.0157439m^2 + 0.0017016m^3) \times 10^{-3}(\text{L} \cdot \text{mol}^{-1})$$

因此可见，给定质量浓度 m，即可求出 H_2O 和 NaCl 的偏摩尔体积。

对于二元系统，则有

$$x_A \mathrm{d}X_A + x_B \mathrm{d}X_B = 0 \tag{3.45}$$

由图 3.5 可知，由于 $\mathrm{d}X_A$ 与 $\mathrm{d}X_B$ 方向相反，x_A 与 x_B 的变化相互消长。例如，如果偏摩尔体积 V_B 随 x_B 增大而增大，V_A 随 x_B 增大而减小；在 V_B 出现极小值处，V_A 必出现极大值。可用于由已知 $X_A - x_B$ 的关系求 $X_B - x_B$ 的关系。

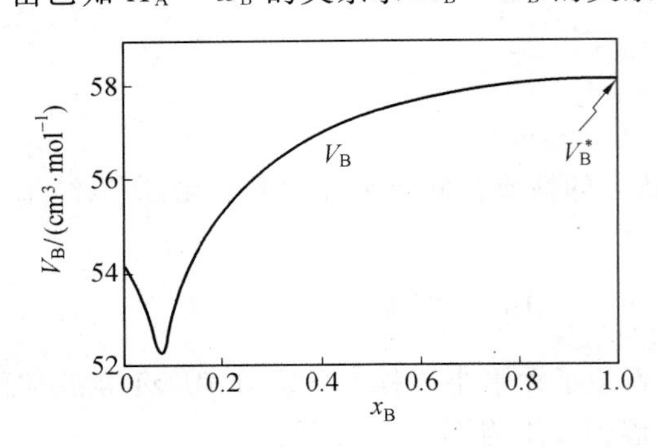

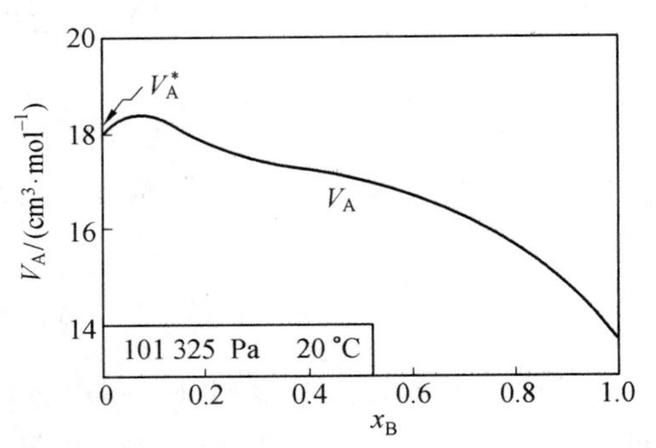

图 3.5 二元体系偏摩尔量与组分关系图

【例 3.3】 在一定温度下，设二元系组分 A 的偏摩尔体积与摩尔分数的关系为 $V_A = V_A^* + \alpha x_B^2$，$\alpha$ 是常数，试导出 V_B 以及溶液的 V_M 表达式。

解

$$x_A \mathrm{d}V_A + x_B \mathrm{d}V_B = 0$$

$$\mathrm{d}V_B = -\frac{x_A}{x_B}\mathrm{d}V_A = -\frac{1 - x_B}{x_B}2\alpha x_B \mathrm{d}x_B = -2\alpha(1 - x_B)\mathrm{d}x_B$$

$$V_B - V_B^* = -\int_1^{x_B} 2\alpha(1 - x_B)\mathrm{d}x_B = \alpha(1 - x_B)^2 = \alpha x_A^2$$

所以

$$V_B = V_B^* + \alpha x_A^2$$

$$V_M = x_A V_A + x_B V_B = x_A V_A^* + x_B V_B^* + \alpha x_A x_B$$

(3) 同一组分的各种偏摩尔量之间的关系。

用同一组分的偏摩尔量代替相应的广延性质，公式同样成立。

$$\mathrm{d}U_i = T\mathrm{d}S_i - p\mathrm{d}V_i \tag{3.46}$$

$$\mathrm{d}H_i = T\mathrm{d}S_i + V_i\mathrm{d}p \tag{3.47}$$

$$\mathrm{d}A_i = -S_i\mathrm{d}T - p\mathrm{d}V_i \tag{3.48}$$

$$\mathrm{d}G_i = -S_i\mathrm{d}T + V_i\mathrm{d}p \tag{3.49}$$

$$\left(\frac{\partial G_i}{\partial p}\right)_{T,n_j} = V_i \tag{3.50}$$

$$\left(\frac{\partial G_i}{\partial T}\right)_{p,n_j} = -S_i \tag{3.51}$$

(4) 偏摩尔量的实验测定。

实验测定的是摩尔量随混合物组成的变化，如果不知道绝对值，如焓、熵、吉布斯函数，则采用与参考状态时的相对量值。然后采用一定的数学方法，如切线法、解析式法、截距法等，可以求得偏摩尔量，以二组分的偏摩尔体积为例。

斜率法：向一定量 n_B 的液态组分 C 中不断加入组分 B，测出不同 n_B 时的混合物的体积 V，作 $V-n_B$ 曲线。曲线上某点的切线斜率得到相应组成(x_B)下的 V_B，再用集合公式求出 V_C：$V_C=(V-n_BV_B)/n_C$。

截距法：作 V_m-x_B 曲线，在曲线上任一点作切线，与两边纵坐标的交点就是两个组分的偏摩尔体积。

3. 化学势

整个体系的自由焓为容量性质，其偏摩尔量称为化学势，对任意量溶体的自由焓 G，有

$$G=G(T,p,n_1,n_2,\cdots,n_k) \tag{3.52}$$

$$dG=\left(\frac{\partial G}{\partial T}\right)_{p,n_2,n_3,\cdots,n_k}dT+\left(\frac{\partial G}{\partial p}\right)_{T,n_2,n_3,\cdots,n_k}dp+\cdots+\sum\left(\frac{\partial G}{\partial n_k}\right)_{T,p,n_1,n_2,n_3,\cdots,n_k/n_i}dn_i \tag{3.53}$$

其中

$$\left(\frac{\partial G}{\partial n_i}\right)_{T,p,n_1,n_2,\cdots,n_k/n_i}dn_i=G_i=\mu_i \tag{3.54}$$

其中，μ_i 表示组元 i 的偏摩尔自由焓，或称为组元 i 的化学势，即在恒温恒压下无限大溶体中改变 1 mol 的 i 引起溶体自由焓的变化。显然对纯组元来说，在恒温恒压时的化学势即为摩尔自由焓。

对二元系的摩尔自由焓 G_m，由式(3.17)得

$$G_m=x_1\mu_1+x_2\mu_2 \tag{3.55}$$

即二元系的摩尔自由焓等于各组元的摩尔分数与化学势乘积之和。以上关系式可以推广到对于多元体系，即有

$$G_m=\sum x_i\mu_i \tag{3.56}$$

对于二元系，摩尔自由焓的微分可参考式(3.19)得到

$$dG_m=\mu_1dx_1+\mu_2dx_2 \tag{3.57}$$

推广到多元系，同样有

$$dG_m=\sum\mu_idx_i \tag{3.58}$$

即溶体摩尔自由焓的微小变化量等于各组元化学势与其摩尔分数变化量乘积之和。

由式(3.15)的吉布斯－杜亥姆公式，对二元系有

$$x_1d\mu_1+x_2d\mu_2=0 \tag{3.59}$$

将式(3.59)推广到多元系，则有

$$\sum x_id\mu_i=0 \tag{3.60}$$

由于 $dG_m=0$ 为多元体系平衡的条件，则由式(3.58)可知，$\sum\mu_idx_i=0$ 为多元体系平衡的条件。

由于 $dG_m<0$ 为体系进行不可逆过程的条件，因此由式(3.58)可知，$\sum\mu_idx_i<0$ 为体系进行自发不可逆过程的条件。

化学势可视为某一组元从一相中逸出的能力。某一组元在一组内的化学势越高，它从这

一相转移到另一相的倾向就越大；当组元 i 在两相中的化学势相等（转移成为可逆过程）时，即处于平衡状态。因此，化学势可作为相变或化学变化是否平衡或不可逆过程的一个判据。

当二元系中存在 α 相和 β 相的自由焓变化为

$$dG_m = dG^{\alpha} + dG^{\beta} \tag{3.61}$$

假如只有组元 A 自 α 相转移到 β 相，则引起 α 相和 β 相的自由焓变化为

$$dG^{\alpha} = \mu_A^{\alpha} dx_A^{\alpha}, \quad dG^{\beta} = \mu_A^{\beta} dx_A^{\beta} \tag{3.62}$$

而

$$dx_A^{\alpha} = -dx_A^{\beta} \tag{3.63}$$

因此

$$dG_m = dG^{\alpha} + dG^{\beta} = \mu_A^{\alpha} dx_A^{\alpha} + \mu_A^{\beta} dx_A^{\beta} = (\mu_A^{\beta} - \mu_A^{\alpha})\, dx_A^{\beta} \tag{3.64}$$

由于 $dx_A^{\beta} \neq 0$，所以在二元系中两相平衡条件为

$$\mu_A^{\beta} = \mu_A^{\alpha} \tag{3.65}$$

对于组元 B，同样可得两相平衡条件：

$$\mu_B^{\beta} = \mu_B^{\alpha} \tag{3.66}$$

对于理想气体，因为

$$G = G^0 + RT\ln p \tag{3.67}$$

所以，在混合气体中对每一组元 i 也可写成

$$\mu_i = \mu_i^0 + RT\ln p_i \tag{3.68}$$

式中，p_i 为组元 i 在混合体内的分压，为积分常数，同样是温度的函数，其物理意义为 $p_i = 1$ 时组元 i 的化学势。当多相存在时，任一组元的饱和蒸气压的分压在各相中相等时，体系达到平衡。

(1) 化学势的应用。

① 理想溶液混合热力学性质。

溶液的混合吉布斯自由能：由纯组元混合形成溶液前后吉布斯自由能的变化。

$$\Delta_{mix} G = G - G^* = \sum n_i \mu_i - \sum n_i \mu_i^* = RT \sum n_i \ln x_i \tag{3.69}$$

$$\Delta_{mix} G_m = RT \sum x_i \ln x_i \tag{3.70}$$

$$\Delta_{mix} S_m = -R \sum x_i \ln x_i \tag{3.71}$$

$$\Delta_{mix} H_m = 0 \tag{3.72}$$

② 稀溶液混合热力学及依数性研究。

稀溶液混合热力学

$$\Delta_{mix} G_m = x_B [\mu_B(T,p) - \mu_B^*(T,p)] + RT \sum x_i \ln x_i \tag{3.73}$$

$$\Delta_{mix} V_m \neq 0 \tag{3.74}$$

$$\Delta_{mix} S_m = x_B [\overline{S}_B^0 - \overline{S}_B^*] - RT \sum x_i \ln x_i \tag{3.75}$$

$$\Delta_{mix} H_m = \Delta_{mix} G_m + T\Delta_{mix} S_m = x_B [\overline{H}_B^0 - \overline{H}_B^*] \neq 0 \tag{3.76}$$

③ 稀溶液的依数性。

在指定了溶剂的种类及其数量后，稀溶液的某些性质只取决于所含溶质质点的数目，而与溶质的本性无关，这些性质称为依数性。稀溶液的依数性主要体现为蒸气压降低（由拉乌尔定

律推出)，凝固点(析出固态纯溶剂时)下降，沸点升高，产生渗透压等。

(a) 蒸气压降低。

对二组分稀溶液：

$$\Delta p = p_A^* - p_A = p_A^* x_B \tag{3.77}$$

式中，Δp 代表溶剂的蒸气压下降；x_B 是溶质的摩尔分数；p_A^* 是纯 A 的饱和蒸气压。

(b) 凝固点下降。

$$\Delta T_f \overset{\text{def}}{=\!=\!=} T_f^* - T_f = k_f b_B \tag{3.78}$$

式中，k_f 为凝固点下降系数。

(c) 沸点升高。

$$\Delta T_b \overset{\text{def}}{=\!=\!=} T_b - T_b^* = k_b b_B \tag{3.79}$$

$$k_b \overset{\text{def}}{=\!=\!=} \frac{R(T_b^*)^2 M_A}{\Delta vap H_{m,A}^*} \tag{3.80}$$

式中，k_b 为沸点升高系数。

由图 3.6 可以定性得出稀溶液沸点升高。

(d) 产生渗透压。

如图 3.7 所示，若只有溶剂通过半透膜，由于溶剂的渗透会产生渗透压，由热力学可以导出。

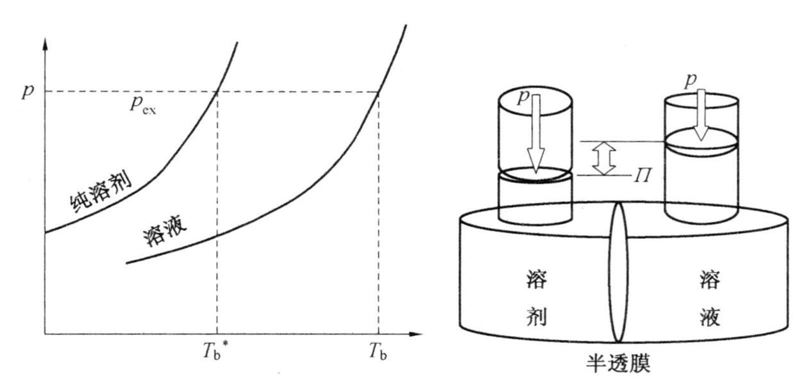

图 3.6　沸点与压强关系曲线　　图 3.7　溶液中产生渗透压示意图

$$\Pi = c_B RT \tag{3.81}$$

式中，Π 为溶液的渗透压。

利用稀溶液的依数性，可以测定物质的摩尔质量(凝固点下降的方法最为常用)。

【例 3.4】 人的血浆的凝固点为 −0.560 ℃，求 37.0 ℃ 时血浆的渗透压。已知 37 ℃ 时水的体积质量(密度) 为 998.2 kg · m^{-3}，水的凝固点下降系数 k_f = 1.86 K · kg · mol^{-1}，血浆可视为稀溶液。

解

$$\Pi = c_B RT$$

对于稀溶液：

$$c_B = \rho_A b_B$$

而

$$b_B = \frac{\Delta T_f}{k_f} = \frac{0.560\ \text{K}}{1.86\ \text{K} \cdot \text{kg} \cdot \text{mol}^{-1}} = 0.301\ \text{mol} \cdot \text{kg}^{-1}$$

则 $$c_B = 998.2\ \text{kg}\cdot\text{m}^{-3}\times 0.301\ \text{mol}\cdot\text{kg}^{-1} = 301\ \text{mol}\cdot\text{m}^{-3}$$

$$\Pi = 301.0\ \text{mol}\cdot\text{m}^{-3}\times 8.314\ \text{J}\cdot\text{K}^{-1}\cdot\text{mol}^{-1}\times 310.2\ \text{K} = 775\ \text{kPa}$$

④ 化学势在多相平衡中的应用。

在定温定压时，$W'=0$ 的条件下，若有 dn_B 的物质B由 α 相转移到 β 相(图 3.8)：

$$B(\alpha)\longrightarrow B(\beta) \tag{3.82}$$

$$dG = \sum \mu_B dn_B \tag{3.83}$$

$$dG \leqslant 0 \tag{3.84}$$

$$\sum \mu_B dn_B \leqslant 0 \tag{3.85}$$

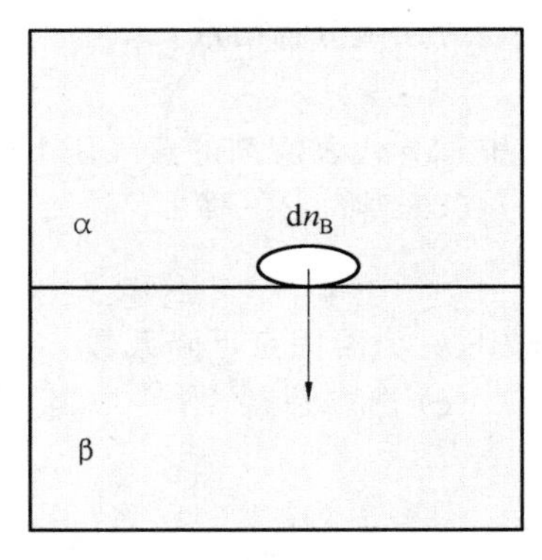

图 3.8 物质 B 的相转移示意图

由此可以得出结论，多组分系统多相平衡的条件为：除系统中各相的温度和压力必须相同以外，各物质在各相中的化学势必须相等。如果某物质在各相中的化学势不等，则该物质必然从化学势较大的相向化学势较小的相转移。

4. 拉乌尔定律和亨利定律

1887 年，法国化学家拉乌尔(Raoult) 从实验中归纳出一个经验定律：定温下在稀溶液中，溶剂的蒸气压等于纯溶剂蒸气压 p_A^* 乘以溶液中溶剂的摩尔分数 x_A，用公式表示为

$$p_A = p_A^* x_A \tag{3.86}$$

其中，p_A^* 是纯溶剂的蒸气压；x_A 是溶剂的摩尔分数；p_A 为溶液上方溶剂的蒸气压。

由于这个规律最早是由拉乌尔获得的，故称之为拉乌尔定律。若溶液中只有一种溶剂 A，溶质则称为 B，由于 $x_A + x_B = 1$，故拉乌尔定律又可表示为

$$p_A^* - p_A = p_A^* x_B \tag{3.87}$$

因此，拉乌尔定律也可表述为：溶剂蒸气压的相对降低值只与溶质的摩尔分数有关，而与溶质的性质和种类无关。

使用条件：拉乌尔定律严格地说只适用于无限稀释溶液中的溶剂，且蒸气服从理想气态方程。

对于理想液体的蒸气压，设 A、B 构成理想溶液，根据定义：

$$p_A = p_A^* x_A \quad p_B = p_B^* x_B \tag{3.88}$$

$$\begin{aligned} p &= p_A + p_B = p_A^* x_A + p_B^* x_B \\ &= p_B^* x_B + p_A^*(1 - x_B) \\ &= p_A^* + (p_B^* - p_A^*) x_B \end{aligned} \tag{3.89}$$

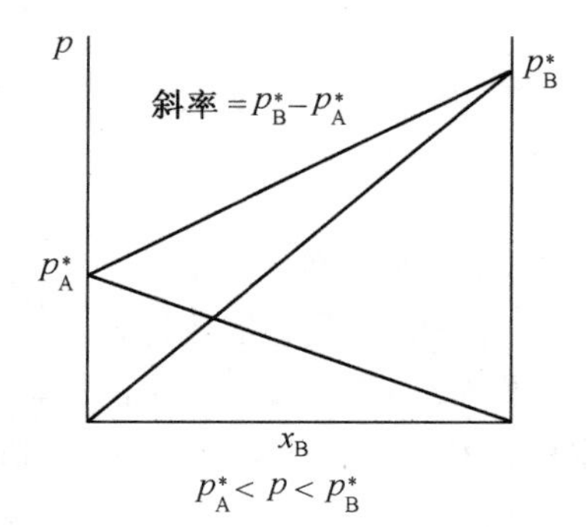

图 3.9 二组分理想溶液的蒸气压－组成图

由图 3.9 可以得出结论，理想液体的蒸气压介于纯溶剂的蒸气压之间。

【例 3.5】 35 ℃ 时，纯丙酮的蒸气压为 43.063 kPa。今测得氯仿的摩尔分数为 0.3 的氯仿－丙酮溶液中，丙酮的蒸气分压为 26.77 kPa，问此混合物是否为理想液态混合物？为什么？

解　由拉乌尔定律可知，丙酮的蒸气分压为

$$p_{丙酮}=p_{丙酮}^{*}x_{丙酮}=43.063\times0.7\ (\text{kPa})=30.14\ (\text{kPa})$$

显然与试验测得的结果不符，所以该混合物不是理想液态混合物。

对于稀溶液中的溶质组元，其性质受溶剂组元的影响很大，还受其他溶质组元的影响，从而其蒸气压远远偏离了 $p_A=p_A^{*}x_A$，但可用另一直线关系近似，即 $p-x$ 曲线在 $x=0$ 处的切线。

$$p_B=k_x x_B \tag{3.90}$$

这个规律由亨利(Henry)在1803年从试验中获得，故称为亨利定律。亨利定律也是一条经验定律，可以表述为在一定温度和平衡状态下，气体在液体里的溶解度(用摩尔分数 x 表示)与该气体的平衡分压 p 成正比。式中，k_x 为亨利定律常数，其数值与温度、压力、溶剂和溶质的性质有关。若浓度的表示方法不同，则亨利定律常数的值亦不等，即

$$p_B=k_m m_B,\quad p_B=k_c c_B \tag{3.91}$$

可以证明：

$$k_x=\frac{1}{M_A}k_m=\frac{\rho_A}{M_A}k_c \tag{3.92}$$

式中，ρ_A 为溶剂A的密度；M_A 为溶剂A的摩尔质量。

【注意】　亨利定律除了要求溶质浓度很小外，还要求溶质在气－液两相中具有相同的粒子结构。例如，氢气溶于铁水，气相中的氢以双原子分子 H_2 的状态存在，而铁水中的氢则以单原子H的状态存在，此时就不能直接用亨利定律了。溶液越稀，对亨利定律符合得越好。对于气体溶质，升高温度或降低压力能够降低气体的溶解度，因此能更好地服从亨利定律。

从理论角度看，实际溶液中粒子之间的相互作用在混合前后发生了变化，从而产生了相对于理想溶液的自由焓偏差，将其称为超额吉布斯自由能，用 ΔG_{extra} 表示。于是，实际溶液的吉布斯自由能可写为

$$G=G^0+\Delta G=\sum_i x_i(\mu_i^0+RT\ln x_i)+\Delta G_{extra} \tag{3.93}$$

各组元的化学位为

$$\mu_i=\mu_i^0+RT\ln x_i+\mu_{i,extra} \tag{3.94}$$

其中，$\mu_{i,extra}$ 为组元 i 的超额化学位。

$$\Delta G_{extra}=\sum_i x_i\mu_{i,extra} \tag{3.95}$$

5. 活度与活度系数

如果溶体服从拉乌尔定律，将式(3.91)代入式(3.94)，得

$$\mu_i=\mu_i^0+RT\ln p_i^0+RT\ln x_i \tag{3.96}$$

设 $\mu_i^{*}=\mu_i^0+RT\ln p_i^0$，则式(3.96)可写成

$$\mu_i=\mu_i^{*}+RT\ln x_i \tag{3.97}$$

在一定温度下 p_i^0 为常数，因此 μ_i^{*} 为温度的函数，并与组元 i 的特性有关。当 $x_i=1$ 时，$\mu_i=\mu_i^{*}$，所以 μ_i^{*} 为纯组元的化学位或摩尔自由能。

但是一般溶体偏离拉乌尔定律。为使式(3.97)适用于一般溶体，引入活度 a_i 代替 x_i 来求 μ_i，即

$$\mu_i=\mu_i^{标}+RT\ln a_i \tag{3.98}$$

或使

$$\mu_i = \mu_i^{标} + RT\ln \gamma x_i \tag{3.99}$$

即

$$a_i = \gamma_i x_i \tag{3.100}$$

式中，γ_i 称为活度系数，可视为对偏离拉乌尔定律的浓度校正系数。当 $\gamma_i = 1$ 时，$a_i = x_i$，溶体服从拉乌尔定律，$\gamma_i > 1$ 表示对拉乌尔定律呈正偏差，$\gamma_i < 1$ 表示对拉乌尔定律呈负偏差。因此，活度也称校正浓度或有效浓度。

式(3.100)为活度的定义式，其中 $\mu_i^{标}$ 相当于 $a_i = 1$ 时的化学位，选择这个状态作为标准态便可表征其他状态的活度值。

【例 3.6】 25 ℃ 时，异丙醇(A)和苯(B)的液态混合物，当 $x_A = 0.700$ 时，测得 $p_A = 4\ 852.9$ Pa，蒸气总压力 $p = 13\ 305.6$ Pa，试计算异丙醇(A)和苯(B)的活度和活度因子(均以纯液体 A 或 B 为标准态)。(已知 25 ℃ 时纯异丙醇 $p_A^* = 866.2$ Pa；纯苯 $p_B^* = 12\ 585.6$ Pa)。

解

$$\alpha_A = \frac{p_A}{p_A^*} = \frac{4\ 852.9\ \text{Pa}}{5\ 866.2\ \text{Pa}} = 0.827$$

$$f_A = \frac{a_A}{x_A} = \frac{0.827}{0.700} = 1.181$$

$$\alpha_a = \frac{p_B}{p_B^*} = \frac{p - p_A}{p_B^*} = \frac{(13\ 305.6 - 4\ 852.6)\text{Pa}}{12\ 585.6\ \text{Pa}} = 0.672$$

$$f_a = \frac{a_B}{x_B} = \frac{0.672}{0.700} = 2.239$$

3.2 理想溶体

溶体是以原子或分子作为基本单元的粒子混合系统(particle mixing system)。理想溶体(ideal solution)既是某些实际溶体的极端特殊情况，又是研究实际溶体所需参照的一种假体状态。理想溶体近似(ideal solution approximation)是描述理想溶体摩尔自由能的模型。

在恒压下，单组元相的摩尔自由能仅是温度的函数，因而可以用自由能－温度($G-T$)图来描述自由能的变化；对于二组元溶体来说，摩尔自由能取决于温度和溶体成分，应当用一系列温度下的自由能成分($G-X$)图来描述这一关系，这里 X 为溶体的成分。

在宏观上，如果 A、B 两种组元的原子(或分子)混合在一起后，即没有热效应也没有体积效应，则所形成的溶体即为理想溶体。对于固溶体(solid solution)来说，这就不仅要求 A、B 两种组元具有相同的结构，而且要求 A、B 两种组元应有相同的晶格常数。在微观上，还要求构成溶体的两个组元在混合前的原子键能，即 A—A 键的键能 u_{AA} 和 B—B 键的键能 u_{BB} 应与混合后所产生的新键的键能(即 A—B 键的键能 u_{AB})相同，即

$$u_{AB} = \frac{u_{AA} + u_{BB}}{2} \tag{3.101}$$

符合这些条件才能够形成理想溶体。所以，无论从宏观上还是微观上分析，真正符合理想溶体的要求都是十分困难的，实际材料中真正的理想溶体是极少的。但是因为理想溶体在理论分析上的重要性，还是要首先讨论这种模型，如图 3.10 所示。

如果由 N_A 个 A 原子和 N_B 个 B 原子构成 1 mol 的理想溶体，则有

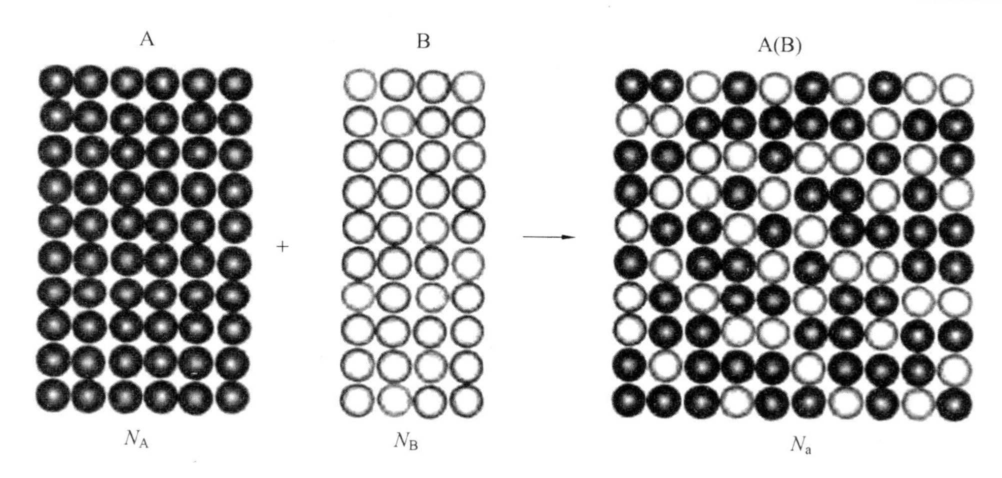

图 3.10 理想溶体中两种原子的溶合

$$N_A + N_B = N_a \tag{3.102}$$

N_A 为阿伏加德罗(Avogadro)常数。则溶体的摩尔成分——原子数分数(atom fraction)为

$$X_A = \frac{N_A}{N_a} \tag{3.103}$$

$$X = \frac{N_B}{N_a} \tag{3.104}$$

$$X + X_B = 1 \tag{3.105}$$

根据理想溶体的条件,体积、热力学能、焓等函数的摩尔量分别为

$$V_m = X_A V_A + X_B V_B \tag{3.106}$$

$$U_m = X_A U_A + X_B U_B \tag{3.107}$$

$$H_m = X_A H_A + X_B H_B \tag{3.108}$$

这里的 V_A、V_B、U_A、U_B 和 H_A、H_B 分别为 A、B 两组元的摩尔体积、摩尔热力学能和摩尔焓,即理想溶体上述函数的加和是线性的。

两种原子的混合一定会产生多余的熵,即混合熵(mixing entropy)ΔS_{mix},因为溶体的摩尔熵为

$$S_m = X_A S_A + X_B S_B + \Delta S_{mix} \tag{3.109}$$

式中,S_A、S_B 为 A、B 两组元的摩尔熵。两组元的原子完全随机混合(random mixing)时,将产生的最多的微观组态数为

$$w = \frac{N_A!}{N_A!\ N_B!} \tag{3.110}$$

混合熵可由玻耳兹曼方程($\Delta S = k\ln w$)求出,这里 k 为玻耳兹曼常数。

利用斯特林公式,可以求得

$$\ln w = N\ln N_a - N_A \ln N_A - N_B \ln N_B = -N_A \ln \frac{N_A}{N_a} - N_B \ln \frac{N_B}{N_a}$$

$$= -N_a (X_A \ln X_A + X_B \ln X_B) \tag{3.111}$$

$$\Delta S_{mix} = -R(X_A \ln X_A + X_B \ln X_B) \tag{3.112}$$

式中，R 为气体常数，$R=kN_a$。式(3.112)表明，理想溶体中两种原子的混合熵只取决于溶体的成分，而与原子的种类无关。混合熵与成分的关系如图 3.11(a)所示，在 $X_A=1$、$X_B=0$ 时，$\Delta S_{mix}=0$。

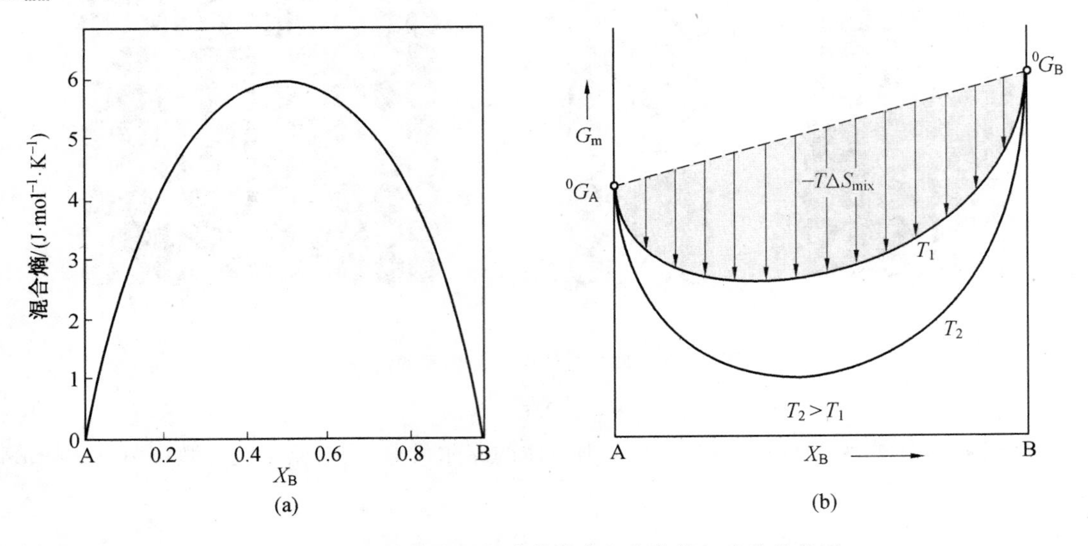

图 3.11 混合熵和理想溶体的摩尔自由能与成分的关系

当 $X_A=0$、$X_B=1$ 时，也是 $\Delta S_{mix}=0$；而在 $X_A=X_B=0.5$ 时，混合熵有极大值。$\Delta S_{mix}=5.763\ J\cdot mol^{-1}\cdot K^{-1}$。应该指出，理想溶体近似的随机混合假设将导致最大的混合熵值，而在其他热力学模型中也往往沿用这种混合熵的估算。这将与实际情况产生很大的差异。

摩尔吉布斯自由能的定义式为

$$G_m=H_m-TS_m \tag{3.113}$$

将

$$\begin{aligned}G_m&=X_A\,{}^0H_A+X_B\,{}^0H_B-T(X_A\,{}^0S_A+X_B\,{}^0S_B+\Delta S_{mix})\\&=X_A({}^0H_A-T\,{}^0S_A)+X_B({}^0H_B-T\,{}^0S_A)-T\Delta S_{mix}\\&=X_A\,{}^0G_A+X_B\,{}^0G_B+RT(X_A\ln X_A+X_B\ln X_B)\end{aligned} \tag{3.114}$$

式中，${}^0G_A$、${}^0G_B$ 为 A、B 两种组元的摩尔吉布斯自由能。式(3.114)就是理想溶体近似的摩尔自由能的表述式。从现在起，对纯组元的热力学函数，除记有组元符号下标外，还在左上角记 0，以便于识别。式(3.114)中的 $RT(X_A\ln X_A+X_B\ln X_B)$ 项为自由能中的混合熵项，该项恒为负值，其数值与成分和温度有关。如图 3.11(b)所示，理想溶体的摩尔自由能主要取决于 $T\Delta S_{mix}$。由于 $\left(\frac{\partial G_m}{\partial X_A}\right)_{x_B=1}$ 和 $\left(\frac{\partial G_m}{\partial X_B}\right)_{x_A=1}$ 均为 $-\infty$，由此可知 G_m-X_B 曲线与纵轴相切。除非是在绝对零度，其他温度下理想溶体的自由能曲线总是一条向下弯的曲线，温度越高，曲线位置越低；而在绝对零度时自由能只有$(X_A\,{}^0H_A+X_B\,{}^0H_B)$项，是一条直线。

3.3 规则溶体

3.3.1 正规溶体摩尔自由能

实际的合金液体不可能是真正的理想溶体，从统计理论而言，溶体中的原子键能不可能是$u_{AA}=u_{BB}=u_{AB}$，也很难是$u_{AB}=(u_{AA}+u_{BB})/2$。以理想溶体为参考态，定义符合下面条件的溶体为正规溶体(regular solution)。正规溶体近似(regular solution approximation)认为摩尔自由能为理想溶体的摩尔自由能与过剩自由能ΔG^E之和：

$$[G_m]^R=[G_m]^{ID}+\Delta G^E \tag{3.115}$$

$$\Delta G^E=X_AX_BI_{AB} \tag{3.116}$$

式中，$[G_m]^R$和$[G_m]^{ID}$分别为正规溶体和理想溶体的摩尔自由能；I_{AB}为相互作用能(interaction energy)，它是由组元A、B决定的常数，依据布拉格－威廉姆斯(Bragg－Williams)统计理论可以给出相互作用参数I_{AB}(式(3.117))，可以看出它的物理意义很明确：

$$I_{AB}=zN_a\left(u_{AB}-\frac{u_{AA}+u_{BB}}{2}\right) \tag{3.117}$$

式中，z为配位数；N_A为阿伏加德罗常数；u_{AA}、u_{BB}、u_{AB}分别为A—A、B—B、A—B各类原子键的键能。这样正规溶体的摩尔自由能可以由下式描述：

$$G_m=X_A{}^0G_A+X_B{}^0G_B+RT(X_A\ln X_A+X_B\ln X_B)+X_AX_BI_{AB} \tag{3.118}$$

由此式可以看出，恒压下正规溶体的摩尔自由能是温度、成分和相互作用能I_{AB}的函数，在同样温度下，相互作用能决定自由能曲线的形状。

3.3.2 规则溶体模型

1985年马格勒斯(M. Margules)提出，在一定温度下，由A、B组元所组成的二元溶体中γ_A和γ_B可由级数展开表示：

$$\ln\gamma_A=a_1x_B+\frac{1}{2}a_2x_B^2+\frac{1}{3}a_3x_B^3+\cdots \tag{3.119}$$

$$\ln\gamma_B=a_1x_A+\frac{1}{2}a_2x_A^2+\frac{1}{3}a_3x_A^3+\cdots \tag{3.120}$$

同时由式(3.59)可知

$$x_A\mathrm{d}\ln\gamma_A=-x_B\mathrm{d}\ln\gamma_B \tag{3.121}$$

如在整个摩尔分数范围内遵守上列方程，则有

$$\alpha_1=\beta_1=0 \tag{3.122}$$

当式(3.199)和式(3.120)中只有二次项时，马格勒斯证明$\alpha_2=\beta_2$。鉴于此，1929年，海德布兰德(J. H. Hidebrand)提出，符合下列方程的溶体称为规则溶体：

$$RT\ln\gamma_A=a'x_B^2,\quad RT\ln\gamma_B=a'x_A^2,\quad \ln\gamma_A=ax_B^2,\quad \ln\gamma_B=ax_A^2 \tag{3.123}$$

其中，a'为常数，而a为$1/T$的函数，即$a=a'/RT$。

海德布兰德同时指出，Tl－Sn合金就属于规则溶体，并定义规则溶体为形成(混合)热并不为0，而混合熵为理想溶体的混合熵，即满足

$\Delta H^{\mathrm{M}} \neq 0$， $\Delta H_{\mathrm{I}}^{\mathrm{M}} \neq 0$， $\Delta S_{\mathrm{m}}^{\mathrm{M}} = \Delta^{\mathrm{id}} S_{\mathrm{m}} = -R\sum x_i \ln x_i$， $\Delta S_i^{\mathrm{M}} = \Delta^{\mathrm{id}} S_i = -R\ln x_i$

为了方便，将溶体的热力学性质分为两部分——理想部分和剩余（多余）部分。例如，实际溶体的自由焓可表示为

$$G_{\mathrm{m}} = {}^{\mathrm{id}}G_{\mathrm{m}} + {}^{\mathrm{E}}G \tag{3.124}$$

其中，${}^{\mathrm{id}}G_{\mathrm{m}}$ 为理想部分；${}^{\mathrm{E}}G$ 为剩余部分。当组元混合成溶体时，热力学性质（自由焓）的改变为

$$\Delta G_{\mathrm{m}}^{\mathrm{M}} = \Delta^{\mathrm{id}} G_{\mathrm{m}} + \Delta^{\mathrm{E}} G \tag{3.125}$$

即

$$\Delta^{\mathrm{E}} G = \Delta G_{\mathrm{m}}^{\mathrm{M}} - \Delta^{\mathrm{id}} G_{\mathrm{m}} \tag{3.126}$$

而

$$\Delta^{\mathrm{id}} H_{\mathrm{m}} = {}^{\mathrm{id}} H_{\mathrm{m}} - \sum x_i\, {}^{0}H_i = 0 \tag{3.127}$$

$$\Delta^{\mathrm{id}} S_{\mathrm{m}} = {}^{\mathrm{id}} S_{\mathrm{m}} - \sum x_i\, {}^{0}S_i = -R\sum x_i \ln x_i \tag{3.128}$$

$$\Delta^{\mathrm{id}} G_{\mathrm{m}} = {}^{\mathrm{id}} G_{\mathrm{m}} - \sum x_i\, {}^{0}G_i = -R\sum x_i \ln x_i \tag{3.129}$$

对于任何溶体，有

$$\Delta G^{\mathrm{M}} = \Delta H^{\mathrm{M}} - T\Delta S^{\mathrm{M}} \tag{3.130}$$

当理想混合时，有

$$\Delta^{\mathrm{id}} G = -T\Delta^{\mathrm{id}} S \tag{3.131}$$

因此

$$\Delta^{\mathrm{E}} G = \Delta G^{\mathrm{M}} - \Delta^{\mathrm{id}} G = \Delta H^{\mathrm{M}} - T(\Delta S^{\mathrm{M}} - \Delta^{\mathrm{id}} S) \tag{3.132}$$

对规则溶体，有 $\Delta S^{\mathrm{M}} = \Delta^{\mathrm{id}} S$，则

$$\Delta^{\mathrm{E}} G = \Delta H_{\mathrm{m}}^{\mathrm{M}} \tag{3.133}$$

同时有

$$\Delta^{\mathrm{E}} G = \Delta G^{\mathrm{M}} - \Delta^{\mathrm{id}} G_{\mathrm{m}} = RT\sum x_i \ln a_i - RT\sum x_i \ln x_i \tag{3.134}$$

所以

$$\Delta^{\mathrm{E}} G = RT\sum x_i \ln \gamma_i \tag{3.135}$$

对二元系的规则溶液，有

$$\Delta^{\mathrm{E}} G = RT(x_{\mathrm{A}} \ln \gamma_{\mathrm{A}} + x_{\mathrm{B}} \ln \gamma_{\mathrm{B}}) \tag{3.136}$$

将式(3.123)代入

$$\Delta^{\mathrm{E}} G = \Delta H_{\mathrm{m}}^{\mathrm{M}} = a'(x_{\mathrm{A}} x_{\mathrm{B}}^2 + x_{\mathrm{B}} x_{\mathrm{A}}^2) = a' x_{\mathrm{A}} x_{\mathrm{B}} \tag{3.137}$$

或

$$\Delta^{\mathrm{E}} G = RTa x_{\mathrm{A}} x_{\mathrm{B}} \tag{3.138}$$

由式(3.137)或式(3.138)可知，规则溶液的剩余自由焓变 $\Delta^{\mathrm{E}} G$ 与温度无关（a' 为常数）。由

$$\left(\frac{\partial G}{\partial T}\right)_{p,\text{成分}} = -S \tag{3.139}$$

可知

$$\left(\frac{\partial \Delta^{\mathrm{E}} G}{\partial T}\right)_{p,\text{成分}} = -\Delta^{\mathrm{E}} S \tag{3.140}$$

因此,规则溶液 $\Delta^{E}S=0$,这样可以得到 $\Delta^{E}G=\Delta H^{M}$,与温度无关。

由式(3.123)可知,对于一定成分的溶体,在不同温度下,有

$$RT_1\ln\gamma_{A(T_1)}=RT_2\ln\gamma_{A(T_2)}=a'x_B^2 \tag{3.141}$$

因此,对规则溶体有

$$\frac{\ln\gamma_{A(T_2)}}{\ln\gamma_{A(T_1)}}=\frac{T_1}{T_2} \tag{3.142}$$

规则溶体模型又称正规溶体模型。在海德布兰德模型中,没有给出 a 以及 a' 的物理意义。而希拉特将二元合金过剩自由能表示为

$$\Delta^{E}G=I_{AB}x_Ax_B \tag{3.143}$$

其中,I_{AB} 为A、B组元的相互作用系数或称相互作用能,可以通过实验测定。这样 $I_{AB}=RTa=a'$。不同组元原子之间相互吸引时,$I_{AB}<0$,此时可使溶体(合金)发生有序化(Ordering)转变(图3.12(a));不同组元原子之间相互排斥时 $I_{AB}>0$,此时可使溶体在低温时发生脱溶分解(图3.5(c))。这样规则溶体的自由焓变化可表示为

$$\Delta G^{M}=RT(x_A\ln x_A+x_B\ln x_B)=I_{AB}x_Ax_B \tag{3.144}$$

此式没有考虑原子组态数的变化而带来的混合熵的变化。满足以上关系的溶体称狭义规则溶体,其中 I_{AB} 是与温度和成分无关的常数。

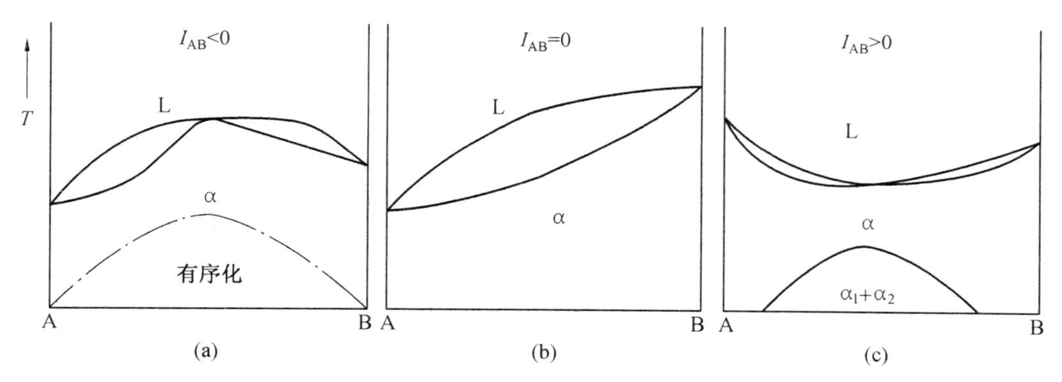

图3.12 相互作用系数对相变的影响

在海德布兰德模型中,由于认为某一组元的 a_i 与其他组元的成分变化无关,因此可令

$$a_B=\frac{\ln\gamma_B}{(1-x_B)^2} \tag{3.145}$$

由式(3.123)可得

$$\ln\gamma_A=-a_Bx_Ax_B-a_B(x_A-1)=a_Bx_A^2 \tag{3.146}$$

二元规则溶体的化学位定义为

$$\mu_A=G_A=\left(\frac{\partial G}{\partial n_A}\right)_{T,p,n_B},\quad \mu_B=G_B=\left(\frac{\partial G}{\partial n_B}\right)_{T,p,n_A} \tag{3.147}$$

而

$$G=(n_A+n_B)G_M \tag{3.148}$$

对 n_A 求偏导得

$$G_A=\left(\frac{\partial G}{\partial n_A}\right)_{T,p,n_B}=(n_A+n_B)\frac{\partial G_m}{\partial n_A}+G_m=(n_A+n_B)\frac{\partial G_m}{\partial n_B}\frac{\partial x_B}{\partial n_A}+G_m \tag{3.149}$$

同理有

$$G_B=(n_A+n_B)\frac{\partial G_m}{\partial x_B}\cdot\frac{\partial x_B}{\partial n_B}+G_m \tag{3.150}$$

其中，$x_A=\dfrac{n_A}{n_A+n_B}$，$x_B=\dfrac{n_B}{n_A+n_B}$ 。因此

$$\frac{\partial x_B}{\partial n_A}=-\frac{n_B}{n_A+n_B},\quad \frac{\partial x_B}{\partial n_B}=-\frac{1-x_B}{n_A+n_B} \tag{3.151}$$

将式(3.151) 代入式(3.150) 和式(3.149) 得

$$G_A=G_m+x_B\frac{\partial G_m}{\partial x_B} \tag{3.152}$$

$$G_B=G_m+(1-x_B)\frac{\partial G_m}{\partial x_B} \tag{3.153}$$

将式(3.152) 乘以 x_A 与式(3.153) 乘以 x_B 后相加，得

$$G_m=x_AG_A+x_BG_B \tag{3.154}$$

图 3.13 为二元溶体中自由能与溶体成分的关系。由图 3.6 中的几何关系可知

$$\mathrm{A}a=cd-cc'=cd-ac'\tan\alpha \tag{3.155}$$

也就是

$$G_A=G(c)-x_B(c)\left(\frac{\partial G}{\partial x_B}\right)_c \tag{3.156}$$

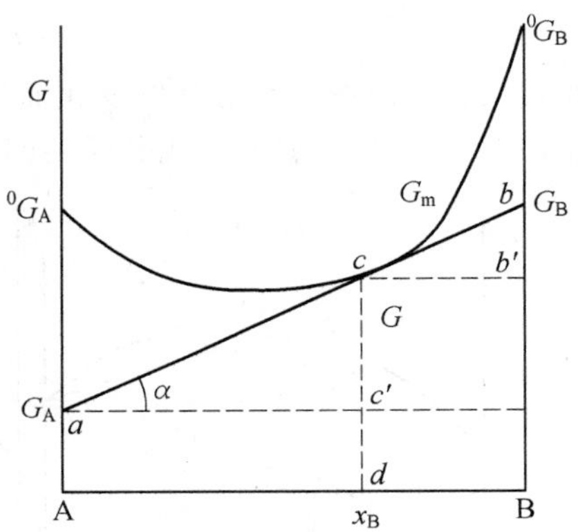

图 3.13 二元溶体中自由能与溶体成分的关系

图 3.13 说明了式(3.149) 的意义。其中上式括号中的 c 表示图 3.6 中 c 的参数。

对于规则溶体，摩尔自由能的计算如下：

$$G_M=({}^0G_Ax_A+{}^0G_Bx_B)+RT(x_A\ln x_A+x_B\ln x_B)+I_{AB}x_Ax_B \tag{3.157}$$

代入式(3.149) 得

$$\begin{aligned}G_A&={}^0G_A+RT\ln a_A\\G_B&={}^0G_B+RT\ln a_B\end{aligned} \tag{3.158}$$

比较化学势的两种表示方法(式(3.157) 和式(3.158))，可得

$$RT\ln a_A=RT\ln x_A+(1-x_A)^2I_{AB} \tag{3.159}$$

或

$$RT\ln\frac{a_A}{x_A}=(1-x_A)^2I_{AB} \tag{3.160}$$

此式为规则溶体中活度和摩尔分数的关系式。

定义 $\gamma_A=a_A/x_A$ 为活度系数，则有

$$\begin{cases}\gamma_A=\dfrac{a_A}{x_A}=\exp\left[\dfrac{(1-x_A)^2}{RT}I_{AB}\right]\\[2ex]\gamma_B=\dfrac{a_B}{x_B}=\exp\left[\dfrac{(1-x_B)^2}{RT}I_{AB}\right]\end{cases} \tag{3.161}$$

这样有

$$\begin{cases} I_{AB} < 0, \gamma < 1 \\ I_{AB} = 0, \gamma = 1 \\ I_{AB} > 0, \gamma > 1 \end{cases} \tag{3.162}$$

活度可以通过电化学法直接测出，由此可求出组元原子间的相互作用系数。图 3.14 和图 3.15 表示了组元相互作用系数对溶体自由焓和组元活度的影响。

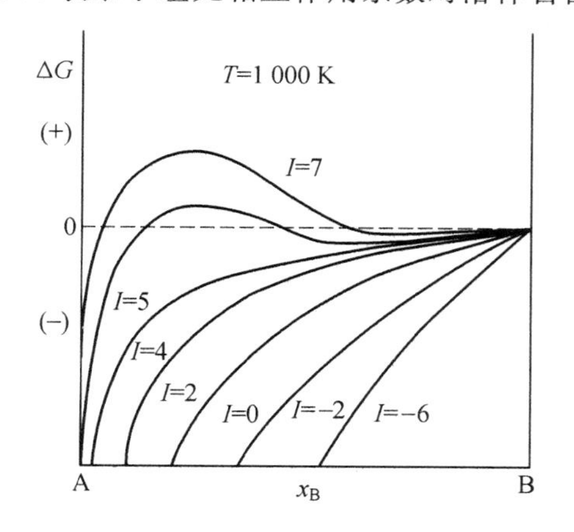

图 3.14　相互作用系数对自由能的影响

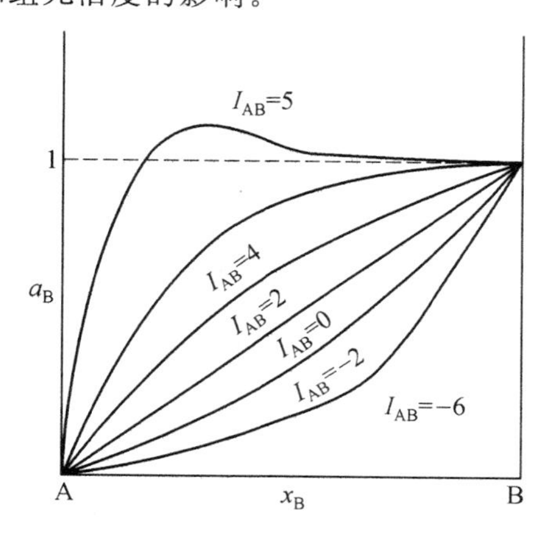

图 3.15　二元系中组元 B 的活度

3.3.3　规则溶体模型的统计表示

易欣(E. Ising) 提出的固溶体统计模型中，把固溶体内原子之间的作用力(相互作用能)表示为各原子对之间作用能的综合。

若 A—A 原子结合能为 u_{AA}，B—B 原子结合能为 u_{BB}，A—B 原子结合能为 u_{AB}，B—A 原子结合能为 u_{BA}。由一对 A—A 原子和一对 B—B 原子混合后形成两个 A—B 对，结合能变化为

$$2\varepsilon = u_{AB} + u_{BA} - u_{AA} - u_{BB} \tag{3.163}$$

因此形成一个 A－B 对的结合能变化为

$$\varepsilon = u_{AB} - \frac{1}{2}(u_{AA} + u_{BB}) \tag{3.164}$$

若 1 mol 混合物中有 n_{AA} mol 的 A—A 原子对，n_{BB} mol 的 B—B 原子对，n_{AB} mol 的 A—B 原子对和 n_{BA} mol 的 B—A 原子对，这样的混合物的热力学能为

$$u^M = n_{AA}u_{AA} + n_{BB}u_{BB} + n_{AB}u_{AB} + n_{BA}u_{BA} \tag{3.165}$$

而形成的 A—A 对的数目等于相邻位置对的数目与出现 A—A 原子对的概率的乘积，而某一原子位置出现 A 原子的概率就等于溶体中 A 或 B 的原子数分数，A—A 原子对数目＝A 原子数 /2，因此有

$$\begin{aligned} n_{AA} &= n_A \times \frac{1}{2}Zx_A = \frac{1}{2}N_0Zx_A^2, \quad n_{BB} = n_B \times \frac{1}{2}Zx_B = \frac{1}{2}N_0Zx_B^2 \\ n_{AB} &= \frac{1}{2}n_AZx_B = \frac{1}{2}N_0Zx_Ax_B, \quad n_{BA} = \frac{1}{2}n_BZx_A = \frac{1}{2}N_0Zx_Bx_A \end{aligned} \tag{3.166}$$

其中，N_0、n_A、n_B 分别为 1 mol 混合物中原子总数、A 原子数和 B 原子数；x_A 和 x_B 分别为 A 和 B 的原子数分数；Z 为配位数。将式(3.166) 代入式(3.165) 有

$$u^{M}=\frac{1}{2}N_0Zx_A^2u_{AA}+\frac{1}{2}N_0Zx_B^2u_{BB}+\frac{1}{2}N_0Zx_Ax_Bu_{AB}+\frac{1}{2}N_0Zx_Bx_Au_{BA}$$
$$=\frac{1}{2}N_0Zx_Au_{AA}+\frac{1}{2}N_0Zx_Bu_{BB}+\frac{1}{2}N_0Zx_Ax_B(u_{AB}+u_{BA}-u_{AA}-u_{BB}) \quad (3.167)$$

对于规则溶体，其内部粒子(原子)是随机分布的，若 u_A^0 为 1 mol 纯 A 的热力学能，u_B^0 为 1 mol 纯 B 的热力学能，这样混合前 1 mol(A＋B) 的热力学能为 $u_A^0x_A+u_B^0x_B$，同时

$$\frac{1}{2}N_0Zu_{AA}=u_A^0,\quad \frac{1}{2}N_0Zu_{BB}=u_B^0 \quad (3.168)$$

这样 1 mol 规则溶体的热力学能为

$$U_m^M=u_A^0x_A+u_B^0x_B+x_Ax_B\frac{N_0Z}{2}(u_{AB}+u_{BA}-u_{AA}-u_{BB}) \quad (3.169)$$

又结合式(3.168)可知，混合前后热力学能的变化为

$$\Delta U_m^M=H_m^M-(u_A^0x_A+u_B^0x_B)=x_Ax_BN_0Z\varepsilon \quad (3.170)$$

其中，$u_A^0x_A+u_B^0x_B$ 为混合前的热力学能。

若在等压下形成混合物时无体积变化，此时混合物的焓变与热力学能相等($\Delta(PV)=0$)，所以

$$\Delta U_m^M=H_m^M-(H_A^0x_A+H_B^0x_B)=\Delta U_m^M=x_Ax_BN_0Z\varepsilon \quad (3.171)$$

同时混合物的熵变可表示为

$$\Delta S_m^M=S_m^M-(S_A^0x_A+S_B^0x_B)=-R(x_A\ln x_A+x_B\ln x_B) \quad (3.172)$$

所以

$$\Delta G_m^M=\Delta U_m^M-T\Delta S_m^M=RT(x_A\ln x_A+x_B\ln x_B)+x_Ax_BN_0Z\varepsilon \quad (3.173)$$

与式(3.157)比较，得到 A－B 组元的相互作用系数为

$$I_{AB}=N_0Z\varepsilon \quad (3.174)$$

因此可知

$$a'=aRT=N_0Z\varepsilon \quad (3.175)$$

其中，各符号的意义已于前面介绍过。

对于 1 mol 某溶体，N_0 和 Z 为常数，所以组元间的相互作用系数与各组元中原子间的键能大小有密切的关系，而键能随温度和成分的变化不大，因此将 a' 看成与温度和成分无关是具有一定合理性的。

3.3.4　规则溶体的吉布斯函数

溶体的吉布斯函数表达式为

$$\Delta G^M=\Delta G^I+\Delta G^E \quad (3.176)$$

据前文所述，对于二元规则溶体有

$$G_M=({}^0G_Ax_A+{}^0G_Bx_B)+RT(x_A\ln x_A+x_B\ln x_B)+I_{AB}x_Ax_B \quad (3.177)$$

其中

$${}^0G_M={}^0G_Ax_A+{}^0G_Bx_B \quad (3.178)$$
$$\Delta G^I=RT(x_A\ln x_A+x_B\ln x_B) \quad (3.179)$$
$$\Delta G^E=I_{AB}x_Ax_B \quad (3.180)$$

下面继续分析规则溶体的摩尔吉布斯自由能曲线——G_M-x 曲线图。如图3.16所示，摩

尔吉布斯自由能的 3 个部分为虚线所表示的线性项，小箭头线表示的过剩自由能项和大箭头线所表示的混合熵项。各项若从虚线处起逐渐叠加，则成为粗实线所表示的摩尔吉布斯自由能曲线（$G_M - x$ 曲线）图。

规则溶体在温度和相互作用能 I_{AB} 为不同数值时的摩尔吉布斯自由能曲线如图 3.17 所示。与图 3.16 不同之处在于，混合熵部分是叠加在过剩吉布斯自由能部分之上的。

如果 $I_{AB}=0$ 时，$\Delta G^E=0$，这时溶体为理想溶体，所以可把理想溶体看成是规则溶体的一种特殊情况。在绝对零度，$G_M—x$ 曲线为直线，直线的两端分别为 ^0G_A(0 K) 和 ^0G_B(0 K) 温度提高时，开始出现混合熵项，曲线呈向下弯的形状，^0G_A 和 ^0G_B 要比绝对零度下的 ^0G_A(0 K) 和 ^0G_B(0 K) 更低。温度更高时，$T\Delta S_{mix}$ 是更大的负值，^0G_A 和 ^0G_B 也更低，曲线更向下移。

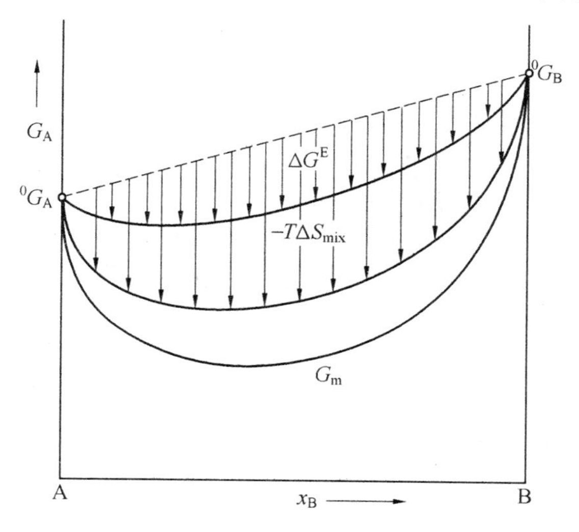

图 3.16　规则体摩尔自由能的 3 个组成部分
（相互作用能为负值）

当 $I_{AB}<0$ 时，$\Delta G^E<0$，这是 $u_{AB}<\dfrac{u_{AA}+u_{BB}}{2}$ 的情况。在绝对零度，$T\Delta S_{mix}$ 项为 0，G_M 为线性部分 $^0G_Ax_A+{}^0G_Bx_B$ 与过剩吉布斯自由能项 ΔG^E 之和，而 ΔG^E 项为抛物线，因此 G_M-x 曲线为以 ^0G_A(0 K) 和 ^0G_B(0 K) 为端点的向下弯的抛物线；温度升高时混合熵项 $T\Delta S_{mix}$ 使曲线进一步向下移，两个端点 ^0G_A 和 ^0G_B 也更低。

当 $I_{AB}>0$ 时，$\Delta G^E>0$，这是 $u_{AB}>\dfrac{u_{AA}+u_{BB}}{2}$ 的情况。在绝对零度，混合熵项 $T\Delta S_{mix}$ 为 0，G_M 为线性部分 $^0G_Ax_A+{}^0G_Bx_B$ 与过剩吉布斯自由能项 ΔG^E 之和，而 ΔG^E 为向上弯的抛物线，因此 G_M-x 曲线也是以 ^0G_A(0 K) 和 ^0G_B(0 K) 为端点的向上弯的抛物线；温度升高时，$T\Delta S_{mix}$ 项开始起作用，$T\Delta S_{mix}$ 是负值，这 3 项叠加的结果将使 G_M-x 曲线成为有两个拐点的曲线，在 $X=\dfrac{1}{2}$ 附近，曲线向上弯；在 $X<\dfrac{1}{2}$ 和 $X>\dfrac{1}{2}$ 处曲线向下弯。这是因为只要温度 $T>0$，在两端点处曲线的斜率均为 $-\infty$，曲线只能向下弯。当温度足够高时，$T\Delta S_{mix}$ 项的负值足以抵消过剩吉布斯自由能项 ΔG^E 的正值，G_M-x 线的拐点消失，成为单纯向下弯的形状。综上所述，除掉绝对零度的情况之外，其他温度下规则溶体的摩尔吉布斯自由能曲线

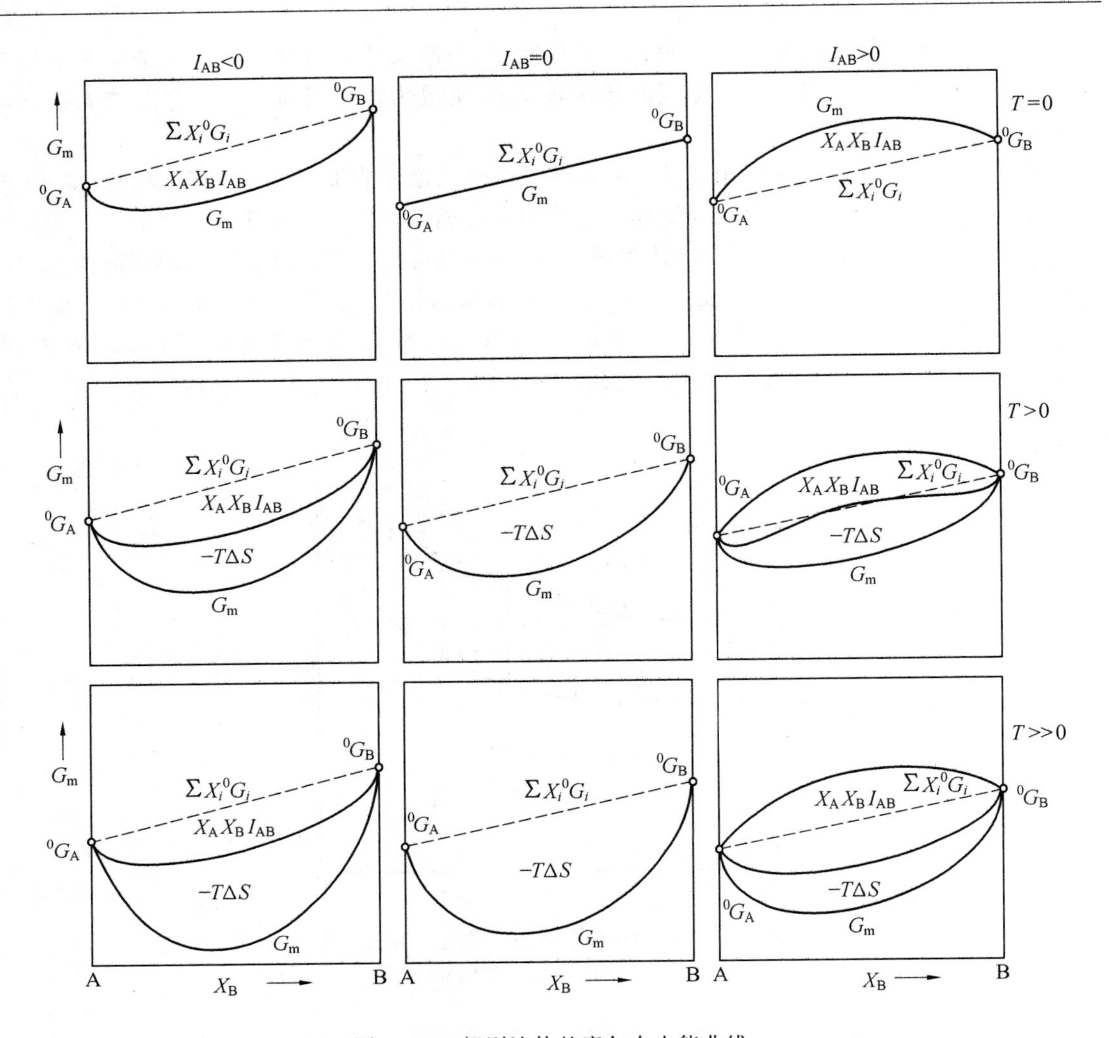

图 3.17　规则溶体的摩尔自由能曲线

$G_M - x$ 曲线只有两种形状，一种是单纯向下弯的曲线，即$\frac{\partial^2 G_m}{\partial x^2}$恒大于0；另一种为有两个拐点的曲线，在两个拐点之间，$\frac{\partial^2 G_m}{\partial x^2} < 0$，在两个拐点之外，$\frac{\partial^2 G_m}{\partial x^2} > 0$。而这种有拐点的 $G_M - x$ 曲线只有在 $I_{AB} > 0$、温度又不太高时才会发生。所以在绝大多数情况下，$G_M - x$ 曲线都是单调向下弯曲的形状。

3.4　非规则溶体

3.4.1　非规则溶体的吉布斯函数

规则溶体模型的统计理论基础是布拉格－威廉姆斯(Bragg－Williams)近似，其特征是相互作用能 I_{AB} 为常数。但它并不能准确描述实际溶体的摩尔吉布斯自由能，主要原因有以下3个方面。

1. 混合熵的不合理性

规则溶体模型中沿用了理想溶体的混合熵计算方法，在 I_{AB} 近乎为 0 时，这样计算带来的偏差不大。但是，在 $I_{AB}<0$ 时，这时异类原子间有更强的结合能力，如图 3.18 所示。溶体中将出现较多的 A—B 键，这意味着短程有序排布，因而原子的排布状态与随机排布相差较远。也就是说实际的混合熵将小于按完全随机排布所计算的理想溶体的混合熵。$I_{AB}>0$ 时，同类原子之间有更强的结合能力。如图 3.18 所示，溶体中出现较多的同类原子键，这也是一种短程有序排布，也将导致混合熵小于理想溶体。

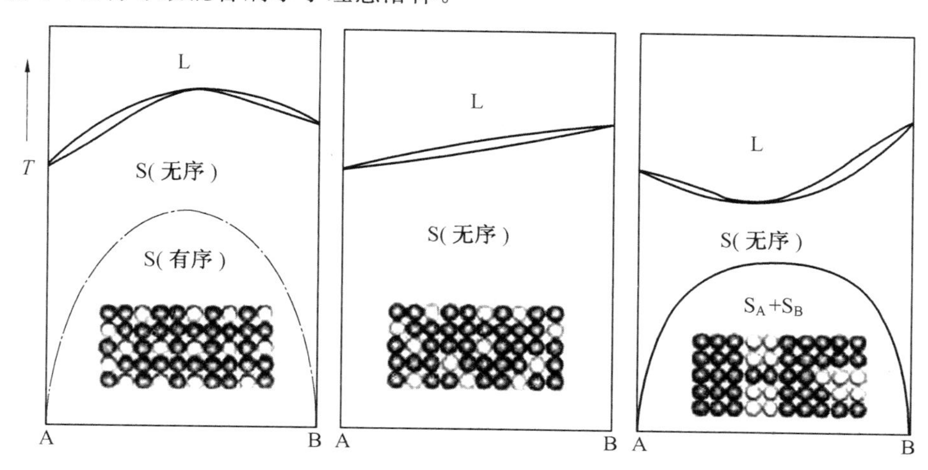

图 3.18　固溶体的相互作用能与固溶体的原子排布及相图

为了修正 $I_{AB}\neq 0$ 所带来的混合熵偏差，人们曾设想过多种方法，例如，早在 1939 年，Gaggenheim 曾提出用下式来计算溶体混合熵与理想溶体混合熵 S_I 的偏差 ΔS^E：

$$\Delta S^E = S_I - \frac{(x_A x_B I_{AB})^2}{ZRT^2} \tag{3.181}$$

式中，Z 为溶体的配位数。

式(3.181) 中包含了 I_{AB}、成分和温度对混合熵的影响，可以看出，当 $T\rightarrow\infty$ 时，$\Delta S^E\rightarrow 0$，如图 3.19 所示。

2. 原子键结合能的温度和成分依存性

按布拉格－威廉姆斯近似，相互作用能为

$$I_{AB} = ZN\left(u_{AB} - \frac{u_{AA}+u_{BB}}{2}\right) \tag{3.182}$$

将相互作用能看作常数，是由于认为 u_{AB}、u_{AA}、u_{BB} 是常数。处于晶格结点上的原子间结合能决定于原子间距离，因此温度变化时 u_{AB}、u_{AA}、u_{BB} 都要随之变化，I_{AB} 应当与温度有关。溶体成分变化时，每个原子周围的异类原子的数目要发生变化，如果两种原子的尺寸不同，则溶体成分的变化也要影响原子之间的距离，因而 u_{AB}、u_{AA}、u_{BB} 要随之变化，所以 I_{AB} 应当与溶体成分有关。对于 Fe－Cr 二元体系，人们也早就已经接受了 $I^{\alpha}_{Fe\text{-}Cr}$ 是一个与成分有关的量，比如可近似表示为

$$I^{\alpha}_{Fe\text{-}Cr} = 11.72 \sim 5.44X^{\alpha}_{Cr}\quad (kJ\cdot mol^{-1}) \tag{3.183}$$

3. 原子振动频率的影响

两种原子混合时振动频率将发生变化。因此，混合焓及混合熵中的线性项是不能严格成

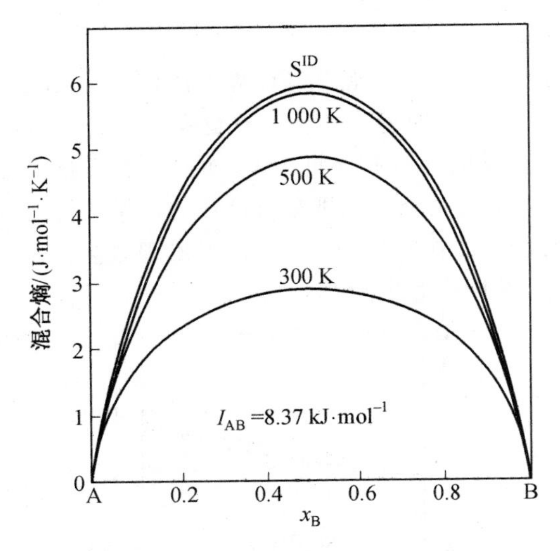

图 3.19　当相互作用不为 0 时混合熵与温度的关系

立的。也就是说在下面的式中还要引入修正项才能使之完全成立。

$$H_m = X_A {}^0H_A + X_B {}^0H_B + I_{AB}X_AX_B \tag{3.184}$$

$$S_m = X_A {}^0S_A + X_B {}^0S_B + \Delta S_{mix} \tag{3.185}$$

这样，正规溶体摩尔吉布斯自由能的 3 个组成部分为：① 线性项 $X_A {}^0G_A + X_B {}^0G_B$；② 混合熵项 $RT(x_A\ln x_A + x_B\ln x_B)$；③ 过剩吉布斯自由能项 $\Delta G^E = I_{AB}X_AX_B$。以上 3 项便都需要做进一步的修正才能准确地描述实际溶体。于是，摩尔吉布斯自由能的表达式将会变得非常复杂。人们设想，保留正规溶体模型原来的形式，即仍保留 I_{AB} 这一参数，并对它进行修正，使之成为成分和温度的函数，同样可以达到准确描述实际溶体的摩尔吉布斯自由能的目的。这就是非规则溶体模型的思想。这时 I_{AB} 便不再只有明确的物理意义了，它只是体现各种修正的一个数值化参数，更适合于称之为相互作用参数（interaction parameter）。亚正规溶体模型（sub-regular solution model）的表达式为

$$G_m = X_A {}^0G_A + X_B {}^0G_B + RT(x_A\ln x_A + x_B\ln x_B) + I_{AB}X_AX_B \tag{3.186}$$

$$I_{AB} = f(T, X_B) \tag{3.187}$$

现代相图热力学计算的 CALPHAD 模式中对溶体相吉布斯自由能的描述多数采用亚正规溶体模型。作为成分和温度函数的相互作用参数 I_{AB}，目前普遍采用的是多项式形式，一般为成分的对称形式，下式就是其中的一例。

$$I_{AB} = [I_{AB}]_0^0 + [I_{AB}]_0^t T + ([I_{AB}]_1^0 + [I_{AB}]_1^1 T)(X_A - X_B) + ([I_{AB}]_2^0 + [I_{AB}]_2^1 T)(X_A - X_B)^2 + \cdots \tag{3.188}$$

应当指出，这种牺牲物理意义而强调描述效果的亚正规溶体模型在实际的相图计算、相变模拟、化学反应模拟等方面发挥了很大的作用。取得了许多非常重要的成果。但人们仍然没有放弃在充分体现物理意义的前提下来描述溶体自由能的努力。这就是另一个重要的科学分支 —— 第一原理计算的一部分。在现代计算机技术的支撑下，复杂的、但是合理的模型已经逐渐在接近可以应用的程度。

据前文所述，规则溶体除混合熵以外其他特性和理想溶体相一致。但在实际情况中，实际溶体往往还受到其他因素的影响，如温度、压强等。基于这个原因，研究学者提出了新的模

型——非规则溶体模型。在非规则溶体中，除了考虑溶体形成的混合熵不等于 0 外，还考虑了温度、压强对溶体特性的影响。

对于溶体而言：

$$G_m^E = RT(x_1 \ln \gamma_1 + x_2 \ln \gamma_2) = x_A \mu_A^E + x_B \mu_B^E \tag{3.189}$$

$$\mu_A^E = RT \ln \gamma_A, \quad \mu_B^E = RT \ln \gamma_B \tag{3.190}$$

过剩偏摩尔量可衡量偏离理想溶液的程度：

① $$\gamma_i > 1, \mu_i^E > 0, \quad \Delta V_i^E > 0, \quad \Delta H_i^E > 0 \tag{3.191}$$

表示对拉乌尔定律呈正偏差，组元之间排斥。

② $$\gamma_i < 1, \mu_i^E < 0, \quad \Delta V_i^E < 0, \quad \Delta H_i^E < 0 \tag{3.192}$$

表示拉乌尔定律呈负偏差，组元互相吸引。

3.4.2　混合物的吉布斯函数

混合物(mixture)是指由两种结构不同的相或结构相同而成分不同的相构成的体系。由两种混合物构成的实际二元材料非常多。钢铁材料中的近共析成分的高碳钢是由铁素体(α)和渗碳体(Fe_3C)两相混合物组成的；近共晶成分的高碳铸铁、高深冲性能的低碳结构钢、40 黄铜和双相钛合金等也是典型的混合物金属二元材料。$Si_3N_4-Al_2O_3$ 陶瓷、$Al_2O_3-SiO_2$ 系莫来石陶瓷材料则是典型的二相混合物非金属材料。上述这些材料的平衡相成分问题经常是很重要的基础问题，因此需要进行混合物自由能的分析。

混合物自由能的基本特征是服从混合率(mixture law)，即混合物的摩尔自由能 G_m^M 与两相的摩尔自由能 G_m^α 和 G_m^β 之间的关系为

$$G_m^M = \frac{x_B^\beta - x_B^M}{x_B^\beta - x_B^\alpha} G_m^\alpha + \frac{x^M B - x_B^\alpha}{x_B^\beta - x_B^\alpha} G_m^\beta \tag{3.193}$$

式中，x_B^M、x_B^α 和 x_B^β 分别为混合物、α 相和 β 相的成分。

在摩尔自由能－成分图上，混合物的自由能处于两种构成相的摩尔自由能的连线上，如图 3.20 所示。下面对这一关系(即式(3.193))加以证明。

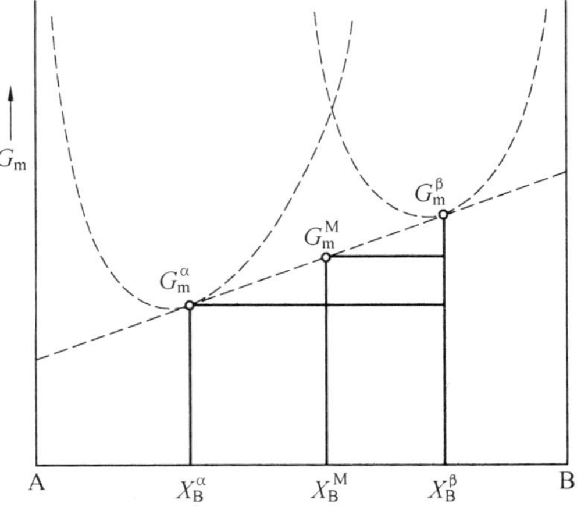

图 3.20　两相混合物的自由能－成分图

若 A－B 二元体系中有一由 α 和 β 两相构成的混合物 M，混合物的成分为 X_B^M，混合物中原子的摩尔数为 n，因而 α 相中的摩尔数为 n^α，β 相中的摩尔数为 n^β，而且 $n^\alpha + n^\beta = n^\circ$，对于组元 B，则有

$$n_B = n_B^\alpha + n_B^\beta \tag{3.194}$$

式中，n_B、n_B^α、n_B^β 分别为混合物、α 相和 β 相中的 B 原子摩尔数。自由能系容量性质，因而混合物的自由能 G^M 与两相的自由能 G^α 及 G^β 之间的关系为

$$G^M = G^\alpha + G^\beta \tag{3.195}$$

用 $n^\alpha + n^\beta$ 除上式的两边，可得

$$\frac{G^{M}}{n}=\frac{G^{\alpha}+G^{\beta}}{n^{\alpha}+n^{\beta}} \tag{3.196}$$

因为 $G^{M}/n=G_{m}^{M}$，$G^{\alpha}/n^{\alpha}=G_{m}^{\alpha}$，$G^{\beta}/n^{\beta}=G_{m}^{\beta}$，所以

$$G_{m}^{M}=\frac{n^{\alpha}G_{m}^{\alpha}+n^{\beta}G_{m}^{\beta}}{n^{\alpha}+n^{\beta}} \tag{3.197}$$

混合物的成分为

$$X_{B}^{M}=\frac{n_{B}}{n}=\frac{n_{B}^{\alpha}+n_{B}^{\beta}}{n^{\alpha}+n^{\beta}} \tag{3.198}$$

因为 $X_{B}^{\alpha}=\frac{n_{B}^{\alpha}}{n^{\alpha}}$，$X_{B}^{\beta}=\frac{n_{B}^{\beta}}{n^{\beta}}$，所以

$$X_{B}^{M}=\frac{n^{\alpha}x_{B}^{\alpha}+n^{\beta}x_{B}^{\beta}}{n^{\alpha}+n^{\beta}} \tag{3.199}$$

由式(3.196)可得

$$\frac{G_{m}^{\alpha}-G_{m}^{M}}{G_{m}^{M}-G_{m}^{\beta}}=\frac{n^{\beta}}{n^{\alpha}} \tag{3.200}$$

由式(3.197)可得

$$\frac{x_{m}^{\alpha}-x_{B}^{M}}{x_{B}^{M}-G_{B}^{\beta}}=\frac{n^{\beta}}{n^{\alpha}} \tag{3.201}$$

因此

$$\frac{G_{m}^{\alpha}-G_{m}^{M}}{G_{m}^{M}-G_{m}^{\beta}}=\frac{x_{m}^{\alpha}-x_{B}^{M}}{x_{B}^{M}-G_{B}^{\beta}} \tag{3.202}$$

或改写成

$$\frac{G_{m}^{M}-G_{m}^{\alpha}}{G_{m}^{\beta}-G_{m}^{\alpha}}=\frac{x_{B}^{M}-x_{B}^{\alpha}}{x_{B}^{\beta}-G_{B}^{\alpha}} \tag{3.203}$$

式(3.201)、式(3.202)即是直线方程两点式的标准形式，于是证明了成分为 X_{B}^{M} 的混合物的摩尔自由能 G_{m}^{M} 处于成分为 X_{B}^{α} 的 α 相的摩尔自由能 G_{m}^{α} 和成分为 X_{B}^{β} 的 β 相的摩尔自由能 G_{m}^{β} 的连线上。将式(3.202)变形后即可得到式(3.192)，使混合率得到证明。

【例 3.7】 在 1 423 K 时，液体 Ag－Cu 溶液的摩尔剩余焓和剩余熵可表示为

$$\Delta H^{E}=(23\ 000X_{Cu}+16\ 320X_{Ag})X_{Cu}X_{Ag} \quad (\text{J})$$

$$\Delta S^{E}=(5.98X_{Cu}+1.35X_{Ag})X_{Cu}X_{Ag} \quad (\text{J/K})$$

试求出 Cu 的偏摩尔剩余焓和偏摩尔剩余熵，并计算 $X=0.5$ 时的 a_{Cu}。

解

$$\Delta H_{Cu}^{E}=\Delta H^{E}+x_{Ag}\frac{\partial(\Delta H^{E})}{\partial x_{Cu}}=(16\ 320+13\ 360x_{Cu})x_{Ag}^{2}$$

$$\Delta S_{Cu}^{E}=\Delta S^{E}+x_{Ag}\frac{\partial(\Delta S^{E})}{\partial x_{Cu}}=(1.35+9.26x_{Cu})x_{Ag}^{2}$$

$$\mu_{Cu}^{E}=RT\ln\gamma_{Cu}=\Delta H_{Cu}^{E}-T\Delta S_{Cu}^{E}$$

$$\ln\gamma_{Cu}=0.306$$

$$\gamma_{Cu}=1.358$$

$$a_{Cu}=\gamma_{Cu}x_{Cu}=0.679$$

第 4 章　相变热力学

相变在材料工业中十分重要，例如，冶金工业中液态到固态的转变可决定铸造合金的性质，热加工时发生变形的合金向退火合金的转变可作为特殊再结晶处理的一部分，钢和铝合金的硬化都与合金从亚稳态转变为比较稳定的状态有关。又如介电材料中顺电相和铁电相之间的过渡以及相邻铁电相之间的转变都是相变问题，这是铁电体的相变热力学范畴。新型铁电材料中由自发极化产生的压电、热释电、电光效应的相变过程可发掘出许多特殊物理性能以供人们应用，在研磨材料中人们控制相变条件可由石墨制备出最佳的超硬材料 —— 金刚石，在电子薄膜材料中已大量采用化学气相沉积法制备，近年来引人注目的超导材料的发展也促进其相变理论的发展。

相变在硅酸盐工业中尤为重要，如陶瓷、耐火材料、铸石的烧成和重结晶，玻璃中防止失透或控制结晶来制造各种微晶玻璃，单晶、多晶和晶须中采用的液相或气相外延生长，瓷釉、搪瓷和各种复合材料（如涂层复合材料、纤维复合材料）的熔融过程最为重要。而凝聚相变过程的例子有高温喷涂技术、气相沉积法制备单晶、多晶和晶须、蒸发 — 冷凝机理的烧结等，石英、氧化铝、二氧化钴等都是晶型转变的例子。对于陶瓷坯体、釉料、珐琅、玻璃、铸石等在高温时液相出现，冷却时的析晶都是熔融和析晶的相变实例。析出晶体的大小、数量、分布等都直接影响制品的力学、光学、热学、电磁学等性质。

以陶瓷釉为例，陶瓷釉由玻璃相及少量结晶组成，当釉中形成的晶粒尺寸小于可见光波长（400 ～ 700 nm）时，光完全能透过釉层而成为透明釉。但是当釉中形成 200 ～ 500 nm 大小的晶粒时，其尺寸落在可见光波长范围之内，因而对可见光发生散射和衍射而成为乳浊釉。当釉中的晶粒尺寸远大于可见光的波长范围时，光只能发生反射而形成肉眼可见的晶花，如结晶釉等。总之，利用相交过程可以形成材料的各种各样的组织形态（包括结构和组成的变化），从而具备一定的性能，这是材料生产中基本的手段之一。

4.1　相变的分类

由于相变类型很多，特征各异，相变可以用多种方法来分类。

4.1.1　从热力学上分为一级相变和二级相变

这是目前比较普遍采用且又比较严格的一类分类方法。开始人们研究相平衡时提出了克劳修斯 — 克莱普隆方程，用它可描述相平衡曲线的斜率和形状，后来发现这个方程只在潜热和体积改变的相变中才有意义，假如相变中既无潜热又无体积变化时它就失去意义，而这一类相变在低温现象中出现得很多。最初应特别注意的是两种液体氦之间的相变，这就是前面所提到的二级相变。对于二级相变理论埃伦菲斯特（Ehrenfest）有重要贡献，因此，目前公认的从热力学角度对相变进行分类基本按照埃伦菲斯特的理论，并推广到高级相变中。

我们主要关心的是一级相变和二级相变，而大量接触到的是一级相变。

1. 一级相变

由一相转变为二相时，$G_1=G_2$，$\mu_1=\mu_2$，但化学势的一级偏微商不相等的称为一级相变，即

$$\left(\frac{\partial\mu_1}{\partial T}\right)_T\neq\left(\frac{\partial\mu_2}{\partial T}\right)_T \tag{4.1}$$

但

$$\left(\frac{\partial\mu_1}{\partial T}\right)_p=-S \tag{4.2}$$

$$\left(\frac{\partial\mu_1}{\partial T}\right)_T=V \tag{4.3}$$

因此一级相变时，具有体积和熵(及焓)的突变

$$\Delta V\neq 0 \tag{4.4}$$

$$\Delta S\neq 0 \tag{4.5}$$

焓的突变表示相变潜热的吸收或释放。

2. 二级相变

当相变时，$G_1=G_2$，$\mu_1=\mu_2$，而且化学势的一级偏微商也相等，只是化学势的二级偏微商不相等的，称为二级相变，即二级相变时

$$\mu_1=\mu_2 \tag{4.6}$$

$$\left(\frac{\partial\mu_1}{\partial T}\right)_p=\left(\frac{\partial\mu_2}{\partial T}\right)_p \tag{4.7}$$

$$\left(\frac{\partial\mu_1}{\partial T}\right)_T=\left(\frac{\partial\mu_2}{\partial T}\right)_T \tag{4.8}$$

$$\left(\frac{\partial^2\mu_1}{\partial T^2}\right)_p\neq\left(\frac{\partial^2\mu_2}{\partial T^2}\right)_p \tag{4.9}$$

$$\left(\frac{\partial^2\mu_1}{\partial T^2}\right)_T\neq\left(\frac{\partial^2\mu_2}{\partial T^2}\right)_T \tag{4.10}$$

$$\frac{\partial^2\mu_1}{\partial T\partial p}\neq\frac{\partial^2\mu_2}{\partial T\partial p} \tag{4.11}$$

$$\left(\frac{\partial^2\mu}{\partial T^2}\right)_p=\left(-\frac{\partial S}{\partial T}\right)_p=-\frac{C_p}{T} \tag{4.12}$$

$$\left(\frac{\partial^2\mu}{\partial p^2}\right)_T=\frac{V}{V}\left(\frac{\partial V}{\partial p}\right)_T=-V_\beta \tag{4.13}$$

$$\left(\frac{\partial^2\mu}{\partial T\partial p}\right)=\left(\frac{\partial V}{\partial T}\right)_p=\frac{V}{V}\left(\frac{\partial V}{\partial T}\right)_p=-V_\alpha \tag{4.14}$$

其中，$\beta=-\frac{1}{V}\left(\frac{\partial V}{\partial p}\right)_T$ 称为材料的压缩系数；$\alpha=\frac{1}{V}\left(\frac{\partial V}{\partial T}\right)_p$，称为材料的膨胀系数。由式(4.12)可见，二级相变时，有

$$\Delta C_p\neq 0$$

$$\Delta\beta\neq 0$$

$$\Delta\alpha\neq 0$$

即在二级相变时，在相变温度，无 $\Delta G/\Delta T$ 明显变化，体积及焓均无明显突变，而 C_p 和 α 具有突变。

3. 相变时热力学函数的变化

一级相变和二级相变时，两相的自由能、熵及体积的变化分别如图 4.1 和图 4.2 所示。

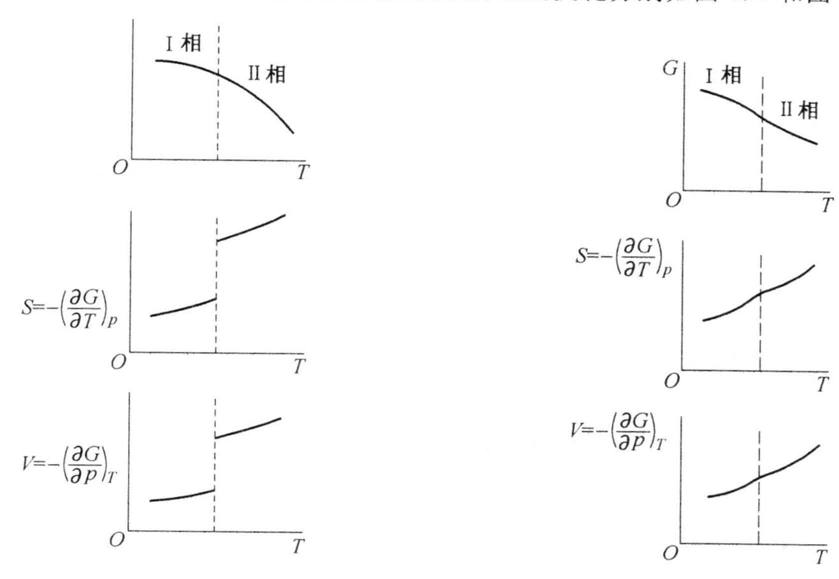

图 4.1　一级相变时两相的自由能、熵及体积变化　图 4.2　二级相变时两相的自由能、熵及体积变化

二级相变时，在相变温度，无 $\Delta G/\Delta T$ 明显变化，它在 $G-T$ 图中可以有两种情况，如图4.3所示，其中 Ⅰ、Ⅱ 分别表示 Ⅰ 相和 Ⅱ 相。在第一种的情况中，Ⅰ 相的自由能总比 Ⅱ 相的高，显示不出相变点上下的稳定相。在第二种情况中，在相变点附近未能显示二级偏微商的不相等，只是三级偏微商不相等。现在认为，埃伦菲斯特的分类还是正确的，只是不保证超过相变点的情况。

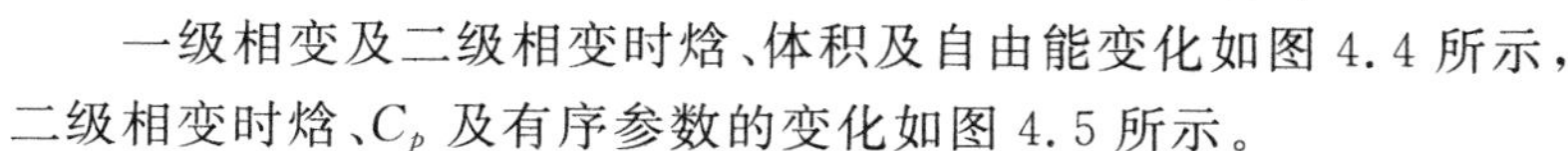

一级相变及二级相变时焓、体积及自由能变化如图 4.4 所示，二级相变时焓、C_p 及有序参数的变化如图 4.5 所示。

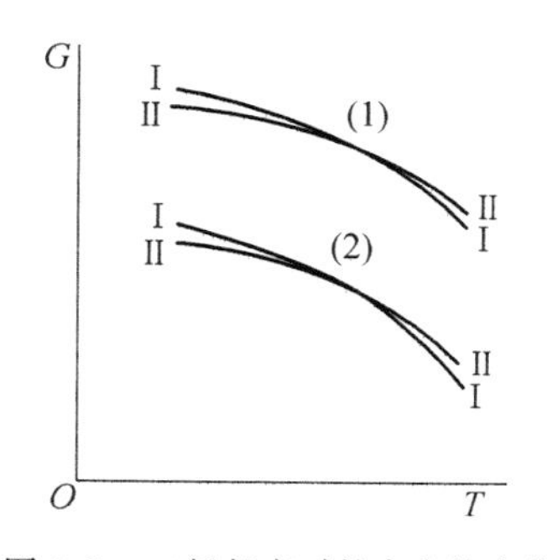

图 4.3　二级相变时的自由能变化

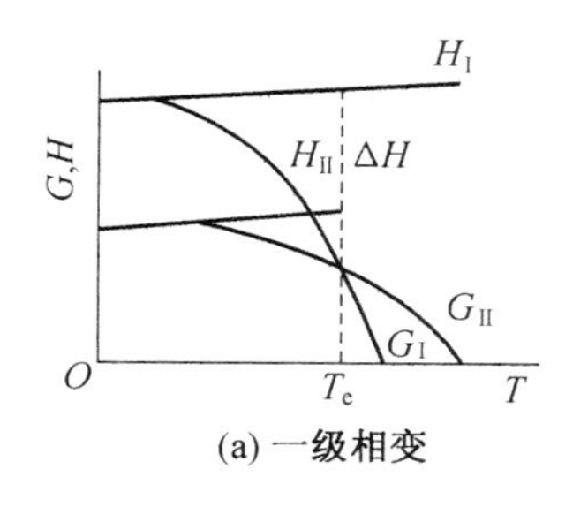

(a) 一级相变

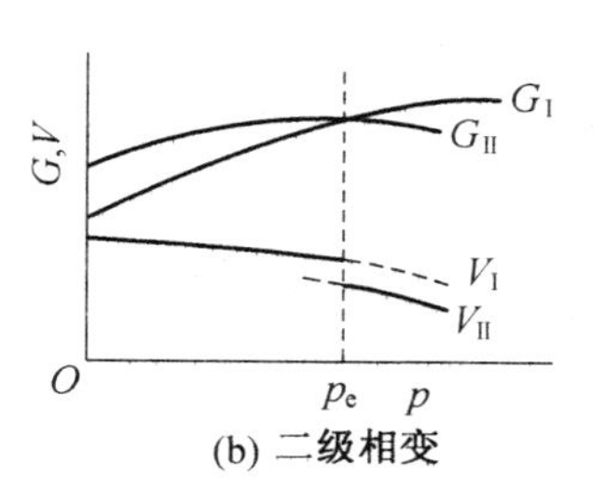

(b) 二级相变

图 4.4　一级相变及二级相变时焓、体积及自由能变化

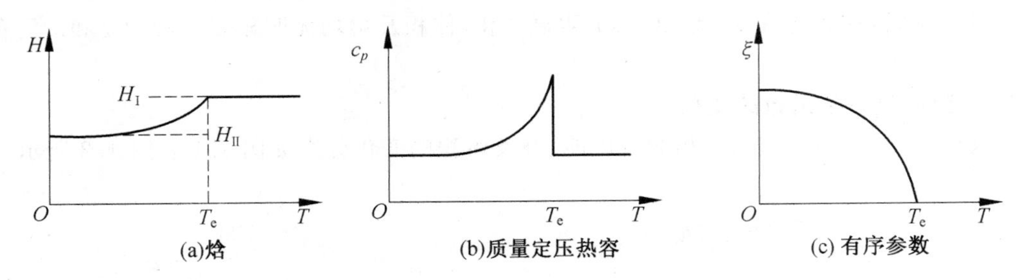

图 4.5 二级相变时焓、c_p 及有序参数的变化

当相变时两相的化学势相等，其一级和二级的偏微商也相等，但三级偏微商不相等时称为三级相变。依此类推，化学势的$(n-1)$级偏微商相等，n级偏微商不等时称为n级相变。$n>2$的相变均属于高级相变。晶体的凝固、沉积、升华和熔化，金属及合金中的多数固态相变都为一级相变。超导态相变、磁性相变、液氦的λ相变以及合中部分的无序－有序相变都为二级相变。

设相变温度为T_C，$\Delta T=T-T_C$，当$T=T_C$时，两相的自由焓差值为0，以此点做泰勒级数展开

$$\Delta G=-(\Delta S)(\Delta T)+\frac{1}{2}\Delta\left(\frac{\partial^2 G}{\partial T^2}\right)(\Delta T)^2-\frac{1}{6}\Delta\left(\frac{\partial^3 G}{\partial T^3}\right)(\Delta T)^3+\cdots \tag{4.13}$$

式中，Δ表示两相函数值之差；右边第一项不为0的为一级相变，第二项不为0的为二级相变，依此类推。在一级相变情况下，第一项与ΔT成正比；三级相变情况下第三项与$(\Delta T)^3$成正比。这样，当$T>T_C$时，$\Delta T>0$；而当$T<T_C$时，$\Delta T<0$；两者的ΔG符号相反。因此当$T<T_C$时Ⅰ相为稳定相，则$T>T_C$时Ⅱ相为稳定相。但在二级相变情况下，不管温度高于T_C或低于T_C，ΔG符号相同，因此会出现图4.3中(1)线的情况。

一级相变时的相平衡条件为

$$\Delta G=G_2-G_1=0$$
$$dG=-SdT+Vdp$$

则在两相平衡时有

$$-S_1dT+S_2dT+V_1dp-V_2dp=0$$

得

$$\frac{dp}{dT}=\frac{\Delta S}{\Delta V}=\frac{\Delta H}{T\Delta V}$$

此式为克劳修斯－克拉珀龙(Clausius－Clapeyron)方程。因此，此方程显然适用于一级相变。

4.1.2 按质点迁移特征分为扩散相变和非扩散相变

母相和新相结构只是对称性的改变、相变过程以有序参量表征的称有序－无序相变；相变过程中原子需经位移的称位移型相变；相变过程只涉及电子旋转方向的改变为磁性相变。

在相变过程中，相变依靠原子(或离子)的扩散来进行的，称为扩散型相变；相变过程不存在原子(或离子)的扩散，或虽存在扩散，但不是相变所必需的或不是主要过程的，称无扩散型相变。连续型、扩散型相变，如斯宾纳多(Spinodal)分解(后续详细介绍)和连续有序化。斯宾

纳多分解系上坡扩散。图 4.6 示意比较了脱溶分解时的正常扩散和斯宾纳多分解的上坡扩散。形核－长大型的扩散型相变包括：新相经长程扩散长大的，如脱溶（沉淀）；新相仅由短程扩散而长大的，如块状相变中新相通过界面短程扩散而长大。

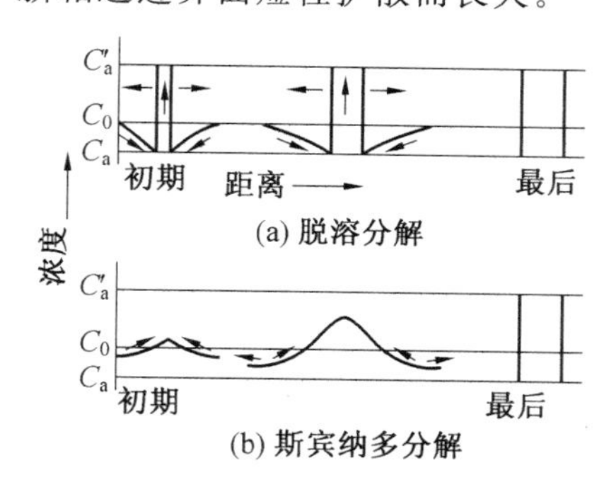

图 4.6　脱溶时的正常扩散和斯宾纳多分解时的上坡扩散

科恩（Cohen）、奥尔森（Olson）和克拉普（Clapp）把位移型的无扩散相变分为：① 点阵畸变位移，它指相变时原子保持相邻关系进行有组织的位移，如图 4.7(a) 所示；② 原子位置调整位移，原子只在晶胞内部改变位置，如图 4.7(b) 所示；前一相变中也可以包括只在晶胞内部的原子位置调整，但具有点阵畸变，并且原子位置调整并不决定相变动力学及相变产物的形态。点阵畸变位移以应变能为主，而原子位置调整的位移以界面能为主，包括连续型的无扩散相变（ω 相变）和以界面能为主的其他相变。点阵畸变的无扩散相变又分为以正应力为主的位移（无畸变线）和以切应力为主的位移（具有畸变线），后者又分为：马氏体相变，应变能决定相变的动力学及相变产物的形态；赝马氏体相变，其相变动力学及相变产物的形态并不决定相变的动力学及相变产物的形态。图 4.8 列出它们对位移型无扩散相变的分类情况。按此分类定义马氏体相变为点阵畸变的、无扩散的、以切变分力为主，使结构改变并具形状改变。因此，应变能决定相变动力学及形态的位移型相变，但对非铁合金的马氏体相变，应变能很小。

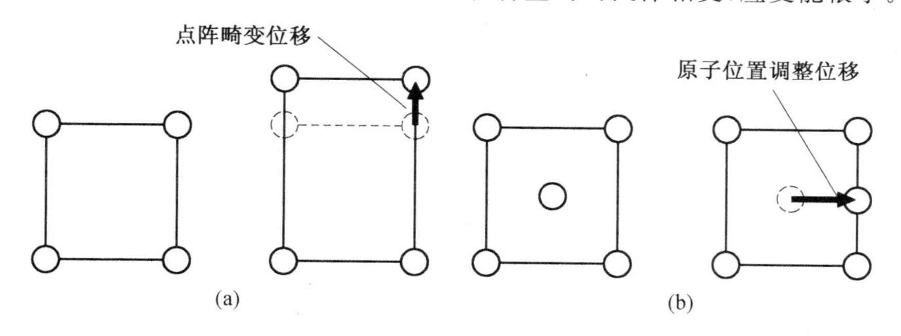

图 4.7　点阵畸变位移和原子位置调整位移

马氏体相变最早在中、高碳钢经淬火后被发现。将钢加热到一定温度（形成奥氏体）后经迅速冷却（淬火）即会使钢变硬、增强。这种淬火组织具有一定特征。1895 年法国学者 Osmond 为纪念德国冶金学者 A. Martens，把这种组织命名为马氏体。人们最早只把钢中由奥氏体转变为马氏体的相变称为马氏体相变。我国出土的战国后期的块钢及西汉的钢剑经金相分析，具有淬火的马氏体组织。历史记载，中国在春秋战国时就已应用钢的淬火，即利用马氏体相变来把钢进行强化了。20 世纪以来，对钢中马氏体相变的特征积累了较多知识，并相继发现在一些纯金属和合金中也具有马氏体相变，如 Fe、Ce、Co、Hf、La、Li、Hg、Tl、Ti、Pu、U、

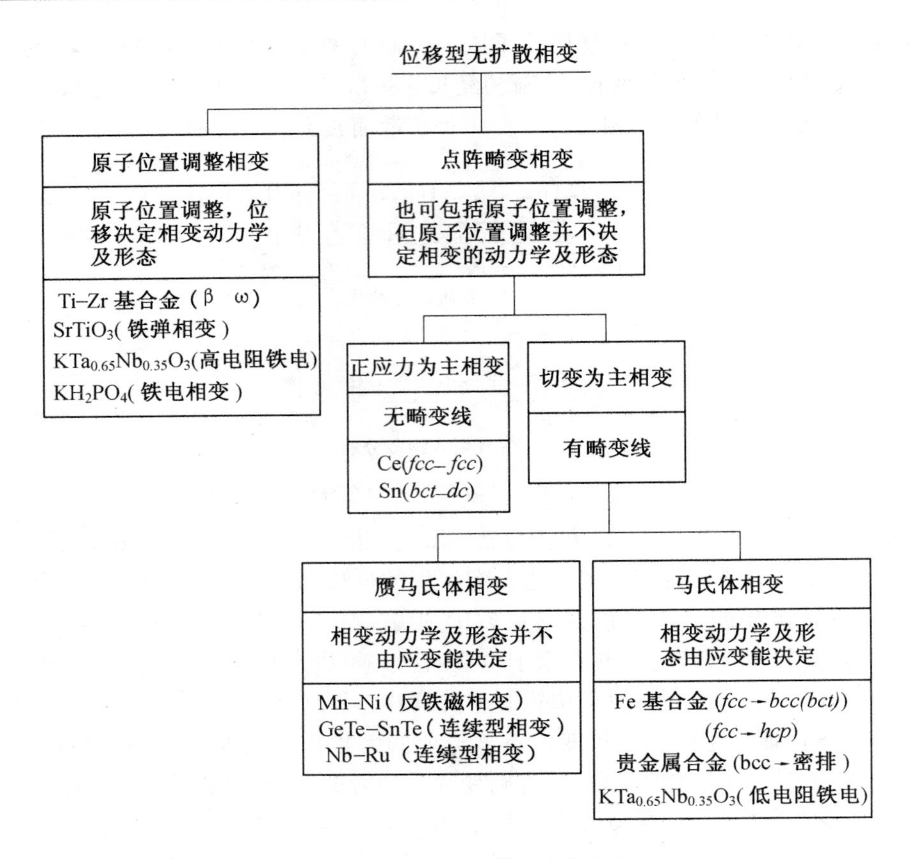

图 4.8　位移型无扩散相变的分类

Zr 和 Au—Cd、Cu—Al、Cu—Sn、Cu—Zn、In—Tl、Au—Mn、Ag—Cd、Ag—Zn、Ti—Ni 等。目前广泛地把基本特征属马氏体相变型的相变产物统称为马氏体。

马氏体相变具有热效应和体积效应，相变过程为形核和长大，它的特征可以概括如下：马氏体是一级、形核－长大和无扩散型相变之一，相变时没有原子的无规则行走或顺序跳跃穿越界面，因而新相（马氏体）承袭了母相的化学成分（在含间隙原子的低碳钢中碳在马氏体相变中会进行扩散，化学成分会有些改变，但碳的扩散不是马氏体相变的必需和主要过程）、原子序态和缺陷。马氏体相变时，原子有规则地、保持其相邻原子间的相对关系进行位移，这种位移是切变式的，如图 4.9 所示，原子位移结果产生点阵畸变，如图 4.9(a) 所示。这种切变位移不但使母相点阵结构改变，而且产生宏观的形状改变。将一个抛光试样的表面上先划上一条直线，如图 4.9(a) 中的 $PQRS$，将试样中一部分（$A_1B_1C_1D_1-A_2B_2C_2D_2$）发生马氏体相交，形成马氏体，则 $PQRS$ 直线就折成 PQ、QR' 及 $R'S'$ 三段相连的直线，两相界团（即惯习面）$A_1B_1C_1D_1$ 及 $A_2B_2C_2D_2$ 保持不应变、不转动，这种形状改变称为不变平面应变。不变平面应变是马氏体相变的一个重要特征。

马氏体的形成过程以如下方式进行：沿着马氏体和母相界面（亦称惯习面）处产生很好的尺寸匹配，因而降低两相间的弹性错配能，所以从某种程度上讲，惯习面也是一个不变平面。马氏体相变产生的体积变化表现为垂直于惯习面方向的膨胀。所以整个相变应变可以分解为平行于惯习面的切变分量和垂直于惯习面的膨胀分量，如图 4.9(b) 所示。图 4.9 揭示了当马

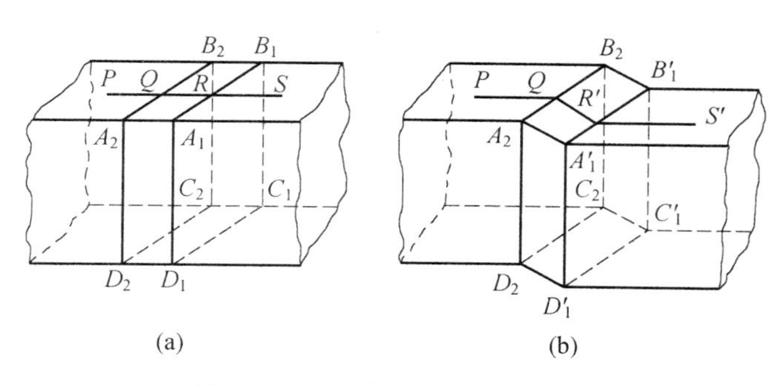

图 4.9　马氏体相变时的形状改变

氏体切割(Traverse)一个单晶母相时的形状改变。当马氏体在母相中以夹杂物形式生长时，夹杂物常形成透镜状，并以透镜的长面平行于惯习面而降低弹性应变能。

马氏体相变的驱动力来自单位体积的吉布斯自由能(化学吉布斯自由能)的降低。然而，由于马氏体相变会使样品的形状发生变化，当应力存在时(受束缚)，相变进程受到阻碍，既然马氏相变的形变可以分为不变平面切变分量，可表示为 σ_{nn}、ε_{nn}，其中 σ_{nn} 为垂直于平面的正应力，ε_{nn} 为正应变。因此马氏体相变总和的能量变化可表示为

$$\Delta G = \Delta G_{C} + \sigma_{H}\varepsilon_{H} + \sigma_{nn}\varepsilon_{nn} \tag{4.14}$$

马氏体相变通常是冷却母相至 ΔG_C 为负值以后的某个温度(马氏体相变开始温度 M_X)而触发的，马氏体随后在化学吉布斯自由能降低的驱动下以保守的易迁动发出的声音。式(4.14)给出了马氏体相变所需要克服的应变能，有时还需要考虑相变所需要的界面能。

和其他相变相同，马氏体相变也具有可逆性。当母相冷却到一定温度时，开始转变为马氏体，把此温度标作 M_S，经加热时马氏体逆变为母相，将开始逆变的温度标为 A_S，M_S 和 A_S 以及相变终了温度 M_f 和 A_f 所包围的面积称为热滞面积。当协作形变为范性形变时一般具有较大的热滞，如铁基合金中的热滞；当协作形变为弹性形变时则热滞很小，如 Au－Cd，这类合金冷却时马氏体长大、增多，一经加热又立即收缩甚至消失，马氏体相变具有热弹性，称为热弹性马氏体相变。

4.1.3　按相变方式分为连续型相变(无核)和非连续性相变(有核)

吉布斯把相变过程区分为两种不同方式：一种是由程度大、范围小的起伏开始发生相；另一类相变却由程度小、范围广的起伏导发相变。前者由程度大、范围小的起伏形成新相核心，称为经典的形核－长大型相变；后者由程度小、范围广的起伏连续地长大形成新相，称为连续型(continuous)相变，可以由斯宾纳多分解示例。和吉布斯的分类相似，克里斯琴(Christian)把相变分为非均匀相变和均匀相变两类。前者包括经典的均匀形核和非均匀形核过程，一般把体系空间分为未经相变的部分和已经相变的部分，两者由相界面分隔。均匀相变指整个体系均匀地发生相变，其新相成分和(或)有序参量系逐步地接近稳定相的特性，这一类相变是由整个体系通过过饱和或过冷相内原始小的起伏经连续地(相界面不明显)扩展而进行的，因此即为连续型相变。克里斯琴所称的非均匀相变是由母相中形核而后长大来进行的，即为形核－长大型相变。连续型相变无须形核过程，由起伏直接长大形成新相。

连续相变主要包括斯宾纳多分解，连续有序化及起伏的聚集。① 斯宾纳多分解：在具有简单不溶解区(Gap)的合金系中，当在足够大的过冷度下产生长波长的准周期性的起伏，经上

坡扩散而聚集，因此由一个单相分解成为亚稳的共格两相，这种相变称为斯宾纳多分解。经斯宾纳多分解所得的组织中往往显示两相在空间的周期性分布。在弹性各向异性的基体中，存在共格应变，形成呈晶体学定向排列的两相。② 连续有序化：在起伏的小波长（约 0.5 nm）端，有时发生原子的有序化排列，呈“连续有序化”或“斯宾纳多有序化”。③ 起伏的聚集和有序化：长波长起伏的聚集和短波长起伏的有序化可能按顺序或同时发生。当顺序进行时，聚集或者在有序化之前，或者在有序化之后发生。连续相变时起伏的聚集以及连续有序化包括一级相变和高级相变。一级相变时连续相变在低于平衡温度以下发生；而高级相变时平衡温度和失稳温度往往是重合的。

斯宾纳多分解是一种特殊类型的相变。常可在二元系的金属固溶体系统、氧化物系统和玻璃系统中观察到。以下详细介绍斯宾纳多分解的概念，并采用热力学方式予以解释。

如果一个二元的合金或陶瓷系统，在高温下存在着单相的液体溶液或固体溶液的区域，则在低温下存在平衡的二相区域。把在高温下的单相状态以非常快的速度淬冷，使其进入二相的区域，显然这时系统是处于一种过饱和状态。如果系统处于发生相分离的临界温度 T_C 之下，在这个温度下，能产生扩散，把这个系统的样品加热，进行热处理，就会发生相分离，同时产生一个两相的产物。这种相分离由单相变成两相的分解过程，有两种机理，一种是成核－生长机理，一种是斯宾纳多分解机理。在同一个二元系统中，有可能同时存在这样两种分解机理的区线。区域的划分是由自由能－组成曲线图来确定的。

图 4.10 表示不同温度下，自由能 G 随着组成 c 而变化。在温度为 T_1 时，这个系统的整个组成区域只有一个相。这时自由能曲线是向下凹的，呈 U 字形。这表示为单相固溶体状态。在温度为 T_0 时，自由能曲线的中心区域呈现平坦的形状，温度 T_C 称为相分离的临界溶合温度，有时简称临界温度或溶合温度。在这个温度以上是均匀的单相状态，低于这个温度就可能出现分相现象。在任何一个低于 T_C 的温度 T_2，自由能曲线的中心区域上升。这表示在具有公切线 $A_1B_1-A_2B_2$ 的区域，发生了不混溶的现象。在这个区域中的组成最后要分解为以 A_1B_1 和 A_2B_2 为组成的两个相。

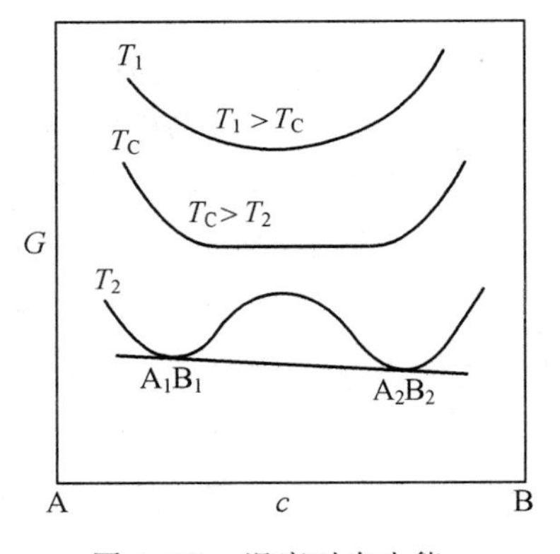

图 4.10　温度对自由能－组成行为的影响（$T_1>T_C>T_2$）

现在考察一个被淬冷到温度 T_2 时的均匀单相系统，当组成发生起伏（波动）时，自由能会发生什么样的变化。假设系统的平均组成为 c_0，对于一个在 c_0 周围一个微小的组成起伏 Δc，ΔG 可以写为

$$\Delta G=G(c_0+\Delta c)+G(c_0-\Delta c)-2G(c_0) \tag{4.15}$$

此式的右边第一、二项，用泰勒级数展开得

$$G(c_0+\Delta c)=G(c_0)+\Delta c\cdot G'(c_0)+\frac{\Delta c^2}{2}\cdot G''(c_0)+\cdots \tag{4.16}$$

$$G(c_0-\Delta c)=G(c_0)-\Delta c\cdot G'(c_0)+\frac{\Delta c^2}{2}\cdot G''(c_0) \tag{4.17}$$

结合以上方程，得到由于组成波动引起的自由能变化的表达式：

$$\Delta G=G''(c_0)\cdot\Delta c^2 \tag{4.18}$$

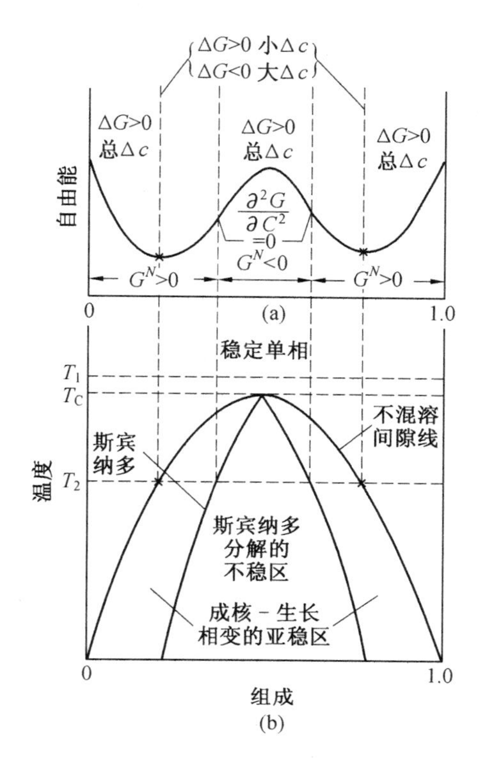

图 4.11 (a) 在 T_2 温度时，自由能曲线和组成的关系，表示稳定性的范围；(b) 平衡的不混溶间隙(共切点 x 的轨迹)和斯宾纳多分解(自由能曲线拐点)示意图，T_C 是不混溶间隙的临界温度

由式(4.18)可得，ΔG 的正负与 $G''(c_0)$ 密切相关。图 4.11(a) 展示了 T_2 温度时的自由能曲线。

根据 $G''>0$ 及 $G''<0$，可以分为两个大的不同区域。用 $G''>0$ 标志的区域，在 c_0 附近一个未消的组成起伏 Δc 将使自由能增大。只有大的组成起伏才能使自由能下降生成 A_1B_1 和 A_2B_2，也就是说，这里相当于存在常规的成核势垒。由于界面的形成，使自由能上升，成核的势垒是相当高的。只有超过这个临界尺寸之后，才能使自由能得到下降，因此需要一个比较大的组成起伏。这个区域，对于小的组成起伏 Δc 是稳定的，而对于大的组成起伏 Δc 是不稳定的，所以称为亚稳区，表现出自由能曲线是上凹的，存在极小值。用 $G''<0$ 表示的区域，$G(c)$ 曲线是下凹的。在这个区城中，在任意一个 c_0 附近的任何波动，不管是微小的还是大的 Δc，都使自由能下降。所以在这个区域中，对组成的波动是不稳的，称为不稳区。在这个区域中，新相的形成起初并没有明显的界面，因此，也就是没有成核的势垒存在，随着成分的波动发生连续的分解，最后界面才逐渐形成。自由能－组成曲线中，这个负曲率的区域($G''<0$)称为斯宾纳多分解区域。应注意到 $G''>0$ 及 $G''<0$ 这两部分曲线的交界点(拐点)$G''=0$，恰好是按照成核－生长机理进行的相变和按照斯宾纳多机理进行相变的边界，在热力学上，把斯宾纳多定义为 $\frac{\partial^2 G}{\partial c^2}=0$ 的轨迹，这就是把 Spinodal 译为拐点分解的原因。又因为在这个区域中对于任何一个 Δc 的波动，都是不稳定的，是一个不稳定的组成区域，所以也有人把 Spinodal Decomposition 译为不稳分解。

为了说明在 $G''>0$ 及 $G''<0$ 区域，组成的波动对自由能变化的差异，可参见图 4.12 所示

的两种不同情况。组成为 c_0 的一个混合物的摩尔自由能，是由平均组成 c_0 作的垂线与组成波动相应的自由能割线或自由能曲线的交点来确定的。如果一个组成为 c_0 的均匀相是处于 $G'' < 0$ 的区域，那么它是不稳定的，如图 4.12(b) 所示。因为偏离 c_0 的任何组成的起伏，不管是小 Δc 还是大 Δc，都能使自由能下降。因此相分离自发地进行，一直到使两相处于自由能最低状态为止。这两个相的位置是由在自由能曲线上具有公切线的 c_1 和 c_2 所确定的。在这个区域，均匀的单相是不稳定的，有自发变为两相的趋势。在热力学上是有利于反均匀化，这种反均匀化的倾向，扩散是逆浓度梯度的方向运行的。因此，在斯宾纳多区域产生一个负的扩散系数。

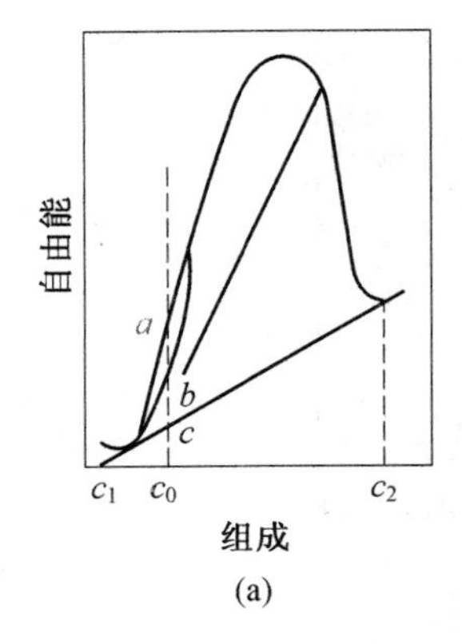

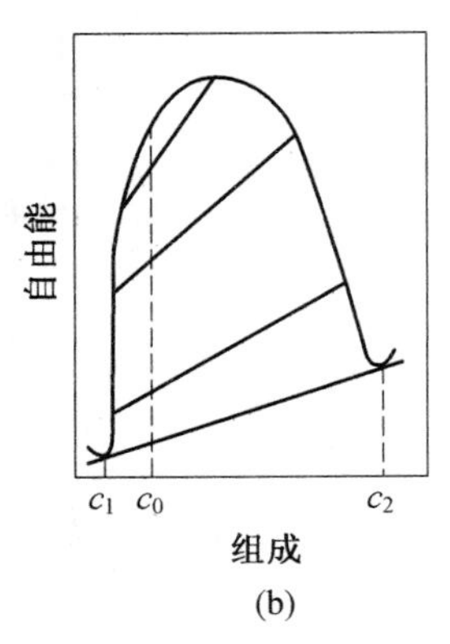

图 4.12 (a) 自由能－组成的放大图解，表示组成为 c_0 的亚稳相分解时自由能的变化（在 $G'' > 0$ 区域）；(b) 表示组成为 c_0 的不稳相的自由能变化（在 $G'' > 0$ 及 $G'' < 0$ 区域）

与此相反，如果 $G'' > 0$，那么这个均匀的 c_0 组成，就表现出稳相的特性，如图 4.12(a) 所示。在组成上从 c_0 偏离一个小的 Δc，平均摩尔自由能上升，是由 c_0 附近自由能曲线的形状决定的，因此，这时 c 对小的 Δc 是稳定的。如果往 c_2 方向做大的组成偏离 Δc，有可能使自由能下降。例如，由单相 c_0 分解为 c_1 和 c_2 时，自由能由 b 降到 c，相应于这些大的组成改变的是一个正的界面自由能项。所以相图中所描述的是一个亚稳的过程，相分离是按成核－生长的机理进行的。

通过上述讨论可知，如果一个二元系统的固溶体或液体溶液被淬火后，在 T_2 的温度下进行热处理，当其组成点处于 A_1B_1 和 A_2B_2 作为边界的区域之内可能有两种不同的相变机理：当组成点处于斯宾纳多和不混溶间隙之间的两相区时，要产生临界尺寸的核就必经有大的组成的起伏，并按成核－生长机理进行相变，当处于斯宾纳多区域之内，任何微小的组成的起伏，都足以促使相分离。图 4.13 为一个具有不混溶间隙和斯宾纳多区域的二元系统的相图的示意图。

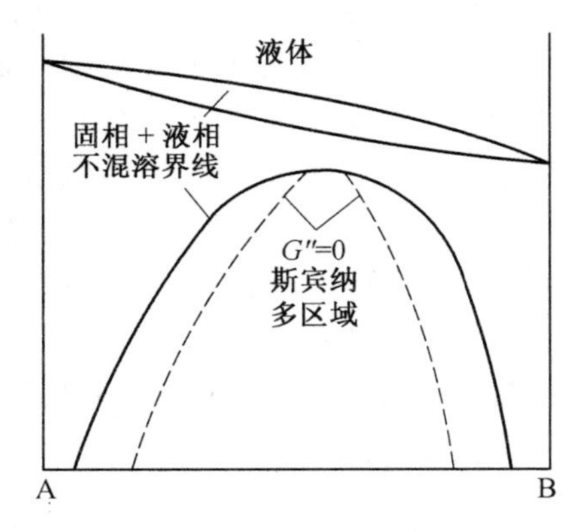

图 4.13 具有不混溶间隙和斯宾纳多区域的二元系统的相图

4.2　相变驱动力与新相形成

4.2.1　相变驱动力

相变驱动力概念及其热力学计算是相变的基本内容，也是热力学具体应用的主要方面，本节论述沉淀（脱落）过程的相变驱动力，沉淀相的形核（长大）驱动力，Fe－C 合金中奥氏体分解的相变驱动力（包括Fe—C相图中$\gamma/(\gamma+\alpha)$相界，块状转变驱动力，先共析铁素体析出的驱动力和奥氏体分解为铁素体及渗碳体的驱动力）。为了阐述间隙固溶体热力学，引入Fe—C间隙固溶体的统计概念，包括间隙固溶体的自由能、配置熵和碳原子之间的交互作用，以及按修正过的统计模型（KRC 及 LFG）和 Fisher 模型计算的 Fe—C 马氏体相变驱动力。

1. 沉淀（脱溶）过程的相变驱动力

母相（基体）α 中沉淀 β 相的情况，如图 4.14 所示，设浓度为 x_α 的合金淬至两相区$(\alpha+\beta)$的温度为 T，发生 $\alpha\rightarrow\beta+\alpha_1$，其中 α_1 在 T 温度时的平衡浓度为 $x_\alpha^{\alpha/\beta}$，沉淀相 β 的平衡浓度为 $x_\beta^{\beta|\alpha}$，此时自由能－浓度曲线（$G-x$ 曲线）如图 4.15 所示，$\alpha\rightarrow\beta+\alpha_1$ 相变的总驱动力（一般称

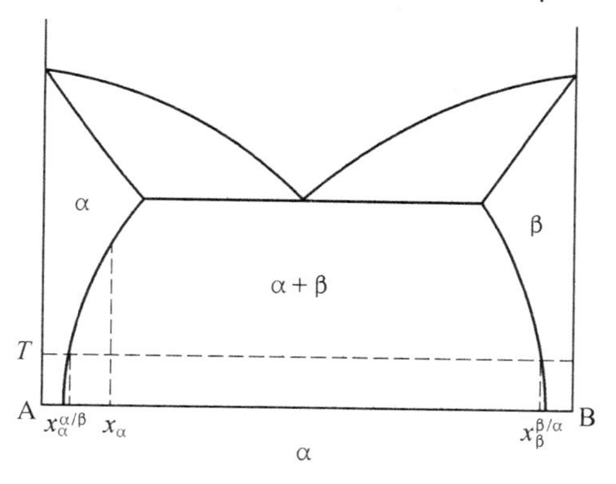

图 4.14　由 α 相脱溶沉淀 β 相示意图

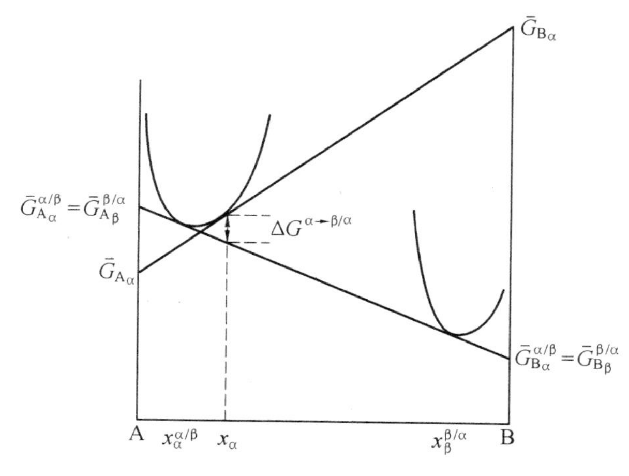

图 4.15　由浓度为 x_α 的 α 相沉淀 β 相时的相变驱动力示意图

相变驱动力）为自 x_α 沿 α 自由能所作的切线和 α、β 自由能曲线公切线之间的距离，如图中箭头所示的垂直间距。按热力学关系公式 ${}^0G=\sum x_i\bar{G}_i$，在 x_α 处相变前 α 相的自由能为

$$G^\alpha=(1-x_\alpha)\bar{G}_{A_\alpha}+x_\alpha\bar{G}_{B_\alpha} \tag{4.19}$$

式(4.19)也可由图解方法求得。根据图 4.16(a)中两个相似三角形性质，有

$$\frac{\overline{CD}}{\overline{ED}}=\frac{\overline{HJ}}{\overline{EJ}}$$

分别代入相应的数值：$\overline{CD}=G^\alpha(x_\alpha)-\bar{G}_{A_\alpha}$，$\overline{ED}=x_\alpha$，$\overline{HJ}=\bar{G}_{B_\alpha}-\bar{G}_{A_\alpha}$ 及 $\overline{EJ}=1$，得

$$\frac{G^\alpha(x_\alpha)-\bar{G}_{A_\alpha}}{x_\alpha}=\frac{\bar{G}_{B_\alpha}-\bar{G}_{A_\alpha}}{1}$$

或

$$G^\alpha(x_\alpha)-\bar{G}_{A_\alpha}=x_\alpha(\bar{G}_{B_\alpha}-\bar{G}_{A_\alpha})$$

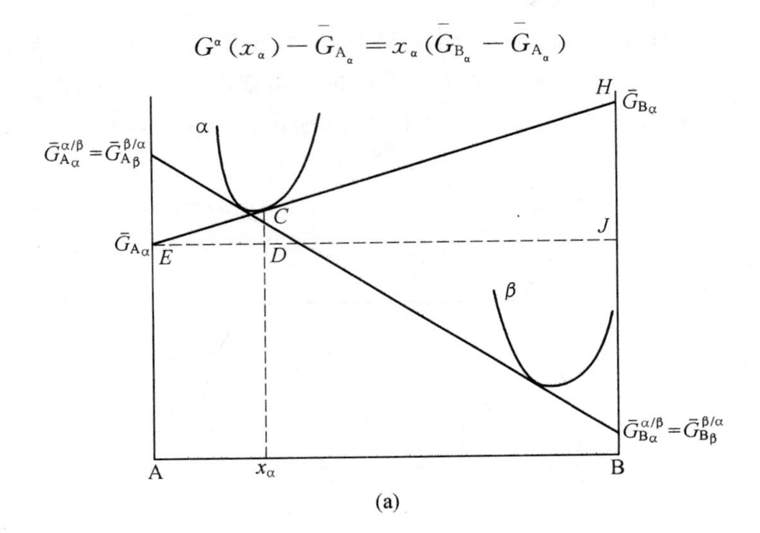

(a)

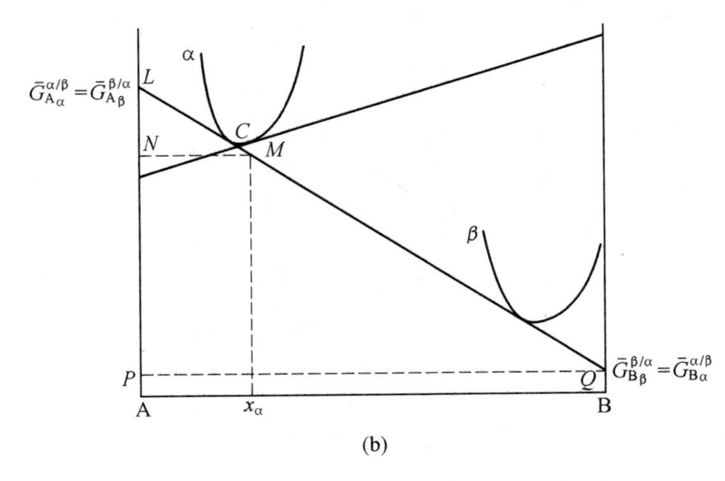

(b)

图 4.16 图解求证式(4.19)及式(4.20)的示意图

即得式(4.19)

$$G^{\alpha}(x_{\alpha})=\overline{G}_{A_{\alpha}}-x_{\alpha}\overline{G}_{A_{\alpha}}+x_{\alpha}\overline{G}_{B_{\alpha}}=(1-x_{\alpha})\overline{G}_{A_{\alpha}}+x_{\alpha}\overline{G}_{B}$$

同样可列出混合相(α+β)的自由能为

$$G^{\beta+\alpha_1}=(1-x_{\alpha})\overline{G}_{A_{\alpha}}^{\alpha/\beta}+x_{\alpha}\overline{G}_{B_{\alpha}}^{\alpha/\beta} \tag{4.20}$$

式(4.20)可由图4.16(b)中两个相似三角形的性质求得

$$\frac{\overline{LN}}{\overline{MN}}=\frac{\overline{LP}}{\overline{PQ}}$$

则有

$$\frac{\overline{G}_{A_{\alpha}}^{\alpha/\beta}-G^{\beta+\alpha_1}(x_{\alpha})}{x_{\alpha}}=\frac{\overline{G}_{A_{\alpha}}^{\alpha/\beta}-\overline{G}_{B_{\alpha}}^{\alpha/\beta}}{1}$$

$$\overline{G}_{A_{\alpha}}^{\alpha/\beta}-G^{\beta+\alpha_1}(x_{\alpha})=x_{\alpha}(\overline{G}_{A_{\alpha}}^{\alpha/\beta}-\overline{G}_{B_{\alpha}}^{\alpha/\beta})$$

即得式(4.20)：

$$\begin{aligned}G^{\beta+\alpha_1}(x_{\alpha})&=\overline{G}_{A_{\alpha}}^{\alpha/\beta}-x_{\alpha}\overline{G}_{A_{\alpha}}^{\alpha/\beta}+x_{\alpha}\overline{G}_{B_{\alpha}}^{\alpha/\beta}\\&=(1-x_{\alpha})\overline{G}_{A_{\alpha}}^{\alpha/\beta}+x_{\alpha}\overline{G}_{B_{\alpha}}^{\alpha/\beta}\end{aligned}$$

以式(4.20)减去$\Delta G=-n\Delta gv+\eta n^{2/3}\sigma$，并以$\overline{G}_i=G_i+RT\ln\alpha_i$，其中$G_i$为纯组元$i$在一定晶体中的自由能，$\alpha_i$为$i$组元在A－B固溶体(与$i$具相同晶体结构)中的活度，求$\Delta G^{\alpha\to\beta+\alpha_1}$，得

$$\begin{aligned}\Delta G^{\alpha\to\beta+\alpha_1}&=(1-x_{\alpha})(\overline{G}_{A_{\alpha}}^{\alpha/\beta}-\overline{G}_{A_{\alpha}})+x_{\alpha}(\overline{G}_{B_{\alpha}}^{\alpha/\beta}-\overline{G}_{B_{\alpha}})\\&=(1-x_{\alpha})(G_{A_{\alpha}}+RT\ln\alpha_{A_{\alpha}}^{\alpha/\beta}-G_{A_{\alpha}}-RT\ln\alpha_{A_{\alpha}})+\\&\quad x_{\alpha}(G_{B_{\alpha}}+RT\ln\alpha_{B_{\alpha}}^{\alpha/\beta}-G_{B_{\alpha}}-RT\ln\alpha_{B_{\alpha}})\\&=RT\left[(1-x_{\alpha})\ln\frac{\alpha_{A_{\alpha}}^{\alpha/\beta}}{\alpha_{A_{\alpha}}}+\chi_{\alpha}\ln\frac{\alpha_{B_{\alpha}}^{\alpha/\beta}}{\alpha_{B_{\alpha}}}\right]\end{aligned} \tag{4.21}$$

其中，$\alpha_{i_{\alpha}}^{\alpha/\beta}$为$\alpha/(\alpha+\beta)$相界上组元$i$在α(浓度为$x_{\alpha}^{\alpha/\beta}$)中的活度，$\alpha_{i\alpha}$为组元$i$在浓度$x_{\alpha}$的α中的活度。

式(4.20)也可以写成组元A、B在β相中的偏摩尔量：

$$G^{\beta+\alpha_1}=(1-x_{\alpha})\overline{G}_{A\beta}^{\beta/\alpha}+x_{\alpha}\overline{G}_{B_{\beta}}^{\beta/\alpha} \tag{4.22}$$

式(4.21)相应地可写成

$$\begin{aligned}\Delta G^{\alpha\to\beta+\alpha_1}&=(1-x_{\alpha})(\overline{G}_{A_{\beta}}^{\beta/\alpha}-\overline{G}_{A_{\alpha}})+x_{\alpha}(\overline{G}_{B_{\beta}}^{\beta/\alpha}-\overline{G}_{B_{\alpha}})\\&=(1-x_{\alpha})(G_{A_{\beta}}+RT\ln\alpha_{A_{\beta}}^{\beta/\alpha}-G_{A_{\alpha}}-RT\ln\alpha_{A_{\alpha}})+\\&\quad x_{\alpha}(G_{B_{\beta}}+RT\ln\alpha_{B_{\beta}}^{\beta/\alpha}-G_{B_{\alpha}}-RT\ln\alpha_{B_{\alpha}})\\&=(1-x_{\alpha})\left(\Delta G_{A}^{\alpha\to\beta}+RT\ln\frac{\alpha_{A_{\beta}}^{\beta/\alpha}}{\alpha_{A_{\alpha}}}\right)+x_{\alpha}\left(\Delta G_{B}^{\alpha\to\beta}+RT\ln\frac{\alpha_{B_{\beta}}^{\beta/\alpha}}{\alpha_{B_{\alpha}}}\right)\end{aligned} \tag{4.23}$$

当有活度数据时可按式(4.21)做准确运算求$\Delta G^{\alpha\to\beta+\alpha_1}$。否则需按不同$G^{M}$模型进行估算。如α相为理想溶液，式(4.21)成为

$$\Delta G^{\alpha\to\beta+\alpha_1}=RT\left[(1-x_{\alpha})\ln\frac{(1-x_{\alpha}^{\alpha/\beta})}{(1-x_{\alpha})}+x_{\alpha}\ln\frac{x_{\alpha}^{\alpha/\beta}}{x_{\alpha}}\right] \tag{4.24}$$

如 α 相为规则溶液，则

$$\Delta G^{\alpha\to\beta+\alpha_1}=(1-x_\alpha)\left\{RT\ln\frac{(1-x_\alpha^{\alpha/\beta})}{(1-x_\alpha)}+B\left[(x_\alpha^{\alpha/\beta})^2-x_\alpha^2\right]\right\}+$$

$$\chi_\alpha\left\{RT\ln\frac{x_\alpha^{\alpha/\beta}}{x_\alpha}+B\left[(1-x_\alpha^{\alpha/\beta})^2-(1-x_\alpha)^2\right]\right\}$$

$$=RT\left[(1-x_\alpha)\ln\frac{(1-x_\alpha^{\alpha/\beta})}{(1-x_\alpha)}+x_\alpha\ln\frac{x_\alpha^{\alpha/\beta}}{x_\alpha}\right]+B\,(x_\alpha^{\alpha/\beta}-x_\alpha)^2 \tag{4.25}$$

当 $B=0$，即为理想溶液，则式(4.25) 成为式(4.24)。

当在大量浓度为 x_α 的 α 相中析出很少浓度为 $x_\alpha^{\beta/\alpha}$ 的 β 相时，如图 4.17 所示，其驱动力 ΔG，对 $x_\beta^{\beta/\alpha}$ 做计算，和式(4.21) 相仿，得

$$\Delta G=(1-x_\beta^{\beta/\alpha})\,(\bar{G}_{A_\alpha}^{\alpha/\beta}-\bar{G}_{A_\alpha})+x_\beta^{\beta/\alpha}\,(\bar{G}_{B_\alpha}^{\alpha/\beta}-\bar{G}_{B_\alpha})$$

$$=RT\left[(1-x_\beta^{\beta/\alpha})\ln\frac{\alpha_{A_\alpha}^{\alpha/\beta}}{\alpha_{A_\alpha}}+x_\beta^{\beta/\alpha}\ln\frac{\alpha_{B_\alpha}^{\alpha/\beta}}{\alpha_{B_\alpha}}\right) \tag{4.26}$$

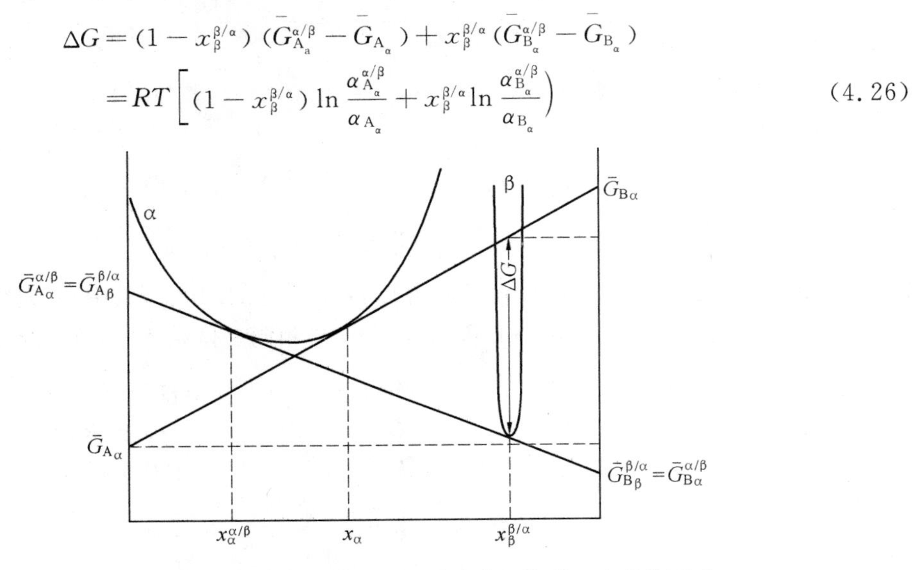

图 4.17 在浓度为 x_α 的 α 相中析出很少浓度的 $x_\beta^{\beta/\alpha}$ 的 β 相的驱动力

母相中少量起伏进行扩散形核时的驱动力，以及包括界面迁动和扩散的长大驱动力也按式(4.26) 计算。

2. 沉淀相长大驱动力

(1) 表面自由能与扩散自由能。

当 α 相基体沉淀出 β 相时，产生富溶质的 β 相和贫化的 α(α_1) 相，当沉淀相 β 的尺寸(维数 =1，2，3) 很小时，部分的自由能被保留作为表面能，因此用于扩散的驱动力就较小。凡因表面能效应使自由能改变的部分，称为表面作用。图 4.15 的自由能曲线为不考虑表面作用的情况。当考虑表面现象时应做修正，由于表面作用，使 β 相的自由度较高，如图 4.18 所示，其中下脚标 τ 表示(半径为 r) 具有表面作用的影响，当用浓度为 x_α 的母相进行计算时，$G^\alpha-x$ 与$G^\beta-x$ 的公切线和 $G^\alpha-x$ 与 $G^\beta-x$ 公切线之间的距离，即为储存在表面的自由能 ΔG_{cap}。在总的相变驱动力中，除 ΔG_{cap} 外，就是用于驱动扩散的自由能部分，标作 ΔG_{diff}。在上述例子中 β 较 α 浓度更高，则 $x_{\alpha_\tau}^{\alpha/\beta}$ 必须大于 $x_\alpha^{\alpha/\beta}$。可将 $\alpha\to\beta_\tau+\alpha_1$ 的 ΔG_{diff} 写成

$$\Delta G_{diff}^{\alpha\to\beta_\tau+\alpha_1}=(1-x_\alpha)\,(\bar{G}_{A_{\alpha_\tau}}^{\alpha\to\beta}-\bar{G}_{A_\alpha})+x_\alpha\,(\bar{G}_{B_{\alpha_\tau}}^{\alpha/\beta}-\bar{G}_{B_\alpha}) \tag{4.27}$$

其中，$\alpha_{1\tau}$ 和 β_τ 表示两亚稳态平衡相，它们由于表面作用而改变了浓度，因表面作用引起自由能

的改变为

$$\Delta G_{\text{cap}}^{\beta+\alpha_1\to\beta_\tau+\alpha_{1\tau}}=(1-x_\alpha)(\bar{G}_{A_\alpha}^{\alpha/\beta}-\bar{G}_{A_{\alpha_\tau}}^{\alpha/\beta})+\chi_\alpha(\bar{G}_{B_\alpha}^{\alpha/\beta}-\bar{G}_{B_{\alpha_\tau}}^{\alpha/\beta})\tag{4.28}$$

式(4.27)和式(4.28)相加应得到式(4.21)的首行。

已知理想溶液的偏摩尔自由能为

$$\bar{G}_A^\alpha=G_A^\alpha+RT\ln\alpha_A=G_A^\alpha+RT\ln(1-x)$$

$$\bar{G}_B^\alpha=G_B^\alpha+RT\ln\alpha_B=G_B^\alpha+RT\ln x$$

作为理想溶液,式(4.28)简化为

$$\Delta G_{\text{cap}}^{\beta+\alpha_1\to\beta_\tau+\alpha_{1\tau}}=RT\left[(1-x)\ln\frac{(1-x_\alpha^{\alpha/\beta})}{(1-x_{\alpha_\tau}^{\alpha/\beta})}+x_\alpha\ln\frac{x_\alpha^{\alpha/\beta}}{x_{\alpha_\tau}}\right]\tag{4.29}$$

由图4.18可得表面作用使固溶体$\alpha/(\alpha+\beta)$界移向浓度更高的$\alpha_\tau/(\alpha_\tau+\beta_\tau)$,如图4.19所示。

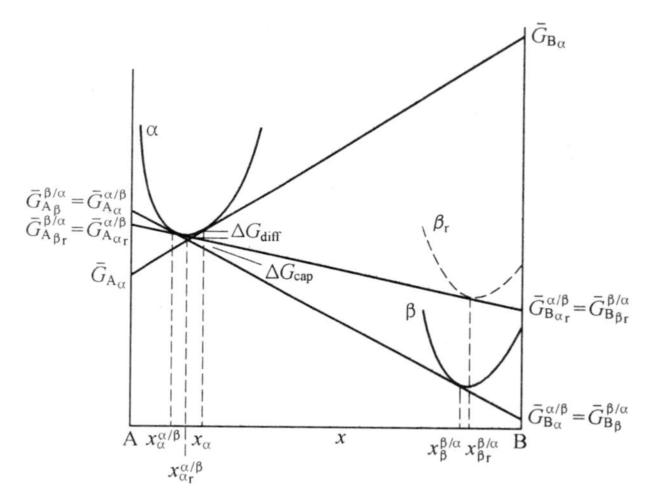

图4.18　表面作用对自由能曲线的影响

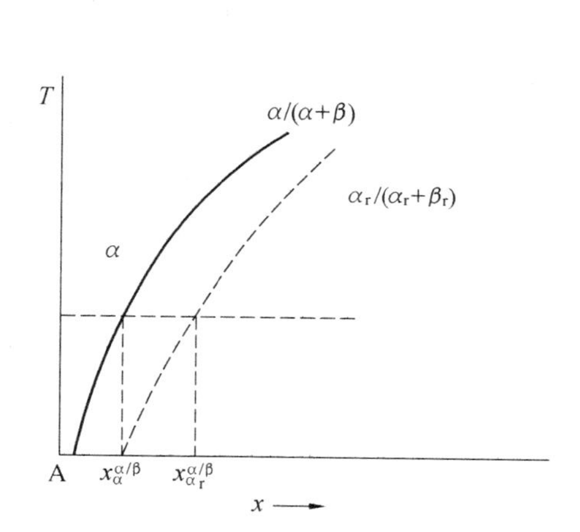

图4.19　表面作用对固溶线的改变

(2) 表面作用对溶解度的影响。

由于表面作用使一个相的自由能升高,相当于压强的增高,压强的增高Δp和基体－沉淀相的表面能(相界能量)的关系可表示为

$$\Delta p=p^\beta-p^\alpha=\sigma\left(\frac{1}{r_1}+\frac{1}{r_2}\right)\tag{4.30}$$

其中,当p^α和p^β为α和β相的压强;σ为比表面自由能(表面能);r_1和r_2为主曲率半径,对薄板的边,$r_2\to\infty$,对圆球体,$r_2=r_1=r$。为简化讨论,设新相为球体。

当α及β相中存在压强时,其自由能将增加pV,其中V为i相的摩尔体积。图4.20(a)表明了$G-x$曲线因表面作用而改变(对α相升高了$p^\beta V^\beta$),一般$p^\alpha V^\alpha$和$p^\beta V^\beta$并不相等。$G-x$曲线的改变也影响了偏摩尔自由能值。下面的图4.20(b)清晰地示出公切线、有关成分的自由能高度和一些偏摩尔自由能值及浓度间隔,其中表示出两个相似三角形,它们的顶角分别以○及●表示,它们的高与底之比应相等,即

$$\frac{\Delta G_{B_\gamma}-p^\beta V^\beta}{1-x_\beta^{\beta/\alpha}}=\frac{\Delta G_{B_\gamma}-p^\alpha V^\alpha}{1-x_\alpha^{\alpha/\beta}}\tag{4.31}$$

经整理后得

$$\Delta \bar{G}_{B_\gamma}=\frac{(1-x_\alpha^{\alpha/\beta})P^\beta V^\beta-(1-x_\beta^{\beta/\alpha})p^\alpha V^\alpha}{x_\beta^{\beta/\alpha}-x_\alpha^{\alpha/\beta}} \tag{4.32}$$

重要的是 Δp 项。为简化起见，只取沉淀相的压强，即令 $p^\alpha=0$，则 $\Delta p=p^\beta=2\sigma/r$（形状为球体），代入式(4.32)，并将图 4.31(a) 右边的 $\Delta \bar{G}_{B_\gamma}$ 以$\bar{G}_{B_{\alpha_\tau}}^{\alpha/\beta}$ 和$\bar{G}_{B_\alpha}^{\alpha/\beta}$ 之差表示，则

$$\Delta \bar{G}_{B_\gamma}=\bar{G}_{B_{\alpha_\tau}}^{\alpha/\beta}-\bar{G}_{B_\alpha}^{\alpha/\beta}=\frac{2\sigma V^\beta(1-x_\alpha^{\alpha/\beta})}{r(x_\beta^{\beta/\alpha}-x_\alpha^{\alpha/\beta})}$$

当压强对浓度的改变影响很小时，可假定以理想溶液进行处理。

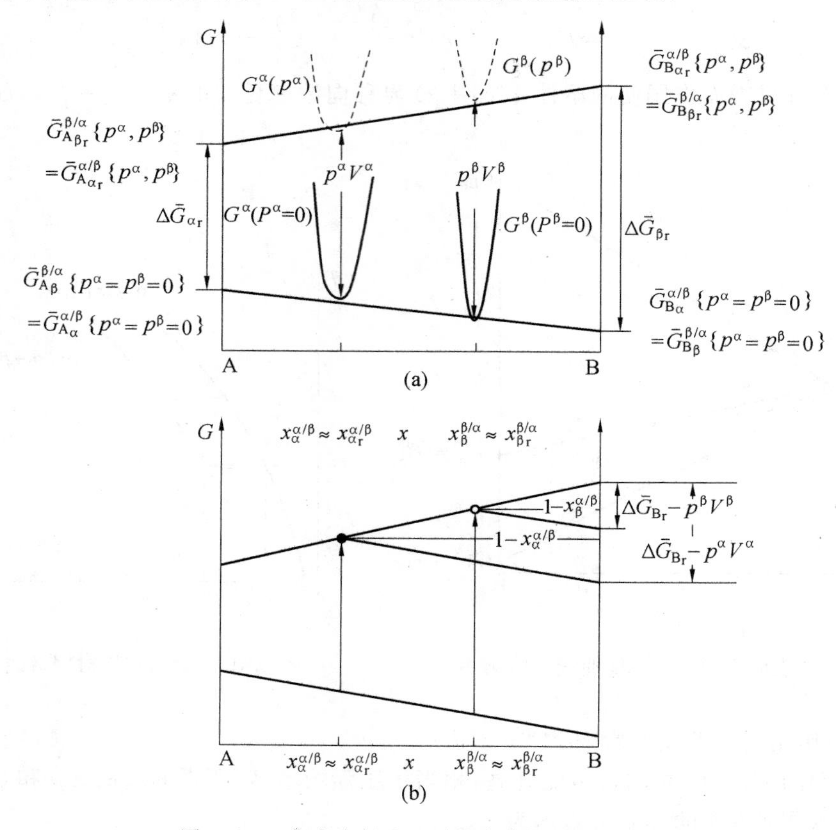

图 4.20 曲率半径为 r 时的自由能及偏摩尔量

$$RT\ln\frac{x_{\alpha_r}^{\alpha/\beta}}{x_\alpha^{\alpha/\beta}}=\frac{2\sigma V^\beta(1-x_\alpha^{\alpha/\beta})}{\gamma(x_\beta^{\beta/\alpha}-x_\alpha^{\alpha/\beta})} \tag{4.33}$$

整理后得

$$x_{\alpha_\gamma}^{\alpha/\beta}=x_\alpha^{\alpha/\beta}\exp\left[\frac{2\sigma V^\beta(1-x_\alpha^{\alpha/\beta})}{RT\gamma(x_\beta^{\beta/\alpha}-x_\alpha^{\alpha/\beta})}\right] \tag{4.34}$$

由于 $Y\ll 1$ 时，$e^Y=1+\frac{Y}{1!}+\frac{Y^2}{2!}+\cdots\approx 1+Y$，则式(4.34) 成为

$$x_{\alpha_r}^{\alpha/\beta}=x_\alpha^{\alpha/\beta}\left[1+\frac{2\sigma V^\beta(1-x_\alpha^{\alpha/\beta})}{RT\gamma(x_\beta^{\beta/\alpha}-x_\alpha^{\alpha/\beta})}\right] \tag{4.35}$$

此式适用于 α 相在有限浓度间隔存在，且 α 和 β 两相都为稀溶液。

式(4.35)一般常用下列简单式

$$x_{\alpha_r}^{\alpha/\beta} = x_{\alpha}^{\alpha/\beta}\left[1 + \frac{2\sigma V_B^{\alpha}}{RTr}\right] \tag{4.36}$$

表示,其中 $\overline{V}_B^{\alpha}$ 为溶质在 α 基体中的偏摩尔体积,这对固态相变。

(3) 新相长大(扩散及均匀界面反应)的驱动力。

沉淀相的长大速率常低于体积扩散控制动力学。有人认为这是通过相界面积上扩散困难(不能连续、均匀地通过),有人认为均匀界面反应的能垒使基体相的平衡浓度 $x_{\alpha}^{\alpha/\beta}$ 改变为 x_{α}^{I}(I 指均匀界面反应)。因此可将总的自由能改变分解为用于相界面反应(迁移)的和用于扩散的部分。

图 4.21 表示出总的驱动力($\Delta G_{diff}^{总} + \Delta G_{int}^{总}$,int 表示界面反应)及很少量 β 相析出的驱动力(长大或形核的驱动力)。对总的驱动力部分 $\Delta G_{diff}^{总} + \Delta G_{int}^{总}$,有

$$\Delta G_{diff,总}^{\alpha\to\beta_1+\alpha_1} = (1-x_{\alpha})(\overline{G}_{A_{\alpha}}^{l} - \overline{G}_{A_{\alpha}}) + x_{\alpha}(\overline{G}_{B_{\alpha}}^{l} - \overline{G}_{B_{\alpha}})$$

$$\Delta G_{diff,总}^{\beta+\alpha_1\to\beta_1+\alpha_1} = (1-x_{\alpha})(\overline{G}_{A_{\alpha}}^{\alpha/\beta} - \overline{G}_{A_{\alpha}}^{l}) + x_{\alpha}(\overline{G}_{B_{\alpha}}^{\alpha/\beta} - \overline{G}_{B_{\alpha}}^{l})$$

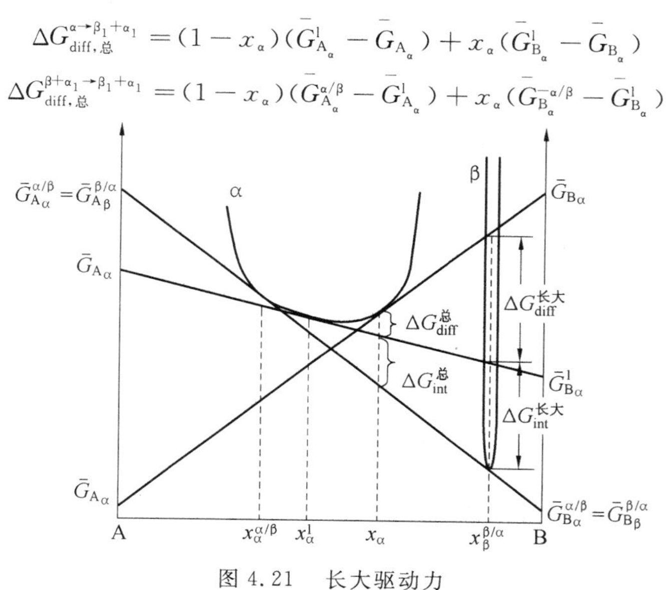

图 4.21　长大驱动力

其中,β_1 和 α_1 表示 β 相和 α 相经相变后进行均匀相界面反应(迁动)的均匀成分。$\overline{G}_{ia}^{l}$ 为长大时或长大停止后,非稳定相成分达到均匀时,在 $\alpha_1-\beta_1$ 界面上 A 或 B 在 α 相内的偏摩尔自由能。通过 $\alpha_1-\beta_1$ 界面的浓度分布(距离为 s)如图 4.22 所示。实线表示均匀界面 α_1 和 β_1 的浓度,虚线表示相应的 β 和 α 浓度。

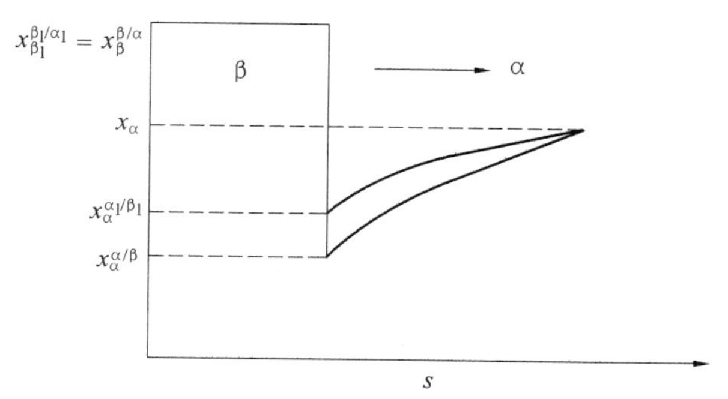

图 4.22　沿均匀界面 $\alpha_1-\beta_1$ 的浓度分布

4.2.2 新相的形成

通过热力学计算各组的吉布斯自由能数值，可以指明某一新相的形成是否可能。材料发生相变时，在形成新相前往往出现浓度起伏，形成核胚再成为核心、长大。在相变过程中，所出现的核胚，无论是稳定相还是亚稳相，只要符合热力学条件，都可能成核长大，因此相变中可能出现一系列亚稳定的新相。

例如，材料凝固时往往出现亚稳相，甚至得到非晶态。根据热力学，虽然吉布斯自由能最低的相最为稳定，但只要在一个相的熔点(理论平衡熔点)以下，这个相虽然对稳定的相来说具有较高的吉布斯自由能，亚稳相的形成会使体系的吉布斯自由能降低，材料的凝固是可能的。图4.23所示为某纯物质在T_m^γ温度以下液相l、稳定相α、亚稳定相β、γ和δ的吉布斯自由能随温度变化的曲线。如过冷至T_m^γ以下，由液相凝固为α、β和γ相都是可能的，都引起吉布斯自由能的下降，当然δ相是不可能存在的。

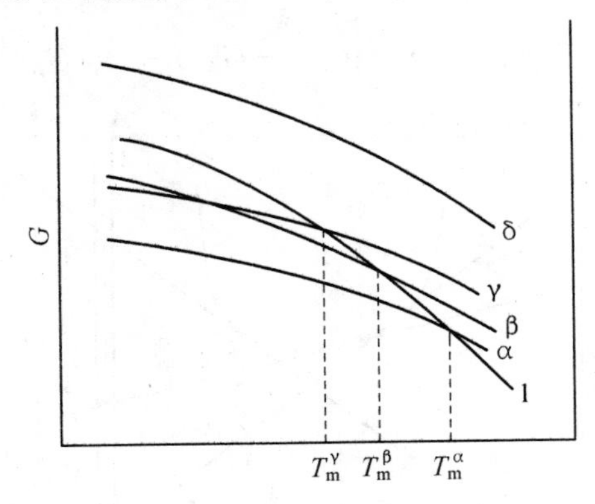

图4.23 具有几个亚稳相纯物质的吉布斯自由能

在T_m^α时，由于稳定相α和液相l平衡共存，因此有

$$\Delta G_m^{l\to\alpha}=\Delta H_m^{l\to\alpha}-T_m^\alpha\Delta S_m^{l\to\alpha}=0 \tag{4.37}$$

式中，$\Delta H_m^{l\to\alpha}$为发生l→α相变时的热效应，称相变潜热。所以有

$$\Delta S_m^{l\to\alpha}=\Delta H_m^{l\to\alpha}/T_m^\alpha$$

在合金的温度为略低于T_m^α的某一温度T，且T与T_m^α相差不大时，在温度T时液相至α相的吉布斯自由能差为

$$\Delta G^{l\to\alpha}=\Delta H^{l\to\alpha}-T\Delta S^{l\to\alpha}=\Delta H_m^{l\to\alpha}-T\Delta S_m^{l\to\alpha}=\Delta H_m^{l\to\alpha}\left(1-\frac{T}{T_m^\alpha}\right) \tag{4.38}$$

对于液相凝固过程，一般为放热过程，因此$\Delta H_m^{l\to\alpha}<0$，所以当$T<T_m^\alpha$时，$\Delta G^{l\to\alpha}<0$，此时，从热力学上讲液相将有转变为α相的趋势，因此$\Delta G^{l\to\alpha}$称为相变驱动力。

一般情况下，金属的熔化焓与熔点大体上成比例关系，并有理查德经验定律(图4.24)如下：

$$\Delta H_m^{l\to\alpha}\approx RT_m^\alpha \tag{4.39}$$

因此，在$T<T_m^\alpha$时的金属凝固相变驱动力(放热取负值)即两相吉布斯自由能差可进一步近似为

$$\Delta G^{l\to\alpha}=-R(T_m^\alpha-T) \tag{4.40}$$

在合金中，成分为 x_α 的合金，吉布斯自由能为 $G(x_\alpha)$，其中 μ_A^α 及 μ_B^α 可由切线原则求得。在大量成分为 x_α 的 α 相中加入极微量成分为 x 的材料，则这部分的吉布斯自由能 $G(x,x_\alpha)$ 如图 4.25 所示。由于 $G_m(x,x_\alpha) > G_m(x_\alpha)$，这部分起伏或核胚将显而复灭，不能持续存在。如果体系内部存在成分涨落，则体系的吉布斯自由能增至 $G'(x_\alpha)$，体系将恢复至原来的状态。

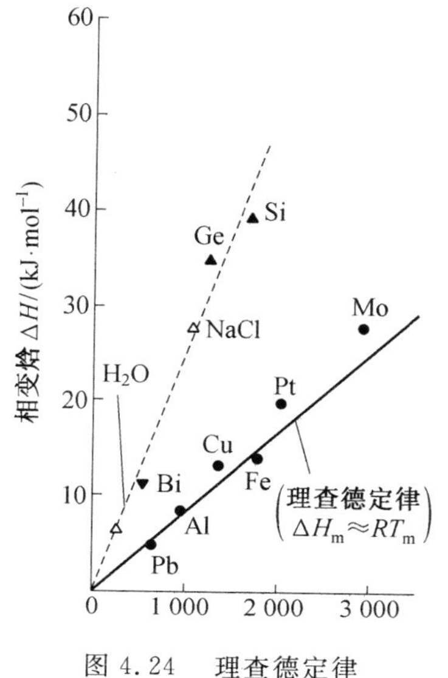

图 4.24　理查德定律

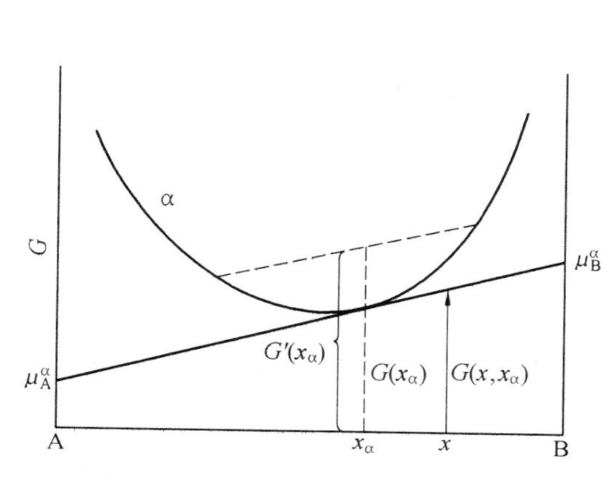

图 4.25　将 1 mol 成分为 x 的材料加至大量 α（成分为 x_α）相时吉布斯自由能的变化

又如图 4.26 所示，此时合金的稳定相为 α 和 β，其平衡浓度可由公切线求得。稳定相 β 的摩尔分数为 x_β，当成分为 x_α 的 α 相内先出现微量的、摩尔分数为 x_γ 的部分至成分为 x_γ 的 β 相，此时吉布斯自由能的变化值（图 4.37）为

$$\Delta G = (1 - x_\gamma)(\mu_A^\beta - \mu_A^\alpha) + x_\gamma(\mu_B^\beta - \mu_B^\alpha) \tag{4.41}$$

由图 4.26 可见，此时 $\Delta G < 0$，因此成分为 x_γ 的起伏或者核胚将能持续存在、长大成稳定的新相。

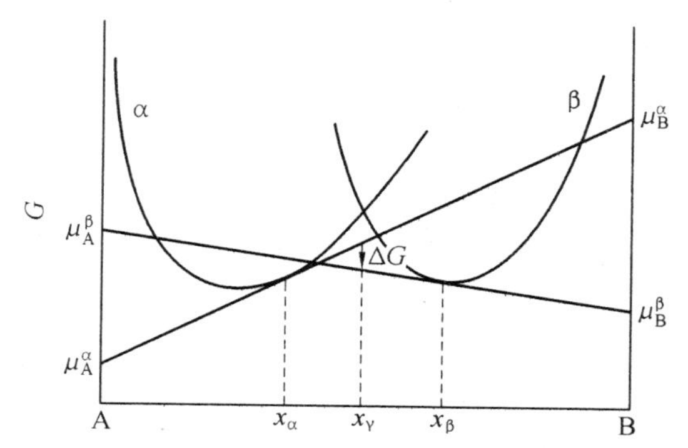

图 4.26　由成分为 x_α 的 α 相转移成分为 x_γ 的部分至成分为 x_β 的 β 相时吉布斯自由能的变化

4.3 材料热力学

4.3.1 概述

相图为相平衡图的简称，通常以温度、压力、成分为变量描绘，是目标体系相平衡关系的几何图示。以点、线、面、体表示一定条件下平衡体系中所包含的相、各相组成和各相之间的相互转变关系。其在材料设计等方面的重要作用，已被材料、冶金、化工、地质工作者等广为认同。

1897年，罗伯特·奥斯汀(Roberts Austen)发表了第一张相图——Fe－Fe_3C相图。20世纪30年代以后，随着X射线衍射、电子探针显微分析、热分析等现代实验手段的出现和不断完善，相图的实验测定得到了蓬勃发展。时至今日，已经积累了大量实测相图数据，但以二元、三元体系为主。随着体系组元数目的增加和体系对实验材料的苛刻要求，实验方法已经很难提供各种相图，特别是多元系相图。

因此，本章首先介绍相图热力学计算的一般原理，然后讨论常用的热力学模型，并给出二元系相图热力学计算的实例，在此基础上介绍相图热力学计算的常用软件和相图热力学优化的一般步骤，最后介绍相图热力学在多元相图测定和计算中的应用。

4.3.2 相图热力学计算的一般原理

相图是目标体系相平衡关系的几何图示。定压下，相图通常是指目标体系的温度与组成的关系图。因此，根据热力学原理计算相图的本质，就是确定目标体系的温度与组成关系的过程，即求解在给定的温度、压力条件下，体系达到平衡后各项的成分。

定温定压下，体系达到相平衡的基本判据是体系的总吉布斯自由能最小，即

$$G=\sum_{\varphi=\alpha}^{\psi} n^{\psi} G_{m}^{\psi}=\min \tag{4.42}$$

式中，φ代表体系中平衡共存的任意项，$\varphi=\alpha,\beta,\cdots,\psi$；$G_m^\psi$、$n^\psi$分别为$\psi$相的摩尔吉布斯自由能和$\psi$相的量。

由式(4.42)所示的平衡条件，派生出任一组元的化学位在平衡共存的各相中相等的平衡判据，即

$$\mu_i^\alpha=\mu_i^\beta=\cdots=\mu_i^\psi \tag{4.43}$$

式中，μ_i^α、μ_i^β、μ_i^ψ分别为组元i在平衡共存的α相、β相和ψ相中的化学位。根据化学位的定义：

$$\mu_i=\left(\frac{\partial G}{\partial n_i}\right)_{T,p,n_j} \quad (j\neq i) \tag{4.44}$$

可知，如果已知吉布斯自由能与温度、压力和成分的函数，通过式(4.44)可以得到化学位。无论利用式(4.42)所示的定温定压下相平衡的广度判据来求解体系达到平衡后各项的平衡成分，还是利用式(4.43)所示的定温定压下相平衡的强度判据来求解体系达到平衡后各相的平衡成分，其核心都是建立吉布斯自由能与温度T、压力p和成分x_i^φ之间的关系，即

$$G_m^\varphi=f(T,p,x_1^\varphi,x_2^\varphi,\cdots,x_{C-1}^\varphi) \tag{4.45}$$

式中，φ代表体系中的任意相；C是体系的独立组元数。

由式(4.43)导出的求解二元系中平衡共存两相的平衡成分的公切线法则(图4.27)就是

一个已知定温定压下吉布斯自由能与成分的关系，通过绘图的方法直观求解平衡相成分的例子。图4.27中G_m^α和G_m^β分别是某一温度下，α相和β相中的摩尔吉布斯自由能与成分的关系。对于初始成分为x_B^0的体系，在该温度下达到平衡时，平衡共存的两相α相和β相的成分x_B^α和x_B^β可以通过绘制G_m^α和G_m^β的公切线得到。公切线在G_m^α线的切点对应的成分x_B^α是α/β两相平衡时α相的成分；公切线在G_m^β线的切点对应的成分x_B^β是α/β两相平衡时α相的成分。

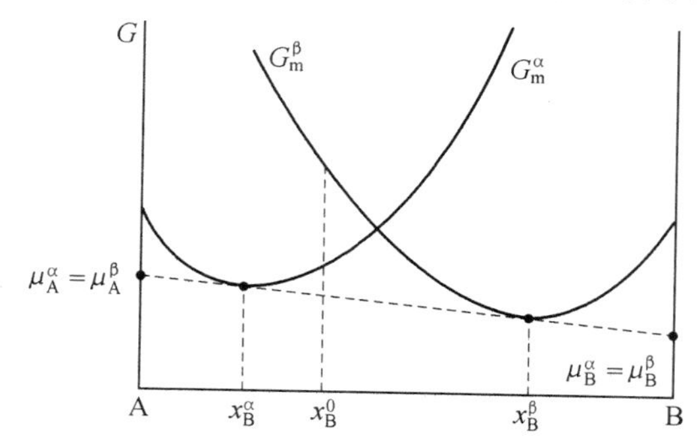

图4.27　二元系两相平衡的公切线法则

因此，相图热力学计算的基本内容可以归纳为两部分：一是确定体系在各个温度下吉布斯自由能对成分变化的表达式；二是借助计算机，直接求出体系总的吉布斯自由能达到最小值时平衡共存的各相成分，或求解式(4.43)定义的方程，从而得到平衡共存的各相成分。

4.3.3　常用的热力学模型

如4.3.2小节所述，相图热力学计算的关键是建立目标体系中平衡共存的各相的吉布斯自由能表达式。吉布斯自由能表达式的建立主要有两种方法：一是直接提出描述体系吉布斯自由能的热力学模型；二是由实验数据经数学拟合得到数学表达式，并赋予物理意义。

定压下，吉布斯自由能是温度和成分的函数。任一多组元溶体相的摩尔吉布斯自由能可表示为

$$G_m=G_m^{ref}+\Delta_{mix}G_m^{id}+G^e \tag{4.46}$$

式中，G_m^{ref}为构成溶体相的纯组元对吉布斯自由能的贡献；$\Delta_{mix}G_m^{id}$来自理想混合熵对吉布斯自由能的贡献；G^e是超额吉布斯自由能，表示溶液偏离理想溶液的程度。

构成溶体相的纯组元对吉布斯自由能的贡献，是纯组元吉布斯自由能的线性叠加，相当于纯组元之间的简单机械混合，G_m^{ref}的表达式为

$$G_m^{ref}=\sum_i x_i G_{m,i}^0 \tag{4.47}$$

式中，$G_{m,i}^0$是纯组元i的标准摩尔吉布斯自由能。

式(4.46)中右边第二项是理想混合熵对吉布斯自由能的贡献，表示为

$$\Delta_{mix}G_m^{id}=-T\Delta_{mix}S_m^{id}=RT\sum_i x_i\ln x_i \tag{4.48}$$

因此，相图热力学计算的关键是建立超额吉布斯自由能的表达式。

1. 纯组元和化学计量比化合物

定压下，纯组元的摩尔吉布斯自由能与温度的关系一般写成下面的形式：

$$G_{m,i}-H_{i,298.15}^{SEH}=a+bT+cT\ln T+\sum d_n T^m \tag{4.49}$$

式中，$H^{SEH}_{i,298.15}$ 是纯组元 i 在 298.15 K 时的焓，假定为 0，用作各种能量数据的参考态；a、b、c、d_n 是待定参数，通常根据纯组元的热容、相变温度和相变过程的焓变通过拟合的方法得到，n 通常取 2、3、−1。式(4.49) 同样适用于描述化学计量比化合物的吉布斯自由能与温度的关系。

2. 溶体相和中间化合物

(1) 理想溶体模型。

如果溶体中各组分间的相互作用很弱，可以忽略不计，则这种溶体可以用理想溶体模型描述。理想溶体的超额吉布斯自由能 G^E 等于 0，满足理想溶体模型的二元溶体相的吉布斯自由能表示为

$$G_m = x_1 G^0_{m,1} + x_2 G^0_{m,2} + RT(x_1 \ln x_1 + x_2 \ln x_2) \tag{4.50}$$

式中，$G^0_{m,1}$ 和 $G^0_{m,2}$ 是纯组元 1 和 2 的标准摩尔吉布斯自由能；R 是摩尔气体常数；T 是温度。在绝对零度，$G_m = x_1 G^0_{m,1} + x_2 G^0_{m,2}$，理想溶体的 $G_m - x$ 关系曲线是一条直线；在其他温度下，理想溶体的 $G_m - x$ 关系曲线总是一条向下弯曲的曲线，温度越高，曲线位置越低。

(2) 正规溶体模型。

正规溶体模型是目前应用较为广泛的一种模型，由希尔德布兰德(Hildebrand) 于 1929 年提出。这个模型假设在置换式溶体中，任一原子都具有 Z 个最近邻原子，Z 为常数，与中心原子的种类无关，而且原子在溶体中的分配完全无序，即其超额熵为 0。对于这种情况，其超额吉布斯自由能可以表示为

$$G^E = \sum_{i=1}^{C-1} \sum_{j=i+1}^{C} \Omega_{ij} x_i x_j \tag{4.51}$$

式中，Ω_{ij} 为组元 i 和组元 j 之间的相互作用参数；C 为体系中的独立组元数目。对于二元系，有

$$G^E = \Omega_{12} x_1 x_2 \tag{4.52}$$

满足正规溶体模型的二元溶体相的吉布斯自由能表示为

$$G_m = x_1 G^0_{m,1} + x_2 G^0_{m,2} + RT(x_1 \ln x_1 + x_2 \ln x_2) + \Omega_{12} x_1 x_2 \tag{4.53}$$

布拉格 — 威廉姆斯(Bragg — Williams) 统计理论给出了正规溶体模型的相互作用参数 Ω_{12} 明确的物理意义：

$$\Omega_{12} = ZN_A \left(u_{12} - \frac{u_{11} + u_{22}}{2}\right) \tag{4.54}$$

式中，Z 为配位数；N_A 为阿伏加德罗常数；u_{12}、u_{11}、u_{12} 分别为 1 — 1、2 — 2、1 — 2 各类原子键的键能。

当 $\Omega_{12} = 0$ 时，$u_{12} = \frac{u_{11} + u_{22}}{2}$，溶体中不同的原子之间的结合引力和同类原子之间的结合引力相等，溶体为理想溶体，理想溶体可以看作正规溶体的一种特殊情况。

当 $\Omega_{12} < 0$ 时，$u_{12} < \frac{u_{11} + u_{22}}{2}$，溶体中不同原子之间的结合引力小于同类原子之间的结合引力，使溶体趋向于形成同类原子的偏聚。在绝对零度，$G_m = x_1 G^0_{m,1} + x_2 G^0_{m,2} + \Omega_{12} x_1 x_2$，$G_m - x$ 关系曲线是向下弯的抛物线；在其他温度，其 $G_m - x$ 关系曲线总是一条向下弯曲的曲线，温度越高，曲线位置越低。

当 $\Omega_{12} > 0$ 时，$u_{12} > \frac{u_{11} + u_{22}}{2}$，溶体中不同的原子之间的结合引力大于同类原子之间的结

合引力相等，使溶体趋向于形成化合物或者有序相。在这种情况下，溶体的 $G_m - x$ 关系曲线的走向随温度的改变变化很大。在绝对零度，$G_m = x_1 G^0_{m,1} + x_2 G^0_{m,2} + \Omega_{12} x_1 x_2$，$G_m - x$ 关系曲线是向上弯的抛物线；温度升高时，理想混合熵开始起作用，这时 $G_m - x$ 关系曲线称为有两个拐点的曲线；当温度足够高时，理想混合熵的作用进一步增大，$G_m - x$ 关系曲线的拐点消失，是一条单纯向下弯曲的曲线。

正规溶体模型比较简单，可以描述很多类型的相图，在相图的热力学计算中发挥了较大的作用。

(3) 亚正规溶体模型。

正规溶体模型的统计理论基础是布拉格－威廉姆斯近似，其特征是相互作用参数为常数。正规溶体模型的不合理性表现在：① 混合熵的不合理性。正规溶体模型中沿用了理想溶体混合熵的计算方法，然而当相互作用参数不为 0 时，实际原子的排布状态并不是随机的。② 没有考虑原子间结合能对温度和成分的依存性。按照布拉格－威廉姆斯近似，正规溶体模型的相互作用参数是溶体中各类原子键的键能和配位数的函数。温度和成分的改变将影响原子间距离，继而影响各类原子键的键能。所以相互作用参数应该与温度和成分有关。③ 不同原子混合时振动频率将发生变化，正规溶体模型没有考虑原子振动频率对混合焓和混合熵的影响。

亚正规溶体模型的出发点是暴露正规溶体模型的形式，并对其相互作用参数进行修正，使之成为温度和成分的函数，以达到准确描述实际溶体吉布斯自由能的目的。亚正规溶体模型的相互作用参数可以表示为

$$\Omega_{ij} = \sum_{l=0}^{n} (A^l_{ij} + B^l_{ij} T)(x_i - x_j)^l \tag{4.55}$$

式中，A^l_{ij} 和 B^l_{ij} 是待定参数。对于二元系，有

$$\Omega_{12} = A^0_{12} + B^l_{12} T + (A^1_{12} + B^1_{12} T)(x_1 - x_2) + (A^2_{12} + B^2_{12} T)(x_1 - x_2)^2 + \cdots \tag{4.56}$$

满足亚正规溶体模型的二元溶体相的吉布斯自由能可以用公式(4.53) 描述，即

$$G_m = x_1 G^0_{m,1} + x_2 G^0_{m,2} + RT(x_1 \ln x_1 + x_2 \ln x_2) + \Omega_{12} x_1 x_2$$

需要指出的是，这里的相互作用参数 Ω_{12} 不再具有明确的物理意义。这种牺牲物理意义而强调描述效果的亚正规溶体模型在实际的相图计算中发挥了很大的作用，取得了许多非常重要的结果。

(4) 缔合溶液模型。

缔合溶液模型首先是由希尔德希兰德提出用来描述液态合金的热力学性质，后来该模型被成功地应用于描述固溶体和有机物体系的热力学性质。

缔合溶液模型的基本假设是：短程有序体积内的原子被看作具有确定化学组成的缔合物；其他原子之间随机混合；缔合物和非缔合物满足动态平衡。在给定的温度和组成下，短程有序区域的体积分数和组成由能量状态确定。

假设 A－B二元系中存在一个缔合物 A_iB_j，A、B和 A_iB_j 的摩尔分数分别为 y_A、y_B、$y_{A_iB_j}$ 则有

$$x_A = \frac{y_A + i y_{A_iB_j}}{y_A + y_B + i y_{A_iB_j} + j y_{A_iB_j}} \tag{4.57}$$

$$x_B = \frac{y_B + jy_{A_iB_j}}{y_A + y_B + iy_{A_iB_j} + jy_{A_iB_j}} \tag{4.58}$$

该相的吉布斯自由能为

$$G_m = y_A G^0_{m,A} + y_B G^0_{m,B} + y_{A_iB_j} G^0_{m,A_iB_j} + RT(y_A \ln y_A + y_B \ln y_B + y_{A_iB_j} \ln y_{A_iB_j}) + y_A y_{A_iB_j} L_{A,A_iB_j} + y_B y_{A_iB_j} L_{B,A_iB_j} + y_A y_B L_{A,B} \tag{4.59}$$

式中，L_{A,A_iB_j}、L_{B,A_iB_j}、$L_{A,B}$ 分别为组元A与缔合 A_iB_j 之间、组元A和组元B之间的相互作用参数，它们是温度和成分的函数；$G^0_{m,A}$、$G^0_{m,B}$、G^0_{m,A_iB_j} 分别为组元A、组元B和缔合物 A_iB_j 的摩尔吉布斯自由能，其中

$$G^0_{m,A_iB_j} = iG^0_{m,A} + jG^0_{m,B} + \Delta_f G^0_{m,A_iB_j} \tag{4.60}$$

式中，$\Delta_f G^0_{m,A_iB_j}$ 为缔合物 A_iB_j 标准吉布斯自由能。

(5) 亚点阵模型。

亚点阵模型是20世纪70年代开始应用的模型，在间隙固溶体、化学计量相、置换固溶体和离子型熔体等的相图计算中发挥了明显的优势。亚点阵模型认为晶格是由几个亚点阵相互穿插构成的，粒子在每个亚点阵中随机混合。下面以双亚点阵模型为例，讨论亚点阵模型的吉布斯自由能表达式。

考虑用 $(A,B)_a(C,D)_c$ 描述的双亚点阵模型，其中A、B表示同处于一个亚点阵的两种组元，C、D表示同处于另外一个亚点阵的两种组元；a 和 c 表示两个亚点阵的结点数的比例，a 和 c 分别为2和1与分别为1和0.5是等效的。

① 亚点阵模型的基本假设：每个亚点阵内的组元只与其他亚点阵内的组元相邻；各亚点阵之间的相互作用可以忽略不计，超额吉布斯自由能是描述同一亚点阵内组元的相互作用，此相互作用与其他亚点阵内组元的种类无关。

② 点阵分数。点阵分数 y_i^s 定义为亚点阵 s 中组元 i 的摩尔分数，如果亚点阵 s 的结点全部被实体组元所占据(即不包含空位)，则点阵分数 y_i^s 是组元 i 在亚点阵 s 中所占据的结点数 n_i^s 与亚点阵 s 中所有结点数 N^s 的比值，即

$$y_i^s = \frac{n_i^s}{N^s} = \frac{n_i^s}{\sum_i n_i^s} \tag{4.61}$$

式中，$\sum_i$ 表示对亚点阵 s 中的所有组元求和。如果亚点阵 s 中有空位，则点阵分数定义为

$$y_i^s = \frac{n_i^s}{n^s_{V_a} + \sum_i n_i^s} \tag{4.62}$$

式中，$n^s_{V_a}$ 是亚点阵 s 中空位占据的结点数。点阵分数 y_i^s 和体系成分 x_i 之间的关系为

$$x_i = \frac{\sum_i y_i^s N^s}{\sum_i N^s (1 - y^s_{V_a})} \tag{4.63}$$

式中，$\sum_i$ 表示对所有亚点阵求和。

对于用 $(A,B)_a(C,D)_c$ 描述的双亚点阵模型，亚点阵分数为

$$y'_A = \frac{n'_A}{n'_A + n'_B} = \frac{x_A}{a/(a+c)}, \quad y'_B = \frac{n'_B}{n'_A + n'_B} = \frac{x_B}{a/(a+c)}$$
$$y''_C = \frac{n''_C}{n''_C + n''_D} = \frac{x_C}{c/(a+c)}, \quad y''_D = \frac{n''_D}{n''_C + n''_D} = \frac{x_D}{c/(a+c)} \tag{4.64}$$

式中，上标(′)表示第一个亚点阵，上标(″)表示第二个亚点阵；x 是相应组元的体系成分。

③ 吉布斯自由能参考面。吉布斯自由能的参考面是由每个亚点阵中只有一种组元存在时的状态所定义的，如图 4.28 所示。对于用$(A,B)_a(C,D)_c$ 描述的双亚点阵模型，其吉布斯自由能参考面有 A_aC_c、B_aC_c、A_aD_c、B_aD_c 等结构式所定义的化合物的摩尔吉布斯自由能所定义：

$$G_m^{ref}=y'_A y''_C G^0_{m,A_aC_c}+y'_B y''_C G^0_{m,B_aC_c}+y'_A y''_D G^0_{m,A_aD_c}+y'_B y''_D G^0_{m,B_aD_c} \tag{4.65}$$

式中，G^0_{m,A_aC_c}、G^0_{m,A_aC_c}、G^0_{m,A_aD_c}、G^0_{m,B_aD_c} 分别表示由 A_aC_c、B_aC_c、A_aD_c、B_aD_c 等化合物的摩尔吉布斯自由能，这些化合物可以是实际存在的，也可以是虚拟的。

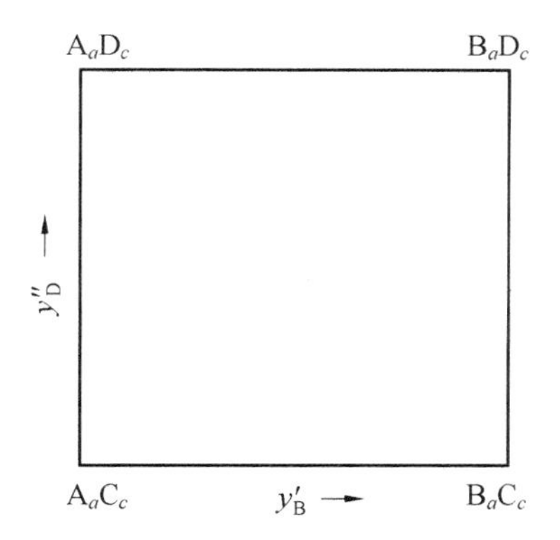

(a)用$(A,B)_a(C,D)_c$描述的双亚点阵模型的成分空间

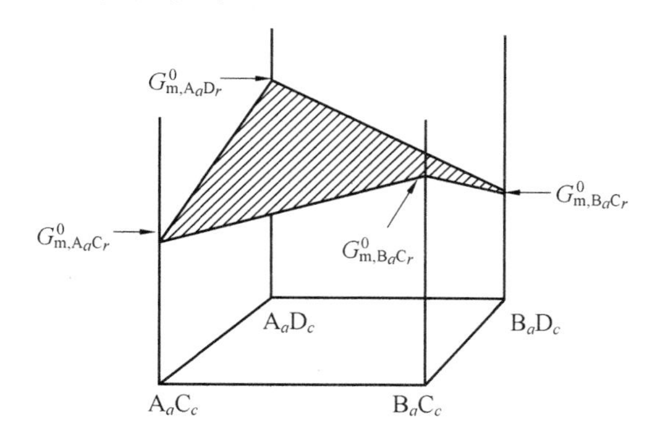

(b) 对应的吉布斯自由能参考面

图 4.28　双亚点阵模型的成分空间及对应的吉布斯自由能参考面

④ 理想混合熵对吉布斯自由能的贡献。亚点阵模型假设各亚点阵之间的相互作用可以忽略不计，一个亚点阵内组元的相互作用与其他亚点阵内组元的种类无关。将每个亚点阵中不同组元混合的理想混合熵相加，就得到理想混合熵对吉布斯自由能的贡献。对于用$(A,B)_a(C,D)_c$ 描述的双亚点阵模型，1 mol 第一个亚点阵的理想混合熵为

$$-R(y'_A\ln y'_A+y'_B\ln y'_B)$$

1 mol 第二个亚点阵的理想混合熵为

$$-R(y''_C\ln y''_C+y''_D\ln y''_D)$$

单位结构式$(A,B)_a(C,D)_c$ 的理想混合熵为

$$\Delta_{mix}S_m^{id}=-aR(y'_A\ln y'_A+y'_B\ln y'_B)-cR(y'_C\ln y''_C+y''_D\ln y''_D) \tag{4.66}$$

理想混合熵对单位结构式$(A,B)_a(C,D)_c$ 的吉布斯自由能的贡献 $\Delta_{mix}G_m^{id}$ 为

$$\Delta_{mix}G_m^{id}=RT[a(y'_A\ln y'_A+y'_B\ln y'_B)+c(y''_C\ln y''_C+y''_D\ln y''_D)] \tag{4.67}$$

⑤ 超额吉布斯自由能。亚点阵模型的超额吉布斯自由能描述同一亚点阵内组元的相互作用对理想溶体的偏差。如果一个亚点阵上只有一种组元，则这个亚点阵上的超额吉布斯自由能为零。当亚点阵中有两种以上的组元时，可以按正规溶体模型计算其超额吉布斯自由能。对于用$(A,B)_a(C,D)_c$ 描述的双亚点阵模型，其超额吉布斯自由能为

$$G^E=y'_A y'_B(y''_C L_{A,B,C}+y''_D L_{A,B,D})+y''_C y''_D(y'_A L_{A,C,D}+y'_B L_{B,C,D}) \tag{4.68}$$

式中，$L_{A,B,C}$ 表示当第二个亚点阵中充满了 C 组元时，第一个亚点阵中 A 和 B 之间的相互作用参数；$L_{A,B,D}$、$L_{A,C,D}$、$L_{B,C,D}$ 表示相似的含义。一般情况下，相互作用参数是温度和成分的函数：

$$L_{A,B:*}=\sum_v L^v_{A,B:*}(y'_A-y'_B)^v \tag{4.69}$$

$$L_{*:C,D} = \sum_v L^v_{*:C,D} (y''_C - y''_D)^v \tag{4.70}$$

式中，$L_{A,B:*}$ 和 $L_{*:C,D}$ 是待定参数。

单位结构式$(A,B)_a(C,D)_c$的吉布斯自由能是上述三项的和，即

$$\begin{aligned} G_m &= G_m^{ref} + \Delta_{mix} G_m^{id} + G^E \\ &= y'_A y''_C G^0_{m,A_aC_c} + y'_B y''_C G^0_{m,B_aC_c} + y'_A y''_D G^0_{m,A_aD_c} + y'_B y''_D G^0_{m,B_aD_c} + \\ &\quad RT[a(y'_A \ln y'_A + y'_B \ln y'_B) + c(y''_C \ln y''_C + y''_D \ln y''_D)] + \\ &\quad y'_A y'_B (y''_C L_{A,B,C} + y''_D L_{A,B,D}) + y''_C y''_D (y'_A L_{A,C,D} + y'_B L_{B,C,D}) \end{aligned} \tag{4.71}$$

⑥ 亚点阵模型在间隙固溶体中的应用。间隙固溶体可以看作由两个亚点阵组成，一个由基体元素及其置换元素充满，而另一个仅部分地为间隙元素占据，未被占据的部分是空位，可当作间隙元素处理。这样的间隙固溶体可以用$(A,B)_a(C,V_a)_c$所示的双亚点阵模型描述，其中，A和B分别为基体元素和置换元素；C为间隙元素，V_a为空位。例如，体心立方结构的α铁素体，Fe及置换式溶质（如Cr、Mn、Mo等）进入结点点阵；C及间隙式溶质（如N、O、H等）进入间隙点阵。此时，不同亚点阵中组元的占位分数可表示为

$$y'_A = \frac{n'_A}{n'_A + n'_B} = \frac{x_A}{1 - x_C}, \quad y'_B = \frac{n'_B}{n'_A + n'_B} = \frac{x_B}{1 - x_C}$$

$$y''_C = \frac{n''_C}{n''_{V_a} + n''_C} = \frac{a}{c}\,\frac{x_C}{1 - x_C}, \quad y''_D = 1 - y''_C$$

知道了占位分数以后，就可以根据式(4.71)计算它的吉布斯自由能。需要注意的是，间隙固溶体的吉布斯自由能参考面中包含$G^0_{m,A_aV_{a_c}}$和$G^0_{m,B_aV_{a_c}}$的贡献，$G^0_{m,A_aV_{a_c}}$代表第二个亚点阵中仅为空位的$A_aV_{a_c}$的吉布斯自由能，$A_aV_{a_c}$实际上就是指纯A；$G^0_{m,B_aV_{a_c}}$代表第二个亚点阵中仅为空位的$B_aV_{a_c}$的吉布斯自由能，$B_aV_{a_c}$实际上就是指纯A。$G^0_{m,A_aV_{a_c}}$和纯A的吉布斯自由能之间有下面的关系：

$$G^0_{m,A_aV_{a_c}} = aG^0_{m,A} \tag{4.72}$$

同理有

$$G^0_{m,B_aV_{a_c}} = aG^0_{m,B} \tag{4.73}$$

⑦ 亚点阵模型在线性化合物中的应用。受原子半径大小、电负性等因素的限制，实际中存在大量的满足严格化学计量比的化合物，如过渡金属的硼化物和硅化物、Ⅲ－Ⅴ族化合物、碳化物等。虽然这些化合物在其对应的二元系中满足化学计量比，然而第三种元素往往可以置换这些化学计量比化合物中的一种元素.并可以有很大的溶解度。例如，在Cr－B二元系中，Cr_2B是化学计量比化合物，但Fe可以置换Cr_2B中相当一部分的Cr，形成$(Cr,Fe)_2B$的线性化合物，如图4.29所示。

用双亚点阵模型描述线性化合物的通式为

$$(A,B,C,\cdots)_a(Z)_c \tag{4.74}$$

式中，A、B、C表示可以相互置换的组元；Z是满足化学计量比的组元。对应的吉布斯自由能可以写为

$$G_m = \sum_i y'_i G^0_{m,i_aZ_c} + RTa\sum_i y'_i \ln y'_i + \sum_i \sum_{j>i} y'_i y'_j L_{i,j:Z} \tag{4.75}$$

式中，i和j表示第一个亚点阵中相互置换的组元；G^0_{m,i_aZ_c}表示第一个亚点阵中全部被组元i占据时的吉布斯自由能；$L_{i,j:Z}$表示第二个亚点阵被Z占据时，第一个亚点阵中i和j之间的相互

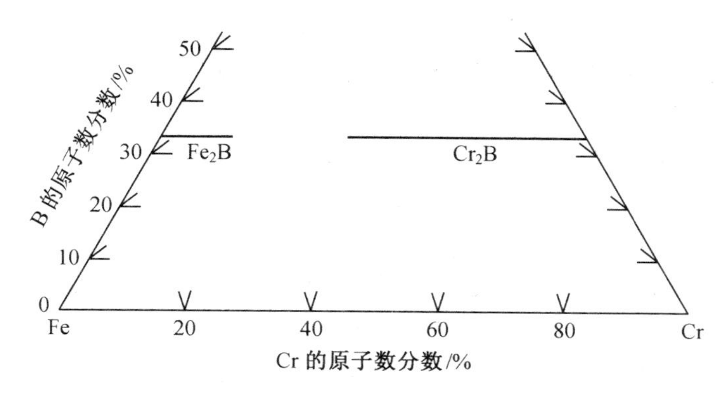

图 4.29　Cr－Fe－B 等温截面中的线性化合物$(Cr,Fe)_2B$

作用参数。$L_{i,j:Z}$ 可以表示为占位分数的函数，即

$$L_{i,j:Z}=\sum_{v}L^{v}_{i,j:Z}\ (y'_i-y'_j)^v\quad (v=0,1,2,\cdots)\tag{4.76}$$

式中，$L^{v}_{i,j:Z}$ 是待定参数。

⑧ 亚点阵模型在拓扑密堆相中的应用。

拓扑密堆相是大小不同的金属原子通过适当配合构成的空间利用率和配位数都很高的复杂结构，在合金体系中广泛存在，如拉弗斯相(Laves 相，如 $MgCu_2$、$MgNi_2$、$MgZn_2$、$TiCr_2$)、σ 相(如 FeCr、FeV、FeMo、CrCo)、μ 相(如 Fe_7W_6、Co_7Mo_6)等。这些复杂结构的金属化合物中的不同原子往往占据不同的晶格点阵位置。例如，Fe－V 二元系中的 σ 相，每个晶胞中有 30 个原子，这 30 个原子按 2∶4∶8∶8∶8 占据晶胞中 5 类不同的点阵位置，其配位数分别为 12、15、12、14、14。σ 相有很宽的成分区间，不同原子的位置可以互换。如果采用 $(Fe,V)_2(Fe,V)_4(Fe,V)_8(Fe,V)_8$ 这样的亚点阵模型来描述 σ 相，虽然考虑了 σ 相的真实结构，但引入的参数过多，即使是二元系的计算都将非常复杂，多元系的计算将很难进行。

在这种情况下，可以根据具体情况适当简化。例如，Ansara 等人在处理 Co－Mo 体系中的 σ 相时，将配位数为 14 的两个亚点阵合并在一起，并认为 Co 和 Mo 原子可以在这个亚点阵中相互置换；将配位数为 12 的两个亚点阵合并在一起。由 Co 原子占据；配位数为 15 的亚点阵由 Mo 原子占据，得到描述 σ 相的亚点阵模型 $(Co,Mo)_{16}(Co)_{10}(Mo)_4$。

描述溶体相和化合物的热力学模型还有很多。这些模型各具特点，但它们的表达式都经过某些简化条件处理，各种模型都具有其适用范围，选用哪种模型应视具体情况而定。

值得一提的是，除了上面讲述的物理模型外，在相图的热力学计算中，还经常遇到一些经验的数学表达式来描述超额吉布斯自由能，如马古斯(Margules)幂级数、博雷柳斯(Borelius)表达式、雷德利克－基斯特多项式等。其中雷德利克－基斯特(Redlich－Kister)多项式最常用，如下式所示：

$$G^{E}=x_1x_2\sum_{j=0}^{n}L_j\ (x_1-x_2)^j\tag{4.77}$$

式中，L_j 是温度的函数。研究发现，雷德利克－基斯特多项式的第一项对应正规溶体模型，第二项为亚正规溶体模型引入的非对称效应，第三项是对随机混合假定的非随机修正，更高次则是这三种效果的综合。通常计算中，只取雷德利克－基斯特多项式的前两项，最多前三项，更高次项从物理意义讲，并不增加新的内容。数学表达式比起物理模型表达式具为简捷、易于进行数学处理的特点，便于相图及热力学数据的计算和储存，有利于计算相图程序的标准化。

3. 磁性有序无序和化学有序无序对热力学性质的贡献

(1) 磁性有序无序对热力学性质的贡献。

对于磁性材料而言，相应的吉布斯自由能应由两部分组成：

$$G = G_{\mathrm{nmg}} + G_{\mathrm{mag}} \tag{4.78}$$

式中，G_{nmg} 为非磁性部分对吉布斯自由能的贡献，可由式(4.46)求出；G_{mag} 为磁性部分对吉布斯自由能的贡献，可以根据由 Inden 提出、经 Hillert 和 Jarl 修正的模型给出，具体如下：

$$G_{\mathrm{mag}} = RT\ln(B_0 + 1)\,g(\tau) \tag{4.79}$$

式中，$\tau = T/T^*$，且 T^* 为材料在某一成分磁性转变的临界温度，对于铁磁性材料而言为居里(Curie)温度(T_c)，而对于反铁磁性材料为奈耳(Neel)温度(T_N)；B_0 是玻尔(Bohr)磁子中每摩尔原子的平均磁通量；$g(\tau)$ 可以由下面的多项式表示：

$$g(\tau) = 1 - \frac{\left[\frac{70\tau^{-1}}{140p} + \frac{474}{479}\left(\frac{1}{p} - 1\right)\left(\frac{\tau^3}{6} + \frac{\tau^9}{135} + \frac{\tau^{15}}{600}\right)\right]}{D} \quad (\tau \ll 1) \tag{4.80}$$

$$g(\tau) = -\frac{\left(\frac{\tau^{-5}}{10} + \frac{\tau^{-15}}{315} + \frac{\tau^{-25}}{1\,500}\right)}{D} \quad (\tau > 1) \tag{4.81}$$

而且

$$D = \frac{518}{1\,125} + \frac{11\,692}{15\,975}\left(\frac{1}{p} - 1\right) \tag{4.82}$$

式中，p 为临界温度 T^* 以上的磁性焓的贡献占总磁性焓的分数；对于 *bcc* 相，$p=0.4$；对于 *fcc* 和 *hcp* 相，$p=0.28$。

与式(4.79) ~ 式(4.82)类似，由此还可以得到磁性对熵、热容及焓贡献的表达式。

目前，Dinsdate 已经在 Hillert 和 Jarl 工作的基础上将所有磁性纯元素的磁性参数收入其边际的 SGTE 数据库中。然而，现实中的磁性材料均是多组元的，在应用上述方程解决实际问题时，相应的 T^* 和 B_0 应表示为成分的方程，对于二元系，有

$$T^* = x_1 T_1^* + x_2 T_2^* + x_1 x_2 \sum_{i=0}^{n} T_{1,2}^{m,i}\,(x_1 - x_2)^i \tag{4.83}$$

$$B_0 = x_1 B_0^1 + x_2 B_0^2 + x_1 x_2 \sum_{i=0}^{n} B_{0,i}^{1,2}\,(x_1 - x_2)^i \tag{4.84}$$

式中，x_1 和 x_2 为二元系中两组元的成分；T_1^* 和 T_2^* 为二元系中两组元的临界温度；$T_{1,2}^{m,i}$ 为两组元相互作用的临界温度；B_0^1 和 B_0^2 为二元系中两组元的平均磁通量；$B_{0,i}^{1,2}$ 为两组元相互作用的平均磁通量。

(2) 化学有序无序对吉布斯自由能的贡献。

图 4.30 是常见的 *fcc*_A1/L12 化学有序无序的晶体结构图。伴随化学有序无序转变，材料的热力学性质也会随之变化。在相图热力学计算领域，化学有序无序对吉布斯自由能的贡献则一直是各国材料学家研究的热点和难点。目前，相图界广泛接受的一种方法是由 Ansara 等于 1988 年提出的，即利用一个亚点阵的方程来表示化学有序无序转变对能量的贡献。

根据 Ansara 等的思想及上述的亚点阵模型，Al－Ni 体系中 *fcc*_A1/L12 化学有序无序转变对吉布斯自由能的贡献可以表示为

$$G_{\mathrm{m}}^{\mathrm{ord}}=G_{\mathrm{m}}^{\mathrm{ref,ord}}+G_{\mathrm{m}}^{\mathrm{id,ord}}+G_{\mathrm{m}}^{\mathrm{E,ord}} \tag{4.85}$$

若用双亚点阵模型$(\mathrm{Al},\underline{\mathrm{Ni}})_{0.75}(\underline{\mathrm{Al}},\mathrm{Ni})_{0.25}$(下划线表示的是该亚点阵中的主要组元)来表示该化学有序无序转变，那么式(4.85)中的三项可以依次表示为

$$G_{\mathrm{m}}^{\mathrm{ref,ord}}=\sum_{i}\sum_{j}y'_{i}y''_{j}G_{\mathrm{m},i,j}^{\mathrm{ord}} \tag{4.86}$$

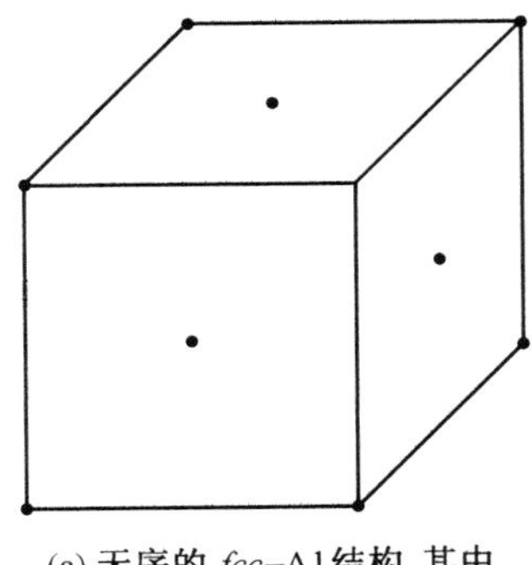

(a) 无序的 *fcc*–A1结构，其中所有的点阵都是等同的

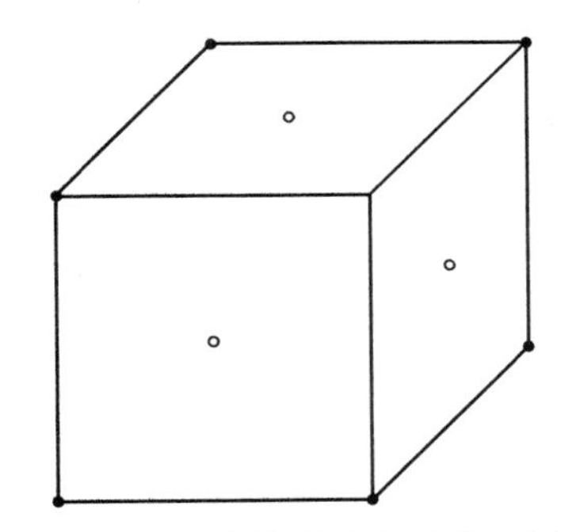

(a) 有序的 L12结构，其中各面的中心位置占据的点阵与各顶点的点阵不等同

图 4.30　*fcc*_A1/L12 相的晶体结构示意图

$$G_{\mathrm{m}}^{\mathrm{id,ord}}=RT\left(\frac{3}{4}\sum_{i}y'_{i}\ln y'_{i}+\frac{1}{4}\sum_{j}y''_{j}\ln y''_{j}\right) \tag{4.87}$$

$$G_{\mathrm{m}}^{\mathrm{E,ord}}=\sum_{i}\sum_{j>1}y'_{i}y'_{j}\sum_{k}y''_{k}L_{i,j:k}^{\mathrm{ord}}+\sum_{i}\sum_{j>1}y''_{i}y''_{j}\sum_{k}y'_{k}L_{k:i,j}^{\mathrm{ord}}+\sum_{i}\sum_{j>1}\sum_{k}\sum_{j>k}y'_{i}y'_{j}y''_{k}y''_{l}L_{i,j:k,l}^{\mathrm{ord}} \tag{4.88}$$

$$L_{i,j:k}^{\mathrm{ord}}=L_{i,j:k}^{\mathrm{ord}}+(y'_{i}-y'_{j})^{l}L_{i,j:k}^{\mathrm{ord}} \tag{4.89}$$

$$L_{k:i,j}^{\mathrm{ord}}=L_{k:i,j}^{\mathrm{ord}}+(y''_{i}-y''_{j})^{l}L_{k:i,j}^{\mathrm{ord}} \tag{4.90}$$

式中，i、j、k 为 Al 或 Ni。而且，该相总体的成分 x_i 与其在相应的亚点阵中的点阵分数的关系式为

$$x_{i}=\frac{3}{4}y'_{i}+\frac{1}{4}y''_{i} \tag{4.91}$$

从图 4.30 可知，当 $x_i=y'_i=y''_i$ 时，该相为无序状态；反之则为有序状态。为了保证无序状态总是可能存在的，就必须要求式(4.85)的吉布斯自由能在 $x_i=y'_i=y''_i$ 时存在一个极小值，即

$$\mathrm{d}G=\frac{3}{4}\left(\frac{\partial G}{\partial y'_{\mathrm{Al}}}\mathrm{d}y'_{\mathrm{Al}}+\frac{\partial G}{\partial y'_{\mathrm{Ni}}}\mathrm{d}y'_{\mathrm{Ni}}\right)+\frac{1}{4}\left(\frac{\partial G}{\partial y''_{\mathrm{Al}}}\mathrm{d}y''_{\mathrm{Al}}+\frac{\partial G}{\partial y''_{\mathrm{Ni}}}\mathrm{d}y''_{\mathrm{Ni}}\right)=0 \tag{4.92}$$

这种方法可以用图 4.31 来解释。图4.31 中的横坐标表示的是第一个亚点阵中 Ni 元素的点阵分数的变化，而纵坐标表示的是第二个亚点阵中 Ni 元素的点阵分数的变化，因此该图涵盖了两个亚点阵所有可能的点阵分数组合的成分空间。图 4.31 中的对角线表示无序状态(*fcc*_A1相)，而虚线则表示某一总体成分时两个亚点阵中各点阵分数所有可能的组合。

此外，还可知

$$\mathrm{d}x_{i}=\frac{3}{4}\mathrm{d}y'_{i}+\frac{1}{4}\mathrm{d}y''_{i}=0 \tag{4.93}$$

将式(4.93)代入式(4.92)中，可以得到下面的参数：

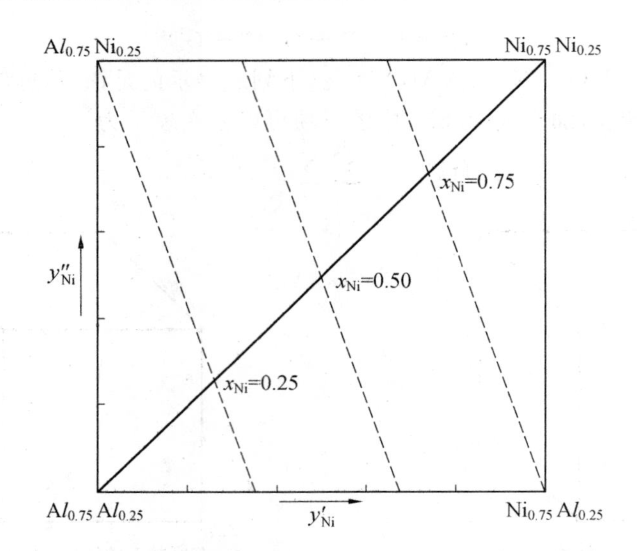

图 4.31　Al－Ni 体系有序无序状态(*fcc*_Al/L12 相)中对应各个成分的点阵分数空间

$G^{ord}_{m,Al:Ni}=u_1$　　　　$G^{ord}_{m,Ni:Al}=u_2$

${}^0G^{ord}_{m,Al,Ni:Al}=3u_1+u_2/2+3u_3$　　　　${}^1G^{ord}_{m,Al,Ni:Al}=3u_4$

${}^0G^{ord}_{m,Al,Ni:Ni}=u_1/2+3u_2+3u_3$　　　　${}^1G^{ord}_{m,Al,Ni:Ni}=3u_5$

${}^0G^{ord}_{m,Al,Al:Ni}=u_2/2+u_3$　　　　${}^1G^{ord}_{m,Al,Al:Ni}=u_4$

${}^0G^{ord}_{m,Ni:Al,Ni}=u_1/2+u_3$　　　　${}^1G^{ord}_{m,Ni:Al,Ni}=u_5$

${}^0G^{ord}_{m,Al,Ni:Al:Ni}=4u_4-4u_5$

其中，$u_1\sim u_5$ 为相应的参数。从上面的式子可以看出，Ansara 等提出的模型可以用一个方程来描述一组化学有序无序对吉布斯自由能的贡献，但是该模型的缺点在于不能对无序相的参数进行单独地评估。为了克服这个缺点，同时保持一个方程同时描述一组化学有序无序，Ansara 等将化学有序无序对吉布斯自由能的贡献分成以下 3 项：

$$G_m=G^{dis}_m(x_i)+G^{ord}_m(y'_i,y''_i)-G^{ord}_m(x_i)\tag{4.94}$$

式中，$G^{dis}_m(x_i)$ 是无序态的吉布斯自由能，可由式(4.46)给出；$G^{ord}_m(y'_i,y''_i)$ 是由亚点阵模型描述的吉布斯自由能，其中包括无序态对有序态能量的贡献；而 $G^{ord}_m(x_i)$ 表示的是无序态对有序态能量的贡献。后两项均可由式(4.85)给出，而且 $x_i=y'_i=y''_i$ 时，可以相互抵消，这样一来，有序相和无序相的参数就可以单独进行评估了。

实际上，对于式(4.94)表示的吉布斯自由能中的后面两个有序能量项，除了采用类似于式(4.86)～式(4.91)两个亚点阵(2SL)模型(即 $(Al,\underline{Ni})_{0.75}(\underline{Al},Ni)_{0.25}$)来表示之外，还可以采用 4 个亚点阵(4SL)模型[即 $(Al,\underline{Ni})_{0.25}(Al,\underline{Ni})_{0.25}(\underline{Al},Ni)_{0.25}(\underline{Al},Ni)_{0.25}$]来表示，其相应的能量表达式为

$$G_m=\sum_{i=Al}^{Ni}\sum_{j=Al}^{Ni}\sum_{k=Al}^{Ni}\sum_{l=Al}^{Ni}y_i^{(1)}y_j^{(2)}y_k^{(3)}y_l^{(4)}G_{i,j,k,l}+\sum_{i=1}^{4}\left\{\left(\frac{RT}{4}\sum_{i=Al}^{Ni}y_i^s\ln y_i^s\right)+y^s_{Al}y^s_{Ni}\left[{}^0L+{}^1L(y^s_{Al}-y^s_{Ni})\right]\right\}\tag{4.95}$$

4 个亚点阵模型在结构上具有高度对称性，因而假设对于某一相同成分的各 $G_{i,j,k,l}$ 均是相等的，另外每个亚点阵中组元之间的相互作用与其他亚点阵无关，且其相互作用在任一个亚点

阵均是等同的，即

$$G_{m,Al:Al:Al:Ni}=G_{m,Al:Al:Ni:Al}=G_{m,Al:Ni:Al:Al}=G_{m,Ni:Al:Al:Al}=G_{m,Al_3Ni}$$

$$G_{m,Ni:Ni:Ni:Al}=G_{m,Ni:Ni:Al:Ni}=G_{m,Ni:Al:Ni:Ni}=G_{m,Al:Ni:Ni:Ni}=G_{m,AlNi_3}$$

$$G_{m,Al:Al:Ni:Ni}=G_{m,Al:Ni:Al:Ni}=G_{m,Al:Ni:Ni:Al}=G_{m,Ni:Ni}=G_{m,Ni:Al:Al:Ni}=G_{m,Al_2Ni_2}$$

$${}^0L_{Al,Ni:*:*:*}={}^0L_{*:Al,Ni:*:*}={}^0L_{*:*:Al,Ni:*}={}^0L_{*:*:*:Al,Ni}={}^0L_{Al,Ni}$$

$${}^1L_{Al,Ni:*:*:*}={}^1L_{*:Al,Ni:*:*}={}^1L_{*:*:Al,Ni:*}={}^1L_{*:*:*:Al,Ni}={}^1L_{Al,Ni}$$

式中，* 表示 Al 或 Ni。

由于两个亚点阵模型和 4 个亚点阵模型表示的吉布斯自由能是相等的，因而它们在数学上存在一定的等量关系。在评估式(4.94)表示的吉布斯自由能表达式中的有序能量部分时，常常采用它们之间的数学等量关系，即

$$G_{m,Al:Ni}=G_{m,Al:Al:Al:Ni}=\cdots G_{m,Al_3Ni}$$

$$G_{m,Ni:Al}=G_{m,Ni:Ni:Ni:Al}=\cdots G_{m,AlNi_3}$$

$${}^0L_{Al,Al:Ni}={}^0L_{Ni,Al,Ni}={}^0L_{Al,Ni*:*:*}=\cdots={}^0L$$

$${}^1L_{Al,Al:Ni}={}^1L_{Ni:Al,Ni}={}^1L_{Al,Ni:*:*:*}=\cdots={}^1L$$

$${}^0L_{Al,Ni:Al}=-1.5G_{m,AlNi_3}+1.5G_{m,Al_2Ni_2}+3.0\,{}^0L_{Al,Ni}$$

$${}^0L_{Al,Ni:Ni}=1.5G_{m,AlNi_3}+1.5G_{m,Al_2Ni_2}-1.5G_{m,Al_3Ni}+3.0\,{}^0L_{Al,Ni}$$

$${}^1L_{Al,Ni:Al}=0.5G_{m,AlNi_3}-1.5G_{m,Al_2Ni_2}+1.5G_{m,Al_3Ni}+3.0\,{}^1L_{Al,Ni}$$

$${}^0L_{Al,Ni:Ni}=-1.5G_{m,AlNi_3}+1.5G_{m,Al_2Ni_2}-0.5G_{m,Al_3Ni}+3.0\,{}^1L_{Al,Ni}$$

同样地，也可以在三元及更高元的体系中应用这种数学等量关系。这种高元数学等量关系也已经成功地应用在很多 Ni 基和 Al 基合金体系中。

4.3.4　二元相图热力学计算实例

1. 液相和固相均完全互溶的同晶型二元相图计算

液相和固相均完全互溶的同晶型二元相图的特点是，无论在液态或固态，两个组元都能以任意比例互相溶解，成为均匀的单相溶液。这类体系两个组元的性质比较相近，如 Ag－Au、Bi－Sb、Cu－Ni、MgO－NiO、AgCl－NaCl 等。如图 4.32 所示，A 和 B 形成同晶型二元相图，计算同晶型二元相图就是确定液相线和固相线，即固液两相区的边界上温度与成分的关系。考虑初始成分为 x_B^0 的体系，温度为 T_1 时达到两相平衡求解该温度下平衡共存的固、液两相的成分 x_B^s 和 x_B^l。

固、液两相平衡时，组元 $i(i=A,B)$ 在固、液两相的化学位相等，即

$$\mu_i^s=\mu_i^l\quad(i=A,B)\tag{4.96}$$

液相和固相均完全互溶，假设固相和液相都用理想溶体模型描述，则有

$$\mu_A^s=G_{m,A}^{0,s}+RT\ln x_A^s,\quad \mu_A^l=G_{m,A}^{0,l}+RT\ln x_A^l\tag{4.97}$$

$$\mu_B^s=G_{m,B}^{0,s}+RT\ln x_B^s,\quad \mu_B^l=G_{m,B}^{0,l}+RT\ln x_B^l\tag{4.98}$$

式(4.97)和式(4.98)中，$G_{m,A}^{0,s}$ 和 $G_{m,A}^{0,l}$ 分别是纯 A 固相和液相的吉布斯自由能，$G_{m,B}^{0,s}$ 和 $G_{m,B}^{0,l}$ 分别是纯 B 固相和液相的吉布斯自由能。将式(4.97)代入式(4.96)，并考虑 $x_A^s=1-x_B^s$ 和 $x_A^l=1-x_B^l$，可得

$$\frac{1-x_B^l}{1-x_B^s}=\exp\left(-\frac{G_{m,A}^{0,l}-G_{m,A}^{0,s}}{RT}\right)=\exp\left(-\frac{G_{m,A}^{0,s\to l}}{RT}\right)\tag{4.99}$$

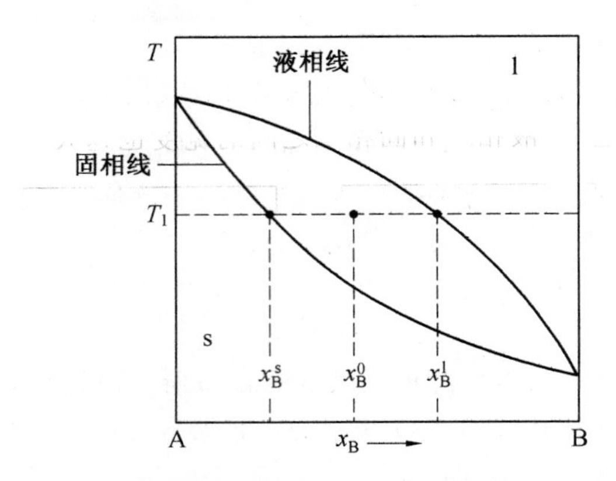

图 4.32　液相和固相均完全互溶的同晶型二元相图

式中，$G_{m,A}^{0,s\to l}$ 是纯组元 A 在温度为 T_1 时熔化的吉布斯自由能变化。同理，将式(4.98) 代入式(4.96)，可得

$$\frac{x_B^l}{x_B^s}=\exp\left(-\frac{\Delta G_{m,B}^{0,s\to l}}{RT}\right) \tag{4.100}$$

式中，$\Delta G_{m,B}^{0,s\to l}$ 是纯组元 B 在温度为 T_1 时熔化的吉布斯自由能变化。令

$$\exp\left(-\frac{\Delta G_{m,A}^{0,s\to l}}{RT}\right)\equiv K_A,\quad \exp\left(-\frac{\Delta G_{m,B}^{0,s\to l}}{RT}\right)\equiv K_B$$

解式(4.99) 和式(4.100) 组成的方程组，可得

$$x_B^s=\frac{K_A-1}{K_A-K_B} \tag{4.101}$$

$$x_B^l=K_B\frac{K_A-1}{K_A-K_B} \tag{4.102}$$

K_B 是温度的函数，只与纯组元的吉布斯自由能有关。已知纯组元的吉布斯自由能，根据式(4.101) 和式(4.102) 就可以得到给定温度下平衡共存的固、液两相成分。改变温度，就可得到液相和固相均完全互溶的同晶型二元相图。

根据吉布斯－亥姆霍兹方程

$$\left(\frac{\partial(\Delta G_m^{s\to l}/T)}{\partial T}\right)_p=\frac{-\Delta H_m^{s\to l}}{T^2} \tag{4.103}$$

式中，$\Delta H_m^{s\to l}$ 是摩尔熔化焓，如果假设摩尔熔化焓与温度无关，对式(4.103) 进行积分可得

$$\Delta G_m^{s\to l}=\Delta H_m^{s\to l}\left(1-\frac{T}{T^m}\right)=\Delta S_m^{s\to l}(T^m-T) \tag{4.104}$$

式中，$\Delta S_m^{s\to l}$ 是摩尔熔化熵；T^m 是熔点。根据 K_A 和 K_B 的定义，有

$$K_A=\exp\left[-\frac{\Delta H_{m,A}^{s\to l}}{RT}\left(1-\frac{T}{T_A^m}\right)\right]=\exp\left[-\frac{\Delta S_{m,A}^{s\to l}}{R}\left(\frac{T_A^m}{T}-1\right)\right] \tag{4.105}$$

$$K_B=\exp\left[-\frac{\Delta H_{m,B}^{s\to l}}{RT}\left(1-\frac{T}{T_B^m}\right)\right]=\exp\left[-\frac{\Delta S_{m,B}^{s\to l}}{R}\left(\frac{T_B^m}{T}-1\right)\right] \tag{4.106}$$

式中，$\Delta H_{m,A}^{s\to l}$ 和 $\Delta H_{m,B}^{s\to l}$、$\Delta S_{m,A}^{s\to l}$ 和 $\Delta S_{m,B}^{s\to l}$、T_A^m 和 T_B^m 分别是纯组元 A 和纯组元 B 的摩尔熔化焓、摩尔熔化熵和熔点。

从式(4.105) 和式(4.106) 可知，液相和固相均完全互溶的二元相图，若固相和液相均用理想溶体模型描述，则已知两个纯组元的熔点和它们的摩尔熔化焓或摩尔熔化熵，就可以计算

得到相图。图 4.33 是根据式(4.101) 和(4.102) 计算的假想的 A－B 二元相图，从图中可以看出，液相线和固相线之间的宽度与两组元的摩尔熔化焓或摩尔熔化熵的数值大小有关。摩尔熔化焓或摩尔熔化熵数值越大，液相线和固相线之间的宽度也越大。

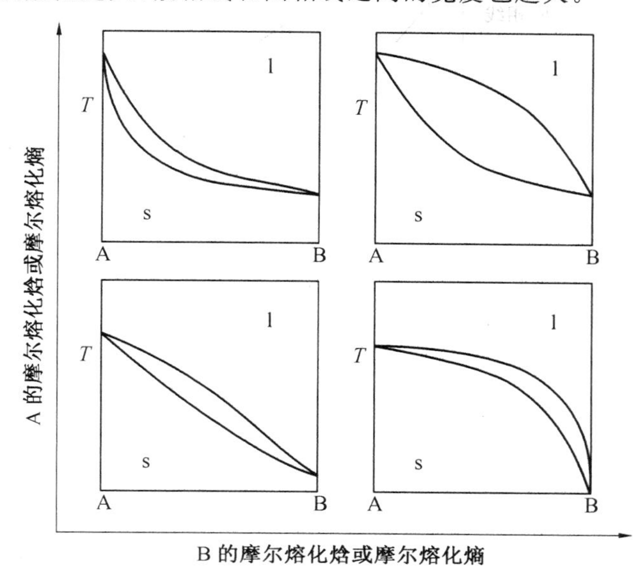

图 4.33　A－B 二元同晶相图形状与纯组元 A、纯组元 B 的摩尔熔化焓或摩尔熔化熵的关系

2. 液相完全互溶、固相完全不互溶的简单共晶型二元相图计算

实际材料中，液相完全互溶、固相完全不互溶的例子不是很多，因为两个组元在固态下绝对不互溶的例子是很少的，一般将互溶度非常小的体系也归入这一类，如 Cd－Bi、Al－Si、Ag－Pb、Cu－Bi、Sn－Zn、Ga－Sn 等。考虑 A、B 组成的二元系，A 和 B 在液相完全互溶，在固相完全不互溶，其相图如图 4.34 所示。计算这类简单共晶型相图就是确定液相线上的温度－成分关系，同时确定共晶温度 T_E 和共晶成分 x_B^E。

首先考虑与纯组元 A 平衡的液相的成分确定，如图 4.34 所示，初始成分为 x_B^0 的体系，温度为 T_1 时达到两相平衡，求解该温度下平衡共存的液相 x_B^l。由于 A 和 B 完全不互溶，和液相平衡的纯组元 A，其化学位等于它的摩尔吉布斯自由能，根据化学位相等的原理，可得

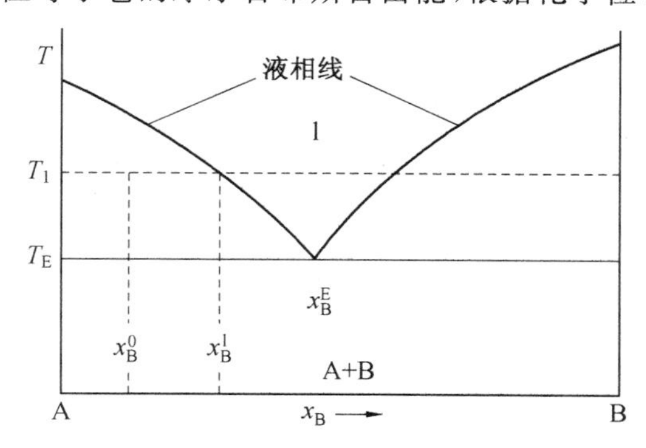

图 4.34　液相完全互溶、固相完全不互溶的简单共晶型二元相图

$$\mu_A^l = G_{m,A}^{0,s} \tag{4.107}$$

A 在液相中的化学位可以写为

$$\mu_A^l = G_{m,A}^{0,l} + RT\ln \alpha_A^l = G_{m,A}^{0,l} + RT\ln x_A^l + RT\ln \gamma_A^l \tag{4.108}$$

式中，α_A^l 是 A 在液相中的活度；γ_A^l 是 A 在液相中的活度系数。代入式(4.107) 可得

$$RT\ln x_A^l + RT\ln \gamma_A^l = G_{m,A}^{0,s} - G_{m,A}^{0,l} = -\Delta G_{m,A}^{0,s\to l} \tag{4.109}$$

若液相用理想溶体模型描述，则 $\gamma_A^l = 1$，式(4.109) 简化为

$$x_A^l = \exp\left(-\frac{\Delta G_{m,A}^{0,s\to l}}{RT}\right) \tag{4.110}$$

若纯组元 A 的摩尔熔化焓与温度无关，根据吉布斯－亥姆霍兹方程，可得

$$x_B^l = 1 - x_A^l = 1 - \exp\left[-\frac{\Delta H_{m,A}^{s\to l}}{RT}\left(1 - \frac{T}{T_A^m}\right)\right]$$

$$= 1 - \exp\left[-\frac{\Delta S_{m,A}^{s\to l}}{R}\left(\frac{T_A^m}{T} - 1\right)\right] \tag{4.111}$$

因此，已知纯组元 A 的熔点和摩尔熔化焓或摩尔熔化熵，就可以计算得到与纯组元 A 平衡的液相成分。同理，已知纯组元 B 的熔点和摩尔熔化焓或摩尔熔化熵，就可以计算得到与纯组元 B 平衡的液相成分，即

$$x_B^l = \exp\left[-\frac{\Delta H_{m,B}^{s\to l}}{RT}\left(1 - \frac{T}{T_B^m}\right)\right] = \exp\left[-\frac{\Delta S_{m,B}^{s\to l}}{R}\left(\frac{T_B^m}{T} - 1\right)\right] \tag{4.112}$$

共晶温度则是根据共晶时，液相同时和 A、B 平衡，令式(4.111) 和式(4.112) 相等，求解得到共晶温度 T_E 后，将 T_E 代入式(4.111) 或式(4.112) 即可得到共晶成分。

若液相用正规溶体模型描述，其相互作用参数为 Ω_{AB}^l，A 在液相的活度系数 γ_A^l 表示为

$$RT\ln \gamma_A^l = \Omega_{AB}^l\ (x_B^l)^2$$

代入式(4.109) 可得

$$RT\ln(1 - x_B^l) + \Omega_{AB}^l\ (x_B^l)^2 = -\Delta G_{m,A}^{0,s\to l} \tag{4.113}$$

$$RT\ln(1 - x_B^l) + \Omega_{AB}^l\ (x_B^l)^2 = -\Delta H_{m,A}^{s\to l}\left(1 - \frac{T}{T_A^m}\right) = -\Delta S_{m,A}^{s\to l}(T_A^m - T) \tag{4.114}$$

在给定温度下，已知纯组元 A 和纯组元 B 的熔点及其摩尔熔化焓或摩尔熔化熵，求解式(4.114) 就可以得到该温度下与纯组元 A 平衡的液相成分。

3. 液相完全互溶，固相部分互溶的共晶型二元相图计算

实际体系中，液相完全互溶，固相部分互溶的例子很多，如 Pb－Sn、Ga－Zn、Bi－Sn、Cd－Zn、Ag－Pb、Cu－Co、Cr－Ni、FeO－MnO、MgO－CaO、CaF_2－Al_2O_3 等。考虑 A、B 组成的二次元系，液相完全互溶，固溶体 α 相与固溶体 β 相达到平衡，其相图如图 4.35 所示。计算这类共晶型相图就是确定液相线、固相线上的温度－成分关系，两个部分互溶固溶体的溶解度，同时确定共晶温度 T_E 和共晶成分 x_B^E。

下面以 B 在 A 中部分互溶的 α 固溶体的溶解度计算为例，讨论如何由热力学数据计算这类相图。α 固溶体的溶解度的计算实质上是 α 和 β 两相平衡时，组元 $i(i = A,B)$ 在 α 相和 β 相中的化学位相等，即

$$\mu_i^\alpha = \mu_i^\beta\ (i = A,B) \tag{4.115}$$

和前面的处理类似，有

$$\mu_A^\alpha = G_{m,A}^{0,\alpha} + RT\ln \alpha_A^\alpha = G_{m,A}^{0,\alpha} + RT\ln x_A^\alpha + RT\ln \gamma_A^\alpha \tag{4.116}$$

$$\mu_A^\beta = G_{m,A}^{0,\beta} + RT\ln \alpha_A^\beta = G_{m,A}^{0,\beta} + RT\ln x_A^\beta + RT\ln \gamma_A^\beta \tag{4.117}$$

$$\mu_B^\alpha = G_{m,B}^{0,\alpha} + RT\ln \alpha_B^\alpha = G_{m,B}^{0,\alpha} + RT\ln x_B^\alpha + RT\ln \gamma_B^\alpha \tag{4.118}$$

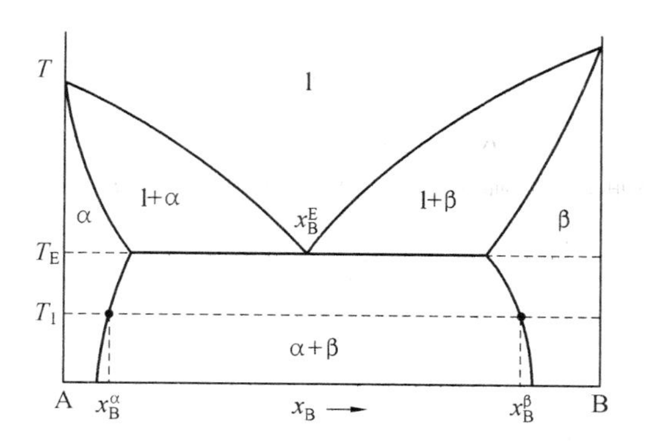

图 4.35　液相完全互溶，固相部分互溶的共晶型二元相图

$$\mu_B^\beta = G_{m,B}^{0,\beta} + RT\ln \alpha_B^\beta = G_{m,B}^{0,\beta} + RT\ln x_B^\beta + RT\ln \gamma_B^\beta \tag{4.119}$$

可以得到

$$\ln\frac{\gamma_A^\alpha}{\gamma_A^\beta} + \ln\frac{x_A^\alpha}{x_A^\beta} = \frac{\Delta G_{m,A}^{0,\alpha\to\beta}}{RT} \tag{4.120}$$

$$\ln\frac{\gamma_B^\alpha}{\gamma_B^\beta} + \ln\frac{x_B^\alpha}{x_B^\beta} = \frac{\Delta G_{m,B}^{0,\alpha\to\beta}}{RT} \tag{4.121}$$

式中，$\Delta G_{m,A}^{0,\alpha\to\beta} = G_{m,A}^{0,\beta} - G_{m,A}^{0,\alpha}$；$\Delta G_{m,B}^{0,\alpha\to\beta} = G_{m,B}^{0,\beta} - G_{m,B}^{0,\alpha}$。

如果 α 相与 β 相的超额吉布斯自由能用正规溶体模型描述，其相互作用参数分别为 Ω_{AB}^α 和 Ω_{AB}^β，则有

$$RT\ln \gamma_B = \Omega_{AB}\ (1 - x_B)^2 \tag{4.122}$$

$$RT\ln \gamma_A = \Omega_{AB}\ (x_B)^2 \tag{4.123}$$

将式(4.122)和式(4.123)代入式(4.120)和式(4.121)可得

$$\frac{\Delta G_{m,A}^{0,\alpha\to\beta}}{RT} + \frac{\Omega_{AB}^\beta}{RT}(x_B^\beta)^2 - \frac{\Omega_{AB}^\alpha}{RT}(x_B^\alpha)^2 + \ln\frac{1-x_B^\beta}{1-x_B^\alpha} = 0 \tag{4.124}$$

$$\frac{\Delta G_{m,B}^{0,\alpha\to\beta}}{RT} + \frac{\Omega_{AB}^\beta}{RT}(1-x_B^\beta)^2 - \frac{\Omega_{AB}^\alpha}{RT}(1-x_B^\alpha)^2 + \ln\frac{x_B^\beta}{x_B^\alpha} = 0 \tag{4.125}$$

求解式(4.124)和式(4.125)组成方程组，就可以得到两个固溶体相的平衡成分。

如果液相也用正规溶体模型描述，则液相与 α 相、液相与 β 相的相平衡计算和上面的处理方法类似，只是在计算液相与 α 相平衡时，将式中的 β 相用液相取代；在计算液相与 β 相平衡时，将式中的 α 相用液相取代即可。

共晶温度和共晶成分的求解，则要考虑共晶温度时，液相、α 相和 β 相三相平衡，即

$$\mu_A^\alpha = \mu_A^\beta = \mu_A^l \tag{4.126}$$

$$\mu_B^\alpha = \mu_B^\beta = \mu_B^l \tag{4.127}$$

在已知描述液相、α 相和 β 相的热力学模型后，将相应的化学位－成分关系表达式代入上式，即可得到共晶 T_E、共晶成分 $x_B^l(T=T_E)$、$x_B^\alpha(T=T_E)$ 和 $x_B^\beta(T=T_E)$。

图 4.36 给出了液相完全互溶、固相部分互溶的二元共晶相图不同温度下的吉布斯自由能－成分曲线，并给出了根据公切线法则，用图解法求得相应的平衡共存的各相成分。

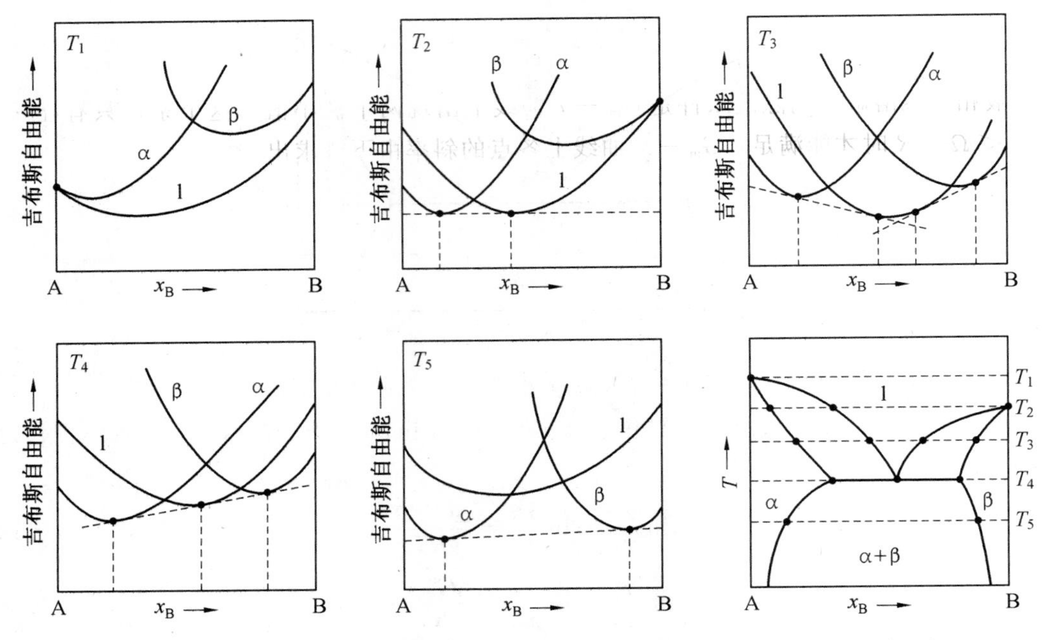

图 4.36 由不同温度下的吉布斯自由能－成分关系构筑 A－B 二元共晶相图

4.3.5 溶解度间隙的计算

两个液态组元混合时不外乎出现完全不互溶、部分互溶及完全溶解 3 种情况。完全不互溶的情况极为少见，完全互溶的情况在前面已经讨论过了，因此这里讨论部分互溶的情况。在部分互溶情况下，液体形成溶解度间隙。不仅液相能出现溶解度间隙，对于固溶体来说也常常出现溶解度间隙，这时能够形成特殊的细晶组织(失稳分解组织或斯宾纳多分解组织)。

将液体 A 和液体 B 混合，形成图 4.37 所示的存在溶解度间隙的相图，试计算平衡共存的两个液相的成分。

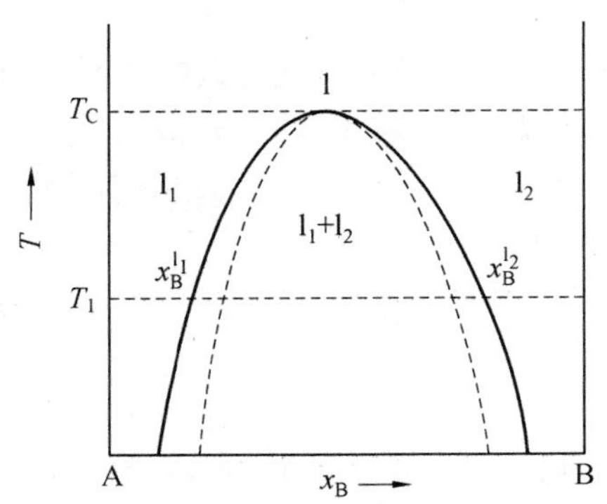

图 4.37 液相部分互溶的相图

如果液相用正规溶体模型描述，则其吉布斯自由能表示为

$$G_m^l = x_A G_{m,A}^{0,l} + x_B G_{m,B}^{0,l} + RT(x_A \ln x_A + x_B \ln x_B) + \Omega^l x_A x_B \tag{4.128}$$

式中，Ω^l 是液相的相互作用参数。在正规溶体模型中，Ω^l 是与成分和温度无关的常数。将 $x_A = 1 - x_B$ 代入式(4.128)，得

$$G_m^l = (1-x_B)G_{m,A}^{0,l} + x_B G_{m,B}^{0,l} + RT[(1-x_B)\ln(1-x_B) + x_B\ln x_B] + \Omega^l(1-x_B)x_B \tag{4.129}$$

液相形成溶解度间隙的条件是 $G_m - x$ 曲线上出现两个极小值。这个条件只有在$\Omega^l > 0$ 和 $T < \Omega^l/2R$ 时才能满足。$G_m - x$ 曲线上各点的斜率由下式求出：

$$\frac{\partial G_m^l}{\partial x_B} = -G_{m,A}^{0,l} + G_{m,R}^{0,l} + RT\ln\frac{x_B}{1-x_B} + \Omega^l(1-2x_B) \tag{4.130}$$

在自由能曲线上总能找到一点 L，使得

$$RT\ln\frac{x_B^L}{1-x_B^L} + \Omega^l(1-2x_B^L) = 0 \tag{4.131}$$

于是在 L 点的切线斜率为

$$\frac{\partial G_m^l}{\partial x_B}\Big|_{x_B^L} = -G_{m,A}^{0,l} + G_{m,R}^{0,l} \tag{4.132}$$

由于式(4.131)是左右对称的，因此在自由能曲线上必然存在另一点 N，使得

$$RT\ln\frac{x_B^N}{1-x_B^N} + \Omega^l(1-2x_B^N) = 0 \tag{4.133}$$

为此，只需令 $x_B^N = 1 - x_B^L$，就得到 $-RT\ln\frac{x_B^L}{1-x_B^L} - \Omega^l(1-2x_B^L) = 0$。因此，在 N 点处切线斜率也为

$$\frac{\partial G_m^l}{\partial x_B}\bigg|_{x_B^N} = -G_{m,A}^{0,l} + G_{m,R}^{0,l} \tag{4.134}$$

可以证明，点 L 和点 N 共线，也就是说连线 LN 是自由能曲线上过点 L 和点 N 的公切线。切点 L 及 N 满足方程

$$RT\ln\frac{x_B}{1-x_B} + \Omega^l(1-2x_B) = 0 \tag{4.135}$$

式(4.135)称为溶解度方程。求解溶解度方程可以得到两个液相部分互溶时，平衡共存的两个液相的成分。

当 $G_m - x$ 关系曲线上出现两个极小值，而这两个极小值中间又有一个极大值时，在这种曲线上必然存在拐点，才能把下凹部分和上凹部分连接起来。根据导数的几何定义，出现拐点的条件是

$$\frac{\partial^2 G_m^l}{\partial x} = -2\Omega^l + RT\left(\frac{1}{x_B} + \frac{1}{1-x_B}\right) = 0 \tag{4.136}$$

由此得到拐点成分

$$x = \frac{1}{2} \pm \frac{1}{2}\sqrt{1 - \frac{RT}{\Omega^l}} \tag{4.137}$$

由拐点成分与温度的关系所定义的曲线称为失稳分解曲线(斯宾纳多曲线)，如图 4.37 中虚线所示，失稳分解曲线是抛物线形曲线，其顶点与两相分离线内切，因此两相分离线的顶点温度 T_C 可以表示为

$$T_C = \frac{\Omega^l}{2R} \tag{4.138}$$

在上面的讨论中，相互作用参数被限定为常数。对于相互作用参数随温度和成分变化的情况，可以用类似的方法进行分析。

4.3.6 生成中间化合物的二元相图计算

生成中间化合物的二元相图更为普遍。图4.38示出了A－B组成的二元系形成一个同成分熔化的中间化合物$A_mB_n(\gamma)$相，计算这类相图就是要确定所有两相区边界上$T-x$关系，液相与端际固溶体α、液相与端际固溶体β之间的平衡在前面小节已经讨论过，这里主要讨论从液相中析出中间化合物γ相时液相线的计算原理，固溶体α与中间化合物γ相时液相线的计算原理。固溶体α与中间化合物γ、固溶体β与γ之间的相平衡计算原理可以用类似的方法得到。

如果液相用正规溶体模型描述，则有

$$\mu_A^l = G_{m,A}^{0,l} + RT\ln(1-x_B^l) + \Omega_{AB}^l (x_B^l)^2 \tag{4.139}$$

$$\mu_B^l = G_{m,B}^{0,l} + RT\ln(x_B^l) + \Omega_{AB}^l (1-x_B^l)^2 \tag{4.140}$$

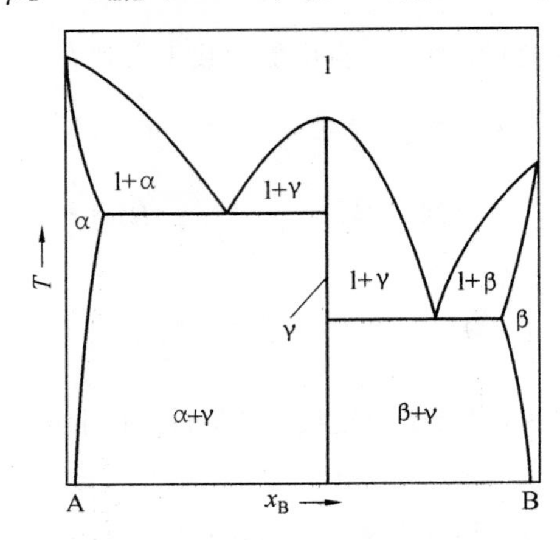

图 4.38 生成中间化合物的二元相图

当液相和中间化合物γ相平衡时，组元$i(i=A,B)$在液相和γ相中的化学位相等，即

$$\mu_i^\gamma = \mu_i^\gamma \quad (i=A,B) \tag{4.141}$$

中间化合物A_mB_n的摩尔吉布斯自由能与化学位之间的关系为

$$G_m^\gamma = m\mu_A^\gamma + n\mu_B^\gamma \tag{4.142}$$

即

$$G_m^\gamma = m[G_{m,A}^{0,l} + RT\ln(1-x_B^l) + \Omega_{AB}^l (x_B^l)^2] + n[G_{m,B}^{0,l} + RT\ln x_B^l + \Omega_{AB}^l (1-x_B^l)^2] \tag{4.143}$$

求解式(4.143)可得给定温度下，与中间化合物相平衡的液相成分。

图4.39给出了根据公切线法则，由G_m-x曲线确定生成一个中间化合物γ的A－B二元相图，假定纯A的熔点T_A^m高于中间化合物γ的熔点中间化合物γ的熔点T_A^m高于纯B的熔点T_B^m。图4.39(a)～(e)分别是温度为T_1、T_2、T_3、T_4和T_5时的吉布斯自由能成分曲线，图4.39(f)是对应的A－B二元相图。不同温度下，平衡共存相的成分由公切线法则确定。例如，温度为T_2时，α相和液相l的公切线的切点位置给出了该温度下α相和l相平衡共存时α相和液相l的成分。

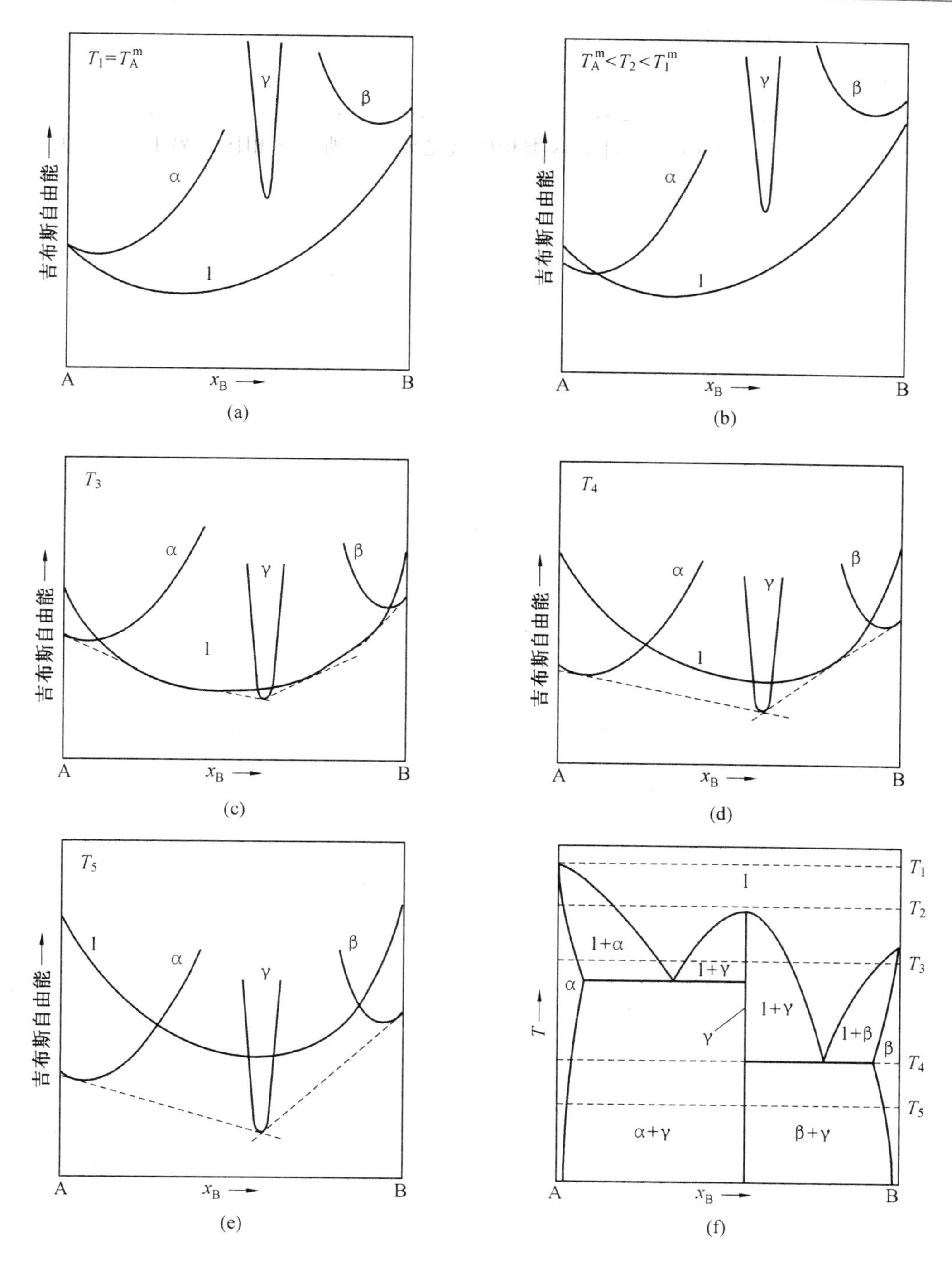

图 4.39　由吉布斯自由能－成分曲线确定生成一个中间化合物 γ 的 A－B 二元相图

4.3.7　亚稳相图计算

稳定平衡状态是指特定温度、压力条件下体系的吉布斯自由能最小的状态，实际应用中，真正处于稳定平衡状态的材料是很少的。亚稳平衡状态包含两方面的含义：一是指与特定温度、压力下的稳定平衡状态相比，亚稳平衡成分范围或温度范围都发生了明显的变化；第二层含义是指在特定温度、压力下出现了稳定平衡状态时所没有的相。亚稳相平衡的研究对于材料学有十分重要的意义，因为实际中使用的材料很多是处于亚稳平衡状态，例如，人类用量最大的金属材料——钢铁材料中的重要强化相Fe_3C就是一种亚稳相。如图4.40(a)所示，图中实线是指γ－Fe与石墨(C)平衡的稳定相图，虚线是γ－Fe与亚稳相Fe_3C的吉布斯自由能－成分关系曲线。从图中可以看出，和γ－Fe与石墨(C)稳定平衡相比，当γ－Fe与亚稳相Fe_3C平衡时，C在γ－Fe中的固溶度增大。

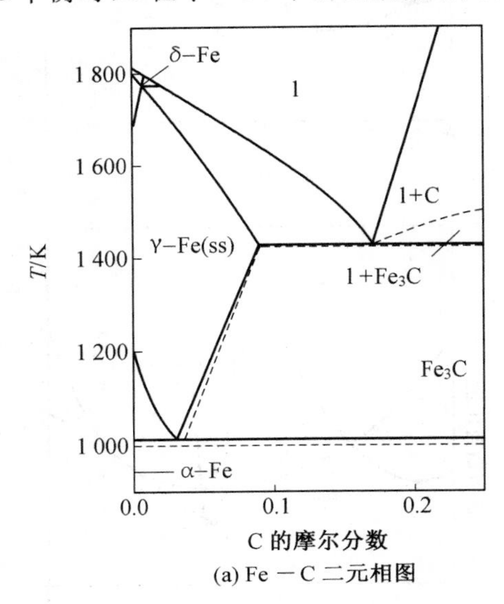

(a) Fe－C二元相图

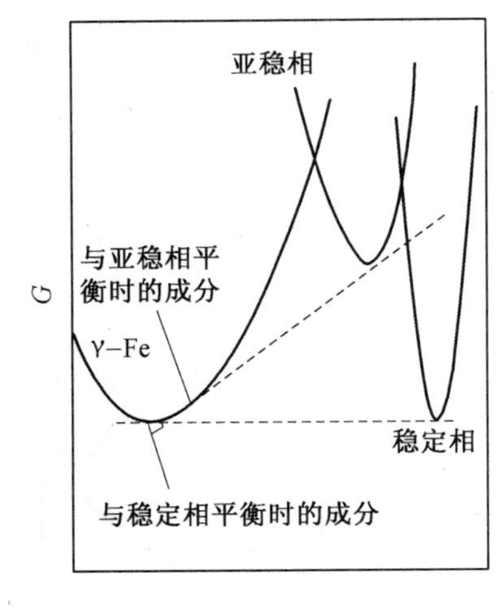

(b) 对应的吉布斯自由能示意图

图4.40　Fe－C二元相图及对应的吉布斯自由能示意图

亚稳相平衡的计算原理和稳定相平衡的计算原理类似，关键是如何得到亚稳相的吉布斯自由能表达式。亚稳相热力学数据一般是通过热力学参数优化和量子力学第一性原理计算的方法得到。下面以Al－Cu二元系为例，讨论如何获取亚稳相的热力学参数和亚稳相图的计算原理。Cu是铝合金中重要的合金元素之一。在共晶温度为548.2℃时，Cu在Al固溶体(α相)中的溶解度最大，约为5.7%。随着温度的降低，Cu在α相中的溶解度降低，在室温下的溶解度降至0.5%。

Cu的摩尔分数为0.5%～5.7%的Cu－Al合金，在室温时的平衡组织为α＋θ。当把这个成分范围内的合金加热到固溶线温度以上时，随着θ相的不断溶解，合金变为单相α组织。自此温度将合金进行快速冷却，由于θ相来不及从合金中析出，将得到α相的过饱和固溶体α(ssss)。在随后的时效过程中，并不是直接从α(ssss)中析出平衡相θ，而是按照下面的时效序列进行转变：

$$\alpha(\text{ssss}) \rightarrow \text{GP}[1] \rightarrow \text{GP}[2]\,(\theta'') \rightarrow \theta' \rightarrow \theta$$

其中，GP[1]是铜原子在母相α{100}晶面上偏聚或丛聚形成富铜区，呈圆片状，GP[1]没有完整的晶体结构，完全保留母相α的晶格，并与母相α共格；GP[2]或θ″是由Cu原子与Al原子规则排列而成的正方有序结构，两层Cu原子被三层Al原子分开；θ″与母相α完全共格，但在z轴产生约4%的晶格错配；θ′是一种真正意义上的亚稳相，它具有简单正方结构，在(001)面上与母相θ′共格，在z轴方向的共格关系遭到破坏；θ为平衡相，为体心正方有序化结构，完全丧失与母相 α 的共格关系。

图4.41给出了Al－Cu二元系中母相 α 与GP区、亚稳相 θ'' 和 θ'、平衡相 θ 的吉布斯自由能的对应关系示意图。由于GP区和母相 α 具有相同的晶体结构，所以它和母相 α 的吉布斯自由能在同一条曲线上。亚稳相 θ'' 和 θ' 的吉布斯自由能－成分关系，就可以按照图4.41所示的公切线法则，构筑母相 α 与GP区共存时、母相 α 与亚稳相 θ'' 和 θ' 共存时的各相成分，从而确定GP区的固溶度曲线、亚稳相 θ'' 的固溶度曲线和亚稳相 θ' 的固溶度曲线。这些亚稳相关系的确定对指导铝合金的热处理工艺具有重要价值。

确定Al－Cu二元系的亚稳相图关键是确定亚稳相的吉布斯自由能。Wolverton等人利用量子力学第一性原理计算了Al－Cu体系中亚稳相 θ' 在0 K时的能量。令人惊奇的是，计算结果表明，0 K时亚稳 θ' 的能量较平衡相 θ 低。Wolverton等人将他们的计算结果和已有的数据库相结合，计算了 θ' 在 α 固溶体中的固溶度，如图4.42所示。图4.42中实线是平衡相图，虚线是 θ' 在 α 固溶体中的固溶度曲线。

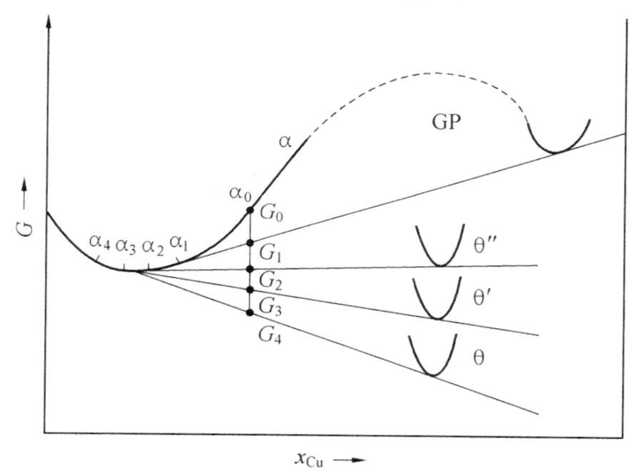

图4.41　Al－Cu二元系中母相 α 与GP区、亚稳相 θ'' 和 θ'、平衡相 θ 的吉布斯自由能的对应关系

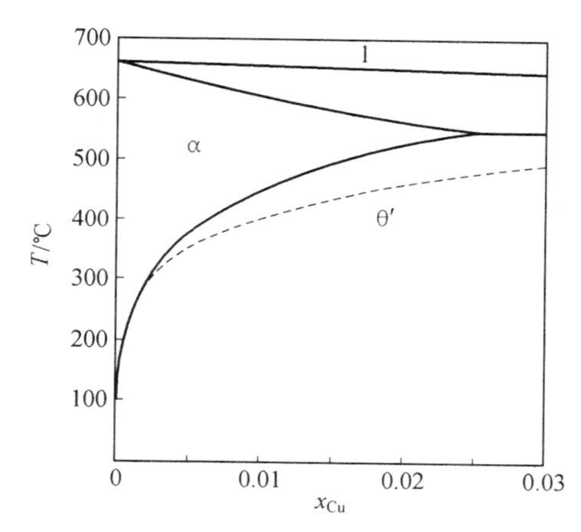

图4.42　Al－Cu二元系富Al角亚稳相图的计算结果

第 5 章　化学反应动力学

化学反应动力学是材料物理化学的重要组成部分。随着科学技术的不断发展，人们对化学反应动力学的认识日益深化，化学反应动力学的内容得到明显的加强和扩展。至今，化学反应动力学已成为材料物理化学中更高层次的独立分支学科。

一般来说，化学反应动力学的研究对象包括以下 3 个方面：化学反应进行的条件（温度、压力、浓度及介质等）对化学反应过程速率的影响；化学反应的历程（又称机理）；物质的结构与化学反应能力之间的关系。面对上述几方面，化学反应动力学最终要回答如下问题：化学反应的内因（反应物的结构和状态等）与外因（催化剂、辐射及反应器等的存在与否）对化学反应的速率及过程是如何影响的；揭示化学反应过程的宏观与微观机理；建立总包反应和基元反应的定量理论等，以上几点是化学反应动力学的基本任务。

在对化学反应进行动力学研究时，总是从动态的观点出发，由宏观的、唯象的研究进而到微观的分子水平的研究，因而将化学反应动力学区分为宏观动力学和微观动力学两个领域，二者并非互不相关，而是相辅相成的。

5.1　化学反应动力学概述

5.1.1　化学反应动力学与化学反应热力学的关系

化学反应动力学与化学反应热力学是综合研究化学反应规律的两个不可缺少的重要组成部分。由于二者各自的研究任务不同，研究的侧重也不同，因而化学反应动力学与化学反应热力学既有显著的区别又互有联系。

化学反应热力学特别是平衡态热力学是从静态的角度出发研究过程的始态和终态，利用状态函数探讨化学反应从始态到终态的可能性，即变化过程的方向和限度，而不涉及变化过程所经历的途径和中间步骤。所以，化学反应热力学不考虑时间因素，不能回答反应的速率和历程问题，例如，在 298 K 及 101.325 kPa 的条件下，下述反应

$$H_2(g) + \frac{1}{2}O_2(g) \longrightarrow H_2O(l)$$

其标准吉布斯自由能的变化值为 -237.19 kJ · mol。根据热力学第二定律，此反应发生的可能性是非常大的，而且，如果按计量比将 H_2 和 O_2 混合并达到平衡，则 H_2 和 O_2 将几乎完全消耗。但事实上，在上述条件下却观察不到 H_2 和 O_2 的任何变化。其原因是在给定的条件下反应速率太慢，不能达到热力学平衡。可见，在给定的条件下，此反应从热力学方面来看是很有利的，但从动力学的角度来看却是不利的。如果改变反应的条件，如在反应混合物体系引入火花，或将体系温度加热至 800 ℃ 以上，则此反应可在瞬间完成。

从上述的例子可以看出，即使一个反应在热力学上是有利的，但如果在动力学上是不利的，则此反应事实上是不能实现的。因此，要开发一个新的化学过程，不仅要从热力学确认它的可能性，还要从动力学方面研究其反应速率和反应机理，二者缺一不可。从研究程序来说，化学反应热力学研究是第一位的，热力学确认是不可能的反应，也就没有必要再进行动力学的研究。显然只有对热力学判定是可能的过程，才有进行动力学研究的必要性。当然，对于已开发的反应过程，则主要是进行动力学的研究。由此可见，化学反应动力学研究具有重要的现实意义。

当前，材料物理化学发展中一个重要的方向是非平衡态的热力学，或称为不可逆过程的热力学，它的产生和发展将在沟通化学反应动力学和化学反成热力学的理论方面发挥作用。

5.1.2　化学反应动力学的发展简史

化学反应动力学作为一门独立的学科只有一百多年的历史。其发展过程可大致划分为 3 个阶段：19 世纪后半叶的宏观反应动力学阶段，或称总反应动力学阶段；20 世纪前半叶的宏观反应动力学向微观反应动力学过渡阶段，或称基元反应动力学阶段；20 世纪后半叶（20 世纪 60 年代以后）的微观反应动力学阶段，或称分子反应动力学阶段。下面简要列举上述 3 个阶段的主要研究成果。

1. 在宏观反应动力学阶段中的主要成就

（1）质量作用定律的确立。

1850 年，Wilhelmy L. F. 在历史上最先研究反应速率与反应体系中的各组元浓度关系。他在研究蔗糖的水解反应时曾得到一级反应的速率方程，大约经历了 15 年左右的时间，Guldberg C. M. 和 Waage P. 系统地总结了前人的大量工作，并结合他们本人的试验数据，提出了质量作用定律，他们指出：“化学反应的速度（率）和反应物的有效质量成正比。”此处的“有效质量”实际上是浓度，由于历史上一直就这样表述，所以保留了“质量作用定律”一词。

（2）Arrhenius（阿伦尼乌斯）定理的提出。

在质量作用定律提出以前，就有人指出大多数反应随温度的升高而加速。Van't Hoff J. H. H.（范霍夫）首先定量地研究反应速率对温度的一般性的依赖关系。他指出温度每升高 10 ℃，反应速率通常增加 2 ～ 4 倍，这种关系可用以下公式表示：

$$r_1 = r(T+10)/r(T) = 2 \sim 4 \tag{5.1}$$

式中，$r(T)$ 与 $r(T+10)$ 分别代表反应温度为 T 和 $T+10$ 时的反应速率，需要指出，式(5.1)的适用条件是在 T 与 $T+10$ 两个温度时反应物质的浓度是相同的，即反应是在恒定浓度下进行的。

1889 年，Arrhenius 认为反应速率随温度升高而增大，主要不在于分子平动的平均速率增大，而是因为活化分子数目的增多，并提出活化能的概念，逐步建立起著名的 Arrhenius 定理。此定理表述了在恒定浓度的过程中反应（严格说应是基元反应）速率对反应体系所处温度的依赖关系。Arrhenius 定理通常有 3 种不同的数学表示式，这里仅列出其指数式：

$$k = A e^{\frac{E_a}{RT}} \tag{5.2}$$

式中，k 为反应温度为 T 时的反应速率常数；R 为摩尔气体常数；A 和 E_a 分别为由反应本性决定且与反应温度及浓度无关的常数，其中 E_a 称为活化能，A 称为指数前因子。Arrhenius 指出了反应体系中的普通分子必须吸收一定的能量（活化能）才能成为真正参与反应的活化分子的重要概念。

2. 从宏观反应动力学向微观反应动力学过渡阶段的主要成就

(1) 反应速率理论的提出。

质量作用定律的建立和 Arrhenius 定理的提出都是从宏观的、唯象的角度出发去研究化学反应过程，这对从理论上探明反应动力学规律，起到了基础作用。但是要更深入地研究这些规律，仅用宏观的、经典的方法去研究显然是不够的，还必须从微观的角度、从分子水平上来加以分析。这样，就需要借助于分子数据及有关的微观理论来进行深入的、本质的研究。

在 20 世纪初期出现了化学反应的简单碰撞理论，这是第一个反应速率理论的模型。此理论认为要发生反应，首先反应物分子必须互相接近，然后发生碰撞。但是，依据分子碰撞的观点来计算反应速率时，必须能计算分子的碰撞频率和活化分子的分率。然而由于简单碰撞理论过于简化，因此无法圆满地解决这些问题。

到 20 世纪 30 年代，在简单碰撞理论的基础上，借助于量子力学计算分子中原子间势能的方法，求得了反应体系的势能面，并逐渐形成了化学反应的“过渡态理论”。该理论认为反应物分子进行有效碰撞后，首先形成一个过渡态(活化络合物)，然后活化络合物分解形成产物。

(2) 链反应的发现。

在这一时期中，对化学反应动力学的发展具有巨大意义的一个成就是发现了链反应。链反应的设想是在 1913 年由 M. Bodenstein 研究氯化氢的光化合时提出的。此后苏联的 Semenoff 和英国的 Hishelwood 通过不同的实验同时发现了燃烧的“界限”现象，以后又陆续证实多种燃烧反应都具有链反应的历程。此外，有机物的分解、烯烃的聚合等热反应及光化学反应也都具有链反应的特征。由此，证明了链反应在化学反应动力学上具有普遍意义。为表彰 Semenov 和 Hinshelwood 对链反应研究所做的突出贡献，1956 年他们同时获得了诺贝尔化学奖。

3. 微观反应动力学阶段的主要成就

(1) 快速反应的研究。

由于链反应的发现，反应历程中反应能力强、寿命短的自由基的存在迫切要求开发测定和分析自由基的新方法，建立研究快速反应的新领域。有关这方面的主要成就如下：

① 开始于 20 世纪 30 年代的用光谱法和质量法来检测 $\cdot OH$、$H\cdot$ 和 $\cdot CH_2$ 等自由基，20 世纪 50 年代出现的示波管法研究气相高温快速反应。

②Eigen 学派建立的研究液相快速反应动力学的弛豫法(温度、压力跳跃法，离子场效应法等)，已能测定反应速率为 $k \approx 10^{11}\ mol\cdot dm^3\cdot s^{-1}$ 程度的常温液相反应。

③ 用闪光光解技术发现寿命特别短的自由基。到 20 世纪 80 年代，闪光光解技术的时间分辨率已提高到纳秒(10^{-9} s) 和皮秒(10^{-12} s) 的水平，从而可直接观测化学反应的最基本的动态历程。

(2) 分子反应动力学的建立。

20 世纪 60 年代后期，将分子束应用于研究化学反应，从而实现了从分子反应的层次上来观察分子碰撞过程引起化学反应的动态行为。从 20 世纪 70 年代开始，又借助于激光技术使研究深入到量子态 — 态反应的层次，进而探讨反应过程的微观细节，使化学反应动力学进入一个新的阶段 —— 微观反应动力学阶段。

纵观以上的简要介绍，没有近代电子工业技术的兴起和发展，没有量子力学和统计力学理论的发展，化学反应动力学不会取得这样显著的成就。当然，时至今日，还不能说化学反应动力学的所有任务都已完成，还有许多待解决的新问题。例如，对各式各样的化学反应动力学现象尚有待做出令人满意的定量解释，从物质的内部结构（即从分子、原子水平）了解物质的反应能力等还需要进行深入的研究。

5.2　化学反应动力学基础

5.2.1　基本名词和术语

1. 反应体系

在进行动力学研究时，首先要明确研究对象（即反应体系）的性质和特点。动力学中所谓的反应体系通常是指包括反应器在内的反应器中的所有物质（反应物、产物、废物等）。随反应体系的性质、特点的不同，而将反应体系依不同的分类方法来命名。

(1) 按反应装置和反应过程特点分类。

① 封闭反应体系。

封闭反应体系是指反应是在密闭的容器内进行的体系，故又可称为固定反应体系。在反应过程中既不添加作用物也不取走反应产物。在封闭反应体系中，物质在反应器中的分布是均匀的，欲测的物理量（如浓度）不随空间位置而变化，但却随时间而改变。

② 开放反应体系。

开放反应体系也称流动反应体系，在此体系中反应过程有物质的交换，即不断地补充作用物和取走反应产物。体系中某一物理量是随空间位置而改变的，但流路中某一位置处的物理量，却不随时间而变化。

在动力学研究中采用封闭体系还是采用开放体系，需根据所要解决的问题来选定。因为不同体系所用研究方法和测试手段都是不同的。

(2) 按参加反应物质的状态分类。

① 均相反应体系。

均相反应体系又称单相反应体系，通常是指在惰性反应器中的气相反应或液相反应。由于均相反应体系的研究历史较长，有关理论也相对比较成熟，故在理论介绍中常占首位。

② 复相反应体系。

复相反应体系又称多相反应体系，这是在实际应用中常见的反应体系，如气液复相体系、气固复相体系等，而又多与催化作用相关联。

复相反应体系与均相反应体系在动力学研究中有时不能截然分开。例如，在均相反应体系中，由于传质、传热等过程不能瞬间完成而使体系中物质的分布不是完全均匀的。

(3) 按进行反应时体系所处的条件分类。

根据进行反应时体系所处条件的不同，可区分为恒温体系与非恒温体系、恒压体系与非恒压体系等。

2. 化学计量方程

在化学学科中，根据不同的目的和要求，化学计量方程一般可分为3类。

（1）一般化学反应方程式。

一般化学反成方程式只反映物质的转换关系，更严格一点则要求服从质量守恒定律。例如：$H_2 + I_2 \longrightarrow 2HI$，有时甚至都不要求配平。

（2）热力学反应方程式。

在热力学中，对化学反应方程式既要求服从质量守恒定律，又要求满足能量守恒的原则，这是由热力学的任务所决定的。热力学反应方程式必须表明什么物质转换成什么物质，多少物质转换成多少物质，而且要指明什么状态的物质转换成什么状态的物质，且要注明能量的得失关系及进行反应时的外界条件。例如：

$$H_2(g) + I_2(g) \xrightarrow[101.325\ kPa]{298\ K} 2HI(g) \quad \Delta_r H_m^\ominus = 51.8\ kJ \cdot mol^{-1}$$

这就是热力学反应方程式。

（3）动力学反应方程式。

动力学化学计量方程除要满足质量守恒定律外，尤其强调必须按实际反应步骤、反应机理来书写，不能随意增减反应方程式中的计量系数。如此，气相合成 HI 的动力学反应方程式应书写为

$$I_2 + M \longrightarrow 2I\cdot + M$$

$$I\cdot + H_2 + I\cdot \longrightarrow HI + HI$$

式中，M 代表体系中的其他惰性物质；I· 则代表自由的原子 I，I· 中黑点代表未成对的价电子。

3. 化学反应的动力学分类

基元反应和总包反应是从宏观角度对反应进行动力学研究时所用的两个概念。在气相合成 HI 的两步反应中，每一步反应都是一个基元反应，而这两个基元反应的加合则构成一个总包反应或总反应，可表示如下：

$$I_2 + M \longrightarrow 2I\cdot + M \text{（基元反应）}$$

$$I\cdot + H_2 + I\cdot \longrightarrow HI + HI \text{（基元反应）}$$

$$H_2 + I_2 \longrightarrow 2HI \text{（总包反应）}$$

可见，基元反应是反应物分子（或离子、原子、自由基等）直接作用而生成新产物的反应。

（1）简单反应和复杂反应。

在化学动力学中常将反应区分为简单反应和复杂反应两类。一个反应是简单反应还是复杂反应，并不能从化学计量方程辨别出来，而是要用实验来认证。

所谓简单反应是指由一种基元反应构成的总包反应，因此，简单反应的书写形式是与基元反应的反应方程相一致的。而复杂反应则是指由两种或两种以上的基元反应加和而成的总包反应。

（2）基元化学物理反应。

以上介绍的两种化学反应动力学的类别，都是从宏观的角度出发的，它不追究其反应动力学的由来，而仅仅去唯象地进行探讨。在化学反应动力学的理论中，还有一种在分子水平和量子状态上对化学反应进行微观研究的部分，这称为基元化学物理反应。通俗地说，基元化学物理反应是指微观上由粒子（分子、原子、离子或原子团）相互作用一步完成的反应。原则上，对

基元化学物理反应应该用量子理论进行处理。

基元反应与基元化学物理反应二者的关系是前者是由微观上许多同种类的后者集合而成的，前者是后者统计平均的结果，因此，基元反应的动力学性质应该用统计力学理论进行研究和处理。

4. 化学反应速率

化学反应速率就是指化学反应的快慢。快慢这种概念，不是科学的定量概念，因此需要给予明确的严谨的定义。由于反应速率可用不同的量来表示和定义，为此，这里先介绍一个新的术语 —— 反应进展度（简称反应进度）。

（1）反应进展度。

设有如下一个简单反应或基元反应：

$$\sum \alpha_i \mathrm{A}_i \longrightarrow \beta_j \mathrm{B}_j \tag{5.3}$$

式中，$\alpha_i(i=1,2,3,\cdots)$ 和 $\beta_j(j=1,2,3,\cdots)$ 分别为反应物 A_i 和产物 B_j 的化学计量方程的系数。它等于每个基元化学物理反应中某一组元 A_i 反应了的化学粒子数和某一组元 B_j 所产生的化学粒子数。若反应开始时组元 A_i 和 B_j 的粒子数分别为 $N_{\mathrm{A}_i}^0$ 和 $N_{\mathrm{B}_j}^0$，而在反应进行至 t 时刻，上述反应已进行了多次。由于每次反应都消耗 α_i 个 A_i 粒子，同时产生 β_j 个 B_j 粒子，在经过 t 时间，反应进行 ξ 次后，A_i 和 B_j 的粒子数分别应为

$$N_{\mathrm{A}_i} = N_{\mathrm{A}_i}^0 - \alpha_i \xi \quad (i=1,2,3,\cdots) \tag{5.4}$$

$$N_{\mathrm{B}_j} = N_{\mathrm{B}_j}^0 + \beta_j \xi \quad (j=1,2,3,\cdots) \tag{5.5}$$

式中，ξ 称为反应进展度。反应进展度这个概念最早是出现在不可逆过程热力学学科中，一般是以摩尔为单位，以 N_A（阿伏加德罗（Avogadro）常数）次基元化学物理反应为 1 mol 反应。因此，这样引入的 ξ 是有极其明确的含义的，它代表基元化学物理反应的次数。

（2）化学反应速率的定义。

① 用反应进展度定义反应速率对于式（5.3）的简单反应，若用反应进展度来定义其反应速率，则为

$$r = \frac{1}{V} \times \frac{\mathrm{d}\xi}{\mathrm{d}t} = \frac{1}{V} \times \dot{\xi} \tag{5.6}$$

式中，V 为反应体系的总体积；后面的恒等式表示的是用物理量（如 ξ）上方加点来表示该物理量对时间求导，以后将常用这一表达方式。式（5.6）表明一个反应的速率是指单位体积中该反应的进展度随时间的变化率，或理解为单位体积中，每单位（无限小）时间内进行的基元化学物理反应的数目。

根据式（5.5）和式（5.6）即可得出针对式（5.5）中 A_i 和 B_j 的反应速率，分别为

$$r_{\mathrm{A}_i} = \frac{1}{V}\dot{N}_{\mathrm{A}_i} = -\frac{\alpha_i}{V}\dot{\xi} \tag{5.7a}$$

$$r_{\mathrm{B}_j} = \frac{1}{V}\dot{N}_{\mathrm{B}_j} = +\frac{\beta_j}{V}\dot{\xi} \tag{5.7b}$$

这样，就把反应的反应速率和组元的反应速率区分开来，且利用式（5.7）容易得出它们之间的关系：

$$r : r_{\mathrm{A}_i} : r_{\mathrm{B}_j} = 1 : (-\alpha_i) : (+\beta_j) \tag{5.8}$$

用式（5.8）可以从某一组元的反应速率求出反应物和其他组元的反应速率。

虽然以上讨论的反应速率的定义式都是针对简单反应而得出的，但对于复杂反应的反应速率，这些关系式仍然可以适用，只不过需要在应用时考虑具体的条件和意义上的一些差别。例如，如果所研究的复杂反应没有稳定中间物存在，反应速率则可以用式(5.6)和式(5.7)表达。不过 ξ 只有在不可逆热力学中所提出的唯象的意义。

若复杂反应中存在稳定的中间物时，一般就不能用一个化学计量方程来表示总包反应。对于存在稳定中间产物的复杂反应，只能对各组元或组成该总包反应的各个基元反应分别讨论其反应速率。

(2) 用浓度的变化量定义反应速率，采用离子单位来定义反应虽然比较直观，但使用起来并不方便，在一般的动力学研究中常用的是摩尔单位。此时，对于定容反应来说，因为 V 为定值不随时间而变，因而可将 V 移入反应速率定义式的微分号内，即得

$$r=\frac{\mathrm{d}(\xi/V)}{\mathrm{d}t}=\frac{\mathrm{d}\zeta}{\mathrm{d}t}=\dot{\zeta} \tag{5.9a}$$

$$r_{\mathrm{A}_i}=\frac{\mathrm{d}(N_{\mathrm{A}_i}/V)}{\mathrm{d}t}=\frac{\mathrm{d}a_i}{\mathrm{d}t}=\dot{a}_i \tag{5.9b}$$

$$r_{\mathrm{B}_j}=\frac{\mathrm{d}(N_{\mathrm{B}_j}/V)}{\mathrm{d}t}=\frac{\mathrm{d}b_j}{\mathrm{d}t}=\dot{b}_j \tag{5.9c}$$

式中，ζ、a_i、b_j 分别代表单位体积中的摩尔进展度、反应物 A_i 与产物 B_j 的摩尔分数。如果 ζ 等于1，即代表在单位体积中进行 N_{A} 个基元化学物理反应，在以后的讨论中对于任意组元(如A)，其摩尔分数一般用 c_{A} 来表示。还要说明一点，根据上述的反应速率定义，反应的反应速率总是正值，而组元的反应速率并非总是正值。

在定容下，用体积浓度表示的反应速率，对液相反应、气相反应都能适用。对气相反应还可以用分压的变化表示速率。

5. 反应速率方程和反应动力学方程

(1) 反应速率方程。

在恒温体系中，反应速率可以表示成反应体系中各组元浓度的某种函数关系式，这种关系式称为反应速率方程。例如，反应(5.3)可以一般性地表示为

$$r=f(c_{\mathrm{A}_i},c_{\mathrm{B}_j},\cdots)\quad(i,j=1,2,3,\cdots) \tag{5.10}$$

也可以用组元反应速率来表示：

$$r_{\mathrm{A}_i}=f'(c_{\mathrm{A}_i},c_{\mathrm{B}_j},\cdots) \tag{5.11}$$

$$r_{\mathrm{B}_j}=f''(c_{\mathrm{A}_i},c_{\mathrm{B}_j},\cdots) \tag{5.12}$$

反应速率方程的形式可能非常简单，也有的极其复杂。例如，反应 $H_2+I_2\longrightarrow 2HI$ 的速率方程为

$$r_{\mathrm{HI}}=\dot{c}_{\mathrm{HBr}}=2r=kc_{\mathrm{H_2}}c_{\mathrm{I_2}} \tag{5.13}$$

而 $H_2+Br_2\longrightarrow 2HBr$ 的 HBr 合成反应，其速率方程很复杂，为

$$r_{\mathrm{HBr}}=\dot{c}_{\mathrm{HBr}}=2r=\frac{kc_{\mathrm{H_2}}c_{\mathrm{Br_2}}^{1/2}}{1+\dfrac{c_{\mathrm{HBr}}}{10c_{\mathrm{Br_2}}}} \tag{5.14}$$

(2) 反应动力学方程。

在动力学的研究中，实验直接测得的数据并非反应速率本身，而往往是测出在不同时间内各组元的浓度。为此，常需要求得各组元浓度和反应时间之间的函数关系。这种函数关系称

为反应动力学方程。它可以通过对反应速率方程(组)的积分运算而得出。反应动力学方程的一般式可表示为

$$c_{A_i}=f(t)$$
$$c_{B_j}=f(t) \tag{5.15}$$

例如,利用定容下 N_2O_5 的分解速率方程:

$$r=-r_{N_2O_5}=-\dot{c}_{N_2O_5}=kc_{N_2O_5} \tag{5.16}$$

求出其动力学方程为

$$kt=\ln[c_{N_2O_5}(0)/c_{N_2O_5}] \tag{5.17}$$

式中,$c_{N_2O_5}$ 和 $c_{N_2O_5}(0)$ 分别为 t 时刻与反应初始时刻 N_2O_5 的浓度。

在动力学的理论研究中,还往往使用图解的方式直观地表示出反应速率或组元浓度随时间而变的关系曲线。这类曲线称为反应速率曲线或反应动力学曲线。

6. 反应机理

非基元反应要经过若干个基元反应才能从反应物分子转化为产物分子。因此,非基元反应有一个反应机理问题。从唯象的意义来说,反应机理是指总包反应所包含的各个基元反应的集合。例如,HBr 的合成反应的机理为 5 个基元反应的集合,具体如下:

$$\begin{aligned}&Br_2 \longrightarrow 2Br\\&Br+H_2 \longrightarrow HBr+H\\&H+Br_2 \longrightarrow HBr+Br\\&H+HBr \longrightarrow H_2+Br\\&2Br \longrightarrow Br_2\end{aligned} \tag{5.18}$$

上面的每个基元反应又是由许许多多的基元化学物理反应所组成的。同一基元反应的不同基元化学物理反应,参加反应和生成的化学粒子(分子、原子、离子或自由基)的宏观化学性质是等同的,都可以用上述化学反应式来表征。但是它们的微观的物理性质则有所不同,例如,粒子运动可以处于不同的量子数的状态,粒子间相对的空间配置、速度的大小和方向等微观性质彼此间有差异。这里,又一次对基元反应和基元化学物理反应的关系予以说明,可能对化学动力学的宏观理论和微观研究的区别有些帮助。

不同的非基元反应(复杂反应),其反应机理也不相同,这在后面的介绍中可以看到。

7. 反应级数和反应分子数

(1) 反应级数。

① 反应物反应级数。化学反应的反应速率与体系中某一组元浓度的某方次成正比时,定义这个方次为该组元对该反应的反应级数,如光气合成反应:

$$CO+Cl_2 \longrightarrow COCl_2$$

其反应速率方程为

$$r=kc_{CO}c_{Cl_2}^{3/2} \tag{5.18}$$

则在该反应中,对 CO 来说反应级数为 1 级,对 Cl_2 来说反应级数则为 1.5 级。这里的级数是针对反应物的,故称反应物反应级数。

② 总包反应的反应级数。总包反应的反应级数是指总反应中所有组元的反应级数的加和。对于上述的光气合成反应,其总反应的反应级数应为 2.5 级。

反应级数是一个宏观的实验测量量。反应级数可为正值,也可为负值,可为整数,也可为

分数，有的反应的反应级数可为 0，零级反应即反应速率与反应物浓度无关的反应。

③ 浓度反应级数与时间反应级数。反应级数是一个实验值，因而由于实验方法、实验条件和数据处理方法的不同，对同一反应会得出不同的反应级数。例如，乙醛热分解反应的反应速率方程为

$$r = kc^2_{CH_3CHO}/c_{CH_3CHO}(0) \tag{5.19}$$

式中，$c_{CH_3CHO}(0)$ 为乙醛的初始浓度。当固定乙醛的初始浓度的条件下，在不同反应时间测量反应速率，可见，r 与 c_{CH_3CHO} 的平方成正比，即称其时间反应级数为 2 级。如果以不同的初始浓度进行实验，测定反应的初始反应速率，则与乙醛的初始浓度的一次方成正比，即称其浓度级数为 1 级。许多反应的时间级数与浓度级数是相同的，也有一些反应的两种反应级数并不相同。对于复杂反应，往往没有简单的时间反应级数，只有简单的浓度反应级数。

浓度反应级数和时间反应级数的数值不同，其起因在于反应产物对反应速率有影响，反应产物的生成往往会降低反应速率，直接影响时间反应级数。

④ 准反应级数如果在反应体系中，使某些反应物质明显过量，在反应中其量的变化由于微小而视为无变化，则该物质在体系中的浓度为恒定值，可与反应速率常数合并，此时便可得到简单的速率方程，此时求得的反应级数称为准反应级数或假反应级数。例如，蔗糖的酸催化反应的速率方程为

$$r = kc_{蔗糖}c_{H_2O}c_{H^+} \tag{5.20}$$

从此方程可见，此反应的级数应为 3 级。但反应系统中 H^+ 是催化剂，H_2O 是溶剂又是大量的，故蔗糖水解反应是准一级反应。动力学研究中的催化反应以及缓冲溶液中进行的反应，催化剂的浓度和缓冲溶液中的 H^+ 浓度均可做常数处理，此时的级数则为准反应级数。

关于反应级数，还有一点应当明确，这就是具有简单级数的反应和简单反应这二者不能混淆。简单反应是由一种基元反应构成的总反应，而简单级数反应指具有简单形式的速率方程的反应。简单反应的反应级数显然也一定是简单的，但具有简单级数的反应却不一定是简单反应，复杂反应也可能具有简单级数。

(2) 反应分子数。

① 反应分子数的定义。反应分子数是从微观的角度出发，对基元化学物理反应给出的一种动力学参数。它是指发生一次基元化学物理反应时参与反应的分子数目。任何一种基元化学物理反应都有反应分子数，其数值都是正整数。一般以双分子反应为多见，少数的反应为单分子反应。极个别的反应为三分子反应，尚未发现反应分子数大于 3 的反应。

② 反应分子数与反应级数的关系对简单反应来说，反应分子数与反应级数常是相同的。例如，乙酸乙酯的皂化反应：

$$CH_3COOC_2H_3 + NaOH \longrightarrow CH_3COONa + C_2H_5OH$$

在宏观上它是二级反应，微观上它又是双分子反应。对于复杂反应，反应级数与反应分子数则没有必然的联系。绝不能用总包反应中的反应计量系数来确定反应分子数。当然，反应分子数对组成复杂反应的各步基元反应所对应的基元化学物理反应是可以使用的。

例如，下述反应：

$$2NO + 2H_2 \longrightarrow N_2 + 2H_2O$$

显然不是个简单反应，因为此反应的计量系数之和已超过 3。另外其速率方程为

$$r = kc^2_{NO}c_{H_2} \tag{5.21}$$

可见，在宏观上它是三级反应。此反应由两步反应所组成：

$$2NO + H_2 \longrightarrow N_2 + H_2O_2 \quad (r_1)$$

$$H_2O_2 + H_2 \longrightarrow 2H_2O \quad (r_2)$$

第一步反应为三分子反应。又由实验测得 $r_1 \gg r_2$，故总反应受第一步反应控制。

8. 反应寿期

一个化学反应，从向体系中加入反应物算起到消耗掉为止，是要经历一定时间的。不同的反应，其反应速率有的快、有的慢，因而完成反应所需时间也就不同，称反应寿期（也称寿命）不同。通常，所加反应物的分子是大量的，它们并非同时发生反应，消耗也就有先后之分，因而反应寿期不是针对某个分子而言的。

反应物 A_t 平均寿期的定义为由反应物 A_t 开始反应起到反应掉为止平均经历的时间。现讨论如下的反应：

$$\alpha A_t \longrightarrow \cdots \text{（略去其产物部分）}$$

式中，α 为化学计量系数。若此反应是一级的，则此反应速率为

$$r = -\frac{1}{\alpha}\dot{a}_i = -\frac{1}{\alpha}\frac{dc_{A_i}}{dt} = k\dot{c}_{A_i} \tag{5.22}$$

若反应物 A_t 的浓度 c_{A_t} 在反应初始时值为 $c_{A_t}(0)$，将式(5.22) 移项积分可得

$$t = \frac{1}{\alpha r}\ln\frac{c_{A_i}(0)}{c_{A_i}} \tag{5.23}$$

$$c_{A_i} = c_{A_i}(0)e^{-\alpha kt} \tag{5.24}$$

在 t 至 $t + dt$ 的时间间隔内，单位体积中消耗 A_t 的量为 $-dc_{A_t}$，这些反应物 A_t 的寿命为 t，因此 A_t 的平均寿期为

$$\bar{t} = \frac{1}{c_{A_i}(0)}\int t(-dc_{A_i}) = \frac{\alpha}{c_{A_i}(0)}\int tr\,dt \tag{5.25}$$

式中，$c_{A_t}(0)$ 为 A_t 的初始浓度，积分区间为由 0 至 A_t 全部消耗完的时间。由于所讨论的是一级反应，将式(5.24) 代入式(5.22) 消去 c_{A_t}，再代入式(5.25) 得

$$t = \frac{\alpha}{c_{A_i}(0)}\int_0^\infty t(c_{A_i}(0)e^{-\alpha kt})dt = \frac{1}{\alpha k}\int_0^1 qe^{-q}dq = \frac{1}{\alpha k} \tag{5.26}$$

由式(5.26) 可见，若计量系数 $\alpha = 1$，则一级反应的平均寿期的倒数就是该反应的速率常数，不难看出，当一级反应进行到其平均寿期 $\bar{t}$ 时，所剩下的反应物的浓度 $c_{A_t}(\bar{t})$ 为

$$c_{A_i}(\bar{t}) = c_{A_i}(0)e^{-\alpha kt} = \frac{1}{e}c_A(0) \tag{5.27}$$

由式(5.27) 可以得出一个简单关系，即：对于反应级数为 1 的简单反应，当反应物浓度下降到初始浓度的 1/e 时所经历的时间为该反应的平均寿期。

5.2.2　经典反应动力学的基本定理

为了研究化学动力学的两个基本问题 —— 反应速率和反应机理，探讨反应机理如何影响整个反应的表观动力学特征，如何以基元反应动力学行为为出发点来确定总包反应的动力学行为，这就是化学动力学中经典的唯象理论所要解决的问题。这里介绍的基本的、宏观的、唯象的定理，只能提供对基元反应动力学行为的现象描述，而不去探讨其原因。

1. 质量作用定律

(1) 定律的内容。

质量作用定律是讨论基元反应速率与反应体系中各组元浓度间关系的理论。质量作用定律最先是在 1867 年提出的，随着化学动力学研究的不断深入，这个定律的表述也曾出现一些变化，按现代的观点，此定律可表述如下：一个基元反应对其有关的反应物组元来说，其反应级次与构成该基元反应的各个基元化学物理反应的反应分子数相等，而对其他组元来说均为 0 级。

设有如下的基元反应：

$$\sum \alpha_i \mathrm{A}_i \longrightarrow \sum \beta_j \mathrm{B}_j$$

根据质量作用定律，此反应的速率方程为

$$r = \frac{1}{V}\dot{\xi} = -\frac{1}{\alpha_i V}\dot{N}_\mathrm{A} = \frac{1}{\beta_j V}\dot{N}_\mathrm{B} = k\prod_i c_{\mathrm{A}_i}^{n_i}$$

式中，k 为与各组元浓度无关，由反应本身及温度等因素决定的常数，称为反应速率常数。

质量作用定律通俗地也可表述为：一个简单反应的反应速率与反应物的浓度成正比，浓度的指数等于化学计量方程式中各反应物的化学计量系数。

(2) 定律的适用范围。

质量作用定律只适用于基元反应，这是因为基元反应方程式体现了反应物分子直接作用的关系。对于只包含一种基元反应的简单反应，其总反应方程式与基元反应一致，故质量作用定律对简单反应也可直接应用。

对于复杂反应，由于其反应方程式不能体现反应物分子直接作用关系，故质量作用定律不能直接应用于复杂反应。然而对于组成复杂反应的任何一步基元反应，质量作用定律依然适用。

此外，应用质量作用定律时还需注意两点：① 它仅适用于由化学步骤控制的过程，如果简单反应的速率不是真正由化学过程所控制，而是与扩散等物理因素有关时，质量作用定律则不能适用；② 反应物的浓度过大时也不适用。

2. Arrhenius 定理

(1)Arrhenius 定理的内容。

远在质量作用定律提出以前，一些学者就曾提出大多数反应随温度的升高而加速。Van't Hoff J. H. 首先定量地研究反应速率对温度的依赖关系，指出温度每升高 10 ℃，反应通常可加速 2 ～ 4 倍。其后，他又从热力学的角度提出下述关系式：

$$\frac{\mathrm{dln}\ k}{\mathrm{d}T} = A/RT^2 + B \tag{5.28}$$

1889 年，Arrhenius 根据对蔗糖转化反应的研究结果，提出了活化分子与活化能的概念，进而逐步建立了 Arrhenius 定理(即阿伦尼乌斯定理，简称阿氏定理)，揭示了反应速率常数对温度的依赖关系。Arrhenius 定理指出：在恒定浓度下，基元反应的速率与反应体系所处的温度之间的关系可用如下 3 种不同的数学形式来表示，即

积分式的指数式：
$$k = A\mathrm{e}^{-E_\mathrm{a} \cdot RT} \tag{5.29}$$

积分式的对数式：
$$\ln k = \ln A - E_\mathrm{a}/RT \tag{5.30}$$

微分式：
$$\frac{\mathrm{dln}\ k}{\mathrm{d}R} = E_\mathrm{a}/RT^2 \tag{5.31}$$

上述3式中，k 为当反应温度为 T 时的反应速率常数；R 为理想气体通用常数；A 和 E_a 是两个与反应温度及浓度无关，其数值决定于反应本性的常数，其中 A 称为指数前因子，E_a 称为活化能。比较式(5.28)和式(5.31)两式，可见，Van't Hoff J. H. 提出的式(5.28)中的 B 应为0，A 则相当于活化能。利用Arrhenius的式(5.30)，通过用 $\ln k$ 对 $1/T$ 作图，可得一直线，由直线的截距和斜率可分别求出 A 和 E_a。

(2) Arrhenius 定理的适用性。

在介绍 Arrhenius 定理之初就已提到它是用于基元反应的理论，但对于许多复杂反应，特别是具有简单级次的复杂反应也可适用。

不同总包反应的反应速率 r 对反应温度 T 的关系中的一些典型的曲线，示于图 5.1 中。图 5.1(a) 表示根据 Arrhenius 定理所得“完整”的 S 形曲线。当 T 趋近于 0 时，r 也趋于 0；当 T 趋于 ∞ 时，r 趋于定值。由于一般实验只在有限的温度区间中进行，所以测得的 r 对 T 的依赖关系仅为图 5.1(a) 中曲线的部分区域(虚线所示部分)，将此部分放大则得到图 5.1(b)。凡测得结果接近于图 5.1(b) 者，则称该反应为 Arrhenius 型反应。图 5.1 中其他各分图所对应的反应都称为反 Arrhenius 型反应。一些支链反应的 $r-T$ 关系示于图 5.1(c)，当低温时，反应速率缓慢，基本上符合于 Arrhenius 定理，但当温度升高到某一临界值时，反应速率突然迅速增加，趋于无限，以致引起爆炸。图 5.1(d) 所示的曲线多见于酶催化反应，其特点是高温时发生酶失去活性或逆向反应显著情况而导致 r 降低，图 5.1(e) 出现于一般燃烧反应，反应速率呈现出极大点和极小点，这可能是由于其反应机理包含了图 5.1(b) 与图 5.1(d) 所示两类反应的平行过程而得的综合结果。图 5.1(f) 表示的是反应速率随温度升高而下降的反应，其表观活化能为负值，NO 的氧化反应即属于此类。总包反应的速率与温度的依赖关系不限于图 5.1 所列的几类，其他类型从略。

从唯象角度考查 Arrhenius 定理发现，Arrhenius 定理实际上并非完全精确，只是一个近似的定理。首先，关于指数前因子 A 与温度无关的假设就是不精确的。实际上指数前因子 A 与温度之间往往呈一种函数关系，A 与反应温度的某一方次成比例，即

$$A \propto T^m \quad 或 \quad A = A_0 T^m \tag{5.32}$$

式中，A_0 为与反应温度无关的常数；m 则常为绝对值不大于 4 的整数或半整数。这样，Arrhenius 定理的表达式则为

$$k = A_0 T^m e^{-E_a \cdot RT} \tag{5.33}$$

或

$$\ln k = \ln A_0 + m\ln T - E_a/RT \tag{5.34}$$

将式(5.33) 移项整理后则得

$$\ln \frac{k}{T^m} = \ln A_0 - E_a/RT \tag{5.35}$$

事实上，无论以出 $\ln \frac{k}{T^m}$ 或以 $\ln k$ 对 $1/T$ 作图都可大致得一直线，只不过所得直线的截距不同。

下面再简单考查一下活化能与反应温度 T 的关系。当然，这里也只能从唯象的角度来讨论。

Arrhenius 根据他所进行的实验结果以及此前的许多实验数据，提出了一种设想，即不是

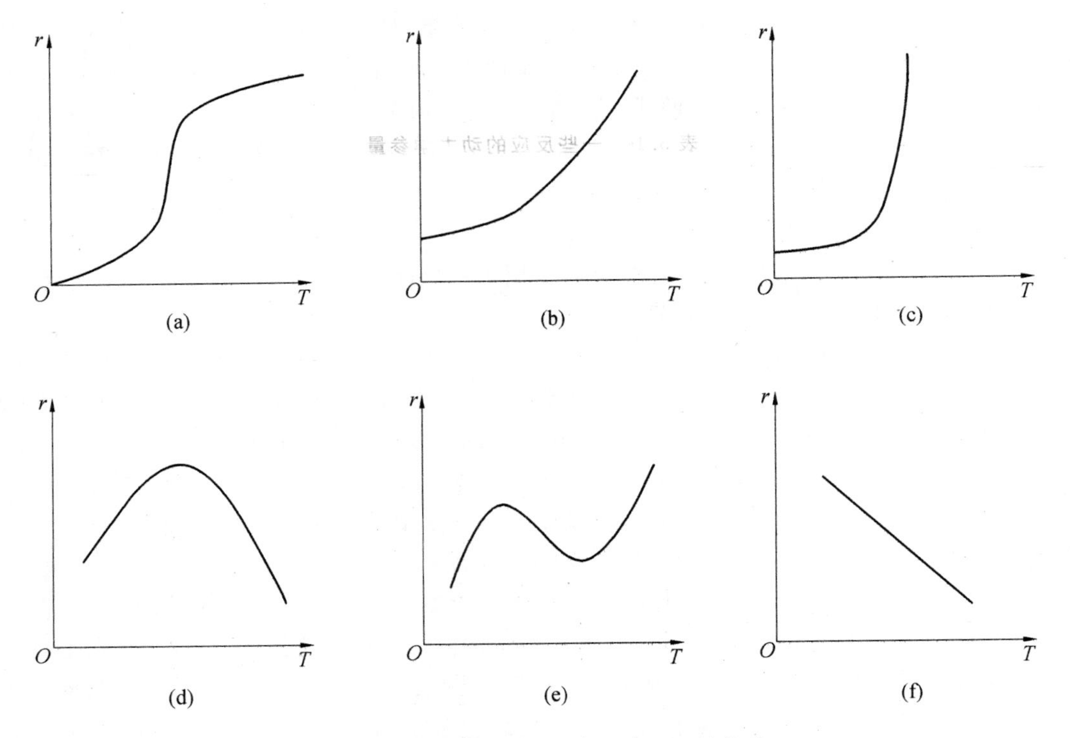

图 5.1 总包反应速率(r)与温度(T)的关系

反应物分子之间的任何一次直接作用都能发生反应，只有那些能量相当高的分子之间的直接作用才能发生反应。那些能量足够高的、直接作用时能发生反应的分子称为“活化分子”，活化分子的平均能量与所有分子平均能量之差称为活化能。

Arrhenius 定理最初曾认为反应的活化能是只决定于反应本身而与温度无关的常数。事实上，有些反应的反应速率常数并不满足 Arrhenius 定理，以 $\ln k$ 对 $1/T$ 作图得不到直线，也就是活化能并非与温度无关。

在化学动力学的研究中，以 $\ln k$ 对 $1/T$ 作图是常见的方法，无论是否得到直线，所得曲线均称为活化能曲线或 Arrhenius 曲线。所测得的曲线如为直线，则由式(5.37) 导出的活化能的数学式为

$$E_a = -R\left(\mathrm{d}\ln k/\mathrm{d}\,\frac{1}{T}\right) \tag{5.36}$$

可知 E_a 为一常数。如所测得的是一条曲线而不是直线，则可见活化能仅与温度有关。一般来说，温度有关的活化能(用 E_T 表示) 在不考虑振动能的贡献时可表示为

$$E_T = E_0 + mRT \tag{5.37}$$

式中，E_0 为与反应温度无关的常数；m 为其绝对值不大于 4 的整数或半整数。为了区分，将直接由 Arrhenius 理论式(5.34) 导出的式(5.36) 中的 E_a 称为微分活化能，而将式(5.37) 中的 E_0 称为积分活化能。

如果反应速率常数 k 为某个复杂的总包反应的表观的反应速率常数时，则由式(5.36) 所决定的活化能，称为表观的微分活化能或简称为表观活化能。

Arrhenius 公式在化学动力学中的作用是相当重要的。特别是所提出的活化能和活化分

子的概念，在速度理论的发展过程中起了很大的作用，这两个概念迄今仍然非常有用。为了对 Arrhenius 公式中的动力学参量有较为直观的认识，下面特列出一些反应的动力学参量，见表 5.1。

表 5.1　一些反应的动力学参量

反应	溶剂	$E_a/(kJ \cdot mol^{-1})$	$\lg A/(mol^{-1} \cdot dm^3 \cdot s^{-1})$
$CH_3COOCH_2 + NaOH$	水	47.3	7.2
$n-C_5H_{11}Cl + KI$	丙酮	77.0	8.0
$C_2H_5ONa + CH_3I$	乙醇	81.6	11.4
$C_2H_5Br + NaOH$	乙醇	89.5	11.6
$CH_3I + HI \longrightarrow CH_4 + 2I$	气相	139.7	12.2
$2HI \longrightarrow H_2 + I_2$	气相	184.1	11.2
$H_2 + I_2 \longrightarrow 2HI$	气相	165.3	11.2
			$\lg A/s^{-1}$
$NH_4CNO \rightarrow NH_2CONH_2$	水	97.1	12.6
$N_2O_5 \rightarrow N_2O_4 + 1/2O_2$	气相	103.3	13.7
$CH_3N_2H_4 \rightarrow C_2H_6 + N_2$	气相	219.7	13.H
$\lg A/(mol^{-2} \cdot dm^3 \cdot s^{-1})$			
$2NO + O_2 \rightarrow 2NO_2$	气相	−4.6	3.02
$Br + Br + M \rightarrow Br_2 + M$	气相	0	9.60($M = H_2$)

3. 简单反应的独立作用定理

独立作用定理描述的是一基元反应的速率在其他基元反应共存时如何相互影响的规律，它是当研究复杂反应的反应机理时，如何由已知各个基元反应的速率来推求总包反应速率的必需的规律。

在 19 世纪末，Ostwald 学派对此原理做了大量的工作，提出任一反应的速率与其他反应的存在与否无关。

严格来说，此原理是描述基元反应的，其内容应表述为“一基元反应的反应速率常数和所服从的基本动力学规律不因其他基元反应的存在与否而有所不同”。

例如，设有如下两个基元反应：

$$A + B \longrightarrow C + D \qquad (\text{I})$$

$$A + X \longrightarrow 2B + E \qquad (\text{II})$$

根据质量作用定理，上述两反应的速率依次分别为

$$r_1 = k_1 c_A c_B \quad 和 \quad r_2 = k_2 c_A c_X$$

当 X 不存在时，只发生反应(Ⅰ)，其反应速率为

$$r_1 = -r_A = -r_B = kc_A c_B$$

加入 X 后，反应(Ⅰ)与反应(Ⅱ)同时进行，此时 A 与 B 的消耗速率分别为

$$-r_A = r_1 + r_2 = k_1 c_A c_B + k_2 c_A c_X$$

$$-r_B = r_1 - 2r_2 = k_1 c_A c_B - 2k_2 c_A c_X$$

由此可见，某一组元的反应速率应该等于该组元所涉及的各个基元反应按质量作用定律表示的反应速率对其化学计量系数的代数和(对反应物和产物采用不同的符号“+”与“−”)。由此可见由诸基元反应速率得到它们所组成的复杂反应中各组元的反应速率。

由上面的例子还可以看出，当有其他基元反应共存时，对指定基元反应的速率是有影响的。这是因为其他反应组元的存在，这对指定基元反应的反应物的浓度都要产生影响，因此势必影响指定反应的反应速率。但指定反应的反应速率常数一般却不会因而也改变，反应速率常数仅决定于反应本性及反应温度。个别情况下，如其他组元的加入量很大时，也会影响指定反应的反应速率常数，大量溶剂的加入，虽然不一定引起其他基元反应，但溶剂化效应对于反应速率常数的影响也是不容忽视的。

最后，还应指出，简单反应的独立作用定理对任意指定温度都可适用。

5.2.3 简单级次反应

1. 单组元的简单级次反应

(1) 单组元的一级反应。

现考虑如下单组元反应物 A 进行的反应：

$$\alpha A \longrightarrow \cdots(\text{略去产物部分})$$

式中，α 为化学计量系数。此反应的反应速率为

$$r = -\frac{1}{\alpha}\dot{\alpha} = -\frac{1}{\alpha} \times \frac{dc_A}{dt} = kc_A \tag{5.38}$$

此反应的反应物速率为

$$r_A = \alpha r = \alpha k c_A \tag{5.39}$$

若反应物浓度 c_A 在反应初始时的数值为 $c_A(0)$，将上式移项积分可得

$$t = -\frac{1}{\alpha_k}\ln\frac{c_A(0)}{c_A} \tag{5.40}$$

若将反应物浓度表示为时间 t 的函数，则有

$$c_A = c_A(0)e^{-\alpha kt} \tag{5.41}$$

式(5.40)与式(5.41)两式均可作为该反应式的一级动力学方程。

根据式(5.41)可以得出：

$$\ln c_A = -\alpha kt + \ln c_A(0) \tag{5.42}$$

从而得出一级反应的特征：将 $\ln \alpha$ 对时间 t 作图，应得到一条直线，从直线的斜率可求得反应的速率常数 k。

再从式(5.41)可知，反应物的浓度 c_A 随时间 t 呈指数性衰减，即只有当 $t \to \infty$ 时才有 $c_A = 0$，所以原则上说，一级反应需要无限的时间才能完成，因此常用分数寿期表示反应的完成程度，可得一级反应的分数寿期为

$$t_\theta = \frac{1}{\alpha k}\ln\frac{1}{1-\theta} \tag{5.43}$$

而半寿期为

$$t_{\frac{1}{2}} = \frac{\ln 2}{\alpha k} = \frac{0.693\ 2}{\alpha k} \tag{5.44}$$

半寿期是最常用到的分数寿期。例如，放射性元素的蜕变是一级反应，在放射化学中，蜕变速率总是用半寿期来表示。

(2) 单组元 n 级反应。

设有一个如下所述的 n 级反应：

$$\alpha \mathrm{A} \longrightarrow \cdots \quad (n \text{ 与 } \alpha \text{ 不一定相等})$$

其反应速率方程应为

$$r = -\frac{1}{\alpha}\dot{\alpha} = -\frac{1}{\alpha} \times \frac{\mathrm{d}c_{\mathrm{A}}}{\mathrm{d}t} = kc_{\mathrm{A}}^{n} \tag{5.45}$$

积分可得其动力学方程($n \neq 1$)

$$t = \frac{1}{(n-1)\alpha k}\left[\frac{1}{c_{\mathrm{A}}^{n-1}} - \frac{1}{c_{\mathrm{A}}(0)^{(n-1)}}\right] \tag{5.46}$$

$$c_{\mathrm{A}} = \left[\frac{1}{c_{\mathrm{A}}(0)^{(n-1)}} + (n-1)\alpha kt\right]^{-\frac{1}{n-1}} \tag{5.47}$$

将式(5.46)移项,可得

$$\frac{1}{c_{\mathrm{A}}^{n-1}} - \frac{1}{c_{\mathrm{A}}(0)^{(n-1)}} = (n-1)\alpha kt \tag{5.48}$$

若用 $1/c_{\mathrm{A}}^{n-1}$ 对 t 作图则可得图 5.2。图中绘出反应级数不同的单组元反应的反应物浓度随时间而变的 3 种类型。

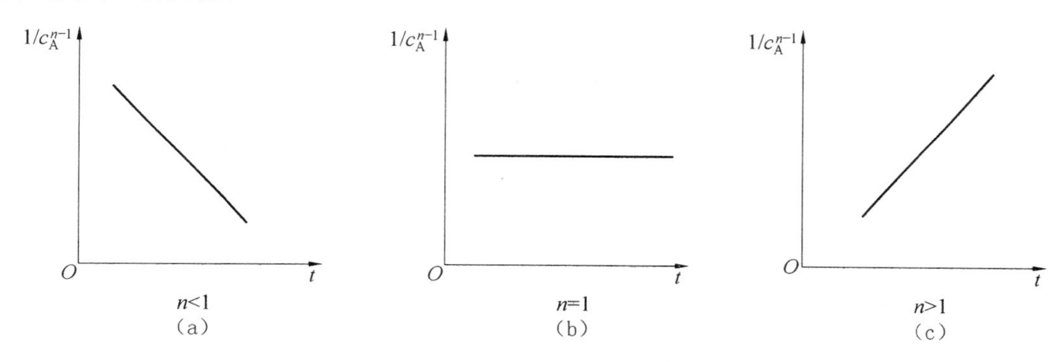

图 5.2　不同反应级数的 $1/c_{\mathrm{A}}^{n-1} - t$ 关系

2. 多组元的简单级次反应

对多组元的反应过程,其计量反应方程可用下列通式表示:

$$\sum_{r} a_r \mathrm{A}_r \longrightarrow \mathrm{P}$$

此反应已限定为具有简单级次的反应。但简单级次反应并不一定是简单反应,所以对于 A_r 的反应级数 n 不一定等于相应的化学计量系数 a_r。

(1) 当每个组元的级数都是 1 级时的速率方程和动力学方程。

① 速率方程。

对于上述反应方程通式,其速率方程为

$$r = \frac{1}{V} \times \frac{\mathrm{d}\xi}{\mathrm{d}t} \tag{5.49}$$

式中,ξ 为反应进度。若令 $\zeta = \xi/V$,代入上式,则得

$$r = \frac{\mathrm{d}\zeta}{\mathrm{d}t} = k\prod_{j} c_{\mathrm{A}_j} = k'\prod_{j}(c'_{\mathrm{A}_j} - \zeta) \tag{5.50}$$

其中

$$k' = k\prod_{j} a_j, \quad c'_{\mathrm{A}_j} = \frac{1}{a_j}c_{\mathrm{A}_j}(0)$$

式中，$c_{A_r}(0)$ 为反应物 A_r 的初始浓度。从上式可得以下结果

反应物为二组元，则有：$r=k'(c'_{A_1}-\zeta)(c'_{A_2}-\zeta)$

反应物为三组元，则有：$r=k'(c'_{A_1}-\zeta)(c'_{A_2}-\zeta)(c'_{A_3}-\zeta)$

② 反应动力学方程。

可以求得反应式(5.57) 的反应动力学方程为

$$k't=\sum_j\prod_{i\neq j}\frac{1}{c'_{A_i}-c'_{A_j}}\ln\frac{c'_{A_j}}{c'_{A_j}-\zeta} \tag{5.51}$$

对二组元则有

$$k't=\frac{1}{c'_{A_2}-c'_{A_1}}\ln\frac{c'_{A_1}}{c'_{A_1}-\zeta}+\frac{1}{c'_{A_1}-c'_{A_2}}\ln\frac{c'_{A_2}}{c'_{A_2}-\zeta}$$

对三组元则有

$$k't=\frac{1}{(c'_{A_2}-c'_{A_1})(c'_{A_3}-c'_{A_1})}\ln\frac{c'_{A_1}}{c'_{A_1}-\zeta}+\frac{1}{(c'_{A_1}-c'_{A_2})(c'_{A_3}-c'_{A_2})}\ln\frac{c'_{A_2}}{c'_{A_2}-\zeta}+\frac{1}{(c'_{A_1}-c'_{A_3})(c'_{A_2}-c'_{A_3})}\ln\frac{c'_{A_3}}{c'_{A_3}-\zeta}$$

(2) 多组元的 n 级反应的速率方程和动力学方程。

反应通式不变，则速率方程为

$$r=k'\prod_i(c'_{A_i}-\zeta)^{n_r} \tag{5.52}$$

而动力学方程则为

$$k't=\sum_j\left(\prod_{i\neq j}\frac{1}{c'_{A_i}-c'_{A_j}}\ln\frac{c'_{A_j}}{c'_{A_j}-\zeta}\right) \tag{5.53}$$

上两式中：$c'_{A_j}=\frac{1}{a_j}c_{A_j}(0)$；$k'=k\prod_j a_j^{n_r}$。

3. 简单级次反应的无量纲变量方法

在化学反应动力学的研究和处理实验数据时常采用无量纲变量方法。所谓无量纲变量方法是用一些有量纲量(如反应时间、反应物浓度、反应速率常数等) 的组合成为无量纲量来代替有量纲量，从而可使所得结论更具普遍适用性，便于求出反应动力学参数。

(1) 无量纲变量的定义及表示方法。

无量纲变量有无量纲浓度变量(γ) 和无量纲时间变量(τ)，其定义分别为

$$\gamma=c_A/c_A(0)=1-\theta \tag{5.54}$$

$$\tau=akc_A(0)^{n-1}t \tag{5.55}$$

则由于

$$d\gamma=dc_A/c_A(0),\ d\tau=akc_A(0)^{n-1}dt$$

$$\frac{d\gamma}{d\tau}=\frac{1}{akc_A(0)^n}\times\frac{dc_A}{dt}$$

故得

$$-\frac{dc_A}{dt}=akc_A(0)^n\left(-\frac{d\gamma}{d\tau}\right)=ak\left(\frac{c_A}{\gamma}\right)^n\left(-\frac{d\gamma}{d\tau}\right)$$

将上式与 n 级反应速率方程 $r=\alpha kc_A^n$ 对比，则

$$\frac{1}{\gamma^n}\left(-\frac{d\gamma}{d\tau}\right)=1$$

故

$$-\frac{d\gamma}{d\tau}=\gamma^n \tag{5.56}$$

式(5.56)即为无量纲变量的速率方程。

将式(5.56)积分，则得无量纲变量的动力学方程为

$$\tau=\frac{1}{n-1}(\gamma^{1-n}-1)\text{ 或 }\gamma^{1-n}-1=(n-1)\tau \tag{5.57}$$

式(5.56)及式(5.57)是采用无量纲变量的反应速率方程和反应动力学方程，在此完全没涉及速率常数 k 和浓度。因此，只要反应的级数相同，则不论什么反应，其用无量纲变量表示的速率方程和动力学方程都是相同的。可见，这种关系式更加深刻地揭示了相同级次反应的动力学特征，并给出了确定反应级数的方法。

(2) 无量纲变量间的关系图。

用无量纲变量解决简单级次反应的动力学问题时，还可应用无量纲变量的图解法。例如，用 γ 对 $\lg\tau$ 作图，对一定级次的反应为确定的曲线(图 5.3)。

此图可用来确定反应级次。图 5.3 即为著名的 Powell 图。在实际应用此图时，由于实验测量只能测得 γ，而 τ 只能在 k 已知的情况下(α 和 $c_A(0)$ 一般是已知的)才能求出。因此处理实验数据时只能以 γ 对 $\lg\tau$ 作图。如此得到的具有简单级次反应的曲线在形式上与图 5.3 完全相同，只是其横坐标移动一个常数 $\lg kc_A(0)^{n-1}$ 而已。

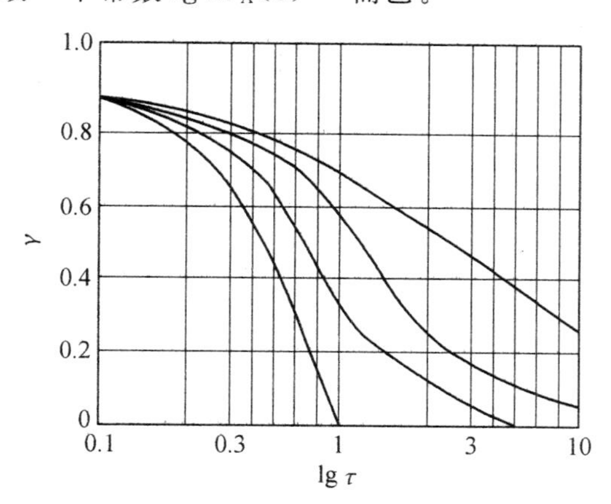

图 5.3　简单级次反应的无量纲浓度和时间的关系图

5.2.4　典型的复杂反应

1. 平行反应

若一组元作为反应物同时参加两个或两个以上的基元反应时，此复杂反应称为平行反应，也称并联反应或竞争反应。现只讨论平行的一级反应。

(1) 平行反应的反应速率及表观速率常数。

设有平行反应：

$$A\xrightarrow{k_j}P\quad(j=1,2,\cdots)$$

式中，k_j 表示第 j 个反应的速率常数。对每个基元反应的 A 组元的反应消耗速率为

$$(-r_A)_j = -a = k_j c_A \quad (j=1,2,\cdots)$$

由此可得 A 组元进行反应的总消耗速率为

$$r_A = \frac{dc_A}{dt} = -\sum_j (r_A)_j = -\sum_j k_j c_A = k_{表} c_A \tag{5.58}$$

式中，$k_{表}$ 称为表观速率常数，$k_{表} = \sum_j k_j$。

若平行反应体系中，k_j 中某一个远比其余各 k_j 之和大时，则可认为 $k_{表}$ 与 $k_{快}$ 大致相当，即 $k_{表} = k_{快}$，$k_{快}$ 为速率最快反应的速率常数，即对于平行反应，其反应速率决定于快步反应。

(2) 平行反应的活化能和活化能曲线。

① 平行反应的活化能。根据 Arrhenius 定理及活化能的定义式可得

$$\begin{aligned} E_{表} &= -R\frac{d\ln k_{表}}{d\frac{1}{T}} = -R\frac{d\ln k_j}{d\frac{1}{T}} \\ &= -R\frac{1}{\sum k_j}\left(\sum_j \frac{dk_j}{d\frac{1}{T}}\right) = \frac{1}{\sum k_j}\sum\left[k_j\left(-R\frac{d\ln k_j}{d\frac{1}{T}}\right)\right] \\ &= \sum_j k_j E_j \Big/ \sum_j k_j \end{aligned} \tag{5.59}$$

式中，$E_{表}$ 为平行反应的表观活化能；E_j 为相应于反应速率常数 k_j 的微分活化能。由式(5.59)可见平行反应的表观活化能是其所含诸反应的微分活化能对反应速率常数的带权平均值。如果平行反应中某一反应的速率常数远大于其他各反应的速率常数，则平行反应的表观活化能可近似地视为等于该反应的微分活化能。

上面关于平行反应的活化能所得出的结论是针对平行一级反应为条件的，但对于平行的同级反应也是适用的。若平行的反应是不同级次的，由于反应速率常数 k_j 的量纲不同，不能相加，因而不能进行类似的处理。不过其定性关系仍然是有价值的参考依据。例如，平行反应的速率决定于快步反应的结论，还是适用的。

② 平行反应的活化能曲线。为了方便，下面仍以只有两个平行的一级反应为主加以介绍。反应通式为

$$A \xrightarrow{k_j} P \quad (j=1,2,\cdots)$$

根据 Arrhenius 定理则有

$$\ln k_1 = \ln A_1 - \frac{E_1}{RT}$$

$$\ln k_2 = \ln A_2 - \frac{E_2}{RT}$$

设上两式中 $A_1 > A_2$，$E_1 > E_2$，则有 $\ln k - 1/T$ 作图将分别得出 L_1 和 L_2 两条虚线和以 L 表示的表观活化能曲线，如图 5.4(a) 所示。

图中两虚线相交于 O 点，此点对应的横坐标为 $1/T_0$。当反应温度 $T > T_0$ 时，L 线在 L_2 线之上。此时，$k_1 > k_2$，则总反应的速率由 k_1 决定。即高温时，表观反应速率常数与活化能均由指前因子和活化能都较大的反应来确定。低温时，则由指前因子和活化能都较小的反应来确定。因此表观活化能曲线 L 具有凹向上方的形状。若第一个反应的活化能较大($E_1 > E_2$)，但指前因子较小($A_1 < A_2$)，则 $k_2 > k_1$ 总成立。此时平行反应的表观活化能曲线如图 5.4(b) 所

示，为一直线，与第二个反应的活化能曲线相重合。

在 L_1 与 L_2 的交点 O 所对应的温度时，两个反应的速率相等，即

$$\ln A_1 - \frac{E_1}{RT_0} = \ln A_2 - \frac{E_2}{RT_0}$$

$$\ln \frac{A_1}{A_2} = \frac{E_1 - E_2}{RT_0}$$

故可得

$$T_0 = \frac{E_1 - E_2}{R\ln \dfrac{A_1}{A_2}} \tag{5.60}$$

(3) 平行反应的选择性。

平行反应的选择性是关于平行反应中不同产物之间相对量的大小问题。一般将选择性定义为不同反应的速率之比或不同产物量之比。在实际生产过程中，平行反应的选择性涉及生成目的产物的多少，因此，如何调控选择性很有现实意义。人们总是希望对生成目的产品的反应越有利越好，具体如何改变反应条件才能有利于目的产物，则需视实际情况的不同而采取不同的方法，现分述如下。

① 如果平行的诸反应，其计量方程的反应物部分相同，且反应级次也相同，则产物量的比等于其速率常数之比，也就是反应过程中各产物数量之比保持恒定。此时，如想提高目的产物的数量，可用的方法之一是选择适当的催化剂，使所需反应的速率常数明显加大，方法之二是适当调节反应温度(参见图 5.4 的讨论部分)。

② 对于不同级次的平行反应，随时间的推移，对较低级次反应有利。因为随时间的延续，反应物的浓度逐渐下降。由于较高级次的反应对浓度的依赖远比较低级次反应要大，故级次较高的反应的速率下降较快，低浓度时，对低级次反应有利。

③ 对多组元的平行反应，即一种反应物 A 与几种不同的反应物 B_j ($j=1,2,\cdots$) 分别进行平行反应时，其选择性的大小将同时决定于各反应的速率常数和所用 B_j 的相对量，因此其选择性将比较复杂，一般说来，此时，B_j 的相对量所造成的影响将随时间的推移而逐渐加强。特别是当 A 的量足够大时，其选择性最终将完全取决于所用 B_j 的相对量。

2. 连续反应

若某一组元一方面作为某基元反应的产物生成，同时又作为另外基元反应的反应物而消耗不再生，这样的反应称为连续反应，又称连串反应或串行反应。下面介绍仅限于一级的连续反应。

(1) 连续反应的反应速率方程和动力学方程。

设有如下的一级连续反应：

$$\mathrm{A} \xrightarrow{k_1} \mathrm{B} \xrightarrow{k_2} \mathrm{C}$$

其反应速率方程依次为

$$r_1 = k_1 c_\mathrm{A}, \qquad r_2 = k_2 c_\mathrm{B}$$

从而可知：

$$r_\mathrm{A} = -r_1 = -k_1 c_\mathrm{A} \tag{5.61}$$

$$r_\mathrm{B} = r_1 - r_2 = k_1 c_\mathrm{A} - k_2 c_\mathrm{B} \tag{5.62}$$

$$r_C = r_2 = k_2 c_B \tag{5.63}$$

若反应开始时只有反应物 A,且 $c_A = c_A(0)$,则积分后可得动力学方程:

$$c_A = c_A(0) e^{-k_1 t} \tag{5.64}$$

$$c_B = \frac{k_1 c_A(0)}{k_2 - k_1}(e^{-k_1 t} - e^{-k_2 t}) \tag{5.65}$$

$$c_C = c_A(0)\left(1 - \frac{k_2}{k_2 - k_1}e^{-k_1 t} + \frac{k_1}{k_2 - k_1}e^{-k_2 t}\right) \tag{5.66}$$

(2) 连续反应的反应动力学曲线。

反应动力学曲线是依据反应的动力学方程来用图描述反应中各组元的浓度随时间而变的情况。根据式(5.64)～式(5.66)3 式,以组元浓度对反应时间作图,可得图 5.5 所示的 3 条曲线。

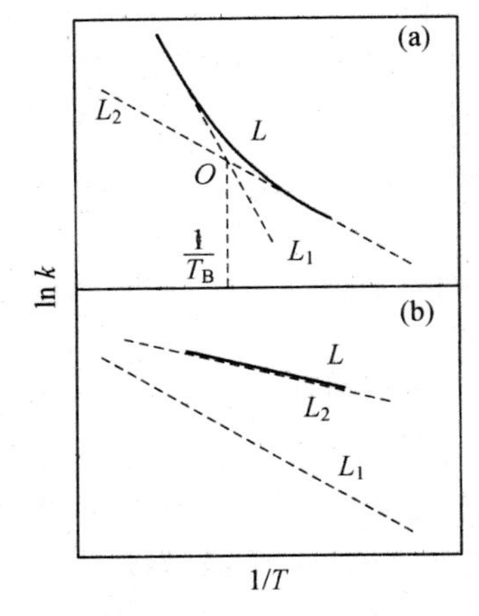

图 5.4　平行反应的表观活化能曲线

(a)$A_1 > A_2, E_1 > E_2$;(b)$A_1 < A_2, E_1 > E_2$

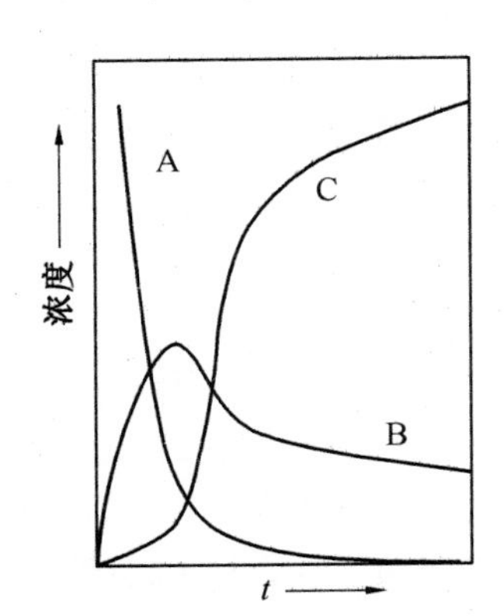

图 5.5　连续反应的反应动力学曲线

从图 5.5 可以看出,$c_A - t$ 的曲线随时间的增加而延续下降,并最终趋于 0。$c_C - t$ 的曲线则随时间的加长而持续上升。但 $c_B - t$ 曲线则有些特殊,开始时是随时间的延续而上升,升到某一点(时间为 t_m)c_B 达极大值 c_{Bm},随后,又随时间的延续而下降直至趋于 0。c_B 出现极大值时的条件,显然有 $dc_{Bm}/dt = 0$,再依式(5.62) 可得 $k_1 c_A - k_2 c_B = 0$,即 $k_1 c_A = k_2 c_B$,再利用式(5.64) 及式(5.65) 得

$$k_1 c_A(0) e^{-k_1 t_m} = k_2 \frac{k_1 c_A(0)}{k_2 - k_1}(e^{-k_1 t_m} - e^{-k_2 t_m})$$

整理上式得

$$t_m = \frac{\ln \frac{k_1}{k_2}}{k_2 - k_1} \tag{5.67}$$

式中,t_m 为 B 的浓度出现极大值时所需的时间,此时 B 的最大浓度为 c_{Bm},c_{Bm} 值可导出如下。

根据式(5.65),可得

$$c_{Bm} = \frac{k_1 c_A(0)}{k_2 - k_1}(e^{-k_1 t_m} - e^{-k_2 t_m}) = \frac{k_1 c_A(0)}{k_2 - k_1}\left[e^{-k_1 \ln\frac{k_2}{k_1}} - e^{-k_2 \ln\frac{k_2}{k_1}}\right] = c_A(0)\left(\frac{k_2}{k_1}\right)^{\frac{k_2}{k_2 - k_1}} \tag{5.68}$$

由式(5.68)可以看出，c_{Bm} 除与 $c_A(0)$ 有关外，只与 k_2/k_1 的值有关。

(3) 连续反应的决定速率步骤与表观活化能。

① 决定速率步骤。由图 5.5 可见，对于上文提到的反应，因基元反应速率常数之比 k_2/k_1 不同，尽管反应初始都是只有 A 组元存在，其反应动力学曲线也可有很大的差异，这反映出 k_2 与 k_1 相对大小不同时对反应动力学的影响。

现将式(5.65)代入式(5.63)，可求得产物 C 的生成速率为

$$r_C = \frac{k_2 k_1}{k_2 - k_1}(e^{-k_1 t} - e^{-k_2 t})c_A(0) \tag{5.69}$$

或

$$r_C = \frac{k_1 k_2}{k_1 - k_2}(e^{-k_2 t} - e^{-k_1 t})c_A(0) \tag{5.70}$$

式(5.69)和式(5.70)中 k_1 与 k_2 是对称的，二者交换后两式是等效的。下面讨论两种极限情况下，因 k_1 与 k_2 相对大小不同对反应动力学是如何影响的。

若 $k_2 \gg k_1$，则当反应进行相当长时间后，式(5.69)中分母上的 k_1 和括号内的 $e^{-k_2 t}$ 均可略去。从而式(5.69)简化为

$$r_C = k_1 e^{-k_1 t} c_A(0) \tag{5.71}$$

由于 k_2 很大，故所生成的 B 物质瞬间生成产物 C。因此，整个反应相当于 A 物质以初始浓度 $c_A(0)$ 及一级反应速率常数 k_1 形成产物 C 的反应。在此种情况下总反应速率以反应速率常数 k_1 所表征的步骤($A \xrightarrow{k_1} B$)所决定。

若反应进行中 $k_1 \gg k_2$，则类似地将式(5.70)简化为

$$r_C = k_2 c_A(0) e^{-k_2 t} \tag{5.72}$$

此时，由于 k_1 很大，开始反应后 A 物质瞬间全部转化成 B 物质，且 B 物质的浓度相当于 $c_A(0)$。如此，式(5.70)所描述的连续反应如同一个以初始浓度与 $c_A(0)$ 相同的 B 物质以一级反应速率常数 k_2 生成产物 C 的反应，这相当于总反应的速率是由以 k_2 为表征的过程($B \xrightarrow{k_2} C$)所决定。

概括以上的讨论，可得出如下结论：连续反应的总包反应的速率决定于反应速率常数最小的反应步骤 —— 最难进行的反应，称此为决定速率的步骤。应该指出：此结论也适应于一系列连续进行的反应，而且要满足一个条件即反应必须进行了足够长的时间之后。

② 表观活化能曲线。上面介绍的连续一级反应的有关结论有两个限定条件：一个是反应必须在进行足够长的时间后才成立；另一个是 k_1 和 k_2 相差很大。如果反应进行的时间很短，且 k_1 和 k_2 相差不大，将式(5.70)中括号内的指数部分展开到 t 的一次项，则有

$$e^{-k_2 t} = 1 - k_2 t, \quad e^{-k_1 t} = 1 - k_1 t$$

代入式(5.70)中则得

$$r_C = \frac{k_1 k_2 c_A(0)}{k_1 - k_2}(e^{-k_2 t} - e^{-k_1 t}) = k_1 k_2 t c_A(0) \tag{5.73}$$

即连续反应的生成速率同时受 k_1 和 k_2 的影响，其表观反应速率常数 $k_{表} = k_1 + k_2$。

根据 Arrhenius 定理：

$$A_{表}\, e^{-\frac{E_{表}}{RT}} = (A_1 e^{-\frac{E_1}{RT}})(A_2 e^{-\frac{E_2}{RT}}) = (A_1 A_2) e^{-\frac{E_1 - E_2}{RT}}$$

可见

$$A_{表} = A_1 A_2$$

$$E_{表} = E_1 + E_2$$

下面仍仅讨论两种特殊情况下的表观活化能曲线。所讨论的反应仍是上文所列的反应。

若前一反应的活化能与指前因子都较大，即$E_1 > E_2$、$A_1 > A_2$，以$\ln k_{表}$对$1/T$作表观活化能曲线，将如图5.6(a)中的曲线L所示。图中直线L_1和L_2对应于连续进行的两个反应的活化能曲线。高温时即$1/T$小时，直线L_1在L_2之上，显然$k_1 \gg k_2$，L_1与L_2重合，总反应的速率由后一步反应所控制。反之，低温时即$1/T$大时，L_1与L_2重合，$k_1 \ll k_2$，此时L_2在L_1之上，总反应速率决定于前一步反应。因而表观活化能曲线具有凹向下方的形状。

若前一反应的活化能较大，而指前因子较小，即$E_1 > E_2$，而$A_1 < A_2$，则$k_2 > k_1$恒成立，因而其表观活化能曲线L如图5.6(b)所示，它与前一反应的活化能曲线连续反应的表观活化能曲线L_1相重合，因此总反应速率不论温度高低均由前一步反应所控制。

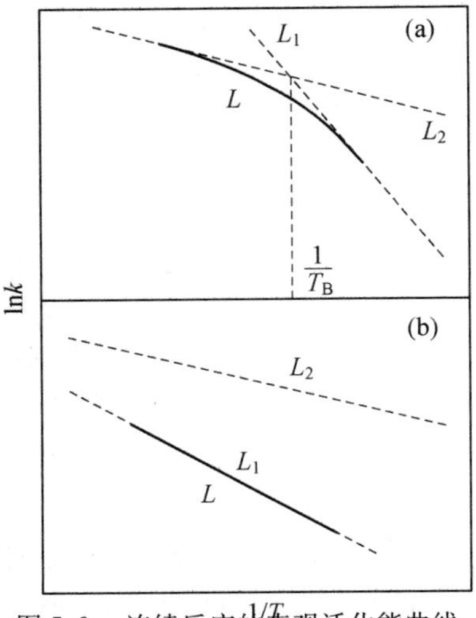

图5.6　连续反应的表观活化能曲线

(a)$E_1 > E_2$，$A_1 > A_2$；(b)$E_1 > E_2$，$A_1 < A_2$

(4) 似稳态浓度法。

似稳态浓度法是对于不稳定中间产物的浓度的一种近似处理方法。一个反应体系，各组元的浓度是随反应时间的推移而改变的。所谓稳态，是指组元浓度不随时间而变的状态，但又不是反应停止了，反应仍在进行中。实际上要想达到这种状态，反应体系必须是开放体系，并且要能等速率地添加消耗的反应物，移走生成的产物，以保持各组元的浓度不随时间而改变。在关闭体系中进行的反应是无法实现这种稳态的。但对于连续反应中，当生成的中间产物是不稳定的，且$k_2 \gg k_1$时，B组元的浓度相对于A、C两组元而言，自反应开始后始终是微乎其微，至于其随时间变化的幅度当然十分微小。在这种情况下，在整个反应过程中可以认为：

$$\frac{dc_B}{dt} = k_1 c_A - k_2 c_B \approx 0 \tag{5.74}$$

这就是对组元B作的似稳态。式(5.74)说明，$k_1 c_A$与$k_2 c_B$的值非常接近，二者的差甚小。B的这种状态并非真正的稳态，故称为似稳态。根据式(5.74)可解出：

$$c_{BSS} = \frac{k_1}{k_2} c_A \tag{5.75}$$

式(5.75)中B组元的浓度的右下标SS表示用似稳态(quasi－steady state)法求出的浓度。

下面对用似稳态法与准确法分别求出的c_{BSS}与c_B进行比较，看它们的差别及相互关系。在$k_2 > k_1$时，准确解式(5.75)可得

$$c_B = \frac{k_1 c_A(0)}{k_2 - k_1}(e^{-k_1 t} - e^{-k_2 t}) = \frac{k_1 c_A(0)}{k_2 - k_1}[1 - e^{-(k_2 - k_1)t}] \approx \frac{k_2}{k_1}(1 - e^{-k_2 t}) \tag{5.76}$$

比较c_{BSS}与c_B的差别(按式(5.75)及式(5.76))则得

$$\frac{c_{BSS} - c_B}{c_{BSS}} = e^{-k_2 t}$$

可见 k_2 值越大，c_{BSS} 与 c_B 的差别消失越快，似稳态法越能在反应的早期适用。

似稳态浓度法不仅常用于连续反应，对于其他类似的反应只要中间物不稳定，也可适用。

3. 对行反应

对行反应又称对峙反应或可逆反应。它是指某反应若存在逆向反应，则原反应与逆向反应的集合而成的整体即为对行反应。其中原反应常称作顺反应，或正向反应，而逆向反应称作逆反应。“可逆”一词在动力学的含义是可以逆向进行之意，这和化学热力学中所用的“可逆过程”是有本质区别的。原则上，一切反应都是对行的，但是当偏离平衡状态很远时，逆向反应往往可忽略不计。

(1) 对行反应的速率方程。

设有如下对峙进行的一对基元反应：

$$\sum_i \alpha_i \mathrm{A}_i \underset{k_-}{\overset{k_+}{\rightleftharpoons}} \sum_j \beta_j \mathrm{B}_j$$

根据质量作用定律，可得

$$r_+ = k_+ \prod_i c_{\mathrm{A}_i}^{\alpha_i}$$

$$r_- = k_- \prod_j c_{\mathrm{B}_j}^{\beta_j}$$

此对行的总包反应的反应速率为

$$r = r_+ - r_- = k_+ \prod_i c_{\mathrm{A}_i}^{\alpha_i} - k_- \prod_j c_{\mathrm{B}_j}^{\beta_j} \tag{5.77}$$

当正逆反应的速度相等时，反应达到平衡，即

$$r_+ = r_-, \quad r = 0$$

据式(5.77)可得

$$k_+ \prod_i c_{\mathrm{A}_i}^{\alpha_i} = k_- \prod_j c_{\mathrm{B}_j}^{\beta_j}$$

从而求出平衡常数 K_e

$$\prod_j c_{\mathrm{B}_j}^{\beta_j} \Big/ \prod_i c_{\mathrm{A}_i}^{\alpha_i} = k_- / k_+ = K_e \tag{5.78}$$

若对行反应的顺逆反应为复杂反应，根据反应机理也可导出复杂反应的平衡常数，现举例如下。

光气合成反应是一个复杂反应，其反应式为

$$\mathrm{Cl_2(g) + CO(g) = COCl_2(g)}$$

此反应的机理为

$$\mathrm{Cl_2} \underset{k_{-1}}{\overset{k_{+1}}{\rightleftharpoons}} \mathrm{2Cl}$$

$$\mathrm{Cl + CO} \underset{k_{-2}}{\overset{k_{+2}}{\rightleftharpoons}} \mathrm{COCl}$$

$$\mathrm{COCl + Cl_2} \underset{k_{-3}}{\overset{k_{+3}}{\rightleftharpoons}} \mathrm{COCl_2 + Cl}$$

$$\mathrm{Cl + Cl} \overset{k_4}{\rightleftharpoons} \mathrm{Cl_2}$$

第三步反应是总包反应的速率控制步骤，则按质量作用定理可得

$$r_+ = r_{+3} = k_{+3} c_{\mathrm{COCl}} c_{\mathrm{Cl_2}}$$

$$r_- = r_{-3} = k_{-3} c_{COCl_2} c_{Cl}$$

当第三步反应达平衡时则有

$$K_{e3} = \frac{k_{+3}}{k_{-3}} = \frac{c_{COCl_2} c_{Cl}}{c_{COCl} c_{Cl_2}} \tag{5.79}$$

由质量作用定律也可求出第一、二步反应对第一步反应的平衡常数。

对第一步反应有

$$K_{e1} = \frac{k_{+1}}{k_{-1}} = \frac{c_{Cl}^2}{c_{Cl_2}}$$

从而可得

$$c_{Cl} = (K_{e1} c_{Cl_2})^{\frac{1}{2}} \tag{5.80}$$

对第二步反应有

$$K_{e2} = \frac{k_{+2}}{k_{-2}} = \frac{c_{COCl}}{c_{Cl} c_{CO}}$$

从而可得

$$c_{COCl} = K_{e2} c_{Cl} c_{CO} = K_{e2} \ (K_{e1} c_{Cl_2})^{\frac{1}{2}} c_{CO} \tag{5.81}$$

将式(5.81) 及式(5.80) 代入式(5.79) 中则得

$$K_{e3} = \frac{c_{COCl_2}}{K_{e2} c_{CO} c_{Cl_2}}$$

整理后可得光气合成总包反应的平衡常数为

$$K_e = K_{e3} K_{e2} = \frac{c_{COCl_2}}{c_{CO} c_{Cl_2}}$$

可见，按动力学方法，应用反应机理也可导出复杂反应的平衡常数。从另一个角度看，这也是从热力学原理去证明反应机理是否正确的一种判别方法。

对于上述的光气合成分解的对行反应，测得其表观速率常数为

$$r_{+(表)} = k_{+(表)} c_{Cl_2}^{\frac{3}{2}} c_{CO}, \quad r_{-(表)} = k_{-(表)} c_{COCl_2} c_{CO}^{\frac{1}{2}}$$

平衡时：

$$K_{e(表)} = \frac{k_{+(表)}}{k_{-(表)}} = \frac{c_{COCl_2} c_{Cl_2}^{\frac{1}{2}}}{c_{Cl_2}^{\frac{3}{2}} c_{CO}} = \frac{c_{COCl_2}}{c_{Cl_2} c_{CO}}$$

可见，对复杂反应则应使用表观反应速率 $r_{+(表)}$、$r_{-(表)}$ 及表观速率常数 $r_{+(表)}$、$r_{-(表)}$，也可求得平衡常数 K_e 值。

(2) 对行反应的反应动力学方程。

现以如下简单的一级反应为例：

$$\mathrm{A} \underset{k_-}{\overset{k_+}{\rightleftharpoons}} \mathrm{B}$$

其总包反应速率方程为

$$r = -\frac{\mathrm{d}c_A}{\mathrm{d}t} = \frac{\mathrm{d}c_B}{\mathrm{d}t} = k_+ \ c_A - k_- \ c_B \tag{5.82}$$

若反应初始时只有 A 物质，其浓度为 $c_A(0)$。反应至 t 时刻，A 的净余消耗速率为同时进行的正、逆反应速率的代数和，如式(5.82) 所示。当反应达平衡时，正逆反应速率相等，即

$$-\frac{dc_A(e)}{dt}=k_+c_A(e)-k_-c_B(e)=k_+c_A(e)-k_-[c_A(0)-c_A(e)]=0 \tag{5.83}$$

即

$$\frac{c_B(e)}{c_A(e)}=\frac{c_A(0)-c_A(e)}{c_A(e)}=\frac{k_+}{k_-}=K_e$$

在总包反应的速率方程式(5.82)中有 3 个变量：c_A、c_B 及时间 t，不好积分。但如将 $c_B=c_A(0)-c_A$ 代入式(5.82)及 $t=0$ 时 $c_B=0$，进行积分，则可得出

$$\ln\frac{c_A(0)}{\left(1+\frac{1}{K}\right)c_A-\frac{1}{K}c_A(0)}=k_+\left(1+\frac{1}{K}\right)t \tag{5.84}$$

由式(5.84)可见，只要求出 c_A-t 的数据及平衡常数的值，则可求出 k_+ 及 k_-。

如再将 $K=\frac{c_B(e)}{c_A(e)}-\frac{[c_A(0)-c_A(e)]}{c_A(e)}$，及 $K=\frac{k_+}{k_-}$ 代入式(5.84)，则得

$$\ln\frac{c_A(0)-c_A(e)}{c_A-c_A(e)}=(k_++k_-)t \tag{5.85}$$

或写成：

$$c_A-c_A(e)=[c_A(0)-c_A(e)]e^{-(k_++k_-)t} \tag{5.86}$$

由式(5.86)可见，它与单向一级反应的动力学方程式(5.83)非常相似，二者的差别在于：① 在对峙反应中，当 $t\to\infty$时，$c_A\to c_A(e)$，而在单向一级反应中 $t\to\infty$时，$c_A\to 0$；② 在对峙反应中，速率常数的表达式为 k_++k_-，而在单向一级反应中则速率常数为 k_+。

下面简要介绍一个新的概念 —— 弛豫过程。上述的式(5.86)表示一级对峙反应趋向平衡过程的动力学方程，趋向平衡的过程一般称为弛豫过程。式(5.86)表明，弛豫速率常数为 $k_R=k_++k_-$，其倒数 $\tau_R=(k_++k_-)^{-1}$，称为弛豫时间。由于弛豫过程的极限浓度为 $c_A(e)$ 而单向反应的极限浓度是 $c_A=0$，所以弛豫过程比单向一级反应完成得快。在动力学研究中，为了避免因混合两种反应物时消耗时间而导致不能检测快速反应，对于对行反应可采用弛豫法。首先使体系在固定的外界条件下先达到平衡，然后突然改变体系的温度或压力或稀释其浓度，使之偏离平衡状态。在体系建立适于新外界环境下的平衡状态(弛豫过程)时，用实验求出弛豫时间，即可求出 k_+ 及 k_-。这样就能避免混合反应物的过程，这就是弛豫法。利用反应体系的温度或压力发生扰动的弛豫法分别称为温度跳跃或压力跳跃。表 5.2 所列为曾用各种弛豫法测定的若干对行反应有关的速率常数。

表 5.2　用弛豫法测定的若干对行反应的正向与逆向的反应速率常数

反 应	反应温度/K	$k_+/(m^3\cdot mol\cdot s^{-1})$	$k_-/(m^3\cdot mol\cdot s^{-1})$	使用方法
酸碱平衡				
$H^++OH^-\rightleftharpoons H_2O$	298	1.4×10^8	2.5×10^{-4}	电场脉冲
$H^++C_3N_3H_4\rightleftharpoons C_3N_3H_5^+$	286	1.5×10^7	1.5×10^8	温度突跃
$OH^-+NH_4^+\rightleftharpoons NH_3+H_2O$	295	3.4×10^7	6×10^5	超声吸收
$OH^-+C_5H_{12}N^+\rightleftharpoons C_5H_{11}N+H_2O$	298	2.2×10^7	3×10^7	超声吸收
水合				
$CH_3-COCO_2H\rightleftharpoons CH_3C(OH)_2CO_2H$	298	5.3×10^{-4}	2.2×10^{-1}	压力突跃

续表 5.2

反应	反应温度/K	$k_+/(m^3 \cdot mol \cdot s^{-1})$	$k_-/(m^3 \cdot mol \cdot s^{-1})$	使用方法
质子迁移				
$HCPR + ADP^{3-} \rightleftharpoons CPR^- + HADP^{2-}$ （CPR— 氯酚红；ADP— 二磷酸腺苷）	286	2×10^5	1×10^6	温度突跃
电子迁移				
$Q + Q^{2-} \rightleftharpoons 2Q^-$ （Q— 苯醌）	284	2.6×10^5	7×10^4	温度突跃
金属络合物的形成				
$Mg^{2+} + ATP^{4-} \rightleftharpoons MgATP^{2-}$ （ATP— 三磷酸腺苷）	298	1.2×10^4	1.2×10^4	温度突跃
双核含水物的形成				
$2FeOH^{2+} \rightleftharpoons (FeOH)_2^{4+}$	298	6.0×10^{-2}	1.2×10^{-1}	压力突跃
二聚				
$2C_6H_7COOH \rightleftharpoons (C_6H_7COOH)_2$	298	1.6×10^6	3.7×10^6	超声吸收

常见的对行反应为 2－2 级，其反应通式为

$$A + B \underset{k_-}{\overset{k_+}{\rightleftharpoons}} E + F$$

设反应开始时只有 A 和 B，且其浓度为 $c_A(0)$ 和 $c_B(0)$。反应进展至 t 时刻时，组分 A、B、E 和 F 的浓度分别依序为：$c_A(0)-c_X$、$c_B(0)-c_X$、c_X 和 c_X。当反应时间趋于 ∞ 时，上述各组分的浓度又分别依序为：$c_A(0)-c_{X_e}$、$c_B(0)-c_{X_e}$、c_{X_e} 和 c_{X_e}。上面的 c_{X_e} 为达平衡时组分 E 及 F 的浓度，也是达平衡时 A 和 B 的消耗量。当 $c_A(0)=c_B(0)$ 时，上述反应的速率方程为

$$\frac{dc_X}{dt} = k_+ [c_A(0) - c_X]^2 - k_- c_X^2 \tag{5.87}$$

达到平衡时，则有

$$K = \frac{k_-}{k_+} = \frac{[c_A(0) - c_{X_e}][c_B(0) - c_{X_e}]}{c_{X_e}^2} = \frac{[c_A(0) - c_{X_e}]^2}{c_{X_e}^2} \tag{5.88}$$

式(5.87) 可改写为

$$\frac{dc_X}{dt} = k_+ [c_A(0) - c_X]^2 \left\{1 - \frac{k_- c_X^2}{k_- [c_A(0) - c_X]^2}\right\} \tag{5.89}$$

将式(5.88) 代入式(5.89)，根据 $t=0$ 时，$c_{X_e}=0$，积分后则 2－2 级对行反应的动力学方程为

$$k_+ t = \frac{c_{X_e}}{2c_A(0)[c_A(0) - c_{X_e}]^2} \ln \frac{c_A(0)c_{X_e} + c_X[c_A(0) - 2c_{X_e}]}{c_A(0)(c_{X_e} - c_X)} \tag{5.90}$$

醋酸和乙醇的反应是典型的二级对行反应，而一些分子内重排或异构化反应则为一级对行反应。

4. 综合反应

由平行反应、连续反应及对行反应等以不同形式组合而成的更高层次的复杂反应，统称为综合反应。综合反应的总反应速率一般都比较复杂，通常要对各步反应的速率进行分析，找出

控制总包反应速率的步骤，再引进一定假定条件，做出简化处理，才能得出总反应速率。

设有如下最简单的典型的综合反应：

$$A \underset{k_{-1}}{\overset{k_{+1}}{\rightleftharpoons}} B \xrightarrow{k_2} C$$

根据简单反应的独立作用定理，可得各组元的反应速率为

$$-\frac{dc_A}{dt} = k_{+1}c_A - k_{-1}c_B$$

$$\frac{dc_B}{dt} = k_{+1}c_A - k_{-1}c_B - k_2c_B$$

$$\frac{dc_C}{dt} = k_2c_B$$

下面分别按不同情况，对综合反应的动力学进行简化处理。

(1) 若 k_{-1}、$k_2 \gg k_{+1}$，t 不是很小时(过了诱导期之后)，可采用似稳定浓度法做简化处理。如此，上述反应可简化为

$$A \overset{k_{+1}}{\rightleftharpoons} B \xrightarrow{k_2} C$$

$$\frac{dc_B}{dt} = k_{+1}c_A - k_{-1}c_B - k_2c_B = 0$$

故得

$$c_B = \frac{k_{-1}c_A}{k_{+1} + k_2}$$

如此，则 A 的消耗速率即为 C 的生成速率，可得

$$-\frac{dc_A}{dt} - \frac{dc_C}{dt} - k_2c_B = \frac{k_{+1}k_2}{k_{-1} + k_2}c_A \tag{5.91}$$

(2) 若 $k_{-1} \gg k_{+1}$、k_2，且 t 不是很小时，则可用似平衡浓度法。在本简化处理法中综合反应由于 k_2 很小，A 与 B 组元间快速建立起平衡关系，从而使 B 组元的浓度维持一个恒定值，使 C 组元的生成速率与 A 组元的消耗速率几乎相等。如此该反应可视为

$$K_e A \overset{k_2}{\rightleftharpoons} B \longrightarrow C$$

而 $K_e = \frac{k_{+1}}{k_{-1}} = \frac{c_B}{c_A}$，故得 $c_B = c_A K_e$。此结果似乎与稳定浓度法中 $c_B = c_A\left[\frac{k_{+1}}{k_{-1} + k_2}\right]$ 相矛盾，但如考虑到 $k_{-1} \gg k_2$ 这个前提，$k_{-1} + k_2 \approx k_{-1}$，二者就一致了。这也说明似平衡浓度法是包含于似稳定浓度法之中的。

综上所述，对于综合反应进行简化处理的方法如下：

① 对于平行反应，总反应速率由快步反应确定。

② 对于连续反应，总反应速率由慢步反应确定。一般把中间物质视为不稳定化合物，采用似稳态浓度法处理。

③ 对于可逆反应，总反应速率即为净反应速率，由正、逆反应速率确定。在反应进行足够长时间后，假定反应达到平衡，采用似平衡法处理。

5.2.5　反应动力学的实验方法

对某一化学反应进行动力学研究时，主要是要在对该反应已有的定性认识的基础上通过

实验方法测出该反应的速率大小、反应的级数以及探明反应的机理等。为完成上述任务，通常要采取以下几项措施。

确定反应体系的一般性质，包括测出反应体系的温度、压力、体积等物理性质，查明反应容器的表面状态、所采取的搅拌方式、外加电磁场的情况等影响因素。

设计适当的实验，以取得不同条件下各组元的浓度随时间变化的数据，求出反应的级次和反应速率常数。经过对数据的分析和处理，得出相应的速率方程和动力学方程。

从一定的客观事实出发，参考前人总结的知识，先拟定一个所研究反应的可能机理。然后根据反应动力学的经典理论，求得对所拟机理中各基元反应及各组元的反应速率和温度与速率的依赖关系。再将所得方程与实验数据进行比较，从而从一个方面肯定或否定所拟定的机理。最后，设计实验来验证可能机理的可靠性。下面分别介绍为完成下述各项内容所采用的具体方法。

1. 组元浓度的测定

在反应动力学研究中需要定量测定的项目首先是反应速率，在这里主要涉及的是物质浓度和反应时间的测定。当然在影响反应速率的因素中除组元浓度和反应时间这两个变量外，还有温度、介质及催化剂等因素，但在研究中往往是存在这几个因素固定的条件下进行，或必要时单独设计实验加以考查。所以在此重点介绍组元浓度的测定方法。

(1) 直接测定法。

用于测定组元浓度的方法可分为直接法和间接法两大类。直接法即化学分析法，具体包含以下几个步骤。

① 取样。在动力学研究中，常需在反应进行的不同时刻，分别采样测定体系中某组元(易于测定的)的浓度，以便于了解反应随时间而变的进展情况。为此，有两种可用的方法：一种是使反应在大容器内进行，分别在设定的不同时刻吸取反应体系部分定量的样品，进行分析，求出组元的浓度。另一种是令反应在若干个小容器内进行，在不同的反应时刻，每次测定一个容器内的组元浓度。无论采用哪一种方法，在测定之前都必须将取得的样品设法立即使反应停止，以保证样品中的组元浓度严格与设定的反应时间相对应。

② 终止反应。常用来终止反应的方法如下。

对高温下进行的反应，可采用快速冷却法，例如，将样品放入盐冰水浴中冷却终止反应。

稀释法，用适当的溶剂稀释样品，以迅速降低反应物的浓度，使反应几乎停止。

如反应采用了催化剂，宜用适当方法消除其催化活性或除去催化剂，也可加入反应的阻化剂使反应终止。

通过加入酸或碱，改变反应所需的 pH 使反应终止。

③ 分析测定直接法，即采用化学分析法，测定准确，但不灵敏，且操作麻烦。

(2) 间接测定法。

间接法是通过某一与反应体系中组元浓度成线性函数关系的物理量的测定，来确定反应级次与反应速率常数的方法。本法往往不需准确测出组元的浓度，而是借这些物理量随反应的进行而依时间变化的数据来完成等同于浓度测定的任务的。常用的这些物理量有气态反应体系的总压力、体系的吸光度、稀溶液的折光率、介电常数、旋光度以及电导等。本类方法的优点是快速、准确、可对体系直接连续测定等，但必须选择适用的物理量，且应注意排除干扰。

2. 反应级数的测定

确定反应速率与反应物浓度的关系，即建立反应速率方程是反应动力学研究的重要目的之一。在此根据前面介绍的求出不同时刻的反应组元的浓度来求出反应级数，是建立速率方程的关键步骤，这对推断反应机理也将有直接的帮助。测定反应级数的方法常用的有以下4种。

① 积分法。

用积分法求反应级数可有尝试法和作图法。尝试法是将实验测得的不同反应时刻的组元浓度值代入不同级次简单反应的动力学方程中，代入后能得到相同的反应速率常数 k 的公式所对应的级数即为反应的级数。

作图法是利用：一级反应，以 $\ln c$ 对 t 作图应得直线；二级反应，以 $1/c$ 对 t 作图应得直线；三级反应，以 $1/c^2$ 对 t 作图应得直线；零级反应，以 c 对 t 作图应得直线；$n(\neq 1)$ 级反应，以 $1/c^{n-1}$ 对 t 作图应得直线。依此规则，则直线方程所对应的 n 值即为反应的级数。

例　乙酸乙酯在碱性溶液中的水解反应：

$$CH_3COOC_2H_5 + OH^- \longrightarrow CH_3COO^- + C_2H_5OH$$

反应温度为298 K，两种反应物的初始浓度均为0.064 mol/dm^3。在反应的不同时刻各取样25.00 cm^3，立即向样品中加入25.00 cm^3 0.064 mol/dm^3 的盐酸，以终止反应。酸用0.1 mol/dm^3 的NaOH溶液滴定，消耗的碱液量列于表5.3中。

表5.3　反应不同时刻消耗的碱液量

消耗量	t/min						
	0.00	5.00	15.00	25.00	35.00	55.00	∞
$V\times 10^{-3}(NaOH)/dm^3$	0.00	5.76	9.87	11.68	12.69	13.69	16.00

用积分法求反应级数及反应速率常数。

解　设 t 时刻已被反应掉的反应物浓度为 x，据题意可得

$$25.00\ cm^3 \times x = 0.1000\ mol \cdot dm^3 \times V(OH^-)$$

解得 x 和各时刻反应物的剩余浓度，列于表5.4。

表5.4　x 和各时刻反应物的剩余浓度

项目	t/min					
	0.00	5.00	15.00	25.00	35.00	55.00
$x/(mol\cdot dm^{-3})$	0.000	0.023	0.039	0.047	0.059	0.055
$c(0)-x/(mol\cdot dm^{-3})$	0.064	0.041	0.025	0.017	0.011	0.009

将第二对及第六对数据分别代入一级反应速率方程：$k=\dfrac{1}{t}\ln\dfrac{c(0)}{c(0)-x}$（$c(0)$ 为反应物的初始浓度）可得

$$k=\left(\frac{1}{5}\ln\frac{0.064}{0.041}\right)\ min^{-1} = 8.90\times 10^{-2}\ min^{-1}$$

$$k=\left(\frac{1}{55}\ln\frac{0.064}{0.009}\right)\ min^{-1} = 3.57\times 10^{-2}\ min^{-1}$$

可见两组数据求出的 k 不一致，故此反应非一级反应。

再将此两对数据代入二级反应速率方程

$$k=\frac{1}{t}\times\frac{x}{c(0)[c(0)-x]}$$

可得

$$k=\left(\frac{1}{5}\times\frac{0.023}{0.064\times0.041}\right)\ \text{mol}^{-1}\cdot\text{dm}^{3}\cdot\text{min}^{-1}=1.75\ \text{mol}^{-1}\cdot\text{dm}^{3}\cdot\text{min}^{-1}$$

$$k=\left(\frac{1}{55}\times\frac{0.055}{0.064\times0.009}\right)\ \text{mol}^{-1}\cdot\text{dm}^{3}\cdot\text{min}^{-1}=1.74\ \text{mol}^{-1}\cdot\text{dm}^{3}\cdot\text{min}^{-1}$$

两个 k 值很接近。再把其他三对数据代入，求得 k 值分别为 1.71、1.73 和 1.60。如此，则可确定这是个二级反应。

下面再利用所列的实验数据，用作图法求反应级数。首先将所需数据列于表 5.5。

表 5.5　用作图法求反应级数所需的数据

项目	t/min					
	0.00	5.00	15.00	25.00	35.00	55.00
$\ln[c(0)-x]$	−2.748 9	3.194 2	−3.688 0	−4.074 5	4.268 7	4.710 5
$\frac{1}{c(0)-x}/(\text{mol}^{-1}\cdot\text{dm}^{-3})$	15.8	24.4	40.0	58.8	71.4	111.1

以 $\ln[c(0)-x]$ 对 t 作图，未得到直线，故反应不是一级。再用 $1/[c(0)-x]$ 对 t 作图（图 5.7），得一条直线，且由其斜率可求得

$$k=(111.1-15.6)/55=1.73(\text{mol}^{-1}\cdot\text{dm}^{3}\cdot\text{min}^{-1})$$

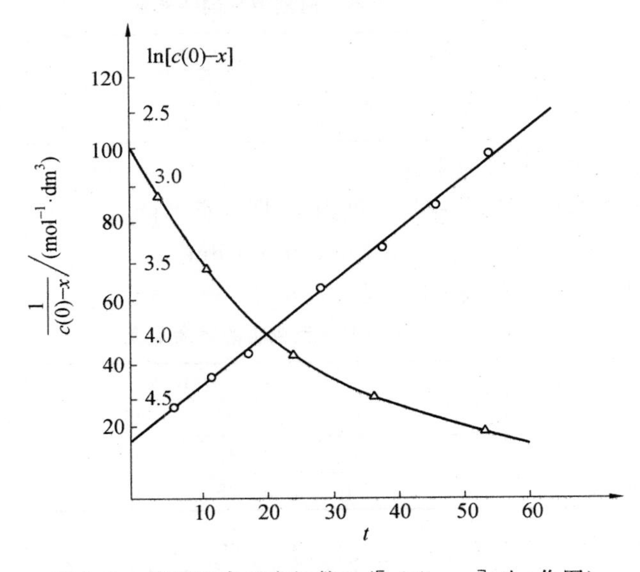

图 5.7　作图法求反应级数（$1/[c(0)-x]$ 对 t 作图）

以上介绍的积分法是常用的测定级数的方法。其优点是只需要一次实验的数据就能尝试或作图。其缺点是不够灵敏，只能用于简单级数反应，例如，当测得级数是 1.6 ～ 1.7 时，究竟应算作二级反应，还是 1.5 级反应就难以确定了。当实验持续时间不够长，转化率又低的反应所得的 $c-t$ 数据很可能按一级、二级甚至二级特征作图均得线性关系，为分辨清楚，探明究竟，就要扩展反应时间范围，一般需要 5 ～ 10 个半寿期方可。

② 分数寿期法。

本法是利用分数寿期的积分形式来求反应级数，但一般只适用于单组元反应物的情形。对于一级反应有

$$t_\theta = \frac{1}{ak}\ln\frac{1}{1-\theta}$$

对于 $n(\neq 1)$ 级，则有

$$t_\theta = \frac{1}{a(n-1)k}\left(\frac{1}{\theta^{n-1}}-1\right)\frac{1}{c\,(0)^{n-1}}$$

可见

$$t_\theta \propto \frac{1}{c\,(0)^{n-1}} \text{ 或 } t_\theta = I\,\frac{1}{c\,(0)^{n-1}}$$

取对数，则得

$$\lg t_\theta = \lg I + (1-n)\lg c(0) \tag{5.92}$$

式中，I 为比例常数，若以 $\lg c(0) - \lg t_\theta$ 作图可得一直线，并由其斜率 $(1-n)$ 可求得反应级数 n。

分数寿期法也可采用尝试法。即用不同 $c(0)$ 和所对应的 t_θ 分别代入式(5.92)以求得反应级数 n。例如，将任意两对 t_θ 和 $c(0)$ 的数据代入式(5.92)则得

$$\lg t_\theta = \lg I + (1-n)\lg c(0)$$

$$\lg t'_\theta = \lg I + (1-n)\lg c\,(0)'$$

两式相减，消去常数项 $\lg I$，解出 n 得

$$n = 1 + \frac{\lg t'_\theta - \lg t_\theta}{\lg c(0) - \lg c(0)'} \tag{5.93}$$

利用分数寿期法求反应级数 n 时，最常用的分数寿期为半寿期 $t_{1/2}$。利用分数寿期法求反应级数要比积分法更可靠些，也是只需一次实验的 $c-t$ 曲线即可求得反应级数。

③ 微分法。

本法是用浓度随时间的变化率与浓度的关系来求反应级数。对于单组元反应，其反应速率方程为

$$r = -\frac{dc}{dt} = kc^n$$

按上式，在反应物浓度为 c_1 及 c_2 时，则应有

$$r_1 = -\frac{dc_1}{dt} = kc_1^n \text{和 } r_2 = -\frac{dc_2}{dt} = kc_2^n$$

将上两式去对数后相减，即可求得级数 n 为

$$n = \frac{\lg r_1 - \lg r_2}{\lg c_1 - \lg c_2} \tag{5.94}$$

若式(5.94)中的 c_1 及 c_2 分别代表反应物的不同初始浓度，则所相应的反应速度 r_1 及 r_2 分别为反应在不同反应初始浓度下的不同初始速度(初速)。由于反应在开始阶段遇到的复杂因素较少，所以利用反应初速求出的级数有时较为可靠。

利用反应速率方程的对数式：

$$\lg r = \lg k + n\lg c$$

由此式可见，以 $\lg r$ 对 $\lg c$ 作图可得一直线，其斜率即为反应级数 n，其截距是 $\lg k$。

使用微分法确定反应级数时，由于实验处理方法不同，所测得级数的含义也不同。所用实验方法有两种，分述如下。

用反应物的不同初始浓度的多次测定法：实验是用反应物的不同初始浓度分多次进行的，测定小的反应初始速率，相当于图 5.8(a) 中各曲线在 $t=0$ 时切线的斜率。然后将这些初始速率的对数 $\lg r$ 对相应的初始浓度 $\lg c$ 作图应得一直线，如图 5.8(b) 所示，此直线的斜率即为反应级数。用这种方法求得的级数为对浓度而言的级数，即反应的浓度级数或真实级数，记为 n_c。

用反应物的同一初始浓度的连续测定法：本法是在一次实验中，在 $c-t$ 图上求不同时间所对应的浓度时切线的斜率，即为反应在该时刻的瞬时速率，如图 5.9(a) 所示。然后将瞬时速率的对数对相应浓度的对数($\lg r-\lg c$) 作图，应得一直线，如图 5.9(b) 所示，此直线的斜率即为反应级数。由于这样确定反应级数时，反应时间是不同的，因而将这样求得的级数称为对时间而言的级数或时间级数，记为 n_t。

对于简单级数的反应，n_c 与 n_t 往往相同，但对比较复杂的反应，二者却不一定相同。例如乙醛的气相热分解反应，其 $n_t=2$，$n_c=1.5$。其 $n_t>n_c$ 表明当反应进行时，反应速率的下降，要比按 n_c 所预期的快。这意味着可能是反应进行时生成了能阻化反应的产物；若 $n_c>n_t$ 则可能是反应产物有催化作用。根据上面的介绍，用微分法测定反应级数可能比分数寿期法更为可靠。当然，如果 $n_t=n_c$，则用分数寿期法和用微分法求得的结果是一致的。

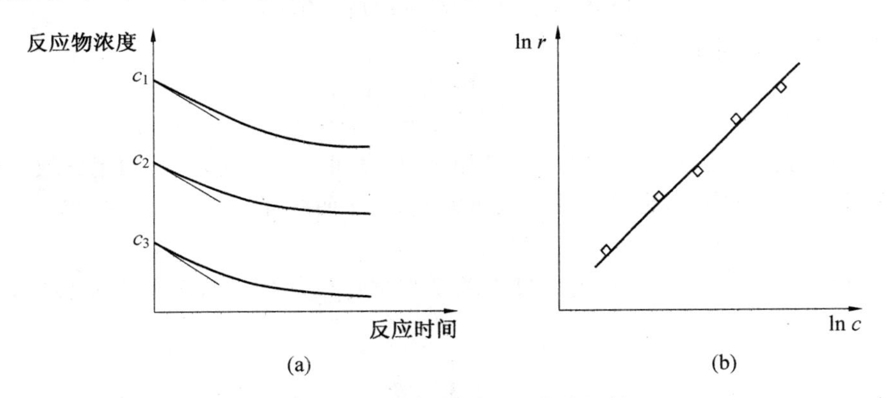

图 5.8　起始速率微分法测反应级数 n_c

④ 孤立法(过量浓度法)。

如果所讨论的反应的反应物是多组元的，且各反应物的初始浓度又不相同，反应通式可记为：$\alpha A+\beta B+\delta C \longrightarrow P$。其反应速率方程为

$$r=kc_A^{\alpha}c_B^{\beta}c_C^{\delta}$$

用上述的测定反应级数的方法虽然可行，但都比较麻烦，此时可采用孤立法。此法是选择这样一种实验条件，在一组实验中保持除 A 以外的 B(…) 物质大大过量(通常需过量 10 倍以上)，则在反应过程中，只有 A 的浓度 c_A 有变化，而 B(…) 物质的浓度基本保持不变，或在各次实验中用相同的 B(…) 物质的初始浓度，而只改变 A 的初始浓度，如此则速率公式可转化为 $r=k'c_A^{\alpha}(k'=kc_B^{\beta}\cdots)$。最后用前述的积分法或微分法先求出 a。依此类推，可求出 $\beta(\cdots)$。反应级数则为 $n=\alpha+\beta+\cdots$。

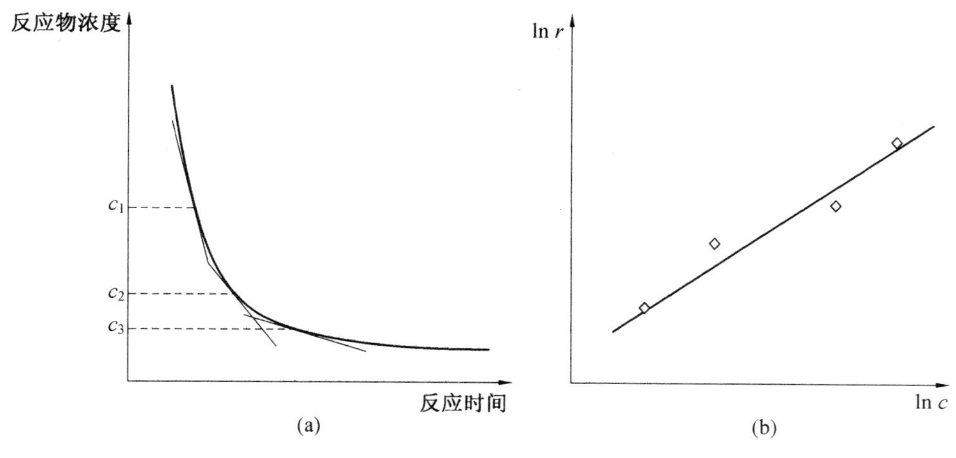

图 5.9　微分法测反应级数 n_t

用此法时应注意加入过量物质时不能引起副作用，以免导致错误结果。为此，本法只能作为一种辅助方法。

由上文可见，在用积分法和分数寿期法确定反应级数的同时，还可以求出反应速率常数 k，实际测定反应速率常数时主要就是采用这些方法。对于复杂反应，往往包含一个以上的速率常数，需根据情况进行个别测定，没有一个统一方法和规律可以应用。

3. 活化能的测定

(1) 作图法求活化能。

在 Arrhenius 公式中，指数因子 $e^{-\frac{E_a}{RT}}$ 对数率常数 k 值起决定性作用，而指数因子的核心是反应活化能 E，所以在动力学研究中确定反应活化能是重要的一步。由 Arrhenius 定理有

$$k = Ae^{-\frac{E_a}{RT}}$$

或

$$\ln k = \ln A - \frac{E_a}{RT}$$

用作图法以 $\ln k - \frac{1}{T}$ 作图，可得一直线，从其斜率可求得活化能 E_a。前述的 Arrhenius 公式尚可转化为

$$T\ln k = T\ln A - \frac{E_a}{R}$$

若以 $T\ln k - T$ 作图，由所得直线的截距 $-\frac{E_a}{R}$ 也可求得活化能。无论哪种作图法，都涉及求速率常数 k，这对简单反应也不算过于麻烦，但对复杂反应中的某些基元反应（如反应物之一是自由原子、自由基或激发态分子）时，这些物种的制备和准确测定它们的浓度都不容易，需要特殊方法。

(2) 计算法求活化能。

将 Arrhenius 公式的微分形式在两个温度之间做定积分，则得

$$\ln \frac{k(T_2)}{k(T_1)} = \frac{E_a(T_2 - T_1)}{RT_2T_1}$$

将两个任意温度下的 k 值代入上式，即可估算出活化能。

(3) 用修正的 Arrhenius 公式求活化能。

在 Arrhenius 公式中，将反应的活化能看作与温度无关的常数，严格说来却并非如此。温度有关的活化能式：$E_T = E_0 + mRT$，这里的 E_0 即 E_a。如此，则有

$$\frac{\mathrm{dln}\ k}{\mathrm{d}\left(\frac{1}{T}\right)} = -mT - \frac{E_a}{R}$$

$$E_a = -R\left[mT + \frac{\mathrm{dln}\ k}{\mathrm{d}\left(\frac{1}{T}\right)}\right]$$

可见，修正的 Arrhenius 公式的积分式为

$$k = A_n T^m \mathrm{e}^{-\frac{E_a}{RT}}$$

或

$$\ln k = \ln A_0 + m\ln T - \frac{E_a}{RT}$$

4. 非简单级次反应的动力学处理

本节中上述几项内容都以具有简单级次的反应为对象。对于非简单级次反应是不能直接应用其结论的。本部分内容将介绍非简单级次反应的动力学处理方法，可分为两种情况。

(1) 已知速率方程和动力学方程。

许多化学反应的速率方程的通式为

$$-\frac{\mathrm{d}c_A}{\mathrm{d}t} = k_1 c_A + k_x c_A^{x/2} \tag{5.95}$$

如过氧苯甲酰的分解反应的速率方程即为如上的形式。上式右边的第一项相当于引发反应，而后项则具有链反应的形式。如果 $x = 2$，则

$$-\frac{\mathrm{d}c_A}{\mathrm{d}t} = k_1 c_A + k_2 c_A = (k_1 + k_2) c_A$$

可见这是一级反应，可按前面的一级反应处理。

若 $x \neq 2$，则可按下面介绍的方法处理。

① 利用积分式：当 $x \neq 1$ 且为一正整数时，可对式(5.95)移项整理后积分

$$-\frac{\mathrm{d}c_A}{\mathrm{d}t} = k_1 c_A + k_x c_A^{x/2}$$

$$\frac{-\mathrm{d}c_A}{k_1 c_A + k_x c_A^{x/2}} = \mathrm{d}t$$

$$\frac{-\mathrm{d}c_A}{k_x c_A^{x/2}\left(\frac{k_1}{k_x} c_A^{1-x/2} + 1\right)} = \mathrm{d}t \tag{5.96}$$

令 $y = \frac{k_1}{k_x} c_A^{1-x/2} = \frac{k_1}{k_x} c_A^{(2-x)/2}$，可得

$$\mathrm{d}y = \frac{k_1}{k_x}\left(\frac{2-x}{2}\right) c_A^{\frac{2-x}{2}-1}\mathrm{d}c_A \tag{5.97}$$

故有

$$\mathrm{d}c_{\mathrm{A}} = \frac{1}{\frac{k_1}{k_x}\left(\frac{2-x}{2}\right)c_{\mathrm{A}}^{\frac{2-x}{2}-1}}\mathrm{d}y \tag{5.98}$$

将式(5.98)中的 $\mathrm{d}c_{\mathrm{A}}$ 代入式(5.96)，整理后可得

$$-\frac{2}{k_1(2-x)}\mathrm{d}\ln y = \mathrm{d}t$$

积分得

$$-\frac{2}{k_1(2-x)}\mathrm{d}\ln \frac{y}{y_a} = t$$

即

$$-\frac{2}{k_1(2-x)}\mathrm{d}\ln \frac{\frac{k_1}{k_x}c_{\mathrm{A}}^{\frac{2-x}{2}}+1}{\frac{k_1}{k_x}c_{\mathrm{A}}^{\frac{2-x}{2}}(0)+1} = t$$

或

$$\frac{k_1(2-x)}{2}t = \ln\left[\left(\frac{k_1}{k_x}\right)c_{\mathrm{A}}^{\frac{2-x}{2}}+1\right] - \ln\left[\left(\frac{k_1}{k_x}\right)c_{\mathrm{A}}^{\frac{2-x}{2}}(0)+1\right] \tag{5.99}$$

将不同的 x 值代入式(5.99)，并以 $\left[\left(\frac{k_1}{k_x}\right)c_{\mathrm{A}}^{\frac{2-x}{2}}+1\right]-t$ 作图，从斜率可以求出 k_1。但 k_x 不知，若采用不同的初始浓度，则有

$$t_1 = -\frac{2}{k_1(2-x)}\mathrm{d}\ln \frac{\frac{k_1}{k_x}c_{\mathrm{A}_1}^{\frac{2-x}{2}}+1}{\frac{k_1}{k_x}c_{\mathrm{A}_1}^{\frac{2-x}{2}}(0)+1}$$

$$t_2 = -\frac{2}{k_1(2-x)}\mathrm{d}\ln \frac{\frac{k_1}{k_x}c_{\mathrm{A}_2}^{\frac{2-x}{2}}+1}{\frac{k_1}{k_x}c_{\mathrm{A}_2}^{\frac{2-x}{2}}(0)+1}$$

若 $t_1=t_2$，则有

$$\frac{\frac{k_1}{k_x}c_{\mathrm{A}_1}^{\frac{2-x}{2}}+1}{\frac{k_1}{k_x}c_{\mathrm{A}_1}^{\frac{2-x}{2}}(0)+1} = \frac{\frac{k_1}{k_x}c_{\mathrm{A}_2}^{\frac{2-x}{2}}+1}{\frac{k_1}{k_x}c_{\mathrm{A}_2}^{\frac{2-x}{2}}(0)+1}$$

设

$$f = \frac{\frac{k_1}{k_x}c_{\mathrm{A}_1}^{\frac{2-x}{2}}(0)+1}{\frac{k_1}{k_x}c_{\mathrm{A}_2}^{\frac{2-x}{2}}(0)+1}$$

则

$$c_{\mathrm{A}_1}^{\frac{2-x}{2}} = fc_{\mathrm{A}_2}^{\frac{2-x}{2}} + \frac{k_x}{k_1}(f-1)$$

如以 $c_{\mathrm{A}_1}^{\frac{2-x}{2}} - c_{\mathrm{A}_2}^{\frac{2-x}{2}}$ 作图，得一直线，由其斜率可求得 f。再由：

$$f\left[\left(\frac{k_1}{k_x}\right)c_{\mathrm{A}_2}^{\frac{2-x}{2}}(0)+1\right] = \left(\frac{k_1}{k_x}\right)c_{\mathrm{A}_1}^{\frac{2-x}{2}}(0)+1$$

$$\left[fc_{A_2}^{\frac{2-x}{2}}(0) - c_{A_1}^{\frac{2-x}{2}}(0)\right]\frac{k_1}{k_2} = 1 - f$$

则由直线的截距可求得$\frac{k_2}{k_1}(f-1)$。如此，则$\frac{k_2}{k_1}$及x均可求得，利用上面已求得的k_1，则可求出k_x。

② 利用微分式：如α－桐油酸的氧化反应。其速率方程具有下列形式：

$$r = \frac{c_A c_B}{kc_A + k'c_B}$$

式中，c_A为α－桐油酸的浓度；c_B为氧的浓度。上式可转化为如下形式：

$$\frac{1}{r} = \frac{kc_A + k'c_B}{c_A c_B} = \frac{k}{c_B} + \frac{k'}{c_A}$$

当在O_2的压力固定条件下，以$1/r$对$1/c_A$作图，可得直线，由斜率可求出k'，截距可求出k。且能进一步求出反应级数。

(2) 未知速率方程和动力学方程。

① 利用初始速率方程法：当对所研究的反应既不知速率方程又不知动力学方程时，通常多采用先求出反应初始时的动力学方程的方法，来解决非简单级次反应的问题。这是利用一般的非简单级次反应的初始速率往往有简单级次的特点。

例如，过氧化物的分解反应是一个非简单级次反应。但这些反应在开始时是O—O键的断裂，这往往是一级反应。因此，可以用不同的反应物初始浓度，求出反应的初始速率r和速率常数k。然后再用$c_A(0)-k$作图，外推至$c_A(0)\rightarrow 0$求出k并确定为一级反应。

② 利用经验的动力学方程法：设非简单级次反应的计量方程通式为

$$\sum_i a_i A_i \rightarrow \sum_j \beta_j B_j$$

其速率方程可假定为

$$r = k\prod_i c_{A_i}^{n_i}\prod_j c_{B_j}^{m_j}$$

现以反应$A_1 + A_2 \longrightarrow B$为例，介绍利用经验性动力学方程对非简单级次反应的处理方法。

假定$A_1 + A_2 \longrightarrow B$的速率方程为

$$r = \frac{dc_B}{dt} = kc_{A_1}^{n_1} c_{A_2}^{n_2} c_B^m$$

反应开始时，B物质极少，A_1与A_2的变化量也很小，因此反应的初始速率可近似为

$$r_{始} \approx kc_{A_1}^{n_1}(0)c_{A_2}^{n_2}(0)c_B^m = \frac{dc_B}{dt}$$

$$\frac{dc_B}{c_B^m} = kc_{A_1}^{n_1}(0)c_{A_2}^{n_2}(0)dt$$

积分后得

$$\frac{1}{1-m}c_B^{1-m} = kc_{A_1}^{n_1}(0)c_{A_2}^{n_2}(0)t$$

取对数：

$$(1-m)\lg c_B = \lg k(1-m) + n_1\lg c_{A_1}(0) + n_2\lg c_{A_2}(0) + \lg t$$

如此则利用3次重复实验，可以作出$\lg c_B - \lg t$的3条曲线。每条曲线初始时为直线，当

t 增长时则逐渐变为曲线。利用所得3条线可求 k、n_1、n_2。上述方法只适于那些反应速率较小的慢反应以及转化率比较低(一般在10%以内)的反应。

5. 反应机理的确定

在反应速率方程和动力学方程通过实验测定和必要的数学处理确定之后，经典动力学的研究工作还需进一步确定反应机理，即确定总包反应的各基元反应的步骤，研究反应过程的细节。

(1) 确定反应机理的一般程序。

① 以一定的客观事实(如有关化学组成的物质结构知识)，参照前人所得的关于反应机理的资料，对所研究的总包反应拟定出可能的机理。

② 利用经典动力学的基本定理，给出各个基元反应，对各组元的反应速率方程和反应温度的影响。

③ 通过严格或近似的运算，消去速率方程中不稳定的中间物的浓度，得出只包含稳定组元浓度的速率方程，进而解出动力学方程。

④ 将理论推得的速率方程、动力学方程和实验的数据加以比较，确定所拟定反应机理的可靠性。

⑤ 进一步设计实验来肯定所拟机理的可靠性。同位素示踪是这类实验的常用方法。

(2) 确定反应机理的实例。

下面以 HBr 的合成反应为例，介绍其反应机理的揭示过程。

HBr 合成反应的总包反应的计量方程为

$$H_2 + Br_2 \longrightarrow 2HBr$$

此反应的速率方程为

$$r_{实} = \frac{k c_{H_2} c_{Br_2}^{1/2}}{1 + \dfrac{c_{HBr}}{10 c_{Br_2}}}$$

此反应的机理曾被许多人研究过，这是个反应机理复杂却又被较彻底研究过的确定的一个重要例子。

此总包反应中可能包含的基元反应有：

(a) $Br_2 \longrightarrow Br + Br$　　$E_1 = 191\ kJ/mol$

(b) $H_2 \longrightarrow H + H$　　$E_2 = 436\ kJ/mol$

(c) $Br + H_2 \longrightarrow H + HBr$　　$E_3 = 69.5\ kJ/mol$

(d) $HBr \longrightarrow H + Br$　　$E_4 = 366\ kJ/mol$

(e) $Br + HBr \longrightarrow H + Br_2$　　$E_5 = 173\ kJ/mol$

(f) $H + Br_2 \longrightarrow HBr + Br$　　$E_6 = 5.0\ kJ/mol$

(g) $H + HBr \longrightarrow Br + H_2$　　$E_7 = 5.0\ kJ/mol$

(h) $Br + Br \longrightarrow Br_2$　　$E_8 = 0\ kJ/mol$

(i) $Br + H \longrightarrow HBr$　　$E_9 = 0\ kJ/mol$

(j) $H + H \longrightarrow H_2$　　$E_{10} = 0\ kJ/mol$

通过比较反应(a)、反应(b)、反应(d)3个产生自由原子的反应的活化能，反应(a)的活化能远比其他两个反应的活化能小，故反应(a)可能发生。由此反应生成的 Br 原子可以通过反应(c)或反应(e)使稳定的 H_2 或 HBr 转化，由于 $E_5 \gg E_3$，故只有反应(c)可能发生。由反应(c)生成的 H 原子可以通过反应(f)及(g)使稳定分子 Br_2 与 HBr 转化。由于 E_6 及 E_7 均较小且十分接近，故这两个反应均有可能发生。由于反应(c)、(f)及(g)均不改变自由原子的数目，因此由反应(a)产生的自由原子必须通过其他方式消耗，这些可能的方式就是反应(h)、(i)及(j)。但由于 H 原子比 Br 原子活泼得多，且反应(f)和(g)的活化能比反应(c)的小得多，因此 H 原子的浓度很小。而且由于 H 原子参加的反应(i)和(j)又会放出大量的热(由其逆反应的活化能可知)而难以散失，故均可不予考虑。综合以上所述的推论，可以拟出可能的反应机理为

$$Br_2 \xrightarrow{k_1} Br + Br$$

$$Br + H_2 \xrightarrow{k_3} H + HBr$$

$$H + Br_2 \xrightarrow{k_6} HBr + Br$$

$$H + HBr \xrightarrow{k_7} Br + H_2$$

$$Br + Br \xrightarrow{k_8} Br_2$$

由于 H、Br 均为活性原子，作为中间产物均可按不稳定物质依似稳态法处理，如此即可求得按可能机理推得的理论反应速率方程式：

$$r_{理} = \frac{k_3\ (k_1/k_2)^{\frac{1}{2}} c_{H_2} c_{Br_2}^{1/2}}{1 + (k_7/k_8)(c_{HBr}/c_{Br_2})}$$

此式基本与 $r_{实}$ 的形式相似。已有大量实验证明了上述机理的可靠性。

上面这个例子介绍了确定反应机理的一般步骤和经典的处理方法。但经典处理方法并非十分充分，有时会导致错误的结论。下面再介绍另一种例子，说明其不充分之处。

以 HI 的合成反应为例。长期以来，许多人认为 HI 的合成与分解反应均为简单的双分子基元反应。也有人提出该反应是通过自由原子(I 原子)的反应机理的看法，并指出简单的双分子反应机理和以自由原子方式进行的复杂反应的机理，具有相同的反应速率方程。

这两种反应机理分别如下。

简单双分子基元反应

$$H_2 + I_2 \longrightarrow 2HI$$

应用质量作用定律可得理论反应速率方程：

$$r_{理} = kc_{H_2} c_{I_2}$$

这与实验所得的反应速率方程 $r_{实}$ 完全相符。

自由 I 原子参加的复杂反应：20 世纪 60 年代后期，人们通过实验认为 HI 合成反应是一个复杂反应，其反应可以为

$$I_2 \xrightarrow{k_1} I + I \qquad (a)$$

$$2I \xrightarrow{k_2} I_2 \qquad (b)$$

$$2I + H_2 \xrightarrow{k_3} 2HI \qquad (c)$$

若该反应的控制步骤为反应(c)，可应用对反应(a)与(b)的似平衡法处理，可得

$$k_e=\frac{k_1}{k_2}=\frac{c_I^2}{c_{I_2}}$$

$$c_I^2=\frac{k_1}{k_2}c_{I_2}$$

$$r_{理}=k_3\frac{k_1}{k_2}c_{H_2}c_{I_2}=kc_{H_2}c_{I_2}$$

可见，所得复杂反应的反应速率与实验所得及按简单双分子基元反应机理所得的均完全一致。显然，并不能由此证明两种机理都是可能的。为此，必须进一步设计实验加以辨认。根据 HI 的光化学合成反应(按自由 I 原子的反应机理)的研究，测定了反应(c)在不同温度下三分子反应速率常数 k_3，并按 Arrhenius 定理以 $\lg k_3-\frac{1}{T}$ 作图得一条直线，且证明此直线与热化学合成 HI 的相应直线相重合，从而证明了通过自由原子的反应机理是正确的。

综上，单纯从与反应速率方程或反应动力学方程相符，是不可以证明拟定机理的正确性或可靠性的。不仅如此，经典方法确定反应机理的不充分性还表现在拟定不同的反应机理，可能得到在实验误差范围内同样符合的不同形式的反应速率方程或反应动力学方程。因此确定某一反应的机理往往不能单从动力学的宏观唯象理论来证实。

(3) 示踪原子法确定反应机理简介。

示踪原子法是利用在反应体系中加入人工合成的含同位素的具有相同化学性质的物质，分析测定同位素的分布情况来判定反应机理的方法。例如，乙醛的分解反应：

$$CH_3CHO \longrightarrow CH_4+CO$$

为考查此反应是在单分子内进行还是在分子间进行，可在反应体系中加入少量 CD_3CDO 分析产物，发现产物中既有 CH_3D 又有 CD_3H，表明反应是在分子间进行的。

5.3　基元反应动力学

在之前的章节中介绍了反应动力学的基本理论和基本规律。本节将从微观的角度，从分子水平来解释这些规律和定理，从而建立起微观的动力学理论。

5.3.1　分子碰撞理论

1. Arrhenius 定理的物理图像

Arrhenius 定理的产生背景及其基本内容已做过介绍，在此将更深入地对该定理进行分析。

(1) Arrhenius 定理的物理图像及其说明。

反应物质欲发生反应，其分子必须具有高于活化能 E_{a+} 的能量，即分子必须处于活化状态才能反应。反应的逆向过程要求产物的分子也必须具有高于逆向反应活化能 E_a 的能量，经过中间活化状态，才可能生成原来的反应物(图 5.10)。

图 5.10 反映出如下关系：

$$E_a-E_{a^+}=\Delta E=\Delta U$$

图 5.10 中的纵坐标为能量坐标，横坐标为反应坐标。

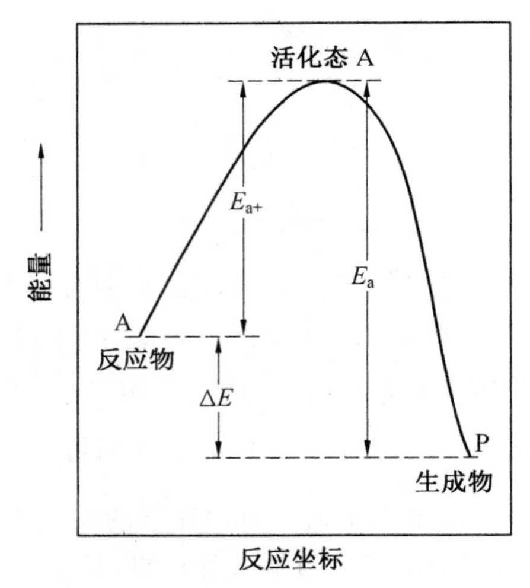

图 5.10　活化能示意图

(2) 温度对反应速率影响的理论分析。

由实验得知，温度的变化可显著改变反应速率。Arrhenius 认为，温度升高虽然可使反应物分子的平均能量 E 增大，但不能减小其活化能。同时，温度的改变对活化能没有影响，反应速率的改变是由于温度改变导致玻耳兹曼能量分布曲线形状的改变，如图 5.11 所示，温度升高，整个曲线右移，最高点稍有下降。按能量的归一化条件，两曲线下方的面积应该相等。

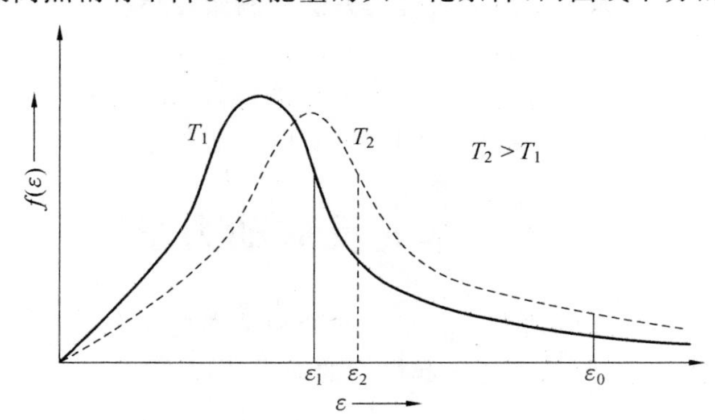

图 5.11　能量分布函数 $f(\varepsilon)$ 对于能量 ε 的依赖曲线

图 5.11 中 ε_0 为一指定能量，若分子能量超过 ε_0，则为活化分子。当温度升高时，体系中的活化分子数目大大增加。根据玻耳兹曼能量分布曲线公式得

$$N(\varepsilon \geqslant \varepsilon_0)/N = e^{-\varepsilon_0/k_B t} = e^{-E_0/RT}$$

式中，k_B 为玻耳兹曼常数，显然 $\varepsilon_0 = E_0/N_0$（N_0 为 Avogadro 常数）。这表明反应速率常数与能量大于 ε_0（即 E_0/N_0）的分子数成正比。只有具有能量大于 ε_0 的反应物分子才能进行反应。可见，温度的影响表现在活化能因子 $e^{-E_0/RT}$ 上（即活化分子所占的百分数），由于 T 是在指数项上，故其影响显著。

(3) Arrhenius 定理的物像的不足之处有：

① 物理图像中假定反应物和产物之间存在一种中间活化状态。但对这种活化状态的形态和结构并未给出明确的说明。

② 关于活化能物理图像没有从理论上予以具体的说明，没确定计算方法，只能靠实验测定。

③ 物理图像中的横坐标 —— 反应坐标未加说明。以上这些问题在分子碰撞理论中将予以解释。

2. 分子碰撞理论与碰撞频率

分子碰撞理论是由 Lewis 于 1918 年提出的。他是在 Arrhenius 理论所提出的活化状态和活化能概念的基础上，认为分子要发生反应，首先必须相互接触碰撞。由于碰撞而生成的中间活化状态，必须具有超过某一数值的内部能量，并具有一定的空间结构。下面依据碰撞理论的这些假定，逐一加以介绍。

（1）分子碰撞模型。

在碰撞理论中讨论物质的分子碰撞常采用两种模型。

① 分子碰撞的弹性刚球模型：这是 Lewis 最初采用的模型，假定分子是刚性的实心球体，分子占有一定体积，不考虑分子作用力，分子不能压缩。刚球为光滑表面，碰撞无摩擦阻力，碰撞时切面方向对相对速度不产生任何影响，分子的碰撞是弹性碰撞。

这种模型使用简单易于掌握，物理意义直观具体。缺点是与实际分子的结构相差悬殊。

② 质心点模型：这种模型假定分子为一个质点，分子间的相互作用来源于质点的质心力。分子间作用能的大小视为质点间距离的函数。这种模型对比之下更接近于实际分子的碰撞情况，但采用这种模型处理分子碰撞问题时方法繁杂，应用的数学知识多，不易掌握。而且实际分子具有复杂的内部结构，绝非一个质点所能描述，故与实际仍有一定偏差。只有当分子间距离比较大时，即远大于分子直径时，分子才能近似为质点。

（2）分子碰撞频率。

以下的讨论采用弹性刚球模型。

① 碰撞截面与碰撞体积：根据所采用的分子碰撞模型，分子的碰撞完全是刚性球体的弹性碰撞，因此服从能量和动量守恒定律，且球体半径不变。若把擦碰（擦边而过）也包括在碰撞次数计算之内，假定两个相互碰撞的分子的半径分别为 r_A 和 r_B，则碰撞的半径为 $r_{AB}=r_A+r_B$，碰撞截面为 $\sigma_{AB}=\pi r_{AB}^2$，即图 5.12 所示的虚心圆面积。若假定只有 A 分子运动而 B 分子不动，考虑 A 分子的一维运动的速度为 v_A，则单位时间内 A 分子的运动距离 $L=v_A$。所以，碰撞体积（图 5.13）应为

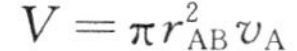

$$V=\pi r_{AB}^2 v_A$$

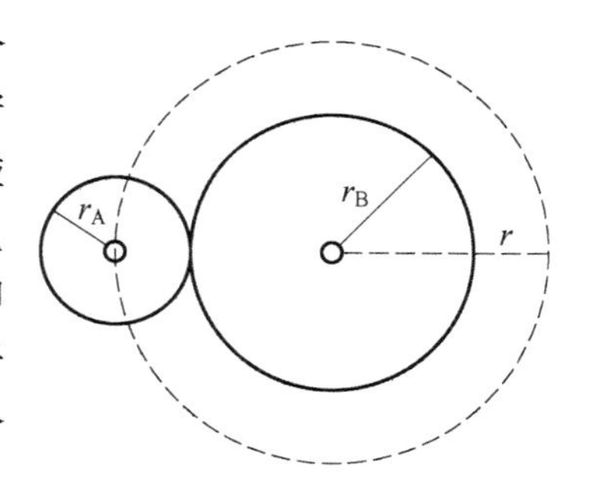

图 5.12　刚球分子的碰撞界面

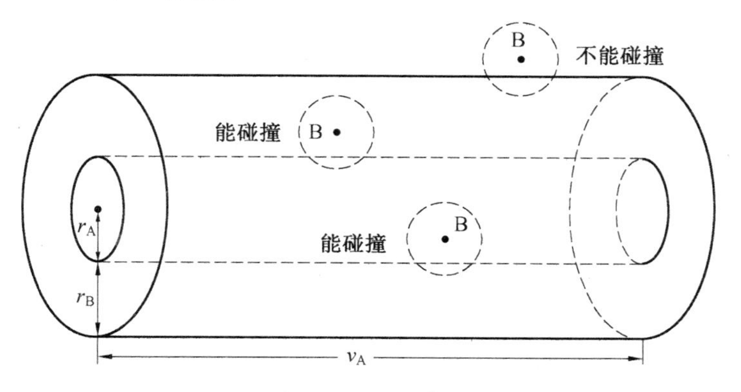

图 5.13　碰撞体积

下面再对 v_A 做进一步的讨论。

由于这里的 v_A 是指某个分子的运动速度，并非是所有 A 分子的运动速度都为 v_A。故上述的碰撞体积的计算中应采用 A 分子的平均速度 $\overline{v}_A$。分子的平均速度可从麦克斯韦速度公式求出：

$$\frac{dN_A}{N_A}=4\pi\left(\frac{m_A}{2\pi k_B T}\right)^{3/2} v_A^2 e^{m_A v_A^2/2kT} dv$$

上述计算的前提是只有 A 分子运动，而 B 分子并不运动，这种情况只适用于 $m_B \gg m_A$ 且 $v_B \ll v_A$ 的条件。实际上 m_A 与 m_B 接近，v_A 也与 v_B 相似，即 A、B 分子皆可运动。如此，上面公式中以平均相对速度代替相对速度，即

$$\overline{v}_{相对}=(\overline{v}_A^2+\overline{v}_B^2)^{1/2}$$

② 以 $\overline{v}_A$ 求碰撞频率。

分子的平均运动速度

$$\overline{v}_A=\left(\frac{8k_B T}{\pi m_A}\right)^{1/2}$$

故碰撞体积为

$$V=\pi r_{AB}^2\left(\frac{8k_B T}{\pi m_A}\right)^{1/2}$$

若单位体积内 A、B 的分子数分别为 N_A、N_B，则单位时间内 A 和 B 碰撞次数为

$$z'_{AB}=\pi r_{AB}^2\left(\frac{8k_B T}{\pi m_A}\right)^{1/2} N_A N_B = r_{AB}^2\left(\frac{8\pi k_B T}{m_A}\right)^{1/2} N_A N_B$$

③ 以平均相对速度求碰撞频率。

依据平均相对速度：

$$\overline{v}_{相对}=(\overline{v}_A^2+\overline{v}_B^2)^{1/2}=\left(\frac{8k_B T}{\pi m_A}+\frac{8k_B T}{\pi m_B}\right)^{1/2}=\left(\frac{8k_B T}{\mu\pi}\right)^{1/2}\left(\mu=\frac{m_A m_B}{m_A+m_B}\right)$$

式中，μ 称为折合质量。如此可得

$$z'_{AB}=\pi r_{AB}^2\left(\frac{8k_B T}{\mu\pi}\right)^{1/2} N_A N_B = r_{AB}^2\left(\frac{8\pi k_B T}{\mu}\right)^{1/2} N_A N_B$$

将量纲代入得

$$r=kN_0=10^{13\sim14}\ \mathrm{cm^3/(mol\cdot s)}$$

即单位时间(s)、单位体积(cm^3)中 A 与 B 的碰撞次数。

④ 碰撞频率计算举例：若 $r=3\times10^{-8}$ cm，$M=m\times6.023\times10^{23}=10gT=300$ K，则计算可得

$$z'_{AB}=10^{-10}N_A N_B$$

假设每次碰撞均能发生反应，N'_A、N_B改用摩尔表示，则反应速率为

$$r=k_{分子}N_0=10^{13\sim14}\ \mathrm{cm^3/(mol\cdot s)}$$

其反应的宏观速度将大得惊人，显然这是不可能的，可见，碰撞是发生分子反应的必要条件，却不是充分条件，只有具有一定数值的内部能量的活化分子的碰撞才能导致反应。

3. 活化能

依据碰撞理论的第二个假定，分子反应需要有一定能量，即碰撞的分子具有了一定数值的内部能量，也就是活化分子间的碰撞，才是有效碰撞，所生成的活化状态才能生成产物。这里

所指的能量即为反应的活化能。依据碰撞理论的弹性碰撞的刚球模型，假定 A、B 双分子的反应是

$$A + B \longrightarrow [A\cdots\cdots B] \longrightarrow \text{产物}$$

理论假定要求，具有活化能的、处于活化状态的(A……B) 才能发生进一步的反应，这里所说的能量是指 A、B 分子间的平动能而言。即把惯性坐标原点放在两个分子之间的质量中心点上，这样，A、B 分子不受影响，分子之间的动量守恒，使质量中心运动轨迹是一直线，两个分子不会发生转动，而是在平面上的二维平动运动。

根据利用 Maxwell 的速率分布定律、Boltzmann 分布律及统计力学，可得出反应的活化能：

$$E = N_0(\bar{\varepsilon}_a - \bar{\varepsilon})$$

依据分子碰撞理论的两个基本假定，反应速率公式有二：一是针对不同类的双分子碰撞

$$k' = z^0_{AB}\mathrm{e}^{-\varepsilon_0/k_B T}, \quad z^0_{AB} = r^2_{AB}\left(\frac{8\pi k_B T}{\mu}\right)^{1/2}$$

二是对相同种类的双分子的碰撞

$$k'' = z^0_{AA}\mathrm{e}^{-\varepsilon_0/k_B T}, \quad z^0_{AA} = 2r^2_{AA}\left(\frac{\pi k_B T}{m_A}\right)^{1/2}$$

将上述二式换为宏观量，有 $c_A = \frac{1}{1\ 000} \times \frac{N_A}{N_0}$，再微分处理为 $-\frac{\mathrm{d}N_A}{\mathrm{d}t} = 1\ 000N_0\left(-\frac{\mathrm{d}c_A}{\mathrm{d}t}\right)$

若

$$-\frac{\mathrm{d}c_A}{\mathrm{d}t} = kab = k\left(\frac{N_A}{1\ 000N_0}\right)\left(\frac{N_B}{1\ 000N_0}\right)$$

则

$$-\frac{\mathrm{d}N_A}{\mathrm{d}t} = 1\ 000N_0\left(\frac{\mathrm{d}c_A}{\mathrm{d}t}\right) = \frac{k}{1\ 000N_0}N_A N_B$$

以上是碰撞理论导出的速率公式。并将 A 表示为 $A = 1\ 000N_0 r^2_{AB}\left(\frac{8\pi k_B T}{\mu}\right)^{1/2}$，$k = 1\ 000N_0 r^2_{AB}\left(\frac{8\pi k_B T}{\mu}\right)^{1/2}\mathrm{e}^{-\varepsilon_0/k_B T}$，$A$ 相当于 Arrhenius 公式中的指前因子。由上述式子可以看出，频率因子 A 与温度有关，因而碰撞理论可以解释指前因子与温度有关。碰撞理论认为分子之间的有效碰撞必须使分子的能量达到临界能 E_c，此时：

$$k_p = A\mathrm{e}^{-E_c/RT} = A_0 T^{1/2}\mathrm{e}^{-E_c/RT}$$

将其取对数微分得 $$\frac{\mathrm{dln}\ k}{\mathrm{d}T} = \frac{E_a}{RT^2}$$

与 Arrhenius 公式比较： $$\frac{\mathrm{dln}\ k_p}{\mathrm{d}T} = \frac{E_c + \frac{1}{2}RT}{RT^2}$$

可发现： $$E_a = E_c + \frac{1}{2}RT$$

根据碰撞理论速率公式及有关的讨论可知，$E_c = N_0\varepsilon_0$，可见 E_c 与温度 T 无关。但 E_a 却非如此，虽然 Arrhenius 理论假定 E_a 与温度无关，但与碰撞理论相比较，E_a 却是和温度有关的，即 $E_a = f(T)$。一般来说，当 E_c 较大且在低温下反应时，$E_a = E_c$；当 E_c 较小且在高温下反应

时，只有采用 $\ln\frac{k}{T^{1/2}}-\frac{1}{T}$ 作图才能得较为理想的直线。

4. 概率因子

碰撞理论假定分子为刚性硬球，主要考虑了硬球碰撞的能量因素，在此基础上展示出进行化学反应时简明的物理图像。对于一些分子结构简单的双分子反应，理论上算出的速率常数与实验观测值尚基本相符，即属于同一数量级。但也有许多反应由于其他一些因素的影响而彼此有很大的偏离。为此在利用碰撞理论计算速率常数时须乘一个校正因子 P，即

$$k_p = PA\mathrm{e}^{-E_c/RT}$$

用来修正一些因素对理论反应速率求值的影响。这些影响因素包括以下几项。

(1) 分子取向：碰撞理论所假定的分子是无结构特征的硬球，它是各向同性的。在反应物分子间碰撞时只须在连心线方向相对平动能达到一定数值就能进行反应。但真实分子一般都有复杂的内部结构，并非在任何方位上碰撞都会发生反应。

(2) 能量传递的迟滞效应：硬球分子相互碰撞时，能量可立即传递而不必考虑接触时间。但真实分子碰撞时，传递能量需要一定时间，如果相对速度过大，碰撞时分子接触时间过短来不及传递能量，则即使分子对具有足够的碰撞动能也会造成无效碰撞。具有较高能量的真实分子还需把能量传到待断的键才起反应。如果能量还未传到而又发生了另一次碰撞，则能量可能被传走，仍然不起反应。

(3) 分子结构造成的屏蔽效应：如果发生碰撞的分子结构比较复杂，而欲作用的键或原子又存在于复杂分子的内部，则尽管碰撞的方位是对的，由于外部原子的屏蔽效应，碰撞分子无法直接与之作用，不能满足能量要求，使反应不能进行。

造成反应速率理论推算值和实验测定值不同的原因，显然还不止这些。从总的方面考虑，增加一项概率因子 P 用以修正诸因素所造成的理论值与实测值之间偏离，是速率理论认识上的一大进步，但由于概率因子 P 无法从理论上推算，只能从实验中测出，所以用碰撞理论计算速率常数仍存在困难。一般来说反应物分子越复杂概率因子 P 值越小。对于简单分子的反应，P 值约为 1；对于复杂分子的反应，P 值则很小，有的甚至可小到 10^{-8}。

5. 分子碰撞理论的不足

从总的方面看，分子碰撞理论显然比 Arrhenius 定理前进一步。其中尤以从微观、从分子水平上解决了分子间碰撞频率问题，并对反应活化能给以理论说明和统计力学的推导为佳。但是由于理论中采用了不合乎实际的某些基本假说，使理论尚存在许多不足之处。

(1) 由于碰撞理论采用的是弹性刚球模型，认为作用的分子是具有不变直径、不变质量的实心球体，反应分子间进行的是无相互作用力的完全弹性的碰撞。显然这与结构十分复杂、作用前后千变万化的真实分子相差甚远，因而就不可避免地造成一系列问题。

(2) 分子碰撞理论给出了碰撞频率 z_{AB}^0 与 Arrhenius 理论的指前因子 A 并不符合，有时甚至相差几个数量级。为了解决这个问题，碰撞理论引入概率因子 P，以求彼此符合，但 P 又无法计算，只能从实验估值，所以，实际上碰撞理论尚有待改进。

(3) 虽然碰撞理论从统计理论方面对活化能进行了分析，并给出了一定的物理意义，但是仍然不够明确，不够完善，不能从理论上给出其数值，仍然需从实验测得，所以从活化能的求值来看，碰撞理论也并无多大进步。

(4) 碰撞理论只能适合于一般双分子反应，对单分子反应、三分子反应以及凝聚相中的反

应均需引入一些新的假定或新模型，对电子运动、激发态反应均不适用。

综上所述，碰撞理论只能从理论上推算出碰撞频率，从实验上求出活化能和概率因子。所以说碰撞理论仍是一个半经验性的理论，这就要求对基元反应进行更深入的研究，谋求能够从理论上对反应速率和活化能做出绝对的计算，从而导致绝对反应速率理论的产生。

6. 碰撞理论与经典动力学的基本定理

(1) 碰撞理论的成功与不足。

成功之处：揭示了反应是如何进行的。一个简明清晰的物理图像，解释了简单反应速率公式和 Arrhenius 公式成立的原因；首先肯定了实验活化能与温度有关。

不足之处：模型粗糙，只有分子结构简单的反应，理论值与实验值符合较好。对大部分反应偏差很大，例如，溶液反应计算值比实验值大 $10^5 \sim 10^6$ 倍；不能从碰撞理论预示 k 值。经典碰撞理论实际上只适用于双分子反应，对于单分子反应和三分子反应直接应用都有困难。

(2) 碰撞理论证明了质量作用定律的正确性。

对于基元反应　$\mathrm{A}+\mathrm{B} \longrightarrow$ 产物

可得　$r=kab$

按碰撞理论，上述反应的速率为

$$r_{\mathrm{p}}=pz_{\mathrm{AB}}^{0}\mathrm{e}^{-E_{\mathrm{c}}/RT}ab$$

且

$$k=pz_{\mathrm{AB}}^{0}\mathrm{e}^{-E_{\mathrm{c}}/RT}$$

可见，碰撞理论从微观上证明了质量作用定律的正确性。

(3) 碰撞理论说明了 Arrhenius 定理的指前因子 A。

阿氏定理中　$k_{\mathrm{a}}=A\mathrm{e}^{-E_{\mathrm{a}}/RT}$

碰撞理论有　$k_{\mathrm{p}}=pz^{0}\mathrm{e}^{-E_{\mathrm{c}}/RT}$

因而　$A=pz^{0},\quad E_{\mathrm{a}}=E_{\mathrm{c}}+\dfrac{1}{2}RT$

式中，E_{c} 为碰撞理论定义的分子碰撞所必须达到的临界能；E_{a} 为 Arrhenius 定理所定义的活化能。E_{c} 为于温度无关的常数，E_{a} 则与温度有关。

(4) 碰撞理论适用于简单反应独立作用定理。

例如，基元反应　$\mathrm{A}+\mathrm{B} \longrightarrow \mathrm{P}_1,\quad \mathrm{A}+\mathrm{X} \longrightarrow \mathrm{P}_2$

第一个反应按碰撞理论有

$$z'_{\mathrm{AB}}=z_{\mathrm{AB}}^{0}c_{\mathrm{A}}c_{\mathrm{B}}$$

$$r_1=pz_{\mathrm{AB}}^{0}\mathrm{e}^{-E_{\mathrm{c}}/RT}c_{\mathrm{A}}c_{\mathrm{B}}=k_1c_{\mathrm{A}}c_{\mathrm{B}}$$

在加入 X 的量不大时，X 对 P 的影响可忽略，E_{c} 和 k_1 都不受影响，因而两种理论都符合。但当 X 的加入量较大时，E_{c} 和 P 都受影响，此时反应速率都会改变。

5.3.2　过渡状态理论

过渡状态理论又称活化络合物理论或绝对反应速率理论，是 1931～1935 年由 H. Earing、M. G. Evans 和 M. Polanyi 分别提出的。这个理论的基本观点是：当两个具有足够能量的反应物分子相互接近时，分子的价键要经过重排，能量要经过重新分配，才能变成产物分子，在此过程中要经过一个过渡状态，处于过渡状态的反应系统称为活化络合物。反应物分子通过过渡状态的速率就是反应速率。

过渡状态理论的核心是通过势能面来讨论反应速率问题。理论假定反应分子在碰撞时，相互作用分子的势能是分子间相对位置的函数，从反应物作用到产物生成的过程中，体系要通过一个与活化能有关的过渡状态，此过渡状态是由反应物分子以一定的构型形式存在的活化络合物，并与反应物分子之间建立一定形式的化学平衡。其反应的速率可由络合物分子分解生成产物的分解速率所决定。从体系总的势能来看，过渡状态具有比反应物分子高的能量，这个能量就是反应进行时必须克服的势能垒，而这个过渡状态的势能又比可能的其他中间状态的势能要低，相对看来它又是所有可能的各中间状态中的势阱。从这个意义上说，活化络合物具存最低势能的一种构型。此理论在原则上提供了一种只用反应物分子的某些基本物性，如大小、振动频率、质量就可计算某反应的反应速率的方法，故人们称它为绝对反应速率理论。

过渡状态理论中所使用的势能面是由反应体系中粒子间相互作用能与粒子间距离的关系而绘制出来的，为此要首先了解原子间的相互作用问题。

1. 原子间的相互作用

要了解化学反应作用步骤的动力学实质，必须获得原子间相互作用的知识。依据量子力学的理论，两个粒子间的作用能（即势能）是两个粒子间距离的函数。即 $E_s = f(r_{AB})$，对于力学守恒体系，作用力 F 可以表示为

$$F = -\frac{\partial f(r)}{\partial r}$$

式中，r 为原子的核间距。

对于双原子体系，只有一个核间距 r；对于多原子体系，原子间相对位置变量 r 的数目增加。因而势能 E 是 r 的多元函数。令人感兴趣的是原子间能发生化学反应的体系的势能。

对双原子体系，显然用 r_{AB} 就可以确定 A 和 B 的相对位置。因此，对双原子体系用二维空间，平面图就可以描述 $E_s = f(r_{AB})$，例如，London 在解 H_2 分子的薛定谔方程时得到了两个状态，并绘出了分别描述这两种状态的 $E_{势} = f(r_{H-H})$ 曲线。

(1)φ_a 状态——成键状态：它描述了当两个 H 原子靠近时，由于原子中的电子云成反平行交盖而形成共价键，使位能降低至 r_e（平衡核间距）时出现最小值 ε_0（图 5.14），形成稳定的 H_2 分子。

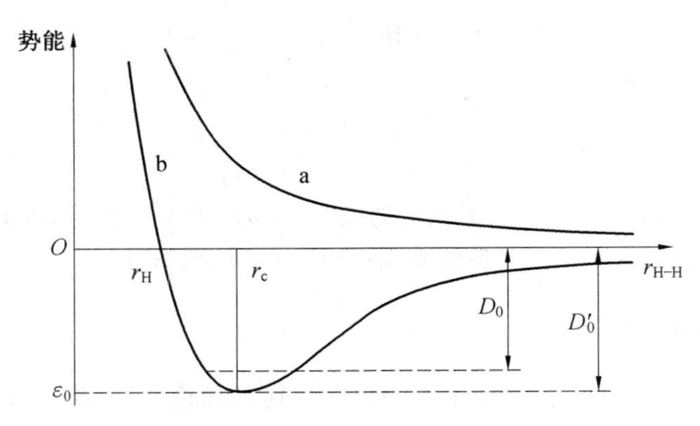

图 5.14 两粒子间相互作用的势能曲线（成键态曲线）

若 $r_{H-H} \to \infty$ 时，$E_{势} = 0$；$r_{H-H} = r_c$ 时，$E_{势} = \varepsilon_0$（为负值）。此时，ε_0 在数值上等于把 H_2 分

子拆开，使得 $r_{H-H} \to \infty$ 时所需的外功值也等于解离能 $-D'_0$。

(2) φ_b 状态——反键状态：当两个 H 原子靠近时，电子云如平行交盖，导致两个 H 原子相互排斥远离，使体系的位能上升，造成两个原子间并不形成价键，反而彼此远离。在动力学研究中，主要是针对成键状态而言。因此，对于成键形成的 H_2 分子的反应发生时，$E_{位}$ 下降，$E_a = 0$。当逆向反应发生时则要求沿反应轴方向上的振动能级 $E_{振} > \varepsilon_0$，此时分子的振动能转变为 H 原子的平动能，最终导致 H_2 分子解离为远离的 H 原子。故有

$$E_n = D = 0 - \varepsilon_0 = -\varepsilon_0$$

因而

$$E_n - E_z = -\Delta H_0 = -\varepsilon_0$$

2. 最简单的势能图 —— 势能曲线

根据量子力学的价键理论，对双原子体系有：成键键能 $E_{(\sigma)} = A + \alpha$ 和反键键能 $E_{(A)} = A - \alpha$。这里，A 为库仑积分，它与静电作用能有关；α 为交换积分，它与电子云交盖时的排斥能有关。一旦 A 与 α 为已知时，就可以绘出势能曲线。

用 Morse 近似法也可得到势能曲线。Morse 的双原子分子势能经验公式为

$$E_j = D'_0 \left[e^{-2a(r-r_e)} - 2e^{-a(r-r_e)} \right]$$

式中，D'_0 以最低能量标度零点定义的离解能；r_e 为平衡时两原子的核间距；a 为与键振动有关的常数。

3. 势能面

(1) 三原子体系势能图坐标的确定。

由上节讨论可知，势能图的坐标数为 $(f+1)$，f 为描述粒子相对位置的独立变数数目。对三原子体系来说，其坐标数是多少？现以如下反应为例加以讨论。

设反应为

$$X + YZ \longrightarrow XY + Z$$

描述此反应体系，需给出 3 个原子的相对位置，找出它们相间的距离，对三原子体系可能有如下两种情况。

① 若上述反应为 X 沿 Y－Z 的反应轴方向正面进攻，这时形成的是线型的活化络合物，即

$$X + YZ \longrightarrow [X\cdots Y\cdots Z]$$

可见，只要知道 r_{XY}、r_{XZ} 及 r_{YZ} 中任意两个，即可知道 3 个原子的相对位置。例如，当选用 r_{XY}、r_{YZ} 时，则 $r_{XZ} = r_{XY} + r_{YZ}$。这样，该反应体系的 f 为 2。

② 若 X 从任意方向上向 Y－Z 的反应轴进攻，形成非线型的活化络合物，即

$$X + YZ \longrightarrow [X\cdots Y\cdots Z]$$

这样，就必须给出 r_{XY}、r_{YZ}、r_{XZ}，故 $f=3$ 描述反应体系 $E_{位} = f(r_{XY}, r_{YZ}, r_{XZ})$ 的势能图是一个四维空间的几何图形。

(2) 沿反应轴方向进攻的势能图。

如上所述，其势能图是一个三维空间图，如图 5.15 所示。

在直角坐标系中，以垂直轴为势能坐标，另两个轴分别为 X…Y 及 Y…Z 的核间距 r_X，图中的虚线 aOb 为反应坐标，坐标呈现马鞍形。马鞍形的鞍点恰为活化络合物[X…Y… Z] 的位置，这个位置位于稳定分子 YZ 和 XY 之间的较低能量区。然而沿着反应坐标看过去，这个过渡状态的活化络合物又处于能量的最高点。这个过渡状态显然具有比两种稳定分子高得多的

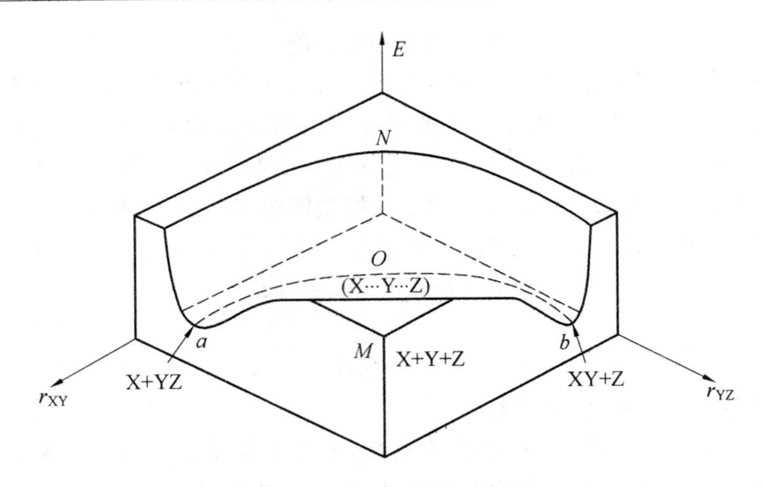

图 5.15　反应 X + YZ ⟶ XY + Z 的势能图

活性能而且是具有过渡状态的特殊几何形状和一定的分子结构。如果沿着垂直于反应坐标的 NOM 看下去，过渡状态的活化络合物又是处于该能量区的最低处。所以它又是一个较为稳定的分子结构，它两侧的能量都比它高。正是因为它处于这样一个特殊位置，使得它的变化及运动具有非常明显的特点：若沿 aOb 线（反应坐标）变化，活化络合物进可生成产物 XY + Z，退可以返回到原来的反应物，故可以把它的变化表示为

$$\mathrm{X + YZ} \xleftarrow{s} [\mathrm{X \cdots Y \cdots Z}] \xrightarrow{c} \mathrm{XY + Z}$$

若沿 NOM 线（垂直于反应坐标）运动，这个活化络合物将做谐振运动。

上述三维势能图的表面显然是凹凸不平的，凹处表示势能低，凸处表示势能高。这个凸凹不平的面称为势能面。为了方便起见，通常把这个立体图投影在一个纸平面上，正像在地图上表示地形高低一样，用等高线来表示势能的高低。称这些线为等势能线，如图 5.16 所示。

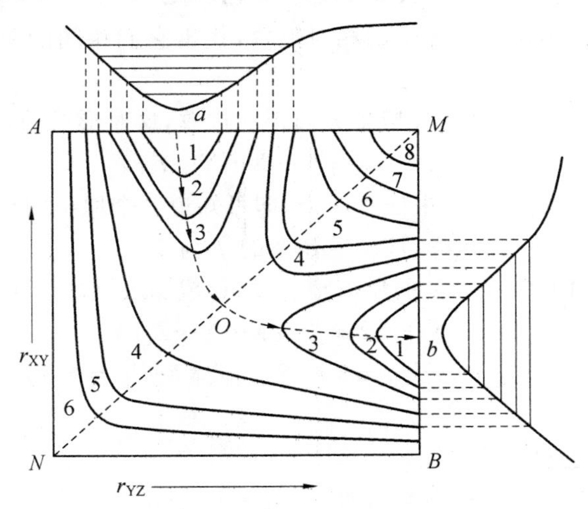

图 5.16　势能面等势能线图

图 5.16 表示与 X、Y、Z 三原子构成直线体系时（即 X－Y－Z 三原子做直线排列）在不同相互距离时势能变化的情况。图中曲线上的数字 1，2，3，… 表示各等高线势能的高低，数字越大，势能越高。现在观察 X 和 YZ 间的反应。反应由图中 a 点出发，沿着从反应物到生成物的

最低能量途径，经过过渡状态 O 点，最终生成产物到达 b 点，图中的 aOb 虚线即为反应坐标，这条线上的点的特征可一目了然，且如实地反映了立体图上所能说明的问题。

如果在 AM 及 BM 线处作一截面，则得到了双原子分子 YZ、XY 的最简单的势能曲线，如图5.16中上方和右方所画曲线。因为此时第三个原子 X 或 Z 都分别远离 Y－Z 和 X－Y 体系，其势能仅与 r_{YZ}、r_{XY} 有关。a、b 都是势能的最低点。

如果沿着反应坐标截面剖开，并拉直整平，可以得到图 5.17 所示的图形。从图可见，反应坐标这一马鞍形曲线的特点，在从初态 a 到末态 b 的各种途径中，它是可能采取的所需能量最少的途径。自 a 升高至 O 点需要一些能量来克服势能，所需要的能量即为该反应的活化能 E_{b+}，过渡状态理论称其为势能垒(图 5.17 中 E_0 称为量子活化能，E 为活化络合物的分解能，$E = D'_0 - E_{b+}$)。

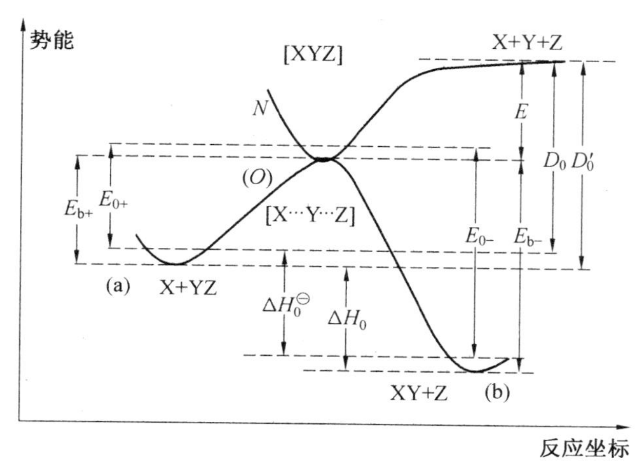

图 5.17　势能剖面图

(3)X 沿任意方向进攻时半经验法处理。

原则上上述的势能面能够通过量子力学的计算来确定。但实际上即使只涉及 3 个 H 原子体系，计算起来也是相当困难的。若 X 是从任意方向上靠近 YZ，计算尤为困难，因为这时形成的过渡状态是一个非线型的活化络合物，其势能图如前所述是一个四维空间图。显然没有办法进行直接描绘。此时，通常均借助于 Eying 和 Polanyi 所提出的半经验法来计算。这个半经验法是基于 London 公式得出的。它在价键理论的基础上发展了计算 3 个和 4 个相互作用的一价原子体系的能量近似公式，对于 $X + YZ \longrightarrow XY + Z$ 类型的置换反应中的 3 个原子，X、Y 和 Z 之间的能量与它们之间的距离有关。设 E_{XY}、E_{YZ}、E_{XZ} 分别为 XY、YZ、XZ 之间的能量，如图 5.18 所示。

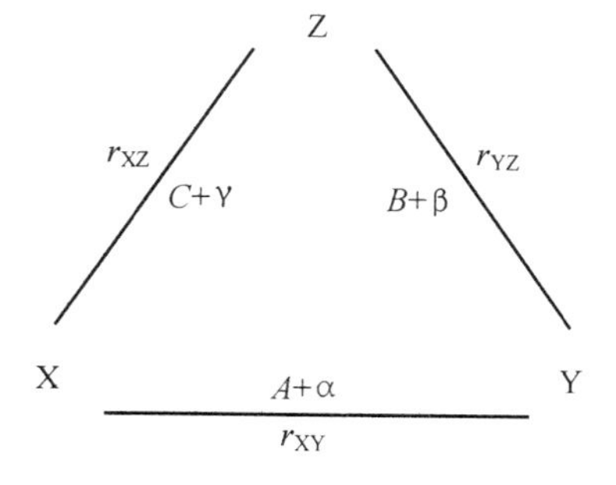

图 5.18　三原子体系能量与距离示意图

$$E_{XY} = A + \alpha$$
$$E_{YZ} = B + \beta$$
$$E_{XZ} = C + \gamma$$

式中，A、B、C 是库仑积分，也称库仑能或排斥能；α、β、γ 分别是相关的两个电子云重叠的能量，称为交换积分或互换积分，也称互换能。A、α 和 r_{XY} 有关，B、β 和 r_{YZ} 有关，而 C、γ 和 r_{XZ} 有关。London 应用几个重要的近似法导出这个体系总能量的最低能量公式(也称 London 方程)：

$$E=Q-\left\{\frac{1}{2}[(\alpha-\beta)^2+(\beta-\gamma)^2+(\gamma-\alpha)^2]\right\}^{1/2}$$

式中，Q 代表不同电子对的库仑积分之和，$Q=A+B+C$；E 为体系总能量的最低能量。对 3 个 H 原子组成的体系。上式就是其基态能的表达式。因为库仑积分和交换积分都是 3 个核间距离的函数，所以 London 方程式是 3 个 H 原子势能面的近似公式。式中，库仑积分是可以算得的，但交换积分 α、β 和 γ 无法用量子力学计算出来，只能靠某些实验数据求算。为了采用 Morse 函数计算体系总能量 E，这里引进两点假定：① 多原子体系库仑积分和交换积分可以用个别的成键能的库仑积分和交换积分代替，它不因其原子的存在而发生改变；② 假定在成键键能中，库仑积分和交换积分的值是有一固定比例的。或者说在所有的距离 r 下，库仑积分 A 均等于两个原子间相互作用能的确定的不变分数 n，即

$$A=nE_{H_2},\quad \alpha=(1-n)E_{H_2}$$

氢的势能对 r_{H-H} 的依赖曲线如图 5.19 所示。

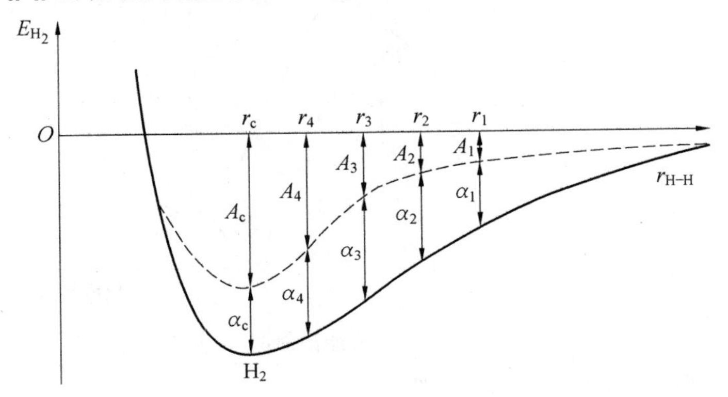

图 5.19　氢的势能对 r_{H-H} 的依赖曲线

$$E=A+\alpha$$

在 H_2 平衡位置附近，$n=0.12\sim0.14$，从而可以算出任意原子间距 r 下这些积分 $A_1A_2A_3\cdots$ 及 $\alpha_1\alpha_2\alpha_3\cdots$ 的值，同样即可算出 B、C、β、γ 的值，进而算出这个体系的总能量 E。

通过作等底角几何图形的办法可求出 A、B、C、α、β、γ。由图 5.20 可得

$$\overline{OL}=(\alpha-\gamma)\sin 60^\circ=\frac{2}{\sqrt{3}}(\alpha-\gamma)$$

$$\overline{Op}=\overline{pq}-\overline{Oq}=(\beta-\gamma)-(\alpha-\gamma)\cos 60^\circ=\beta-\frac{1}{2}(\alpha+\gamma)$$

$$pL=(\overline{OP}^2+\overline{OL}^2)^{\frac{1}{2}}=\{-[(\alpha-\beta)^2+(\beta-\gamma)^2+(\gamma-\alpha)^2]\}^{\frac{1}{2}}$$

可见，pL 的长度恰好等于 London 方程式中交换积分对体系总能量 E 的贡献。值得注意的是，在使用 London 方程式时使用了一个无充分依据的假定，即库仑积分在总键能中所占的分数 n 是固定不变的假定。实际上，由于交换积分随原子间距的变化，比库仑积分快得多。用 London 方程采用半经验法所得的势能面，在某些场合下，在接近过渡状态的区域会出现一个小山谷，如图 5.21 所示。这样，上述半经验法是不能用来做活化能的定量计算的。但在定性方面，它仍可以较好地给出各原子在势场中的运动以及一般性的定性描述，3 个原子碰撞时能

量传递和转化的机制，确定体系以什么样的构型在能量上最有利于实现反应，所以它仍不失为研究反应体系势能变化的有价值的方法。

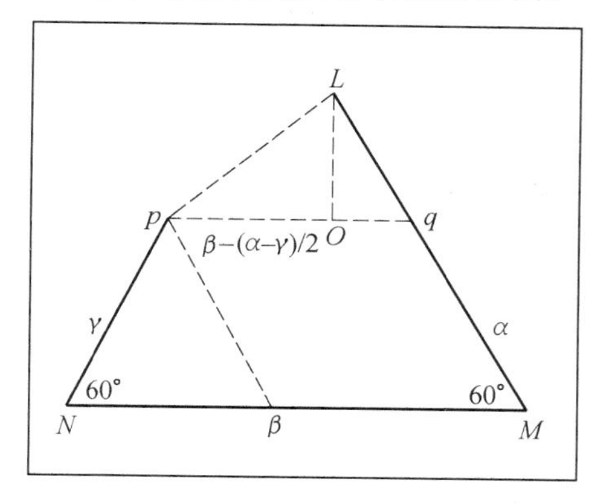

图 5.20　London 方程式中交换积分贡献的分析

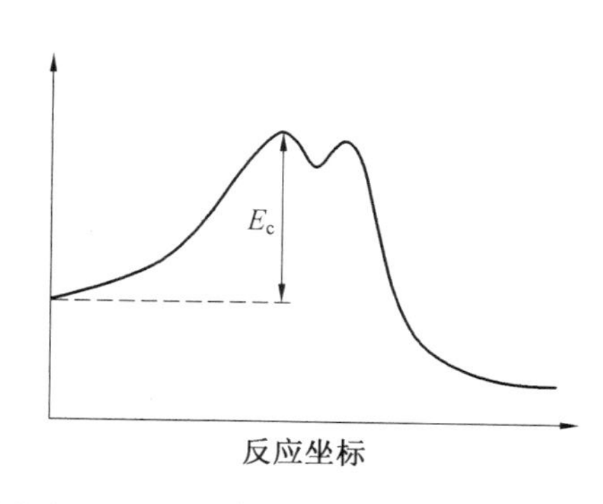

图 5.21　London 方程半经验法势能面示意图

4. 多原子分子的运动方式

为了揭示反应过程中能量变化的内在原因，从微观上，从分子的内部运动的变化给以解释就必须借助于微观的理论，首先应对分子的运动方式进行分析。

(1) 运动方式及其自由度。

根据统计力学原理，对由 N 个原子所组成的一般的或活化络合物的分子，其运动方式有核自旋运动、核外电子运动、原子的振动运动、分子的平动运动和分子的转动运动。这些运动的自由度共有 $3N$ 个，其分配是：

线性分子　　f_t^3，f_r^2，f_v^{3N-5}

非线性分子　　f_t^3，f_r^3，f_v^{3N-6}

其中，t、r、v 分别表示平动、转动、振动，右上角的数字表示分配给该种运动的自由度数。

对三原子体系，若它所形成的活化络合物为线型结构，即为[X…Y…Z] 结构，其自由度总数是 9，其自由度的分配是 f_t^3、f_r^2、f_v^4。对化学反应来说，只需考虑分子的内部运动，即只有振动运动产生影响。

(2) 振动运动的分析。

振动运动方式将直接影响到化学反应的进行。一般分子和活化络合物分子都有几种振动方式？两种分子的振动方式有什么不同？现分别将区别列于表 5.6。

表 5.6　振动运动方式

	一般分子(A－B－C)	活化络合物分子(A…B…)
角振动	X • X	X • X
	• X •　(前后)	• X •
	↑ ↓ ↑ (上下)	↑ ↓ ↑
	↓ ↑ ↓	↓ ↑ ↓
对称振动	→←　(左右)	→←
	↔	↔
非对称振动	→←	→←
	→←	→←
		AB＋C ⟵ [A…B…C] ⟶ A＋BC

可见，在活化络合物中，其变化时将有振动自由度（沿反应坐标方向）转换成平动自由度。故对活化络合物来说，其自由度的实际分配是：线性结构 f_t^3、f_t^1、f_r^2、f_v^{3N-6}；非线性结构 f_t^3、f_t^1、f_r^3、f_v^{3N-7}。可见分子的运动方式在确定的状态下是可以相互转化的。

5. 穿透系数

从势能图上看，化学反应过程可视为反应物分子在势能面上的运动过程。通常，在反应坐标周围运动时，要求分子的能量要稍大于活化能。但是，有时虽然具有了这样大小的能量，反应也未必能发生。回忆前面对势能图中反应坐标中的鞍点附近变化和活化络合物分子运动自由度的分析，活化络合物的去向有二，进可以生成产物，退可以分解成反应物，即

$$X + YZ \xleftarrow{s} [X\cdots Y\cdots Z] \xrightarrow{c} XY + Z$$

现引进穿透系数 $\widetilde{K}$ 来描述活化络合物能够生成产物的概率或分数。

在大多数反应中，$\widetilde{K}$ 与 1 接近。但有两类反应，其 $\widetilde{K}$ 值远小于 1。一类是气相中的双原子的化合反应（或其相反过程），其 $\widetilde{K}$ 值约为 $10^{-12} \sim 10^{-14}$；另一类是包括电子能态转移的反应，如某些异构化反应，其 $\widetilde{K}$ 值也很小。

5.3.3　简单反应的反应速率

过渡状态理论在讨论简单反应的反应速率问题时，可以起到两方面的作用：一方面是以量子力学为依据，以势能面为方法，讨论化学反应的活化能问题；另一方面是以统计力学为依据，讨论 Arrhenius 定理中的关于指前因子问题。在应用过渡状态理论的速率公式计算简单反应的反应速率时，首次应解决 $K^{\neq}$ 的处理问题。

1. 关于 $K^{\neq}$ 的统计处理

（1）一般平衡常数的统计表达式。

由统计热力学可知，当反应 $\sum_i \alpha_i A_i \rightleftharpoons \sum_j \beta_j B_j$

达到平衡时，应有

$$\sum \alpha_i \left[-\ln \frac{(Pf)_{A_i,0}}{N_{A_i}} + \frac{E_{0(A_i)}}{RT} \right] = \sum \beta_j \left[-\ln \frac{(Pf)_{B_j,0}}{N_{B_j}} + \frac{E_{0(B_j)}}{RT} \right]$$

对于任意物质来说，其摩尔化学位为

$$\mu_i = RT\ln \frac{(Pf)_{i,0}}{N_i} + E_{0(i)}$$

故当一反应达平衡时必满足：

$$\sum_i \alpha_i \mu_{A_i} \rightleftharpoons \sum_j \beta_j \mu_{B_j}$$

这就是统计热力学所推导出的化学反应平衡的条件，也就是热力学所得的平衡条件：

$$\sum_i \nu_i \mu_i = \sum_j \beta_j \mu_{B_j} - \sum_i \alpha_i \mu_{A_i} = 0$$

将化学势表达式代入平衡条件式中，则有

$$k_{e(c)} = \frac{\prod_j c_{B_j}^{\beta_j}}{\prod_i c_{A_i}^{\alpha_i}} = \frac{\prod_j f_{B_j}^{\beta_j}}{\prod_i f_{A_i}^{\alpha_i}}$$

其中，c_i 的单位是(分子数 / 升)。

由统计力学可知，$(Pf)_i$ 即为 f_i，利用量热法、焓函数和离解能的数据可求出 ΔE_0，进而可求得 K_e。

(2) 由反应物生成活化络合物的 K 统计力学表达式。

在过渡状态理论假定中：

$$\sum_i \alpha_i \mathrm{A}_i \underset{k_{-1}}{\overset{k_1}{\rightleftharpoons}} \mathrm{M}^{\neq} \xrightarrow[k_2]{} \sum_j \beta_j B_j$$

这里反应物与活化络合物间很快建立一个平衡(实际是一个稳态平衡)$k_{-1} \gg k_1, k_2$，即

$$K^{\neq} = \frac{k_1}{k_{-1}} = \frac{c_{\mathrm{M}}^{\neq}}{\prod_i c_{\mathrm{A}_i}^{\alpha_i}} = \frac{f_{\mathrm{M}}^{\neq}}{\prod_i f_{\mathrm{A}_i}^{\alpha_i}} \mathrm{e}^{-\frac{\Delta E_0^{\neq}}{RT}}$$

式中，$\Delta E_0^{\neq} = E_{0(\mathrm{M})^{\neq}} - \sum_i \alpha_i E_{0(\mathrm{A}_i)}$。

在形成的过渡状态中，有一个振动自由度换成沿反应坐标方向上的一维平动运动，故活化络合物分子的 $f_{\mathrm{M}^{\neq}}$ 不同于一般分子的 f_i：

$$f_{\mathrm{M}^{\neq}} = f'_{\mathrm{M}^{\neq}} f_{\mathrm{t(M)}} = (Pf)'_{\mathrm{t}} (Pf)_{\mathrm{r}} (Pf)'_{\mathrm{v}} f_{\mathrm{t(M)}}$$

按一维平动配分函数的表达式，则

$$f_{\mathrm{t(M)}} = \left(\frac{2\pi m^{\neq} k_{\mathrm{B}} T}{h^2}\right)^{1/2} \delta$$

故

$$K^{\neq} = \frac{f'_{\mathrm{M}^{\neq}} f_{\mathrm{t(M)}}}{\prod_i f_{\mathrm{A}_i}^{\alpha_i}} \mathrm{e}^{-\frac{\Delta E^{\neq}}{RT}} = \left(\frac{2\pi m^{\neq} k_{\mathrm{B}} T}{h^2}\right)^{1/2} \delta \frac{f'_{\mathrm{M}^{\neq}}}{\prod_i f_{\mathrm{A}_i}^{\alpha_i}} \mathrm{e}^{-\frac{\Delta E^{\neq}}{RT}} \tag{5.100}$$

式(5.100) 即统计热力学对过渡状态理论的平衡假定的处理结果。

2. 绝对反应速率

(1) 一维平动子 Maxwell 速度分布公式。

一维平动子 Maxwell 速度分布公式如下：

$$\mathrm{d}N_i(v_x \rightarrow v_x + \mathrm{d}v_x) = N\left(\frac{m}{2\pi k_{\mathrm{B}} T}\right)^{1/2} \mathrm{e}^{-\frac{mv_x^2}{2k_{\mathrm{B}}T}} \mathrm{d}v_x$$

则其沿 x 方向的平均速率(分子一维平动运动的平均速度)：

$$\bar{v}_x = \frac{\sum_i N_{xi} v_{xi}}{\sum_i N_{xi}} = \frac{\int v_{xi} \mathrm{d}N_{xi}}{\int \mathrm{d}N_{xi}} = \left(\frac{k_{\mathrm{B}} T}{2\pi m}\right)^{1/2}$$

(2) 绝对反应速率表达式。

根据过渡状态理论的假定，作为基元反应的微观形式的基元化学物理反应，即反应物分子经过碰撞形成活化络合物分子，活化络合物分子的进一步分解，才变成为产物分子。其势能变化如图 5.22 所示。由图 5.22 可见，活化络合物分子是在图中反应途径的 δ 处。分子走过这段路程时，相当于分子沿一个方向上的一维平动。假定分子在这段距离内运动的速度是均匀的，则可按上述讨论结果，即按平均速度 $\tilde{v}$ 处理。这样，活化络合物分子通过距离为 δ 的路程所需要的时间 t 为 $t = \delta / v$。

根据反应速率的定义分析，单位时间通过 δ 区域的分子数定义为该反应的反应速率 r，则

$$r=\frac{c_{M^{\neq}}}{\tau}=\frac{c_{M^{\neq}}}{\delta}\left(\frac{k_B T}{2\pi m^{\neq}}\right)^{1/2} \quad (1)$$

按平衡常数的定义式，对平衡有

$$K^{\neq}=\frac{c_{M^{\neq}}}{\prod_i c_{A_i}^{\alpha_i}} \quad (2)$$

即

$$c_{M^{\neq}}=K^{\neq}\prod_i c_{A_i}^{\alpha_i}$$

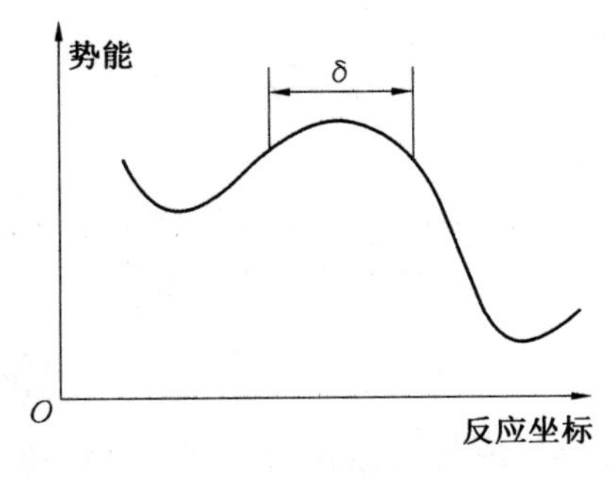

图 5.22　反应过程势能变化示意图

将式(2) 代入式(1) 中得

$$r=\frac{K^{\neq}}{\delta}\left(\frac{k_B T}{2\pi m^{\neq}}\right)^{1/2}\prod_i c_{A_i}^{\alpha_i}$$

由此可得过渡状态理论的所谓绝对反应速率理论。而反应速率常数 $k_{过}$ 为

$$k_n=\frac{K^{\neq}}{\delta}\left(\frac{k_B T}{2\pi m^{\neq}}\right)^{1/2}$$

所以

$$r=k_{过}\prod_i c_{A_i}^{\alpha_i}$$

这是从过渡状态理论导出与质量作用定理形式相同的反应速率表达式。

①$K^{\neq}$ 的统计热力学表达式代入上式中，则有

$$k_n=\frac{k_B T}{h}\frac{f'_{M^{\neq}}}{\prod_i f_{A_i}^{\alpha_i}}e^{-\frac{\Delta E_0^{\neq}}{RT}}$$

② 考虑穿透系数 $\tilde{K}$ 则有

$$k_n=\tilde{K}\frac{RT}{N_0 h}\times\frac{f'_{M^{\neq}}}{\prod_i f_{A_i}^{\alpha_i}}e^{-\frac{\Delta E_0^{\neq}}{RT}} \quad (5.101)$$

这是过渡状态理论给出的绝对反应速率常数，其形式与 Arrhenius 定理也是完全一致的。

(3) 双原子反应体系的绝对反应速率。

对双原子反应，按过渡状态理论假定：

$$A+B \rightleftharpoons (AB)^{\neq} \longrightarrow P$$

由上文知：

$$k_{过}=\tilde{K}\frac{RT}{N_0 h}\times\frac{f_{(AB)^{\neq}}}{f_A f_B}e^{-\frac{\Delta E_0^{\neq}}{RT}}$$

对于两个原子间作用，其穿透系数不必考虑，将 f_i 代入上式得

$$f'_{AB^{\neq}}=(Pf)'_{(AB)^{\neq}}(Pf)_r=\left(\frac{2\pi(m_A+m_B)k_B T}{h^2}\right)^{3/2}\left(\frac{8\pi^2 Ik_B T}{h^2}\right)$$

$$I=\mu r^2 AB$$

$$f_A=(Pf)'_A=\left(\frac{2\pi m_A k_B T}{h^2}\right)^{3/2}$$

$$f_B=(Pf)'_B=\left(\frac{2\pi m_B k_B T}{h^2}\right)^{3/2}$$

$$k=\left[\frac{8\pi k_B T(m_A+m_B)}{m_A m_B}\right]^{1/2} r_{AB}^2 e^{-\frac{\Delta E_0^{\neq}}{RT}} \tag{5.102}$$

可见，由过渡状态理论得到式(5.102)的结果与分子碰撞理论所给出的结果是完全一致的，碰撞理论仅是过渡状态理论的一个特例。正因如此，用过渡状态理论就可以方便地对碰撞理论的概率因子 P 给以很好的说明。

3. 对碰撞理论中概率因子的估算

(1) 问题的提出。

前面谈到，按分子碰撞理论所求的速率常数 k 常会与实验估值相差很大，其原因可归为分子碰撞理论所采用的刚性球体或质点模型(即理想气体)和一些近似的假定。因此，引进概率因子 P，以修正这一偏差。然而概率因子根本无法从理论上加以定量计算，而只能由理论值与实验值的偏差去确定。过渡状态理论是从分子的微观结构出发，考虑到反应进程中分子内部结构的变化的，因此，根据过渡状态理论推导的基本公式所计算的速率常数，一般与实验测量值较为符合。因此可借助于过渡状态理论约略计算概率因子 P，或可给出较为合理的解释。

(2) 用自由度分配形式表示的速率常数。

假定采用符号 f 表示配分函数和自由度分配形式，则对任一物质的配分函数可表示为

$$f_{线型}=f_t^3 f_r^2 f_v^{3N-5}$$

$$f_{非线型}=f_t^3 f_r^3 f_v^{3N-6}$$

$$f_{活化分子(线型)}=f_t^3 f_r^2 f_v^{3N-6}$$

$$f_{活化分子(非线型)}=f_t^3 f_r^3 f_v^{3N-7}$$

上述各式中的 N 为组成分子的原子数目。假定反应式为

$$A+B \rightleftharpoons M^{\neq} \longrightarrow P$$

对任何一种物质的分子，其平动项表示式相同，但分子的转动项和振动项却不尽相同。设A、B和3种分子的转动自由度分别为 x、y 和 z，而它们的振动自由度分别为 s、m 和 l，则可得

$$k=\frac{k_B T}{h^2}\times\frac{f_t^3 f_r^z f_v^l}{f_t^s f_r^{(x+y)} f_v^{(x+y)}} e^{-\frac{\Delta E_0^{\neq}}{RT}}$$

(3) 对概率因子的估计。

① 双原子反应体系。

双原子反应体系的通式为

$$A+B \rightleftharpoons M^{\neq} \longrightarrow P$$

对于原子状态的A与B有

$$x=0,\quad y=0,\quad s=0,\quad m=0$$

而对由双原子组成的活化分子 $(AB)^{\neq}$ 则有

$$z=2,\quad l=0$$

故

$$k=\frac{k_B T f_r^2}{h f^3} e^{-\frac{\Delta E_0^{\neq}}{RT}}$$

假定不同类型的分子，对同一种运动形式(如平动)的一个自由度的配分函数相差很小，其数量级基本上是相同的。类似的，假定不同分子的 f_t 值相同、f_v 值相同，并已知各种运动的 f 的数量级及其与温度 T 的依赖关系。如

$$\frac{k_B T}{h} \sim 10^{13} \qquad T^1$$

$$f_t \sim 10^{8\sim9} \qquad T^{1\sim2} \; f_r \sim 10^{1\sim2}$$

$$f_v \sim 10^{0\sim1} \qquad T^{0\sim1}$$

则

$$k \approx 10^{13} \frac{10^{2\sim4}}{10^{24\sim27}} e^{-\Delta E_0^{\neq}/RT}$$

$$z_{AB}^0 = 10^{-10\sim-9} [\text{ml/(mol} \cdot \text{s)}] = 10^{14\sim15} [\text{ml/(mol} \cdot \text{s)}]$$

$$z_{AB}^0 = A$$

即

$$P = 1$$

这就是对双原子反应体系的概率因子的估计。

② 一个双原子分子和一个原子间的反应。

此时活化络合物为三原子分子，则 $P = 10^{-1\sim2}$。

这就是对一个双原子分子和一个原子间反应的概率因子的估计。

从以上两例不难看出，在分子碰撞理论中，P 值无法推算；而绝对反应速率理论所估计的 P 值却与实验结果更为接近。

4. 活化状态的“热力学”

热力学是讨论与处理平衡态的有关理论，而活化状态是在讨论反应速率的非平衡态问题中提出的，这里显然并非属于真正的热力学过程。因此在标题中的热力学上加了引号。

在过渡状态理论中，有一个重要的假定就是反应物分子与活化络合物分子之间快速建立起一个稳态平衡，这是由于活化络合物分解为产物的一步是个慢步骤的缘故，但尽管它的速率很小，毕竟是在不断地变化，如果说它建立了平衡，也只能是稳态平衡。按平衡的假定，这里就存在一个平衡常数。而在热力学上平衡常数可用自由焓表示，所以可以把平衡常数 k 当作桥梁，将描述状态的宏观热力学函数与描述过程的微观参量联系起来，用热力学函数来表征基元反应过程的速率。

设基元化学物理过程是

$$\sum_i \alpha_i A_i \rightleftharpoons M^{\neq} \longrightarrow \sum_j \beta_j B_j$$

则平衡常数为

$$k_e = \frac{c_{M^{\neq}}}{\prod_i f_{A_i}^{\alpha_i}}$$

从热力学原理可知：

$$RT \ln k_e = -\Delta G_m = T\Delta S_m - \Delta H_m$$

所以热力学得到的平衡常数表达式为

$$k_e = e^{-\Delta G_m/RT} = e^{\Delta S_m/R} - e^{-\Delta H_m/RT}$$

根据过渡状态理论，则有

$$k_e = \frac{k_B T}{h\nu} \times \frac{f_{M^{\neq}}}{\prod_i f_{A_i}^{\alpha_i}} e^{-\Delta E_{(\neq)}/RT} = \frac{k_B T}{h\nu} K^{\neq}$$

式中，$K^{\neq}$ 与 k_e 的差别，即从 k_e 中抽出一个振动自由度的配分函数后的值为 $K^{\neq}$，所以

$$e^{\Delta S_m^{\ominus}/R} e^{-\Delta H_m^{\ominus}/RT} = \frac{k_B T}{h\nu} K^{\neq}$$

由过渡状态理论假定有

$$r = \nu c_{M^{\neq}} = \nu k_e \prod_i c_{A_i}^{\alpha_i} = \frac{k_B T}{h} e^{\Delta^{\neq} S_m^{\ominus}/R} e^{-\Delta H_m^{\ominus}/RT} \prod_i c_{A_i}^{\alpha_i}$$

则其反应速率常数为

$$k_n = \frac{k_B T}{h} e^{\Delta^{\neq} S_m^{\ominus}/R} e^{-\Delta H_m^{\ominus}/RT}$$

式中，$\Delta H_m^{\ominus}$ 是由反应物分子作用生成活化络合物分子的焓变($H^{\neq} - H$)，也称活化焓。而 $\Delta^{\neq} S_m(S^{\neq} - S)$ 称为活化熵。应注意的是，如不从活化络合物配分函数中抽出一个振动自由度的因子 $k_B T/h\nu$，就得不到速率表达式。抽出 $k_B T/h\nu$，同时影响 $\Delta S_m^{\ominus}$ 和 $\Delta H_m^{\ominus}$。因为对 $\Delta S_m^{\ominus}$ 的影响很小，所以可假定是由 $\Delta H_m^{\ominus}$ 中抽出的因子。进而再将分子碰撞理论与上述所得公式联系起来，对概率因子 P 给以解释，可认为 P 与活化熵有关。

$$P \approx e^{\Delta^{\neq} S_m^{\ominus}/R}$$

$$R\ln P \approx \Delta^{\neq} S_m^{\ominus}$$

故从 $\Delta S_m^{\ominus}$ 也可对 P 做出相应的估计。

5.3.4　单分子反应及其理论

从形式上看单分子反应是各种反应中最简单的反应，但其反应动力学特征却比双分子反应复杂。首先，单分子反应的活化能大，单分子反应要破坏的键比生成的键多(或强)，一般需要较大的活化能。其次是在高压时单分子反应是一级反应，但一级反应速率常数却随压力降低而减小，最后转为二级反应。第三，从一级反应递降到低压时的二级反应的开始转变压力，随反应分子及反应温度不同而异。如何能解释上述这些特征，是单分子反应速率理论所需解决的主要问题。

1. 单分子反应理论简介

关于单分子反应的一般分析：单分子反应顾名思义，这是从微观上对反应的一种分类。对基元化学物理过程，从微观上可以分为单分子反应、双分子反应和二分子反应。按基元化学物理反应的定义，单分子反应应该是在一个分子参与下实现的反应，如某些分解反应、同分异构化反应以及转位反应等。

微观上的单分子反应，在宏观上直接对应的是基元反应。对基元反应，就直接可以用质量作用定律得到其反应速率表达式：$A \rightarrow P$，$r = kc_A$，可见单分子反应是宏观上的一级反应，这与上面所介绍的在高压下单分子反应是一级反应是相一致的。

但是，根据化学反应理论，尤其是 Arrhenius 定理、碰撞理论、过渡状态理论，它们共同的理论假定是：反应物分子必须具备足够的能量即需要一定的活化能才能发生反应，作为一般的反应，这部分能量的获得，只有来源于分子之间的碰撞，因此分子碰撞也必然是单分子反应的重要步骤。而碰撞必与浓度的平方成正比，这样，单分子反应又似应是二级反应，这又与低单分子反应是二级反应相一致。那么究竟应如何解释？

(1) 分子碰撞理论的解释。根据分子碰撞理论，单分子反应的反应速率为

$$r = PZ_{AA}q$$

式中，P 为碰撞理论的概率因子，对单分子反应，假定 $P = 1$；Z_{AA} 是 A 分子和 A 分子在单位时间内(一般指每秒) 发生碰撞的次数；q 为具有一定数量能量的活化分子占总粒子数的百分数

$(q=e^{-E_c/RT})$，其数值由统计热力学可知恰好等于活化能因子，则有

$$r=ae^{-E_c/RT}c_A^2=k_{碰}\ c_A^2$$

将上述等式代入得

$$r=k_{碰}c_A^2$$

此式表明了单分子反应为宏观上的二级反应。实验证明只有反应物浓度很小时才相符。

(2) 过渡状态理论的解释假定有下列反应机理：

$$A+A\underset{k_{-1}}{\overset{k_1}{\rightleftharpoons}}A^*+A$$

$$A^*\longrightarrow P$$

这里有一稳态平衡，可写出其平衡常数：

$$\frac{c_A^*}{c_A}=\frac{k_BT}{h\nu}\times\frac{(f_v^{3N-7})^{\neq}}{(f_v^{3N-6})_A}e^{-\Delta E_0^{\neq}/RT}$$

$$r=\nu c_A^*=\left[\frac{kT}{h}\times\frac{(f_v^{3N-7})^{\neq}}{(f_v^{3N-6})_A}e^{-\Delta E_0^{\neq}/RT}\right]c_A$$

此结果为一级反应。实验表明，当反应物的浓度很大时，其行为与上式相符。

由上述讨论可见，分子碰撞理论和过渡状态理论应用于对单分子反应的解释时，都不能全面地、圆满地给以说明，各自只能解释单分子反应的一个侧面，因此要全面说明单分子反应的实际情况，需要提出有关的新的理论。

2. 单分子反应理论概述

在 20 世纪初，出现了单分子反应理论研究的热潮，旨在对单分子反应建立理论依据。在这些单分子反应理论中，比较著名的有以下几种。

(1) 辐射理论(1918 年 Perrin J B 等提出)。他们认为单分子反应的活化能是由吸收辐射而获得的，反应物分子从器壁吸收红外辐射而活化，并给出单分子反应的速率方程，反应为一级。但辐射理论提出后受到多方的质疑，最终宣告失败。辐射假说之所以未被承认，主要原因有以下两个方面：① 热力学的限制，根据热力学第二定律，器壁如果与反应系统的温度相同，是不可能用任何方式包括辐射向系统传递能量的；② 它不能解释几个关键的实验现象，按辐射假说，反应速率应与压力无关，并强烈依赖于反应器的表面积与体积之比，但实验表明单分子反应的反应速率在压力较低时明显地随压力的降低而减小，并与表面积与体积之比无关。

(2) 时滞理论(1921 年 Lindemann F L 提出)。时滞理论认为单分子反应之所以发生仍然是由于分子碰撞所致，活化能来自于分子碰撞。但能量要在分子内部重新分配形成一种有利于反应的状态，这种重新分布需要一定时间。从碰撞到能量分布完成所经过的时间称为时滞时间，在这段时间内，活化分子可能去活化，也可能进一步反应生成产物，并得到宏观的一级、二级反应的结论。这种合理的看法当时也未被人们所接受，由于一些研究者的进一步修正和完善，至今它仍为单分子反应理论的基础。

(3) Hinshelwood 理论(1926 年 Hinshelwood C N 提出)。此理论主要是对 Lindemann 时滞理论进行修正，把它应用于复杂分子的研究。对于一个较复杂的分子，除平动自由度外，还有各种振动和转动，从而能量超过 E(阈能) 的分子将有所增加。Lindemann 理论的不完备之处在于它只考虑硬球分子碰撞而未考虑能量的转化。Hinshelwood 则还考虑到多原子分子内部结构的复杂性，认为可能有多个振子，存在碰撞赋能后平动能可能转化为分子内部各振子

的振动能，而且当分子增大时振动自由度数增加，容纳能量的方式、数目增加，富能分子出现的概率也随之增大，从时可弥补 Lindemann 理论的一些不足。

(4)RRK 理论(1928 年 Rice O R、Ramsperger H C 和 Kassel L S 提出)。这个理论是由 Rice、Ramsperger 和 Kassel 在 Lindemann 和 Hinshelwood 理论的基础上以统计力学处理离解常数，克服了 Lindemann 的另一个缺点。他们认为，具备了足够振动能的分子在进行单分子反应时，须将分散在各振子上的能量集中到特定形式(离解模式)的振动自由度上。这样就成为特殊的激发分子(即活化络合物)，然后再转化为产物，从而对 Lindemann 理论做进一步的修正。

第6章　扩散与固相反应动力学

无论从理论还是实际的意义上来说，扩散现象对相变以及相平衡都具有极其重要的意义。固体中的许多相变过程实际上就是各种原子的重新分布过程，固体中各种组元迁移的速率对多数相变起着决定性的影响。扩散是固体材料中物质传输的唯一方式，因为固体不能像气体或液体那样通过流动来进行物质传输。即使在纯金属中也同样发生扩散，用掺入放射性同位素可以证明。扩散与材料的生产和使用中的物理过程有密切关系，如凝固、偏析、均匀化退火、冷变形后的回复和再结晶、固态相变、化学热处理、烧结、氧化、蠕变等。

扩散是指在扩散驱动力（包括浓度、应力场、电场等梯度）的作用下，分子、原子或离子等微观粒子的迁移现象，其宏观表现是物质的定向输送。这种迁移的结果是使体系的自由焓（自由能）降低。固体中，质点之间的作用力较强，因此质点要进行扩散，需要较高的温度。开始扩散温度较高，但远低于熔点。固体是凝聚体（condensed phase），质点以一定方式堆积（closed packing），质点迁移必须越过势垒，因而扩散速率较低，迁移的自由程约为晶格常数大小。由于晶体的对称性和周期性限制了质点迁移的方向，因而质点在晶体中扩散有各向异性（non-isotropic）。扩散是由无数个原子的无规则热运动所产生的统计结果。由于能量起伏，一个原子在某一时间间隔内接受了足够的、大于激活能的能量，可能从一个原子位置跃迁到邻近的一个原子位置。产生这些能量起伏的原因是相邻原子间的碰撞，这些碰撞可以是某一原子沿任何方向的跃迁造成的。同时某一原子的跃迁是无规则的，而且是迂回曲折的。但是，把很多进行这类运动的原子一起来考虑，则这些原子将沿一定的方向产生一种集体运动，即原子的扩散，这就是扩散的统计性。因此扩散虽然是原子运动的一种宏观形式，但与其他宏观运动相比，有其特定的规律性。

6.1　扩散动力学方程

扩散理论的研究主要由两方面组成：一方面是宏观模型的研究，重点讨论扩散物质的浓度分布与时间的关系，即扩散速度问题。根据不同条件建立一系列的扩散方程，并按其边界条件不同来求解。目前，计算机的数值解析法已代替了传统复杂的数学物理方程解。这一领域对受控于扩散过程的工程应用具有直接的指导意义。另一方面是研究扩散时原子运动的微观机制，即建立起在微观的原子无规则运动与实验测量的宏观物质流之间的关系。研究表明，扩散与晶体中最简单的缺陷密切相关，这些缺陷将影响许多固体的性质，而通过扩散测试结果可以很好地研究这些缺陷的性质、浓度和形成条件。

德国物理学家阿道夫·菲克于1858年参照了傅里叶于1822年建立的导热方程，获得了描述物质从高浓度区向低浓度区迁移的定量公式。在大量研究扩散现象的基础上提出定量描述质点扩散的动力学方程，即菲克扩散定律（第一定律和第二定律）。

6.1.1　菲克第一扩散定律及其应用

1. 菲克第一扩散定律

1855 年，菲克提出：在单位时间内通过垂直于扩散方向的单位截面积的扩散物质流量（称为扩散通量（diffusion flux），用 J 表示）与该截面处的浓度梯度（concentration gradient）成正比，也就是说，浓度梯度越大，扩散通量越大。这就是菲克第一定律，其数学表达式推导如下。

设一单相固溶体，横截面积为 A，浓度 C 不均匀，在 $\mathrm{d}t$ 时间内，沿方向通过处截面所迁移的物质的量与该处的浓度梯度成正比：

$$J=-D\frac{\partial C}{\partial x} \tag{6.1}$$

式(6.1)即为常用的菲克第一定律的表达式，其中，D 为扩散系数，它表示单位浓度梯度下的通量，单位为 $\mathrm{m^2/s}$；$\frac{\partial C}{\partial x}$ 为浓度梯度，C 为扩散物质（组元）的浓度；"—"号表示扩散方向为浓度梯度的反方向，即扩散组元由高浓度区向低浓度区扩散；J 为扩散通量，表示单位时间内通过单位横截面的粒子数，单位为 $\mathrm{mol\cdot m^{-2}\cdot s^{-1}}$。扩散通量是一个矢量。

以下关于菲克第一定律的几点讨论：

(1) 式(6.1)是唯象的关系式，其中并不涉及扩散系统内部原子运动的微观过程。

(2) 式(6.1)只适应用于 J 不随时间变化——稳态扩散（steady-state diffusion）的场合。对于稳态扩散也可以描述为：在扩散过程中，各处的扩散组元的浓度 C 只随距离 x 变化，而不随时间 t 变化。这样，扩散通量 J 对于各处都一样，即扩散通量 J 不随距离 x 变化，每一时刻从前边扩散来多少原子，就向后边扩散走多少原子，没有盈亏，所以浓度不随时间变化。实际上，大多数扩散过程都是在非稳态条件下进行的。

(3) 式(6.1)是一个经验定律，并且对气态、液态和固态体系均适用。

(4) 扩散系数 D 表示原子的扩散能力。它相当于浓度梯度为 1 时的扩散通量，D 值越大则扩散越快。对于固态金属中的扩散，D 值都是很小的，例如，1 000 ℃ 时碳在 $\gamma-\mathrm{Fe}$ 中的扩散系数 D 仅为 $10\ \mathrm{m^2/s}$ 数量级。

三维情况下，对于各向同性材料（D 相同），菲克第一定律可以表示为

$$\boldsymbol{J}=\boldsymbol{J}_x+\boldsymbol{J}_y+\boldsymbol{J}_z=-D\left(\boldsymbol{i}\frac{\partial C}{\partial x}+\boldsymbol{j}\frac{\partial C}{\partial x}+\boldsymbol{k}\frac{\partial C}{\partial x}\right)=-D\,\nabla\cdot C \tag{6.2}$$

式中，$\nabla=\boldsymbol{i}\frac{\partial}{\partial x}+\boldsymbol{j}\frac{\partial}{\partial x}+\boldsymbol{k}\frac{\partial}{\partial x}$ 为梯度算符。

对于各向异性材料（D 不相同），菲克第一定律可以表示为

$$\boldsymbol{J}=\boldsymbol{J}_x+\boldsymbol{J}_y+\boldsymbol{J}_z=-iD_x\frac{\partial C}{\partial x}-jD_y\frac{\partial C}{\partial x}-kD_z\frac{\partial C}{\partial x} \tag{6.3}$$

2. 菲克第一定律的微观表达式

微观模型：设任选的参考平面 1、平面 2 上扩散原子面密度分别为 n_1 和 n_2，若 $n_1=n_2$，则无净扩散流。假定原子在平衡位置的振动周期为 τ，则一个原子单位时间内离开相对平衡位置跃迁次数的平均值，即跃迁频率为

$$\Gamma=\frac{1}{\tau} \tag{6.4}$$

由于每个坐标轴有正、负两个方向，所以向给定坐标轴正向跃迁的概率是 $\frac{1}{6}\Gamma$。设由平面 1 向平面 2 的跳动原子通量为 J_{12}，由平面 2 向平面 1 的跳动原子通量为 J_{21}。

$$J_{12}=\frac{1}{6}n_1\Gamma \tag{6.5}$$

$$J_{21}=\frac{1}{6}n_2\Gamma \tag{6.6}$$

注意到正、反两个方向，则通过平面 1 沿 x 方向的扩散通量为

$$J_1=J_{12}-J_{21}=\frac{1}{6}\Gamma(n_1-n_2) \tag{6.7}$$

而浓度可表示为

$$C=\frac{1\times n}{1\times\delta}=\frac{n}{\delta} \tag{6.8}$$

式中，1 表示取代单位面积计算；δ 表示沿扩散方向的跳动距离（图 6.1），则由式(6.7)、式(6.8) 得

$$\begin{aligned}J_1&=\frac{1}{6}\Gamma(C_1-C_2)\delta=-\frac{1}{6}\Gamma(C_2-C_1)\delta\\&=-\frac{1}{6}\Gamma\delta^2\frac{\mathrm{d}C}{\mathrm{d}x}=-D\frac{\mathrm{d}C}{\mathrm{d}x}\end{aligned} \tag{6.9}$$

式(6.9) 即菲克第一定律的微观表达式，其中

$$D=\frac{1}{6}\Gamma\delta^2 \tag{6.10}$$

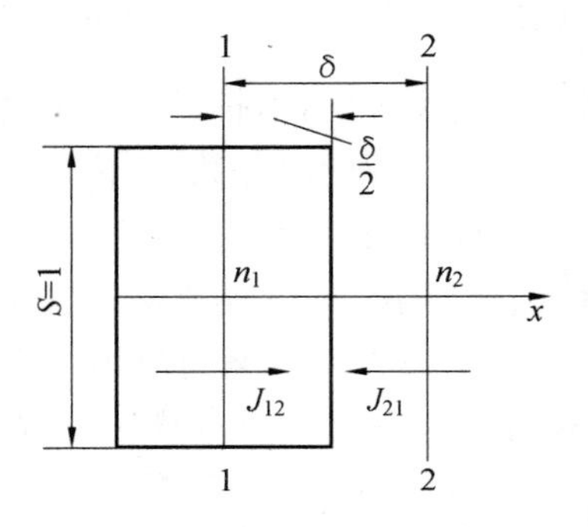

图 6.1　一维扩散的微观模型

式(6.10) 反映了扩散系数与晶体结构微观参量之间的关系，是扩散系数的微观表达式。

3. 菲克第一定律的应用

(1) 一维稳态扩散。

考虑氢通过金属膜的扩散。如图 6.2 所示，金属膜的厚度为 δ，取 x 轴垂直于膜面。考虑金属膜两边供气与抽气同时进行，一面保持高而恒定的压力 p_2，另一面保持低而恒定的压力 p_1。扩散一定时间以后，金属膜中建立起稳定的浓度分布。且 $p_2>p_1$，求金属膜中 H 的分布 $C(x)$、J。

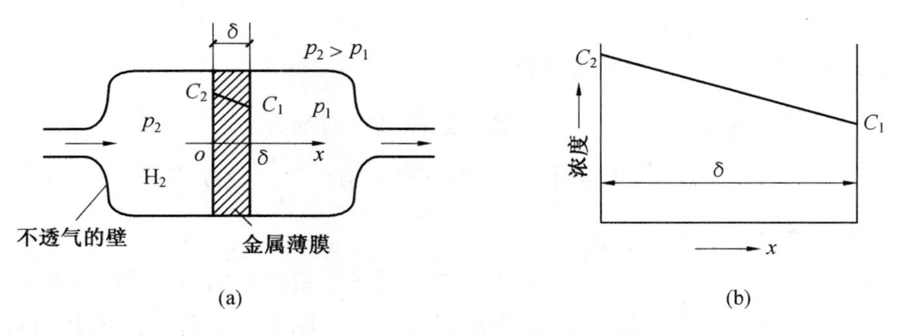

图 6.2　氢对金属膜的一维稳态扩散

边界条件为

$$\begin{cases} C|_{x=0}=C_1 \\ C|_{x=\delta}=C_2 \end{cases}$$

C_1、C_2 可由热解反应 $H_2 \longrightarrow H+H$ 的平衡常数 K 确定，根据 K 的定义：$K=\dfrac{\text{产物活度积}}{\text{反应物活度积}}$，设氢原子的浓度为 C，则

$$K=\frac{CC}{p}=\frac{C^2}{p} \tag{6.11}$$

即

$$C=\sqrt{Kp}=S\sqrt{p} \tag{6.12}$$

式中，S 为西佛特(Sievert)定律常数，其物理意义是当空间压力 $p=1$ MPa 时金属表面的溶解度。式(6.12)表明，金属表面气体的溶解度与空间压力的平方根成正比。因此，边界条件为

$$C|_{x=0}=S\sqrt{p_2} \tag{6.13}$$

$$C|_{x=\delta}=S\sqrt{p_1} \tag{6.14}$$

根据稳定扩散条件，有

$$\frac{\partial C}{\partial t}=\frac{\partial}{\partial x}\left(D\frac{\partial C}{\partial x}\right)=0 \tag{6.15}$$

所以

$$\frac{\partial C}{\partial x}=\text{const}=a \tag{6.16}$$

积分得

$$C=ax+b \tag{6.17}$$

式(6.17)表明金属膜中 H 原子的浓度为直线分布，其中积分常数 a、b 由边界条件式(6.16)确定：

$$a=\frac{C_1-C_2}{\delta}=\frac{S}{\delta}(\sqrt{p_1}-\sqrt{p_2})$$

$$b=C_2=S\sqrt{p_2}$$

将常数 a、b 值代入式(6.17)得

$$C(x)=\frac{S}{\delta}(\sqrt{p_1}-\sqrt{p_2})x+S\sqrt{p_2} \tag{6.18}$$

单位时间透过面积为 A 的金属膜的氢气量为

$$\frac{\mathrm{d}m}{\mathrm{d}t}=JA=-DA\frac{\mathrm{d}C}{\mathrm{d}x}=-DAa=-DA\frac{S}{\delta}(\sqrt{p_1}-\sqrt{p_2}) \tag{6.19}$$

由式(6.19)可知，在本例所示一维扩散的情况下，只要保持 p_1、p_2 恒定，膜中任意点的浓度就会保持不变，而且通过任何截面的流量、通量 J 均为相等的常数。

引入金属的透气率 P 表示单位厚度金属在单位压差(以 MPa 为单位)下、单位面积透过的气体流量为

$$P=DS \tag{6.20}$$

式中，D 为扩散系数；S 为气体在金属中的溶解度，则有

$$J=\frac{P}{\delta}(\sqrt{p_1}-\sqrt{p_2}) \tag{6.21}$$

在实际应用中,为了减少氢气的渗漏现象,多采用球形容器、选用氢的扩散系数及溶解度较小的金属以及尽量增加容器壁厚等。

(2) 柱对称稳态扩散。

史密斯(Smith) 利用柱对称稳态扩散测定了碳在铁中的扩散系数。将长度为 L、半径为 r 的薄壁铁管在 1 000 ℃ 退火,管内及管外分别通以压力保持恒定的渗碳及脱碳气氛,当时间足够长,管壁内各点的碳的质量分数(w) 不再随时间而变,单位时间内通过管壁的碳量 m/t 为常数,其中 m 是 t 时间内流入或流出管壁的碳量,按照通量的定义:

$$J=\frac{m}{2\pi rLt} \tag{6.22}$$

由菲克第一定律式(6.1) 有

$$\frac{m}{2r\pi Lt}=-D\frac{\mathrm{d}w}{\mathrm{d}r} \text{ 或 } m=-D(2\pi Lt)\frac{\mathrm{d}w}{\mathrm{d}\ln r} \tag{6.23}$$

式中,m、L、t 以及 w 沿管壁的径向分布都可以测量;D 可以由 w 对 $\ln r$ 作图的斜率确定(图 6.3)。

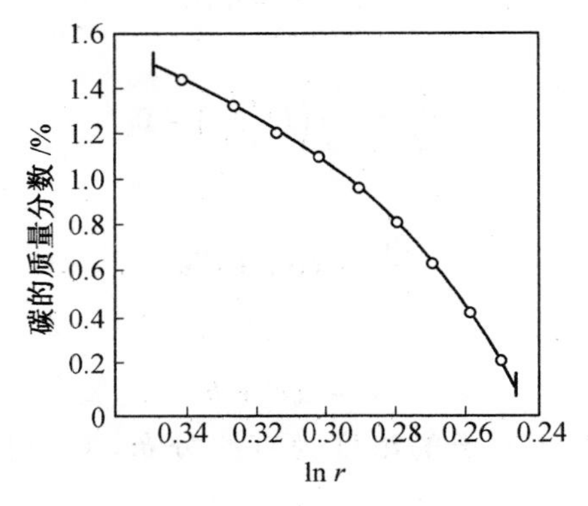

图 6.3 在 1 000 ℃ 碳通过薄壁铁管的稳态扩散中碳的质量分布

从图 6.3 还可以引出一个重要的概念:由于 m/t 为常数,如果 D 不随质量分数而变,则 $\mathrm{d}w/\mathrm{d}\ln r$ 也应是常数,w 对 $\ln r$ 作图应当是一直线。但实验指出,在质量分数高的区域,$\mathrm{d}w/\mathrm{d}\ln r$ 小,D 大;而质量分数低的区域,$\mathrm{d}w/\mathrm{d}\ln r$ 大,D 小。由图 6.3 算出,在 1 000 ℃,碳在铁中的扩散系数为:当碳的质量分数为 0.15% 时,$D=2.5\times10^{-9}\ \mathrm{m^2/s}$;当碳的质量分数为 1.4% 时,$D=7.7\times10^{-9}\ \mathrm{m^2/s}$。可见 D 是质量分数的函数,只有当质量分数很小或质量分数差很小时,D 才近似为常数。

(3) 球对称稳态扩散。

如图 6.4 所示,有内径为 r_1、外径为 r_2 的球壳,若分别维持内表面、外表面的浓度 C_1、C_2 保持不变,则可实现球对称稳态扩散。

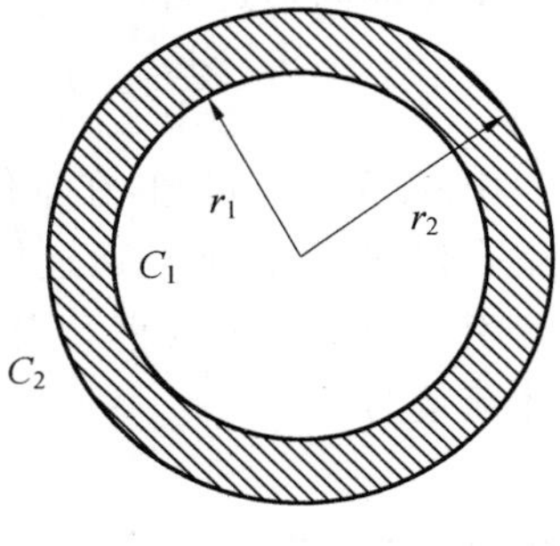

图 6.4 球壳中可实现球对称稳态扩散

边界条件:

$$\begin{cases} C\mid_{r=r_1}=C_1 \\ C\mid_{r=r_2}=C_2 \end{cases} \tag{6.24}$$

由稳态扩散,并利用式菲克第二定律的球坐标表示式有

$$\frac{\partial C}{\partial t}=\frac{D}{r^2}\frac{\partial}{\partial r}\left(r^2\frac{\partial C}{\partial r}\right)=0 \tag{6.25}$$

得

$$r^2\frac{\partial C}{\partial r}=\mathrm{const}=a \tag{6.26}$$

解得

$$C=-\frac{a}{r}+b \tag{6.27}$$

代入边界条件，确定待定常数 a、b：

$$\begin{cases} a=\dfrac{r_1 r_2(C_2-C_1)}{r_2-r_1} \\ b=\dfrac{C_2 r_2-C_1 r_1}{r_2-r_1} \end{cases} \tag{6.28}$$

求得浓度分布为

$$C(r)=-\frac{r_1 r_2(C_2-C_1)}{r(r_2-r_1)}+\frac{C_2 r_2-C_1 r_1}{r_2-r_1} \tag{6.29}$$

在实际中，往往需要求出单位时间内通过球壳的扩散量$\dfrac{\mathrm{d}m}{\mathrm{d}t}$，并利用 $r^2\dfrac{\partial C}{\partial r}=a$ 的关系：

$$\frac{\mathrm{d}m}{\mathrm{d}t}=JA=-D\frac{\mathrm{d}C}{\mathrm{d}r}\cdot 4\pi r^2=4\pi Da=4\pi Dr_1 r_2\frac{C_2-C_1}{r_2-r_1} \tag{6.30}$$

而不同球面上的扩散通量：

$$J=\frac{\mathrm{d}m}{A\,\mathrm{d}t}=\frac{1}{4\pi r^2}\frac{\mathrm{d}m}{\mathrm{d}t}=-D\frac{r_1 r_2}{r^2}\frac{C_2-C_1}{r_2-r_1} \tag{6.31}$$

可见，对球对称稳态扩散来说，在不同的球面上，$\dfrac{\mathrm{d}m}{\mathrm{d}t}$ 相同，但 J 并不相同。

上述球对称稳态扩散的分析方法对处理固态相变过程中球形晶核的生长速率很重要。

如图 6.5 中的二元相图所示，成分为 C_0 的单相 α 固溶体从高温冷却，进入双相区并在 T_0 保温。此时会在过饱和固溶体 α′ 中析出成分为 $C_{\beta\alpha}$ 的 β 相，与之平衡的 α 相成分为 $C_{\alpha\beta}$。在晶核生长初期，设 β 相晶核半径为 r_1，母相在半径为 r_2 的球体中成分由 C_0 逐渐降为 $C_{\alpha\beta}$，随着时间由 t_0、t_1、t_2 变化，浓度分布曲线逐渐变化，相变过程中各相成分分布如图 6.6 所示。

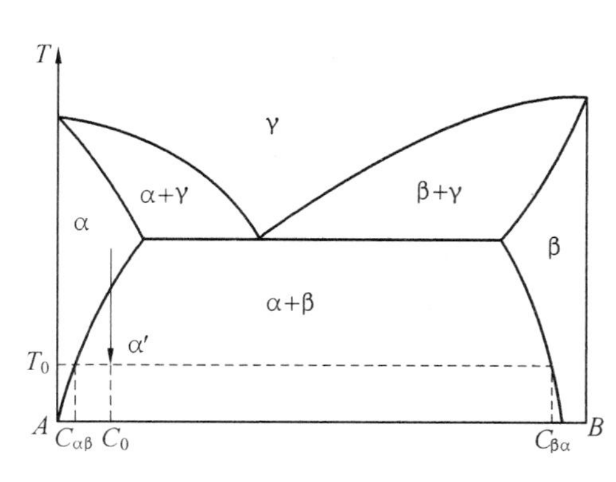

图 6.5　过饱和固溶体的析出

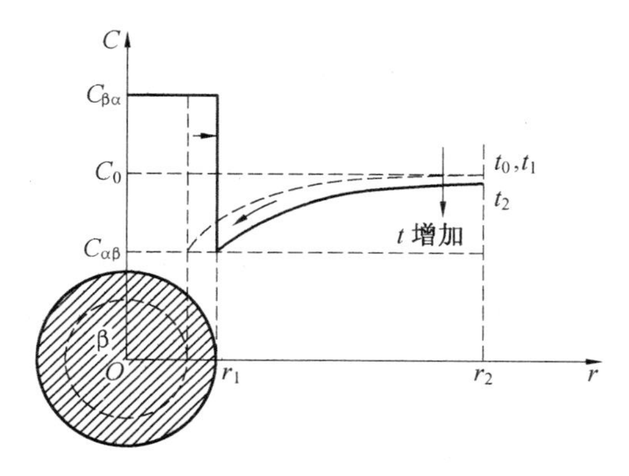

图 6.6　球形晶核的生长过程

一般说来，这种相变速度较慢，而且涉及的范围较广，因此可将晶核生长过程当作准稳态扩散处理，即在晶核生长初期任何时刻，浓度分布曲线保持不变。由球对称稳态扩散的分析结果式(6.30)，并利用 $r_1 \gg r_2$，即新相晶核很小、扩散范围很大的条件。应特别注意分析的对象是内径为 r_1、外径为 r_2 的球壳，由扩散通过球壳的流量 $\mathrm{d}m/\mathrm{d}t$，其负值即为新相晶核的生长速率：

$$\frac{\mathrm{d}m}{\mathrm{d}t}=-D\cdot 4\pi\cdot r_1 r_2\frac{C_2-C_1}{r_2-r_1}\approx -D\cdot 4\pi\cdot r_1^2\frac{C_2-C_1}{r_1}=-D\cdot 4\pi\cdot r_1^2\frac{C_0-C_{\alpha\beta}}{r_1} \tag{6.32}$$

注意式(6.32)与菲克第一定律的区别，因为式中的$\frac{C_0-C_{\alpha\beta}}{r_1}$并不是浓度梯度。

6.1.2 菲克第二定律及其应用

1. 菲克第二扩散定律

若物质在扩散过程中，浓度和扩散通量都随时间变化，通过各处的扩散通量 J 随着距离 x 在变化，即扩散为非稳态扩散，则这种情况下菲克第一定律就不适用。然而通常的扩散过程大多数是非稳态扩散。为了便于解决非稳态扩散问题，在菲克第一定律的基础上，从物质的平衡关系着手，建立了第二个微分方程式，即菲克第二定律。对于一维非稳态扩散，菲克第二定律的推导如下。

如图6.7所示，在扩散方向上取体积元 $A\mathrm{d}x$，A 为其截面积，J_1 和 J_2 分别表示流入体积元及从体积元流出的扩散通量。在 Δt 时间内，体积元中扩散物质的积累量等于进出量之差，即

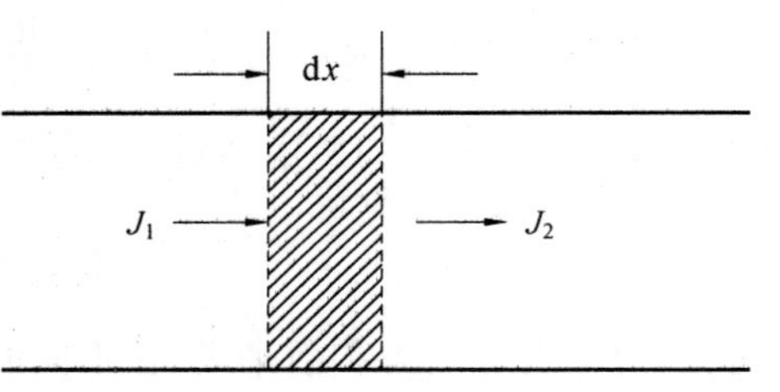

图6.7 扩散通过微小体积后流量的变化

$$J_1A-J_2A=-\mathrm{d}(JA)=\frac{\partial J}{\partial x}A\,\mathrm{d}x \tag{6.32}$$

$$J_1A-J_2A=\frac{\partial C}{\partial t}A\,\mathrm{d}x \tag{6.33}$$

$$\frac{\partial C}{\partial t}=-\frac{\partial J}{\partial x}=-\frac{\partial}{\partial x}\left(-D\frac{\partial C}{\partial x}\right) \tag{6.34}$$

如果扩散系数不随浓度改变，则上式可写成

$$\frac{\partial C}{\partial t}=D\frac{\partial^2 C}{\partial x^2} \tag{6.35}$$

即菲克第二定律一维表达式为式(6.34)和式(6.35)。在三维情况下，对于各向异性材料(D 不相同)，菲克第二定律可以表示为

$$\frac{\partial c}{\partial t}=\frac{\partial}{\partial x}\left(Dx\frac{\partial c}{\partial x}\right)+\frac{\partial}{\partial y}\left(Dy\frac{\partial c}{\partial y}\right)+\frac{\partial}{\partial z}\left(Dz\frac{\partial c}{\partial z}\right) \tag{6.36}$$

其中，D_x、D_y 和 D_z 分别为沿 x、y 和 z 方向的扩散系数。在立方晶体中，扩散系数是各向同性的。对于各向同性材料(D 相同)，如立方晶体，其 $D_x=D_y=D_z$，则菲克第二定律可以表示为

$$\frac{\partial c}{\partial t}=D\left(\frac{\partial^2 c}{\partial x^2}+\frac{\partial^2 c}{\partial y^2}+\frac{\partial^2 c}{\partial z^2}\right) \tag{6.37}$$

对于柱坐标和球坐标体系，菲克第二定律可以如下表示：

一维柱坐标

$$\frac{\partial C}{\partial t}=D\left(\frac{\partial^2 C}{\partial r^2}+\frac{1}{r}\frac{\partial C}{\partial r}\right) \tag{6.38}$$

三维柱坐标

$$\frac{\partial C}{\partial t}=D\left[\frac{1}{r}\frac{\partial}{\partial r}\left(r\frac{\partial C}{\partial r}\right)+\frac{1}{r^2}\frac{\partial^2 C}{\partial \theta^2}+\frac{\partial^2 C}{\partial z^2}\right] \tag{6.39}$$

一维球坐标

$$\frac{\partial C}{\partial t}=D\left(\frac{\partial^2 C}{\partial r^2}+\frac{2}{r}\frac{\partial C}{\partial r}\right) \tag{6.40}$$

三维球坐标

$$\frac{\partial C}{\partial t}=D\left[\frac{1}{r^2}\frac{\partial}{\partial r}\left(r^2\frac{\partial C}{\partial r}\right)+\frac{1}{r^2\sin\theta}\frac{\partial}{\partial \theta}\left(\sin\theta\frac{\partial C}{\partial \theta}\right)+\frac{1}{r^2\sin\theta}\frac{\partial^2 C}{\partial \varphi^2}\right] \tag{6.41}$$

菲克第二定律描述的是在扩散过程中某点的浓度随时间的变化率与浓度分布曲线在该点的二阶导数成正比，如图 6.8 所示。

若$\frac{\partial^2 C}{\partial x^2}>0$，则曲线在该点附近为凹型，该点的浓度随时间的增加而增加；若$\frac{\partial^2 C}{\partial x^2}<0$，则曲线在该点附近为凸型，该点的浓度随时间的增加而降低。

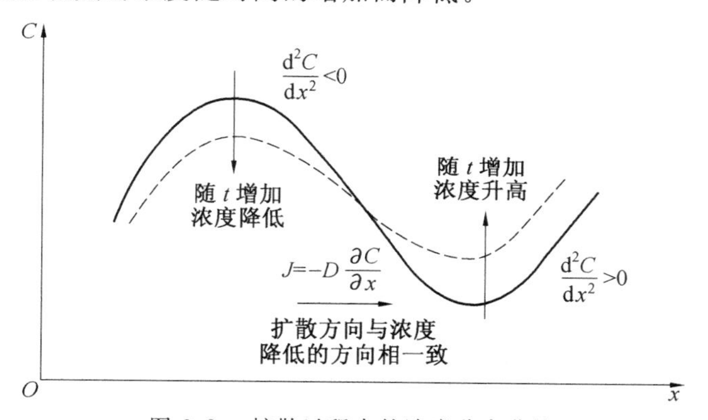

图 6.8　扩散过程中的浓度分布曲线

2. 菲克第二定律的解及其应用

非稳态扩散方程的解只能根据所讨论的初始条件和边界条件而定，过程的条件不同方程的解也不同，下面分几种情况加以讨论：一是在整个扩散过程中扩散质点在晶体表面的浓度 C_s 保持不变（即所谓的恒定源扩散）；二是一定量的扩散相 Q 由晶体表面向内部的扩散。

（1）一维无穷长系统。

无穷长的意义是相对于扩散区长度而言，若一维扩散物体的长度大，则可按一维无穷长处理。由于固体的扩散系数 D 在 $10^{-4}\sim10^{-14}\ \mathrm{m^2\cdot s^{-1}}$ 很大的范围内变化，因此这里所说的无穷长并不等同于表观无穷长，如图 6.9 所示。

使用菲克第二定律求解：

初始条件

$$t=0\ 时,\begin{cases}C=C_2 & (x<0)\\ C=C_1 & (x>0)\end{cases}$$

边界条件

$$t \geqslant 0 \text{ 时}, \begin{cases} C = C_2 & (x \to -\infty) \\ C = C_1 & (x \to \infty) \end{cases}$$

使用菲克第二定律：

$$\frac{\partial C}{\partial t} = D \frac{\partial^2 C}{\partial x^2} \tag{6.42}$$

引入新变量：$\lambda = x/\sqrt{t}$，则有

$$\frac{\partial C}{\partial t} = \frac{\partial C}{\partial \lambda} \cdot \frac{\partial \lambda}{\partial t} = -\frac{\partial C}{\partial \lambda} \cdot \frac{x}{2t^{3/2}} = -\frac{\mathrm{d}C}{\mathrm{d}\lambda} \cdot \frac{\lambda}{2t} \tag{6.43}$$

$$D \frac{\partial^2 C}{\partial x^2} = D \frac{\partial^2 C}{\partial \lambda^2} \cdot \left(\frac{\partial \lambda}{\partial x}\right)^2 + \frac{\partial C}{\partial \lambda} \cdot \frac{\partial^2 \lambda}{\partial x^2} = D \frac{\mathrm{d}^2 C}{\mathrm{d}\lambda^2} \cdot \frac{1}{t} \tag{6.44}$$

故式(6.42)变成了一个常微分方程：

$$-\lambda \frac{\mathrm{d}C}{\mathrm{d}\lambda} = 2D \frac{\mathrm{d}^2 C}{\mathrm{d}\lambda^2} \tag{6.45}$$

令$\frac{\mathrm{d}C}{\mathrm{d}\lambda} = u$，代入式(6.44)得

$$-\frac{\lambda}{2} u = D \frac{\mathrm{d}u}{\mathrm{d}\lambda} \tag{6.46}$$

解得

$$u = a' \exp\left(-\frac{\lambda^2}{4D}\right) \tag{6.47}$$

将式(6.47)代入到$\frac{\mathrm{d}C}{\mathrm{d}\lambda} = u$中，有

$$\frac{\mathrm{d}C}{\mathrm{d}\lambda} = a' \exp\left(-\frac{\lambda^2}{4D}\right) \tag{6.48}$$

将上式积分得

$$C = a' \int_0^{\lambda} \exp\left(-\frac{\lambda^2}{4D}\right) \mathrm{d}\lambda + b \tag{6.49}$$

再令 $\beta = \lambda/(2\sqrt{D})$，则式(6.49)可改写为

$$C = a' \cdot 2\sqrt{D} \int_0^{\beta} \exp(-\beta^2) \mathrm{d}\beta + b = a \int_0^{\beta} \exp(-\beta^2) \mathrm{d}\beta + b \tag{6.50}$$

注意式(6.50)是用定积分，即图 6.10 中斜线所示的面积来表示，被积函数为高斯函数 $\exp(-\beta^2)$，积分上限为 β。

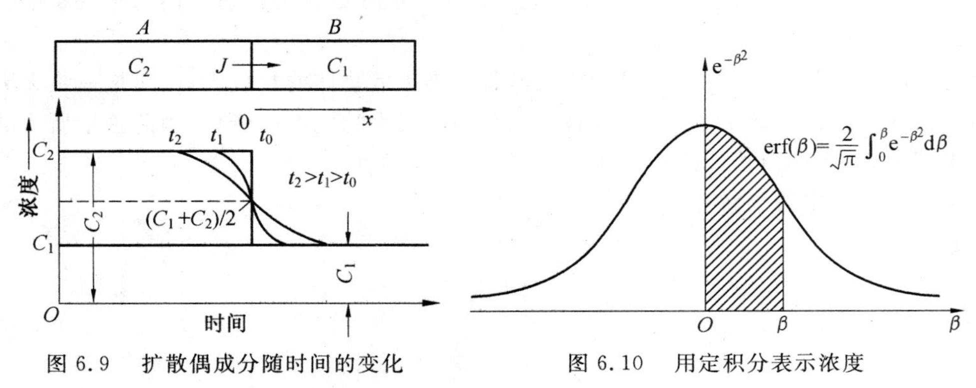

图 6.9　扩散偶成分随时间的变化　　　图 6.10　用定积分表示浓度

根据高斯误差积分：

$$\int_0^{\pm\infty} \exp(-\beta^2)\,d\beta = \pm\frac{\sqrt{\pi}}{2} \tag{6.51}$$

因为 $\beta=\lambda/(2\sqrt{D})=x/(2\sqrt{Dt})$，利用边界条件，在 $t\geqslant 0$ 时，分别有

$$C=C_1=a\int_0^{+\infty} e^{-\beta^2}\,d\beta+b \tag{6.52}$$

$$C=C_2=a\int_0^{-\infty} e^{-\beta^2}\,d\beta+b \tag{6.53}$$

故

$$C_1=a\frac{\sqrt{\pi}}{2}+b,C_2=-a\frac{\sqrt{\pi}}{2}+b \tag{6.54}$$

求出积分常数 a、b 分别为

$$a=-\frac{C_2-C_1}{2}\cdot\frac{2}{\sqrt{\pi}},\quad b=\frac{C_1+C_2}{2} \tag{6.55}$$

将式(6.55)代入式(6.51)有

$$C=\frac{C_2+C_1}{2}-\frac{C_2-C_1}{2}\cdot\frac{2}{\sqrt{\pi}}\int_0^{\beta}\exp(-\beta^2)\,d\beta \tag{6.56}$$

式(6.56)中的积分函数称为高斯误差函数，用 erf(β) 表示(图 6.8)，定义为

$$\mathrm{erf}(\beta)=\frac{2}{\sqrt{\pi}}\int_0^{\beta}\exp(-\beta^2)\,d\beta \tag{6.57}$$

β 值对应的 erf(β) 值列于表 6.1。这样式(6.57)可改写成

$$C=\frac{C_1+C_2}{2}-\frac{C_2-C_1}{2}\mathrm{erf}(\beta) \tag{6.58}$$

式(6.58)即为扩散偶在扩散过程中，溶质浓度随 β(即随 erf(β)，见表 6.1)的变化关系式。其中，$\mathrm{erf}(\beta)=\frac{2}{\sqrt{\pi}}\int_0^{\beta}\exp(-\beta^2)\,d\beta$ 称为误差函数。

高斯误差函数具有下列性质：

$$\mathrm{erf}(-\beta)=\mathrm{erf}(\beta),\mathrm{erf}(0)=0,\mathrm{erf}(0.5)=0.521,\mathrm{erf}(+\infty)=1,\mathrm{erf}(-\infty)=-1$$

表 6.1　误差函数值表

β	erf(β)	β	erf(β)	β	erf(β)
0	0	0.55	0.563 3	1.3	0.934 0
0.025	0.028 2	0.60	0.603 9	1.4	0.952 3
0.05	0.056 4	0.65	0.642 0	1.5	0.966 1
0.10	0.112 5	0.70	0.677 8	1.6	0.976 3
0.15	0.168 0	0.75	0.711 2	1.7	0.983 8
0.20	0.222 7	0.80	0.742 1	1.8	0.989 1
0.25	0.276 3	0.85	0.770 7	1.9	0.998 1
0.30	0.328 6	0.90	0.797 0	2.0	0.995 3
0.35	0.379 4	0.95	0.820 9	2.2	0.998 1
0.40	0.428 4	1.0	0.842 7	2.4	0.999 3
0.45	0.475 5	1.1	0.880 2	2.6	0.999 8
0.50	0.520 5	1.2	0.910 3	2.8	0.999 9

根据式(6.58),扩散成分随时间变化的关系如图 6.11 所示。

由图 6.10 及式(6.59)可知,浓度 $C(x,t)$ 与 β 有一一对应的关系,由于 $\beta=x/(2\sqrt{Dt})$,因此 $C(x,t)$ 与 $x/\sqrt{t}$ 之间也存在一一对应的关系,设 $K(C)$ 是决定于浓度 C 的常数,必有

$$x^2=K(C)t \tag{6.59}$$

式(6.59)称为抛物线扩散规律,其应用范围为不发生相变的扩散。如图 6.12 所示,若等浓度 C_1 的扩散等距离之比为 1∶2∶3∶4,则所用的扩散时间之比为 1∶4∶9∶16。

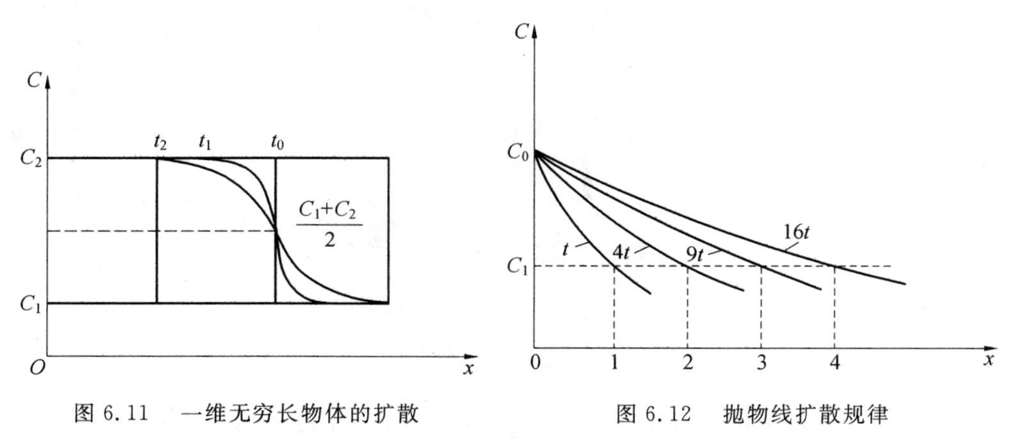

图 6.11 一维无穷长物体的扩散　　　图 6.12 抛物线扩散规律

通常,若 $C(x,t)=0.5C_0$,则体系的扩散深度为 x。

包含误差函数形式的解一般称为误差函数解。这类解可用于讨论金属表面渗层(如钢的表面渗碳、渗氮、渗金属、硅的掺杂预沉积等)或脱层(如钢的脱碳)。因为渗层相对于工件尺寸小得多,工件可近似看作无限大,如果渗层时表面保持或近似保持浓度不变,并且散系数近似看作常数,可以直接使用这些式子求近似解。

(2) 半无限长系统中的扩散。

半无穷长物体扩散的特点是,表面浓度保持恒定,而物体的长度大于 $4\sqrt{Dt}$。对于金属表面的渗碳、渗氮处理来说,金属外表面的气体浓度就是该温度下相应气体在金属中的饱和溶解度 C_0,它是恒定不变的;而对于真空除气来说,表面浓度为 0,也是恒定不变的。

钢铁渗碳是半无穷长物体扩散的典型实例。例如,将工业纯铁在 927 ℃ 进行渗碳处理,假定在渗碳炉内工件表面很快就达到碳的饱和溶解度(1.3%C),而后保持不变,同时 C 原子不断地向里扩散。这样,渗碳层的厚度、渗碳层中的碳浓度和渗碳时间的关系,便可求得。

初始条件:$t=0,x>0,C=0$。

边界条件:$t\geqslant 0,x\to\infty,C=0;x=0,C_0=1.3$。

927 ℃ 时 C 在铁中扩散系数 $D=1.5\times10^{-9}\ \mathrm{m^2\cdot s^{-1}}$,所以

$$C=1.3\left[1-\mathrm{erf}\left(\frac{x}{2\sqrt{1.5\times10^{-9}t}}\right)\right]=1.3\left[1-\mathrm{erf}\left(1.29\times10^5\cdot\frac{x}{\sqrt{t}}\right)\right] \tag{6.60}$$

渗碳 10 h(3.6×10^4 s)后渗碳层中的碳分布:

$$C=1.3[1-\mathrm{erf}(6.8x)] \tag{6.61}$$

在实际生产中,渗碳处理常用于低碳钢,如含碳量为 0.25% 的钢。这时为了计算的方便,可将 C 的浓度坐标移到 0.25 为原点,这样就可以采用与工业纯铁同样的计算方法。

(3) 瞬时平面源。

在单位面积的纯金属表面涂上扩散元素组成平面源，然后对接成扩散偶进行扩散。若扩散系数为常数，其扩散方程为

$$\frac{\partial C}{\partial t}=D\frac{\partial^2 C}{\partial x^2} \tag{6.62}$$

注意到涂层的厚度为0，因此菲克第二定律的初始、边界条件为

$$t=0\text{ 时},C|_{x=0}\to\infty,C|_{x\neq 0}=0$$

$$t\geqslant 0\text{ 时},\ C|_{x\to\pm\infty}=0 \tag{6.63}$$

由微分知识可知，满足方程式(6.62)及上述初始、边界条件的解具有下述形式：

$$C=\frac{a}{t^{1/2}}\exp\left(-\frac{x^2}{4Dt}\right) \tag{6.64}$$

式中，a 是待定常数。可以利用扩散物质的总量 M 来求积分常数 a，有

$$M=\int_{-\infty}^{+\infty}C\mathrm{d}x \tag{6.65}$$

如果浓度分布由式(6.64)表示，并令

$$\frac{x^2}{4Dt}=\beta^2 \tag{6.66}$$

则有 $\mathrm{d}x=2(Dt)^{1/2}\mathrm{d}\beta$，将其代入式(6.65)得

$$M=2aD^{\frac{1}{2}}\int_{-\infty}^{+\infty}\mathrm{e}^{-\beta^2}\mathrm{d}\beta=2a(\pi D)^{\frac{1}{2}} \tag{6.67}$$

将上式代入式(6.65)可得

$$C=\frac{M}{2(\pi Dt)^{\frac{1}{2}}}\exp\left(-\frac{x^2}{4Dt}\right) \tag{6.68}$$

此类情况下所求出的解称为高斯函数解。

将式(6.68)两边取对数得

$$\ln C(x,t)=\ln\frac{M}{2\sqrt{\pi Dt}}-\frac{x^2}{4Dt} \tag{6.69}$$

因此，$\ln(x,t)$ 与 x^2 为直线关系，其中，斜率 $k=-\frac{1}{4Dt}$，据此可以求出物质的扩散系数：

$$D=-\frac{1}{4tk}$$

6.2　扩散过程

物质中的原子随时进行着热振动，温度越高，振动频率越快。当某些原子具有足够高的能量时，便会离开原来的位置，跳向邻近的位置，这种由于物质中原子(或者其他微观粒子)的微观热运动所引起的宏观迁移现象称为扩散。在气态和液态物质中，原子迁移可以通过对流和扩散两种方式进行，与扩散相比，对流要快得多。然而，在固态物质中，扩散是原子迁移的唯一方式。固态物质中的扩散与温度有很强的依赖关系，温度越高，原子扩散越快。实验证实，物质在高温下的许多物理及化学过程均与扩散有关，因此研究物质中的扩散无论在理论上还是在应用上都具有重要意义。物质中的原子在不同的情况下可以按不同的方式扩散，扩散速度

可能存在明显的差异，可以分为以下几种类型。

(1) 化学扩散和自扩散：扩散系统中存在浓度梯度的扩散称为化学扩散，没有浓度梯度的扩散称为自扩散，后者是指纯金属的自扩散。

(2) 上坡扩散和下坡扩散：扩散系统中原子由浓度高处向浓度低处的扩散称为下坡扩散，由浓度低处向浓度高处的扩散称为上坡扩散。

(3) 短路扩散：原子在晶格内部的扩散称为体扩散或称晶格扩散，沿晶体中缺陷进行的扩散称为短路扩散，后者主要包括表面扩散、晶界扩散、位错扩散等。短路扩散比体扩散快得多。

(4) 相变扩散：原子在扩散过程中由于固溶体过饱和而生成新相的扩散称为相变扩散或称反应扩散。

6.2.1 扩散过程的推动力

用浓度梯度表示的菲克第一定律 $J=-D\frac{\partial C}{\partial x}$ 只能描述原子由高浓度向低浓度方向的下坡扩散，当 $\frac{\partial C}{\partial x}\to 0$ 时，即合金浓度趋向均匀时，宏观扩散停止。然而，在合金中发生的很多扩散现象确是由低浓度向高浓度方向的上坡扩散，如固溶体的调幅分解、共析转变等就是典型的上坡扩散，这一事实说明引起扩散的真正驱动力不是浓度梯度。

物理学中阐述了力与能量的普遍关系。例如，距离地面一定高度的物体，在重力 F 的作用下，若高度降低 ∂x ，相应的势能减小 ∂E，则作用在该物体上的力定义为

$$F=-\frac{\partial E}{\partial x} \tag{6.70}$$

其中，“−”表示物体由势能高处向势能低处运动。晶体中原子间的相互作用力 F 与相互作用能 E 也符合上述关系。

根据热力学理论，系统变化方向的更广义判据是，在恒温、恒压条件下，系统变化总是向吉布斯自由能降低的方向进行，自由能最低态是系统的平衡状态，过程的自由能变化 $\Delta G<0$ 是系统变化的驱动力。

合金中的扩散也是一样，原子总是从化学位高的地方向化学位低的地方扩散，当各相中同一组元的化学位相等(多相合金)，或者同一相中组元在各处的化学位相等(单相合金)，则达到平衡状态，宏观扩散停止。因此，原子扩散的真正驱动力是化学位梯度。如果合金中 i 组元的原子由于某种外界因素的作用(如温度、压力、应力、磁场等)，沿 x 方向运动 ∂x 距离，其化学位降低 $\partial\mu_i$，则该原子受到的驱动力为

$$F_i=-\frac{\partial \mu_i}{\partial x} \tag{6.71}$$

原子扩散的驱动力与化学位降低的方向一致。

1. 无序扩散：热起伏的影响

从统计观点看，晶体中质点仅在其平衡位置附近做微小振动，其振幅约为原子间距的1/10，故晶体中质点不会脱离平衡位置而造成扩散。但实际上，固体中粒子的能量不是均匀分布的，存在着所谓“热起伏”现象。热起伏是造成无序扩散(不存在化学位梯度时，质点纯粹由于热起伏而引起的扩散)的原因。所谓“热起伏”，即对于一定的物质，在一定温度下，其大部

分粒子处于一定的能量状态。但仍有一部分粒子的能量高于或低于这一能量状态。粒子的能量状态分布服从玻耳兹曼分布律。设质点克服势垒进而扩散所需要的能量为 ΔG。则 ΔG 为扩散活化能，那么高于 ΔG 的活化粒子数为

$$n = n_0\left(-\frac{\Delta G}{KT}\right) \tag{6.72}$$

其物理意义为能量高于 ΔG 的活化分子数所占的百分数。类似于动力学的阿伦尼乌斯公式

$$K = A\exp\left(-\frac{\Delta G}{KT}\right) \tag{6.73}$$

式中，K 为速度常数；A 为指前因子；ΔG 为化学反应活化能。

因此，$\exp\left(-\frac{\Delta G}{KT}\right)$ 的物理意义指活化分子所占的百分数。

2. 扩散推动力 —— 扩散所需的外场

从物理化学中可知，化学位梯度是物质迁移的推动力，即 $\Delta\mu$ 是扩散推动力。对于一个定量纯物体系，一个热力学参量可由任何两个参量来表示：$\mu = \mu(T、p)$。对于一般体系，影响参量较多，则是 $\mu = \mu(T, p, C, \cdots)$ 的函数。其中，T、C、p 分别表示温度、浓度、压力。一般不考虑其他更多的参数，而认为 $\mu = \mu(T, p, C)$，所以在恒温恒压下，$\mu_{T,p} = \mu(C)$ ，故在通常情况下，可认为 ΔC 是扩散的推动力，即能量的降低过程。

3. 有无外场存在时两种扩散的比较

相同点：两种扩散均与粒子热运动有关。

不同点：无外场影响的扩散是无序运动，是随机的。

有外场影响的扩散是定向运动，起因在于 Δu。

可以说扩散分为稳定扩散(指扩散粒子的浓度仅随位置变化而不随时间变化的扩散）和不稳定扩散(指扩散粒子的浓度不仅随位置变化而且随时间变化的扩散)。

6.2.2　质点迁移的微观机制

1. 扩散的微观理论

前面讨论了扩散导致的宏观现象，这些现象是大量原子无数次微观过程的总和。本节将从分析晶体中原子运动的特点 —— 随机行走出发，讨论扩散的原子理论，分析扩散的微观机制，并建立宏观量与微观量、宏观现象与微观理论之间的联系。

2. 扩散与原子的随机行走

我们知道悬浮在液体中的微小质点的布朗运动，它们向任一方向运动的概率相等，质点走过的是曲折的路径，这种运动方式称为随机行走，位移的均方根值和运动时间的平方根成正比。而在扩散实验结果中发现，如果扩散原子做定向直线运动则与实验结果不符，由此可以想象，晶体中的原子迁移也是一种随机行走现象。

下面分析晶体中原子运动的特点。从统计意义上讲，在某一时刻，大部分原子做振动，个别原子做跳动；对于一个原子来讲，大部分时间做振动，某一时刻发生跳动。显然，晶体中的扩散过程即是原子在晶体中无规则跳动的结果。换句话说，只有原子发生从阵点位置到阵点位置的跳动，才会对扩散过程有直接的贡献。对于大量原子在无规则跳动次数非常大的情况下，可以用统计的方法求出这种无规则跳动与原子宏观位移的关系，也就是对于一群原子在做了

大规模的无规则跳动以后，可以计算出平均扩散距离。

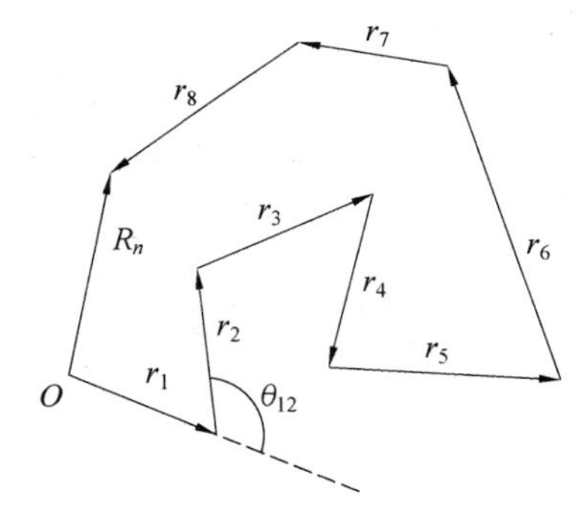

图 6.13 一个原子的随机行走模型

先分析一个原子。设每次无规则跳动的位移矢量为 r_i，则跳动 n 次的位移 R_n 可表示为

$$R_n = \boldsymbol{r}_1 + \boldsymbol{r}_2 + \boldsymbol{r}_3 + \cdots + \boldsymbol{r}_i + \cdots + \boldsymbol{r}_n = \sum_{i=1}^{n} \boldsymbol{r}_i \quad (6.74)$$

为求运动路程，将两端自乘，则

$$\begin{aligned} R_n R_n &= \sum_{i=1}^{n} \boldsymbol{r}_i \sum_{i=1}^{n} \boldsymbol{r}_i = \boldsymbol{r}_1\boldsymbol{r}_2 + \boldsymbol{r}_1\boldsymbol{r}_3 + \boldsymbol{r}_1\boldsymbol{r}_3 + \cdots + \boldsymbol{r}_1\boldsymbol{r}_n + \\ &\quad \boldsymbol{r}_2\boldsymbol{r}_1 + \boldsymbol{r}_2\boldsymbol{r}_2 + \boldsymbol{r}_2\boldsymbol{r}_3 + \cdots + \boldsymbol{r}_2\boldsymbol{r}_n + \cdots + \boldsymbol{r}_n\boldsymbol{r}_n \\ &= \sum_{i=1}^{n} \boldsymbol{r}_i\boldsymbol{r}_i + 2\sum_{i=1}^{n-1} \boldsymbol{r}_i\boldsymbol{r}_{i+1} + 2\sum_{i=1}^{n-2} \boldsymbol{r}_i\boldsymbol{r}_{i+2} + \cdots + 2\boldsymbol{r}_{n-1}\boldsymbol{r}_n \end{aligned} \quad (6.75)$$

所以

$$R_n^2 = \sum_{i=1}^{n} \boldsymbol{r}_i^2 + 2\sum_{j=1}^{n-1} \sum_{i=1}^{n-j} \boldsymbol{r}_i \boldsymbol{r}_{i+j} \quad (6.76)$$

因为 $\boldsymbol{r}_i \cdot \boldsymbol{r}_{i+1} = |\boldsymbol{r}_i||\boldsymbol{r}_{i+1}|\cos\theta_{i,i+j}$，$\theta_{i,i+j}$ 是这两个矢量之间的夹角，于是

$$R_n^2 = \sum_{i=1}^{n} r_i^2 + 2\sum_{j=1}^{n-1} \sum_{i=1}^{n-j} |r_i||r_{i+j}|\cos\theta_{i,i+j} \quad (6.77)$$

再分析晶体中的原子，由于晶体的对称性很高，且只考虑最近邻原子的跳动，则

$$|\boldsymbol{r}_i| = \boldsymbol{r} \quad (6.78)$$

这有两种含义：

(1) $|\boldsymbol{r}_1| = |\boldsymbol{r}_2| = |\boldsymbol{r}_3| = \cdots =$ 最近邻平衡位置之间的距离。

(2) R 具有空间对称性，晶体中的一个原子在发生 n 次跳动之后的数值为

$$R_n^2 = nr^2 + 2\sum_{j=1}^{n-1} \sum_{i=1}^{n-j} \cos\theta_{i,i+j} \quad (6.79)$$

最后再考虑大量的原子。每个原子都跳动了 n 次，则应将所有原子 R_n^2 相加取平均值。考虑到式子中的 nr^2 均相等，但各原子做无规则跳动，故每次跳动的方向是无规则的。对于大量原子来说，每次跳动在任意的正、反两个方向的机会是相等的，则平均值为

$$\overline{\sum_{j=1}^{n-1} \sum_{i=1}^{n-j} \cos\theta_{i,i+j}} = 0 \quad (6.80)$$

所以

$$\overline{R_n^2} = nr^2 \quad (6.81)$$

由此可见，原子扩散的平均距离（用均方程根位移 $\sqrt{\overline{R_n^2}}$ 表示）与原子跳动次数的平方根 $\sqrt{n}$ 成正比，即

$$\sqrt{\overline{R_n^2}} = \sqrt{n}\, r \quad (6.82)$$

假设原子的跳动频率是 Γ，即每秒跳动 Γ 次，则 t 内跳动的次数为

$$n = \Gamma t \quad (6.83)$$

所以

$$\overline{R_n^2} = \Gamma t r^2 \tag{6.84}$$

式(6.84)的重要性在于,它建立了扩散过程中宏观量均方位移$\overline{R_n^2}$、微观量跳动频率 Γ 、跳动距离 r 之间的联系。可以证明:

$$\overline{R_n^2} = D\gamma t \tag{6.85}$$

式中,γ 是决定于物质结构的几何参数。

由上面两个式子,有

$$D\gamma t = \Gamma t r^2 \tag{6.86}$$

则

$$D = \frac{1}{\gamma}\Gamma r^2 = \alpha \Gamma r^2 \tag{6.87}$$

式中,$\alpha = \dfrac{1}{\gamma}$,$\alpha$ 也是决定于物质结构的几何参数。该式称为爱因斯坦方程,它的重要性在于建立了扩散系数与微观量跳动频率 Γ、跳动距离之间的联系。

3. 菲克定律的微观形式及扩散系数的微观表示

首先讨论一维扩散的情况。如图 6.14 所示,设微观跳动也是一维的,扩散沿着 x 方向。假定原子在平衡位置的逗留时间为 τ,即每振动 τ 跳动 1 次,则跳动频率:

$$\Gamma = \frac{1}{\tau} \tag{6.88}$$

式中,Γ 也称跳动概率,即在所有振动的原子发生跳动的原子数分数。

设平面 1 的扩散原子面密度为 n_1,平面 2 的扩散原子面密度为 n_2。若 $n_2 = n_1$,则无扩散流。设有平面 1 向平面 2 的跳动原子通量为 J_{12},由平面 2 向平面 1 的跳动原子通量为 J_{21},有

$$J_{12} = \frac{1}{2} n_1 \Gamma \tag{6.89}$$

$$J_{21} = \frac{1}{2} n_2 \Gamma \tag{6.90}$$

注意到正、反两个方向,则通过平面 1 沿 x 方面的扩散通量为

$$J_1 = J_{12} - J_{21} = \frac{1}{2}\Gamma(n_1 - n_2) \tag{6.91}$$

而浓度可表示为

$$C = \frac{1 \cdot n}{1 \cdot n} = \frac{n}{\delta} \tag{6.92}$$

式(6.92)中的 1 表示取单位面积计算,δ 表示沿扩散方向的跳动距离,则由(6.92)可得

$$J_1 = \frac{1}{2}\Gamma(C_1 - C_2)\delta = \frac{1}{2}\Gamma\delta^2 \frac{(C_1 - C_2)}{\delta} = -\frac{1}{2}\Gamma\delta^2 \frac{\mathrm{d}C}{\mathrm{d}x} \tag{6.93}$$

该式与菲克第一定律对比可知:

$$D = \frac{1}{2}\Gamma\delta^2 \tag{6.94}$$

对于二维扩散的情况,原子等概率地向 x、$-x$、y、$-y$ 等 4 个方向跳动,而对 x 方向扩散有贡献的跳动次数占总跳动次数的$\dfrac{1}{4}$,与上式类比,有

$$D=\frac{1}{4}\Gamma\delta^2 \tag{6.95}$$

在考虑三维扩散的情况时，对点阵常数为 a 的简单立方晶体来说：

$$D=\frac{1}{6}\Gamma\delta^2=\frac{1}{6}\Gamma a^2 \tag{6.96}$$

对于不同的晶体结构，考虑原子可跳动的路径，有一般的关系式：

$$D=\alpha''\Gamma\delta^2=\alpha\Gamma a^2 \tag{6.97}$$

式中，α 称为几何因子，是决定于晶体结构的参数；a 为点阵常数；δ 为跳动距离在扩散方向上的投影，即相应两晶面的间距；而 α'' 则可由下式表示：

$$\alpha''=\frac{\text{对扩散有直接贡献的可跳位置数}}{\text{总的可跳位置数}} \tag{6.98}$$

以面心立方晶体的间隙原子跳动为例，如图 6.15 所示，设间隙原子在最近邻的八面体间隙间跳动，则 $\alpha''=\frac{4}{12}=\frac{1}{3}$，而 $\delta=\frac{a}{2}$ ，所以

$$D=\alpha''\Gamma\delta^2=\frac{1}{3}\Gamma\left(\frac{a}{2}\right)^2=\frac{1}{12}\Gamma a^2 \tag{6.99}$$

所以对于面心立方晶体的间隙原子的扩散来说，几何因子 $\alpha=\frac{1}{12}$。

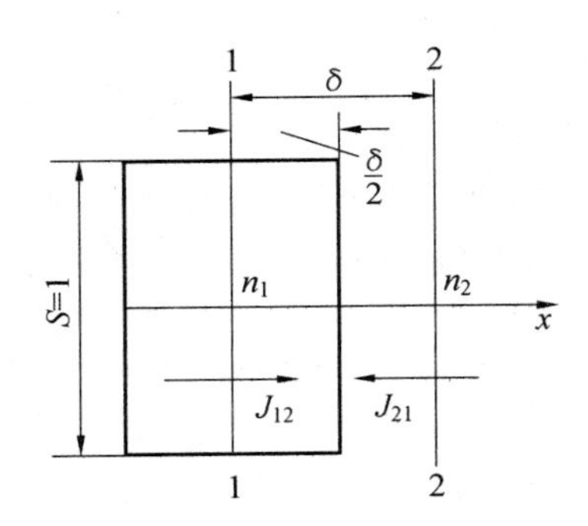

图 6.14　一维扩散的微观模型

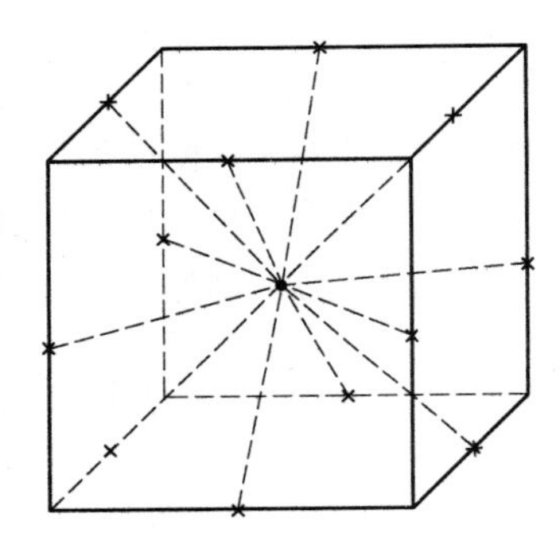

图 6.15　面心立方晶体中间隙原子的可跳位置

6.2.3　扩散机制

在晶体中导致物质输运的基元过程是原子或离子从一个平衡位置到相邻另一个平衡位置的跳动。现在已经知道的多种可能的跳动机制，其中最重要的有间隙机制和空位机制，下面分别讨论这些机制。

1. 间隙机制

间隙扩散机制适合于间隙固溶体中间隙原子的扩散，这一机制已被大量实验所证实。在间隙固溶体中，尺寸较大的溶剂原子构成了固定的晶体点阵，而尺寸较小的间隙原子处在点阵的间隙中。由于固溶体中间隙数目较多，而间隙原子数量又很少，这就意味着在任何一个间隙原子周围几乎都是间隙位置，这就为间隙原子的扩散提供了必要的结构条件。例如，碳固溶在 $\gamma-Fe$ 中形成的奥氏体，当奥氏体达到最大溶解度时，平均每 2.5 个晶胞也只含有一个 C 原子。这样，当某个间隙原子具有较高的能量时，就会从一个间隙位置跳向相邻的另一个间隙位

置,从而发生了间隙原子的扩散。

图 6.16(a) 给出了面心立方结构中八面体间隙中心的位置,图 6.16(b) 是结构中(001) 晶面上的原子排列。如果间隙原子由间隙 1 跳向间隙 2,必须同时推开沿途两侧的溶剂原子 3 和 4,引起点阵畸变;当它正好迁移至 3 和 4 原子的中间位置时,引起的点阵畸变最大,畸变能也最大。畸变能构成了原子迁移的主要阻力。图 6.17 描述了间隙原子在跳动过程中原子的自由能随所处位置的变化。当原子处在间隙中心的平衡位置时(如 1 和 2 位置),自由能最低,而处于两个相邻间隙的中间位置时,自由能最高。二者的自由能差就是原子要跨越的自由能垒,$\Delta G = G_2 - G_1$,称为原子的扩散激活能。扩散激活能是原子扩散的阻力,只有原子的自由能高于扩散激活能,才能发生扩散。由于间隙原子较小,间隙扩散激活能较小,扩散比较容易。

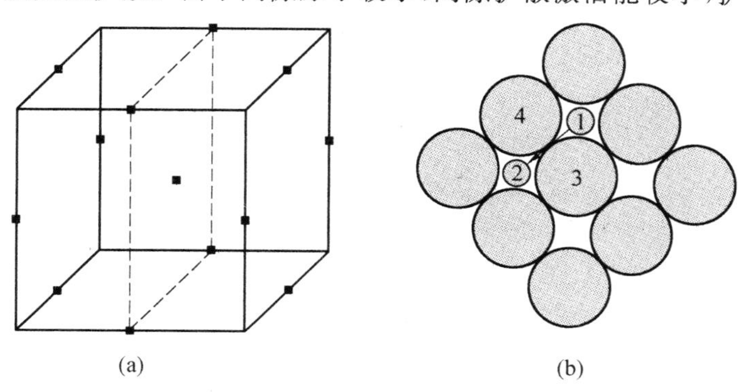

图 6.16　面心立方晶体的八面体间隙及(001) 晶面

在间隙位置的原子会从一个间隙位置跳到邻近另一个间隙位置上去,如图 6.18 中的 a 所示。间隙固溶体的溶质原子就是以这种机制穿过晶体点阵扩散的。对于置换式固溶体,因为间隙原子的形成能很高,并且间隙原子的平衡浓度很低,间隙原子浓度大幅度增加,则间隙机制的贡献不可忽略。这里所说的间隙原子和间隙固溶体中的间隙溶质原子不同。间隙原子的原子半径和处于平衡位置的原子半径相当,它们很难像图 6.18 中的 a 那样从一个间隙位置挤到另一个间隙位置中,而是往往把相邻的一个原子挤入相邻的间隙,自己进入平衡位置来完成一次移动,如图 6.18 中 b 所示。在金属和合金中,间隙原子的中心往往并不正好处在间隙位置的中心上。例如,在低温情况下,经过辐照之后,间隙原子形成一种挤列结构,如图 6.18 中的 c 所示。这种挤列结构由在一列的相邻几个原子构成,由 n 个原子占据$(n-1)$ 个原子位置,这时,这 n 个原子中没有一个原子中心和间隙位置中心相重合。当这一挤列向前推进一个小距离时,挤列的最后一个原子回到平衡位置,把挤列前面一个原子纳入挤列,这相当于一个间隙原子在这个方向移过了一个原子间距。在高温时,这种间隙原子迫使一个处于平衡位置的原子也离位,这两个原子以原来平衡位置为中心,沿着某一方向呈现对称排列,形成一个哑铃形状的原子对。对于面心立方晶体,哑铃排列方向为〈100〉;对于体心立方晶体,哑铃排列方向为〈110〉。扩散时,哑铃原子对中的一个原子调到邻近一个位置,使邻近一个原子离位,构成新的哑铃原子对。而原哑铃原子对的另一个原子回复到平衡位置,这也相当于一个间隙原子跳动了一个原子间距。

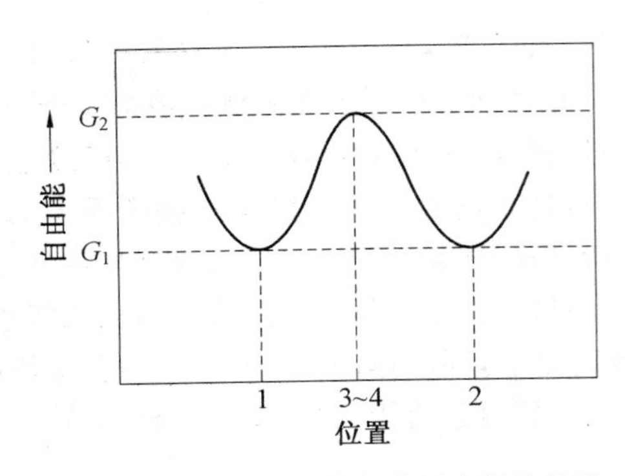

图 6.17 原子的自由能与位置之间的关系

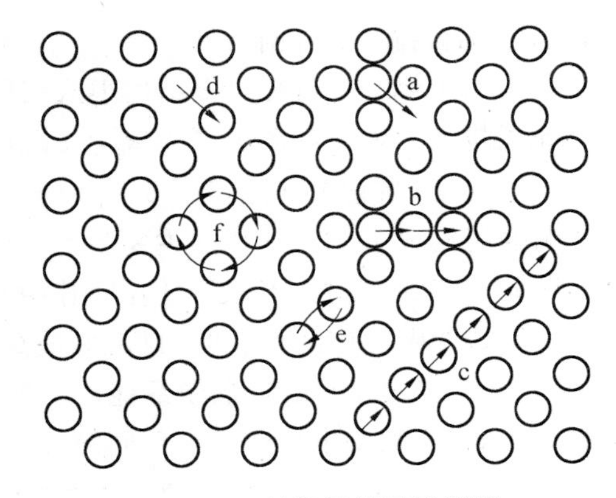

图 6.18 扩散机制图示说明

a— 间隙机制；b— 间隙原子邻近原子挤入相邻间隙位置；
c— 间隙原子的挤列机制；d— 空位机制；
e— 直接换位；f— 回旋式换位

2. 空位机制

空位扩散机制适合于纯金属的自扩散和置换固溶体中原子的扩散，甚至在离子化合物和氧化物中也起主要作用，这种机制也已被实验所证实。在置换固溶体中，由于溶质和溶剂原子的尺寸都较大，原子不太可能处在间隙中通过间隙进行扩散，而是通过空位进行扩散的。空位扩散与晶体中的空位浓度有直接关系。晶体在一定温度下总存在一定数量的空位，温度越高，空位数量越多，因此在较高温度下在任一原子周围都有可能出现空位，这便为原子扩散创造了结构上的有利条件。

图 6.19 给出了面心立方晶体中原子的扩散过程。图 6.19(a) 是(111) 面的原子排列，如果在该面上的位置 4 出现一个空位，则其近邻的位置 3 的原子就有可能跳入这个空位。图 6.19(b) 能更清楚地反映出原子跳动时周围原子的相对位置变化。在原子从(100) 面的位置 3 跳入(010) 面的空位 4 的过程中，当迁移到画影线的$(\bar{1}10)$ 面时，它要同时推开包含 1 和 2 原子在内的 4 个近邻原子。如果原子直径为 d，可以计算出 1 和 2 原子间的空隙是 $0.73d$。因此，直径为 d 的原子通过 $0.73d$ 的空隙，需要足够的能量去克服空隙周围原子的阻碍，并且引起空隙周围的局部点阵畸变。晶体结构越致密，或者扩散原子的尺寸越大，引起的点阵畸变越大，扩散激活能也越大。当原子通过空位扩散时，原子跳过自由能垒需要能量，形成空位也需要能量，使得空位扩散激活能比间隙扩散激活能大得多。

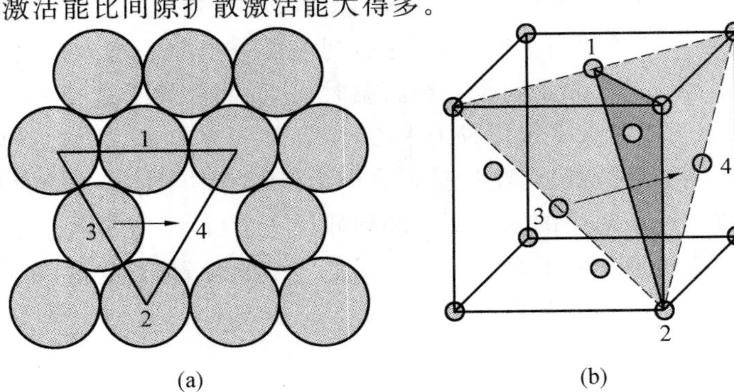

图 6.19 面心立方晶体的空位扩散机制

衡量一种机制是否正确有多种方法，通常的方法是，先用实验测出原子的扩散激活能，然后将实验值与理论计算值加以对比看二者的吻合程度，从而做出合理的判断。

金属和合金中存在一定的空位浓度。在一定温度下有一定的空位浓度，温度越高，则平衡空位浓度越大；在接近熔点时，空位浓度达到 $10^{-4} \sim 10^{-3}$ 位置分数。原子可以直接和空位交换位置而移动，如图 6.20(d) 所示。显然，空位使得原子易于移动。在晶体中，除了存在单空位外，还存在一些空位团，如双空位、三空位等。双空位与单空位数量比值随温度增加而增加，故双空位对扩散的贡献也随温度增加而增加。在稀溶体中，溶质和空位通常结合，结果形成溶质原子 — 空位对，它们也对扩散有贡献。根据分子动力学计算，在高温时，原子跳动频率略有增大，先后两次跳动之间有动力学相关作用，使得空位移动可以超过一个原子距离，这种所谓空位双重跳动在高温时对扩散亦有相当的影响。

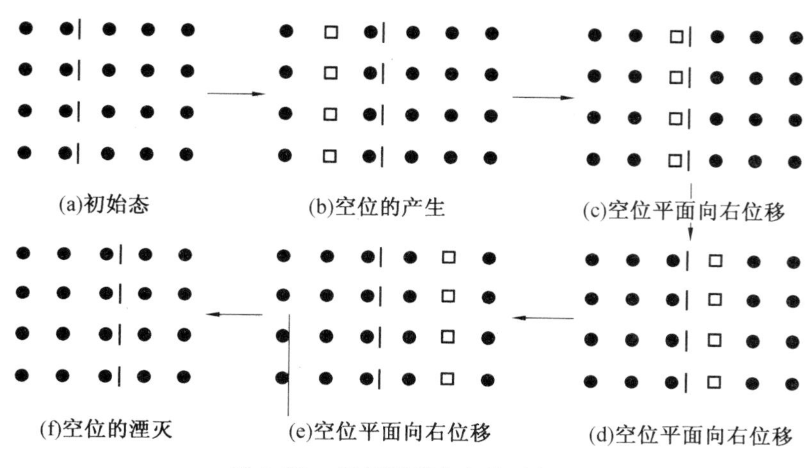

图 6.20　标记漂移产生的示意图

（黑点 — 原子；方块 — 空位；虚线 — 标记；比较(a) 和(f) 可知，标记向右位移）

3. 换位机制

换位机制是一种提出较早的扩散模型，该模型是通过相邻原子间直接调换位置的方式进行扩散的，如图 6.21 所示。在纯金属或者置换固溶体中，有两个相邻的原子 A 和 B，如图 6.21(a) 所示；这两个原子采取直接互换位置进行迁移，如图 6.21(b) 所示；当两个原子相互到达对方的位置后，迁移过程结束，如图 6.21(c) 所示。这种换位方式称为 2 — 换位或直接换位。可以看出，原子在换位过程中，势必要推开周围原子以让出路径，结果引起很大的点阵膨胀畸变，原子按这种方式迁移的能垒太高，可能性不大，到目前为止尚未得到实验的证实。

为了降低原子扩散的能垒，曾考虑有 n 个原子参与换位，如图 6.22 所示。这种换位方式称为 n — 换位或环形换位。图 6.22(a) 和 6.22(b) 给出了面心立方结构中原子的 3 — 换位和 4 — 换位模型，参与换位的原子是面心原子。图 6.22(c) 给出了体心立方结构中原子的 4 — 换位模型，它是由两个顶角和两个体心原子构成的换位环。由于环形换位时原子经过的路径呈圆形，对称性比 2 — 换位高，引起的点阵畸变小一些，扩散的能垒有所降低。

应该指出，环形换位机制以及其他扩散机制只有在特定条件下才能发生，一般情况下它们仅仅是下面讲述的间隙扩散和空位扩散的补充。

两个相邻原子直接换位而达到原子迁移的效果，如图 6.20(e) 所示，它是直接换位机制。在致密晶体中，由于这种直接换位过程使得附近点阵产生很大的畸变，故需要很大的激活能，

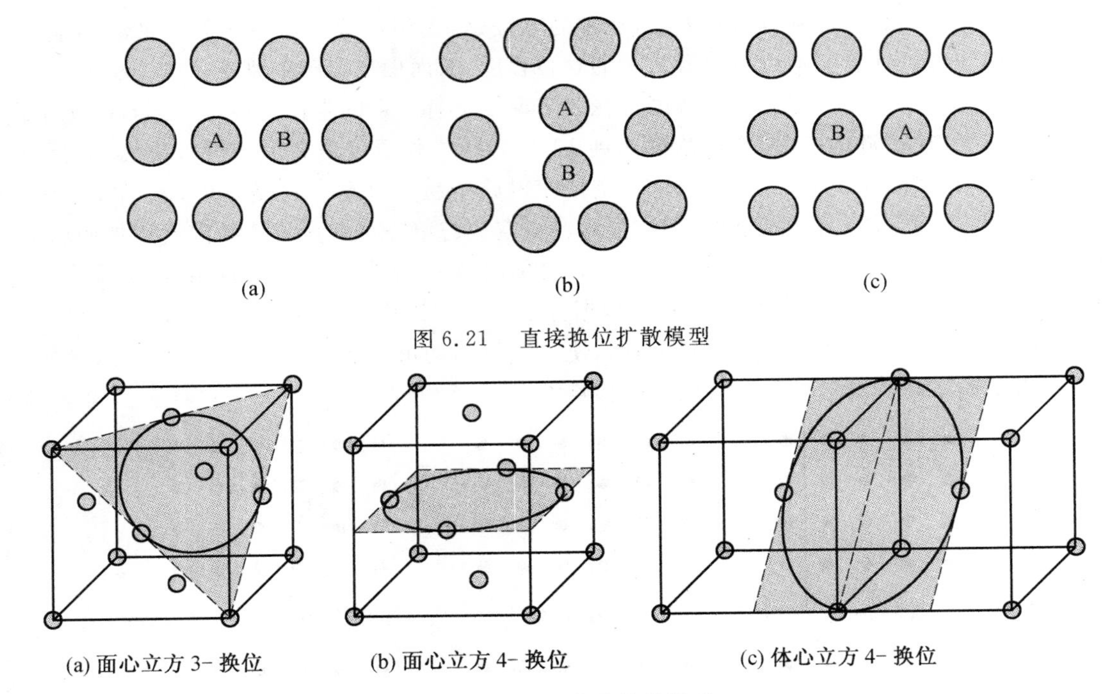

图 6.21　直接换位扩散模型

图 6.22　环形换位扩散模型

所以这种机制几乎不会发生。Zener 提出一种可以降低换位激活能的所谓回旋式机制：n 个原子同时按一个方向回旋，以使原子迁移，如图 6.20(f) 所示，其中 $n=4$。虽然这样换位可以降低换位激活能，但是，需要一群原子同步移动也是比较困难的，所以这种机制也难发生。不管是直接交换还是环形交换，均使扩散原子通过垂直于扩散方向平面的净通量为 0，即为扩散原子是等量交换。这种互换机制不可能出现柯肯达尔效应。目前，没有实验结果支持在金属和合金中的这种交换机制。在金属液体中或非晶体中，这种原子的协作运动可能容易操作。

4. 晶面及表面扩散机制

对于多晶材料，扩散物质可通过 3 种不同的路径进行，即晶体内扩散（或称体扩散）、晶界扩散和样品自由表面扩散，并分别用 D_L、D_B 和 D_S 表示三者的扩散系数。图 6.23 显示出实验测定物质在双晶体中的扩散情况。在垂直于双晶的平面晶界的表面 $y=0$ 上，蒸发沉积放射性同位素 M，经扩散退火后，由图中箭头表示的扩散方向和由箭头端点表示的等浓度处可知，扩散物质 M 穿透到晶体内去的深度远比晶界和沿表面的要小，而扩散物质沿晶界的扩散深度比沿表面要小，由此得出 $D_L < D_B < D_S$。由于晶界、表面及位错等都可视为晶体中的缺陷，缺陷产生的畸变使原子迁移比完整晶体内容易，导致这些缺陷中的扩散速率大于完整晶体内的扩散速率。因此，常把这些缺陷中的扩散称为“短路”扩散。

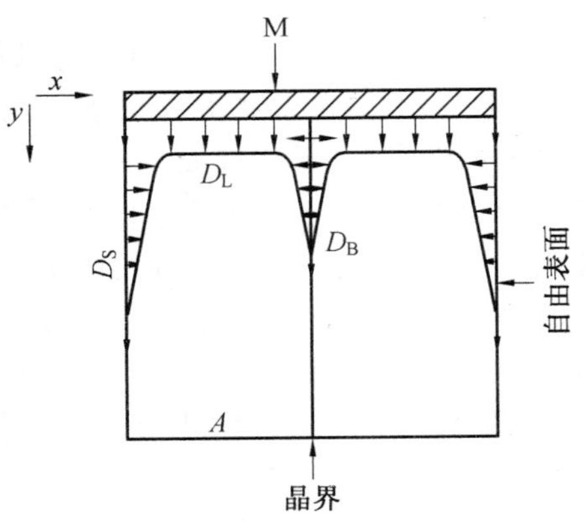

图 6.23　物质在双晶体中的扩散

6.2.4 扩散系数

1. 扩散激活能

扩散系数和扩散激活能是两个息息相关的物理量。扩散激活能越小，扩散系数越大，原子扩散越快。根据公式 $D=\delta a^2\Gamma$，其中几何因子 δ 是仅与结构有关的已知量，晶格常数 a 可以采用 X 射线衍射等方法测量，但是原子的跳动频率 Γ 是未知量。要想计算扩散系数，必须求出 Γ。下面从理论上剖析跳动频率与扩散激活能之间的关系，从而导出扩散系数的表达式。

(1) 原子的激活概率。

以间隙原子的扩散为例，参考图 6.17。当原子处在间隙中心的平衡位置时，原子的自由能 G_1 最低，原子要离开原来位置跳入邻近的间隙，其自由能必须高于 G_2，按照统计热力学，原子的自由能满足麦克斯韦－玻耳兹曼(Maxwell－Boltzmann) 能量分布律。设固溶体中间隙原子总数为 N，当温度为 T 时，自由能大于 G_1 和 G_2 的间隙原子数分别为

$$n(G>G_1)=N\exp\left(\frac{-G_1}{kT}\right) \tag{6.100}$$

$$n(G>G_2)=N\exp\left(\frac{-G_2}{kT}\right) \tag{6.101}$$

二式相除，得

$$\frac{n(G>G_2)}{n(G>G_1)}=\exp\left(-\frac{G_2-G_1}{kT}\right)=\exp\left(-\frac{\Delta G}{kT}\right) \tag{6.102}$$

式中，$\Delta G=G_2-G_1$ 为扩散激活能，严格说应该称为扩散激活自由能。因为 G_1 是间隙原子在平衡位置的自由能，所以 $n(G>G_1)\approx N$，则

$$\frac{n(G>G_2)}{N}=\exp\left(-\frac{G_2-G_1}{kT}\right)=\exp\left(-\frac{\Delta G}{kT}\right) \tag{6.103}$$

这就是具有跳动条件的间隙原子数占间隙原子总数的百分数，称为原子的激活概率。可以看出，温度越高，原子被激活的概率越大，原子离开原来间隙进行跳动的可能性越大。式(6.103)也适用于其他类型原子的扩散。

(2) 间隙扩散的激活能。

在间隙固溶体中，间隙原子是以间隙机制扩散的。设间隙原子周围近邻的间隙数(间隙配位数) 为 z，间隙原子向一个间隙振动的频率为 ν。由于固溶体中的间隙原子数比间隙数少得多，所以每个间隙原子周围的间隙基本是空的，利用式(6.103)，则跳动频率可表达为

$$\Gamma=\upsilon z\exp\left(-\frac{\Delta G}{kT}\right) \tag{6.104}$$

代入式(6.103)，并且已知扩散激活自由能 $\Delta G=\Delta H-T\Delta S\approx\Delta E-T\Delta S$，其中 ΔH、ΔE、ΔS 分别称为扩散激活焓、扩散激活热力学能及扩散激活熵，通常将扩散激活热力学能简称为扩散激活能，则

$$D=d^2P\upsilon z\exp\left(\frac{\Delta S}{k}\right)\exp\left(-\frac{\Delta E}{kT}\right) \tag{6.105}$$

在上式中，令

$$D_0=d^2P\upsilon z\exp\left(\frac{\Delta S}{k}\right),\quad Q=\Delta E$$

得

$$D = D_0 \exp\left(-\frac{Q}{kT}\right) \tag{6.106}$$

式中，D_0 为扩散常数；Q 为扩散激活能。间隙扩散激活能 Q 就是间隙原子跳动的激活热力学能，即迁移能 ΔE。

2. 空位扩散的激活能

在置换固溶体中，原子是以空位机制扩散的，原子以这种方式扩散要比间隙扩散困难得多，主要原因是每个原子周围出现空位的概率较小，原子在每次跳动之前必须等待新的空位移动到它的近邻位置。设原子配位数为 z，则在一个原子周围与其近邻的 z 个原子中，出现空位的概率为 n_v/N，即空位的平衡浓度。其中，n_v 为空位数；N 为原子总数。经热力学推导，空位平衡浓度表达式为

$$\frac{n_v}{N} = \exp\left(-\frac{\Delta G_v}{kT}\right) = \exp\left(\frac{\Delta S_v}{k}\right)\exp\left(-\frac{\Delta E_v}{kT}\right) \tag{6.107}$$

式中，空位形成自由能。

$$\Delta G_v \approx \Delta S_v - T\Delta S_{v'} \tag{6.108}$$

$\Delta S_{v'}$、ΔS_v 分别称为空位形成熵和空位形成能。设原子向一个空位振动的频率为 ν，利用上式和式(6.103)，得原子的跳动频率为

$$\Gamma = \upsilon z \exp\left(\frac{\Delta S_v + \Delta S}{k}\right)\exp\left(-\frac{\Delta E_v + \Delta E}{kT}\right) \tag{6.109}$$

得扩散系数：

$$D = d^2 P \upsilon z \exp\left(\frac{\Delta S_v + \Delta S}{k}\right)\exp\left(-\frac{\Delta E_v + \Delta E}{kT}\right) \tag{6.110}$$

令

$$D_0 = d^2 P \upsilon z \exp\left(\frac{\Delta S_v + \Delta S}{k}\right)$$

$$Q = \Delta E_v + \Delta E$$

则空位扩散的扩散系数与扩散激活能之间的关系，形式上与式(6.106)完全相同。空位扩散激活能 Q 是由空位形成能 ΔE_v 和空位迁移能 ΔE(即原子的激活热力学能)组成的。因此，空位机制比间隙机制需要更大的扩散激活能。表6.2列出了一些元素的扩散常数和扩散激活能数据，可以看出C、N等原子在铁中的扩散激活能比金属元素在铁中的扩散激活能小得多。

表6.2 某些扩散系数 D_0 和扩散激活能 Q 的近似值

扩散元素	基体金属	$D_0/(\times 10^{-5}\,m^2 \cdot s^{-1})$	$Q/(\times 10^3\,J \cdot mol^{-1})$
C	γ－Fe	2.0	140
N	γ－Fe	0.33	144
C	α－Fe	0.20	84
N	α－Fe	0.46	75
Fe	α－Fe	19	239
Fe	γ－Fe	1.8	270
Ni	γ－Fe	4.4	283
Mn	γ－Fe	5.7	277

续表 6.2

扩散元素	基体金属	$D_0/(\times 10^{-5}\,\mathrm{m^2 \cdot s^{-1}})$	$Q/(\times 10^3\,\mathrm{J \cdot mol^{-1}})$
Cu	Al	0.84	136
Zn	Cu	2.1	171
Ag	Ag(晶内扩散)	7.2	190
Ag	Ag(晶界扩散)	1.4	90

3. 扩散系数与扩散激活能

当一个原子从其点阵中获得的热能足以使它越过从它自己所处的阵点到邻近阵点之间的能量势垒时，伴随着近邻缺陷的存在或出现，该原子就能够实现跳动。以间隙扩散为例，若间隙原子从间隙平衡位置 1 到 2 的自由焓变化如图 6.24 所示，$(G_2 - G_1)$ 就是原子跳动所必须克服的势垒。

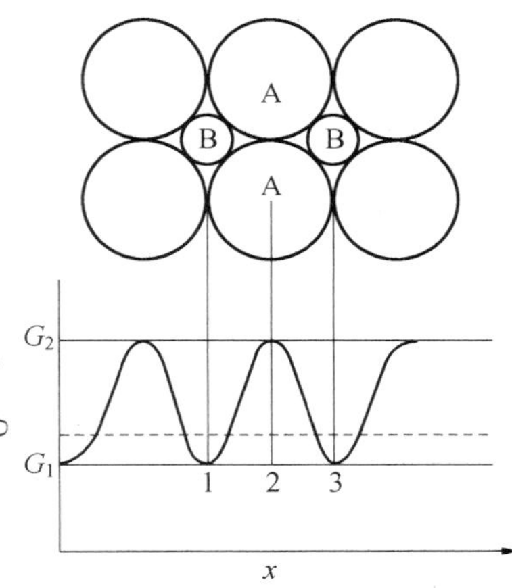

图 6.24　间隙原子位置与自由焓的关系

按照统计力学，温度为 T 时，原子的自由焓服从麦克斯韦－玻耳兹曼分布，在 N 个间隙型原子中，自由焓 $G \geqslant G_2$ 的原子数为 n_2，自由焓 $G > G_1$ 的原子数为 n_1，则

$$\frac{n_1}{N} = \exp\left(\frac{-G_1}{kT}\right) \tag{6.111}$$

$$\frac{n_2}{N} = \exp\left(\frac{-G_2}{kT}\right) \tag{6.112}$$

$$\frac{n_2}{n_1} = \exp\left(\frac{-\Delta G}{kT}\right) \tag{6.113}$$

注意到 G_1 为原子处于间隙平衡位置时的自由焓，有 $n_1(G \geqslant G_1) \approx N$，则在 T 温度下能够克服势垒跳动到新位置的原子数分数为

$$\frac{n_2}{N} = \exp\left(\frac{-\Delta G}{kT}\right) \tag{6.114}$$

设 Z 表示一个间隙原子的最近邻间隙数目，即间隙配位数，并假定邻近的间隙都是空的，υ 表示振动的频率，则单位时间内发生跳动的次数，即跳动频率 Γ 可表示为

$$\Gamma = \upsilon Z \exp\left(\frac{-\Delta G}{kT}\right) \tag{6.115}$$

引入到扩散系数后有

$$D = \alpha'' \delta^2 \upsilon Z \exp\left(\frac{-\Delta G}{kT}\right) \tag{6.116}$$

根据热力学，$\Delta G = \Delta H - T\Delta S \approx \Delta E - T\Delta S$(凝固态体系 $\Delta H \approx \Delta E$)，又知固态时 ΔS 随温度变化不大，可以视为常数，所以上式可写为

$$D = \left[\alpha'' \delta^2 \upsilon Z \exp\left(\frac{\Delta S}{k}\right)\right] \exp\left(\frac{-\Delta E}{kT}\right) \tag{6.117}$$

令

$$D_0 = \alpha'' \delta^2 \upsilon Z \exp\left(\frac{\Delta S}{k}\right)$$

则

$$D = D_0 \exp\left(\frac{-\Delta E}{kT}\right) \tag{6.118}$$

式中,D_0 称为扩散常数;ΔE 称为扩散激活能,常用 Q 表示。

对于空位扩散而言,扩散进行的时候还须依赖于空位浓度 x_v,原子周围并不是总有空位存在的,原子在每次完成一次跳动之后,尚需要等待新的空位移动到它的近邻位置才能实现。若空位的数量为 n_v,则空位浓度为

$$x_v = n_v/n = \exp\left[\left(-\frac{\Delta E_v}{T} + \Delta S_v\right)/k\right] \tag{6.119}$$

$$\Gamma = \upsilon Z C_v \exp\left(\frac{-\Delta G}{kT}\right) = \upsilon Z \exp\left(\frac{\Delta S_v + \Delta S}{k}\right)\exp[-(\Delta E_v + \Delta E)/kT] \tag{6.120}$$

代入扩散系数后得到

$$\begin{aligned} D &= \alpha''\delta^2 \upsilon Z \exp\left(\frac{\Delta S_v + \Delta S}{k}\right)\exp[-(\Delta E_v + \Delta E)/kT] \\ &= D_0 \exp[-(\Delta E_v + \Delta E)/kT] \end{aligned} \tag{6.121}$$

将该式与 $D = \left[\alpha''\delta^2 \upsilon Z \exp\left(\frac{\Delta S}{k}\right)\right]\exp\left(\frac{-\Delta E}{kT}\right)$ 做比较后可以发现,空位扩散会多出一项空位形成能,$(\Delta E_v + \Delta E)$ 同样被称为扩散激活能,也用 Q 表示,实验测定结果表明,空位机制需要更大的扩散激活能。$D = D_0 \exp\left(\frac{-\Delta E}{kT}\right)$ 与 $D = D_0 \exp[-(\Delta E_v + \Delta E)/kT]$ 均可表示为

$$D = D_0 \exp\left(\frac{-Q}{kT}\right) \quad 或 \quad D = D_0 \exp\left(\frac{-Q'}{RT}\right) \tag{6.122}$$

式中,Q 为单个原子的扩散激活能,单位为 eV;k 为玻耳兹曼常数;Q' 为每摩尔原子的扩散激活能,单位为 J/mol;R 为摩尔气体常数;T 为绝对温度;D_0 的单位与 D 一致。D_0 和 $Q(Q')$ 随成分和结构而变,与温度无关,通常都可看成常数。对两个式子两边取对数可得

$$\ln D = \ln D_0 - Q/kT \tag{6.123}$$

$$\ln D = \ln D_0 - Q'/kT \tag{6.124}$$

可以看出,$\ln D$ 与 $1/T$ 呈直线关系,$\ln D_0$ 为截距,$-Q/k$(或 Q'/R)为斜率。如果在几个不同温度下测得相应的扩散系数,就可以绘出反映它们相互关系的相应直线。图 6.25 给出了金在铅中的扩散系数与温度的关系,对测得的数据进行外推,当 $1/T = 0$ 时,$\ln D = \ln D_0$,$-\tan\alpha = Q'/R$,$Q' = -R\tan\alpha$,α 为该直线与 $1/T$ 轴的夹角,R 为摩尔气体常数,其值为 8.314 J · mol^{-1} · K^{-1},这样就可以通过实验确定 D_0 及 Q' 值。

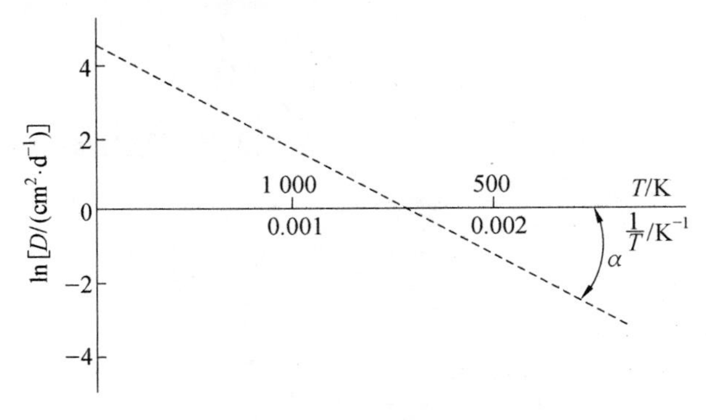

图 6.25 金在铅中的扩散系数与温度的关系

4. 扩散系数的普遍形式

原子在晶体中扩散时，若作用在原子上的驱动力等于原子的点阵阻力时，则原子的运动速度达到极限值，设为 V_i，该速度正比于原子的驱动力：

$$V_i = B_i F_i$$

式中，B_i 为单位驱动力作用下的原子运动速度，称为扩散的迁移率，表示原子的迁移能力。将式(6.124) 和式(6.125) 代入式(6.93)，得到 i 原子的扩散通量为

$$J_i = -\varphi_i B_i \frac{\partial \mu_i}{\partial x} \tag{6.125}$$

由热力学知，合金中 i 原子的化学位为

$$\mu_i = \mu_i^0 + kT\ln a_i \tag{6.126}$$

式中，μ_i^0 为 i 原子在标准状态下的化学位；a_i 为活度；γ_i 为活度系数；x_i 为摩尔分数。对上式微分，得

$$\partial\mu_i = kT\partial\ln a_i \tag{6.127}$$

因为

$$\partial\mu_i = kT\partial\ln a_i \tag{6.128}$$

$$\partial\ln a_i = \partial\ln \gamma_i + \partial\ln aC_i \tag{6.129}$$

其中，φ_i 为 i 原子的体积分数。将以上两式代入式(6.125)，经整理得

$$J_i = -B_i kT\left(1 + \frac{\partial\ln \gamma_i}{\partial\ln C_i}\right)\frac{\partial\varphi_i}{\partial x} \tag{6.130}$$

与菲克第一定律比较，得扩散系数的一般表达式为

$$D_i = B_i kT\left(1 + \frac{\partial\ln \gamma_i}{\partial\ln \varphi_i}\right) \tag{6.131}$$

式(6.131) 和(6.132) 中括号内的部分称为热力学因子。

对于理想固溶体($\gamma_i = 1$) 或者稀薄固溶体($\gamma_i =$ 常数)，式(6.131) 和(6.132) 简化为

$$D_i = B_i kT \tag{6.132}$$

上式称为爱因斯坦(Einstein) 方程。可以看出，在理想固溶体或者稀薄固溶体中，不同组元的扩散系数的差别在于它们有不同的迁移率，而与热力学因子无关。这一结论对实际固溶体也是适用的，证明如下。

在二元合金中，根据吉布斯－杜亥姆(Gibbs－Duhem) 公式：

$$x_A d\mu_A + x_B d\mu_B = 0 \tag{6.133}$$

将 $\partial\mu_i = kT\partial\ln a_i$ 和 $a_i = \gamma_i x_i$ 代入上式，则

$$x_A d\ln a_A + x_B d\ln a_B = x_A d\ln \gamma_A + x_B d\ln \gamma_B = 0 \tag{6.134}$$

在计算时，运用了 $dx_A = -dx_B$，将此关系式和上式结合，得

$$\frac{\partial\ln \gamma_A}{\partial\ln x_A} = \frac{\partial\ln \gamma_B}{\partial\ln x_B} \tag{6.135}$$

根据式(6.135)，合金中各组元的热力学因子是相同的。当系统中各组元可以独立迁移时，各组元存在各自的扩散系数，各扩散系数的差别在于不同的迁移率，而不在于活度或者活

度系数。

由式(6.131)和(6.132)知道,决定扩散系数正负的因素是热力学因子。因为扩散通量 $J>0$,所以当热力学因子为正时,$D_i>0$,$\partial\varphi/\partial x<0$,发生下坡扩散;当热力学因子为负时,$D_i<0$,$\partial\varphi/\partial x>0$,发生上坡扩散,从热力学上解释了上坡扩散产生的原因。

为了对上坡扩散有更进一步的理解,下面将扩散第一方程表达为最普遍的形式,即用化学位梯度表示的扩散第一方程。由式(6.125),得

$$J_i=-D_i^{\mu}\frac{\partial\mu_i}{\partial x} \tag{6.136}$$

其中,$D_i^{\mu}=\varphi_iB_i$,是与化学位有关的扩散系数。根据化学位定义以及关系式 $\varphi_i=\rho x_i$,则

$$\mu_i=\frac{\partial G}{\partial x_i}=\rho\frac{\partial G}{\partial\varphi_i} \tag{6.137}$$

$$\frac{\partial\mu_i}{\partial x}=\rho\frac{\partial^2 G}{\partial\varphi_i\partial x} \tag{6.138}$$

式中,G 为系统的摩尔自由能。将上式代入式(6.136),得

$$J_i=-\left(D_i^{\mu}\rho\frac{\partial^2 G}{\partial\varphi_i^2}\right)\frac{\partial\varphi_i}{\partial x} \tag{6.139}$$

将式(6.139)与扩散第一方程 $J_i=-D_i\frac{\partial\varphi_i}{\partial x}$ 比较,有

$$D_i=D_i^{\mu}\rho\frac{\partial^2 G}{\partial^2\varphi_i} \tag{6.140}$$

因为 $D_i^{\mu}>0$,所以当$\frac{\partial^2 G}{\partial\varphi_i^2}>0$ 时,发生下坡扩散;当$\frac{\partial^2 G}{\partial\varphi_i^2}<0$ 时,发生上坡扩散。下坡扩散的结果是形成体积分数均匀的单相固溶体,上坡扩散的结果是使均匀的固溶体分解为体积分数不同的两相混合物。

5. 扩散系数测定

测定扩散系数有许多方法,其中主要有示踪原子扩散方法、化学扩散方法、弛豫方法及核方法等。这里仅讨论与菲克定律的解有关的方法。

(1) 稳态扩散过程中的扩散系数。

实验中常用的方法是使用长度适当的薄壁金属管,管内外分别通入可提供渗入元素及可吸收元素的气体,加热到给定温度,保温适当时间,内外表面渗入元素浓度不再改变后,测定渗入元素沿管壁径向的分布,利用菲克第一定律便可得出扩散系数。

例如,将长度为 L、半径为 r 的薄壁铁管放入炉内,加热到 1 000 ℃ 保温,管内外分别通入碳量不同的气氛,保温足够时间后,管壁径向上各点的碳的质量分数不再变化,即 $\mathrm{d}w/\mathrm{d}t=0$ 时,单位时间量内通过管壁的碳量 m/t 为常数,则扩散通量应为

$$J=\frac{m}{At}=\frac{m}{2\pi rLt} \tag{6.141}$$

由菲克第一定律可知:

$$\frac{m}{2\pi rLt}=-D\frac{\mathrm{d}w}{\mathrm{d}r} \tag{6.142}$$

$$m=-D(2\pi Lt)\frac{\mathrm{d}w}{\mathrm{d}\ln r} \tag{6.143}$$

结合一定的实验条件，m、L、t 均可测量出来，用剥离分析的方法，得出碳的质量分数沿管壁的径向分布，作出 $w-\ln r$ 曲线(图6.26)，便可在稀薄的固溶体中，或扩散是在较小的质量分数范围内进行时，才可以认为扩散系数是常数。

(2) 非稳态扩散过程中的扩散系数。

① 自扩散系数。

宏观均匀固溶体中的原子也会发生迁移，如果迁移的结果是各部位浓度都不发生变化，则这种迁移过程称为自扩散。自扩散系数的测定采用示踪原子扩散法。在试样表面沉积一层非常薄的放射性示踪原子作为扩散源，沉积方法可以是蒸发法、电化学法、溅射法等。扩散源在给定温度下扩散一定时间 t，如果沉积层的厚度比 $Dt^{1/2}$ 小得多，则可以利用前式描述浓度分布随时间的演化。试样在扩散后，在垂直于扩散通量的方向等厚切割试样，并对每个切片进行放射性计数，这样就可以获得示踪原子在试样中的浓度分布。作出 $\ln C-x^2$ 的关系曲线，根据式(6.143)，由曲线的斜率就可以得到扩散系数。图6.27所示的就是这一类典型的示踪原子浓度分布图。

② 恒量扩散系数($D=\mathrm{Const}$)。

以图6.28(a)所示的扩散偶为例(两个半无限长物体的扩散)，该扩散偶在给定温度下，扩散 t 时间后，在垂直于扩散通量方向等厚切割试样，并进行化学分析，就可以确定其浓度分布图，然而自20世纪70年代以来，电子探针法的使用成为直接得到浓度分布的常规方法。用式 $C(x,t)=\dfrac{C_1+C_z}{2}+\dfrac{C_1-C_z}{2}\mathrm{erf}\left(\dfrac{x}{2\sqrt{Dt}}\right)C(x,t)$ 对浓度分布图进行分析，可直接得出在该平均成分下的扩散系数。对于在扩散过程中试样表面扩散组元浓度被维持为常数的半无限长物体的扩散，这些试样的浓度分布图可以由切片分析或者电子探针分析来确定，其扩散系数可借助式 $C(x,t)=C_t-(C_t-C_0)\mathrm{erf}\left(\dfrac{x}{2\sqrt{Dt}}\right)$ 进行分析而得到。

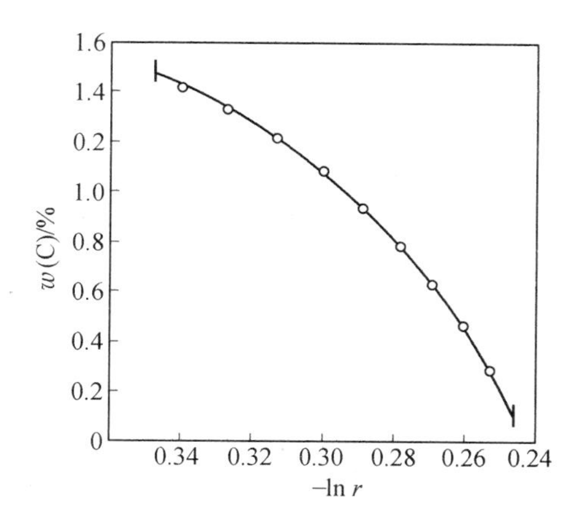

图6.26　在1 000 ℃碳通过薄壁铁管的稳态扩散中的碳的质量分数分布

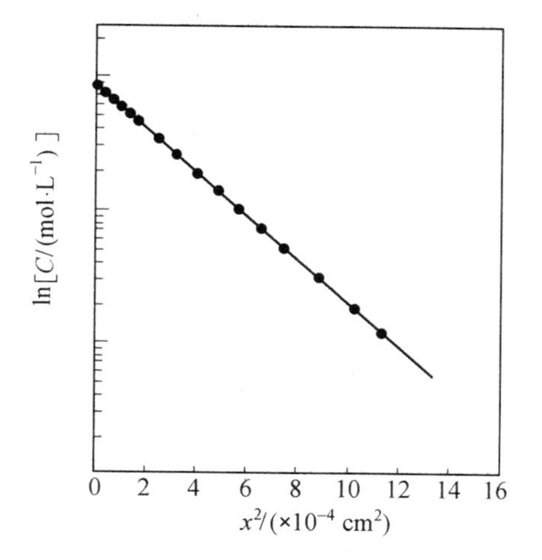

图6.27　在35.5 ℃时金属钾中自扩散的示踪原子浓度分布图

(3) 本征扩散系数与互扩散系数。

① 柯肯达尔效应。

在间隙固溶体中，间隙原子尺寸比溶剂原子小得多，可以认为溶剂原子不动，而间隙原子

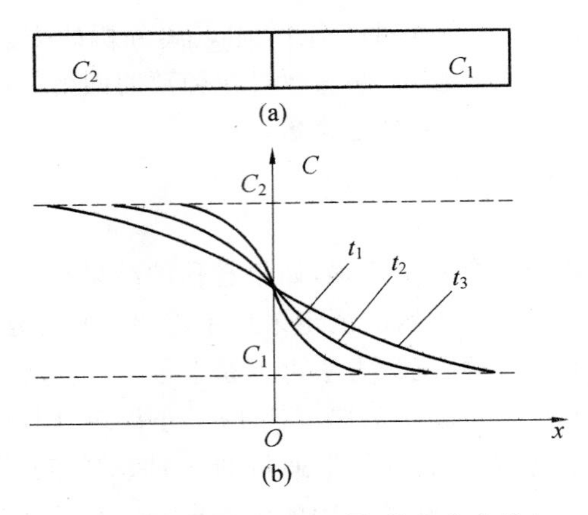

图 6.28 公式描述的浓度随位置和时间的变化曲线($t_1 < t_2 < t_3$)

在溶剂晶格中扩散,此时运用扩散第一及第二定律去分析间隙原子的扩散是完全正确的。但是,在置换固溶体中,组成合金的两组元的尺寸差不多,它们的扩散系数不同但是又相差不大,因此两组元在扩散时就必然会产生相互影响。

柯肯达尔(Kirkendall)首先用实验验证了置换型原子的互扩散过程。他们于1947年进行实验的样品如图6.29所示。在长方形的α－黄铜(Cu－30%Zn)表面敷上很细的Mo丝(或其他高熔点金属丝),再在其表面镀上一层铜,这样将Mo丝完全夹在铜和黄铜中间,构成铜－黄铜扩散偶。Mo丝熔点高,在扩散温度下不扩散,仅作为界面运动的标记。将制备好的扩散偶加热至785 ℃保温不同时间,观察Cu原子和Zn原子越过界面发生互扩散的情况。实验结果发现,随着保温时间的延长,Mo丝(即界面位置)向内发生了微量漂移,1天以后,漂移了0.001 5 cm,56天后,漂移了0.012 4 cm,界面的位移量与保温时间的平方根成正比。由于这一现象首先是由柯肯达尔等人发现的,故称为柯肯达尔效应。

如果铜和锌的扩散系数相同,由于Zn原子尺寸大于Cu原子,扩散以后界面外侧的铜晶格膨胀,内部的黄铜晶格收缩,这种因为原子尺寸不同也会引起界面向内漂移,但位移量只有实验值的1/10左右。因此,柯肯达尔效应的唯一解释是,锌的扩散速度大于铜的扩散速度,使越过界面向外侧扩散的锌原子数多于向内侧扩散的Cu的原子数,出现了跨越界面的原子净传输,导致界面向内漂移。

大量的实验表明,柯肯达尔效应在置换固溶体中是普遍现象,它对扩散理论的建立起到了非常重要的作用。例如,在用物质平衡原理和扩散方程去计算某些扩散型相变的长大速度时发现,长大速度不取决于组元各自的扩散系数,而取决于它们的某种组合。

② 达肯方程与互扩散系数。

达肯(Darken)首先对置换固溶体中的柯肯达尔效应进行了数学处理。考虑一个由高熔点金属A和低熔点金属B组成的扩散偶,焊接前在两金属之间放入高熔点标记。他引入两个平行坐标系,一个是相对于地面的固定坐标系(x,y),另一个是随界面标记运动的动坐标系(x',y'),如图6.30所示。由于高熔点金属的原子结合力强、扩散慢,低熔点金属的原子结合力弱、扩散快,因此在高温下界面标记向低熔点一侧漂移。界面漂移类似于力学中的相对运动,原子相对于运动的界面标记扩散,而界面标记又相对于静止的地面运动。这种相对运动的结果使站在界面标记上的观察者和站在地面上的观察者所看到的景象完全不同。假设扩散偶中各处的摩尔密度(单位体积中的总摩尔数)在扩散过程中保持不变,并且忽略因原子尺寸不同所引起的点阵常数变化,则站在标记上的观察者看到穿越界面向相反方向扩散的 A、B 原子数不等,向左过来的 B 原子多,向右过去的 A 原子少,结果使观察者随着标记一起向低熔点一侧漂移,但是站在地面上的观察者却看到向两个方向扩散的 A、B 原子数相同。

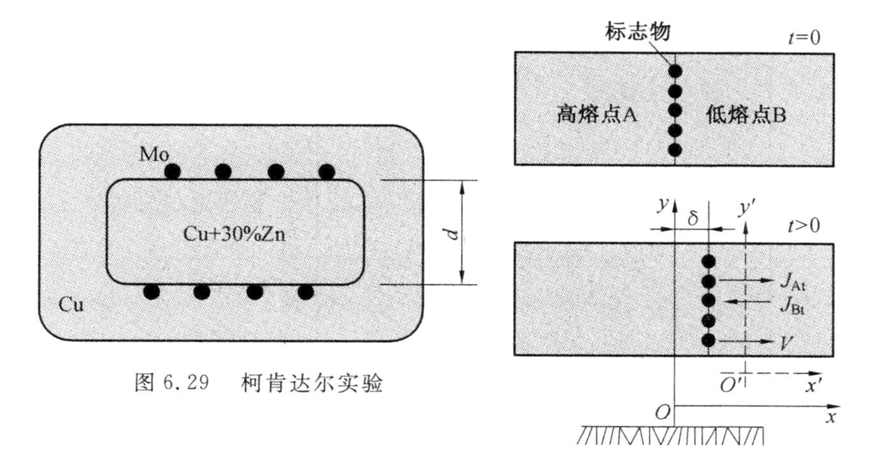

图 6.29　柯肯达尔实验

图 6.30　置换固溶体中的互扩散

经过如上分析,扩散原子相对于地面的总运动速度 V 是原子相对于标记的扩散速度 V_d 与标记相对于地面的运动速度 V_m 之和,即

$$V = V_m + V_d \tag{6.144}$$

原子总移动速度 V 可以根据图 6.31 所示的扩散系统进行计算。设扩散系统的横截面积为 1,原子沿 x 轴进行扩散。单位时间内,原子由面 1 扩散到面 2 的距离是 V,则在单位时间内通过单位面积的原子物质的量(扩散通量)即是 $1 \times V$ 体积内的扩散原子的物质的量为

$$J = C(V \times 1) = CV \tag{6.145}$$

式中,C 为扩散原子的浓度。利用式(6.144)和式(6.145),可以分别写出 A 及 B 原子相对于固定坐标系的总通量为

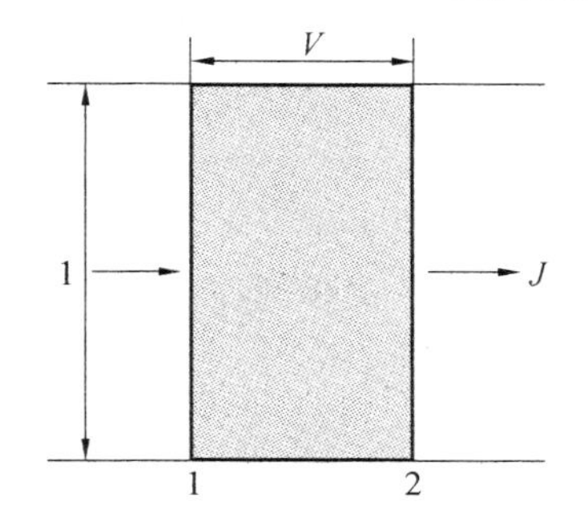

图 6.31　扩散通量的计算模型

$$J_A = C_A V_A = C_A[V_m + (V_d)_A] \tag{6.146}$$

$$J_B = C_B V_B = C_B[V_m + (V_d)_B] \tag{6.147}$$

式(6.147)中第一项是标记相对于固定坐标系的通量,第二项是原子相对于标记的扩散通量。若 A 和 B 原子的扩散系数分别用 D_A 和 D_B 表示,根据扩散第一定律,由扩散引起的第二项可以写成:

$$C_A\,(V_d)_A = -D_A \frac{\partial C_A}{\partial x} \tag{6.148}$$

$$C_B\,(V_d)_B = -D_B \frac{\partial C_B}{\partial x} \tag{6.149}$$

将上两式代入式(6.146)、式(6.147),得

$$J_A = C_A V_A = C_A V_m - D_A \frac{\partial C_A}{\partial x} \tag{6.150}$$

$$J_B = C_B V_B = C_B V_m - D_B \frac{\partial C_B}{\partial x} \tag{6.151}$$

根据前面的假设，跨过一个固定平面的A和B原子数应该相等，方向相反，故

$$V_m(C_A + C_B) = D_A \frac{\partial C_A}{\partial x} + D_B \frac{\partial C_B}{\partial x} \tag{6.152}$$

另一方面，组元的浓度C_i与摩尔密度ρ及摩尔分数x_i之间有如下关系$C_i = \rho x_i$。其中，$x_1 + x_2 = 1$，则求出的界面漂移速度为

$$V_m = (D_A - D_B) \frac{\partial C x_A}{\partial x} = (D_B - D_A) \frac{\partial C x_B}{\partial x} \tag{6.153}$$

然后将界面漂移速度代回式(6.151)，最后得A、B原子的总扩散通量分别为

$$J_A = -(D_A x_B + D_B x_A) \frac{\partial C_A}{\partial x} = -\widetilde{D} \frac{\partial C_A}{\partial x} \tag{6.154}$$

$$J_B = -(D_A x_B + D_B x_A) \frac{\partial C_B}{\partial x} = -\widetilde{D} \frac{\partial C_B}{\partial x} \tag{6.155}$$

式中，$\widetilde{D} = D_B x_A + D_A x_B$，称为合金的互扩散系数，而$D_A$和$D_B$称为组元的本征扩散系数。式(6.154)和(6.155)称为达肯方程。由推导的结果可以看出，只要将扩散第一及第二定律中的扩散系数D换为合金的互扩散系数$\widetilde{D}$，扩散定律对置换固溶体的扩散仍然是适用的。

(4) 离子晶体中的扩散系数。

除了间隙机制外，一个原子要向其某个最近邻阵点跳动，必须等待某个缺陷到达该最近邻阵点之后，这个原子的跳动才会成为可能，因此，跳动频率包括了缺陷浓度项。现在来考查理想配比中的UO_2牵涉到弗兰克尔缺陷的扩散实例，在理想配比成分下$[M_i^{\cdot\cdot}] = [V''_M]$：

$$[V''_M] = \exp\left(-\frac{\Delta G_F}{2kT}\right) = \exp\left(\frac{\Delta S_F}{2k} - \frac{\Delta E_F}{2kT}\right) \tag{6.156}$$

代入后得

$$\Gamma = \upsilon Z \exp\left(\frac{\Delta S_F}{2k} - \frac{\Delta E_F}{2kT}\right) \exp\left(\frac{\Delta S}{k} - \frac{\Delta E}{kT}\right) = \upsilon Z \exp\left[\frac{\Delta S + \dfrac{\Delta S_F}{2}}{k}\right] \exp\left[\frac{\Delta E + \dfrac{\Delta E_F}{2}}{kT}\right] \tag{6.157}$$

$$D_0 = \alpha' \delta^2 \upsilon Z \exp\left(\frac{\Delta S}{k}\right) \tag{6.158}$$

所以

$$D = \lambda^2 P \upsilon Z \exp\left[\frac{\Delta S + \dfrac{\Delta S_F}{2}}{k}\right] \exp\left[\frac{\Delta E + \dfrac{\Delta E_F}{2}}{kT}\right] \tag{6.159}$$

在非理想配比的离子晶体中，由于空位是占优势的主要缺陷，可以认为阳离子在迁移原则上是通过空位来进行的。还是以非理想配比氧化物$Co_{1-y}O$为例，若V''_{Co}为其主要缺陷，则可以得到

$$[V''_{Co}]=C_v=\left(\frac{k}{4}\right)^{\frac{1}{3}}[p_{O_2}]^{\frac{1}{6}}=\left(\frac{1}{4}\right)^{\frac{1}{3}}[p_{O_2}]^{\frac{1}{6}}\exp\left(-\frac{\Delta G'}{3kT}\right)$$
$$=\left(\frac{1}{4}\right)^{\frac{1}{3}}[p_{O_2}]^{\frac{1}{6}}\exp\left(\frac{\Delta S'}{3k}-\frac{\Delta E'}{3kT}\right)\tag{6.160}$$

代入后得

$$\Gamma=\left(\frac{1}{4}\right)^{\frac{1}{3}}[p_{O_2}]^{\frac{1}{6}}\upsilon Z\exp\left[\frac{\Delta S+\frac{\Delta S'}{3}}{k}\right]\exp\left[\frac{\Delta E+\frac{\Delta E'}{3}}{kT}\right]\tag{6.161}$$

所以

$$D=\left(\frac{1}{4}\right)^{\frac{1}{3}}[p_{O_2}]^{\frac{1}{6}}\upsilon Z\lambda^2P\exp\left[\frac{\Delta S+\frac{\Delta S'}{3}}{k}\right]\exp\left[\frac{\Delta E+\frac{\Delta E'}{3}}{kT}\right]\tag{6.162}$$

上式表明，非理想配比氧化物$Co_{1-y}O$的扩散系数不仅依赖于温度，还依赖于氧分压，若当温度一定时，把$\ln D$对$\ln p_{O_2}$作图，其结果表明，它通常并不具有单一的斜率，而且或多或少还有一些弯曲，这是由于空位的引入并非只限于V''_{Co}，还以V'_{Co}、V''_{Co}等各种形式存在，因而往往使得扩散机理变得复杂难解。

为了产生缺陷，即改变缺陷的浓度，用与基质金属离子价态不同的一些离子掺入离子晶体，例如，MO_2中掺入m_2O_3，理想配比的m_2O_3意味着m离子具有+3价，而在氧化物MO_2中M离子是+4价。由于要保持电中性，掺进去的氧化物可能以氧空位、金属填隙子、某些电子缺陷等形式存在，下面来看看这些形式的第一种，即

$$m_2O_2 \longrightarrow V''_O+2m'_M+3O_O\tag{6.163}$$

式中，m'_M是在M阵点上的m离子，氧空位的阵点分数并不完全正比于施主的阵点分数，这是因为在此过程中产生了过量的正常氧点阵，氧的扩散系数正比于空着的氧阵点的浓度，这时的扩散称为非本征扩散，当掺杂浓度很高时，所产生的缺陷会超过那些本征缺陷而起主要作用，当掺杂浓度低时，各种各样的质量定律都必须结合在一起，这时问题就略微复杂了。

6.3　扩散的类型

6.3.1　扩散概述

所谓扩散是由于大量原子的热运动引起的物质的宏观迁移。这里应特别注意扩散中原子运动的自发性、随机性和经常性，以及原子随机运动与物质宏观迁移的关系。

可以从不同的角度对扩散进行分类。

① 按浓度均匀程度分：有浓度差的空间扩散称为互扩散；没有浓度差的扩散称为自扩散，一般多用示踪原子来研究自扩散过程。

② 按扩散方向分：由高浓度区向低浓度区的扩散称为顺扩散，又称下坡扩散；由低浓度区向高浓度区的扩散称为逆扩散，又称上坡扩散。

③ 按原子的扩散路径分：在晶粒内部进行的扩散称为体扩散；在表面进行的扩散称为表面扩散；沿晶界进行的扩散称为晶界扩散。表面扩散和晶界扩散的扩散速度比体扩散要快得多，一般称前两种情况为短路扩散。此外还有沿位错线的扩散、沿层错面的扩散等。

在气体和液体中，除扩散之外，物质的传递还可以通过对流等方式进行；而在固体中，扩散往往是物质传递的唯一方式。研究扩散无论在理论上还是在实际中都有重要意义，从理论上讲，可以了解和分析固体的结构、原子的结合状态以及固态相变的机构；从实际上讲，固体中发生的许多变化过程都与扩散密切相关。例如，金属的真空熔炼，材料的提纯、除气，铸件的成分均匀化，变形金属的回复再结晶，各种涉及相间成分变化的相变，化学热处理，粉末金属的烧结，高温下金属的蠕变以及金属的腐蚀、氧化等过程，都是通过原子的扩散进行的，并受到扩散过程的控制。通过扩散的研究可以对上述过程进行定量或半定量的计算以及理论分析。

1. 原子的无规则行走扩散

在讨论扩散系数以前，首先研究一个最简单无规则行走扩散过程，以求得扩散系数的近似值。所谓无序扩散(无规行走扩散)有以下特点：这种扩散是在无外场推动下，由热起伏而使原子获得迁移激活能从而引起原子移动，其移动方向完全是无序的、随机的。因此无序扩散实质上是原子的布朗运动。这种原子无序扩散的结果并不引起定向的扩散流，而且每次迁移与前一次无关。故每次迁移都是成功的。

设晶体沿 x 轴方向有一很小的组成梯度，如图 6.32 所示。若两个相距为 λ 的相邻点阵面分别记作 1 和 2，则原子沿 x 轴方向向左或向右移动时，每次跳跃的距离为 λ。平面 1 上单位面积扩散溶质原子数为 n_1，平面 2 上为 n_2。跃迁频率 r 是一个原子每秒内离开平面跳跃次数的平均值。因此 δt 时间内跃出平面 1 的原子数为 $n_1\Gamma\delta t$，这些原子中一半迁到右边平面 2，另一半迁到左边平面 1。同样在 δt 时间内从平面 2 跃迁到平面 1 的原子数为 $1/2n_2\Gamma\delta t$。由此得出从平面 1 到平面 2 的流量为

$$J=\frac{1}{2}(n_1-n_2)\Gamma=\frac{\text{原子数}}{\text{面积}\times\text{时间}} \tag{6.164}$$

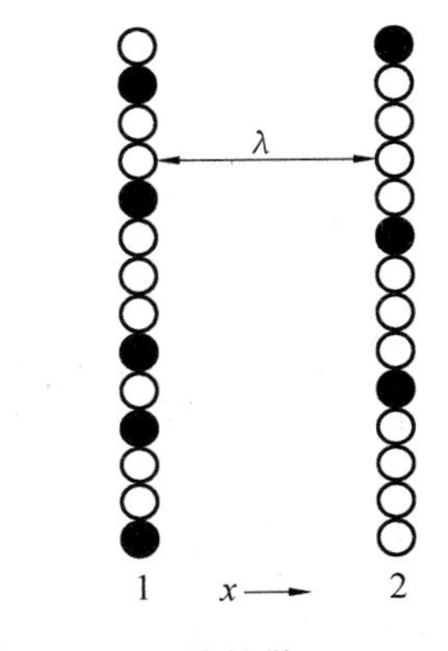

图 6.32 一维扩散

若 $n_1/\lambda=C_1$、$n_2/\lambda=C_2$ 和 $(C_1-C_2)/\lambda=-\partial C/\partial x$，可以将量 (n_1-n_2) 和浓单位体积原子数联系起来。因此流量为

$$J=\frac{1}{2}\lambda^2\Gamma\frac{\partial C}{\partial x} \tag{6.165}$$

$$D_\gamma=\frac{1}{2}\lambda^2\Gamma \tag{6.166}$$

若跃迁发生在 3 个方向，则上述值将减少 1/3。因此三维无序扩散系数为

$$D_\gamma=\frac{1}{6}\lambda^2\Gamma \tag{6.167}$$

由此可见，无序扩散系数取决于迁移频率和迁移距离平方的乘积。此结果仅对于无规则行走过程是适合的。假设迁移是随机的，不存在择优取向的推动力。对扩散的微观机构(指扩散质点是原子，空位或间隙)并没有明确的假设。但式(6.167)实际上已从三维结构上规定有 6 个距离为 λ 的邻近质点可以易位。因此该式只适用于简单立方点阵中的无序扩散。

在面心立方晶体中，$\lambda=\frac{\sqrt{2}}{2}a_0$，$a_0$ 为点阵常数。可跃迁的邻近位置数为 12，式(6.167)写作：

$$D_\gamma=\frac{1}{6}\left(\frac{\sqrt{2}}{2}a_0\right)^2\cdot 12\cdot \Gamma=a_0^2\Gamma \tag{6.168}$$

为了使无序扩散适用于除立方点阵以外的任何晶体结构，必须在式(6.167)中引入一个几何因子 v，v 与最邻近的可跃迁的位置数有关。迁移距离 λ 和晶体点阵类型和点阵常数有关。这样可以把式(6.167)写作：

$$D_\gamma=\gamma\lambda^2\Gamma \tag{6.169}$$

式中，Γ 为单位时间内原子跃迁次数。

为了解释固体中原子和缺陷复杂的扩散现象，应用众多的扩散术语，见表 6.3。

表 6.3　扩散系数的通用符号和名词含义

分类	名称(或又名)	符号	含义
晶体内部原子的扩散	无序扩散系数	D_1	不存在化学位梯度时质点的扩散过程
	自扩散系数	D^*	不存在化学位梯度时原子的扩散过程
	示踪物扩散系统	D^T	示踪原子在无化学位梯度时扩散
	晶格扩散系数(又名原子扩散系数、体积扩散系数)	D_v	指晶体内或晶格内的任何扩散过程
	本征扩散系数		指仅仅由本身点缺陷作为迁移载体的扩散
	互扩散系数(化学扩散系数，又名扩散系数、有效扩散系数)	$\overline{D}$	在化学位梯度下的扩散
区域扩散	晶界扩散系数	D_1	沿晶界发生的扩散
	界面扩散系数		沿界面发生的扩散
	表面扩散系数	D	沿表面发生的扩散
	位错扩散系数		沿位错发生的扩散
缺陷扩散	空位扩散系数	D_v	空位跃迁入邻近原子，原子反向迁入空位
	间隙扩散系数	D_1	间隙原子在点阵间隙中迁移
	非本征扩散系数		指非热能引起的扩散，如由杂质引起的缺陷而进行的扩散

2. 空位扩散和间隙扩散

空位扩散是指晶格内空位跃迁入邻近原子而原子反向跃迁入空位。间隙扩散是指晶体内的填隙离子(或原子)沿间隙位置的扩散。

一个质点(包括空位、间隙、原子)要成功地迁移，必须具备两个条件：① 邻近质点可以与其易位；② 质点本身有易位的能量。因此迁移次数 Γ 正比于一个邻近位置可以与其易位的概率 P 和质点的跃迁频率 υ。两个独立过程同时出现的概率是各自概率的乘积。因此 Γ 可以表达为

$$\Gamma=p\upsilon \tag{6.170}$$

通过空位机制原子跳入邻近的空位，实现了第一次跳跃后必须等到一个新的空位移动到它的邻位，才能实现第二次跳动。因此跃迁概率 P 等于该温度下的空位分数：

$$P=\frac{n_v}{N}=\exp\left(-\frac{\Delta G_F}{2RT}\right) \tag{6.171}$$

式中，ΔG_F 为空位形成自由焓。

如果考虑填隙原子(或离子)的扩散，由于晶体内填隙原子的摩尔分数往往很小，实际上填隙原子所有邻近的间隙位置都是空着的。因此间隙机制扩散时，$P=1$。

υ 是原子跃迁频率，也即在给定温度下，单位时间内每个晶体中的原子成功地跳跃势垒的次数。可以利用绝对反应速度理论的方法(即原子克服势垒的活化过程)求得。

$$\upsilon=\upsilon_0\exp\left(-\frac{\Delta G_M}{RT}\right)=\upsilon_0\exp\left(\frac{\Delta S_M}{R}\right)\exp\left(-\frac{\Delta H_M}{RT}\right) \tag{6.172}$$

υ_0 为原子在晶格平衡位置上的振动频率(约 10^{13}/s)。ΔG_M、ΔS_M、ΔH_M 分别是原子从平衡状态转变到活化状态时的自由焓、熵和热焓的变化(或称迁移自由焓、迁移熵、迁移热焓)。因此，各种晶体结构内的空位或间隙扩散系数可写成通式：

$$\begin{aligned}D&=\gamma\lambda^2P\upsilon=\gamma\lambda^2\upsilon_0\exp\left(-\frac{\Delta G_F}{2RT}\right)\exp\left(-\frac{\Delta G_M}{RT}\right)\\&=\gamma\lambda^2\upsilon_0\exp\left(-\frac{\Delta S_F/2+\Delta S_M}{R}\right)\exp\left[-\frac{(\Delta H_F/2+\Delta H_M)}{RT}\right]\\&=D_0\exp\left[-\frac{(\Delta H_F/2+\Delta H_M)}{RT}\right]\end{aligned} \tag{6.173}$$

由式(6.173)可见，空位扩散激活能由空位形成能和空位迁移能两部分组成。间隙原子激活能只由间隙原子迁移能组成。

3. 自扩散与示踪原子扩散

一个原子蜿蜒通过仅由该原子组成的晶体的扩散称为自扩散。原子扩散是通过空位机制实现的。因此自扩散系数 D^* 可以表示为

$$\begin{aligned}D^*&=\gamma\lambda^2P\upsilon=\gamma\lambda^2\upsilon_0\exp\left(-\frac{\Delta S_F/2+\Delta S_M}{R}\right)\exp\left[-\frac{(\Delta H_F/2+\Delta H_M)}{RT}\right]\\&=D_0\exp\left[-\frac{(\Delta H_F/2+\Delta H_M)}{RT}\right]\end{aligned} \tag{6.174}$$

上式表明自扩散激活能由空位形成能和原子迁移能组成。

自扩散系数的值可以用放射性原子(即示踪剂)来测定。但示踪剂在晶体中的扩散如图6.33(b)所示，在 n 次迁移从 6→7 后，示踪原子的近邻不是等同的，其中 6 位是空位，因而第$(n+1)$次迁移最可能方向是 7→6，其次方向是 7→1 或 7→5，概率最小的方向是 7→3，因此，由示踪法测定的扩散系数(D^T)稍低于真正的自扩散系数 D^*，两者关系为

$$D^T=fD^* \tag{6.175}$$

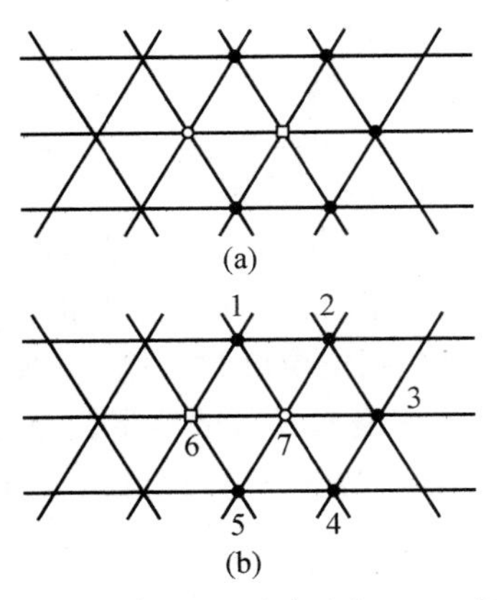

图 6.33 相关系数

式中，D^* 为自扩散系数；D^T 为示踪法计算

的自扩散系数；f 为相关系数。

6.3.2　固体中的扩散

1. 反应扩散

当某种元素通过扩散，自金属表面向内部渗透时，若该扩散元素的含量超过基体金属的溶解度，则随着扩散的进行会在金属表层形成中间相（也可能是另一种固溶体），这种通过扩散形成新相的现象称为反应扩散或相变扩散。

由反应扩散所形成的相可参考平衡相图进行分析。例如，纯铁氮化时，由 Fe－N 相图（图 6.34）可以确定所形成的新相。由于金属表面氮的质量分数大于金属内部，因而金属表面形成的新相将对应于高 N 含量的中间相。当氮的质量分数超过 7.8% 时，可在表面形成密排六方结构的 ε 相（视氮含量不同可形成 Fe_3N、$Fe_{2-3}N$ 或 Fe_2N），这是一种氮含量变化范围相当宽的铁氮化合物。一般氮的质量分数大致在 7.8% ～ 11.0% 之间变化，氮原子有序地位于铁原子构成的密排六方点阵中的间隙位置。越远离表面，氮的质量分数越低，随之是 γ′ 相 Fe_4N，它是一种可变成分较小的中间相，其质量分数在 5.7% ～ 6.1% 之间，N 原子有序地占据 Fe 原子构成的面心立方点阵中的间隙位置。再往里是含氮量更低的 α 固溶体，为体心立方点阵。纯铁氮化后的表层氮的质量分数和组织示于图 6.35 中。

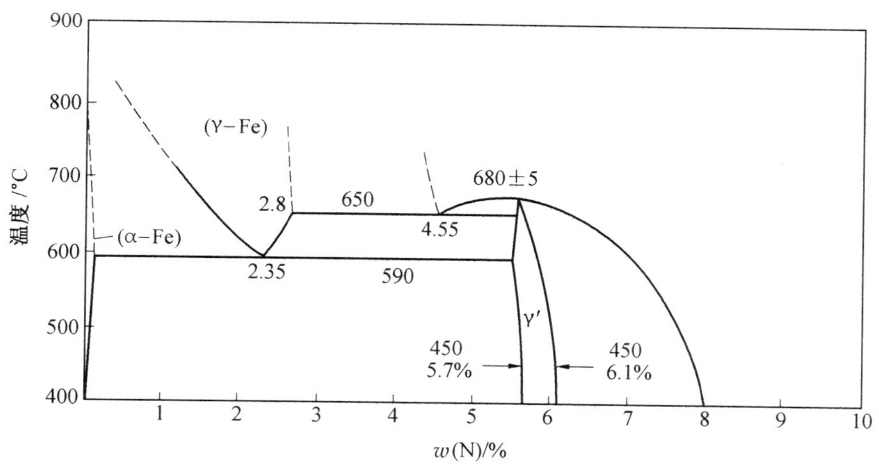

图 6.34　Fe－N 相图

实验结果表明，在二元合金经反应扩散的渗层组织中不存在两相混合区，而且在相界面上的质量分数是突变的，它对应于该相在一定温度下的极限溶解度。不存在两相混合区的原因可用相的热力学平衡条件来解释：如果渗层组织中出现两相共存区，则两平衡相的化学势必然相等，即化学势梯度为 0。这段区域中就没有扩散驱动力，扩散不能进行。同理，三元系中渗层的各部分都不能出现三相共存区，但可以有两相区。

2. 离子晶体中的扩散

（1）离子晶体中的缺陷。

在讨论离子晶体中的扩散之前，先简要介绍离子晶体中的缺陷。符合化学计量比且无掺杂的离子晶体中存在本征热缺陷 —— 弗仑克尔缺陷和肖特基缺陷。而对于非化学计量比和有掺杂的离子晶体来说，缺陷情况更复杂些。随温度变化，这些缺陷在扩散中的作用也会发生变化。

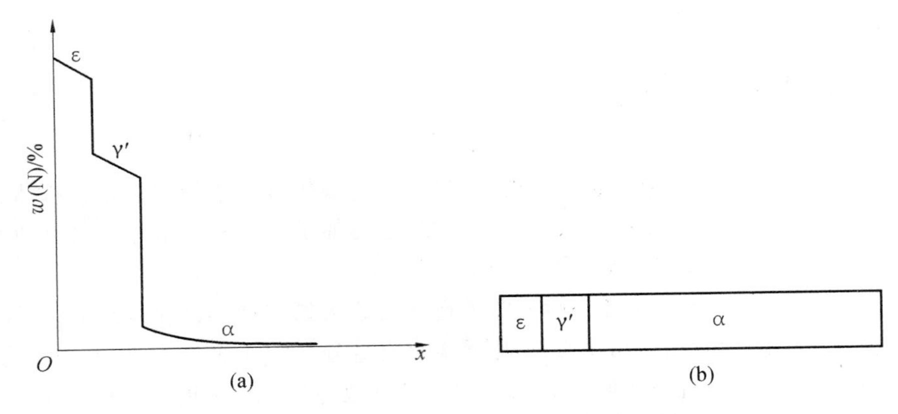

图 6.35　纯铁氮化后的表层氮质量和组织

① 肖特基缺陷。

肖特基缺陷由热激活产生，它由一个阳离子空位和一个阴离子空位组成，实际上是一个缺陷离子对。以氧化物(MO) 为例，肖特基缺陷的产生可由如下的化学反应式表示：

$$O = V''_M + V_O^{\cdot\cdot} \tag{6.175}$$

式中，O 表示完整晶体；V'_M 表示金属(M) 空位，(″) 表示相对于完整晶体的等效负电荷；$V_O^{\cdot\cdot}$ 表示氧(O) 空位，(¨) 表示相对于完整晶体的等效正电荷。在离子晶体中，肖特基空位浓度可表示为

$$N_S = N\exp(-E_S/2kT) \tag{6.176}$$

式中，N 为单位体积内离子对的数目；E_S 为离解一个阳离子或一个阴离子并到达表面所需要的能量。

② 弗仑克尔缺陷。

弗仑克尔缺陷也是由热激活产生，它由一个正的填隙原子和一个负的空位或由一个负的填隙原子和一个正的空位组成，后者又称为反弗仑克尔缺陷。弗仑克尔缺陷的产生也可以由下面的反应式表示，例如，对于正离子无序的情况：

$$M_M = M_i^{\cdot\cdot} + M''_M$$

式中，M_M 表示金属体点(M) 上的一个金属原子；$M_i^{\cdot\cdot}$ 表示位于间隙 i 位置的带等效二价正电荷的金属离子；M''_M 表示带等效二价负电荷的金属离子空位。弗仑克尔缺陷的填隙离子和空位的浓度是相等的，都可以表示为

$$N_f = N\exp(-E_f/2kT) \tag{6.177}$$

式中，N 为一单位体积内离子结点数；E_f 为形成一个弗仑克尔缺陷(即同时生成，一个填隙离子和一个空位) 所需要的能量。实验证明，在金属晶体中最常见的缺陷都是肖特基缺陷。

③ 非化学计量化合物中的缺陷。

非化学计量化合物包括阳离子缺位($M_{1-y}X$)、阴离子缺位(MX_{1-y})、阳离子间隙($M_{1+y}X$)、阴离子间隙(MX_{1+y})4 种情况。以阳离子缺位非化学计量化合物 $M_{1-y}X$ 为例，其缺陷反应可表示为

$$\frac{1}{2}X_2(g) = V_M^X + X_X^X$$

$$V_M^X = V'_M + h^{\cdot}$$

$$V'_M = V''_M + h^{\cdot}$$

如缺陷反应按上列过程充分地进行，则有

$$\frac{1}{2}X_2(g) = V''_M + 2h^{\cdot} + X_X^X \quad (6.178)$$

式(6.175)、式(6.178)中 V''_M 表示金属原子空位；X_X^X 表示 X^{2-} 在正常格点上；$h^{\cdot}$ 表示电子空穴。

从式(6.178)可以看出，在阳离子缺位非化学计量化合物中，会产生阳离子空位和电子空穴。如果固体材料内导通电流的载流子主要为 $h^{\cdot}$，则这类材料为 p 型半导体。同样，阴离子缺位非化学计量化合物中会产生阴离子空位和自由电子。如果固体材料内导通电流的载流子主要为 e'，则这类材料为 n 型半导体。对于阳离子间隙和阴离子间隙的情况也可以类推。

(2) 离子晶体的扩散机制。

离子晶体扩散机制如图 6.36 所示，主要包括：① 空位扩散；② 间隙扩散；③ 亚晶格间隙扩散。空位扩散以 MgO 中阳离子空位(记为 V_{Mg}^{M})作为载流子的扩散运动为代表；间隙扩散则是间隙离子作为载流子的直接扩散运动，即从某个间隙位置扩散到另一个间隙位置。在离子晶体中，由于间隙离子较大，间隙扩散一般比空位扩散需要更大的扩散激活能，因此较难进行。在这种情况下，往往产生间隙－亚晶格扩散，即某一间隙离子取代附近的晶格离子，被取代的晶格离子进入晶格间隙，从而产生离子移动。此种扩散运动由于晶格变形小，比较容易产生。AgBr 中的 Ag^- 就是这种扩散形式。

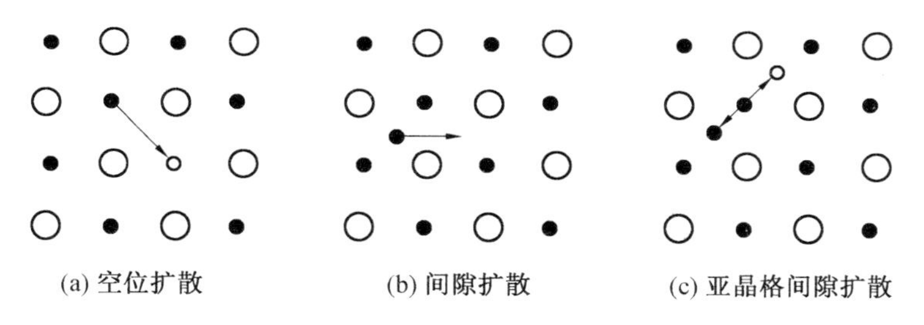

图 6.36　离子扩散机制示意图

离子晶体中的电导主要为离子电导。晶体的离子电导可以分为两类：第一类源于晶体点阵的基本离子的运动，称为固有离子电导(或本征电导)。这种离子自身随着热振动脱离阵点形成热缺陷。这种热缺陷无论是离子或者空位都是带电的，因此都可作为离子电导载流子。显然固有电导在高温下特别显著；第二类是由固定较弱的离子的运动造成的，主要是杂质离子。因而常称为杂质电导。杂质离子是弱联系离子，所以在较低温度下杂质电导表现得显著。无论是本征电导还是杂质电导，都是晶体中的离子在外加电场作用下迁移扩散所造成的。

(3) 离子迁移率。

下面讨论间隙离子在晶格间隙的扩散现象。间隙离子处在间隙位置时，受周围离子的作用，处于一定的平衡状态。如果它要从一个间隙位置跃入相邻的间隙位置，需克服一个高度为 U_0 的势垒，如图 6.37(a) 所示，因此需要热激活。

根据玻耳兹曼统计规律，由于热激活，单位时间沿某一方向跃迁的次数为

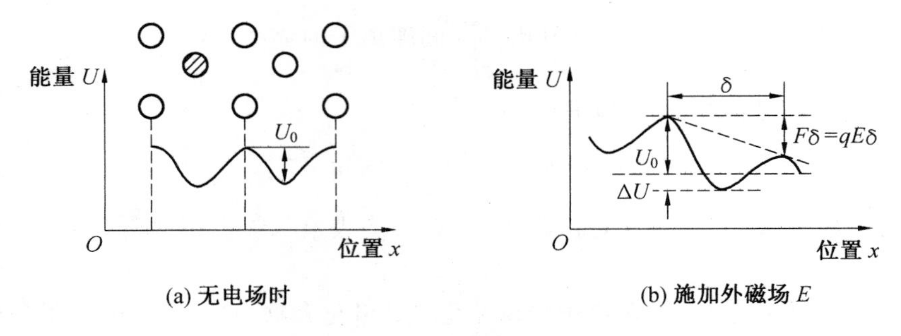

图 6.37　间隙离子的势垒变化

$$P=\frac{\upsilon_0}{6}\exp(-U_0/kT) \tag{6.179}$$

式中，υ_0 为间隙离子在间隙位置的振动频率。

无外加电场时，间隙离子在晶体中各方向的迁移次数都相同，宏观上无电荷定向运动，故晶体中无电导现象。加上电场后，由于电场力的作用，晶体中对间隙离子的势垒不再对称，如图 6.37(b) 所示。对于正离子，受电场力作用 $F=qE$，F 与 E 同方向，因而正离子顺电场方向迁移容易，逆电场方向迁移困难，设电场 E 在 $\delta/2$ 距离上（δ 为相邻稳定位置间的距离）造成的电位能差 $\Delta U=F\,\frac{\delta}{2}=qE\,\frac{\delta}{2}$，则顺电场方向和逆电场方向间隙离子单位时向内跃迁的次数分别为

$$P_{顺}=\frac{\upsilon_0}{6}\exp[-(U_0-\Delta U)/kT] \tag{6.180}$$

$$P_{逆}=\frac{\upsilon_0}{6}\exp[-(U_0+\Delta U)/kT] \tag{6.181}$$

由此，单位时间内每一间隙离子沿电场方向的净跃迁次数应为

$$\begin{aligned}\Delta P&=P_{顺}-P_{逆}\\&=\frac{\upsilon_0}{6}\exp[-(U_0-\Delta U)/kT]-\frac{\upsilon_0}{6}\exp[-(U_0+\Delta U)/kT]\\&=\frac{\upsilon_0}{6}\exp(-U_0/kT)\,[\exp(+\Delta U/kT)-\exp(-\Delta U/kT)]\end{aligned} \tag{6.182}$$

每跃迁一次的距离为 δ，所以载流子沿电场方向的迁移速度 v 可表示为

$$\begin{aligned}v&=\Delta P\cdot\delta\\&=\frac{\delta\upsilon_0}{6}\exp(-U_0/kT)\,[\exp(\Delta U/kT)-\exp(-\Delta U/kT)]\end{aligned} \tag{6.183}$$

当电场强度不太大时，$\Delta U\ll kT$，将指数展开并利用 $\Delta U=\frac{1}{2}qE\delta$，则由式(6.182)得

$$v=\frac{\upsilon_0\delta}{6}\cdot\frac{q\delta}{kT}\exp\left(-\frac{U_0}{kT}\right)\cdot E \tag{6.184}$$

故载流子沿外加电场方向的迁移率为

$$\mu=\frac{v}{E}=\frac{\delta^2\upsilon_0 q}{6kT}\exp(-U_0/kT) \tag{6.185}$$

式中，δ 为相邻稳定间隙位置间距，cm；υ_0 为间隙离子的振动频率，s^{-1}；q 为间隙离子的电荷

数，C；$k = 0.86 \times 10^{-4}$ eV/K；U_0 为无外电场时间隙离子的势垒，eV。

应该指出，在不同的离子晶体中，不同类型载流子的扩散激活能是不同的，其中激活能最小，对电导起主要作用。

(4) 离子电导率与扩散系数的关系。

物体的导电现象基于载流子在电场作用下的定向迁移。设载流子密度为 n，每个载流子的荷电量为 q，平均漂移速度为 v，则由于载流子漂移形成的电流密度为

$$J = nqv \tag{6.186}$$

根据欧姆定律的微分形式：

$$J = \sigma E \tag{6.187}$$

则有 $\sigma E = nqv$，因此

$$\sigma = nqv/E \tag{6.188}$$

定义迁移率为 $\mu = \dfrac{v}{E}$；其物理意义为载流子在单位电场中的迁移速度，则有电导率与迁移率之间的关系：

$$\sigma = nq\mu \tag{6.189}$$

下面推导离子电导率与扩散系数的关系。在离子晶体中，由于载流子离子浓度梯度所形成的电流密度为

$$J_1 = -Dq\frac{\partial n}{\partial x} \tag{6.190}$$

当有电场存在时，其所产生的电流密度可以由欧姆定律的微分形式表示：

$$J_2 = \sigma E = \sigma\frac{\partial V}{\partial x} \tag{6.191}$$

式中，V 为电位。则总电流密度 J_t 为

$$J_t = -Dq\frac{\partial n}{\partial x} - \sigma\frac{\partial V}{\partial x} \tag{6.192}$$

当处于热平衡状态下时，可以认为 $J_t = 0$，根据玻耳兹曼分布规律，建立下式：

$$n = n_0 \exp(-qV/kT) \tag{6.193}$$

式中，n_0 为常数。因此浓度梯度可表示为

$$\frac{\partial n}{\partial x} = -\frac{qn}{kT}\frac{\partial V}{\partial x} \tag{6.194}$$

将式(6.194)代入式(6.192)，得到

$$J_t = 0 = \frac{nDq^2}{kT}\frac{\partial v}{\partial x} - \sigma\frac{\partial V}{\partial x} \tag{6.195}$$

所以有

$$\sigma = D\frac{nq^2}{kT} \tag{6.196}$$

式(6.196)建立了离子电导率与扩散系数之间的关系，一般称为能斯特－爱因斯坦方程。由电导率公式 $\delta = nq\mu$ 和式(6.196)还可以建立扩散系数 D 和离子迁移率的关系。

$$D = \frac{\mu}{q}kT - BkT \tag{6.197}$$

式中，B 称为离子绝对迁移率。扩散系数 D 按指数规律随温度变化为

$$D = D_0 \exp(-W/kT) \tag{6.198}$$

式中,W 为离子扩散激活能,它包括缺陷形成能和迁移能两部分。

(5) 非化学计量氧化物中的扩散。

除掺杂点缺陷引起非本征扩散外,一些非化学计量氧化物晶体材料也会发生非本征扩散,特别是过渡金属元素氧化物。氧化物晶体中,金属离子的价态常因环境中的气氛变化而改变,引起结构中出现阳离子空位或阴离子空位并导致扩散系数明显地依赖于环境中的气氛。在这类氧化物中典型的非化学计量空位形成可分成如下两类情况:金属离子空位型和氧离子空位型。

① 金属离子空位型。

造成这种非化学计量空位的原因往往是环境中氧分压升高迫使部分 Fe^{2+}、Ni^{2+}、Mn^{2+} 等二价过渡金属离子变成三价金属离子,如

$$2M_M + \frac{1}{2}O_2(g) = O_O + V''_M + 2M_M^{\cdot}$$

当缺陷反应平衡时,平衡常数 K_p 由反应自由能 ΔG 控制:

$$2K_p + \frac{1}{2}O_2(g) = \frac{[V''_M][M_M^{\cdot}]^2}{p_{O_2}^{1/2}} = \exp(-\Delta G/RT) \tag{6.199}$$

考虑平衡时 $[M_M^{\cdot}] = 2[V''_M]$,因此非化学计量空位浓度 $[V''_M]$ 为

$$[V''_M] = \left(\frac{1}{4}\right)^{\frac{1}{3}} p_{O_2}^{1/6} \exp(-\Delta G_0/3RT) \tag{6.200}$$

将 $[V''_M]$ 代入 D 表达式中,则得非化学计量空位对金属离子空位扩散系数的贡献为

$$D_v = \gamma a_0^2 N \upsilon_0 \exp\left(\frac{\Delta S_M}{R}\right) \exp\left(-\frac{\Delta H_M}{RT}\right) \tag{6.201}$$

$$D_m = \gamma a_0^2 \left(\frac{1}{4}\right)^{\frac{1}{3}} \upsilon_0 p_{O_2}^{1/6} \exp\left[\frac{\Delta S_M + \frac{\Delta S_0}{3}}{R}\right] \exp\left[-\frac{\Delta H_M + \frac{\Delta H_0}{3}}{RT}\right] \tag{6.202}$$

若 T 不变,$\ln D_m$ 对 $\ln p_{O_2}$ 作图直线斜率为 1/6;若氧分压 p_{O_2} 不变,$\ln D - 1/T$ 图中直线斜率值为 $-(\Delta H_m + \Delta H_0/3)/R$。

② 氧离子空位型。

以 ZrO_{2-x} 为例,高温氧分压的降低将导致氧空位缺陷产生:

$$O_O = \frac{1}{2}O_2(g) + V_O^{\cdot\cdot} + 2e$$

反应平衡常数由反应自由能 ΔG_0 控制:

$$K_p = p_{O_2}^{1/2}[V_O^{\cdot\cdot}][e']^2 = \exp\left(\frac{-\Delta G_0}{RT}\right) \tag{6.203}$$

考虑到平衡时 $[e'] = 2[V_O^{\cdot\cdot}]$,故

$$[V_O^{\cdot\cdot}] = \left(\frac{1}{4}\right)^{-\frac{1}{3}} p_{O_2}^{-1/6} \exp\left(-\frac{\Delta G_0}{3RT}\right) \tag{6.204}$$

于是非化学计量空位对氧离子空位的扩散系数贡献为

$$D_0 = \gamma a_0^2 \left(\frac{1}{4}\right)^{\frac{1}{3}} \upsilon_0 p_{O_2}^{-1/6} \exp\left[\frac{\Delta S_M + \frac{\Delta S_0}{3}}{R}\right] \exp\left[-\frac{\Delta H_M + \frac{\Delta H}{3}}{RT}\right] \tag{6.205}$$

可见，过渡金属非化学计量氧化物增加氧分压对金属离子扩散有利而对氧扩散不利，若在非化学计量氧化物中同时考虑本征缺陷空位、杂质缺陷空位以及由于气氛改变而引起的非化学计量空位对扩散系数的贡献，则 $\ln D - 1/T$ 关系图（图 6.38）由两个转折点的直线段构成。

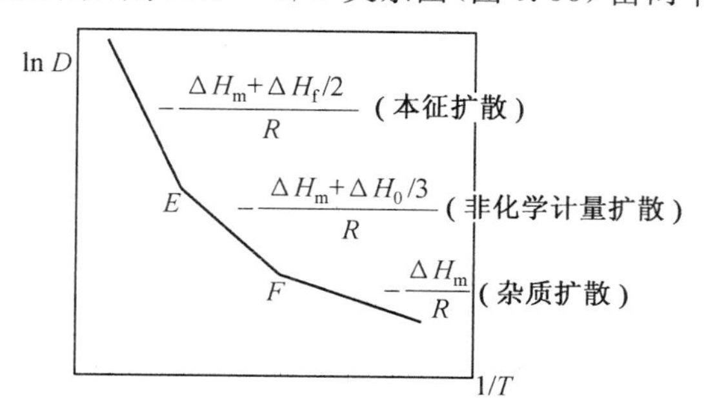

图 6.38　$\ln D - \frac{1}{T}$ 关系图

图 6.38 中高温段代表本征空位；中温段代表非化学计量空位；低温段代表杂质空位。

3. 玻璃中的扩散

前面用于讨论晶体的扩散原理同样也适用于非晶态固体的扩散。气体在简单硅酸盐玻璃中的扩散是最简单的玻璃中扩散的实例。两者之间关系为：扩散的衡量是用渗透率表示而不用扩散系数。

$$K = DS \tag{6.206}$$

式中，K 为渗透率，即当玻璃厚度为 1 cm，两面压差为 1 大气压时，每秒通过单位面积玻璃的标准状态的气体体积。S 为溶解度，即在外部气体压力为 1 个大气压下，溶解在单位体积玻璃内的标准状态的气体体积。

溶解度随着温度而增加，有以下关系：

$$[S] = [S_0]\exp(-\Delta H/RT) \tag{6.207}$$

式中，ΔH 是溶解热，因此可以推测渗透率也与温度成指数关系。

$$K = K_0\exp\left(-\frac{\Delta H_E}{RT}\right) \tag{6.208}$$

式中，$\Delta H_E = \Delta H_S + \Delta H_m$。

图 6.39 所示为氦通过不同玻璃时的渗透率。图中表明，在室温下氦在不同玻璃中的渗透率差别很大，如在相同温度下化学派莱克斯玻璃与 X 射线屏蔽玻璃之间相差 5 或 6 个数量级。这些差别在玻璃的特殊应用上是很重要的，例如，渗透率越小则越适用于普通的高真空器件。

各种玻璃渗透率的差异，作为一级近似，可以用网络变性离子能堵塞玻璃中的孔隙来说明。因此随着网络形成体浓度的增加，渗透率也将随之增加。许多研究中已分别测定了不同气体在熔融石英中的扩散系数。对氦、氖、氢和氮气体的扩散系数 D 值，约在 $10^{-4} \sim 10^{-5}\ m^2/s$ 范围内。气体分子尺寸越大，扩散激活能越高。

在硅酸盐玻璃中，网络变性离子的迁移和材料流动性之间没有什么直接关系。一般钠钙硅玻璃的黏性流动激活能在 100 kcal/mol 左右；而 Na^+ 扩散激活能则小得多，约在 25 kcal/mol 左右。因为黏性流动和网络变性离子扩散是两种不相同的原子过程。黏性流动的数据可与网络形成体（阳离子）的扩散相联系。图 6.40 列出钠钙硅玻璃中的 Na^+、Ca^{2+}、Si^{4+} 在玻璃中扩散系数的对比。

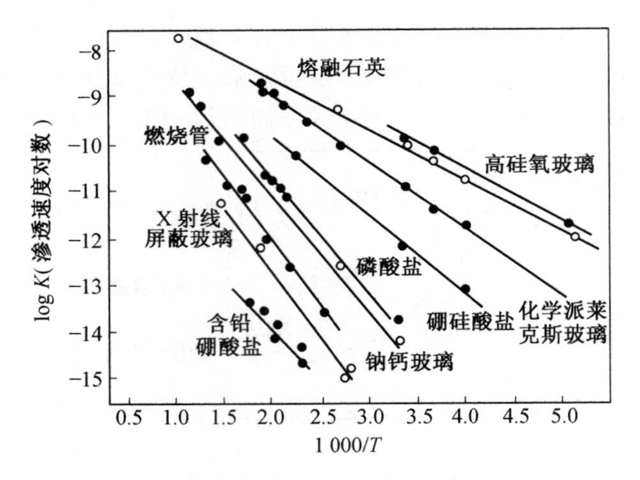

图 6.39 氦气通过不同玻璃时的渗透率

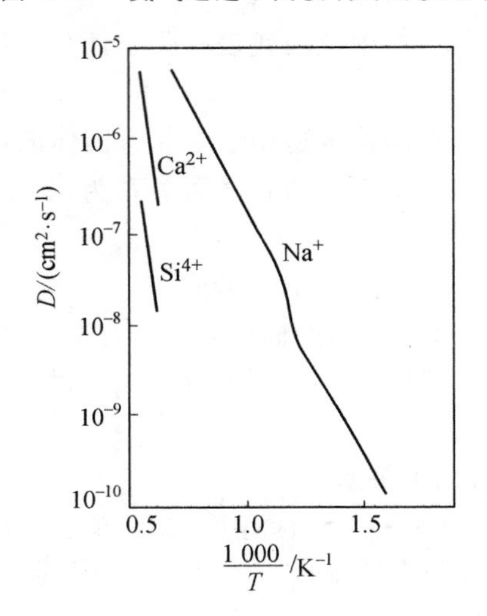

图 6.40 硅酸盐玻璃中盐离子的扩散系数

在通过玻璃转变区域时，急冷的玻璃中网络变体的扩散系数一般高于相同组成、但充分退火的玻璃中的扩散系数，两者可相差一个数量级或更多。这可能是由于玻璃的比体积不同，比体积大则结构较开放，因而有较大的扩散能力。

6.3.3 反应扩散

前面所讨论的都是单相固溶体中的扩散，其特点是渗入的原子浓度不超过其在基体中的固溶度，但在许多实际的相图中，往往存在中间相。这样，由扩散造成的浓度分布及由合金系统决定的不同相所对应的固溶度势必在扩散过程中产生中间相。这种过扩散而形成新相的现象称为多相扩散，习惯上也称为相变扩散或反应扩散。

1. 反应扩散的过程和特点

反应扩散包括两个过程，一是在渗入元素渗入到基体的表层，但是还未达到基体的溶解度之前的扩散过程；二是当基体的表层达到溶解度以后发生相变而形成新相的过程。反应扩散时，基体表层中的溶质原子的浓度分布随扩散时间和扩散距离的变化以及在表层中出现何种相和相的数量，这些均与基体和渗入元素间组成的合金相图有关。

如图 6.41 所示，设在确定的温度 T_0 下，试样表面浓度为 C_S，由相图(a)可知，C_S 对应着 γ 相。由于扩散，浓度随 x 增加而降低。当浓度低到 γ 相分解线对应的浓度 C_{γ_α}，γ 相分解并产生 α 相，后者的浓度为 $C_{\alpha\gamma}$，在相界处浓度发生突变，如图 6.40(b) 所示。因此，在扩散区中有多相(对应于相图)，但在二元系的扩散区中不存在双相区，每层都为单相区，如图 6.40(c) 所示。

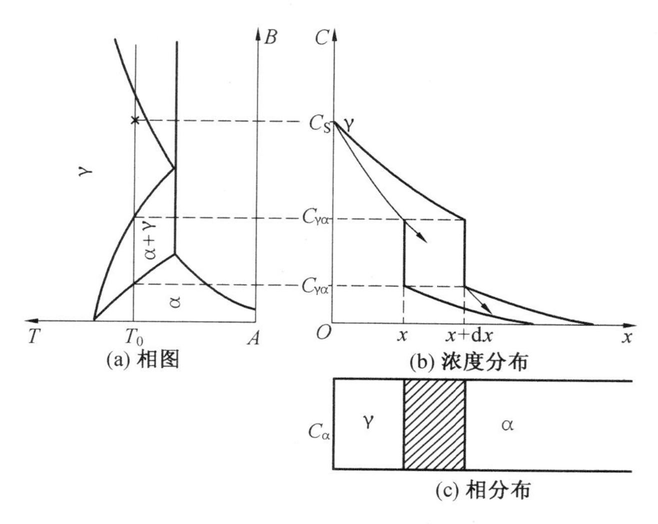

图 6.41　反应扩散时相图与所对应的浓度分布及相分布

二元系中扩散区域不存在双相区可以由相律来解释：

$$f = c - p + 2 \tag{6.209}$$

式中，f 为自由度数；c 为组元数；p 为相数。由于压力及扩散温度是一定的，故应去掉两个自由度的数目，此时 $f = c - p$。在单相时，$p = 1$，$c = 2$，于是 $f = 2 - 1 = 1$，说明该相的浓度是可以改变的，因此，在扩散过程中可以有浓度梯度，即扩散过程可以发生。然而若出现平衡共存的双相区，$f = 2 - 2 = 0$，意味着每相的浓度均不能改变，说明在此双相区中不存在浓度梯度，扩散在此区域中不能发生。

由菲克定律的普遍形式也可以对此给出解释。由于图 6.41(a) 中成分位于 $C_{\gamma\alpha} \sim C_{\alpha\gamma}$ 之间的合金在 T_0 温度时，是由化学位相等、互相平衡的 γ 和 α 组成的，所以图 6.41(b) 和(c) 中若出现(α+γ)两相区，则此区中 $\mathrm{d}\mu_i/\mathrm{d}x = 0$，即没有扩散驱动力，于是通过此区的扩散通量 J_i 为 0，扩散在此中断。这个结果显然与实际情况不符合。因此不可能出现两相区。退一步讲，即使存在两相区，但由于此区左、右边界上不断有物质流入、流出，其结果必然会使某一相逐渐消失，最后由两相变为单相。

2. 反应扩散动力学

通过动力学分析，要讨论 3 个问题：① 相界面的移动速度；② 扩散过程中相宽度变化规律；③ 新相出现的顺序。在分析这些问题时有两个基本假设：① 反应瞬时完成，即在相界面上始终保持准平衡；② 扩散是缓慢的，整个过程的速度由扩散规律所控制。

(1) 相界面的移动速度。

如图 6.41 所示,设经 $\mathrm{d}t$ 时间,α 相与 γ 相的界面由 x 移至了 $\mathrm{d}x+x$,移动量为 $\mathrm{d}x$,又设试样垂直于扩散方向的截面积为 1,则阴影区质量的增加是由沿 x 方向的扩散引起的,因此

$$\delta_{\mathrm{m}}=(C_{\gamma\alpha}-C_{\alpha\gamma})=\left[-D_{\gamma\alpha}\left(\frac{\partial C}{\partial x}\right)_{\gamma,\alpha}+D_{\alpha\gamma}\left(\frac{\partial C}{\partial x}\right)_{\alpha,\gamma}\right]\cdot 1\cdot \mathrm{d}t \tag{6.210}$$

式中,$-D_{\gamma\alpha}\left(\frac{\partial C}{\partial x}\right)_{\gamma,\alpha}$ 是浓度为 $C_{\gamma\alpha}$ 的界面流入阴影区;$-D_{\alpha\gamma}\left(\frac{\partial C}{\partial x}\right)_{\alpha,\gamma}$ 是浓度为 $C_{\alpha\gamma}$ 的界面流出阴影区的扩散通量,由此得

$$\frac{\mathrm{d}x}{\mathrm{d}t}=\frac{1}{(C_{\gamma\alpha}-C_{\alpha\gamma})}\left[D_{\alpha\gamma}\left(\frac{\partial C}{\partial x}\right)_{\alpha,\gamma}-D_{\gamma\alpha}\left(\frac{\partial C}{\partial x}\right)_{\gamma,\alpha}\right] \tag{6.211}$$

利用玻耳兹曼变换,令 $\lambda=\frac{x}{\sqrt{t}}$,则

$$\frac{\partial C}{\partial x}=\frac{\partial C}{\partial \lambda}\frac{\partial \lambda}{\partial x}=\frac{1}{\sqrt{t}}\cdot\frac{\mathrm{d}C}{\mathrm{d}\lambda} \tag{6.212}$$

上式是针对浓度为 $C_{\gamma\alpha}$、$C_{\alpha\gamma}$ 的界面而言,由于界面浓度一定,所以 $\frac{\mathrm{d}C}{\mathrm{d}\lambda}$ 为与浓度相关的常数。代入得相界面移动速度为

$$\frac{\mathrm{d}x}{\mathrm{d}t}=\frac{1}{(C_{\gamma\alpha}-C_{\alpha\gamma})}[(Dk)_{\alpha\gamma}-(Dk)_{\gamma\alpha}]\frac{1}{\sqrt{t}}=A^{\cdot}(C)/\sqrt{t} \tag{6.213}$$

上式积分的相界面位置与时间的关系为

$$x=2A^{\cdot}(C)\sqrt{t}=A(C)\sqrt{t} \tag{6.214}$$

或

$$x^2=B(C)t \tag{6.215}$$

上式说明,相界面(等浓度面)随时间按抛物线规律前进,也就是说,新相移动的距离与时间成抛物线关系。开始新相长得快,以后随时间的增加,长大速度越来越慢。因此在化学热处理过程中过多的延长时间意义不大。

(2) 扩散过程中相宽度变化规律。

对于相图中除了右端固溶体,尚有中间相出现的扩散情况,如图 6.42 所示,设 B 组元由试样表面向里扩散,则由里向外依次形成 α、β、γ 相。设 β 相区的宽度为 ω_{β},则

$$\omega_{\beta}=x_{\beta\alpha}x_{\gamma\beta} \tag{6.216}$$

即

$$\frac{\mathrm{d}\omega_{\beta}}{\mathrm{d}t}=\frac{\mathrm{d}x_{\beta\alpha}}{\mathrm{d}t}-\frac{\mathrm{d}x_{\gamma\beta}}{\mathrm{d}t}=A_{\beta}/\sqrt{t} \tag{6.217}$$

积分得

$$\omega_{\beta}=B_{\beta}\sqrt{t} \tag{6.218}$$

对于多相系,则有

$$\omega_j-\omega_{j,j+1}=x_{j-1,j} \tag{6.219}$$

式中,ω_j 为 j 相区的宽度,则

$$\omega_j=B_j\sqrt{t} \tag{6.220}$$

称为反应扩散的速率常数。如果由实验能确定时间 t 所对应的 j 相区的宽度 ω_j,则可求出相应

的速率常数 B_j。

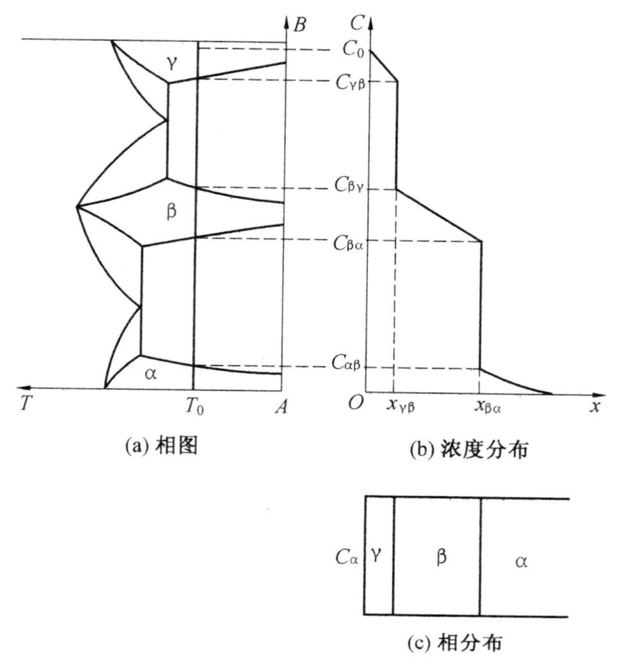

图 6.42　有中间相的反应扩散

(3) 新相出现的规律。

实际上,新相能否出现及新相出现的次序影响因素很多,因此新相出现的规律比较复杂。首先,实际样品中不一定能出现相图中所有的中间相,甚至会出现相图中没有的相。从热力学平衡的角度,相图中各相对应着化学自由能最低的状态,但由于新相在旧相基础上产生,二者比容可能不同,新相的出现要克服界面能、弹性能等的影响,新相的出现往往需要一定的时间,即有一定的孕育期,如果孕育期比扩散的时间长,则该相不会出现。

再有,新相的长大速率也不一定符合抛物线规律,而是符合 $x^n = K(C)t$ 的规律,其中 $n = 1 \sim 4$。其原因是,若符合抛物线规律有两个前提:① 必须是体扩散,而不是短路扩散;② 反应瞬时完成,界面始终处于平衡状态。实际上很难满足这种条件。

新相出现的规律决定于速率常数 B_j,分下面 3 种情况:

①$B_j > 0$,即 $x_{j,j+1} - x_{j-1,j} > 0$,说明 j 相与$(j+1)$相的界面移动比$(j-1)$相与 j 相的界面移动得更快,在这种情况下 j 相可出现并按抛物线规律长大。

②$B_j = 0$,意味着 j 相与相邻两相的界面移动速度相等。此时 $\omega_j = 0$,说明在这种情况下不会出现 j 相,更谈不上长大。

③$B_j < 0$,意味着 j 相的两个界面之间的距离要缩短。因此在这种情况下,扩散过程中也不会出现 j 相。

即使 $B_j > 0$,在有些情况下,j 相也并没有出现,这可是由于扩散时间短或温度低所致,也可能是 j 相尚没有观察到,如果应用电子显微镜或延长时间或提高温度,也有可能观察到 j 相的存在。

如果从扩散的角度讲,j 相的宽度越来越大的条件是:D_j 要大;D_{j-1} 及 D_{j+1} 要小;第 j 相的

浓度差 ΔC_j，即$(C_{j-1,j} - C_{j,j+1})$要大。由菲克定律很容易理解这些条件。

3. 反应扩散的实例

纯铁表面氮化。纯铁在 520 ℃ 氮化，会发生反应扩散。可根据 Fe－N 相图(图 6.43(a))，利用上述反应扩散理论来分析。氮的质量分数超过 8%，即可在表面形成 ε 相。这是一种含氮量变化范围相当宽的铁氮化合物，一般氮化温度下大致在 N 的质量分数为 8.25% ～ 11.0% 之间变化，氮原子有序地处于铁原子组成的密排六方结构中的间隙位置。越往里面，氮的质量分数越低、与 ε 相相邻的是 γ 相。它是一种可变成分的间隙相化合物，存在于氮的质量分数为 5.7% ～ 6.1% 的狭窄区域内，氮原子有序地处于铁原子组成的面心立方点阵中的间隙位置，再往里是含氮的 α 固溶体。纯铁氮化后其表层氮浓度分布如图 6.43(c) 所示。

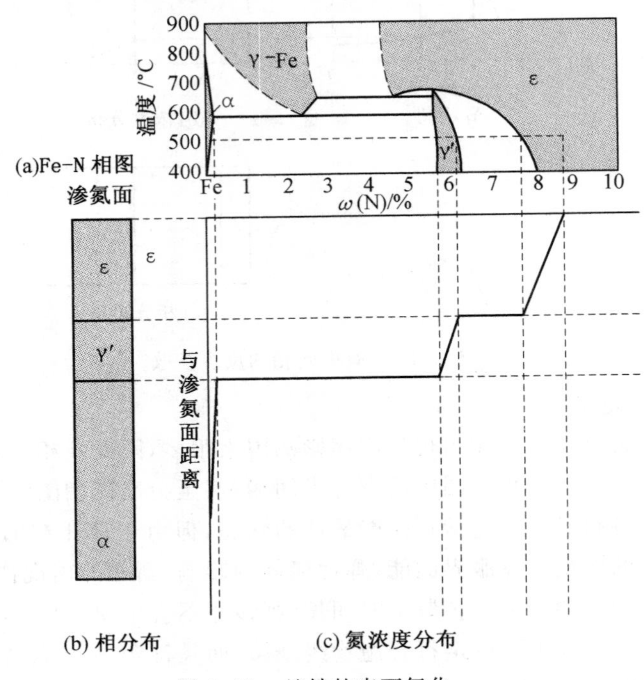

图 6.43 纯铁的表面氮化

6.4 影响扩散的因素

扩散是一个基本的动力学过程，对材料制备、加工中的性能变化及显微结构形成以及材料使用过程中性能衰减起着决定性的作用，对相应过程的控制，往往从影响扩散速度的因素入手来控制，因此，掌握影响扩散的因素对深入理解扩散理论以及应用扩散理论解决实际问题具有重要意义。

扩散系数是决定扩散速度的重要参量。讨论影响扩散系数因素的基础常基于下式：

$$D = D_0 \exp\left(-\frac{Q}{RT}\right) \tag{6.221}$$

从数学关系上看，扩散系数主要决定于温度，显于函数关系中，其他一些因素则隐含于 D_0 和 Q 中。

6.4.1　温度杂质的影响

温度是影响扩散速率的最主要因素。$D=D_0\exp\left(-\dfrac{Q}{RT}\right)$，$D_0$ 和 Q 随成分和构成而变化，但与温度无关，在很多情况都可以看成常数。而 D 与 T 成指数关系，T 对 D 有强烈的影响，温度越高，原子热激活能量越大，越易发生迁移，扩散系数急剧增大扩散加剧。这是因为温度增高，原子振动能增加，借助于能量起伏而越过势垒进行迁移的原子概率越大，另一方面，空位浓度$\dfrac{n}{N}=\exp\left(-\dfrac{Q}{2kT}\right)$，温度升高，空位浓度增加，有利于扩散。例如，碳在 $\gamma-Fe$ 中扩散时，$D_0=2.0\times10^{-5}\ m^2/s$，$Q=140\times10^3$ J/mol，可以算出在 1 200 K 和 1 300 K 时碳的扩散系数分别为

$$D_{1\,200}=2.0\times10^{-5}\times\exp\left(\frac{-140\times10^3}{9.314\times1\,200}\right)=1.61\times10^{-11}(m^2/s)$$

$$D_{1\,300}=2.0\times10^{-5}\times\exp\left(\frac{-140\times10^3}{9.314\times1\,300}\right)=4.47\times10^{-11}(m^2/s)$$

由此可见，温度从 1 200 K 提高到 1 300 K，就使扩散系增大了 3 倍，即渗碳速度加快了约 3 倍，故生产上各种受扩散控制的过程都要考虑温度的重要影响。

以图解法表示扩散系数与温度的关系，采用半对数坐标十分方便。

$$D=D_0\exp\left(-\frac{Q}{RT}\right)\tag{6.222}$$

对式(6.222) 两边取对数，可得

$$\ln D=\ln D_0-\frac{Q}{RT}\tag{6.223}$$

显然，$\ln D$ 与 $1/T$ 呈直线关系，$\ln D_0$ 为截距，$-Q/R$ 为斜率，如果在几个不同温度下测得相应的扩散系数，就可以在半对数坐标系中绘出它们的关系直线。

图 6.44 给出了 Au 在 Pb 中的扩散系数与温度的关系，对测得的数据进行外推，当 $1/T=0$ 时，$\ln D=\ln D_0$；$-\tan\alpha=\dfrac{Q}{R}$，$Q=-R\tan\alpha$，R 为气体常数，其值为 8 314 J/(mol·K)。这样就可以通过实验确定 D_0 及 Q 值的大小。

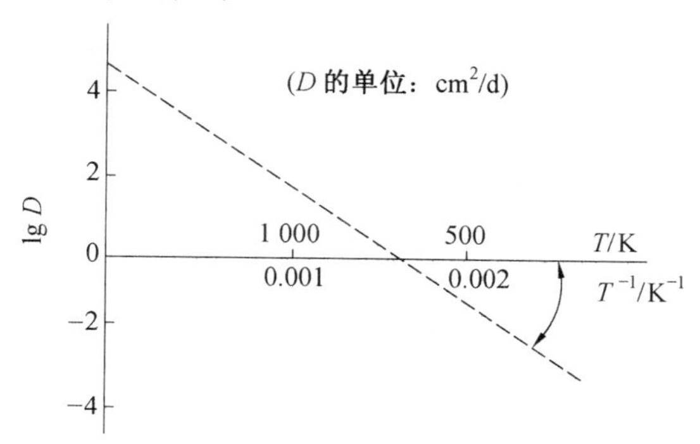

图 6.44　金在铅中的扩散系数与温度的关系

图 6.45 给出了一些常见氧化物中参与构成氧化物的阳离子或阴离子的扩散系数随温度的变化关系。

应该指出，对于大多数实用晶体材料，由于其或多或少地含有一定量的杂质以及具有一定的热历史，因而温度对其扩散系数的影响往往不完全像图示的那样，$\ln D-1/T$ 间均成直线关系，而可能出现曲线或者不同温度区间出现不同斜率的直线段。这一差别主要是由于活化能随温度变化所引起的。

利用杂质对扩散的影响是人们改善扩散的主要途径。一般而言，高价阳离子的引入可造成晶格中出现阳离子空位和造成晶格畸变，从而使阳离子扩散系数增大。且当杂质含量增加时，非本征扩散与本征扩散温度转折点升高。反之，若杂质原子与结构中部分空位发生缔合，往往会使结构中总空位增加而有利于扩散。

事实上，在许多固体材料中由于热历史的影响、不同热激活的影响以及杂质种类与量的影响，使得扩散特点更为复杂，如对于许多卤化碱、氧化物，它们的扩散系数与离子电导在不同的浓度范围内具有不同的阿伦尼乌斯(Arrhenius)特征。如图 6.46 所示。两条斜率与截距不同的直线交于某一温度点，高于或低于这一温度反映了两种不同的扩散特征。高温区一般以热缺陷引起的扩散为主(包括弗伦克尔缺陷和肖特基缺陷)，称为本征扩散，低温区一般以杂质产生或控制的缺陷所引起的扩散为主，称为非本征扩散。

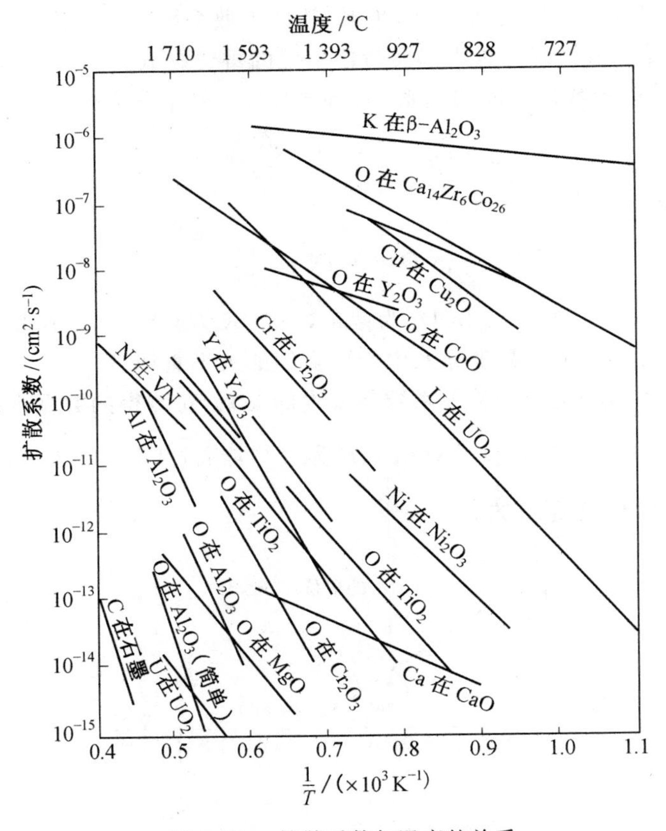

图 6.45　扩散系数与温度的关系

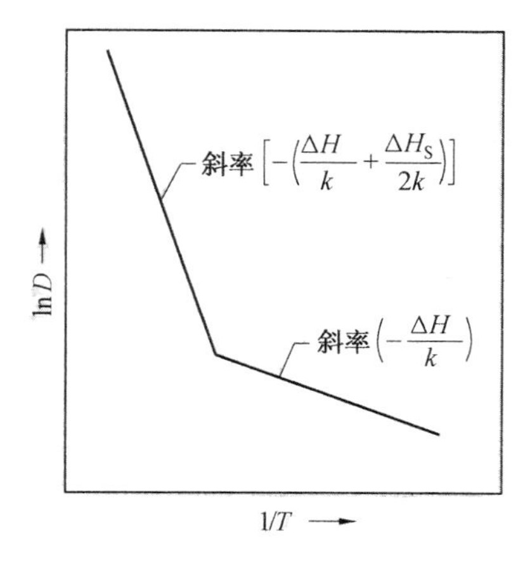

图 6.46　卤化碱和氧化物的扩散系数与温度的一般关系

6.4.2　化学成分的影响

从扩散的微观机制可以看到，原子跃过能垒时必须挤开原子而引起局部的点阵畸变，也就是要求部分地破坏邻近原子的结合键才能通过。由此可想象，不同金属的自扩散激活能与其点阵的原子间结合力有关，因而与表征原子间结合力的宏观参量，如熔点、熔化潜热、升华潜热或膨胀系数相关，熔点高的金属的自扩散激活能必然大。

扩散激活能 Q 与反映原子间结合能的宏观参量的关系见表 6.4。

表 6.4　扩散激活能与反映原子间结合能的宏观参量关系

宏观参量	熔点(T_m)	熔化潜热(L_m)	升华潜热(L_S)	体积膨胀系数(α)
经验关系式	$Q=32T_m$ $Q=40T_m$	$Q=16.5L_m$	$Q=0.7L_S$	$Q=2.4/\alpha$

粗略地说，T_m、L_m 及 L_S 越高，或者 α 越小，则 Q 越大。

不同元素在同一基体金属中扩散，其扩散常数 D_0 和扩散激活能 Q 各不相同。从微观参量讲，组元的原子尺寸相差越大，扩散元素在基体金属中造成的晶格畸变越大(间隙原子的半径越大，对基体造成的晶格畸变越大)畸变能就越大，扩散激活能就越小，则扩散系数越大，溶质原子离开畸变位置进行扩散越容易，扩散越快。组元间的亲和力越强，即电负性相差越大，则溶质原子的扩散越困难。通常讲溶解度越小的元素扩散越容易进行。

加入的合金元素影响合金的熔点时，提高熔点的合金元素，降低原子扩散系数；反之，降低熔点的元素，提高扩散系数。这是因为合金熔点越高，原子间的结合力越大，原子(溶质或溶剂)扩散激活能增加，扩散困难，扩散系数降低。

扩散系数大小除了与上述的组元特性有关外，还与溶质的浓度有关，无论是置换固溶体还是间隙固溶体均是如此。在求解扩散方程时，通常把 D 假定为与浓度无关的量，这与实际情况不完全符合。但是为了计算方便，当固溶体浓度较低或扩散层中浓度变化不大时，这样的假定所导致的误差不会很大。

6.4.3　晶体结构的影响

晶体结构对扩散有影响。通常，扩散介质结构越紧密，扩散越困难，反之亦然。例如，在一定温度下，锌在具有体心立方点阵结构（单位晶胞中含 2 个原子）的 β－黄铜中的扩散系数大于具有在面心立方点阵结构（单位晶胞中含 4 个原子）时 α－黄铜中的扩散系数。

同一元素在不同基体金属中扩散时，其 D_0 和 Q 值都不相同。一般规律如下：基体金属原子间的结合力越大，熔点就越高，扩散激活能也越大，扩散越困难。例如，碳原子在 α－Fe（熔点 1 809 K）、V（钒，熔点 2 108 K）、Nb（铌，熔点 2 793 K）、W（钨，熔点 3 653 K）中的扩散激活能 Q 分别为 103 kJ/mol、114 kJ/mol、159 kJ/mol、169 kJ/mol。

一般说来，扩散相与扩散介质性质差异越大，扩散系数也越大。这是因为当扩散介质原子附近的应力场发生畸变时，就较易形成空位和降低扩散活化能而有利于扩散。故扩散原子与介质原子间性质差异越大，引起应力场的畸变也越激烈，扩散系数也就越大。

有些金属存在同素异构转变，当它们的晶体结构域改变后，扩散系数也随之发生较大的变化。例如，铁在 912 ℃ 时发生 γ－Fe 和 α－Fe 转变，α－Fe 的自扩散系数大约是 γ－Fe 的 240 倍。这主要是因为碳原子在 α－Fe 中，间隙固溶造成的晶格畸变更大。合金元素在不同结构的固溶体中的扩散也有差别，例如，900 ℃ 时，在置换固溶体中，镍在 α－Fe 比在 γ－Fe 中的扩散系数高约1 400 倍。在间隙固溶体中，氮于 527 ℃ 时在 α－Fe 中比在 γ－Fe 中的扩散系数约大 1 500 倍。所有元素在 α－Fe 中的扩散系数都比在 γ－Fe 中大，其原因是体心立方结构的致密度比面心立方结构的致密度小，原子较易迁移。

对于形成固溶体系统，则固溶体结构类型对扩散有着显著影响。例如，间隙型固溶体比置换型容易扩散。因为不同类型的固溶体，原子的扩散机制是不同的。间隙固溶体中的间隙原子已位于间隙，而置换式固溶体中置换原子通过空位机制扩散时，需要首先形成空位，因此置换原子的扩散激活能比间隙原子大得多。例如，碳、氮等溶质原子在铁中的间隙扩散激活能比铬、铝等溶质原子在铁中的置换扩散激活能要小得多，因此，钢件表团热处理在获得同样渗层浓度时，渗碳、氮比渗铬或铝等金属的周期短。

又如 927 ℃，碳在 γ－Fe 中的扩散激活能 $Q=140\ 000$ J/mol，而 Ni 的 $Q=283\ 000$ J/mol，显然要小得多，故生产中要获得相同的渗层浓度，渗碳、氮要比渗金属（如铬、铝）的周期短。

结构不同的固溶体对扩散元素的溶解限度是不同的，由此所造成的浓度梯度不同，也会影响扩散速率。例如，钢渗碳通常选取高温下奥氏体状态时进行，除了由于温度作用外，还因碳在 γ－Fe 中的溶解度远远大于在 α－Fe 中的溶解度，使碳在奥氏体中形成较大的浓度梯度而有利于加速碳原子的扩散以增加渗碳层的深度。

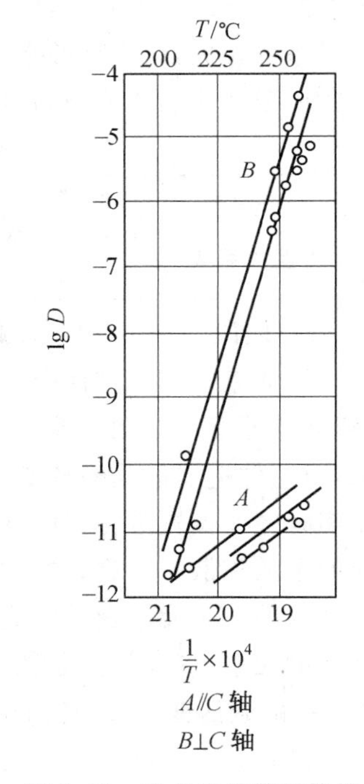

图 6.47 Bi 的自扩散系数的各向异性

晶体的各向异性也对扩散有影响，既然扩散是原子在点阵中的迁移，那么对称性较低、原子和间隙位的排列呈各向异性的晶体中，扩散速率必然也是各向异性的。

一般来说，晶体的对称性越低，则扩散各向异性越显著。在高对称性的立方晶体中，3 个 (100) 方向上的扩散系数相等，未发现 D 有各向异性。汞、铜在密排六方金属 Zn 和 Cd 中的扩散系数具有明显的方向性，平行于[0001] 方向上的扩散系数小于垂直方向上的扩散系数。因为平行于[0001] 方向上的扩散原子要过原子排列最密的(0001) 面，但这种各向异性随温度的升高逐渐减小。在点阵对称性很低的菱形结构的铋中，扩散系数的各向异性特别明显，沿不同晶向的 D 值差别很大，如图 6.47 所示。在 265 ℃ 时，沿菱形晶轴 C 方向上自扩散系数(A 线)是垂直方向上的自扩散系数(B 线)11 000 000。

6.4.4　短路扩散以及缺陷的影响

固体材料中存在着各种不同的点、线、面及体缺陷，扩散除在晶粒的点阵内部进行之外，还会沿着表面、界面、位错等缺陷部位进行，如图 6.48 所示，称后 3 种扩散为短路扩散。缺陷能量高于晶粒内部，可以提供更大的扩散驱动力，使原子沿缺陷扩散速度更快。温度较低时，短路扩散起主要作用；温度较高时，点阵内部扩散起主要作用。温度较低且一定时，晶粒越细扩散系数越大，这是短路扩散在起作用。

在固体表面、界面和位错部位，由于缺陷密度较高，原子迁移率大而扩散激活能小。通常表面扩散激活能约为点阵扩散激活能的 1/2 以下；晶界扩散与位错扩散的激活能约为点阵扩散激活能的 0.6 ～ 0.7。对于间隙固溶体，由于溶质原子尺寸较小，扩散相对较容易，因而短路扩散激活能与点阵扩散激活能差别不大。

在实际使用中的绝大多数材料是多晶材料，对于多晶材料，扩散物质通常可以沿 3 种途径扩散，即晶内扩散、晶界扩散和表面扩散，如图 6.49 所示。若以 Q_L、Q_S 和 Q_B 分别表示晶内、表面和晶界扩散激活能，D_L、D_S 和 D_B 分别表示晶内、表面和晶界的扩散系数，则一般规律是 $Q_L > Q_B > Q_S$，所以 $D_S > D_B > D_L$。

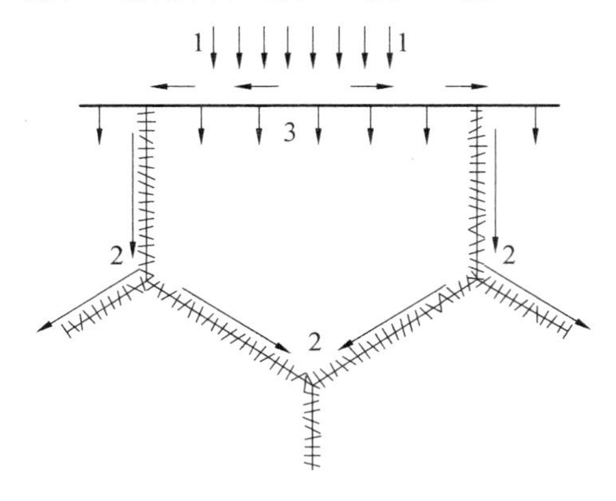

图 6.48　表面、界面及点阵内部扩散示意图
1— 表面扩散；2— 界面扩散；3— 点阵扩散

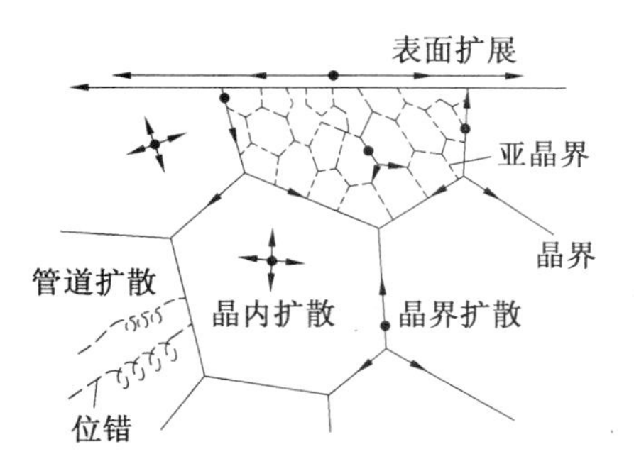

图 6.49　固态晶体中的各种扩散

图 6.49 是银的多晶体、单晶体自扩散系数与温度的关系。显然，单晶体的扩散系数表征了晶内扩散系数，而多晶体的扩散系数是晶内扩散和晶界扩散共同起作用的表象扩散系数。从图 6.50 可知，当温度高于 700 ℃ 时，多晶体的扩散系数和单晶体的扩散系数基本相同；但当温度低于 700 ℃ 时，多晶体的扩散系数明显大于单晶体的扩散系数，晶界扩散的作用就显示出来了。值得一提的是，晶界扩散也有各向异性的性质。对银的晶界自扩散的测定后发现，晶粒的夹角很小时，晶界扩散的各向异性现象很明显，并且一直到夹角 45° 时，这性质仍存在。

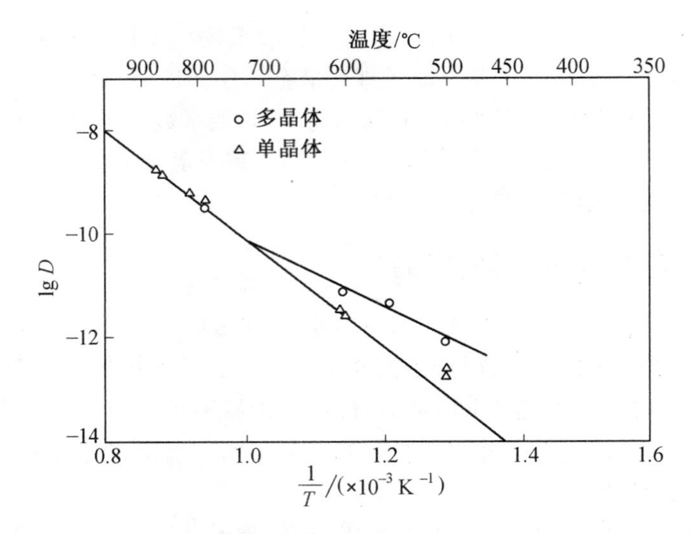

图 6.50 银的自扩散系数 D 与 $1/T$ 的关系

一般认为,位错对扩散速率的影响与晶界的作用相当,有利于原子的扩散,但由于位错与间隙原子发生交互作用,也可能减慢扩散。

总之,晶界、表面和位错等对扩散起着快速通道的作用,这是由于晶体缺陷处原子排列不整齐,点阵畸变较大,原子处于较高的能量状态,所以原子扩散的激活能小,原子易于跳跃,故各种缺陷处的扩散激活能均比晶内扩散激活能小,加快了原子的扩散。其中扩散速度表面最快,其次为晶界、亚晶界、晶体内部位错空位处,最慢为晶体内完整部分。点、线、面缺陷都会影响扩散系数。缺陷的密度增加,扩散系数增加。值得注意的是,晶界扩散也有各向异性。在实际生产中这几种扩散同时进行,并且在温度较低时,所起的作用更大。

实验表明,在金属材料和离子晶体中,原子或离子在晶界上扩散远比在晶粒内部扩散来得快。在离子型化合物中,一般规律为

$$Q_S = 0.5Q_b$$

$$Q_g = 0.6 \sim 0.7Q_b$$

$$D_b : D_g : D_S = 10^{-14} : 10^{-10} : 10^{-7}$$

其中,Q_S、Q_g、Q_b 分别为表面扩散、晶界扩散和晶格内扩散的活化能;D_b、D_g、D_S 分别为晶粒内部、晶界区域和表面区域扩散系数。

某些氧化物晶体材料的晶界对离子的扩散有选择性的增加作用,例如,在 Fe_2O_3、CoO、$SrTiO_3$ 材料中晶界或位错有增加 O^{2-} 的扩散作用,而在 BeO、UO_2、Cu_2O 和 $(Zr,Ca)O_2$ 等材料中则无此效应。

6.4.5 过饱和空位及位错的影响

高温急冷或经高能粒子辐照会在试样中产生过饱和空位。这些空位在运动中可能消失,也可能结合成“空位－溶质原子对”。空位－溶质原子对的迁移率比单个空位更大,因此对较低温度下的扩散起很大的作用,使扩散速率显著提高。

位错对扩散也有明显的影响。刃型位错的攀移要通过多余半原子面上的原子扩散来进行;在刃型位错应力场的作用下,溶质原子常常被吸引扩散到位错线的周围形成柯垂尔气团;

刃型位错线可看成是一条孔道，故原子的扩散可以通过刃型位错线较快地进行。理论计算沿刃型位的扩散活化能还不到晶体中扩散的一半，因此这种扩散也是短路扩散的一种。

位错与溶质原子的弹性应力场之间交互作用的结果，使溶质原子偏聚在位错线周围形成溶质原子气团（包括 Cottrell 气团和 Snoek 气团）。这些溶质原子沿着位错线为中心的管道形畸变区扩散时，激活能仅为体扩散激活能的一半左右，扩散速度较高。由于位错在整个晶体中所占的比例很小，所以在较高温度下，位错对扩散的贡献并不大，只有在较低温度时，位错扩散才起重要作用。

6.5　固相反应动力学

6.5.1　固相反应概述

固相反应是无机固体材料在高温过程中一个普遍的物理化学现象，是一系列合金、传统硅酸盐材料以及各种新型无机材料生产所涉及的基本过程之一。由于固体的反应能力比气体和液体低很多，在较长时间内人们对它的了解和认识甚少。尽管像铁中渗碳这样的固相反应过程人们早就了解并加以应用，但系统的研究工作却只是 20 世纪三四十年代以后的事。在固相反应研究领域，塔曼（Tammann）及其学派在合金系统方面，海德华（Hedvall）、杨德尔（Jander）以及瓦格纳（Wagner）等人在非合金系统方面的工作占有重要地位。如今，固相反应已成为材料制备过程中的基础反应，它直接影响这些材料的生产过程、产品质量及材料的使用寿命。鉴于与一般气、液相反应相比，固相反应在反应机理、动力学和研究方法方面都具有特点。因此，本节将着重讨论固相反应的机理及动力学关系推导及其适用的范围，分析影响固相反应的因素。

广义地讲，凡是有固相参与的化学反应都可称为固相反应。例如，固体的热分解、氧化以及固体与固体、固体与液体之间的化学反应等都属于固相反应范畴之内。但从狭义上，狭义的固相反应是指纯粹固体物质之间，通过质点的扩散而进行的化学反应。

1. 固相反应的特点

在扩散中我们知道，即使在较低温度下，固体中的质点也可能扩散迁移，并随温度升高扩散速度以指数规律增长。

（1）狭义特点。

塔曼等很早就研究了 CaO、MgO、PbO、CuO 和 WO_3 的反应，他们分别让两种氧化物的晶面彼此接触并加热，发现在接触面上生成着色的钨酸盐化合物，其厚度 x 与反应时间 t 的关系为 $x = K\ln t + C$，确认了固态物质间可以直接进行反应。因此塔曼等提出：

① 固态物质间的反应是直接进行的，气相或液相没有或不起重要作用。

② 固相反应开始温度远低于反应物的熔融温度或系统的低共熔温度，通常相当于一种反应物开始呈现显著扩散作用的温度，这个温度称为塔曼温度或烧结温度。对于不同物质的塔曼温度与其熔点（T_m）间存在一定的关系。例如，对于金属为 $0.3 \sim 0.4T_m$；对于盐类和硅酸盐则分别为 $0.57T_m$ 和 $0.8 \sim 0.9T_m$。

③ 当反应物之一存在有多晶转变时，则此转变温度也往往是反应开始变得显著的温度，这一规律称为海德华定律。

(2) 广义固相反应的共同特点。

① 反应活性较低，反应速度较慢。

② 固相反应总是发生在两种组分界面上的非均相反应，包括两个过程：相界面上的化学反应和反应物通过产物扩散(物质迁移)。

③ 固相反应通常需在高温下进行，传热和传质过程都对反应速度有重要影响。

2. 固相反应的过程及机理

塔曼等人的观点长期为化学界所接受，但随着生产和科学实验的发展，发现许多固相反应的实际速度比塔曼理论计算的结果快得多，而且有些反应(如 MoO_3 和 $CaCO_3$ 的反应)即使反应物不直接接触也仍能较强烈地进行。因此，金斯特林格等人提出，在固相反应中，反应物可转为气相或液相，然后通过颗粒外部扩散到另一固相的非接触表面上进行反应，表明气相或液相也可能对固相反应过程起重要作用。显然这种作用取决于反应物的挥发性和体系的低共熔温度。

图 6.51 描述了物质 A 和 B 进行化学反应生成 C 的一种反应历程：反应一开始是反应物颗粒之间的混合接触，并在表面发生化学反应形成细薄且含大量结构缺陷的新相，随后发生产物新相的结构调整和晶体生长。当在两反应颗粒间所形成的产物层达到一定厚度后，进一步的反应将依赖于一种或几种反应物通过产物层的扩散而得以进行，这种物质的运输过程可能通过晶体晶格内部、表面、晶界、位错或晶体裂缝进行。当然对于广义的固相反应，由于反应体系存在气相或液相，故而，进一步反应所需要的传质过程往往可在气相或液相中进行。此时，气相或液相的存在可能对固相反应起到重要作用。

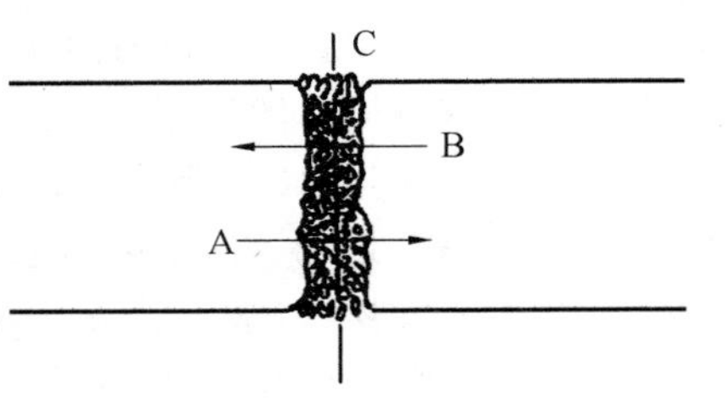

图 6.51　固相物质 A、B 化学反应过程的模型

综上所述，可以认为固相反应是固体直接参与化学作用并起化学变化，同时至少在固体内部或外部的某一过程起着控制作用的反应。此时控制反应速度的不仅限于化学反应本身，反应新相晶格缺陷调整速率、晶粒生长速率以及反应体系中物质和能量的输送速率都将影响反应速度。

3. 固相反应的分类

固相反应的实际研究常将固相反应依参加反应物质聚集状态、反应的性质或反应进行的机理进行分类。依据反应的性质划分，固相反应可分成表 6.5 所示的不同类型。而根据反应机理划分，可分成化学反应速度控制过程、晶体长大控制过程、扩散控制过程等。显然分类的研究方法往往强调了问题的某一方面，以寻找其内部规律性的东西，实际上不同性质的反应，其反应机理可以相同也可以不同，甚至不同的外部条件也可导致反应机理的改变。因此，欲真正了解固相反应所遵循的规律，于分类研究的基础上应进一步做结果的综合分析。

表 6.5　固相反应依性质分类

名　　称	反　应　式	例　　子
氧化反应	$A(s)+B(g)\longrightarrow AB(s)$	$Zn(s)+\frac{1}{2}O_2(g)\longrightarrow ZnO(s)$
还原反应	$AB(s)+C(g)\longrightarrow A(s)+BC(s)$	$Cr_2O_3(s)+3H_2(g)\longrightarrow 2Cr(s)+H_2O$
加成反应	$A(s)+B(s)\longrightarrow AB(s)$	$MgO(s)+Al_2O_3(s)\longrightarrow MgAl_2O_4(s)$
置换反应	$A(s)+BC(s)\longrightarrow AC(s)+B(s)$	$Cu(s)+AgCl(s)\longrightarrow CuCl(s)+Ag(s)$
	$AC(s)+BD(s)\longrightarrow AB(s)+CD(s)$	$AgCl(s)+NaI(s)\longrightarrow AgI(s)+NaCl(s)$
分解反应	$AB(s)\longrightarrow A(s)+B(s)$	$MgCO_3(s)\longrightarrow MgO(s)+CO_2(g)$

6.5.2　固相反应动力学方程

固相反应动力学旨在通过反应机理的研究，提供有关反应体系、反应随时间变化的规律性信息。由于固相反应的种类和机理可以是多样的，对于不同的反应，乃至同一反应的不同阶段，其动力学关系也往往不同。因此，在实际研究中应注意加以判断与区别。

1. 固相反应的一般动力学关系

上节已经指出：固相反应的基本特点在于反应通常是由几个简单的物理化学过程，如化学反应、扩散、结晶、熔融、升华等步骤构成。因此整个反应的速度将受到其所涉及的各动力学阶段所进行速度的影响。显然所有环节中速度最慢的一环，将对整体反应速度有着决定性的影响。现以金属氧化过程为例，建立整体反应速度与各阶段反应速度间的定量关系。

前提：稳定扩散。

过程：①M—O 界面反应生成 MO。

②O_2 通过产物层(MO)扩散到新界面。

③ 继续反应，MO 层增厚。

设反应依图 6.52 所示的模式进行，其反应方程式为

$$M(s)+\frac{1}{2}O_2(g)\longrightarrow MO(s) \quad (6.224)$$

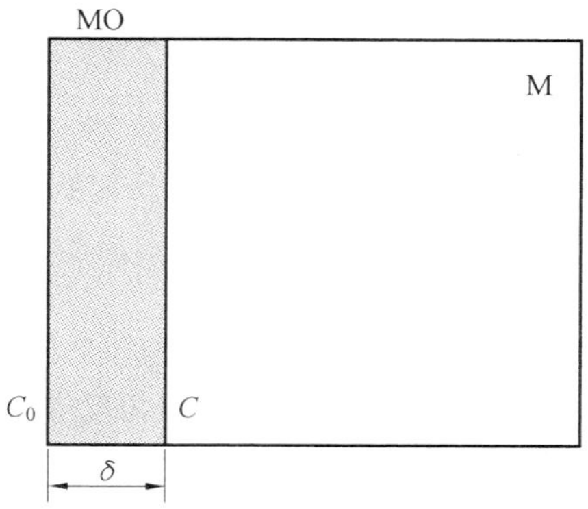

反应经 t 时间后，金属 M 表面已形成厚度为 δ 的产物层 MO。进一步的反应将由氧气 O_2 通过产物层 MO 扩散到 M－MO 界面和金属氧化两个过程所组成。根据化学反应动力学一般原理和扩散第一定律，单位面积界面上金属氧化速度 V_R 和氧气扩散速度 V_D，分别有如下关系：

图 6.52　金属氧化过程示意图

$$V_R = KC \quad (6.225)$$

$$V_D = D\frac{dC}{dX}\bigg|_{x=\delta} \quad (6.226)$$

式中，K 为化学反应速率常数；C 为界面处氧气浓度；D 为氧气在产物层中的扩散系数。显然，当整个反应过程达到稳定时整体反应速率为

$$V = V_R = V_D \quad (6.227)$$

由 $KC = D\left.\frac{\mathrm{d}C}{\mathrm{d}x}\right|_{x=\delta} = D\frac{C_0 - C}{\delta}$ 得到界面氧浓度：

$$C = \frac{C_0}{1+\frac{K\delta}{D}} \tag{6.228}$$

$$\frac{1}{V} = \frac{1}{KC_0} + \frac{1}{DC_0/\delta} \tag{6.229}$$

由此可见，由扩散和化学反应构成的固相反应历程，其整体反应速度的倒数为扩散最大速率倒数和化学反应最大速率倒数之和。若将反应速率的倒数理解成反应的阻力，则式(6.229)将具有为大家所熟悉的串联电路欧姆定律所完全类同的内容：反应的总阻力等于各环节分阻力之和。反应过程与电路的这一类同对于研究复杂反应过程有着很大的方便。例如，当固相反应不仅包括化学反应物质扩散还包括结晶、熔融升华等物理化学过程，而这些过程以串联模式依次进行时，则很容易写出固相反应总速度为

$$V = 1\Big/\left(\frac{1}{V_{1\max}} + \frac{1}{V_{2\max}} + \frac{1}{V_{3\max}} + \cdots + \frac{1}{V_{n\max}}\right) \tag{6.230}$$

式中，$V_{1\max}, V_{2\max}, \cdots, V_{n\max}$ 分别代表构成反应过程各环节的最大可能速率。

因此，为了确定过程总的动力学速率，确定整个过程中各个基本步骤的具体动力学关系是应首先予以解决的问题。但是在固相反应的实际研究中，由于各环节具体动力学关系的复杂性，抓住问题的主要矛盾往往可使问题比较容易地得到解决。例如，当固相反应各环节中物质扩散速度较其他各环节都慢得多，则由式(6.230)可以看出反应阻力主要来源于扩散，此时若其他各项反应阻力较扩散项是一小量并可忽略的话，则反应速率将完全受控于扩散速率，对于其他情况也可以依此类推。

2. 化学反应动力学范围

化学反应是固相反应过程的基本环节。由物理化学知识，对于均相二元反应系统，若化学反应依反应式 $m\mathrm{A} + n\mathrm{B} \longrightarrow p\mathrm{C}$ 进行，则化学反应速率的一般表达式为

$$V_{\mathrm{R}} = \frac{\mathrm{d}C_{\mathrm{C}}}{\mathrm{d}t} = KC_{\mathrm{A}}^{m}C_{\mathrm{B}}^{n} \tag{6.231}$$

式中，C_{A}、C_{B}、C_{C} 分别代表反应物 A、B 和 C 的浓度；K 为反应速率常数。它与温度间存在 Arrhenius 关系：

$$K = K_0 \exp(-\Delta G_{\mathrm{R}}/RT) \tag{6.232}$$

其中，K_0 为常数；ΔG_{R} 为反应活化能。

然而，对于非均相的固相反应，式(6.232)不能直接用于描述化学反应动力学关系。首先对于大多数固相反应，浓度的概念对反应整体已失去了意义。其次，多数固相反应以固相反应物间的机械接触为基本条件。因此取代式(6.232)中的浓度，在固相反应中将引入转化率 G 的概念，同时考虑反应过程中反应物间接触面积。

所谓转化率一般定义为参与反应的一种反应物，在反应过程中被反应了的体积分数。设反应物颗粒呈球状，半径为 R_0，则经 t 时间反应后，反应物颗粒外层 x 厚度已被反应，则定义转化率为

$$G = \frac{R_0^3 - (R_0 - x)^3}{R_0^3} = 1 - \left(1 - \frac{x}{R_0}\right)^3 \tag{6.233}$$

根据式(6.232)的含义，固相化学反应中动力学一般方程式可写成

$$\frac{dG}{dt}=KF\ (1-G)^{n} \tag{6.234}$$

式中，n 为反应级数；K 为反应速率常数；F 为反应截面。当反应物颗粒为球形时，$F=4\pi R_0^2\cdot(1-G)^{2/3}$。不难看出式(6.234)与式(6.231)具有完全类同的形式和含义。在式(6.231)中浓度 C 既反映了反应物的多寡，又反映了反应物之中接触或碰撞的概率。而这两个因素在式(6.234)中则用反应截面 F 和剩余转化率$(1-G)$得到了充分的反映。考虑一级反应，由式(6.234)则有动力学方程式：

$$\frac{dG}{dt}=KF(1-G) \tag{6.235}$$

当反应物颗粒为球形时：

$$\frac{dG}{dt}=4K\pi R_0^2\ (1-G)^{2/3}(1-G)=K_1\ (1-G)^{5/3} \tag{6.236}$$

若反应截面在反应过程中不变(如金属平板的氧化过程)，则有

$$\frac{dG}{dt}=K'_1(1-G) \tag{6.237}$$

积分式(6.236)和式(6.237)，并考虑到初始条件：$t=0$，$G=0$，得

$$F_1(G)=[(1-G)^{-2/3}-1]=K_1t \tag{6.238}$$

$$F_1(G)=\ln(1-G)=-K'_1t \tag{6.239}$$

式(6.238)和式(6.239)便是反应截面分别依球形和平板模型变化时，固相反应转化率或反应度与时间的函数关系。

3. 扩散动力学范围

固相反应一般都伴随着物质的迁移。由于在固相中的扩散速度通常较为缓慢，因而在多数情况下，扩散速度控制整个反应的速度往往是常见的。根据反应截面的变化情况，扩散控制的反应动力学方程也将不同。在众多的反应动力学方程式中，基于平行板模型和球体模型所导出的杨德尔和金斯特林格方程式具有一定的代表性。

(1) 杨德尔方程。

如图 6.53 所示，设反应物 A 和 B 以平板模型相互接触反应和扩散，并形成厚度为 x 的产物 AB 层，随后 A 质点通过 AB 层扩散到 B－AB 截面继续反应。若界面化学反应速度远大于扩散速率，则过程由扩散控制。经 dt 时间通过 AB 层单位截面的 A 物质量为 dm，显然在反应过程中的任一时刻，反应界面处 A 物质浓度为 0。而界面 A－AB 处 A 物质浓度为 C_0。

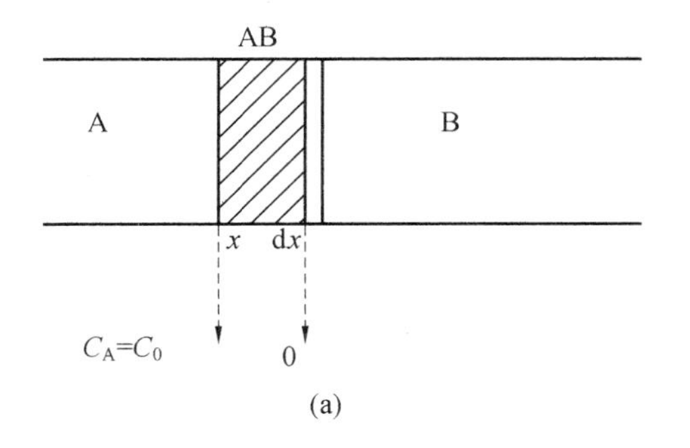

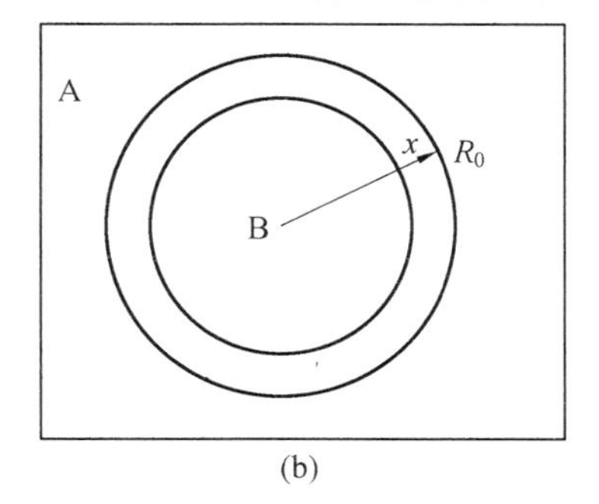

图 6.53　固相反应的杨德尔模型

由扩散第一定律得

$$\frac{\mathrm{d}m}{\mathrm{d}t}=D\left(\frac{\mathrm{d}C}{\mathrm{d}x}\right)_{\xi=x} \tag{6.240}$$

设反应产物 AB 密度为 ρ，分子量为 μ，则 $\mathrm{d}m=\frac{\rho\mathrm{d}x}{\mu}$；又考虑到扩散属稳定扩散，因此有

$$\left(\frac{\mathrm{d}C}{\mathrm{d}x}\right)_{\xi=x}=\frac{C_0}{x} \tag{6.241}$$

且

$$\frac{\mathrm{d}x}{\mathrm{d}t}=\frac{\mu DC_0}{\rho x} \tag{6.242}$$

积分上式并考虑边界条件 $t=0, x=0$，得

$$x^2=\frac{2\mu DC_0}{\rho}t=Kt \tag{6.243}$$

式(6.243)说明，反应物以平行板模式接触时，反应产物层厚度与时间的平方根成正比。由于式(6.243)存在二次方关系，故常称之为抛物线速度方程式。

考虑实际情况中，固相反应通常以粉状物料为原料，为此杨德尔假设：① 反应物是半径为 R_0 的等径球粒；② 反应物 A 是扩散相，即 A 成分总是包围着 B 的颗粒，而且 A、B 与产物是完全接触，反应自球面向中心进行，如图 6.53(b) 所示。于是由式(6.233)得

$$x=R_0\left[1-(1-G)^{1/3}\right] \tag{6.244}$$

将上式代入式(6.243)，得杨德尔方程积分式为

$$x^2=R_0^2\left[1-(1-G)^{1/3}\right]^2 \tag{6.245}$$

或

$$F_{\mathrm{J}}(G)=\left[1-(1-G)^{1/3}\right]^2=\frac{K}{R^2}t=K_{\mathrm{J}}t \tag{6.246}$$

对上式微分得杨德尔方程微分式为

$$\frac{\mathrm{d}G}{\mathrm{d}t}=K_{\mathrm{J}}\frac{(1-G)^{2/3}}{1-(1-G)^{1/3}} \tag{6.247}$$

杨德尔方程较长时间以来一直作为一个较经典的固相反应动力学方程而被广泛地接受。但仔细分析杨德尔方程推导过程，容易发现：将球体模型的转化率公式(6.233)代入平板模型的抛物线速度方程的积分式(6.245)中就限制了杨德尔方程只能用于反应初期，反应转化率较小（或$\frac{x}{R_0}$比值很小）的情况，因为此时反应截面 F 可近似地看成不变。

杨德尔方程在反应初期的正确性在许多固相反应的实例中都得到证实。图 6.54 和图 6.55 分别表示了反应 $BaCO_3+SiO_2 \longrightarrow BaSiO_3+CO_2$ 和 $ZnO+Fe_2O_3 \longrightarrow ZnFe_2O_4$ 在不同温度下 $F_{\mathrm{J}}(G)-t$ 关系。显然温度的变化所引起直线斜率的变化完全由反应速率常数 K_J 变化所致。由此变化可求得反应的活化能为

$$\Delta G_{\mathrm{R}}=\frac{RT_1T_2}{T_2-T_1}\ln\frac{K_{\mathrm{J}}(T_2)}{K_{\mathrm{J}}(T_1)} \tag{6.248}$$

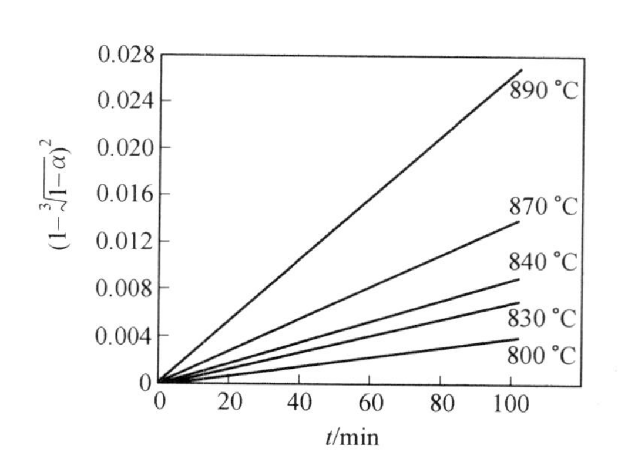

图 6.54　在不同温度下 $BaCO_3 + SiO_2 \longrightarrow BaSiO_3 + CO_2$ 的反应(按杨德尔方程)

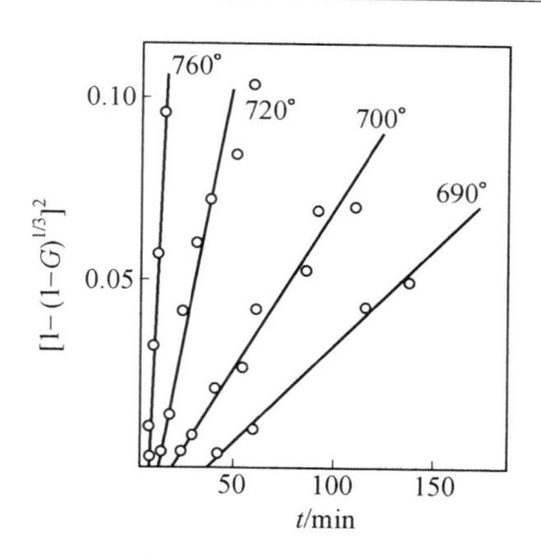

图 6.55　$ZnFe_2O_4$ 的生成反应动力学

(2) 金斯特林格方程。

金斯特林格针对杨德尔方程只能适用于转化率不大的情况,考虑在反应过程中反应截面随反应进程变化这一事实,认为实际反应开始以后生成产物层是一个球壳而不是一个平面。为此,金斯特林格提出了图 6.56 所示的反应扩散模型。当反应物 A 和 B 混合均匀后,若 A 熔点低于 B,A 可以通过表面扩散或通过气相扩散而布满整个 B 的表面。在产物层 AB 生成之后,反应物 A 在产物层中扩散速率远大于 B、并且在整个反应过程中,反应生成物球壳外壁(即 A 界面)上,扩散相 A 浓度恒为 C_0,而生成物球壳内壁(即 B 界面)上,由于化学反应速率远大于扩散速率,扩散到 B 界面的反应物 A 可马上与 B 反应生成 AB,其扩散相 A 浓度恒为 0,故整个反应速率完全由 A 在生成物球壳 AB 中的扩散速率所决定。设单位时间内通过 $4\pi r^2$ 球面扩散入产物层 AB 中 A 的量为 $\mathrm{d}m_A/\mathrm{d}t$,由扩散第一定律得

$$\mathrm{d}m_A/\mathrm{d}t = D4\pi r^2\ (\partial c/\partial r)_{r=R-x} = M_{(x)} \tag{6.249}$$

式中,C 为在产物层中 A 的浓度;C_1 为在 A－AB 界面上 A 的浓度;D 为 A 在 BA 中的扩散系数;r 为在扩散方向上产物层中任意时刻的球面的半径。

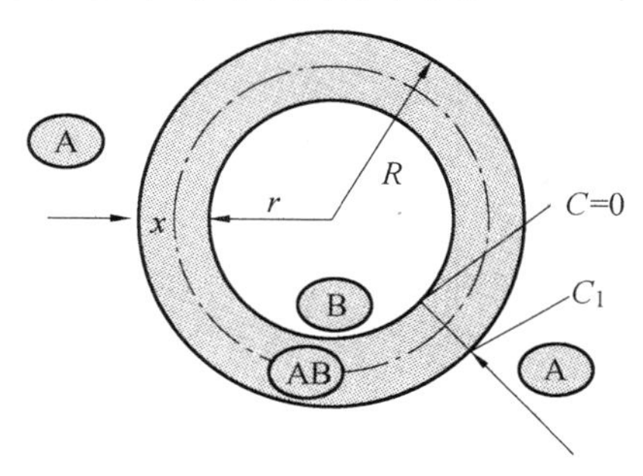

图 6.56　金斯特林格反应扩散模型

设这是稳定扩散过程,因而单位时间内将有相同数量的 A 扩散通过任一指定的 r 球面,其量为 $M(x)$。若反应生成物 AB 密度为 ρ,分子量为 μ,AB 中 A 的分子数为 n,令 $\rho n/\mu=\varepsilon$,这时产物层 $4\pi r^2\mathrm{d}x$ 体积中积聚 A 的量为

$$4\pi r^2\mathrm{d}x\cdot\varepsilon = D4\pi r^2\ (\partial C/\partial r)_{r=R-x}\mathrm{d}t \tag{6.250}$$

所以

$$dx/dt=\frac{D}{\varepsilon}(\partial C/\partial r)_{r=R-x} \tag{6.251}$$

由式(6.257) 移项并积分可得

$$(\partial C/\partial r)_{r=R-x}=\frac{C_0R(R-x)}{r^2x} \tag{6.252}$$

将式(6.259) 代入式(6.258)，令 $K_0=\frac{D}{\varepsilon}C_0$，得

$$dx/dt=K_0\frac{R}{x(R-x)} \tag{6.253}$$

积分上式得

$$x^2\left(1-\frac{2}{3}\frac{x}{R}\right)=2K_0t \tag{6.254}$$

将球形颗粒转化率关系式(6.254) 代入式(6.255)，经整理即可得出以转化率 G 表示的金斯特林格动力学方程的积分和微分式：

$$F_K(G)=1-\frac{2}{3}G-(1-G)^{2/3}=\frac{2D\mu C_0}{R_0^2\rho n}\cdot t=K_Kt \tag{6.255}$$

$$\frac{dG}{dt}=K'_K\frac{(1-G)^{1/3}}{1-(1-G)^{1/3}} \tag{6.256}$$

式中，$K'_K=\frac{1}{3}K_K$，均称为金斯特林格动力学方程速率常数。

实验研究表明，金斯特林格方程比杨德尔方程能适用于更大的反应程度。例如，Na_2CO_3 与 SiO_2 在 820 ℃ 下的固相反应，测定不同反应时间的 SiO_2 转化率 G 得到表 6.6 中的实验数据。根据金斯特林格方程拟合试验结果，在转化率从 0.246 变到 0.616 区间内，$F_K(G)$ 关于 t 有相当好的线性关系，其速率常数 K_K 恒等于 1.83。但若以杨德尔方程处理实验结果，$F_J(G)$ 与 t 线性很差，K_K 值从 1.81 偏离到 2.25。图 6.57 给出了这一结果的实验图线。

表 6.6 $SiO_2-Na_2CO_3$ 反应动力学数据($R_0=0.036$ mm，$T=820$ ℃)

t/min	SiO_2 反应度 G	$K_K\times10^4$	$K_J\times10^4$
41.5	0.245 8	1.83	1.81
49.0	0.266 6	1.83	1.96
77.0	0.328 0	1.83	2.00
99.5	0.368 6	1.83	2.02
168.0	0.464 0	1.83	2.10
193.0	0.492 0	1.83	2.12
222.0	0.519 6	1.83	2.14
263.5	0.560 0	1.83	2.18
296.0	0.587 6	1.83	2.20
312.0	0.601 0	1.83	2.24
332.0	0.615 6	1.83	2.25

此外，金斯特林格方程式有较好的普遍性，从其方程本身可以得到进一步的说明。

令 $\xi=\frac{x}{R}$，由式(6.253) 得

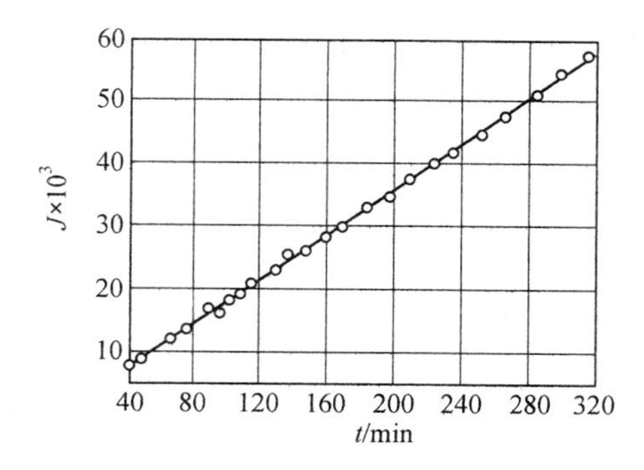

图 6.57　Na_2CO_3 和 SiO_2 的反应动力学实验图线

($[SiO_2]:[Na_2CO_3]=1$, $r=0.036$ mm, $t=820$ ℃)

$$\frac{dx}{dt}=K\frac{R_0}{(R_0-x)x}=\frac{K}{R_0}\frac{1}{\xi(1-\xi)}=\frac{K'}{\xi(1-\xi)} \tag{6.257}$$

作$\frac{1}{K'}\frac{dx}{dt}-\xi$的关系曲线(图 6.58),得到产物层增厚速率$\frac{dx}{dt}$随$\xi$变化规律。

当ξ很小即转化率很低时,$\frac{dx}{dt}=\frac{K}{x}$,方程转为抛物线速度方程。此时金斯特林格方程等价于杨德尔方程。随着ξ增大,$\frac{dx}{dt}$很快下降并经历一最小值($\xi=0.5$)后逐渐上升。当$\xi\to1$(或$\xi\to0$)时,$\frac{dx}{dt}\to\infty$,这说明在反应的初期或终期扩散速率极快,故而反应进入化学反应动力学范围,其速率由化学反应速率控制。

比较式(6.248)和式(6.256),令$Q=\left(\frac{dG}{dt}\right)_K/\left(\frac{dG}{dt}\right)_J$得

$$Q=\frac{K_K\ (1-G)^{1/3}}{K_J\ (1-G)^{2/3}}=K\ (1-G)^{-1/3} \tag{6.258}$$

依式(6.258)作关于转化率G曲线(图 6.59),由此可见当G值较小时,$Q=1$,这说明两方程一致。随着G逐渐增加,Q值不断增大,尤其到反应后期Q值随G陡然上升。这意味着两方程偏差越来越大。因此,如果说金斯特林格方程能够描述转化率很大情况下的固相反应,那么杨德尔方程只能在转化率较小时才适用。

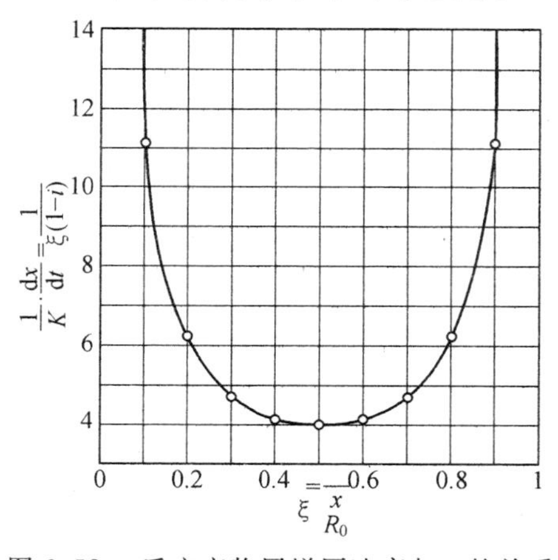

图 6.58　反应产物层增厚速率与ξ的关系

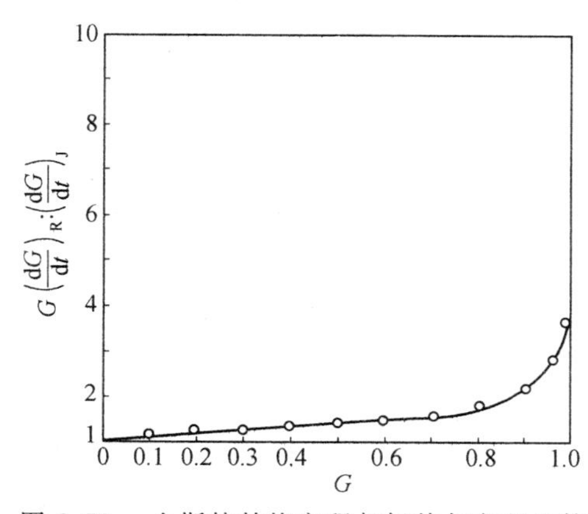

图 6.59　金斯特林格方程与杨德尔方程比较

然而,金斯特林格方程并非对所有扩散控制的固相反应都能适用。从以上推导可以看出,杨德尔方程和金斯特林格方程均以稳定扩散为基本假设,它们之间所不同的仅在于其几何模型的差别。因此,不同的颗粒形状的反应物必然对应着不同形式的动力学方程。例如,对于半径为R的圆柱状颗粒,当反应物沿圆柱表面形成的产物层扩散的过程起控制作用时,其反应动力学过程符合依轴对称稳定扩散模式推得的动力学方程式为

$$F_0(G)=(1-G)\ln(1-G)+G=K_t \tag{6.259}$$

4. 卡特(Carter)方程

此外,金斯特林格动力学方程中没有考虑反应物与生成物密度不同所带来的体积效应。实际上由于反应物与生成物密度差异,扩散相 A 在生成物 C 中扩散路程并非 $R_0\rightarrow r$,而是 $r_0\rightarrow r$(此处 $r_0\neq R_0$,为未反应的 B 加上产物层厚的临时半径),并且$|R_0-r_0|$随着反应进一步进行而增大。为此卡特对金斯特林格方程进行了修正,得卡特动力学方程式为

$$F_{ca}(G)=[1+(Z-1)G]^{2/3}+(Z-1)(1-G)^{2/3}=Z+2(1-Z)K_t \tag{6.260}$$

式中,Z 为消耗单位体积 B 组分所生成产物 C 组分的体积。卡特将该方程用于镍球氧化过程的动力学数据处理,发现一直进行到100% 方程仍然与事实结果符合得很好,如图6.60 所示。H. O. Schmalyrieel 也在 ZnO 与 Al_2O_3 反应生成 $ZnAl_2O_4$ 实验中,证实卡特方程在反应度为100% 时仍然有效。

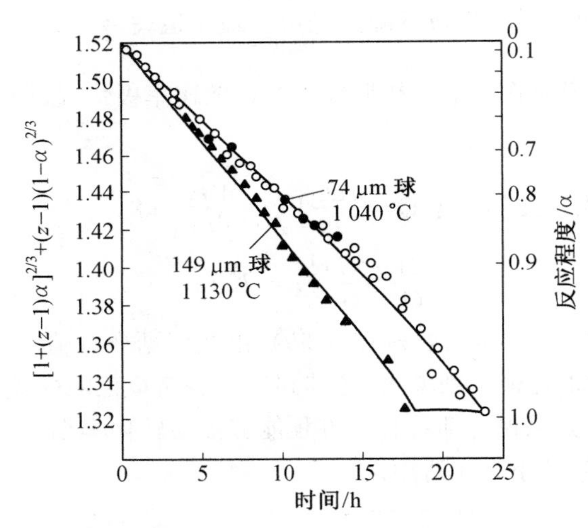

图 6.60 在空气中镍球氧化的$[1+(Z-1)G]^{2/3}+(Z-1)(1-G)^{2/3}$ 对时间的关系

6.5.3 影响固相反应的因素

由于固相反应过程涉及相界面的化学反应和相内部或外部的物质输送等若干环节,因此,除均相反应一样,反应物的化学组成、特性和结构状态以及温度、压力等因素外,凡是能活化晶格、促进物质的内外传输作用的因素均会对反应起影响作用。

1. 反应物化学组成与结构的影响

反应物化学组成与结构是影响固相反应的内因,是决定反应方向和反应速率的重要因素。从热力学角度看,在一定温度、压力条件下,反应可能进行的方向是自由能减少($\Delta G<0$)的方向,而且 ΔG 的负值越大,反应的热力学推动力也越大。从结构的观点看,反应物的结构状态质点间的化学键性质以及各种缺陷的多寡都将对反应速率产生影响。事实表明,同组成

反应物，其结晶状态、晶型由于其热历史的不同易出现很大的差别，从而影响到这种物质的反应活性。例如，用 Al_2O_3 和 CoO 生成钴铝尖晶石（$Al_2O_3 + CoO \longrightarrow CoAl_2O_4$）的反应中若分别采用轻烧 Al_2O_3 和在较高温度下死烧的 Al_2O_3 作为原料，其反应速度可相差近 10 倍。研究表明轻烧 Al_2O_3 是由于 $\gamma - Al_2O_3 \longrightarrow \alpha - Al_2O_3$ 转变，而大大提高了 Al_2O_3 的反应活性，即物质在相转变温度附近质点可动性显著增大。晶格松解、结构内部缺陷增多，故而反应和扩散能力增加。因此在生产实践中往往可以利用多晶转变、热分解和脱水反应等过程引起的晶格活化效应来选择反应原料和设计反应工艺条件以达到高的生产效率。

其次，在同一反应系统中，固相反应速度还与各反应物间的比例有关，如果颗粒尺寸相同的 A 和 B 反应形成产物 AB，若改变 A 与 B 的比例就会影响到反应物表面积和反应截面积的大小，从而改变产物层的厚度和影响反应速度。例如，增加反应混合物中遮盖物的含量，则反应物接触机会和反应截面就会增加，产物层变薄，相应的反应速度就会增加。

2. 反应物颗粒尺寸及分布的影响

反应物颗粒尺寸对反应速率的影响，首先在杨德尔、金斯特林格动力学方程式中明显地得到反映。反应速率常数 K 值是反比于颗粒半径平方。因此，在其他条件不变的情况下，反应速率受到颗粒尺寸大小的强烈影响。图 6.61 所示为不同颗粒尺寸对 $CaCO_3$ 和 MoO_3 在 600 ℃ 反应生成 $CaMoO_4$ 的影响，比较曲线(a)和(b)可以看出颗粒尺寸的微小差别对反应速率的明显的影响。$CaCO_3$ 和 MoO_3 反应受 MoO_3 的升华所控制的动力学情况，其动力学规律符合由布特尼柯夫和金斯特林格推导的升华控制动力学方程式为

$$F(G) = 1 - (1 - G)^{2/3} = K_t \tag{6.261}$$

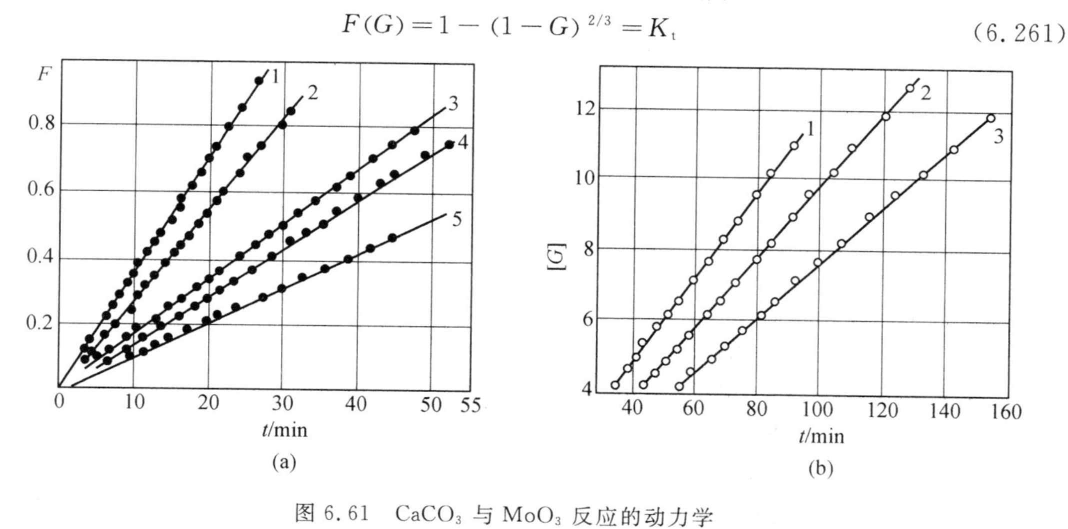

图 6.61　$CaCO_3$ 与 MoO_3 反应的动力学

(a) $r_{CaCO_3} < 0.030$ mm，$[CaCO_3] : [MoO_3] = 15T = 620$ ℃，

MoO_3 颗粒尺寸(mm)：1—0.052，2—0.064，3—0.119，4—0.13，5—0.153；

(b) $MoO_3 : CaCO_3 = 1 : 1$，$r_{MoO_3} = 0.036$ mm；1—$r_{CaCO_3} = 0.13$ mm，

$T = 600$ ℃；2—$r_{CaCO_3} = 0.135$ mm，$T = 600$ ℃；

3—$r_{CaCO_3} = 0.13$ mm，$T = 580$ ℃

最后应该指出，在实际生产中往往不可能控制均等的物料粒径。这时反应物料粒径的分布对反应速率的影响同样是重要的。理论分析表明由于物料颗粒大小以平方关系影响着反应

速率，颗粒尺寸分布越是集中，对反应速率越是有利。因此缩小颗粒尺寸分布范围，以避免少量较大尺寸的颗粒存在，而显著延缓反应进程，是生产工艺在减少颗粒尺寸的同时应注意到的另一问题。

3. 反应温度、压力与气氛的影响

温度是影响固相反应速度的重要外部条件之一。一般可以认为温度升高均有利于反应进行。这是由于温度升高，固体结构中质点热振动动能增大、反应能力和扩散能力均得到增强的原因所致。对于化学反应，其速率常数 $K=A\exp\left(-\frac{\Delta G_R}{RT}\right)$，式中 ΔG_R 为化学反应活化能，A 是与质点活化机构相关的指前因子。对于扩散，其扩散系数 $D=D_0\exp\left\{-\frac{Q}{RT}\right\}$。因此无论是扩散控制或化学反应控制的固相反应，温度的升高都将提高扩散系数或反应速率常数。而且由于扩散活化能 Q 通常比反应活化能 ΔG_R 小，而使温度的变化对化学反应的影响远大于对扩散的影响。

压力是影响固相反应的另一外部因素。对于纯固相反应，压力的提高可显著地改善粉料颗粒之间的接触状态，如缩短颗粒之间距离，增加接触面积并提高固相反应速率。但对于有液相、气相参与的固相反应中，扩散过程主要不是通过固相粒子直接接触进行的。因此提高压力有时并不表现出积极作用，甚至会适得其反。例如，黏土矿物脱水反应和伴有气相产物的热分解反应以及某些由升华控制的固相反应等，增加压力会使反应速率下降，由表 6.7 所列数据可见，随着水蒸气压力的增高，高岭土的脱水温度和活化能明显提高，脱水速度降低。

表 6.7　不同水蒸气压力下高岭土的脱水活化能

水蒸气压力 p_{H_2O}/Pa	温度 T/℃	活化能 ΔG_R/(kJ · mol^{-1})
＜0.10	390 ～ 450	214
613	435 ～ 475	352
1 867	450 ～ 480	377
6 265	470 ～ 495	469

此外，气氛对固相反应也有重要影响。它可以通过改变固体吸附特性而影响表面反应活性。对于一系列能形成非化学计量的化合物 ZnO、CuO 等，气氛可直接影响晶体表面缺陷的摩尔分数和扩散机构与速度。

4. 矿化剂及其他影响因素

在固相反应体系中加入少量非反应物质或由于某些可能存在于原料中的杂质，则常会对反应产生特殊的作用(这些物质常被称为矿化剂，它们在反应过程中不与反应物或反应产物起化学反应，但它们以不同的方式和程度影响着反应的某些环节)。实验表明矿化剂可以产生如下作用：① 影响晶核的生成速率；② 影响结晶速率及晶格结构；③ 降低体系共熔点，改善液相性质等。例如，在 Na_2CO_3 和 Fe_2O_3 反应体系加入 NaCl，可使反应转化率提高 50% ～ 60%。而且当颗粒尺寸越大，这种矿化效果越明显。又例如在硅砖中加入 1% ～ 3%[Fe_2O_3 + $Ca(OH)_2$] 作为矿化剂，能使其大部分 α－石英不断熔解而同时不断析出 α－鳞石英，从而促使 α－石英向 α－鳞石英的转化。关于矿化剂的一般矿化机理则是复杂多样的，可因反应体系的不同而完全不同，但可以认为矿化剂总是以某种方式参与到固相反应过程中去的。

以上从物理化学角度对影响固相反应速率的诸因素进行了分析讨论，但必须提出，实际生产科研中遇到的各种影响因素可能会更多更复杂。对于工业性的固相反应除了有物理化学因素外，还有工程方面的因素。例如，水泥工业中的碳酸钙分解速率一方面受到物理化学基本规律的影响，另一方面与工程上的换热传质效率有关。在同温度下，普通旋窑中的分解率要低于窑外分解炉中的。这是因为在分解炉中处于悬浮状态的 $CaCO_3$ 颗粒在传质换热条件上比普通旋窑中好得多。因此从反应工程的角度考虑传质传热效率对固相反应的影响是具有同样重要性的。尤其是由于硅酸盐材料，生产通常都要求高温条件，此时传热速率对反应进行的影响极为显著。例如，把石英砂压成直径为 50 mm 的球，约以 8 ℃/min 的速度进行加热使之进行 $\beta \longrightarrow \alpha$ 相变，约需 75 min 完成。而在同样加热速度下，用相同直径的石英单晶球做实验，则相变所需时间仅为 13 min。产生这种差异的原因除两者的传热系数不同外（单晶体约为 5.23 $W/(m^2 \cdot K)$，而石英砂球约为 0.58 $W/(m^2 \cdot K)$），还由于石英单晶是透辐射的。其传热方式不同于石英砂球，即不是传导机构连续传热而可以直接进行透射传热。因此相变反应不是在依序向球中心推进的界面上进行，而是在具有一定厚度范围内以至于在整个体积内同时进行，从而大大加速了相变反应的速度。

第7章　相变动力学

人类对材料的使用决定于能够得到和利用某些特定结构的微观组织和分布，借以获得在使用条件下（如应力分布、磁场等），所需要的此种材料的加工或使用性能。这种组织结构包括电子组态、原子键合性质、原子或分子组态、构成的晶体结构及其中的晶体缺陷、晶体的形状和分布（晶粒和金相组织），也包括它们中的组织缺陷。因此研究固态相变过程（相变动力学）对控制金属、合金以及某些非金属材料性能有极为重要的理论和实践意义。

当一种相由于热力学条件（如温度、压力、作用于该固体的电场、磁场等）变化成为不稳定状态的时候，如果没有对相变的障碍，将会通过相结构（原子或电子组态）的变化，转变成更为稳定或平衡的状态，此即发生“相变”。在材料物理化学中，相变常指一种组织在温度或压力变化时，转变为另一种或多种组织的过程。

相变动力学是研究相变的发生和发展，相变速度和停止过程，以及影响它们的因素的学科，是统计物理和凝聚态物理的一个重要分支，具有重要的基础意义与应用价值。相变的进程受许多因素（如温度、静液压、应力和应变、晶体缺陷、形变速度，以及电场、磁场、重力场等）的影响。它们通过不同机理影响相变进程，如温度影响两相自由能的变化、扩散速度、获得相变激活能的概率等；晶体缺陷则影响新相生核的地点、扩散通道和扩散机理以及新相长大的助力和阻力等。本章简要介绍相变动力学过程，其内容涉及物理、化学、冶金及高分子科学中的许多问题，介绍了平衡速率、扩散相变动力学、马氏体相变动力学等，并对其应用进行了简要说明。

7.1　平衡速率和复相速率

7.1.1　平衡速率

平衡是物理学和化学的一个基本概念，在一个纯力学系统中，如果所有参加这个系统的物体都停止不动而占据势能最低的位置，则定义这个系统处在平衡状态；当两个温度不同的物体互相接触而热量不再从一个物体流向另一个物体时，这两个物体已达到热平衡；当参加某一个化学反应的所有物质的浓度不再变化时，这些物质已达到化学平衡。

真实相平衡体系除满足相律数学形式外，还必须满足相律的内涵。相律的内涵就是相律中自由度的意义。巴格也良夫斯基将自由度描述为：“在连续改变决定体系状态的变数时，体系中各相的组成也随之改变，而从体系的总的性质来看，其变化也同样是连续的，这时没有新相的产生和旧相的消失”，并将此称之为“相平衡连续原理”。该原理指出，在相平衡体系中，各相的组成与决定体系状态的其他变量之间存在 $x^1 = f(T, P, x^{\varphi-1})$ 的相互依赖关系。如果共存各相都满足这一关系，则满足相律的内涵。

真实相平衡体系必须满足相平衡的质量作用定律。唐有棋先生将相平衡质量作用定律定义为："在达成相平衡的两相中，每个组分在两个相之间的界面上对向转化的分子数是相等的，而单位时间内从相Ⅰ转化到相Ⅱ的分子数，当与这个组分在相Ⅰ中的有效浓度成正比，反向转化的分子数当与它在相Ⅱ中的有效浓度成正比"。该定律指出，相平衡时，相间物质转化是包括体系中每一种组分在内的转化。

真实相平衡体系必须满足热力学平衡条件。是否可能有一个普适的规律，能作为一切物理和化学系统平衡的判据呢？答案是肯定的，可以从热力学得到阐明，自由能在最低值是平衡的必要充分条件。

然而有些系统往往在并不对应于自由能为最低值的状态维持一个相当长的时期。例如，氢气和氧气混合在室温的平衡态为水，但是如果把这两种气体在这个温度混合却可以永远不发生作用。同样，一块经过淬硬的钢的结构是不稳定的，但是在远古时代所硬化的钢的结构却到今天还保存下来。我们说这些系统在亚稳态。亚稳态的存在有各种各样的原因，固态反应中常存在一种非常重要的原因，现介绍如下。

常常有这样的情形，要使一个系统变化到更稳定态去，这个系统的原子，或者反应开始时的那一部分原子，必须超越一些能量较高的位置。图7.1的曲线代表一个原子的势能与其位置关系的函数。要使一个原子从亚稳位置(a)运动到稳定位置(c)，它必须经过一些如(b)所代表的不稳定的位置。除非它有可能暂时获得必需的额外能量以跨越势垒，则将可留在亚稳位置(a)；能使它跨越势垒的能量称为反应的激活能，通常用Q来代表；在这个反应中所释放的(或者在受热过程中吸收的)净能量为H，称为反应热。

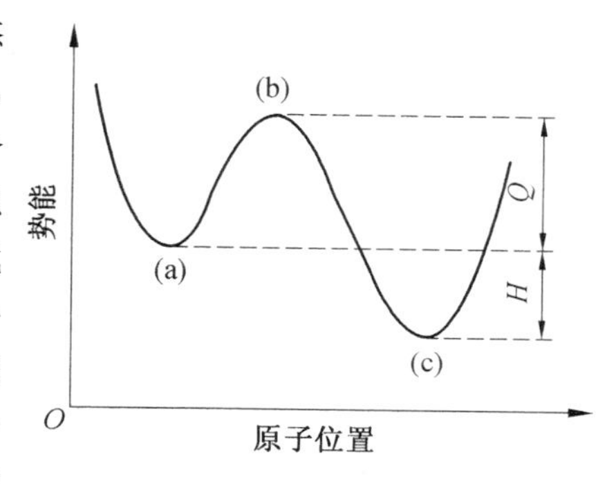

图7.1　势能对原子位置作图

由此可见，反应的速率与以下这些因素有关：① 在亚稳位置的原子数n；② 每个原子为了要超越势垒而做的振动的频率υ；③ 这个原子所获得的必要的激活能Q的概率，此概率从统计热力学可知为$e^{-Q/kT}$。因此，参加反应的原子通量f应该是

$$f = n\upsilon e^{-Q/kT}$$

这就是在单位时间内跨越势垒的原子数。在这个式子中，Q的单位是每个原子的电子伏数。如果用每克分子的能量来表示，则Q为每克分子原子跨越能垒所需的能量，k必须用R ($R = N_A k$)来代替，N_A是阿伏加德罗常数。因此

$$\text{反应速率} = A e^{-Q/kT}$$

这就是有名的阿伦尼乌斯方程式，它适用于一切物理的和化学的变化，A是包含$n\upsilon$在内的一个常数，用对数表示即为

$$\ln(\text{反应速率}) = \ln A - Q/RT$$

这表示，反应速率的对数应该是绝对温度的倒数的线性函数。从这条直线的斜度可求得Q/R，从在$T^{-1}=0$处的交点可求得A。

可以看出，温度对反应速率的影响是一种指数关系。假定每克分子Q=40 000 cal(1 cal=4 184 J)，这是一般金属和合金的一个典型数值，取每克分子$R=2$ cal/(°)，则在300 K有

$$e^{-Q/kT} = e^{-40\,000/600} \approx 10^{-29}$$

而在 1 000 K 有

$$e^{-Q/kT}=e^{-40\,000/2\,000}\approx 10^{-9}$$

这表示，在 1 000 K 的反应速率要比在 300 K 的大 10^{20} 倍。换句话说，如果 1 000 K 时在 1 s 内可以完成反应，则在室温就需要 10^{20} s 约等于 3×10^{12} 年！(3 万亿年)。可以说，这个反应在室温是实际上并不存在的。

这就是淬炼的理论依据：当高温存在着一个不同于在室温稳定的相，而激活能的数值够高时，则急速冷却的结果，这个高温的结构可以保持下来，虽然在室温下这个相是不稳定的。因此在金属与合金中，淬炼是产生不平衡结构的一种方法。

7.1.2 复相平衡

由于有满足相律而不满足物质分配平衡的实际体系存在。因此，目前不同参考书中关于相平衡的表述不一致，下面是具有代表性的两种表述：

(1) 多相体系平衡时，除体系中各相具有相同的温度和压力外，体系中任一种物质在共存各相中的化学势必须相等。

(2) 对于多相平衡体系，不论是由多少种物质和多少个相所构成，平衡时有共同的温度和压力，并且任一种物质在含有该物质的各个相中的化学势相等。

在由 α 和 β 两相构成的体系中，两相达成物质平衡的条件是相间物质化学势相等，即 $u_i^\alpha=u_i^\beta$。这一条件推广到多种物质构成的复相体系后得到物质平衡条件：

$$u_1^\alpha=u_1^\beta=\cdots=u_1^\varphi$$
$$u_2^\alpha=u_2^\beta=\cdots=u_2^\varphi$$
$$u_i^\alpha=u_i^\beta=\cdots=u_i^\varphi$$

这就表明在由多种物质构成的复相体系中，任一种物质在共存各相中的化学势相等。这种相平衡应满足的条件为

$$T^\alpha=T^\beta=\cdots=T^\varphi$$
$$P^\alpha=P^\beta=\cdots=P^\varphi$$
$$u_i^\alpha=u_i^\beta=\cdots=u_i^\varphi$$

由二元系中的二相混合的区域为相混合区，简称相混合。要知道在相混合中的外延性质，只要求各相的计数平均值就够了。这是假定在二相晶粒间界上的原子数要比晶粒内的原子数少得可以忽视的情况下才能成立的。

设 F_1 和 F_2 各为相 1 和相 2 的自由能。如图 7.2 所示，令 $P_1Q_1=F_1$、$P_2Q_2=F_2$，则浓度为 c 的合金，其自由能为

$$F=F_1+(F_2-F_1)(QQ_1/Q_1Q_2)$$

因为 $(F_2-F_1)=P_2S$，而 $QQ_1/Q_1Q_2=PR/P_2S$，所以 $F=QP$。

由此可见，如在相应浓度位置代表存在相的自由能的顶点连一直线，则混合的自由能即等于该浓度处竖直线与上述连线的交点。

假定有一替代式固溶体在温度 T 时，组元 A 和 B 的原子浓度各为 c 和 $1-c$。假定这个固溶体是完全无序的。

如果这个固溶体在 0 K 的热力学能为 U_0，而比定压热容为 c_p，则在 T 的热力学能为 U_0+

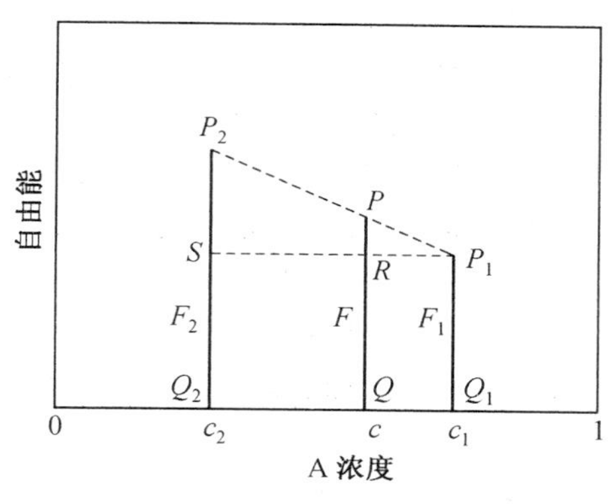

图 7.2　二元体系相图

$\int_0^T c_p \mathrm{d}T$。

这个系统的熵包括两项，一项是从 0 K 到 T 的 $\int_0^T \frac{c_p}{T}\mathrm{d}T$，另一项是混合熵 $-Nk[c\lg c+(1-c)\lg(1-c)]$，这里 N 代表原子总数。

因此在温度 T 的自由能为

$$F = U_0 + \int_0^T c_p \mathrm{d}T + \int_0^T \frac{c_p}{T}\mathrm{d}T + NkT[c\lg c + (1-c)\lg(1-c)] \tag{7.1}$$

困难的问题在于确立绝对零度处的热力学能 U_0。假定在固溶体中存在 3 种可能的情形：① 同类原子相互吸引着；② 异类原子相互吸引着；③ 两类原子相等地相互吸引着。再假定：①U_0 是一切最近邻原子相互作用能的总和；② 一对近邻原子的作用能只与其本身原子类别有关，而与其靠近的其他原子分布无关。

设讨论中晶体结构的配位数为 z，则平均而论，在无序固溶体中每个原子左右有 zc 个 A 原子和 $z(1-c)$ 个 B 原子。AA、BB、AB 对的总数各为

$$N_{\mathrm{AA}} = \frac{1}{2}Nczc = Nzc^2/2$$

$$N_{\mathrm{AA}} = \frac{1}{2}N(1-c)z(1-c) = Nz\ (1-c)^2/2$$

$$N_{\mathrm{AA}} = Nz(1-c) = Nzc(1-c)$$

在 N_{AA} 和 N_{BB} 中，1/2 是因为在计算 AA 和 BB 时每一对实际上都计算了两次的缘故。

假定这些原子对的键能各为 V_{AA}、V_{BB}、V_{AB}，则

$$\begin{aligned} U_0 &= N_{\mathrm{AA}}V_{\mathrm{AA}} + N_{\mathrm{BB}}V_{\mathrm{BB}} + N_{\mathrm{AB}}V_{\mathrm{AB}} \\ &= \frac{1}{2}Nz[c^2V_{\mathrm{AA}} + (1-c)^2V_{\mathrm{BB}} + 2c(1-c)V_{\mathrm{AB}}] \\ &= \frac{1}{2}Nz[cV_{\mathrm{AA}} + (1-c)V_{\mathrm{BB}} + c(1-c)(2V_{\mathrm{AB}} - V_{\mathrm{AA}} - V_{\mathrm{BB}})] \end{aligned} \tag{7.2}$$

应该指出，如果键能的零态相当于原子间的距离为无穷大，则 V 应该都是负数。式(7.2)代表在绝对零度时的热力学能。右面的前两项，$\frac{1}{2}NzcV_{\mathrm{AA}}$ 和 $\frac{1}{2}Nz(1-c)V_{\mathrm{BB}}$ 代表在未组成固

溶体前纯组元晶体的热力学能，换句话说，这只是相混合的热力学能。最后含有 $c(1-c)$ 的一项则是由于两种原子间的相互作用而产生的。$c(1-c)$ 这一函数在 $c=0\sim1$ 的范围内永远为正，这是一个抛物线函数，最大值为 1/4，相当于 $c=1/2$；在 $c=0$ 和 $c=1$ 时趋于 0。

由此可见，$2V_{AB}-V_{AA}-V_{BB}$ 的正负决定着固溶体的热力学能是否高于或低于未溶合晶体的热力学能。如 $2V_{AB}>V_{AA}+V_{BB}$，则异类原子间的相吸小于同类原子间的相吸，AB 键代替 AA 键和 BB 键的结果增加了热力学能，因此，在低温度（$F\approx U_0$），固溶体的自由能较混合体的自由能为大。如 $2V_{AB}<V_{AA}+V_{BB}$，则异类原子间的相吸大于同类原子间的相吸，这表示有形成有序固溶体或化合物的趋势。在理想固溶体，则 $2V_{AB}=V_{AA}+V_{BB}$，这代表热力学能与原子的分布无关。

自由能的计算可把 U_0 的值式(7.2)代入式(7.1)中。图 7.3 呈现了在 $V_{AA}<V_{BB}$ 的情形计算的结果，计算中已经把 c_p 随 c 而变迁的事实考虑在内。

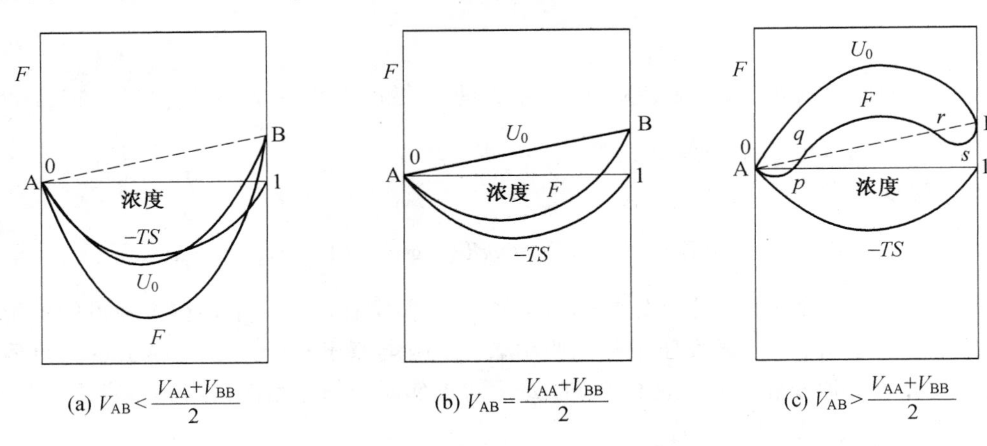

图 7.3　组分变化时自由能示意图

可以看到，在(a)和(b)的情形，在整个浓度范围内，曲率 $d^2F/dc^2>0$，两条曲线都是 U 形，有一个最低点。而在(c)的情形，这代表同类原子集在一起的情形，则有两个最低点 P 和 S 的一个负曲率($d^2F/dc^2<0$)区，处于两个拐点($d^2F/dc^2=0$)q 和 r 之间。

在上面讨论的基础上，可从自由能曲线的分布来探讨稳定平衡态问题。

先讨论自由能曲线如图 7.4 所示形状的情况。首先考虑图 7.4(a)，成分为 c 的合金可能是均匀固溶体，也可能是相混合，这要看哪一种情形的自由能较低。如果它是两组元 A、B 的相混合，则自由能可用 F_0 来代表，它是连接 F_A、F_B 的直线与成分线 cc' 的交点。如果两组元有一定的原生固溶区存在，而共存相由 A_1、B_1 所代表，则自由能为 F_1，比 F_0 为低。很明显，固溶区的范围越广，则 F_1 与曲线上的一点 F 越接近。在成分 c，最低的自由能值为 F，这是固溶体的自由能。由此可见，为什么固溶体是这个系统的稳定态，其原因在于自由能曲线是简单的 U 形曲线，d^2F/dc^2 到处是正的，因而连接曲线上任何两点的直线，其位置必在这部分曲线之上。

对于图 7.4(b)，这里的自由能曲线一部分曲率是负的。如果成分为 c 的合金是固溶体，则自由能应为 F。但是如果是相混合的话，自由能要低得多。例如，(A_1+B_1)相混合的自由能 F_1 低于 F。当 A_1 和 B_1 逐渐分开时，自由能也随之逐渐降低，直到两相成分差距的进一步增加会使自由能上升。例如，(A_s+B_s)相混合的自由能 F_s 高于(A_2+B_2)相混合的自由能 F_2。

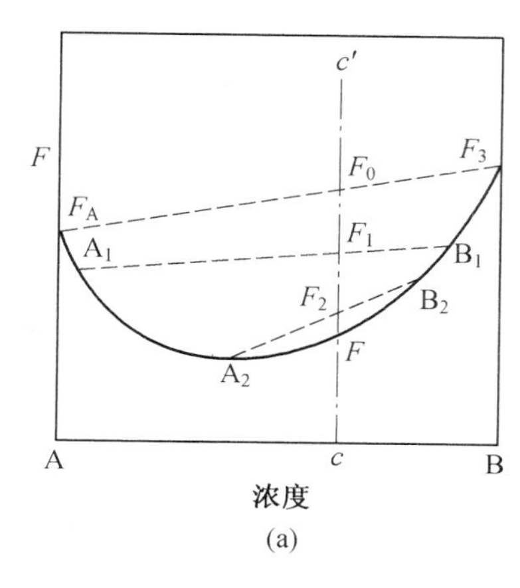

(a)

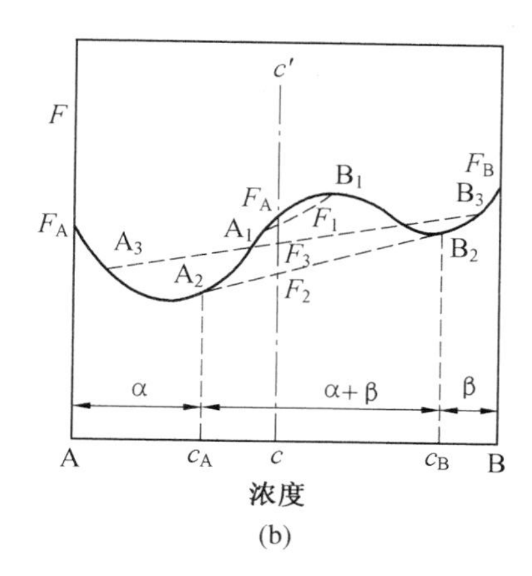

(b)

图 7.4　自由能－浓度曲线

在这个情形下可以看到，这个合金的稳定态是混合相，连接自由能曲线上两个代表点的直线位置最低：这条直线是在 A_2、B_2 两点和自由能曲线相遇的公共切线。在相应于 A_2 和 B_2 的成分 c_A 和 c_B 之间，这个合金处于二相区。这是 α 原生固溶体与 β 原生固溶体共存的二相区，其相对成分由杠杆原理决定着。在 A 到 c_A 和 c_B 到 B 的成分范围内，固溶体是这个合金的稳定态，在这些范围内任何相混合物都会增加自由能，因此它们是单相区。

在分析自由能曲线时，公共切线的作图法是基本的。总结起来说：

(1) 如果最低自由能是自由能曲线上的一点，则稳定相是相当于这条曲线的一个均匀系的单相。

(2) 如果最低自由能处于两条单相自由能曲线的公共切线上，则稳定相是这两个相的混合体。

从数学观点看，这个作图法包括下列两个条件：

(1) 自由能曲线在 c_A 和 c_B 两点的斜度必须是相同的。如在这两点的自由能各为 F_A 和 F_B，则 $\mathrm{d}F_A/\mathrm{d}c_A = \mathrm{d}F_B/\mathrm{d}c_B$。

(2) c_A 处的切线和 c_B 处的切线必须在一条直线上。

$$\mathrm{d}F_A/\mathrm{d}c_A = (F_A - F_B)/(c_A - c_B)$$

如果居间相是固溶体，则相互作用项 $(2V_{AB} - V_{AA} - V_{BB})$ 可能很小，自由能曲线往往呈现宽而浅的 U 形，这个相可存在的成分范围，正如图 7.5 中 α 相的情形。

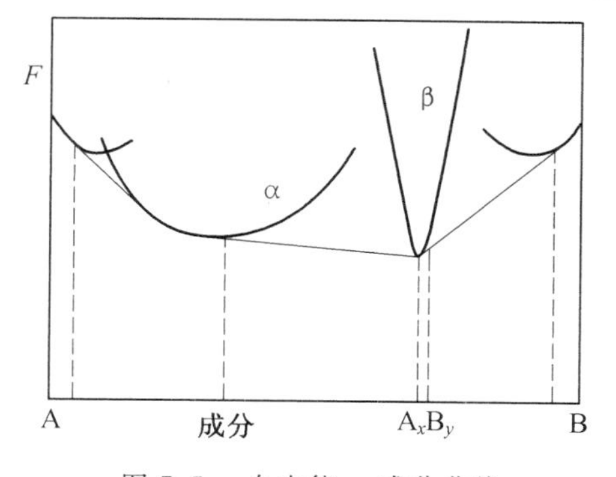

图 7.5　自由能－成分曲线

如果居间相是化合物，而参加化合的原子有一定的比例，则当成分偏离理想配比成分时自由能将快速上升。金属间化合物的自由能将如图 7.6 中 β 相的情形，在相当于化合物 A_xB_y 处有一比较尖锐的最低点。很明显，在这一情形不可能有宽广的均匀范围。

但是，如果一个相只存在于一个狭窄范围，就不能肯定这是一个化合物，除非还有其他的证据；因为也有如图 7.6(a) 的情形，一个固溶体相 β 处于一个狭窄范围（c_1，c_2）之间，这是由于连接相邻相的两条公共切线（pq 和 rs）几乎互相平行的缘故。在这些情形，往往温度稍有变迁，就会变更切线的相对斜度，因而如果 β 相的自由能曲线是宽而浅的，可较大地变更 c_1 和 c_2 间的距离。

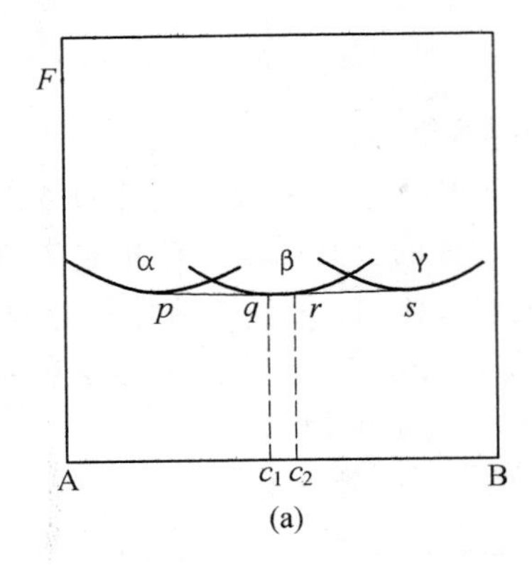

(a)

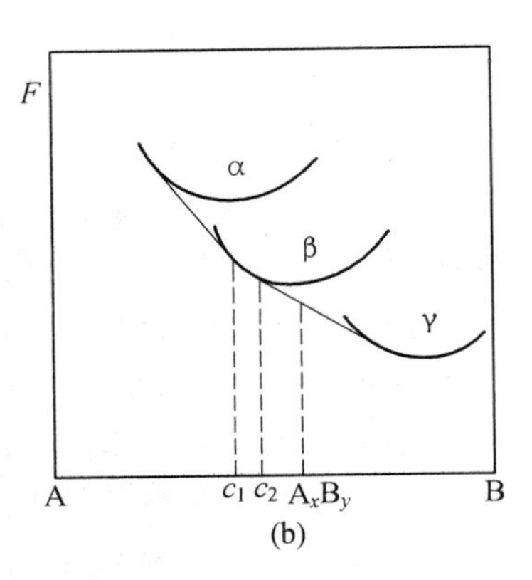

(b)

图 7.6 存在居间相的相图

有时可遇到这样的情形，根据一个简单结构公式 A_xB_y 的居间相的成分范围并不包括理想配比成分在内。这可以从自由能曲线的分布来获得解释。如图 7.6(b) 所示，由于 α 相和 γ 相自由能曲线的位置，β 相稳定的成分范围（c_1，c_2）并不包括 β 相自由能曲线的最低点。

实际上，前面提到的关于负电性数的休谟－饶塞里（Hume－Rothery）定则也可以从自由能曲线得到解释，例如在图 7.5 中，在化合物 A_xB_y 中 A、B 两种原子的化学亲和性越大，则在这一相的自由能曲线中最低点的位置越低。结果，这一相和邻近富 B 原子固溶体的公共切线的斜率增大了，在原生固溶体中的 A 浓度减小了。换句话说，形成金属间化合物的趋势越大，则原生固溶体的范围越小。

经上述讨论，固溶度随温度而递增。这可以从自由能的观点得到解释。一个合金为什么在低温有二相存在，其理由是这个相混合体的自由能低于相应成分的固溶体的自由能。当温度递增时，熵在自由能中将占据一个越来越大的部分，因为在 $F=U-TS$ 的关系中，TS 这一项是随温度而递增的。由于存在着混合熵的缘故在其他情形相等的条件下，一个无序固溶体的熵要比相混合体的熵大得多。因此，在较高温度，形成无序固溶体的趋势要比形成相混合体的趋势要大。

但也有固溶度随温度的递增而递降的情形（图 7.7）。如 α 相的熵较 β 相的低，则 α 相的固溶度也随温度的递增而降低。因 $dF/dT=-S$，所以当温度递升时，β 相的自由能曲线相对于 α 相的自由能曲线来说将下降，公共切线将逐渐变陡而标识着 α 相界点的 P 将逐渐向 A' 点移动。这种情形当 β 相为无序固溶体时最易发生，因为在二相共存时，其混合熵较 α 相大。

为方便起见，假定在液态有完全溶混性，液态的自由能曲线为简单的 U 字形（图 7.8）。

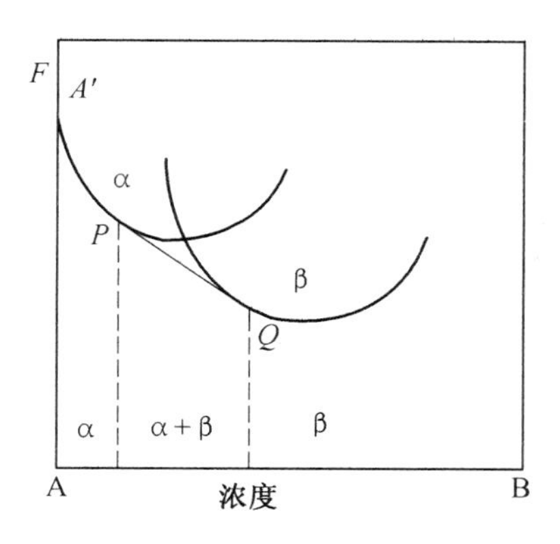

图7.7　固溶度随温度增加而递减的示意图

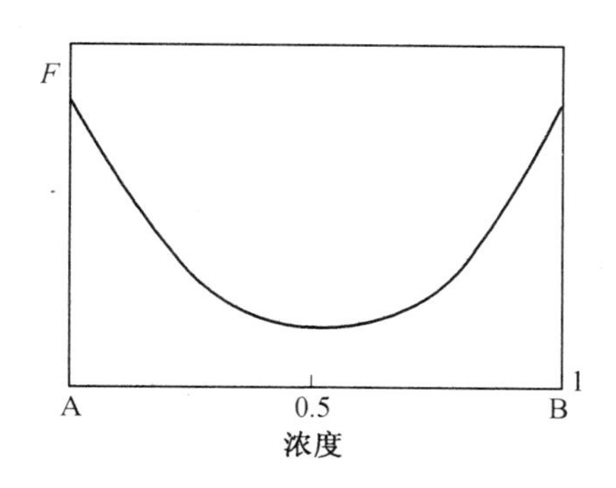

图7.8　完全溶混性液态的自由能曲线

最简单的系统是在固态两个组元可以组成完全均匀的无序固溶体系统。上文已提到，组成互溶系统的条件是两个组元的原子半径相差不大，而且晶体结构相同。因此在自由能的表达式中，有关溶解热的这一部分很小，大体而论，自由能曲线很像$-TS$与c的关系曲线，这里S是混合熵。换句话说，固溶体的自由能曲线也是简单的U形。要从自由能得到互溶系统的相图，只需研究在各不同温度固相和液相自由能曲线的相对位置，从而有可能决定这些温度的稳定相的成分限度，把这些结果综合起来就可能画出平衡图。

图7.9(a)～(e)是在一系列温度T_1、T_2、T_3、T_4、T_5的自由能曲线图，$T_1>T_2>\cdots>T_5$，图7.9(f)是相应的平衡图。在较高温度，这个系统的所有合金都是液体，液态的自由能曲线(L)完全位于固态的自由能曲线(S)下面(图7.9(a))。同样，在较低温度，固态的曲线完全位于液态的曲线下面(图7.9(e))。当温度逐渐下降而经过凝固范围时，液态的自由能曲线相对地逐渐向上移动而超出固态的自由能曲线。在这里所举的例子中，组元A的熔点T_2假定高于组元B的熔点T_4。因而自由能曲线有一些倾斜，在图7.9(a)中$\Delta F_1<\Delta F_2$。当温度从T_1降到T_2时，两条自由能曲线首先在纯组元A处相遇，这是组元A的凝固点。在这个温度，由于曲线的倾斜，其他成分还处于液态中。当温度下降至T_3时，两条曲线相交。在A到c_1的范围内，稳定相是固态，而在c_2到B的范围内，稳定相则是液态。在c_1到c_2的范围内，则依照公共切线作法，稳定的应该是成分为c_1的固相与成分为c_2的液相二者的相混合体。当温度继续下降时，两条自由能曲线的交点继续从富A的一方向富B的一方移动，而相混合体的成分范围($c_1\sim c_2$)也跟着在这个方向上移动。最后达到T_4，这时除纯组元B外其他一切成分都是固体。在这个温度以下，这个系统中的每个合金都是稳定的均匀固溶体。

现在讨论在固态组元相互间只能部分混溶的情形。我们假定其间并不形成居间相。

这要分两种情形。第一种情形是两组元的晶体结构相同。这个结构的自由能相当于$V_{AB}>\dfrac{V_{AA}+V_{BB}}{2}$，其曲线的形状相当于图7.10(a)。在第二种情形，两组元的晶体结构不同，每一种结构有它自己的自由能曲线。两条自由能曲线的公共切线在切点间的成分就是($\alpha+\beta$)相稳定的区域，如图7.10(b)所示。两种情形所产生的相图是完全一样的。下面只讨论第一种情形。

图7.11是一系列温度$T_1,T_2,\cdots,T_5$的固相和液相自由能曲线，其中$T_1>T_2>\cdots>T_5$。当温度从T_1下降时，液态曲线相对上升，它和固态曲线的相交开始发生在富A的一端。

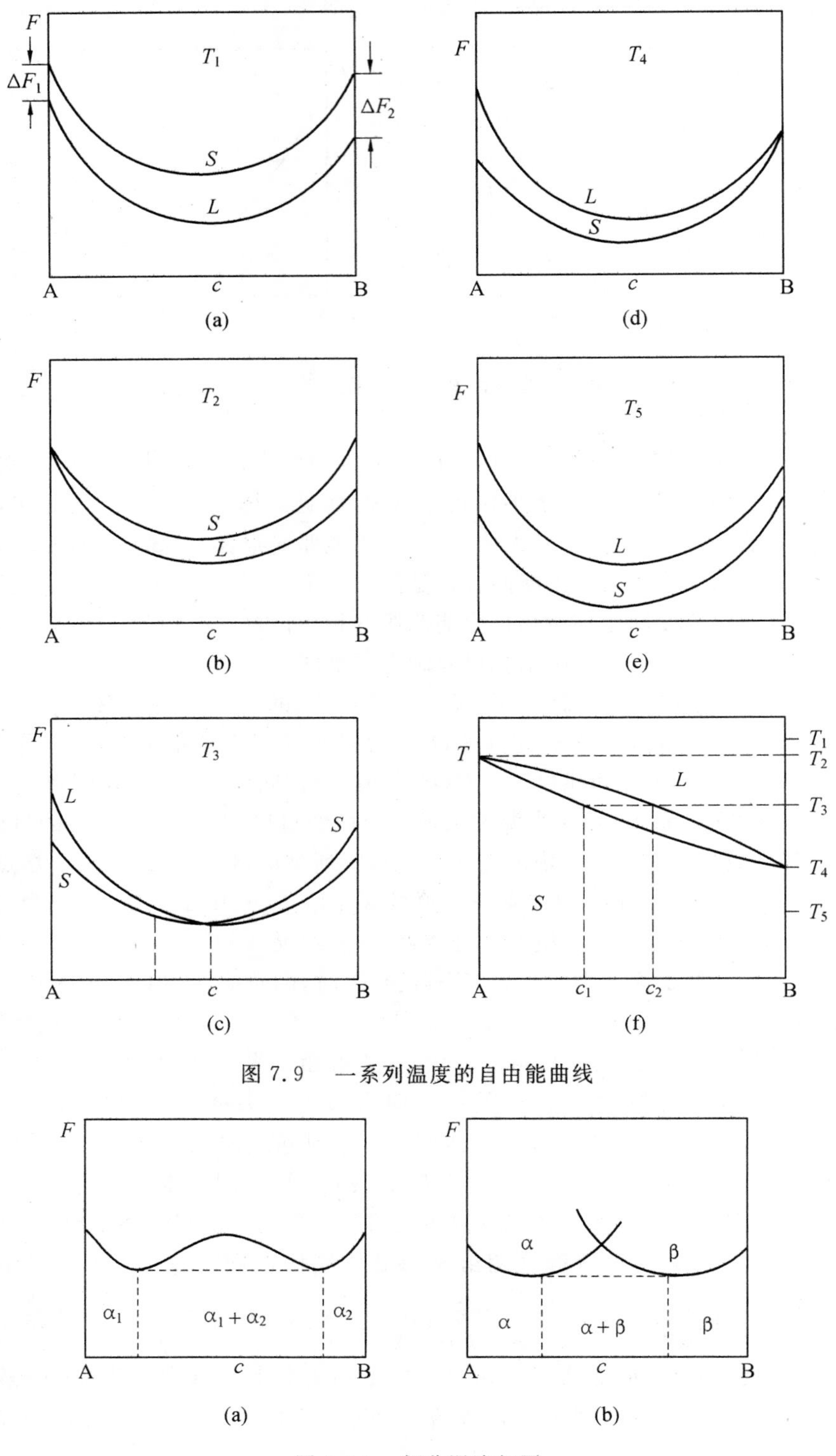

图 7.9 一系列温度的自由能曲线

图 7.10 部分混溶相图

T_2 是在A组元熔点下的一个温度，富A的合金是 α_1 固溶体，当B组元浓度增加时存在着一个 $(\alpha+L)$ 二相区，超过这个限度的合金都还在液态。当温度继续下降时，液态曲线与固态曲线在富B一端也有交点，这个系统在富B的一端有富B固溶体，是稳定的(图7.11(c))。这些温度存在着两条公共切线，规定着两个二相区 (α_1+L) 和 (α_2+L)。再冷下去，两条切线互相趋近，在其间的成分范围渐渐缩小，这仍是均匀液态的稳定区。最后到达温度 T_4，在这里两条切线合而为一，而同时和自由能曲线上的三点相接触(图7.11(d))。这就是共晶温度，是这个系统中的合金能够完全或部分存在于液态的最低温度。在这个温度能够仍旧保持为液态的成分 c_2 就是共晶成分。

从这些曲线综合出来的平衡图(图7.11(f))，是典型的共晶系统平衡图。

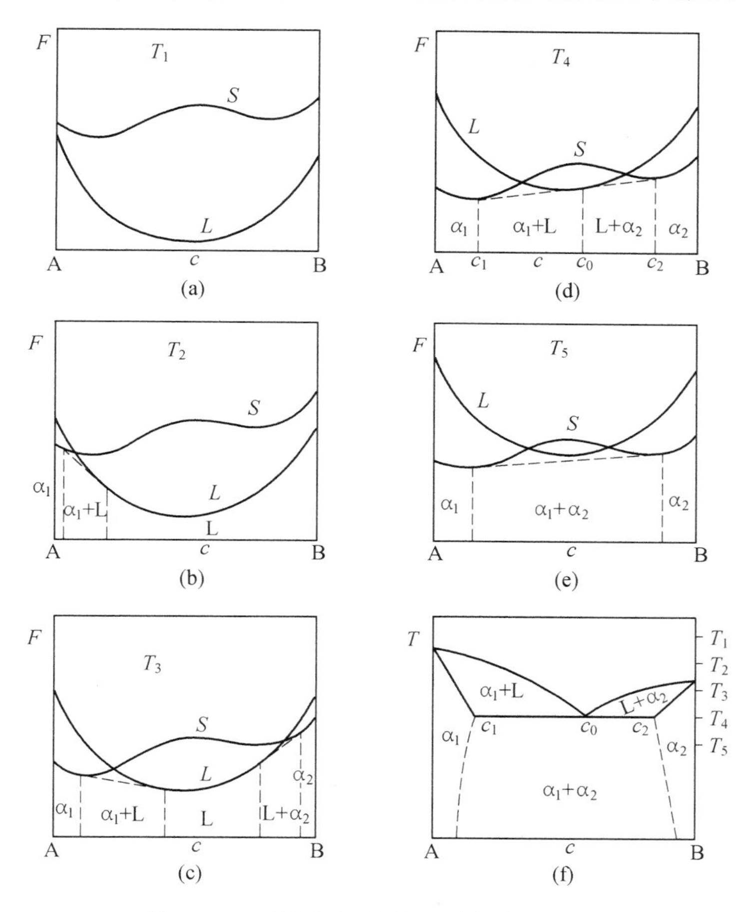

图7.11　不同温度下固相和液相自由能曲线

有些系统的自由能曲线有些像共晶系统，但是所得出来的平衡图却是另一种形式。这往往在组元的熔点相差悬殊的情况下发生，图7.12对此可做说明。这里也形成两种固溶体，最重要的一点是，β相的自由能曲线要比α相的高得多，当温度下降得足够其形成的时候，它首先出现在高温区，落在 $(\alpha+L)$ 二相区的成分范围内，如图7.12(b)和(c)所示，这是和共晶系统性质相反的一种行为。当温度下降时，β相的自由能曲线自上向下地冲破连接其他两条自由能曲线的公共切线，而在共晶系统，则液相的自由能曲线当温度上升时自下向上地冲破连接其他两固相自由能曲线的公共切线。因此，在发生冲破的范围内，这个图上的相界分布状况刚好

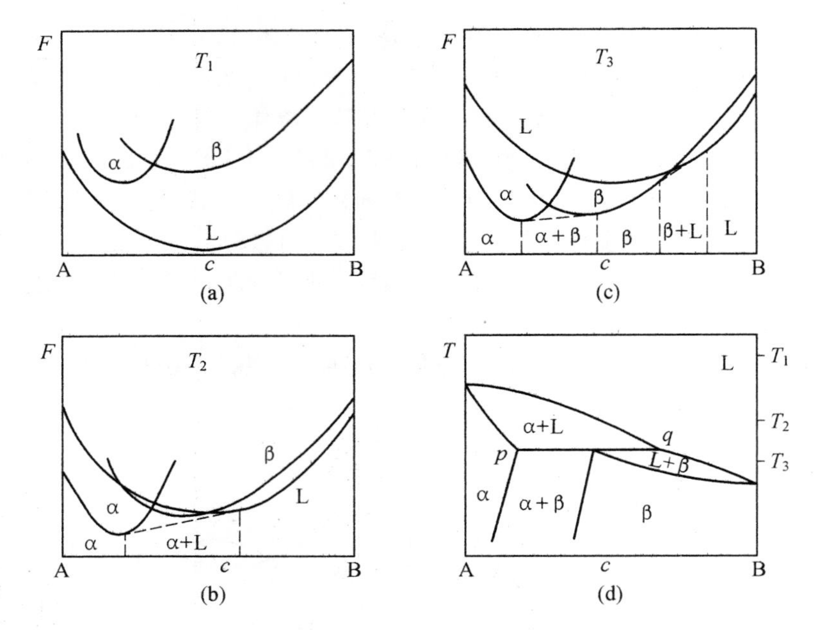

图 7.12 不同温度下固相和液相自由能曲线

与共晶系统是颠倒的。图 7.12 (d) 是综合了自由能曲线结果所得的平衡图，这就是典型的包晶系统平衡相图。

可以看到，如果把这个图上下颠倒过来，它很像共晶系统平衡图。在图中，pq 是包晶等温线。在这个温度，β 相的自由能曲线接触其他两条曲线的公共切线。在包晶温度以下，存在着宽广的 β 相成分范围，而在这个温度以上，则任何成分都不会形成 β 相。

含有居间相的相图当然要比刚才讨论得要复杂得多。为方便起见，我们只有一种居间相的情形。居间相的凝固有两种方式，因而也产生两种不同的相图。

第一种是居间相直接从液相形成的情形。图 7.13 表示冷却时所发生的一系列过程。这里，液相的自由能曲线在其接触原生固溶体（α 和 γ）之前已冲破居间相 β 的自由能曲线。再冷却下去，然后在系统的两端出现 α 相和 γ 相。注意公共切线的分布状态，图 7.13(d) 的 4 条切线当冷却时在图 7.13(e) 中变成两条切线，这里已完成居间相和原生相之间的两个共晶反应。从自由能曲线所得到的平衡相图如图 7.13(f) 所示。在这个图上的这些共晶反应并不是一个居间相图所必须具有的，也可能有包晶反应。

居间相直接从液相形成的一切相图有一个共同的特点，这就是，在这个相形成的成分，固相线和液相线均为最高值。这个最高点成分 c_m 也就是固相线和液相线接触的地方，它和居间相自由能曲线的最低点很相近。在大多数情形下，固相线和液相线的最高点并不与居间相自由能曲线的最低点完全吻合，因为液相的自由能曲线在接触居间相曲线的地方往往不是在水平位置的。由于这个原因，c_m 的成分很少，和这个相的理想配比成分完全符合。

第二种居间相的形成由于固相和液相间的包晶反应。当冷却时居间相的自由能曲线冲破液相自由能曲线和另一固相自由能曲线间的公共切线，则包晶反应形成。图 7.14 表示的就是包晶反应形成居间相的一种情形。

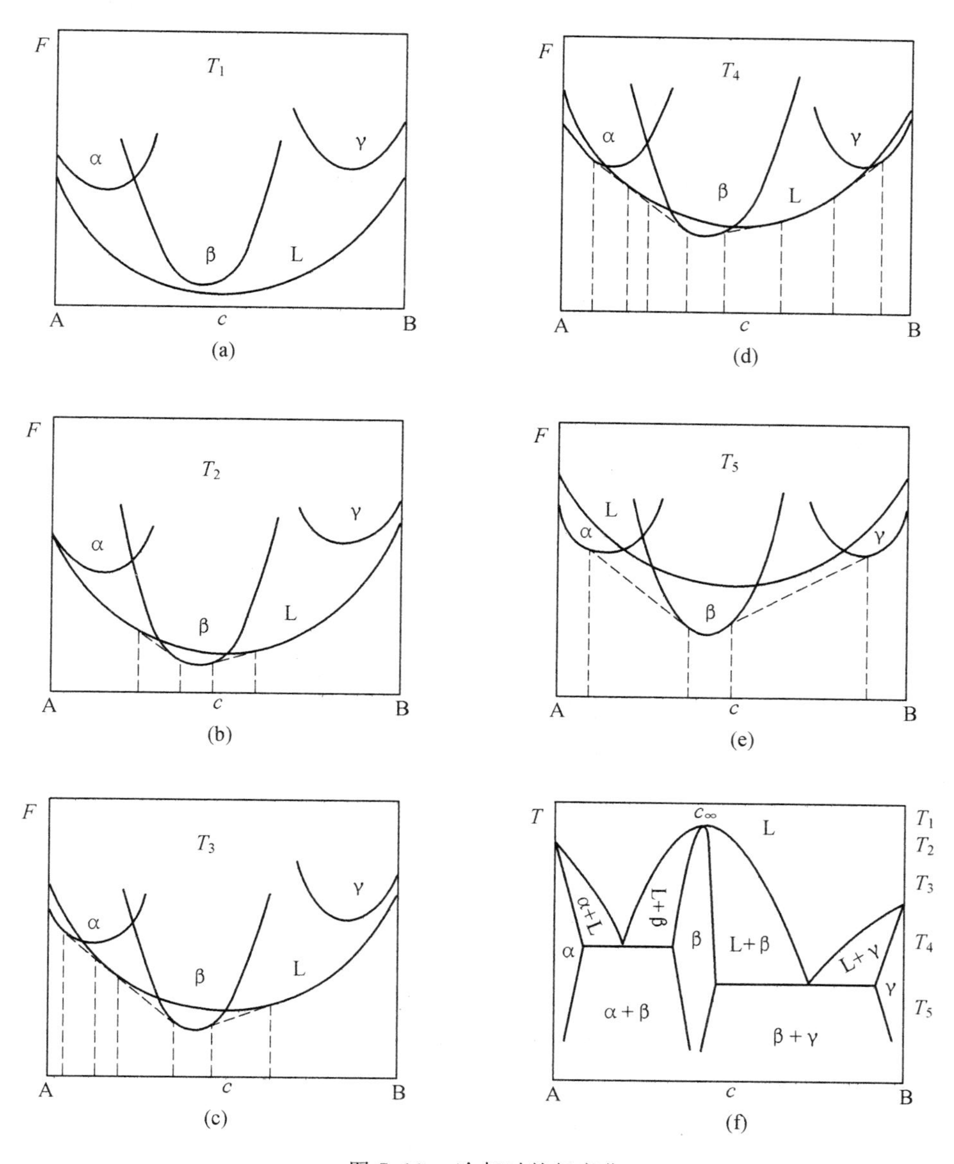

图 7.13　冷却时的相变化

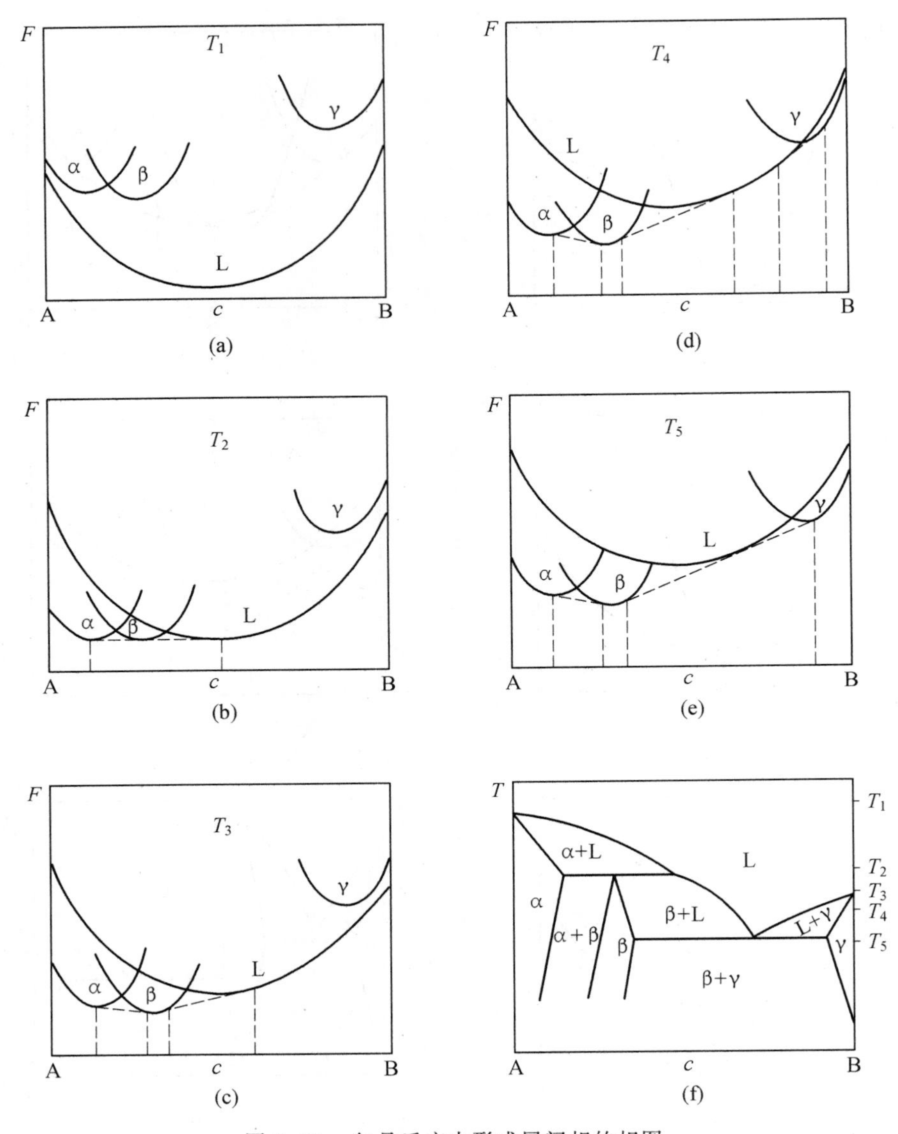

图 7.14　包晶反应中形成居间相的相图

7.2　相变动力学的概念及分类

7.2.1　相变动力学的概念

相变动力学通常是讨论相变的速率问题，即描述在恒温下相变量与时间的关系。

相变动力学决定于新相的形核率和长大速率，假设相变系统在某一温度发生 $\alpha \rightarrow \beta$ 的转变，新相是均匀形核并且形核率和长大速率均为常数，经 t 时间之后，转变量 $f(t)$ 可用下式描述：

$$f(t)=1-\exp\left(-\frac{\pi}{3}\dot{N}u^3t^4\right) \tag{7.3}$$

式(7.3)常称为Johnson－Mehl方程。图7.15(a)是针对式(7.3)中不同的u和$\dot{N}$值(实际上是针对不同的温度)而绘出的转变体积分数与时间的关系曲线,即相变动力学曲线。这些曲线均呈S形,具有形核和长大过程的所有相变均有此特征。

如果把图7.15(a)中的实验数据改绘成时间－温度－转变量的关系曲线,就得到一般常用的"等温转变图"(图7.15(b))。由于该图中的曲线常呈C形或S形,所以又称为"C曲线"或"S曲线"。由这些曲线可以清楚地看出:① 某相过冷到临界点以下某一温度保温时,相变是何时开始,何时转变终止,这些数据为制订热处理工艺提供了依据;② 相变速率最初是随着温度的降低而逐渐加快,达到最大值后逐渐减慢。

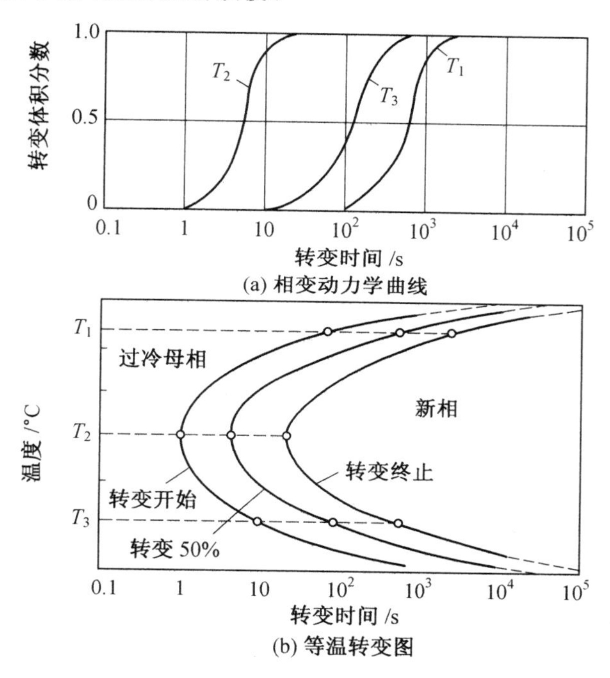

图 7.15　相变动力学曲线及等温转变图

但是,还应当指出,固态相变时尽管长大速率可看作常数,但由于固态相变往往是在晶界和其他分界面上优先形核,而不是任意形核,所以形核率不是常数,转变量与温度、时间的关系遵守Avrami经验方程式:

$$f(t)=1-\exp(-Kt^n) \tag{7.4}$$

式中,K和n均为系数。K取决于温度以及原始相的成分和晶粒大小等;n取决于相变类型(见表7.1)。大多数固态相变的实验数据均与Avrami方程式符合得较好。

表 7.1 用于 Avrami 方程式中的 n 值

相变类型		n 值
胞状转变(包括共析转变和不连续脱溶等)	以恒定速率形核	4
	仅在开始转变时形核	3
	在晶粒的棱上形核	2
	在晶界上形核	1
过饱和固溶体脱溶	质点由小尺寸长大	
	① 以恒定速率形核	2.5
	② 仅在开始转变时形核	1.5
	针状物增厚	1
	片状物增厚	0.5

7.2.2 相变动力学的分类

1. 扩散控制的相变动力学

经 t 时间后形成新相的分数 f 可由 Johnson－Mehl 公式(7.3) 及 Avrami 公式(7.4) 计算。式(7.4) 表示$\lg\lg\frac{1}{1-f}$和$\lg t$之间具有直线关系。这已为许多实验数据所证实。例如，βMn ⟶ αMn 的实验结果，就显示这种关系，如图 7.16 所示。

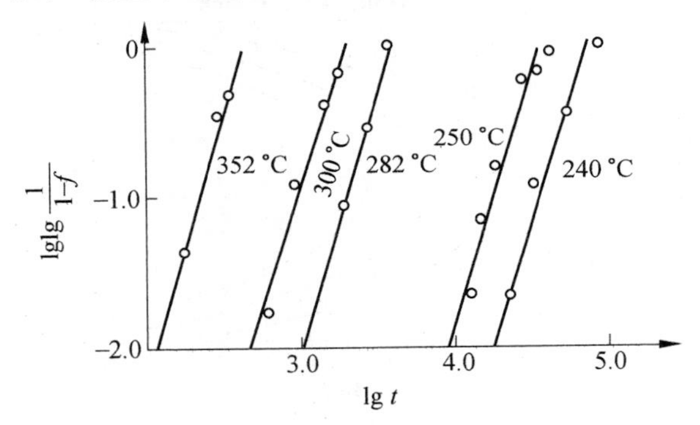

图 7.16 βMn ⟶ αMn 的相变动力学

由扩散长大的方程 $x=\alpha_j(D_\tau)^{\frac{1}{2}}$，其中注脚 j 表示维数。设球状新相在 τ 时间形核，在 t 时间后其长大的体积为

$$V^{\beta}=\left(\frac{4\pi}{3}\right)(\alpha_3)^3 D^{\frac{3}{2}}(t-\tau)^{\frac{3}{2}} \quad (t>\tau) \tag{7.5}$$

仍以 $\dot{N}$ 表示形核率，$\dot{G}$ 表示长大速率，在多数情况下可将 f 表示为

$$f=1-\exp\left(-\int_{e}^{\beta}\dot{G}\dot{N}\mathrm{d}\tau\right) \tag{7.6}$$

对于扩散控制的相变，如连续沉淀，f 定义为

$$f=\frac{V^{\beta}(t)}{V^{\beta}_{eq}} \tag{7.7}$$

其中，V^{β}_{eq} 表示在体系体积为 V 中 β 相的平衡体积；$V^{\beta}(t)$ 表示经相变 t 时间后新相的总体积。根据溶质守恒，需要

$$V_{eq}^{\beta}/V=(C_{\infty}-C_1)/(C_0-C_1) \tag{7.8}$$

其中，C_{∞}、C_1 及 C_0 均指正沉淀时溶质浓度，分别为原始合金、相界面上母相平衡浓度及新相平衡浓度。将式(7.4)代入式(7.3)，得

$$f=\frac{V^{\beta}(t)}{V_{eq}^{\beta}}=\frac{V^{\beta}(t)}{V}\frac{C_0-C_1}{C_{\infty}-C_1} \tag{7.9}$$

把式(7.2)改写为

$$f=1-\exp\left[-\frac{C_0-C_1}{C_{\infty}-C_1}\int_{e}^{\beta}\dot{G}\dot{N}\mathrm{d}\tau\right] \tag{7.10}$$

这就会得到 $n=\frac{5}{2}$(恒值)时的 Avrami 方程，以及 $n=\frac{3}{2}$(扩散控制长大、所有形核位置饱和 —— 零形核率)时的 Avrami 方程。

在高的过饱过和度情况下 $C_0-C_{\infty}\ll C_0-C_1$；在低的过饱和度的情况下 $C_1-C_{\infty}\ll C_{\infty}-C_1$。$\dot{N}$ 对过饱和度甚为敏感。在连续沉淀时，极少量沉淀相形成后，基体的平均成分就有改变，导致 $\dot{N}$ 的变化在 1 个数量级以上。这里假定在相变开始时所有核心已经存在。当溶液略呈过饱和状态时，界面迁动极缓慢，做稳态处理。设在时间 t、远离沉淀相处平均溶质浓度为 $C_{\infty}(t)$，则有

$$C_{\infty}(0)=C_{\infty} \text{ 及 } C_{\infty}(\infty)=C_1$$

$$\dot{G}=\frac{\mathrm{d}x}{\mathrm{d}t}\Big|_x=\frac{D}{C_0-C_1}\left(\frac{\partial C}{\partial x}\right)_{x=X}$$

成为

$$C_0-C_1\left(\frac{\mathrm{d}x}{\mathrm{d}t}\right)\Big|_x=D(C_{\infty}(t)-C_1)/x\,\Big|_x$$

$t=0$ 时核心已存在且互相分离，则各区域的最后大小都应相同，设为 x^f，则 $f=(x\mid x/x^f)^3$，而

$$C_{\infty}(t)-C_1=(C_{\infty}-C_1)(1-f)$$

代入式(7.10)，得

$$\frac{\mathrm{d}f}{\mathrm{d}t}=\frac{3D(C_{\infty}-C_1)}{(x^f)^2(C_0-C_1)}f^{\frac{1}{2}}(1-f) \tag{7.11}$$

当球状新相不存在碰遇时

$$f=K_t^{\frac{3}{2}} \tag{7.12}$$

$$\frac{\mathrm{d}f}{\mathrm{d}t}=\frac{3}{2}K_t^{\frac{3}{2}} \tag{7.13}$$

一般处理碰遇的情况，应乘以$(1-f)$，则

$$\mathrm{d}f/\mathrm{d}t=\frac{3}{2}K_t^{\frac{3}{2}}(1-f) \tag{7.14}$$

由式(7.14)也会导得

$$f=1-\exp(-K_t^{\frac{3}{2}})$$

式(7.13)可写成完全对应式

$$\mathrm{d}f/\mathrm{d}t=\left(\frac{3}{2}\right)K^{\frac{3}{2}}f^{\frac{3}{2}} \tag{7.15}$$

当考虑碰遇时有

$$df/dt=\left(\frac{3}{2}\right)K^{\frac{3}{2}}f^{\frac{3}{2}}(1-f) \tag{7.16}$$

以及

$$K^{\frac{3}{2}}=2(C_{\infty}-C_1)D/(C_0-C_1)(x^f)^3$$

式(7.16)就成为式(7.11),图7.17比较了由扩散控制所得的式(7.12)及由Avrami公式的式(7.14)所得的动力学曲线,可见两者在转变初期是一致的,在相变结束时则有偏离。在相变后期应考虑到新相长大的碰遇。

常用的Avrami式:

$$f(t)=1-\exp(-Kt^n)$$

能提供合理近似的结果,至少在相变早期,它能描述 f 和 t 的关系。

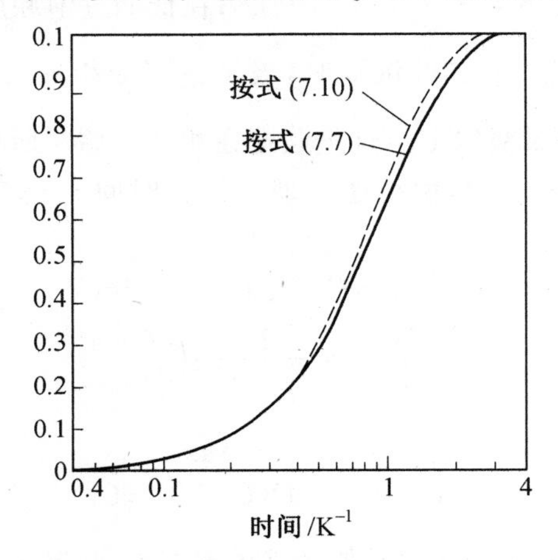

图7.17 扩散控制长大(式(7.7)及式(7.8))与Avrami式(式(7.10))动力学曲线的比较

2. 新相在晶界形核的相变动力学

之前的部分述及晶界形核及晶界新相的长大,本节探讨晶界形核时等温相变动力学。之前曾引用"被引伸体积"的概念,这是指在已相变及未相变区域内都能形核及每个区域都不断长大的相变区域体积,它和真实相变体积有一定折算关系:$dV_e^\beta=(1-V^\beta/V)dV^\beta$。现考虑任一平面表面,其总面积为 A,定义"被延伸面积",A_e^β 为延伸球体和平面表面交截的总面积。设真实相变区域和此面交截的面积为 A^β,在经过小的时间间隔后,A_e^β 分别变化 dA_e^β 和dA^β。设各区域无规分布在面上,其交截面积汇合成为 A_e^β,则形成 dA_e^β 各元的分数 $(1-A^\beta/A)$ 也对 dA^β 做出贡献,因此

$$\left.\begin{aligned}dA^\beta&=(1-A^\beta/A)dA_e^\beta\\A_e^\beta/A&=-\ln(1-A^\beta/A)\end{aligned}\right\} \tag{7.17}$$

定义一个被延伸的交截线长度 L_e^β,是被延伸体积截切长度 L 之和,它和被真实相变区域所截切的总长度 L^β 具有下列关系

$$L^\beta/L=-\ln(1-L^\beta/L)$$

为简化起见,假定晶界面形核的新相系各向同性地长大,其长大速率为 $\dot{C}$。经 τ 时间在晶界面上形核的新相球体,将和平行晶界的任一面相交截,距晶界 y 所成交截圆,经 τ 时间后的

半径为$[\dot{G}^2\cdot(t-\tau)^2-y^2]^{\frac{1}{2}}(G(t-\tau)>y)$。当$G(t-\tau)<y$时，半径为0。设单位晶界面积上"比晶界形核率"为$\dot{N}^\beta$；晶界面积为$A^\beta$，则在时间$t$、交截于参考面上的被延伸相变面积为$A_e^\beta$，而在$t=\tau$和$(\tau+d\tau)$时间之间形核区域对此被延伸面积的增量为

$$dA_e^\beta=\pi A^b\dot{N}^\beta[\dot{G}^2\cdot(t-\tau)^2-y^2]\qquad(y<G(t-\tau))$$

$$dA_e^\beta=0\qquad(y>G(t-\tau))$$

整个被延伸面积为

$$A_e^\beta=\int_{\tau=0}^{\beta}dA_e^\beta=\pi A^b\int_0^{(t-\tau)/\dot{G}}[\dot{G}^2\cdot(t-\tau)^3-y^2]\dot{N}^\beta d\tau$$

当$\dot{N}^\beta$为恒值时，此式可做积分。引入$\xi=y/\dot{G}t$，则得

$$A_e^\beta=\pi A^b\dot{N}^\beta\dot{G}^2t^3(1-3\xi^2-2\xi^3)/3\qquad(\xi<1)$$

$$A_e^\beta=0\qquad(\xi>1)$$

由于形成A_e^β的交截是无规分布的，A_e^β可通过式(7.17)折算成相变新相和此参考面所交截的真实面积。

为计算由晶界面形核的相变形成新相的总体积，假定自不同晶界形核的新相长大时互不干扰。将y作为变量，可取$-\infty\sim+\infty$，则总体积为

$$2\int_0^\infty A^\beta dy=2\dot{G}t\int_0^1[1-\exp(-A_e^\beta)]d\xi$$

$$=A^b(\dot{G}/\dot{N}^\beta)^{\frac{1}{3}}f^B(a^B)\qquad(7.18)$$

其中

$$a^B=(\dot{N}^\beta\dot{G}^2)^{\frac{1}{3}}t$$

$$f^B(a^B)=a^B\int_0^1\{1-\exp[(-\pi/3)(a^B)^3(1-3\xi^2-2\xi^3)]\}d\xi$$

现考查含多量晶界面形核，其相变总面积$\sum A^b=A^B$，由式(7.14)得到相变的总体积，这为被引伸的体积，假设由一个晶界上形成的新相允许碰遇，但不同晶界上形成的新相却互不碰遇。当假定平面晶界在空间系无规则分布时，这个被引伸的体积就能和真实相变体积相联系，应用式得到经相变的体积分数为

$$f=1-\exp[-(b^B)^{-\frac{1}{3}}f^B(a^B)]\qquad(7.19)$$

其中

$$b^B=\dot{N}^\beta\left[8\left(\frac{A^B}{V}\right)^3\dot{G}\right]$$

在棱边形核，以被引伸交截线来计算新相的总体积，新相系由直的棱边开始形成，设只由同一棱边形成的新相球会互相碰遇。考虑到棱边为无规则分布，因此不同棱边所形成的新相也会互相碰遇。做与以上相同的处理，Cahn得到

$$f=1-\exp[(-b^E)^{-1}f^E(a^E)]\qquad(7.20)$$

其中

$$a^E=(\dot{N}^E\dot{G})^{\frac{1}{3}}t$$

$$b^{\mathrm{E}}=\dot{N}^{\mathrm{E}}\Big/\left(2\pi\frac{L^{\mathrm{E}}}{V}\dot{G}\right)$$

$$f^{\mathrm{B}}(a^{\mathrm{E}})=(a^{\mathrm{E}})^2\int_0^1\xi\left(1-\exp\left(-(a^{\mathrm{E}})^2\left((1-\xi^3)^{\frac{1}{3}}-\xi^2\ln\frac{1+(1-\xi^2)^{\frac{1}{2}}}{\xi}\right)\right)\right)\mathrm{d}\xi$$

其中,$\dot{N}^{\mathrm{E}}$ 为单位棱边长度的比棱边形核率;$\frac{L^{\mathrm{E}}}{V}$ 指单位体积的晶界棱边长度。

对晶界的隅角形核、形成新相,这相当于 Avrami 假定的有限的无规则分布的形核处。设 $\dot{N}^c$ 为比隅角形核率,即每隅角的形核率,相当于式 $f=1-\exp\left\{(8\pi N_0\dot{G}^3/v_1^3)\left[\exp(1-v_1t)-1+v_1t-\frac{v_1^3t^2}{2}+\frac{v_1^3t^3}{6}\right]\right\}$ 中的 v_1;$\dot{N}^c$ 为隅角位置的密度,相当于上式中 N_0;按上式,可写作

$$f=1-\exp[-(b^c)^{-3}f^c(a)^c]\tag{7.21}$$

其中

$$(a)^c=\dot{N}^ct$$

$$b^c=\left(\frac{3}{4}\pi N^cV^{-1}\right)^{\frac{1}{3}}(\dot{N}^c/\dot{G})$$

$$f^c\ (a)^c=(a^c)^3-3\ (a^c)^2+6a^c-6[1-\exp(-a^c)]$$

对晶界面形核的式(7.19),当 a^{B} 很小时,式(7.19)接近极限形式

$$f=1-\exp\left(-\pi\frac{\dot{N}^{\mathrm{B}}}{V}\dot{G}^3t^4/3\right)\tag{7.22}$$

其中,$\dot{N}^{\mathrm{B}}=\frac{A^{\mathrm{B}}}{V}\dot{N}^{\mathrm{B}}$ 为整个体系单位体积的晶界面形核率,因此 f 只取决于单位体积的形核率,而无关在何处形核。当式(7.19)中 a^{B} 很大时,式(7.19)成为另一极限形式

$$f=1-\exp\left(-2\frac{A^{\mathrm{B}}}{V}\dot{G}t\right)\tag{7.23}$$

因此,$\lg\lg\frac{1}{1-f}-\lg t$ 图中的直线有两段,一段直线的斜率为 4($\frac{1}{1-f}$ 和 $\exp t^4$ 成比例),另一段为 1($\frac{1}{1-f}$ 和 $\exp t$ 成比例),中间过渡区的斜率随 a^{B} 的增加而减小。由式(7.19)可见,$[\lg f^{\mathrm{B}}(a^{\mathrm{B}})]-\lg a^{\mathrm{B}}$ 图相当于 $\left[\lg\lg\frac{1}{1-f}+\frac{1}{3}\lg b^{\mathrm{B}}\right]-\left[\lg t+\frac{2}{3}\lg(\dot{N}^{\mathrm{B}}\dot{G}^2)\right]$ 图,图7.18为表示 $f^{\mathrm{B}}(a)^{\mathrm{B}}$ 和 a^{B} 的关系曲线,为晶界面形核的相变动力学曲线,可以和真实的 $\left[\lg\lg-\frac{1}{1-f}\right]-\lg t$ 图相联系,只是前者多了两个常数。

对图 7.18 中两个不同斜率的直线段给出它们的物理含义,即认为在早期形核位置尚未饱和,可应用式(7.22)来描述动力学。在后期,形核位置已趋饱和,相变相当于零形核率。此时只考虑相变产物向晶内伸展,因而应用式(7.23)。这表示晶界形核位置在体积上不是无规则分布的,往往在形核位置附近集中形核;因此在任一阶段,已相变的晶界面积分数大于体积分数,决定于未相变的晶界面积的总形核率比决定于未相变体积的降低更快。

在图 7.18 中,当 a^{B} 接近于 1 时,形核位置将趋于饱和,也就是在 $t\approx1/(\dot{N}^{\mathrm{B}}\dot{G}^2)^{\frac{1}{3}}$ 时斜率

发生变化，这和$\frac{A^{\mathrm{B}}}{V}$无关，因此和晶粒大小也无关，图 7.15 中的直线可能是图 7.18 中的一段直线，显然，应用细晶粒试样容易得到前期的结果，粗晶试样容易得到后期的结果，都显示 $\lg\lg -\frac{1}{1-f}-\lg t$ 的直线关系。

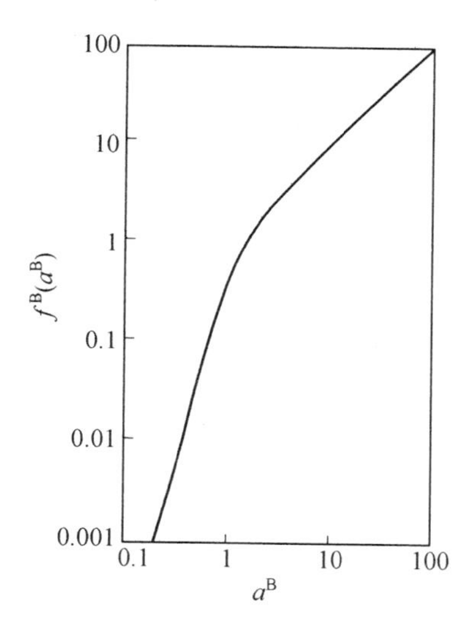

图 7.18　由 $f^{\mathrm{B}}(a^{\mathrm{B}})-a^{\mathrm{B}}$ 表示晶界形核的相变动力学曲线

当 $f\approx 0.5$，有

$$b^{\mathrm{b}}=[f^{\mathrm{B}}(a^{\mathrm{B}})/\ln 2]^{3} \tag{7.24}$$

$f^{\mathrm{B}}(a^{\mathrm{B}})\approx 1.25$ 相应于图 7.18 中的弯曲段发生形核位置饱和时，后期将被观察到。由式(7.15)的 $b^{\mathrm{b}}=\dot{N}^{\mathrm{B}}\left[8\left(\frac{A^{\mathrm{B}}}{V}\right)^{3}\dot{G}\right]$，若

$$N^{\mathrm{B}}\approx\left[125\left(\frac{A^{\mathrm{B}}}{V}\right)^{3}\dot{G}\right]\Big/[8(\ln 2)^{3}]$$

形核位置在 $f\approx 0.5$ 时发生饱和。取$\frac{A^{\mathrm{B}}}{V}\approx 3.35/L^{\mathrm{B}}$，而$\frac{\dot{N}^{\mathrm{B}}}{V}=\frac{A^{\mathrm{B}}}{V}\dot{N}^{\beta}$，则

$$\frac{\dot{N}^{\mathrm{B}}}{V}\approx 6\times 10^{3}\dot{G}/(L^{\mathrm{B}})^{4} \tag{7.25}$$

当$\frac{\dot{N}^{\mathrm{B}}}{V}$值小于式(7.25)时，形核位置饱和要在相变最后阶段才发生，变动力学相当于无规则体积形核。当$\frac{\dot{N}^{\mathrm{B}}}{V}$值较大时，在相变早期发生形核位置的饱和。只有当$\frac{\dot{N}^{\mathrm{B}}}{V}\approx 6\times 10^{3}\dot{G}/(L^{\mathrm{B}})^{4}$的一小段，才能在$\left[\lg\lg\left(-\frac{1}{1-f}\right)\right]-\lg t$的图上辨认出斜率的变化，这变化只在小的温度区间发生。满足式(7.25)的温度可以表示为一个临界温度。

同样，对棱边形核，作 $f^{\mathrm{E}}(a^{\mathrm{E}})-a^{\mathrm{E}}$ 图，相当于 $\left(\lg\lg\frac{1}{1-f}+\lg b^{\mathrm{E}}\right)-\left(\lg t+\frac{1}{2}\lg\dot{N}^{\mathrm{B}}\dot{G}\right)$ 图，如图 7.19 所示。对于隅角形核，作 $f^{\mathrm{c}}(a^{\mathrm{c}})-a^{\mathrm{c}}$ 图，相当于 $\left(\lg\lg\frac{1}{1-f}+3\lg b^{\mathrm{c}}\right)-(\lg t+\lg\dot{N}^{\mathrm{c}})$ 图，如图 7.20 所示。当所有棱边和隅角都成为相变区域，形核位置就趋饱和。当 a^{E} 或 a^{c} 值小时，f 接近于式(7.22)，在形核位置饱和之前，动力学和无规则体积形核一致。当 a^{E} 值大时，式(7.20)成为

$$f=1-\exp\left(-\pi\frac{L^{\mathrm{E}}}{V}\dot{G}^{2}t^{2}\right) \tag{7.26}$$

当 a^{c} 值大时，式(7.21)成为

$$f=1-\exp\left(-4\pi\frac{\dot{N}^{\mathrm{c}}}{V}\dot{G}^{3}t^{3}/3\right) \tag{7.27}$$

在 $a^{\mathrm{E}} \approx 1$ 或 $a^{\mathrm{c}} \approx 1$ 时，相变曲线出现弯曲，棱边形核的弯曲程度较小（于晶界面形核），隅角形核的更小。在实验观察中，这种弯曲常被忽视，而由一个中间斜率的直线所代替。对于晶界面形核，作 $(\dot{N}^{\mathrm{B}}/\dot{G})^{\frac{1}{3}}L^{\mathrm{B}}$ 和 $(\dot{N}^{\mathrm{B}}/\dot{G})^{\frac{1}{3}}\dot{G}\,t_{\frac{1}{2}}$ 之间的理论曲线，如图 7.20 所示，当 $(\dot{N}^{\mathrm{B}}/\dot{G})^{\frac{1}{3}}L^{\mathrm{B}}$ 很小时，有

$$t_{\frac{1}{2}} \propto (L^{\mathrm{B}}/\dot{N}^{\mathrm{B}}\dot{G}^{3})^{\frac{1}{4}} \tag{7.28}$$

当 $(\dot{N}^{\mathrm{B}}/\dot{G})^{\frac{1}{3}}L^{\mathrm{B}}$ 相当大时，有

$$t_{\frac{1}{2}} \propto (L^{\mathrm{B}}/\dot{G}) \tag{7.29}$$

当 $\dot{G}\,t_{\frac{1}{2}}/L^{\mathrm{B}} \approx 0.1$ 时，是斜率改变点。$t_{\frac{1}{2}}$ 随 L^{B} 的减少而降低是晶界面积和体积间比率增加的结果。图 7.21 中虚线表示 Johnson－Mehl 处理的结果，当晶粒较大时两者结果相同，当晶粒细小时，f 受碰遇和晶界的限制。当 $L^{\mathrm{B}} \approx (\dot{G}/\dot{N}^{\mathrm{B}})^{\frac{1}{3}}$，即 $t_{\frac{1}{2}} \approx (1/\dot{G}^{2})^{\frac{1}{2}}$ 为适中晶粒大小，L^{B} 小于此值两者结果偏离。

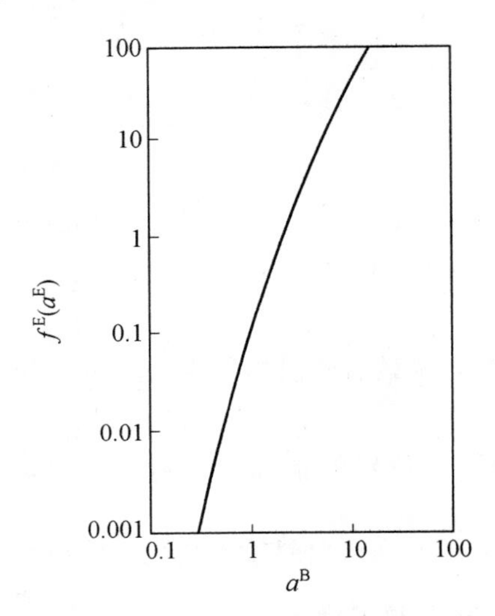

图 7.19　棱边形核的相变动力学曲线

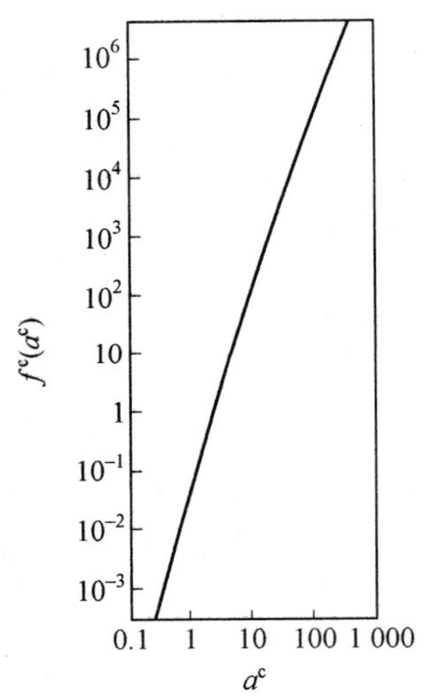

图 7.20　隅角形核的相变动力学曲线

对棱边形核及隅角形核可作出和图 7.21 相似的曲线，并都得到形核位置饱和时的式(7.25)，晶粒很细时则具有式(7.28)。

将 $t_{\frac{1}{2}}$ 与 L^{B} 的关系式列为

$$t_{\frac{1}{2}} \propto (L^{\mathrm{B}})^{m}$$

因 $\dot{N}=Kt^{n}$，$\dot{N} \propto (L^{\mathrm{B}})^{-2}\,(i=1)$，$\dot{N} \propto (L^{\mathrm{B}})^{-3}\,(i=0)$，则

$$m=(3-i)/(4+n)$$

其中，i 为形核位置的维数，对均匀形核 $i=3$，对晶界面、棱边、隅角分别为 2、1 和 0。各种情况下当 $\dot{N}$ 为恒值时的 m 见表 7.2。

由表 7.2 得知，可从实验值得到的 m 值来决定形核的形式。当然，实际相变中不但同一时间内几种形核位置都起作用，而且形核率的特性也各不相同。当所有形核位置都呈饱和时，则

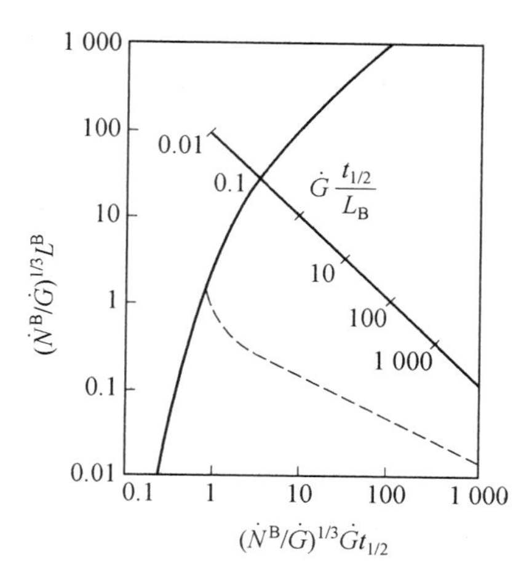

图 7.21　晶界面形核时半转变时间的理论曲线

（虚线表示 Johnson－Mehl 的结果）

f 的表达式近似于无规则成核的下式

$$f=1-\exp(-\pi\dot{N}\dot{G}^3t^4/3)$$

其中，$\dot{N}$ 为各类形核率之和，包括均匀形核率及晶界面、棱边和隅角形核率。$t_{\frac{1}{2}}$ 与 L^B 之间的关系近似于对形核率贡献最大形式 m 值。形核位置未饱和时，$t_{\frac{1}{2}}$ 由 $(\dot{N}\dot{G}^3)^{-\frac{1}{4}}$ 决定，饱和时由 $(L^B/\dot{G})$ 得出。最先饱和的位置一定是体积形核率最高的，或是形核维数（i 值）较低的；若棱边形核率最高，隅角位置可能先饱和，而不是晶界面形核先行饱和。当一类形核位置饱和并留下其他类更高维数的形核位置时，则这些位置将控制相变动力学。当一类位置在相变早期饱和时，留下的维数更高的位置却只具有很小的形核率，则留下的这些位置对整体相变动力学没有大的影响，或者这些位置也将在早期饱和。

表 7.2　转变 $t_{\frac{1}{2}}$ 时间和晶粒大小 L^B 之间的关系（$t_{\frac{1}{2}}\propto(L^B)^m$）

形核形式	m 值
无规则体积形核	0
晶界面形核	$\frac{1}{4}$
晶界棱边形核	$\frac{1}{2}$
晶角隅角形核	$\frac{3}{4}$
形核位置饱和（各类形式）	1

7.3　扩散相变动力学

7.3.1　固体的扩散

无论从理论或实际的意义上来说，扩散这个观象在复相平衡的讨论中是有其重要意义的。应该注意到，固体中的许多相变过程实际上就意味着各种原子的重新分布过程，变迁的速率由这些原子的运动速率决定着。

在无机械扰动及运流的情况下气体中存在着扩散这个现象，是Parrot（1815年）就观察到的。40年之后，菲克发表了他的著名定律，成为后来发展扩散理论的唯象论基础。

1. 扩散的统计性

如果一根由固溶体组成的合金棒沿其长度存在浓度梯度，如果高浓度的一端在熔点下加热几小时，则原子将沿合金棒运动，以致在最后得到均匀的成分。这里存在着溶质沿梯度方向的宏观流，而在其相反方向存在着溶剂的对流。应该认识到，宏观流和其所组成的个别原子运动是有区别的。扩散这个名词是对宏观流而言的，虽则组成这个宏观流的还是无数个别原子的运动。

扩散是由无数个别原子的无规则游动所产生的。由于热运动的缘故，一个原子在某一时间间隔内接受了足够的激活能，可能从一个原子位置跃迁到邻近的另一个原子位置。产生这些能量起伏的原因是由于邻近原子间的碰撞，这些碰撞可能把原子抛掷到任何方向。因此，原子运动的路线是无法预知的，而且是迂回曲折的。但是，把很多进行这些运动的原子一起考虑，则这些原子沿着浓度梯度向下的方向产生系统的流动。例如，考虑上述合金棒的一个垂直于浓度梯度的截面，由于在这截面的一边比另一边存在着更多的溶质原子，因此即使每个原子的运动是完全无规则的，也将有更多的原子从浓度高的一侧游经此截面到浓度低的一侧，结果沿着梯度向下的方向形成统计漂移。这就是扩散的统计性。

2. 固体质点扩散的特点

气相或液相等流体中质点间的作用力较弱，且没有固定的周期结构。因此，气相与液相中质点的传质过程较为简单，质点可以在三维方向任意进行迁移，且质点的迁移的平均行程（又称自由程）与流体的密度成反比。因此，气相或液相中的物质迁移过程具有各向同性和速率较大的特点。

与此相反，固体中质点的物质迁移就明显不同。固体中质点被束缚在由三维质点有序结构决定的三维结构势阱中。此三维结构决定了固体中质点迁移的特点：

（1）三维结构的势阱能量较大，质点之间相互作用力较强，质点迁移需要克服较大的势阱能量束缚。

（2）三维结构中质点在空间三维方向上的有序排布，决定了质点迁移的路线和自由程大小，质点要么沿格点空位进行扩散，要么沿格点的间隙处进行扩散。此外，质点迁移自由程与晶格常数相当。

因此，固体中质点的扩散具有各向异性和扩散速度低的特点。

3. 扩散机制

在固体中质点的扩散机制大致可分为三大类：空位机制、间隙机制和填隙机制。

（1）空位机制。

位于点阵格点位置的质点通过邻近的格点空位交换位置而迁移，这个过程相当于空位向相反方向移动，因此被称为空位扩散。空位扩散的速率取决于邻近空位的质点是否具有越过势垒的自由能，同时也与空位浓度的分布有关。

（2）间隙机制（直接间隙机制）。

在间隙固溶体中，位于格点间隙处的溶质质点沿晶格间隙移动，即从一个格点间隙位置迁移到相邻的格点间隙位置。迁移时，质点需要将相邻点阵位置的质点挤开，即晶格发生了瞬时的局部畸变,这部分畸变能量相当于溶质质点迁移时所需克服的势垒能量。

(3) 填隙机制(间接间隙机制)。

此机制经常在离子晶体中出现。有两个质点同时发生迁移运动,其中一个是间隙处质点,另一个是处于点阵位置的质点。质点迁移时,间隙位置的质点将点阵位置质点挤入间隙位置,自己则进入点阵位置处。氟石结构中的阴离子就是通过填隙机制进行迁移的。

(4) 其他机制。

除了上述的 3 种机制外,质点的迁移还有其他机制,如直接交换机制和环形换位机制等。直接交换机制中两个相邻位置质点通过直接交换位置而发生迁移;环形换位机制指相邻的数个同类质点发生连续的位置交换过程,实现物质质点的迁移运动。

在以上各种扩散机制中,直接交换机制所需的能量最大,尤其是对于离子晶体,因为正、负离子的尺寸、电荷和配位情况不同,理论上几乎不可能发生直接交换机制的迁移。

另外,同类质点的环形换位机制发生的可能性也较小。

从能量角度考虑,在晶格点阵结构中,格点位置的质点具有最低的能量,处于间隙位置和空位处的能量较高,因此空位扩散所需的能量最小,其次是间隙扩散机制和填隙扩散机制。由以上分析可知,空位扩散机制是最常见的扩散过程和机制。

7.3.2　扩散动力学

1. 菲克定律

微观上,流体与固体中的物质扩散存在明显差异,但在宏观上,作为一种物质的传递过程,介质中质点的扩散行为都遵循相同的统计规律。对此,1855 年德国物理学家 A. Fick(Adolf Fick) 在总结大量扩散现象的基础上,首先对这种质点扩散过程做出了定量的描述,并提出了浓度场作用下物质扩散的动力学方程,即菲克第一和第二定律。

(1) 菲克第一定律与稳态扩散。

在高于绝对零度的温度时,固体中质点可发生迁移运动。在一定的浓度场作用下,固相中质点将发生具有一定方向性和一定扩散通量(流量)的扩散,菲克第一定律就描述了这种宏观可测量的扩散通量和浓度梯度之间的关联规律。

其表达式为

$$J = -D\,\nabla C = -D\left(\boldsymbol{i}\,\frac{\partial C}{\partial x} + \boldsymbol{j}\,\frac{\partial C}{\partial y} + \boldsymbol{k}\,\frac{\partial C}{\partial z}\right) \tag{7.30}$$

其中,J 是单位时间内通过单位扩散截面的质点数目(又称扩散通量或流量);D 是扩散系数,量纲为 $\mathrm{L^2T^{-1}}$,在 SI 和 CGS 单位制中,扩散系数单位分别为 $\mathrm{m^2/s}$ 和 $\mathrm{cm^2/s}$;C 是浓度,是位置坐标 x、y、z 及时间 t 的函数,负号表示质点从浓度高向浓度低的方向扩散,即沿逆浓度梯度的方向进行扩散。

因为三维质点的有序结构存在各向异性,因此,实际晶体中的扩散系数 D 一般是一个二阶张量,与扩散方向有关。立方晶体的对称结构则可以简化。

对于一维的简单情况,则上式可简化为

$$J = -D_x\,\frac{\partial C}{\partial x} \tag{7.31}$$

式中,C 是扩散质点的体积浓度,单位为原子个数 $/\mathrm{m^3}$ 或 $\mathrm{kg/m^3}$;x 是质点扩散方向的距离。

以上两个方程均给出了稳态扩散时，扩散通量 J 与扩散浓度 C 在扩散距离 x、y、z 方向上的关联规律，这就是菲克第一定律对稳态扩散的数学定义和描述。所谓稳态扩散，是指在扩散系统中，任一体积单元在任一时刻，流入的物质量与流出的物质量相等，也就是指任一点的浓度不随时间变化而变化，用数学式表示就是：$\partial C/\partial t = 0$。

(2) 菲克第二定律与非稳态扩散。

在现实的材料研究中，稳态扩散非常少，绝大多数扩散过程均属于非稳态扩散，即在扩散过程中，任意一点的浓度都随时间而变化($\partial C/\partial t \neq 0$)。

以一维方向的非稳态扩散为例，取扩散体积单元为 $A\Delta x$(A 为扩散截面面积)，用 J_x 和 $J_{x+\Delta x}$ 分别表示流入扩散体积单元和流出扩散体积单元的扩散通量，则在 Δt 的单位时间内，扩散体积单元中扩散物质的变化量为

$$\Delta m = (J_x A - J_{x+\Delta x} A)\,\Delta t \tag{7.32}$$

上式变换得到

$$\frac{\Delta m}{\Delta x A\,\Delta t} = \frac{J_x - J_{x+\Delta x}}{\Delta x} \tag{7.33}$$

取 Δx、Δt 为无限小，则得到如下的连续性方程：

$$\frac{\partial C}{\partial t} = \frac{\partial J}{\partial x} \tag{7.34}$$

将式(7.31) 代入上式，得到

$$\frac{\partial C}{\partial t} = \frac{\partial}{\partial x}\left(D_x \frac{\partial C}{\partial x}\right) \tag{7.35}$$

上式就是非稳态扩散的数学表达式，即菲克第二定律，也被称为第二扩散方程。在各种条件下，上式可以变换成实际应用较方便的形式。如果扩散系数 D_x 与扩散物质的浓度无关，则菲克第二定律变为

$$\frac{\partial C}{\partial t} = D_x \frac{\partial^2 C}{\partial x^2} \tag{7.36}$$

以上讨论的是一维方向扩散，对于三维扩散，则上述的菲克第二定律为

$$\frac{\partial C}{\partial t} = \frac{\partial}{\partial x}\left(D_x \frac{\partial C}{\partial x}\right) + \frac{\partial}{\partial y}\left(D_y \frac{\partial C}{\partial y}\right) + \frac{\partial}{\partial z}\left(D_z \frac{\partial C}{\partial z}\right) = D\left(\frac{\partial^2 C}{\partial x^2} + \frac{\partial^2 C}{\partial y^2} + \frac{\partial^2 C}{\partial z^2}\right) \tag{7.37}$$

对于球形扩散，也就是扩散物质浓度梯度呈球形对称时，则上述的三维直角坐标系可以变换成球坐标表达式：

$$\frac{\partial C}{\partial t} = D\left(\frac{\partial^2 C}{\partial r^2} + \frac{2}{r}\frac{\partial C}{\partial r}\right) \tag{7.38}$$

以上四式均是菲克第二定律的表述方程式。

2. 扩散系数

应该指出的是，菲克定律只是定量地描述了物质扩散的宏观行为，它将除了扩散物质浓度之外的一切影响扩散过程的因素都包括在扩散系数 D 之中，而没有给予其明确的物理意义。

1905 年，Einstein-Brown 在研究大量质点做无规则布朗运动时，用统计力学的方法得到了扩散方程，并在表述宏观想象的扩散系数 D 和质点扩散的微观运动之间建立了联系。假设质点扩散过程中，在极短时间 τ 内扩散的位移距离为 ξ，则 Einstein-Brown 的一维扩散方程为

$$\frac{\partial C}{\partial t} = \frac{\xi^2}{2\tau}\frac{\partial^2 C}{\partial x^2} \tag{7.39}$$

其中

$$\overline{\xi^2}=\int_{-\infty}^{\infty}\xi^2 f(\xi,t)\,\mathrm{d}\xi \tag{7.40}$$

$\overline{\xi^2}$ 为扩散质点在时间 τ 内位移平方的平均值。三维的扩散方程为

$$\frac{\partial C}{\partial t}=\frac{\overline{\xi^2}}{6\tau}\left(\frac{\partial^2 C}{\partial x^2}+\frac{\partial^2 C}{\partial y^2}+\frac{\partial^2 C}{\partial z^2}\right) \tag{7.41}$$

将上式与菲克定律比较，可以得到菲克定律中的扩散系数为

$$D=\frac{\overline{\xi^2}}{6\tau} \tag{7.42}$$

对于固相扩散介质，假设质点迁移的自由程为 r，质点的有效跃迁频率为 f，则有关系式 $\overline{\xi^2}=f\cdot\tau\cdot\overline{r^2}$。因此得到

$$D=\frac{\overline{\xi^2}}{6\tau}=\frac{f\cdot\overline{r^2}}{6} \tag{7.43}$$

上式表明，质点扩散的布朗运动理论决定了菲克定律中扩散系数的物理含义。在固相介质中，做无规则布朗运动的大量质点的扩散系数取决于质点的有效跃迁频率 f 和迁移自由程 r 平方的乘积。考虑到 f 与 r 等反映了晶体结构、扩散机制以及扩散质点性质等微观结构特征，因此可以认为，扩散系数既是反映质点扩散宏观性质的参数，又是反映了扩散介质的微观结构、扩散质点性质的微观性质的参数。

前述 f 和 r 数值与若干因素有关。对 f 而言，首要的影响因子是扩散机制。例如空位扩散的情况，只有当质点邻近有空位时才能发生跃迁，进入到该空位内。因此，这种空位跃迁的概率是由晶体中空位或者缺陷的浓度决定的。其次，f 还和质点跃迁到邻近空位的跃迁频率 ν 以及和质点相邻的可供跃迁的结点数目 Z 有关，因此，这种扩散机制的有效跃迁频率可表示为

$$f=ZN_{\mathrm{D}}\nu \tag{7.44}$$

另外，r 是质点跃迁距离或自由行程。对于晶体结构，r 是由晶体结构决定的，可用晶格常数 a_0 来表示。例如，体心立方晶体中 $r=\frac{\sqrt{3}}{2}a_0$，$Z=8$，则可得到

$$D=a_0^2 N_{\mathrm{D}}\nu \tag{7.45}$$

将上式改写成对各种晶体结构和扩散机制普遍适用的一般关系：

$$D=\alpha a_0^2 N_{\mathrm{D}}\nu \tag{7.46}$$

式中，α 是取决于晶体结构的几何因子，对于体心和面心立方结构，则 $\alpha=1$。

需要指出的是，扩散系数 D 是指系统中没有定向扩散推动力(扩散物质的浓度差等)下的扩散系数，也就是无序的、热振动条件下的无规则扩散过程。在此条件下，每次质点的迁移都和前一次迁移无关，且不能产生宏观的定向扩散现象，因此 D 也称为无序游动扩散系数。一般晶体中的空位扩散符合这种条件，但是对处于晶格格点位置的原子的扩散，则有不同，原子的每次跃迁都和前次跃迁有关，需要考虑相关因子系数 k_{C}，并有 $D'=k_{\mathrm{C}}D$。此扩散系数 D' 称为原子的自扩散系数，对于面心立方结构，相关因子 $k_{\mathrm{C}}=0.78$。

另外，对处于晶格格点位置的原子跃迁来说，跃迁频率 ν 就是在给定的温度下，在单位时间内，每个原子成功地克服势垒束缚，跳出原来所在格点位置的跃迁次数，且有

$$\nu=\nu_0\exp\left(-\frac{\Delta G^*}{RT}\right)=\nu_0\exp\left(-\frac{\Delta S^*}{RT}\right)\exp\left(-\frac{\Delta H^*}{RT}\right) \tag{7.47}$$

其中，ν_0 是原子在晶格平衡位置上的振动频率(大约在 10^{13}/s 数量级)；ΔS^* 和 ΔH^* 分别是原子从处于晶格格点位置的平衡状态转变到发生跃迁后的活化状态的自由能、熵和焓的变化值。

扩散系数与温度的关系，可用下式表示：

$$D=D_0\exp\left(-\frac{Q}{RT}\right) \tag{7.48}$$

式中，D_0 为扩散常数，Q 为扩散活化能或称扩散激活能。上式取对数，得

$$\ln D=\ln D_0-\frac{Q}{RT} \tag{7.49}$$

上式表明，在扩散机制不变，扩散活化能 Q 不变的条件下，$\ln Q$ 与 $1/T$ 成直线关系。实验中，可以通过测定不同温度条件下的扩散系数，获得扩散活化能的数值。

3. 扩散系数的测定

所有扩散系数的测定方法都是基于研究被测材料体系中扩散物质的浓度分布规律，以及浓度分布与扩散退火温度、扩散时间的依从关系。通常可以通过物理的、化学的或者是物理化学方法来研究扩散浓度，因此发展了许多扩散系数的测定方法和手段，如示踪原子扩散方法、化学扩散方法、弛豫方法和核方法等。其中，利用同位素进行示踪原子扩散的方法，具有灵敏度高、适用性强和方法简单等优点，已经得到了广泛的应用。

示踪原子扩散方法测定时，一般通过如下步骤确定扩散系数：① 先用各种沉积方法，如蒸发法、电化学法和溅射法等，在被研究试样的表面沉积一层非常薄的放射性示踪原子作为扩散源；② 在某一温度下热处理，让放射性示踪原子在试样内进行扩散；③ 扩散结束后，取出试样，在垂直于扩散通量的方向上，等厚度地分层切割试样；④ 利用计数器，分别测定依序切下的各薄层的同位素放射性强度，根据放射性强度正比于各层中扩散物质浓度的原理，确定扩散物质的浓度分布；⑤ 根据相应的扩散物质浓度分布方程式，确定扩散系数。下面简单地介绍有关扩散物质的浓度分布规律。

以一维方向的非稳态扩散过程为例，假设经过 t 的扩散时间后，在任意一点 x 处的浓度为 $C(x, t)$，则根据菲克第二定律，式(7.36) 变为

$$\frac{\partial C(x,t)}{\partial t}=D_x\frac{\partial^2 C(x,t)}{\partial x^2} \tag{7.50}$$

一般情况下，扩散系数 D_x 非常小，因此可以沿 x 方向的扩散，看作在一个有限的单位截面内，沿 x 方向上无限长的柱体内的扩散过程。扩散距离从 0 到无穷大，扩散物质总量为

$$m=\int_0^\infty C(x,t)\,\mathrm{d}x \tag{7.51}$$

此方程的一个常用解为

$$C(x,t)=\frac{m}{2\sqrt{\pi Dt}}\exp\left(\frac{-x^2}{4Dt}\right) \tag{7.52}$$

此方程给出了在给定的扩散时间 t，在任意一点 x 处的浓度分布方程式，上式取对数，得到

$$\ln C(x,t)=\ln\frac{m}{2\sqrt{\pi Dt}}-\frac{1}{4Dt}x^2 \tag{7.53}$$

此方程给出了 $\ln C(x, t)$ 与 x^2 成正比的关系。

将通过实验得到的浓度分布规律，以此关系式作图，可以获得相应扩散过程的扩散系数。

另外，对一些特殊的材料体系。扩散物质浓度关系可以通过电阻率或电导率得到。例如，研究 Ge、Si 半导体材料中的 Ⅲ 族元素(B、Al、Ga)、V 族元素(P、As、Sb) 等杂质的扩散过程时，因为杂质的浓度与电阻率存在对应关系，所以可以通过测定各扩散层的电阻率，从而来确定各层的杂质扩散浓度。

4. 扩散影响与控制因素

扩散系数是决定扩散速度的最重要参数。根据式(7.48)，影响扩散系数的参数有扩散常数大小、活化能和温度。其中，扩散常数和活化能受多种材料因素影响，如扩散物质、扩散介质结构、杂质等。

(1) 温度的影响。

晶体结构中的扩散属于热振动激活过程，一般包括各种缺陷的产生和缺陷的迁移运动两部分。其扩散系数可用 Arrhenius 方程描述。由式可见，温度对扩散系数的影响关系是指数关系，可见温度对扩散系数的影响之大。

因为扩散活化能 Q 是正的，所以温度越高，扩散系数越大，扩散速率也越大。这一点不难理解，温度升高，一方面增加了热缺陷的数目，另一方面使得更多的质点具有高的热振动能量，可以克服势垒的束缚而发生迁移运动。因此实验研究和生产中，各种受扩散控制的过程都必须严格考虑温度的影响。

此外，低温与高温两种条件下，缺陷的种类和扩散机理会有所不同。一般地，在低温条件下，热缺陷数量较少，晶体结构中的杂质缺陷为主要缺陷类型，其浓度更多地依赖于杂质的含量，受温度的影响相对较小。此时，扩散活化能为杂质缺陷(如间隙离子或者空位) 克服势垒束缚，发生迁移运动的能量。

相反地，高温时热缺陷为主要缺陷类型，因此扩散活化能包括热缺陷产生和热缺陷迁移两部分能量。就高、低温均为空位扩散机制控制的过程而言，在扩散系数与温度倒数的双对数图上，可以观测到一条有转折点的折线，转折点的两侧分别为高温区与低温区的两条斜率不同的直线，由斜率差值可以求出空位的形成能。

(2) 晶体结构的影响。

不同的晶体结构，其致密程度不同，无论是空位扩散还是间隙扩散机制，在致密度较小(即结构较宽敞的晶体结构) 中的扩散激活能较小，扩散就容易进行，反之亦然。晶体结构具有的各向异性特点对扩散也有明显作用，在对称性较低的晶体结构中，扩散系数的各向异性相差较大，高的可相差 5 ～ 6 个数量级。

(3) 固溶体(外来杂质) 的影响。

杂质对扩散的影响作用较为复杂，与杂质的种类、数量以及杂质在晶体结构中的分布状况等均有关系。较小半径的杂质往往形成间隙型固溶体。位于间隙位置杂质的扩散以间隙扩散方式进行，因此对主晶相结构中原有质点的扩散影响程度不大。如果杂质与主晶相形成有限的格位替代固溶体，加上部分不等价的杂质替代产生的大量缺陷，则对主晶相原有质点的扩散有相当大的影响作用。另外还有一种情况，即杂质进入主晶相后，与空位结合形成了扩散速度较快的复合体(又称缔合体)，则可以有效地影响扩散速度。

(4) 气氛的影响。

非化学计量的氧化物材料中,氧缺陷浓度随气氛改变而改变,这一点与热振动缺陷明显不同。气氛对非化学计量的氧化物材料中离子扩散的影响也比较复杂。一般地,如为阳离子缺位的非化学计量氧化物,则其阳离子空位浓度、阳离子扩散系数与周围气氛中氧分压的 1/6 次方成正比。而阴离子缺位的非化学计量氧化物,则其阴离子空位浓度、阴离子扩散系数与周围气氛中氧分压的 1/6 次方成反比。TiO_{2-x} 是最具代表性的阴离子缺位的非化学计量氧化物,与其相关的固相反应或烧结过程中,要非常注意并控制气氛中的氧分压。

(5) 扩散介质黏度的影响。

在一定的条件下,可以将扩散介质(如固相物质等)当作具有黏度系数为 η 的均一性介质,则其中半径为 r 的质点或者微粒在介质中进行扩散时,其扩散系数可用斯克托斯 - 爱因斯坦(Stocks - Einstein) 关系式表示:

$$D = \frac{KT}{6\pi\eta r} \tag{7.54}$$

式中,K 为玻耳兹曼常数。上式表明,扩散系数与扩散介质的黏度 η 有关,即具有一定扩散系数的扩散过程,可以看作扩散物质在具有一定黏度的均一性扩散介质中进行扩散,其中扩散介质的黏度由斯克托斯 - 爱因斯坦关系式决定。因此,扩散介质的黏度越大,则扩散系数越小,扩散速度也就越小。

以上关系式可以应用到在玻璃、非晶态介质(如晶界处) 等扩散介质中的扩散过程。而对发生在氧化物等各向异性较为显著晶体结构中的扩散过程,其应用则有限制,物理意义也较为模糊。

(6) 晶体缺陷的影响。

以上部分内容仅仅讨论了在晶体内部发生的扩散过程,对单晶材料比较适用。实际材料中多晶材料往往较多,材料组织结构中存在大量的位错、晶界以及表面等材料缺陷,扩散除了在晶格点阵内部进行之外,也会在这些缺陷部位进行。基于这些缺陷处的点阵畸变较大,甚至点阵完全消失的事实,其中的原子等质点一直处于高能量状态,与晶格内部相比,这些缺陷处的原子等质点更易克服势垒的束缚,发生迁移等扩散行为。因而,通常沿位错、晶界和表面迁移的扩散系数大于经过点阵内部的体扩散系数。

沿位错管道进行的扩散活化能较小,约为体扩散活化能的 1/2,扩散系数较大,对扩散起到加速作用。同样地,沿晶界或者表面的扩散活化能均小于体扩散活化能,其中,晶界还富集了杂质,对扩散具有促进作用。表面的扩散作用最大,以金属表面的自扩散为例、扩散活化能约为蒸发热的 2/3 左右。可见,表面扩散对传质过程更具重要意义。沿表面进行的扩散在氧化、催化、气相沉积和烧结反应等过程中均起到非常重要的作用。

通常沿表面的表面扩散系数比沿界面的界面扩散系数约大 2 ~ 3 个数量级范围,而沿界面的界面扩散系数约比沿晶格进行的体扩散系数大 3 ~ 4 个数量级范围。

由以上讨论可见,扩散是一个比较复杂的问题,它不仅取决于扩散物质种类与性质以及扩散介质的结构、扩散途径和扩散机制等扩散的内在因素,还与外界条件(如扩散温度、扩散气氛、杂质种类与浓度等) 有关。以离子晶体中的扩散物质种类为例,除了阳离子和阴离子外,电子、电子空穴甚至电中性的原子和分子也可参与扩散过程,不同种类扩散物质的扩散机制、扩散系数和扩散速度各不相同,需要结合具体情况进行分析。

7.3.3　扩散形核

在大多数相变中，如凝聚、凝固以及许多固态相变中，先形成的新相核心，即称为形核或生核。连续性相变（如 Spinodal 分解及 Spinodal 有序化）则无须进行形核过程。扩散型相变的形核过程主要为扩散形核。母相中组成新相的原子（或分子）集团，称为核胚。形核过程就是以这些核胚或新相的起伏依靠单个原子热激活的扩散跃迁，形成最小的、可供相变为更稳定相的集合体的过程。原子基团在母相中很小尺度范围内发展成为核心，并依靠偏摩尔自由能梯度作为驱动力。

以 Q_n 表示含 n 个原子组成的核胚，Q_1 表示单个原子，Q_2 表示两个原子组成的核胚，…。依靠原子（单原子的概率最大）碰迁至核胚，使核胚所含的原子数增加并逐渐长大。如

$$Q_n + Q_1 \longrightarrow Q_{n+1}$$

$$Q_{n+1} + Q_1 \longrightarrow Q_{n+2}$$

$$\cdots\cdots$$

当温度低于临界温度（T_0），但 $n < n^*$（或核胚半径 $r < r^*$）时，由 n 态变为（$n+1$）态的过程将使体系的自由能升高，只有当 $n > n^*$ 时，n 态变为 $n+1$ 态才使体系的自由能下降，如图 7.22 所示。因此，当 $n < n^*$ 时下列（1）式（核胚原子数增加）的过程概率小于（2）式的过程（核胚原子数衰减过程）概率：

$$Q_n + Q_1 \longrightarrow Q_{n+1} \tag{1}$$

$$Q_{n+1} - Q_1 \longrightarrow Q_n \tag{2}$$

在 $n=n^*$（或 $r=r^*$）时，进行（1）式和（2）式过程的概率相等，只有 $n > n^*$（或 $r > r^*$）时，进行（1）式过程的概率大于（2）式。

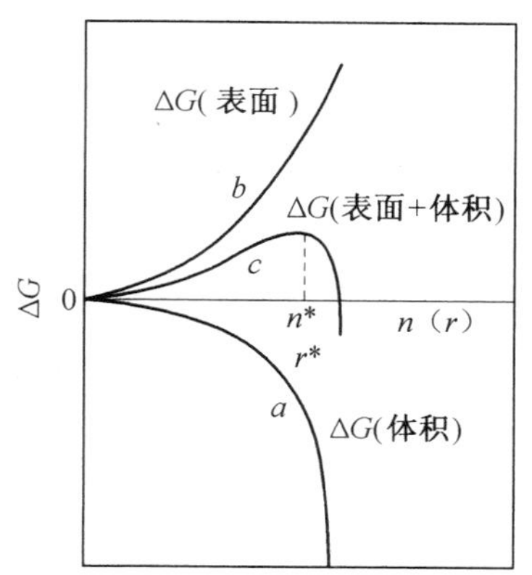

图 7.22　形核时体系自由能的变化

图 7.22 中体系自由能曲线系体积自由能的下降曲线 a（由于 $T < T_0$）与由于核胚形成时核胚和母相之间表面能的产生使自由能上升曲线 b 之和。在固态相变时，新相与母相之间的应变能也升高体系的自由能，在 a 曲线（$\Delta G_{体积}$ 或 Δg_v）中应包括应变能（应变能为正值，降低了 $|\Delta G_{体积}|$），即

$$\Delta G = -n\Delta g_v + \eta n^{2/3}\sigma \tag{7.54}$$

其中，Δg_v 为每原子体积自由能（焓）的变化；η 为核胚的形状因子，并使 $\eta n^{2/3} = A$（A 为核胚的表面积）；σ 为表面自由能。曲线 b 与 r^2 成正比，曲线 a 与 r^3 成正比。当 r 很小时，c 曲线上升，$r=r^*$ 时达到极大值，更大的 r 使 c 曲线（自由能值）下降。令 $\frac{\partial \Delta G}{\partial n}=0$，得

$$\Delta G^* = \frac{4\eta^3\sigma^3}{27\Delta g_v^2} \tag{7.56}$$

$$n^* = \left(\frac{2\eta\sigma}{3\Delta g_v}\right)^3 \tag{7.57}$$

当核胚（核心）为球体，半径为 r 时，式（7.55）成为

$$\Delta G = -\frac{4}{3}\pi r^3\Delta g_v + 4\pi r^2\sigma \tag{7.58}$$

其中，Δg_v 为单位体积自由能差。令 $\frac{\partial \Delta G}{\partial r}=0$，得

$$\Delta G^* = -\frac{32}{3}\frac{\pi\sigma^3}{\Delta g_v^2}+\frac{16\pi\sigma^3}{\Delta g_v^2}=\frac{1}{3}\left(\frac{16\pi\sigma^3}{\Delta g_v^2}\right)=\frac{1}{3}\sigma A^* \tag{7.59}$$

$$r^* = \frac{2\sigma}{\Delta g_v} \tag{7.60}$$

式中，ΔG^* 为形成临界大小核胚（核心）n^*（或 r^*）所需的能量（形核功），需由形核时借热激活的能量起伏（涨落）来供给；n^*（或 r^*）称为临界核心。显然，当 $T > T_0$ 时，体系的自由能将随 n（或 r）的增加而单调地升高。

在 $T < T_0$，小于 n^* 的核胚由 n 态变为 $(n+1)$ 态，还需超越能垒（$\Delta G_{\text{diff}} + \Delta G^{n\to(n+1)}$），如图 7.23(a) 所示，图中 ΔG_{diff} 表示原子由母相扩散至核胚所需的扩散激活能，$\Delta G^{n\to(n+1)}$ 则为两态之间的自由能差。而由 $(n+1)$ 态变为 n 态，只需越过 ΔG_{diff}，这说明当 $n < n^*$ 时，(2) 式过程的概率大于(1) 式过程的概率。当 $T < T_0$，大于 n^*（或 r^*）的核胚，由 n 态变为 $(n+1)$ 态时，仍需越过扩散激活能 ΔG_{diff}。因此，图 7.22 中（$\Delta G - n\,(r)$）的曲线上实际应存在峰谷形式，如图 7.24 所示。

在母相整个体积内均匀形成新相核心的称为均匀形核。在一定基底上形核的称为非均匀形核，这种基底一般为外来质点或结构缺陷，它们使所需的形核功小于均匀形核的形核功。在均匀形核时，形成 n^*（或 r^*）大小的核胚的长大和收缩的概率相等，热起伏强度 kT 可使核胚回到 Q_1 态。只有当 $\Delta G = \Delta G^* - kT$ 时，n（或 r）大小的核胚才能保证不受热起伏的破坏。已知在 1 cm^3 具有 10^{23} 个原子，在均匀形核时，1 cm^3 中约有 10^{18} 个原子成为临界核心，而在非均匀形核时只有 $10^4 \sim 10^6$ 个原子成为临界核心。

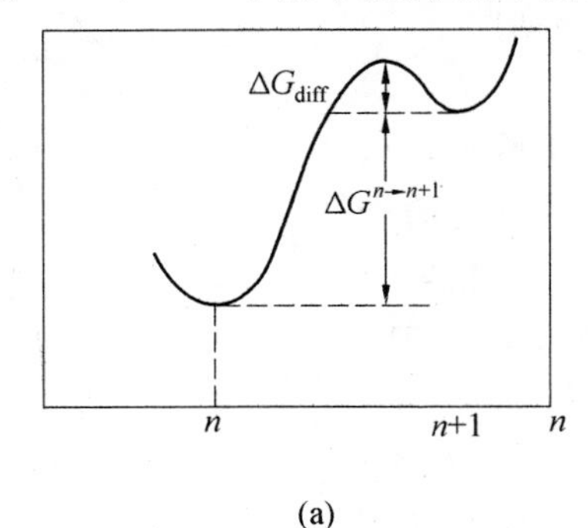

(a)

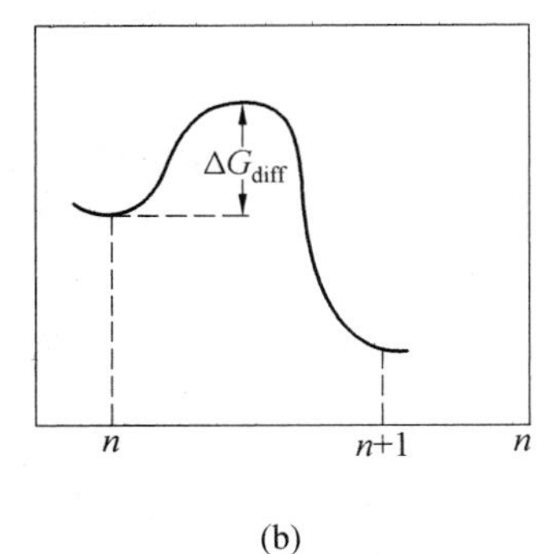

(b)

图 7.23 胚核由 n 态变为 $(n+1)$ 态所需超越的能垒示意图

在蒸气－液相的相变中一般以均匀形核为主，但也常以离子或外来固、液相为底呈非均匀形核，形核理论主要为气体动力学理论。在蒸气－固相的相变中，均匀形核主要受气体动力学的控制，但在非均匀形核中，核心与基底之间的界面结构和能量就起主要作用了。研究工作证明，在凝聚过程中，非均匀形核的原子迁输过程主要是原子吸附在基底上，表面扩散至基底，然后以一定起伏进行二维形核。

在凝固过程中，液相中需具有浓度、结构及能量起伏，这些起伏的基本理论由 Einstein－Brown 所奠定。多数的凝固过程为非均匀形核 —— 利用现成质点、籽晶或合适的模壁作为基底。设新相在基底 B 上形成曲率半径为 r 的球冠状晶核 S，如图 7.25 所示。晶核和基底面的接触角为 θ，固相 S 和液相 L 之间的界面能为 σ_{LS}，S 与基底 B 之间的界面能为 σ_{SB}，液相 L 和 B

之间的界面能为 σ_{LB},则液相 L 与固相 S 之间的接触面积 A_{LS} 为

$$A_{LS}=2\pi r^2(1-\cos\theta)$$

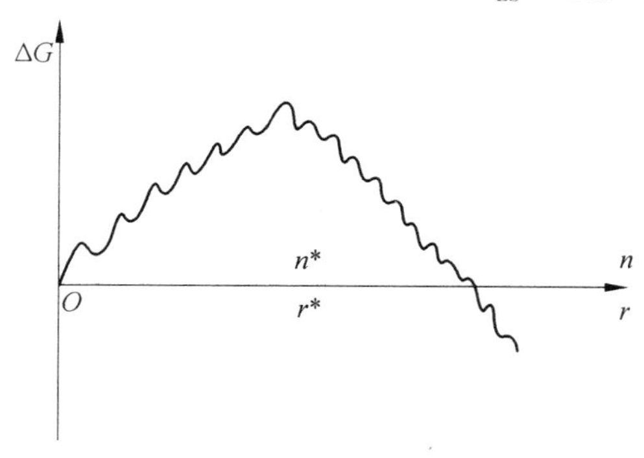

图 7.24　形核的 $\Delta G-n\ (r)$ 的曲线

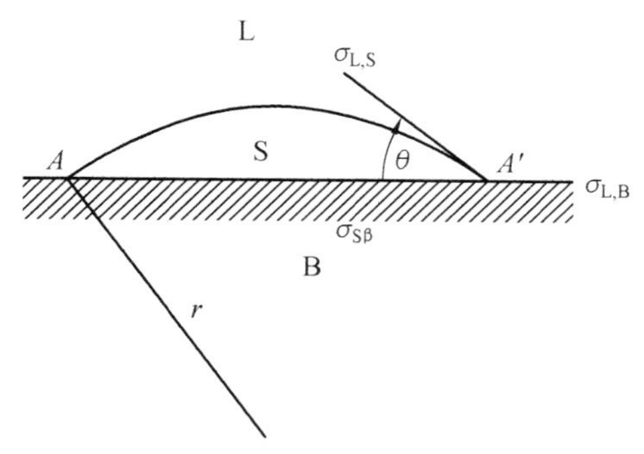

图 7.25　球冠状非均匀形核示意图

固相 S 与现成基底 B 之间的接触面积 A_{SB} 为

$$A_{SB}=\pi r^2\sin^2\theta$$

在上述非均匀形核时表面能的增量为

$$\sum A\sigma=2\pi r^2(1-\cos\theta)\sigma_{LS}+\pi r^2\sin^2\theta(\sigma_{SB}-\sigma_{LB})\tag{7.61}$$

根据式(7.61)同样可得非均匀形核所需的形核功 $\Delta G^*_{非}$ 应为

$$\Delta G^*_{非}=\frac{1}{3}\sum A\sigma$$

当晶核具有稳定的周界,L、S 和 B 之间的表面张力达到平衡时,有

$$\sigma_{L-B}=\sigma_{S-B}+\sigma_{L-B}\cos\theta$$

或

$$\sigma_{S-B}-\sigma_{L-B}=-\sigma_{L-S}\cos\theta\tag{7.62}$$

将式(7.60)、式(7.61)及式(7.62)合并,得

$$\Delta G^*_{非}=\frac{1}{3}\pi r^*\sigma_{L-S}(2-2\cos\theta-\sin^2\theta\cos\theta)$$

由于

$$r^*=\frac{2\sigma}{\Delta g_v}$$

则 $\Delta G^*_{非}$ 也可表示为

$$\Delta G^*_{非}=\frac{4\pi\sigma^3}{3\Delta g_v^2}(2-3\cos\theta+\cos^3\theta)$$

设 $s=\cos\theta$,则

$$\Delta G^*_{非}=\frac{4\pi\sigma^3}{3\Delta g_v^2}(2-3s+s^3)\tag{7.63}$$

对照式(7.59),可见

$$\Delta G^*_{非}=\Delta G^*f(\theta)\tag{7.64}$$

其中

$$f(\theta)=\frac{2-3s+s^3}{4}$$

由式(7.64)可知,当 $\theta = 180^\circ$ 时,$\Delta G^*_{非} = \Delta G^*$,基底对形核不起作用;当 $\theta = 0^\circ$ 时,则 $\Delta G^*_{非} = 0$,即非均匀形核不需做形核功。在一般情况下,θ 在 $0 \sim 180^\circ$ 之间,即

$$\Delta G^*_{非} < \Delta G^*$$

因此凝固时往往出现非均匀形核。

由于液相中原子扩散迅速,因此凝固时一旦形核,晶体就能很快长大(在 1 cm/s 以上)。由于释放热量,使相变成为变温(非等温)的。在不透明液相中直接研究形核动力学很困难,有人曾以小滴液相(直径为 1 μm)来观察等温凝固:假如形核率与小滴表面面积成正比,可证明为非均匀形核 —— 在小滴表面上形核;假如形核率与小滴体积成正比,可证明为均匀形核。但实际上,问题并非如此简单。

在固态相变中,具有晶体结构或位向关系改变的大多都需经形核过程。扩散形核需具有结构、浓度和能量起伏。在很多情况下,固态相变系非均匀形核。均匀形核只在驱动力很大或核心的晶体结构与基体结构十分相近、两者之间的界面能量很低的情况下才会出现。表面能和体积应变能的计算(尤其在各向异性的介质中)及热效应(尽管这效应是小的)等问题正引起人们的普遍注意。固态相变形核动力学的实验测定以及和理论值的比较,正值初兴之际,核心的形状及其在工业上的应用也已受到重视。

7.4 马氏体相变动力学

7.4.1 马氏相变概述

马氏体相变是热处理基础理论之一。马氏体最初是在钢中发现的:将钢加热到一定温度(形成奥氏体)后经迅速冷却(淬火),得到的能使钢变硬、增强的一种淬火组织。1895 年法国学者 Osmond 为纪念德国金相先驱者 Adolph Martens,将钢经淬火后的组织命名为马氏体(Martensite)。此后将母相(钢中奥氏体)马氏体的相变统称为马氏体相变。1924 年美国学者 Edgar Bain 在《马氏体的本质》论文中提出浮凸概念及 *fcc* − *bcc* 之间的晶体学对应关系,1926 年 Fink 和 Campbell 由 X 线衍射首次揭示钢中马氏体的体心正方(四角)结构(此前猜测为 α − Fe 和 Fe_3C 的混合物),开创了马氏体相变研究的先河。

7.4.2 马氏体相变分类

根据上述马氏体相变定义,马氏体相变按动力学特征可分为 4 类:变温马氏体相变、等温马氏体相变、爆发型马氏体相变和热弹性马氏体相变。

1. 变温马氏体相变

变温马氏体大多数合金系具有变温马氏体相变特征。如图 7.26 所示,成分为 C 的马氏体点为 M_s,在冷却过程中,温度降低到 M_s 以下发生相变,不断降温,不断转变,转变量取决于冷却到达的温度 T_q。如图 7.26 所示,奥氏体冷却到马氏体点 M_s 时,开始形成马氏体,其转变量 f 随着温度的降低而不断增加到达马氏体转变终点(M_f)温度时,并没有得到 100% 的马氏体,而是尚有残余。

若以未转变的体积分数$(1 - f)$表示转变情况,则与$(M_s - T_q)$值呈指数关系:

$$1 - f = \exp[\alpha(M_s - T_q)] \tag{7.65}$$

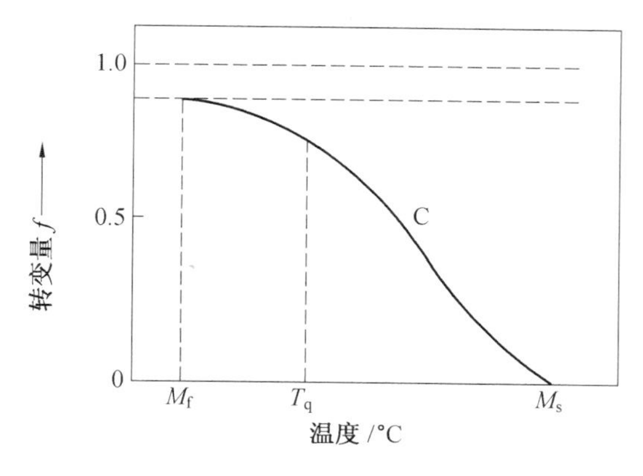

图 7.26　碳素钢变温马氏体相变动力学曲线

式中,α 为常数,取决于钢的成分。碳素钢的碳的质量分数小于 1.1%,$\alpha = -0.011$,用半对数坐标制图得到图 7.27。对于其他钢,尚需具体测定。各种钢的 α 值不等,马氏体点也不等,则转变动力学曲线不同。

多数钢的过冷奥氏体经变温转变形成马氏体,因此钢经淬火至室温时的残留奥氏体由马氏体点 M_s、M_f 来决定。当马氏体点低时,M_f 在室温以下时,将有较多的残留奥氏体,如图 7.28 所示。

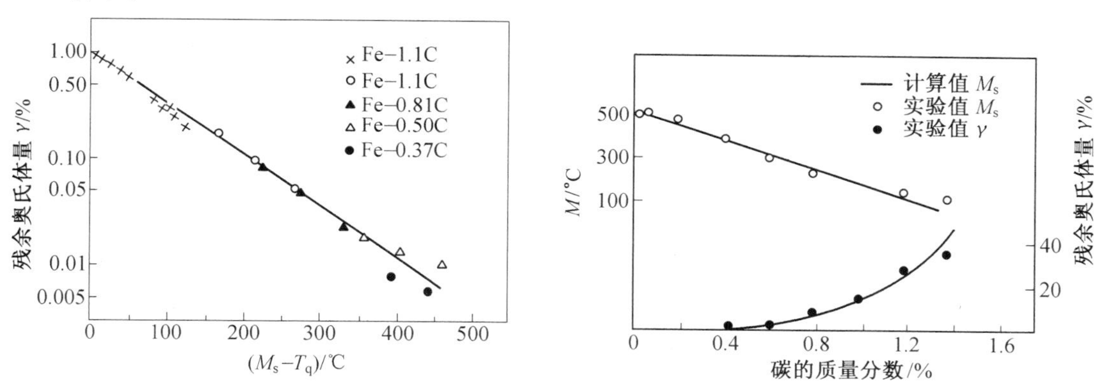

图 7.27　碳素钢变温马氏动力学指数方程曲线　图 7.28　碳钢的 M_s 和残留奥氏体量与碳的质量分数的关系

2. 等温马氏体相变

一般的碳素钢、合金钢都是降温形成的马氏体,但是某些高碳合金钢,如 GCr15、W18Cr4V,虽然它们主要是降温形成的马氏体,但在一定条件下,也能等温形成马氏体。将轴承钢油淬到室温,再经 100 ℃ 等温($M_s \approx 112$ ℃),可形成等温马氏体,有 3 种形成方式:① 原有马氏体片继续长大;② 重新形核长大;③ 在原有马氏体边上形成。马氏体的等温形成具有类似于钢的共析分解的动力学特征。图 7.29 为典型的 Fe－Ni－Mn 合金等温马氏体转变动力学曲线,呈 C 形曲线特征,可见,在 140 ℃ 附近转变速度最快。

图 7.30 显示出的等温马氏体(白色),是轴承钢淬火后于 100 ℃ 等温 10 h 所得到的马氏体组织,其中黑色马氏体片是变温马氏体,在等温过程中发生了回火转变。

等温马氏体相变时每片马氏体的长大速度仍然极快,恒温下马氏体量的增加依靠晶核不断形成,不同温度下转变速度的差异受形核率控制。等温马氏体和变温马氏体的主要区别是

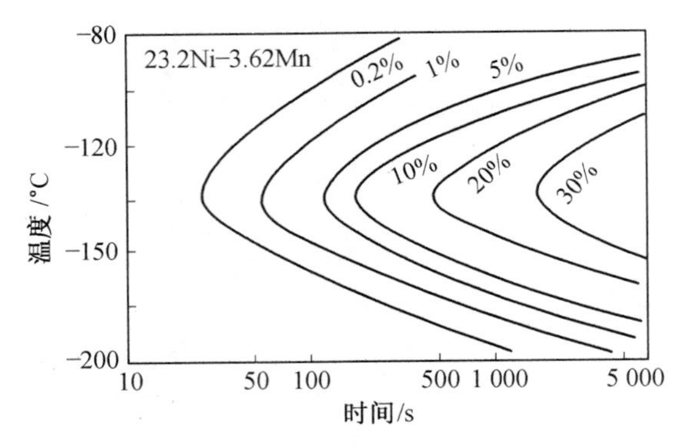

图 7.29 Fe－Ni－Mn 合金等温马氏体转变动力学曲线

图 7.30 轴承钢中的等温马氏体

形核总量不受过冷度约束。

马氏体的等温转变一般不能进行到底，转变到一定量后就停止了。随着等温转变的进行，马氏体转变引起的体积变化导致未相变的奥氏体发生应变，致使相变阻力增大。因此，必须增大过冷度，增加相变驱动力，才能使相变继续进行。马氏体的等温形成，形核需要孕育期，但是长大速度仍然极快。

3. 爆发型马氏体相变

马氏体点低于室温的某些合金，当冷却到一定温度 M_b（$M_b < M_s$）时，瞬间形成大量的马氏体，在 $T-f$ 曲线的开始阶段呈垂直上升的势态，称为爆发型马氏体相变。爆发量与 M_s 温度高低有关。爆发后继续降低温度，将呈现变温马氏体的转变动力学特征。图 7.31 示出了 Fe－Ni－C 合金马氏体转变的情况。可见，在 －100 ℃ 左右时，爆发量最大，达到总体积的 60% ～ 70%，这么多的马氏体在一瞬间形成，将伴有声音和释放大量相变潜热，会使试样温度上升。

爆发量与 M_b 温度高低有关。例如，图中 M_b 温度约为 －150 ℃ 时，含 27.2Ni－0.48C 的合金爆发量很少。若合金的 M_b 温度高于 0 ℃ 时，爆发转变也可能不发生了。可见，爆发量随着温度的降低具有极大值。

Fe－Ni－C 合金马氏体在 0 ℃ 以上温度形成时，惯习面为 $\{225\}_\gamma$。当大量爆发时，惯习面接近 $\{259\}_\gamma$。马氏体片呈现“Z”形，一片马氏体的尖端的应力促使另一片马氏体形核并且长大，呈现连锁反应势态。在爆发转变的 Fe－Ni 合金中，测得马氏体长大速度约为 2×10^5 cm/s。

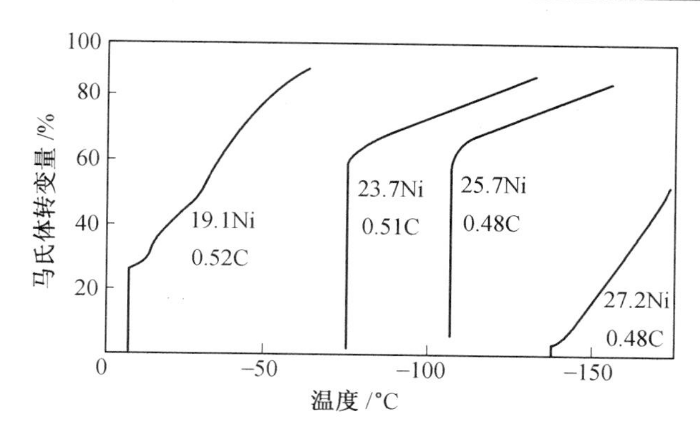

图7.31 Fe－Ni－C合金马氏体爆发转变曲线

在M_b温度以上局部形变可促使发生爆发型转变，使M_b温度升高。铁基合金爆发型转变的惯习面为$\{259\}_\gamma$，含Ni的合金可促使相变以爆发方式发生。爆发型马氏体相变是一种具有特殊自促发形核机制的相变，在相变初始阶段，促发速度极快。

4. 热弹性马氏体

热弹性马氏体相变是指马氏体与母相的界面可以发生双向可逆移动。其形成特点是：冷却到略低于T_0温度开始形成马氏体，加热时又立刻进行逆转变，相变热滞很小。图7.32示出了相变热滞的比较。可见，Fe－Ni合金马氏体相变的热滞大。冷却时，冷到$M_s=-30$ ℃，发生马氏体相变；加热时，温度升到$A_s=390$ ℃，马氏体逆转变为奥氏体，而Au－Cd马氏体相变的热滞小得多。

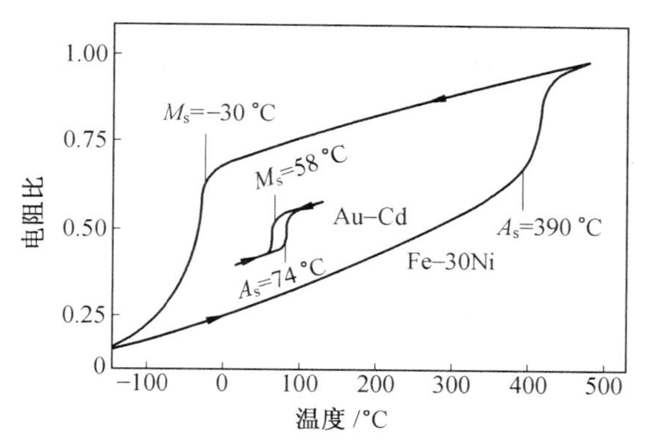

图7.32 Fe－Ni和Au－Cd马氏体相变的热滞

并非任何变温马氏体都具有可逆性。如含碳的工业钢可获得变温马氏体，但由于其热滞太大，马氏体受热而迅速回火，析出碳化物，故不能发生逆转变。

热弹性马氏体形成的本质性特征是：马氏体和母相的界面在温度降低及升高时，进行正向和反向移动，并可以多次反复。从M降到M_f，再升温到A_s、A_f，每片马氏体都可以观察到形核—长大—停止—缩小—消失这样一个完整的消长过程。

7.4.3 马氏体相变的特征

马氏体的特征是在研究组织结构不断深入的历程中，去粗取精、去伪存真，逐渐得到了较为清晰的认识。开始阶段把浮凸现象作为马氏体相变最主要的特征，现在看来是不正确的，需重新认识。

1. 无扩散性

在较低的温度下，碳原子和合金元素的原子均已扩散困难。这时，系统自组织功能使其进行无须扩散的马氏体相变。马氏体相变与扩散型相变不同之处在于晶格改组过程中，所有原子集体协同位移，每次相对位移量小于一个原子间距，但是位移矢量不同。马氏体形成结束时成分不变，即无扩散。变成马氏体晶格（第一过程）后，间隙于晶格中的碳原子有能力扩散，形成碳原子偏聚区（G、P 区），或扩散进入奥氏体中，则属于第二过程。

2. 切变共格和表面浮凸现象

马氏体相变时在预先磨光的试样表面上可出现倾动，形成表面浮凸，这表明马氏体相变是通过奥氏体均匀切变进行的。奥氏体已转变为马氏体的部分发生了宏观切变而使点阵发生改组，且一边凹陷，一边凸起，带动界面附近未转变的奥氏体也随之发生转变。如图 7.33 所示，由此可见，马氏体的形成是以切变方式进行的，同时马氏体和奥氏体之间界面上的原子是共有的，整个界面是互相牵制的，这种界面称为切变共格界面。

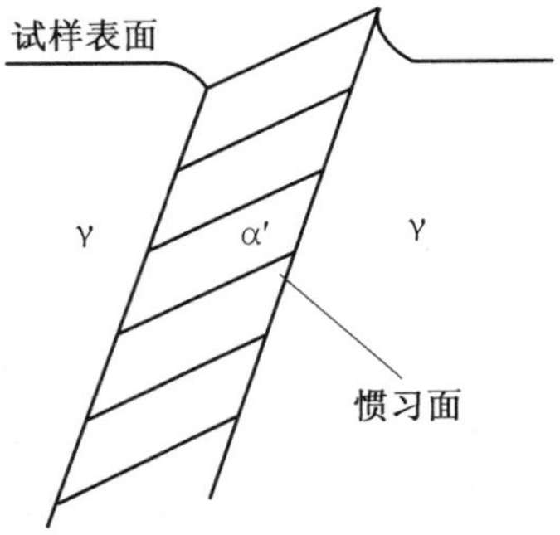

图 7.33 马氏体形成时引起的表面倾动

3. 马氏体转变是在一个温度范围内形成

就马氏体相变而言，不但在快冷的变温过程中有马氏体相变，而且在等温过程中，也有等温马氏体产生，如 $Fe-Ni_{26}-Cu_3$ 合金所能发生等温马氏体相变，但钢的马氏体相变是在一个温度范围内形成的。

当奥氏体被冷却到 M_s 点以下任一温度时，不需经过孕育，转变立即开始，转变速度极快，但转变很快就停止了，不能进行到终了，为了使转变继续进行，必须降低温度，也就是说马氏体是在不断降温的条件下才能形成。这是因为在高温下母相奥氏体中某些与晶体缺陷有关的有利位置，通过能量起伏和结构起伏，预先形成了具有马氏体结构的微区。这些微区随温度降低而被冻结到低温，在这些微区里存在一些粒子，这些粒子在没有成为可以长大成马氏体的晶核以前我们称其为核胚。从高温冻结下来的核胚有大有小，从经典的相变理论可知：冷却达到的温度越低，过冷度越大，临界晶核尺寸就越小，当奥氏体被过冷到某一温度时，尺寸大于该温度下的临界晶核尺寸的核胚就成为晶核，就能长成一片或一条马氏体。在该温度下当大于临界晶核尺寸的核胚消耗完时，马氏体相变就停止了，只有进一步降低温度才能使更小的核胚成为晶核长成马氏体。因而钢的马氏体相变是在一个温度范围（$M_s \sim M_f$）内形成的，而不能在等温下形成。

4. 位向关系和惯习面

马氏体相变的晶体学特点是新相和母相之间存在着一定的位向关系。如上所述，马氏体相变时，原子不需要扩散，只做很小距离（远远小于一个原子间距）的移动，新相和母相界面始终保持着共格或半共格连接。因此，相变完成后，两相之间的位向关系仍然保持着，如 K－S 关系等。

（1）K－S 关系。

用 X 射线测出含 1.4%C 的高碳马氏体和奥氏体之间的位向关系是：$\{011\}_{\alpha'}//\{111\}_{\gamma}$，$\langle 111\rangle_{\alpha'}//\langle 101\rangle_{\gamma}$。X 射线测定钢中马氏体和奥氏体之间的位向关系均具有 K－S 关系，但不是

完全平行，而是存在 $1° \sim 3°$ 的偏差。

(2)G－T关系。

Greninger 和 Troiano 已精确地测定了 Fe－0.8%Ni，C－22%Ni 合金的奥氏体单晶中的马氏体的位向，结果发现 K－S 关系中的平行晶面和平行晶向实际上略有偏差，为 $\{011\}_{\alpha'}//\{111\}_{\gamma}$ 差 1°；$\langle 111\rangle_{\alpha'}//\langle 101\rangle_{\gamma}$ 差 2°。

(3) 西山关系。

西山在 30%Ni 的 Fe－Ni 合金单晶中，发现在室温以上具有 K－S 关系，而在 －70 ℃ 以下形成的马氏体具有下列关系，称为西山关系：$\{011\}_{\alpha'}//\{111\}_{\gamma}$，$\langle 211\rangle_{\gamma}//\langle 110\rangle_{\alpha'}$。有色合金中，马氏体的惯习面为高指数面，如 Cu－Al 合金的 β'_1 马氏体的惯习面离 $\{113\}_{\beta}$ 12°。Cu－Zn 合金马氏体的惯习面为 $\{2,11,12\}_{\beta}$。

5. 马氏体的精细亚结构

马氏体是单相组织，在组织内部出现的精细结构称为亚结构。低碳马氏体内存在极高密度的位错。高碳马氏体中主要以大量精细孪晶(孪晶片间距可达 30 nm) 作为亚结构，也存在高密度位错；有的马氏体中亚结构主要是层错。有色合金马氏体的亚结构是高密度的层错、位错和精细孪晶。可见，马氏体从形核到长大，伴生大量亚结构，如精细孪晶，极高密度位错或细微的层错等亚结构。图 7.34 所示为马氏体中的亚结构。

(a)缠结位错　(b) 孪晶　(c) 层错 (TEM)

图 7.34　马氏体中的亚结构

6. 相变的可逆性

有色金属和合金、部分铁基合金中的马氏体相变具有可逆性，即新旧相界面可逆向移动。这些合金在冷却时，母相开始形成马氏体的温度称为马氏体点(M_s)，转变结束的温度标以 M_f；之后加热，在 A_s 温度逆转变形成高温相，逆相变完成的温度标以 A_f。如 Fe－Ni 合金的高温相为面心立方相，淬火时转变为体心立方的 α' 马氏体，加热时，直接转变为高温相 γ。相界面在加热和冷却过程中，可以逆方向移动，原子集体协同地位移(向前或向后)。这是马氏体相变的一个特点。

除了以上主要特征外，马氏体相变还有表面浮凸、非恒温性等现象。马氏体转变也有恒温形成的(即等温形成的) 马氏体。浮凸是过冷奥氏体表面转变时发生的普遍现象。因此不宜将表面浮凸、非恒温性等现象作为马氏体相变的特征。

马氏体相变的主要特征归纳如下:① 无(须) 扩散性;② 具有位向关系,以非简单指数晶面为惯习面;③ 相变伴生大量亚结构,即极高密度的晶体缺陷,如极高密度位错、精细孪晶、细密的层错等;④ 马氏体相变具有可逆性,新旧相界面可正反两个方向移动。

这 4 条可作为马氏体相变的判据。均可实验观察测定,凡是符合这些相变特征的可判定为马氏体相变。

无(须) 扩散性是指马氏体相变不需要碳原子和铁原子和替换原子的扩散就能完成晶格改组,故称无须扩散,一般称无扩散,是马氏体相变最重要的特征。

对于马氏体的亚结构,极高密度的晶体缺陷有位错、孪晶、层错。现已发现贝氏体中的位错密度也较高,但是不如马氏体中的位错密度高,所以称其为极高密度的位错,这是其他相变不能比拟的。

可逆性是马氏体相变的一个特点。

至于位向关系和惯习面现象,在其他相变中有时也有位向关系,如贝氏体相变等。

关于表面浮凸现象,以往的书刊中,将浮凸作为马氏体相变独有的特征来叙述。近年来发现,表面浮凸是过冷奥氏体转变的普遍现象,珠光体转变、贝氏体相变、马氏体相变过程中均存在表面浮凸现象,而且浮凸均为帐篷形,马氏体浮凸与其他相变浮凸无特殊之处,且不具备切变特征。表面浮凸是由相变体积膨胀所致。由于新旧相比体积不同而导致的表面应变,也是热处理畸变(变形) 的一种。因此,将浮凸作为马氏体相变的独有特征的观点不正确。

7. 相变的不完全性

马氏体相变存在不完全性,如图 7.35 所示。其中,M_s 为马氏体相变的开始点;M_f 为马氏体相变的结束点。

M_s 点以下,无须孕育,转变立即以极大速度进行,但很快停止,不能进行到结束时,需进一步降温。

冷却到 M_f 点以下仍不能得到 100% 的马氏体,而保留一部分未转变的奥氏体,称为残余奥氏体。

马氏体相变是在不断降温条件下进行的,马氏体转变量是温度的函数,而与等温时间无关。

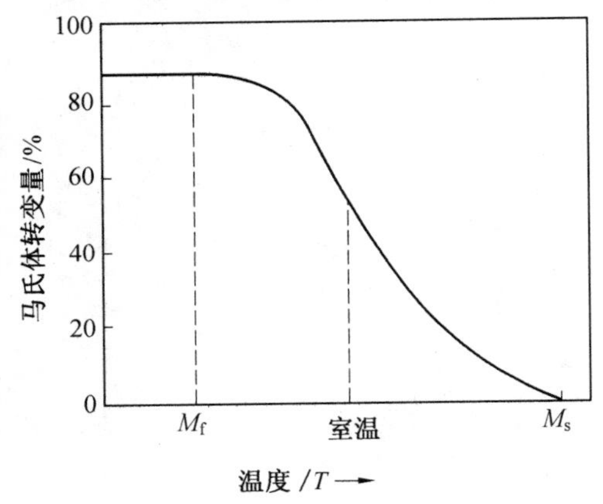

图 7.35　马氏体转变量随时间的变化曲线

7.4.4　马氏体转变动力学

马氏体转变也是成核和长大的过程。铁合金中马氏体形成动力学是多种多样的,大体可分为 4 种不同的类型:碳钢和低合金钢中的降温转变;Fe－Ni 合金、Fe－Ni－C 合金在室温以下的爆发式转变;某些 Fe－Ni－Mn 合金、Fe－Ni－Cr 合金在室温以下的等温转变;表面转变是许多铁合金在室温以下表现出来的一种等温类型的转变。

1. 马氏体的降温形成

马氏体的降温形成是碳钢和低合金钢中最常见的一种马氏体转变。马氏体相变是在很大过冷度下发生的,相变驱动力很大,同时长大激活能很小,所以马氏体长大速度极快,以至可以认为相变的转变速度仅取决于成核率,而与长大速度无关。降温形成马氏体的转变量主要取决于冷却所达到的温度 T_q，即取决于 M_s 点以下的深冷程度。等温保持时，转变一般不再进行。这个特点意味着成核似乎是在不需要热激活的情况下发生，所以也称降温转变为非热学转变。

2. 爆发式转变

对于 M_s 点低于 0 ℃ 的 Fe－Ni 合金、Fe－Ni－C 合金，它们的转变曲线和降温转变很不相同。这种转变在零下某一温度（M_b）突然发生，并伴有响声，同时急剧放出相变潜热，引起试样温度升高。在一次爆发中形成一定数量的马氏体，条件合适时，爆发转变量可超过 70%，试样温度可上升 30 ℃。

晶界因具有位向差不规则的特点，而成为爆发转变传递的障碍。因此细晶粒材料中爆发转变量要受到限制，在同样的 M_b 温度下，细晶粒钢的爆发量较小。马氏体的爆发转变，常因受爆发热的影响而伴有马氏体的等温形成。

3. 等温转变和表面转变

少数 M_s 点低于 0 ℃ 的 Fe－Ni－Mn 合金、Fe－Ni－Cr 合金和高碳高锰钢也存在完全的等温转变。这些合金中的马氏体转变完全由等温形成，转变的动力学曲线也呈 C 字形。马氏体的等温形成有利于改善钢的韧性，并有利于工件尺寸稳定。马氏体的等温转变一般不能进行到底，完成一定的转变量即停止了。随等温转变进行，因马氏体体积变化引起未转变奥氏体变形，从而使未转变奥氏体向马氏体转变时的切变阻力增大。因此，必须增大过冷度，使相变驱动力增大，才能使转变继续进行。有人认为爆发转变实质是一种快速等温转变，降温转变由一系列快速等温转变组成。尽管如此，研究等温转变有利于揭示马氏体转变的本质。表面转变实际上也是等温转变。大块材料内部的等温转变，其特点是马氏体片呈快速长大，但成核过程需要有孕育期，惯习面接近 $\{225\}_\gamma$。表面转变的成核过程也需要有孕育期，但表面马氏体大都为条状且长大较慢，惯习面为 $\{112\}_\gamma$。表面转变的存在对马氏体转变动力学研究是一个很大的干扰。

7.5　马氏体转变在形状记忆合金中的应用

形状记忆合金通常是指具有形状记忆效应（shape memory effects, SMEs）的一类合金。形状记忆合金除形状记忆性能外，还具有伪（超）弹性特性。形状记忆合金因其具有形状记忆性能和超弹性，目前已获得广泛应用。常见的形状记忆合金主要有 3 类，即钛镍基、铜基、铁基合金。钛镍基形状记忆合金因其具有优良的机械性能、腐蚀抗力和生物相容性而被认为是最好的生物材料之一，但其价格昂贵，且难于制备和加工，铜基形状记忆合金主要包括 Cu－Zn－Al 系和 Cu－Al－Ni 系。Cu－Zn－Al 系合金的优点是价格便宜和容易加工，缺点是过热时易分解为平衡相，并且容易产生马氏体稳定化，以及双程形状记忆效应在几千次循环后易于退化。Cu－Al－Ni 系合金相变温度在 80 ～ 200 ℃ 之间，18R 马氏体可以在较高温度下使用，但难于加工。铁基形状记忆合金主要有 Fe－Pt 系合金、Fe－Pd 系合金、Fe－Ni－Co 系合金和Fe－Mn－Si 系合金。Fe－Mn－Si 系形状记忆合金是目前比较有工业应用前景的铁基形状记忆合金。

形状记忆合金的形状记忆性能是指在低于 M_s（马氏体转变开始温度）点使合金变形，对变形后的合金进行加热，当温度高于 A_f（逆相变结束温度）点时，合金将恢复为变形前的形状的特性；而伪(超)弹性是指在 A_f 点以上对合金进行加载，合金因发生应力诱发的马氏体相变而产生一定的应变，当载荷卸除时，应变回复的特性。可见，形状记忆合金的形状记忆效应和伪(超)弹性特性均与合金发生的马氏体相变密切相关，如图 7.36 所示。

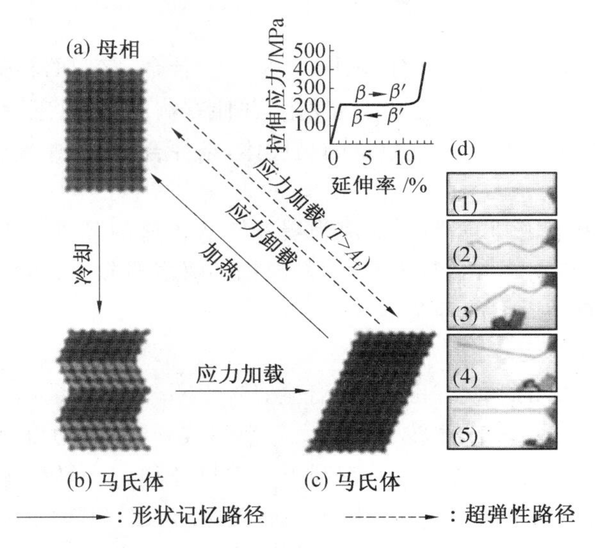

图 7.36 形状记忆效应机制示意图

1. 铁基合金马氏体形态

Maki 总结了铁基合金中的马氏体形态，如图 7.37 所示。目前已报道的 α′ 马氏体形态有板条状(lath)、蝴蝶状(butterfly)、(225) A 型片状、透镜状(lenticular)、薄片状(thin plate)，如图 7.37 所示。

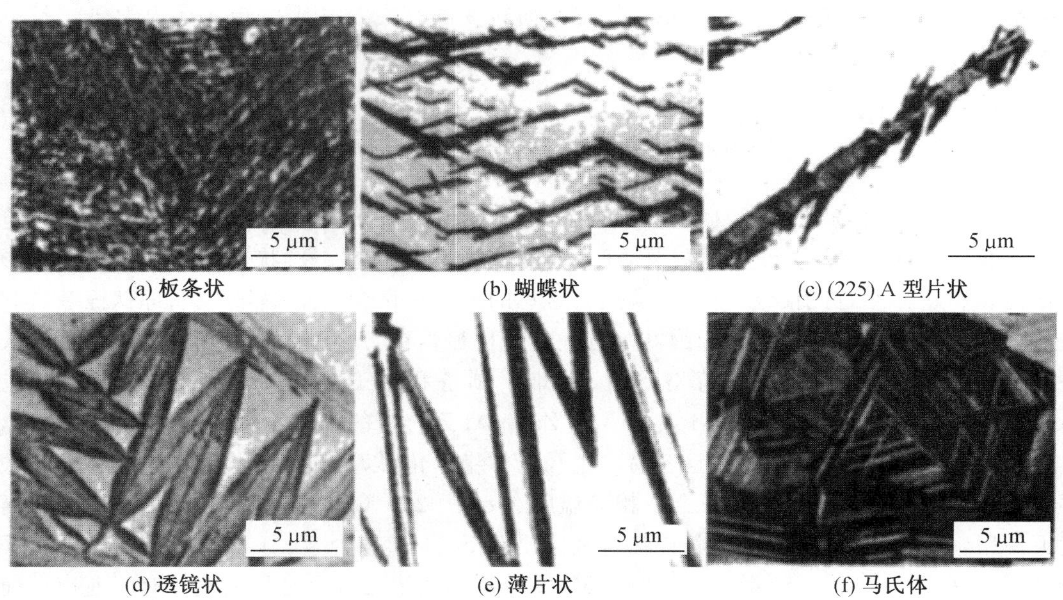

(a) 板条状　(b) 蝴蝶状　(c) (225) A 型片状

(d) 透镜状　(e) 薄片状　(f) 马氏体

图 7.37 不同铁基合金中的马氏体形态

形状记忆合金中马氏体形态控制也是影响合金形状记忆效应的重要因素。对于铁基形状记忆合金而言，马氏体形态控制显得更为重要。铁基形状记忆合金马氏体形态可以看出，所有具有完全恢复或接近完全恢复的形状记忆合金马氏体均呈薄片状，并具备孪晶或者层错微结构，铁基合金马氏体形态的控制是实现形状记忆效应的重要前提。

2. Fe－Mn－Si 系形状记忆合金中的马氏体相变

铁基形状记忆合金，Fe－Mn－Si 系合金是至今为止应用前景最好的一种合金。Fe－Mn－Si 系合金是利用应力诱发马氏体相变的一种形状记忆合金。Sato 等人利用马氏体相体积变化小的特点先后在 Fe－Mn－Si 单晶和多晶中发现了形状记忆效应。由于利用体积变化小、能抑制滑移变形的相，近 30 年开发出了几乎与铜基形状记忆合金具有相同形状记忆效应的Fe－Mn－Si 系合金，该系形状记忆合金因成本低、强度高、具有良好的冷热加工性能而引起人们的广泛关注。在 Fe－Mn－Si 系形状记忆合金中，其母相无序，马氏体转变也是非热弹性的，其形状记忆效应是通过应力诱发产生的 Shockley 不全位错的可逆移动导致 $\gamma(fcc) \rightarrow \varepsilon(hcp)$ 的马氏体正逆相变。$\gamma \rightarrow \varepsilon$ 马氏体相变机制较简单，马氏体为密排六方结构，与面心立方奥氏体层错错排堆垛方式相同。变形通过层错中的 Shockley 不全位错的移动完成。在该类合金中要得到完全的形状记忆效应必须满足两个必要条件：① 合金变形时，只发生应力诱发马氏体相变而不发生位错滑移，满足这一条件，要求奥氏体具有更高的屈服强度；② 应力诱发的马氏体相变必须为可逆相变，这就要求马氏体界面可移动，一些材料经马氏体相变及其逆相变常呈形状记忆效应和伪弹性。

3. 形状记忆效应

在含 ZrO_2 陶瓷中除显示形状效应和伪弹性外，还呈现伪滞弹性，应该予以注意。材料经马氏体相变和逆相变，呈现晶体学可逆性的条件为形成单变体马氏体。单变体马氏体的形成，可由热变马氏体经形变通过再取向形成，如具有热弹性马氏体相变的材料（Ni－Ti、Cu－Zn－Al 等）所呈现的形状记忆效应，如图 7.38 或图 7.39(a) 所示，或由应力形变诱发马氏体，形成近似单变体（对 Fe－Mn－Si 一般需经训练（形变－加热－冷却）数次），经逆相变呈现形状记忆效应，如 Fe－Mn－Si 系合金及含 ZrO_2 陶瓷等具有半热弹性马氏体相变（相界面能因冷、热而迁移但热滞大）的材料，如图 7.39(b) 所示。这两种情况都需经形变，形变中产生位错将不利于形状回复。因此，提高基体强度有利于形状记忆效应对上述两种材料都是有效的。

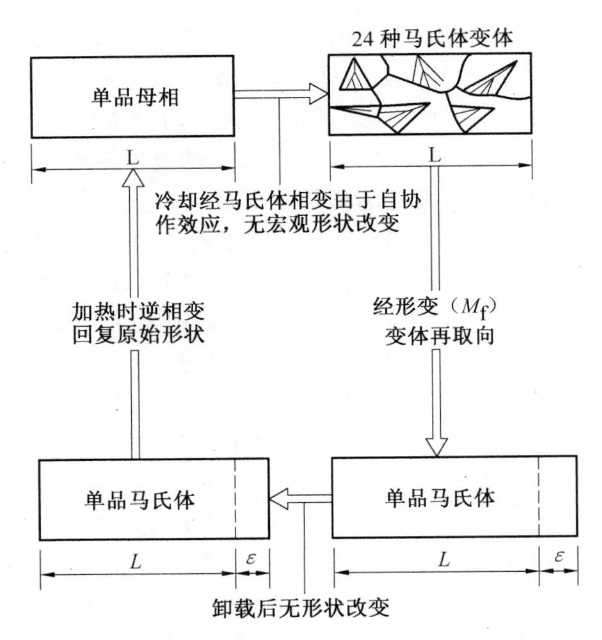

图 7.38 具有热弹性马氏体相变的合金中呈现形状记忆效应

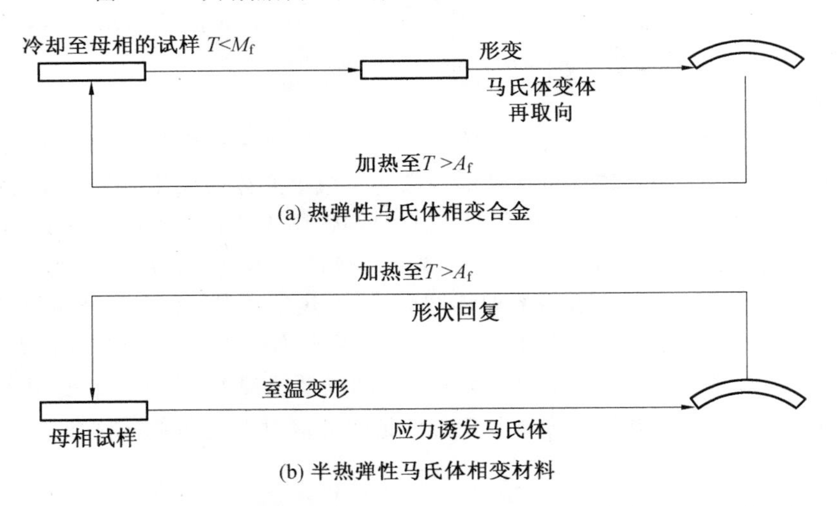

图 7.39 具有热弹性马氏体相变的合金和具有半热弹性马氏体相变的材料呈现形状记忆效应

参考文献

[1] 魏光普,姜传海,甄伟,等. 晶体结构与缺陷[M]. 北京:中国水利水电出版社,2010.

[2] 阎守胜. 固体物理基础[M]. 北京:北京大学出版社,2002.

[3] 周亚栋. 无机材料物理化学[M]. 武汉:武汉理工大学出版社,2006.

[4] 潘金生,田民波,仝健民. 材料科学基础[M]. 北京:清华大学出版社,2011.

[5] 黄昆. 固体物理学[M]. 北京:高等教育出版社,1998.

[6] 曹全喜,雷天民,黄云霞,等. 固体物理基础[M]. 2版. 西安:西安电子科技大学出版社,2017.

[7] 郑子樵. 材料科学基础[M]. 2版. 长沙:中南大学出版社,2013.

[8] 陆学善. 相图与相变[M]. 合肥:中国科学技术大学出版社,1990.

[9] 胡英. 物理化学[M]. 5版. 北京:高等教育出版社,2009.

[10] 徐瑞,荆天辅. 材料热力学与动力学[M]. 哈尔滨:哈尔滨工业大学出版社,2003.

[11] 郝士明,蒋敏,李洪晓. 材料热力学[M]. 2版. 北京:化学工业出版社,2010.

[12] 叶瑞伦,方永汉,陆佩文. 无机材料物理化学[M]. 北京:中国建筑工业出版社,1984.

[13] 董树岐,黄良钊. 材料物理化学基础[M]. 北京:兵器工业出版社,1991.

[14] 徐祖耀. 相变原理[M]. 北京:科学出版社,1998.

[15] 徐祖耀. 材料热力学[M]. 4版. 北京:高等教育出版社,2009.

[16] 贺蕴秋,王德平,徐振平. 无机材料物理化学[M]. 北京:化学工业出版社,2005.

[17] 廖立兵,夏志国. 晶体化学及晶体物理学[M]. 2版. 北京:科学出版社,2013.

[18] 赵志凤,毕建聪,宿辉. 材料化学[M]. 哈尔滨:哈尔滨工业大学出版社,2012.

[19] 潘春跃. 合成化学[M]. 北京:化学工业出版社,2005.

[20] 许越. 化学反应动力学[M]. 北京:化学工业出版社,2005.

[21] 赵学庄. 化学反应动力学原理[M]. 北京:高等教育出版社,1984.

[22] ONUKI A. Phase transition dynamics[M]. 北京:世界图书出版公司,2003.

[23] ESPENSON J H. Chemical kinetics and reaction mechanism[M]. New York: McGraw－Hill Inc.,1995.

[24] KALLAY N. Interfacial dynamics[M]. New York: Marcel Dekker, 2000.

[25] SWENDSEN R H. An introduction to statistical mechanics and thermodynamics[M]. Oxford: Oxford University Press, 2012.